王章俊 著

生命进化史

（增订版）

The Evolution of Life

重庆出版集团 重庆出版社

图书在版编目（CIP）数据

生命进化史 / 王章俊著 . -- 增订版 . — 重庆 : 重庆出版社 , 2024. 3

ISBN 978-7-229-18140-6

Ⅰ. ①生… Ⅱ. ①王… Ⅲ. ①生物-进化-普及读物 ②人类进化-普及读物 Ⅳ. ① Q11-49 ② Q981.1-49

中国国家版本馆CIP数据核字（2023）第210653号

生命进化史（增订版）

SHENGMING JINHUA SHI (ZENGDING BAN)

王章俊 著

出　　品：华章同人

出版监制：徐宪江　秦　琥

责任编辑：肖　雪

特约编辑：齐　蕾

营销编辑：史青苗　刘晓艳

责任校对：李小霞

责任印制：梁善池

装帧设计：果　咩

重庆出版集团
重庆出版社　出版

（重庆市南岸区南滨路162号1幢）

北京华联印刷有限公司　印刷

重庆出版集团图书发行有限公司　发行

邮购电话：010-85869375

全国新华书店经销

开本：710mm × 1000mm　1/16　印张：52.5　字数：850千

2024年3月第1版　2024年3月第1次印刷

定价：298.00元

如有印装质量问题，请致电023-61520678

增订版序

《生命进化史》三部曲自2020年首次出版以来，数次重印，颇受青睐，深受生物课老师、中小学生，以及科普爱好者和专业人士好评，多次获得国家级荣誉和北京市、重庆市奖项，其中最值得一提的，是被中国科学技术协会评为“2021年中国十大科普图书”，作为作者，我深感荣幸与欣慰。同时，我也把回馈社会、服务大众，当作人生的修行。因此，为报答广大读者的厚爱，我通过海量阅读，并结合自然科学的最新发现与研究，对《生命进化史》三部曲进行了全面增补修订。说明如下。

增补修订后的《生命进化史》，以合订本《生命进化史（增订版）》的形式面世。《生命进化史（增订版）》坚守以读者为本的理念，知识体系更加完善，科学内容更加丰富，科学热点更为突出，演化脉络更为清晰，主流观点更为鲜明。

一，依据宇宙科学、生命科学的新发现、新成果，对当今自然科学的“两暗一黑三起源”[①]相关内容进行了增补完善。

二，依据近几年古生物学的新进展，增补了新的研究成果，彰显了我国古生物学家为科学做出的贡

① “两暗一黑三起源”：“两暗”指暗物质和暗能量，“一黑”指黑洞，“三起源”指宇宙起源、天体起源和生命起源。“两暗一黑三起源”是当今自然科学六大前沿之谜，令科学家们魂牵梦绕，它们对于人类了解自然界、探索其本质有着深远的影响。

献，同时也丰富和佐证了现代达尔文进化论的思想和观点。

三，针对当下大众关注的科普热点，以及心中的疑惑，进行了答疑解惑，使读者对宇宙学和进化论的理解更加深刻，便于大众进一步巩固正确的自然观。

四，增加了中小学生颇感兴趣的内容，更加有助于读者将自然科学知识融会贯通，拓展科学视野，提高逻辑思维能力。

五，更加注重知识的系统性与连贯性，便于读者在大脑中建立完整的生命演化脉络，这不仅有助于增强读者的记忆力和联想力，也有助于增进中小学生对科学课、物理课、化学课和生物课内容的理解力，激发学生的创造力。

自然科学的发展与研究，总是由点到面、由浅入深的，是一个不断修改、完善和持续证伪的过程。科学总有新的发现、新的证据、新的观点不断涌现，总是向前发展的，因此，科普图书不能一成不变，只有根据科学的新进展，不断地修订、补充与完善，才能与时俱进，保持旺盛的生命力，在“渐变”与“突变”中，代代传承。

愿读者喜欢《生命进化史（增订版）》，并提出宝贵意见，以便再次修订再版。

王章俊

2023 年 9 月 9 日

原版序

著名科普作家、地质学家、我的好友王章俊又出新书了，其新作《生命进化史》三部曲《从起源到登陆》《从陆地到天空》《从野性到文明》即将付梓。章俊老师披星戴月，伏案埋首，历时十年，终见成就，令人钦佩。嘱予作文以为序，我既感到荣幸，又诚惶诚恐。

通观《生命进化史》三部曲，洋洋洒洒数十万文字（含精美的插图），上涉天文，下及地理，纵贯地球生命演化之全过程，字里行间充满人文情怀，这是章俊老师倾注心血的结晶，更与章俊老师的专业出身分不开，目前他兼任南京大学等好几所院校的兼职教授。这也与章俊老师多年从事地质科普的经历有关，他被冠以中国科学技术协会“全国生物进化学学科首席科学传播专家”等多项荣誉称号。《生命进化史》从大家的兴趣点“我从哪儿来”切入，或以微细的尺度，或以宏大的视角，带领读者探究宇宙大爆炸的奥秘，探究初始生命的真相；再到寒武纪生命大爆发，观察鱼类、两栖动物乃至哺乳动物的出现，穿越时空，考察它们的演化细节，步步深入，丝丝入扣，自今而溯源，准确而生动，彰显章俊老师的知识积累和文字功力。我以为，本书具有三大看点。

一是用童心编故事。《简易道德经》曰：“人献河洛，问何物，昊曰天书。”后人便将《简易道德经》《九极八阵》等统称为《天书》。而大千世界虚无缥缈，地球科学深奥难懂，学术著作岂不犹如“天书”！我们是谁？从哪儿来？到哪里去？环顾大地，仰望天空，充满问号！章俊老师走厅堂、下农村，听众老中青，学历高中低，最多的是中小学生。他总是用儿童的心态，去引导，去解惑，去追问，他讲授的，其实就是地球科学中的“十万个为什么”！他常说其“讲演原则”是“四六开”，40%是知识，60%是故事，趣味引导，知识唱戏。在面对低年级小朋友时，章俊老师先问道：“天上有多少颗星星？”讲堂里唰地举起了一片“小森林”，小朋友们叽叽喳喳，讨论激烈，于是章俊老师便娓娓引导：“地上有多少粒沙子，天上就有多少颗星星！”之后，他又一步步把与地球相关的知识点展开来，慢慢地使小朋友们懂得了宇宙的深远无垠、地球的无限广袤。章俊老师还问：“鱼儿上岸后变成两栖动物，为什么会有脖子和眼皮？”在小朋友们五花八门地猜测后，章俊老师便答曰：“它们为了在陆地上捕食和防止风沙呀！”又问：“为什么马儿长有四条腿，脚上只长一个蹄？”也是一番“学术争论”，然后告之“前者为了跑动时保持平衡，后者为了在广袤的草原上驰骋”，等等，在充满童趣的一问一答中，许多深奥的知识变得好记、易懂，“生物进化”的形象思维，转化成了世界大观和理性概念：宇宙之大爆炸，氢、氧、碳、氮、磷元素之诞生，时间、空间、能量、物质之产生，生命之源起，适者之生存，等等，涉猎天地人，润物细无声！

二是用故事讲科学。在黔西南一所中学里，静静地坐着300多名初通世事、朝气蓬勃的初一学生，章俊老师上台后，一不照本宣科讲“地质学”，二不图文解读“进化论”，而是直接提问道：“100年后人类会是什么样子？”同学们纷纷举手，答案五花八门，有回答曰：“未来100年，人脑也许将被植入芯片，无所不知，无所不能！”讲堂大哗，章俊老师便因势利导：“小小芯片，能替代由亿万细胞构成的人类大脑吗？”立即有同学自认“反方”，郑重辩曰：“人工干预，将违背生命进化的基本原则！”于是一场主题严肃、想象力丰富的科学大辩论开始了，从直立取火到工具使用，从简单劳动到复杂思维，慢慢地，“人类进化”的许多知识便深深地印在了同学们的脑中。当讨论达尔文的“生命演化树”时，章俊老师重点讲述了三叶虫的故事，同学们惊讶地发现，小小三叶虫竟然在地球上生存了近3亿年，而我们人类在地球上才生存了区区几十万年。如果把地球比作千岁老人，那么我们现代人诞生仅有10多天……同学们忽然明白了人类的渺小与生命的珍贵，进一步讨论“人类的能力有限吗？”章俊老师肯定地回答“太有限了”，至今人类对地球“知之甚少”，如研究生命演化过程，只能利用岩石、地层、古生物化石等“地质遗迹”来推断，再如研究原始生命，只能通过低等菌藻植物来还原，同学们直呼：“太难了，太酷了！”许多同学当场立志：“长大后要像李四光[1]爷爷一样，当个地质学家！”

三是用科学正本源。科普作品的生命力是其“科学性”，科普作家的崇高使命就是正世界之本源。章俊老师一面辛勤耕耘于科普阵地，一面坚持承担研究项目，辨伪考证，认真执着，从不懈怠。他钻研达尔文的《物种起源》，崇尚先人的实践精神，通过带领同学们探讨物种的生命进化过程，帮助他们从小树立敬畏宇宙、爱护地球、珍惜生命的本真理念。他告诉同学们，人类是靠进化具备了思维能力，靠智慧与大自然和谐相处，人类进化已经超越生命进化中的所有物种，达到了生物进化“链条”的最顶端，人类因宇宙而诞生，宇宙因人类而多彩。在得到国家财政数百万元的专项资助后，章俊老师去辽西化石采集点实地考察，仔细研究，在大自然中领悟“适者生存”的法则，成功拍摄了 4D 特效电影《会飞的恐龙》。他成功申报获得国家公益性科研专项经费的支持，其上佳的学术水平和图书质量，得到了专业人士和广大读者的一致赞誉。

在撰写这篇小序的最后，我还想补充一点：当人们仰视、纪念伟大的科学思想家、理论物理学家史蒂芬·霍金教授时，人们记住他的，不仅有他关于广义相对论的宇宙无边界、奇性定理、黑洞理论等科研成果，也有他用 33 种文字发行 550 万册的科普著作《时间简史》，甚至还有他在美剧《生活大爆炸》中的本色客串。科普是生产力，这正是我为章俊老师写序的初衷。

谨以此文，祝贺《生命进化史》三部曲的正式出版。

张洪涛

自然资源部原总工程师、国务院参事

2020 年 4 月 28 日

① 李四光（1889—1971），地质学家，中国地质学奠基人之一。

查尔斯·罗伯特·达尔文（Charles Robert Darwin，1809—1882）

前言

在任何自然过程中，物质的熵（混乱程度）不是保持不变，就一定是往上增加。宇宙中的一切都遵守这条定律，即熵增定律。

——鲁道夫·克劳修斯

环境是舞台，进化现象是剧本；进化发展过程的遗传规则是语言，突变是即兴台词；最后，自然选择就是策划、编剧与制片。

——乔治·伊夫林·哈钦森

生命是传递基因的工具。

——理查德·道金斯

生命以负熵为食，即生命通过吃入和排出的交换从环境中摄取负熵。

——埃尔温·薛定谔

地球上几乎所有生命体的遗传密码（单词代码）都是相同的……如果将遗传密码看成是一种语言，几乎所有生物都利用同样的遗传密码，就像地球上的每个人都说同一种语言一样……遗传密码是所有生物的共同语言这个事实进一步证明了地球上的所有生命是拥有共同祖先的。

——杰弗里·贝内特

生物进化的三要素（3W）：
目的是生存与繁衍，
路径是基因适应性变异，
结果是产生了新的物种，
这一切都受控于自然选择。

——王章俊

《生命进化史》三部曲自2020年面世以来，数次印刷，广受好评，屡次获奖，被中国科学技术协会评为“2021年中国十大科普图书”。

为回报广大读者，促进科学传播，我不敢有丝毫懈怠。借第四次印刷之机，结合近年来科学研究的最新进展，以及读者最为关心的问题，增补了部分内容，作为增订版面世，以报答读者的厚爱。

2014年11月，历时四年，我出版了人生中第一部科普著作《化石与生命——生命的进化》，从此，踏上了我的科学传播道路，拉开了我科学传播事业的序幕。该书一经出版，就获得极大成功，得到多位国内知名古生物学家的肯定，先后被评为“国土资源部优秀科普作品”“科技部2015年度全国50部优秀科普作品”，被自然资源部推荐参评2018年度国家科学技术进步二等奖。

我被中国地质学会聘为“自然环境变迁与古脊椎动物的衍化科学传播团队团长、首席专家”，被中国科学技术协会聘为“全国生物进化学学科首席科学传播专家”。

这些都是对我最大的褒奖，对我努力的认可，我一直引以为傲，深感自豪。

《化石与生命——生命的进化》是国内首部从大历史视角阐释宇宙演变历史和生命进化历程的书，从宇宙大爆炸到两栖动物登陆，从真爬行动物到会飞的鸟儿，从似哺乳动物到智慧人类，时间跨度长达138.2亿年，空间分布直径约930亿光年。

《化石与生命——生命的进化》也是首部采用文图并茂的形式，从大众化的角度，解读宇宙与生命演化的科普图书。书中用8个演化分支图和一张脊椎动物演化示意图（形似一棵分叉的生命演化树）生动形象地展示出生命35亿年的进化史，以蓝藻为生命起点，到恐龙一步步进化成鸟儿，再到古猿一点点演化成人类。

2014年，也是我生命中最痛苦的一年。3月的一次意外，造成我右脚踝多处骨折和扭伤。俗话说“屋漏偏逢连夜雨，船迟又遇打头风”，第一次手术失败，我感觉跌入万丈深渊，不得不转院，做第二次手术。

这次意外骨折，是对我肉体的一次折磨，那种疼痛彻心扉，撕心裂肺，常人无法理解，更难以体会；第二次手术更是对我心灵的考验，由于第一次手术的感染，迟迟不能实施第二次手术，我在煎熬中等待，在等待中期盼。我对“福无双至，祸不单行”这句古话，有了切身的体验……

经受了这次折磨，经历了这次考验，我有过悲伤，但从没消沉与懈怠，反而更加勤奋努力，意志更坚。在第二次手术后的恢复期，我躺在家里的床上，完成了这部为我的人生带来光明的著作。

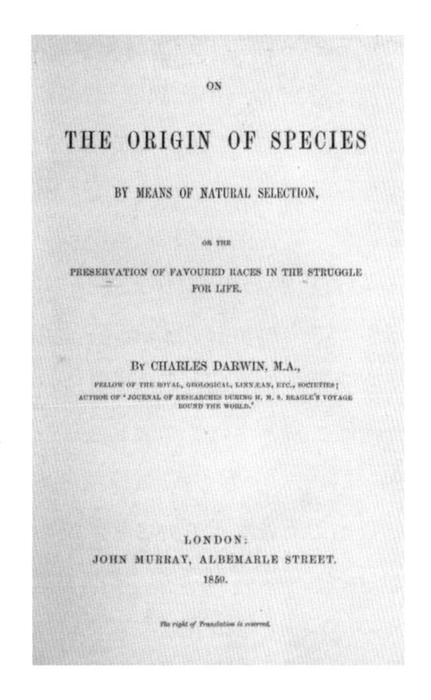

ON

THE ORIGIN OF SPECIES

BY MEANS OF NATURAL SELECTION,

OR THE

PRESERVATION OF FAVOURED RACES IN THE STRUGGLE FOR LIFE.

BY CHARLES DARWIN, M.A.,

FELLOW OF THE ROYAL, GEOLOGICAL, LINNÆAN, ETC., SOCIETIES;
AUTHOR OF 'JOURNAL OF RESEARCHES DURING H. M. S. BEAGLE'S VOYAGE ROUND THE WORLD.'

LONDON:
JOHN MURRAY, ALBEMARLE STREET.
1859.

The right of Translation is reserved.

《物种起源》1859 年版本封面

2014 年，我担任总策划、总导演、总编剧，拍摄完成了 4D 特效电影《会飞的恐龙》。影片于 2015 年 4 月 21 日首映，好评如潮，获得 10 个奖项。这是国内首部用故事讲科学的特效电影，成了出版融合发展的标杆，深受儿童喜欢和业界推崇，也开创了用故事讲科学的先河。

自 2015 年起，我先后在国内知名中小学、南京大学等国内著名高等学府、联合国教科文组织培训班，以及全国性大型专题会议上，做“我们从哪里来”主题演讲近百场。

我始终抱有这样的科学传播理念：讲好中国故事，体现中国特色，宣传中国科技，传播先进文化，倡导五大理念，强化中国声音。我要用我的知识回馈社会，造福大众，提高国民科学素养，传播正能量。

后来，又经过两年多的努力，我增补完善，修订了《化石与生命——生命的进化》一书，在 2017 年 1 月更名为《生命进化简史》出版。

此后，我又阅读了大量近年来国内外关于遗传、基因、进化，以及分子生物学的文献，进行系统的梳理和通俗的提炼，对“宇宙·生命大进化观”有了更为深刻的感悟与体会。在此基础上，我对《生命进化简史》做了进一步的充实与完善，才有了这部厚重的、凝聚着我智慧和心血的《生命进化史》三部曲的出版。

当前，大众对达尔文进化论的认识还相对较浅，绝大多数人仅仅停留在宏观的“知其然”层面，难免对进化论产生误解和怀疑。现代分子生物学的突飞猛进，对达尔文进化论做出了定量化、实证化、逻辑化的解释，使人们对生物进化论不仅知其然，更知其所以然。

1859 年，查尔斯·罗伯特·达尔文在完成环球考察 23 年后，发表了震惊世界、影响后世的巨著《物种起源》，提出了进化论的思想。达尔文进化论被誉为人类历史上第二次重大科学突破，它证明了所有生物都不是上帝创造的，而是自身基因变异或突变，在自然选择的作用下，优胜劣汰，适应环境变化的基因变异遗传下来，不断进化来的。基因变异或突变是随机的，而自然选择是适应性变异的结果，并不总是由简单到复杂，由低级到高级。达尔文的进化论彻底摧毁了千百年来统治人们思想的神创论和物种不变论。

达尔文是现代进化论的奠基者，被誉为“现代生物学之父”。达尔文的进化论对整个生物界的发生、发展做了唯物的、规律性的诠释，使生物学发生了一场变革，可以说，现代达尔文进化论是生命科学的核心与灵魂，对当代社会学、心理学、哲学、生态学等学科的影响也十分深远。

现代达尔文进化论思想有四个核心观点。一是物种是可变的，即生物可以从一个物种演化为另一个新的物种。1926 年冬，赫尔曼·穆勒用更低剂量的 X 射线对雌雄果蝇进行照射，然后让它们进行交配，各种各样的突变体出现了，数量从几十只到上百只不等。这项实验充分证明了这一观点。二是物种同祖，即所有物种都源自一个共同的祖先。现代分子生物学和遗传学都证实，地球上几乎所有生物都拥有相同的遗传密码，所有生物的基因都是由 4 个字母（A，T，G，C）和 20 个单词（密码子）按照遗传密码（遗传语言的语法规则）写成的，从而证明，地球上的所有生命拥有共同的祖先。三是自然选择，它是生物进化的驱动力，其结果是生物为了适应自然环境的变化，基因发生适应性变异或突变，只有那些遗传了适应环境变化的有利基因变异的新物种（种群），才能生存与繁衍，而那些遗传了不适应环境变化的有害基因变异的新物种（种群），就会灭绝。也就是说，只有那些有利于新物种（种群）生存与繁衍的基因变异才能遗传下去，而不利于新物种生存繁衍的有害基因变异，将被淘汰，无法遗传。自然选择的前提条件是基因变异或突变，没有基因变异或突变，自然选择就不可能发挥作用。实际上，自然选择只是保存已经发生的、有利于生物生存和繁衍的有利基因变异而已。简而言之，有变异才有选择。变异具有可遗传性，能对适应性产生影响。四是生物进化既有渐进性，也有突变性，是量变到质变的过程，只有当生物基因突变积累到一定程度时，基因才会发生大“突变”。在环境骤变（灾难或大灭绝事件）的条件下，自然选择会发挥重大作用。只有适应性突变基因遗传下来，产生新物种，生命进化才会发生一次飞跃。可以说，生命的进化既有渐进性，时间从上千年到数百万年不等，也有突变性，产生飞跃，时间也许极其短暂。

生物的进化是内因与外因共同作用的结果。内因是遗传和变异，外因是自然选择。俗话说“种瓜得瓜，种豆得豆”，这叫遗传；“龙生九子，各有不同”，这叫变异（基因重组）。遗传是生命延续的基础，变异是生物多样性的前提。遗传变异与自然选择共同造就了地球生命的生生不息与千姿百态。

自 1953 年 2 月 28 日，詹姆斯·沃森和弗朗西斯·克里克揭示 DNA 双螺旋结构以来，分子生物学、遗传学的新进展，以及基因技术等的革命性发展，对达尔文进化论做出了最为科学合理的解释，证明达尔文进化论不仅是 19 世纪的伟大发现，也是近现代科学最伟大的理论之一，可与爱因斯坦的广义相对论相提并论。

为便于记忆，在这里把现代达尔文进化论的精髓归结为“3W”（Why，为什么进化；How，如何进化；What，进化成什么），也可以说成是生物进化的目的、路径和结果。

生物进化的目的，是在不断变化的自然环境下，更好地生存与繁衍；生物进化的路径，是生物基因发生随机性变异或突变，在自然选择下，只有那些适应自然环境的变异能遗传下来，即适者遗传；生物进化的结果，是在自然选择的驱使下，保存有利的基因变异（突变），淘汰有害的基因变异，这就是“优胜劣汰”，最终产生更适应自然环境的新物种，即适者生存。

地球上的生命从诞生的那一刻起，至今已有近 40 亿年的进化历史。生命的历史就是一部进化史，没有进化就没有生命的延续与多样化。生命经历了无数磨难和多次生物大灭绝事件，而每一次磨难或大灭绝事件都会引起生物基因适应性变异或突变，促成生物进化史上的一次巨大飞跃。

5.41 亿年前，地球上发生了第一次生物大灭绝事件，也称埃迪卡拉生物大灭绝事件，它为 5.3 亿年前的寒武纪生命大爆发拉开了序幕，促成了第一个有脊椎、脑、眼睛和肛后尾的动物——昆明鱼的出现。昆明鱼是地球上所有脊椎动物，包括我们人类的始祖。长出脊椎，有脑和眼睛，这是脊椎动物进化史上的第一次巨大飞跃。

4.44 亿年前，地球上发生了第二次生物大灭绝事件。4.23 亿年前，第一个有颌骨的脊椎动物——初始全颌鱼出现，此后所有脊椎动物的“嘴”，如鸟儿的喙、我们人类的嘴都是由它的颌骨演变而来的。长出颌骨，主动捕食，这是脊椎动物进化史上的第二次巨大飞跃。

3.77 亿年前，地球上发生了第三次生物大灭绝事件，拉开了陆生脊椎动物进化的序幕。3.67 亿年前，出现了第一个有肺的四足陆生脊椎动物——鱼石螈。长出四足，爬行登陆，这是脊椎动物进化史上的第三次巨大飞跃。

3.6 亿—2.6 亿年前，地球进入了石炭纪末期大冰期，3.12 亿年前，进化出第一个产羊膜卵的爬行动物——林蜥（或始祖单弓兽），从此脊椎动物彻底征服了陆地。产羊膜卵，征服陆地，这是脊椎动物进化史上的第四次巨大飞跃。

2.51 亿年前，地球上发生了第四次生物大灭绝事件，这也是最为严重的一次生物大灭绝事件。2.34 亿年前，地球上诞生了目前发现的最原始的恐龙——始盗龙。以始盗龙为代表的恐龙可利用后肢行走。后肢行走，前肢捕食，这是脊椎动物进化史上的第五次巨大飞跃。

2 亿年前，地球上发生了第五次生物大灭绝事件，拉开了恐龙大繁盛的序幕。恐龙在世界各地呈爆发式多样化发展。2.28 亿年前，出现了大型、四足直立行走的蜥脚类恐龙；1.52 亿—1.25 亿年前，出现了长有不对称羽毛、可以飞翔的恒温动物——始祖鸟和热河鸟，前肢演变成长羽毛的翅膀。脚拇指反转，前后肢等长，这是脊椎动物进化史上的第六次巨大飞跃。

6600 万年前，地球上发生了第六次生物大灭绝事件，这也是最为著名的一次生物大灭绝事件。恐龙、翼龙、蛇颈龙和沧龙灭绝，为哺乳动物爆发式多样化繁衍创造了条件。长毛恒温，胎生哺乳，这是脊椎动物进化史上的第七次巨大飞跃。

5500 万年前，进化出第一个灵长类动物阿喀琉斯基猴；1300 万年前，出现第一个古猿——森林古猿……约 440 万年前，进化出地猿始祖种，这是第一个可以两足站立、直立行走的古猿，也称拉密达古猿。两足站立，直立行走，这是脊椎动物进化史上的第八次巨大飞跃。

约 390 万年前，据推测，地猿始祖种进化出阿法南方古猿。约 250 万年前，阿法南方古猿进化出能人。能人是人类进化史上第一种真正的人。能人脑容量激增到 800 毫升，能够敲打出粗糙的石器。能人是脊椎动物进化史上的第九次巨大飞跃。

约 200 万年前，能人进化出早期直立人——匠人。匠人脑容量约为 1000 毫升，已经褪去体毛，鼻端隆起，学会用火，能够打磨精致的石器。大约 100 万年前，匠人进化出晚期直立人——海德堡人。海德堡人学会了生火，有了简单的语言。直立人是脊椎动物进化史上的第十次巨大飞跃。

约 60 万年前，迁徙到欧洲的海德堡人进化出早期智人——尼安德特人，而仍滞留在非洲的海德堡人，在约 30 万年前，进化出晚期智人。晚期智人就是我们现在约 80 亿人的最近共同祖先。早期智人和晚期智人是脊椎动物进化史上的第十一次巨大飞跃。

《生命进化史（增订版）》，第一卷从宇宙大爆炸、物质的形成、“两暗一黑三起源”、第一个脊椎动物昆明鱼的出现等讲起，讲到两栖动物登陆；第二卷从第一个真爬行动物林蜥的出现、第一个恐龙始盗龙的诞生、第一个会飞的恐龙近鸟龙的出现等讲起，讲到第一只真正的鸟儿始祖鸟飞上蓝天；第三卷从第一个似哺乳爬行动物始祖单弓兽、第一个哺乳动物摩尔根兽、第一个灵长类动物阿喀琉斯基猴的诞生等说起，讲到人类的起源与迁徙、智人遍布世界各地、开启人类新文明。书的最后介绍了脊椎动物的心脏、四肢、五指（趾）、脑、眼睛、耳朵、鼻子、牙齿等器官，以及受精与生殖方式的演化。《生命进化史（增订版）》从宏观层面，重塑了宇宙初期的壮丽画卷，以及生物 40 亿年的演变轨迹；从分子生物学微观层面，向读者展示了伟大生命诞生的瞬间，以及生物基因变异或突变的根源。《生命进化史（增订版）》犹如一部栩栩如生的六幕生命演化剧，幕幕精彩，震撼不断；又好像一部史诗般的数十集连续动画，展示了从生命诞生的一刹那到智慧人类出现和发展的辉煌历程。

在这里，我要隆重而诚挚地感谢中国科学院古脊椎动物与古人类研究所、南京古生物研究所、西北大学、中国地质科学院、中国地质大学（北京）等研究机构和大学的著名专家，他们有舒德干、周忠和、朱敏、徐星等院士，倪喜军、董枝明、金昌柱、徐洪河、季强、姬书安等研究员，还有李全国教授，他们都毫不吝啬地将研究成果提供给我，并悉心教授。正是有了他们的无私奉献和执着的努力，才有了中国古生物学的今天，才有了我这本书的出版，我将永远感激他们，他们都是我科学传播道路上的恩师。

此外，我要特别感谢朱敏院士，为本书提供了许多古鱼类复原图。书中有些图片引自 Nobu Tanura、Dmitry、Bogdanov、Funk Monk、дибгд，以及视觉中国等，在此向这些机构、公司及作者表示最诚挚的感谢！

最让我感动，又最值得我尊重的是自然资源部原总工程师、国务院参事张洪涛教授，他拨冗执笔，为本书作序。

王章俊　于北京

2019 年 2 月 5 日第一版

2023 年 9 月 10 日修订

目录

第一卷 从起源到登陆

第一章 宇宙诞生

第二章 生命起源与进化

第一次生物大灭绝事件：拉开了脊椎动物进化的序幕

第五章 寒武纪生命大爆发

第六章 无颌鱼类时代

第二次生物大灭绝事件：拉开了鱼类大繁盛的序幕

第七章 鱼类时代

第三次生物大灭绝事件：拉开了陆生脊椎动物进化的序幕

第八章 两栖动物时代

第二卷 从陆地到天空

第九章 真爬行动物时代

第四次生物大灭绝事件：拉开了恐龙进化的序幕

第五次生物大灭绝事件：拉开了恐龙繁盛的序幕

第十章 恐龙时代

第十一章 鸟类时代

第六次生物大灭绝事件：
拉开了现生鸟类进化的序幕

第三卷 从野性到文明

第十二章 似哺乳类爬行动物时代

第四次生物大灭绝事件：拉开了似哺乳类爬行动物多样化繁衍的序幕

第五次生物大灭绝事件：弱小的哺乳动物仍过着“寄人篱下”的生活

第十三章　哺乳动物时代

第六次生物大灭绝事件：拉开了哺乳动物大繁盛和灵长类进化的序幕

第十四章 人类时代

第十五章 动物器官的演化

The Evolution of Life

生命进化史

第一卷
从起源到登陆

第一卷

从起源到登陆

第一章
宇宙诞生

The Evolution
of Life

1.1 宇宙大爆炸

宇宙是空间、时间、物质和能量，以及暗物质和暗能量的总和。宇宙是有限而无边的，也可以说，宇宙没有尽头。这是因为，在宇宙诞生之前，什么都没有，就连空间也不存在，没有了空间，也就没有了“位置”的概念，也就不存在所谓的“内”或“外”，宇宙也就不存在尽头。

随着科学技术日新月异的发展，科学家们可以利用空间望远镜去观察更广、更远的宇宙。2009 年 5 月，欧洲空间局（ESA）发射了普朗克卫星，它精确地绘制出了宇宙微波背景辐射（CMB）图像。科学家们根据 CMB 精确计算出，宇宙产生于 138.242 亿年前（正负误差为数百万年）的一次“大爆炸”，当前宇宙的可观测直径约为 930 亿光年。

埃德温 · 哈勃

1929 年，美国天文学家埃德温 · 哈勃发现的哈勃定律，为宇宙膨胀说开辟了道路，被称为“20 世纪天文学最伟大的发现”

○ 哈勃定律与宇宙大爆炸

1929 年，在美国洛杉矶的威尔逊山天文台，美国天文学家埃德温 · 哈勃在观察中发现了星系光谱的“红移现象”。根据光的多普勒效应，光波频率的变化使人感觉到颜色的变化。如果恒星远离我们而去，相当于光的波长被拉伸，那么光的谱线就会向红端移动，这种现象称为红移；如果恒星朝向我们运动，相当于光波被压缩，那么光的谱线就会向紫端移动，这种现象称为蓝移。埃德温·哈勃提出了著名的“哈勃定律”，即河外星系在以人类难以想象的速度飞离地球，所有一切都在远离地球而去，而且距离地球越远的星系，飞离地球的速度越快。哈勃定律证明，宇宙仍在以人们难以置信的速度膨胀，而且膨胀的速度越来越快。2014 年 3 月 17 日，美国哈佛 – 史密森天体物理中心宣布，其探测器捕捉到了宇宙暴胀时期遗留下来的最重要的遗迹——宇宙原初引力波。这是自爱因斯坦广义相对论预言引力波存在以来，人类首次直接探测到引力波信号。另外，本次探测到的引力波是宇宙婴儿时期产生的，因此也是人类在观测上首次发现宇宙暴胀的直接证据。宇宙大爆炸可谓“世间造物主”，它创造了空间、时间和宇宙万物，也包括我们人类。

科学家们用“宇宙大爆炸”来形象地描述宇宙的极速膨胀，但其实宇宙大爆炸与人们现实看到的或想象的爆炸场景是完全不一样的。

宇宙大爆炸不是真的爆炸，而是奇点发生极速膨胀，也就是最初宇宙的均匀性爆发式膨胀。严格地说，宇宙没有中心，宇宙内的每一个点都是宇宙膨胀的中心，都在均匀地向外扩张。

爱因斯坦的广义相对论已经证明了，促使宇宙加速膨胀的能量是暗能量，其作用方向与万有引力相反，因此被命名为“万有斥力”。这是一种既不吸收，也不反射或辐射光的能量，现代技术还无法对其进行直接观察。不过科学家们已经通过间接方法，证明了暗能量的存在，而且了解到它是宇宙间最主要的能量形式（详见 1.4）。

宇宙中除暗物质、暗能量外，其他能够观测的可见物质只占宇宙总质量的 4.9%。目前这个“可见”的宇宙有上千万亿个星系，每个星系又有 1000

太空中的哈勃空间望远镜

哈勃空间望远镜于 1990 年 4 月 24 日由美国航天飞机成功送上太空。它长 13.3 米，直径为 4.3 米，重 11.6 吨，以 2.8 万千米的时速沿太空轨道运行。它帮助天文学家解决了许多天文学上的基本问题，使人类对天文物理有了更多的认识，是天文史上最重要的仪器之一。2011 年 11 月，天文学家们利用哈勃空间望远镜，首次拍摄到围绕遥远黑洞存在的盘状星云

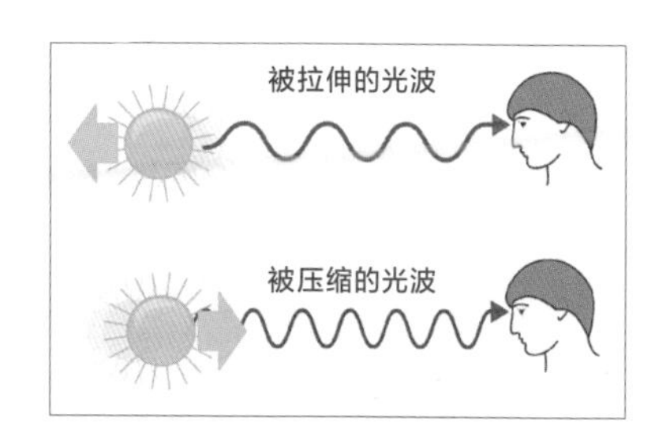

光的多普勒效应示意图

光波被拉伸时出现红移，光波被压缩时出现蓝移

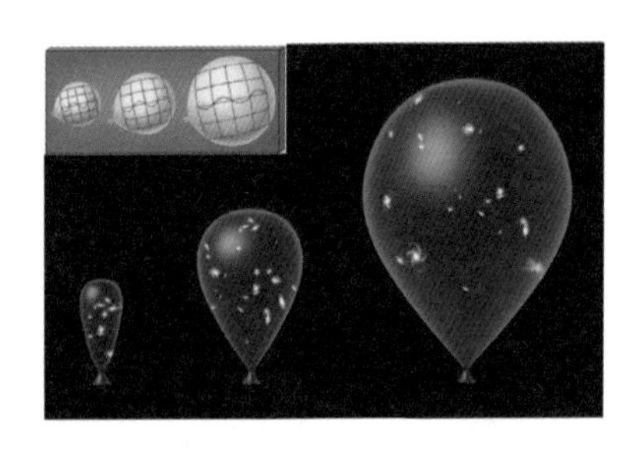

宇宙膨胀导致星系彼此远离示意图

这里说的星系远离我们而去，并不是星系真的在向外移动。我们可以把宇宙看成一个表面画有许多星系（气球上的白点）的蓝色气球，在气球不断充气时，随着气球的不断膨胀，气球表面的星系（白点）会彼此远离，但不是在移动

亿～4000 亿颗恒星，形象地说，地球上有多少沙粒，宇宙中就有多少恒星。

关于宇宙膨胀理论的证据如下：

（1）1929 年，美国天文学家埃德温·哈勃观察到星系光谱的“红移现象”，根据光的多普勒效应，提出并证明了宇宙在加速膨胀；

（2）1965 年，美国新泽西州贝尔实验室的两位无线电工程师阿诺·彭齐亚斯和罗伯特·威尔逊意外地发现了宇宙微波背景辐射，并因此于 1978 年获得诺贝尔物理学奖；2019 年诺贝尔物理学奖获得者詹

比原子还小的奇点

根据宇宙膨胀理论反演，最初的宇宙直径也许不到一亿万分之一厘米，是一个有着无限密度、无限温度和无限能量的，比原子还小的点

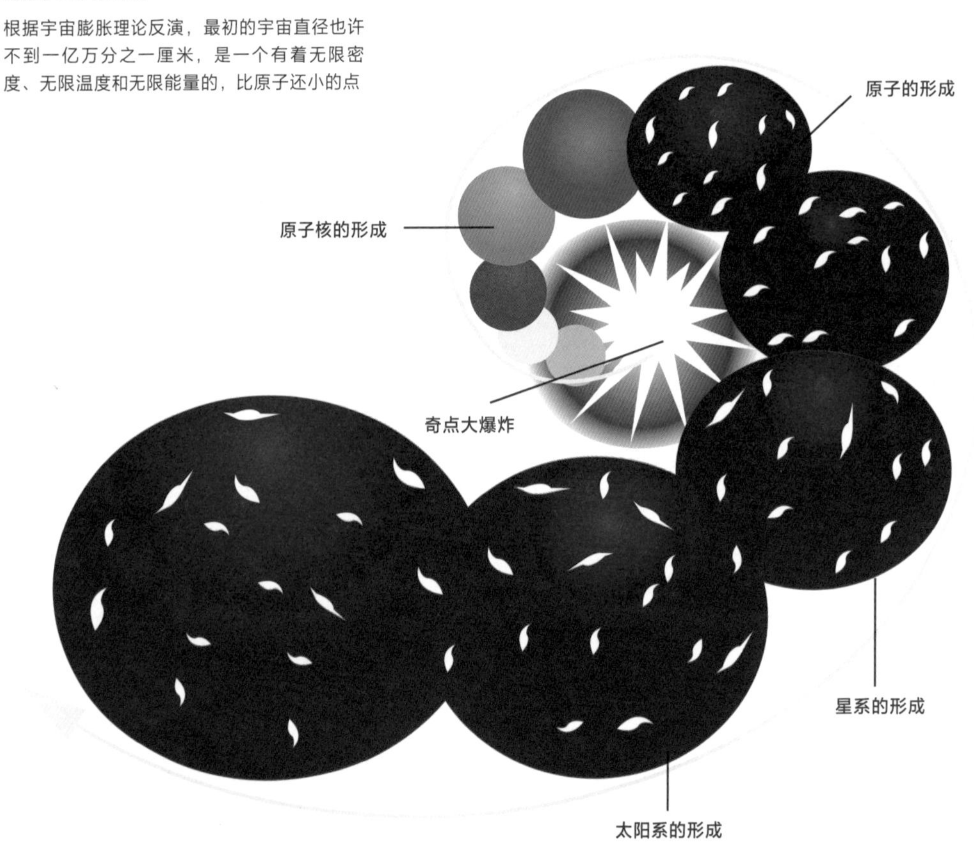

138.2 亿年前，奇点大爆炸（示意图）

通过测量宇宙膨胀速度，天文学家们逆向计算出，在 138.2 亿年前，奇点发生大爆炸，这个时间点被称作大爆炸时刻，也被称为时间起点。在大爆炸发生的一瞬间，一种能量波猛然迸发，并以惊人的速度向外扩张

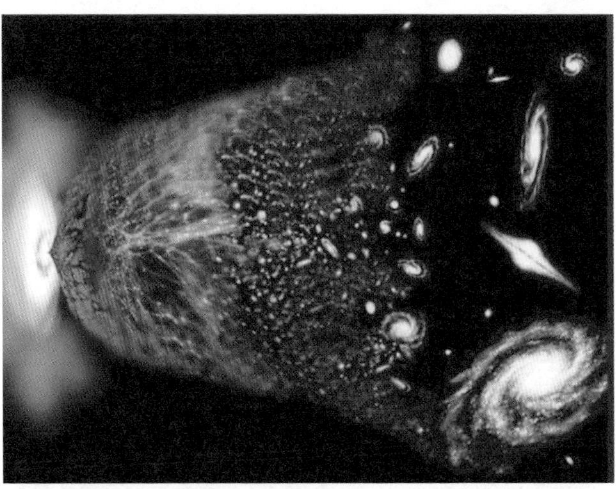

宇宙在大爆炸之后，发生戏剧性膨胀（示意图）

在大爆炸后一亿亿亿分之一秒内，宇宙从一个原子扩展成一个高尔夫球大小；然后又在同样长的时间内，从一个高尔夫球大小，膨胀到地球大小，犹如刹那间被吹胀的气球。宇宙目前仍在以难以想象的速度膨胀，而且膨胀速度还在不断加快

宇宙大爆炸后 38 万年，第一道光线在混沌的宇宙中穿过（示意图）

恒星的形成

这是恒星形成过程中年轻的原恒星盘，原恒星就形成于旋转圆盘的中心（白色区域）。随着原恒星盘不断吸入周围的物质，质量不断增加，温度越来越高，触发氢核聚变反应，一颗年轻的恒星就诞生了

姆斯·皮布尔斯从理论上解释了宇宙微波背景辐射其实是宇宙大爆炸的印迹；

（3）美国天文学家于 2013 年绘制出宇宙微波背景辐射图；

（4）爱因斯坦在 1915 年发表的《广义相对论基础》中提出的“加速膨胀的、有限的、无边的宇宙模型”，在 1922 年再一次被苏联数学家弗里德曼证明；

（5）科学家们已经探测到 138.2 亿年前宇宙大爆炸产生的辐射波，过去黑白电视机呈现的雪花状图案就是这种辐射波干扰造成的。根据宇宙大爆炸模型推测，在宇宙大爆炸后 10 分钟，大爆炸核聚变结束，氢元素在宇宙中的质量占比是 75%，氦元素是 25%，这与实际观测结果基本吻合，成为支持宇宙大爆炸理论的最有力证据之一。

○ 关于时空观的讨论

我们要了解宇宙，首先要建立正确的宇宙观，即时空观。人类对宇宙的认识经历了复杂的演变。

按我国古人对宇宙的认识，宇宙只是一个时空概念，上下左右谓之宇，古往今来谓之宙。而从科学角度认识宇宙，有两种截然不同的观点，一种是牛顿的绝对时空观，另一种是爱因斯坦的相对时空观。牛顿的绝对时空观更容易被普通人理解，而爱因斯坦的相对时空观难以被非专业人士理解。这两种观点对宇宙的起源、天体的运行规律、时空与物质的联系、黑洞的形成等做出了完全不同的解释，所以，要真正认识宇宙的起源，就必须先了解这两种时空观。

牛顿的绝对时空观认为，物质、时间和空间是独立的存在，彼此之间没有联系。

1687 年，牛顿出版了《自然哲学的数学原理》一书。牛顿在书中说：“空间就其本性来说，与任何外在的情况无关，始终保持着相似和不变。”“绝对的、纯粹的、数学的时间，就其本性来说，均匀地流逝而与任何外在的情况无关。”他认为空间和时间就像物质一样，是独立而实在的存在。空间是“静止”的，或者至少是“非加速”的，因而他认为时间也是不变的。

爱因斯坦狭义相对论的时空观认为，时间与空间是相互联系的，与参照系有关。由此可见，狭义相对论否定了牛顿的绝对时空观，强调了时间与空间的联系和时空的相对性。如果物体的运动速度接近光速，那么其体积会缩小，质量会增大，时间会变慢；如果物体的运动速度达到光速，那么其体积会变得无限小，质量会变得无限大，时间也会停止。所以说，光速是宇宙中物体运动速度的极限，任何物体的运动速度都无法超过光速。

爱因斯坦广义相对论的时空观认为，时空的性质与参照系的选择，以及物质及其运动的情形密切相关。时空是弯曲的，物体的运动不是引力作用的结果，而是对物体邻近空间的“曲率”或“弯曲”做出的一种反应。比如，卫星围绕地球运行，不是因为地球对卫星的引力作用，而是因为地球质量远远大于卫星，引起的时空弯曲大于卫星所处空间的弯曲程度，于是卫星在地球引起的时空弯曲中做“惯性运动”。月球围绕地球旋转，地球围绕太阳运行，都是同样的原理。

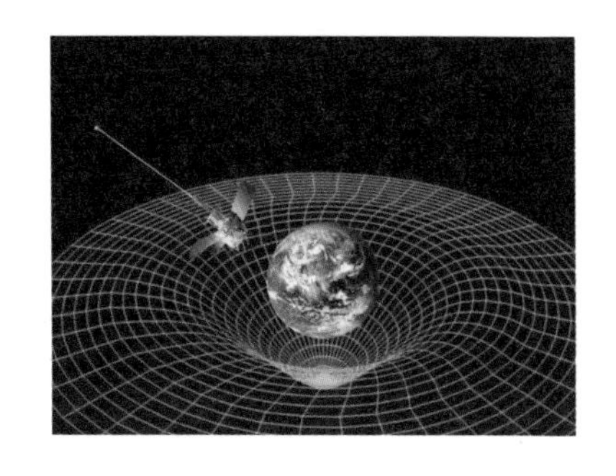

卫星在地球的时空弯曲中做惯性运动

爱因斯坦说：“在我之前的人们认为，如果把所有东西都从宇宙中拿走，那剩下的就是时间和空间。而我却证明，如果把所有东西都拿走，那什么也剩不下。”他认为，没有不存在物质的空间，因为没有空虚。也就是说，任何空间，不论大小，都不是空无一物，而是有物质存在的，如果没有了物质，空间也就失去了存在的意义。简单来说，时间、空间、物质相互依存，无法单独存在。

爱因斯坦的相对论及宇宙大爆炸模型证明，奇点发生大爆炸后 10^{-43} 秒，即几乎在大爆炸发生的同时，就产生了时间、空间和物质，而宇宙间最简单的物质——氢原子和氦原子，是在大爆炸 38 万年后形成的。

最初的宇宙——比原子还小的奇点

压缩气体，可以使气体温度上升、密度变大，同时也意味着这团被压缩的气体蕴含着巨大的能量。如果回溯到 138.2 亿年前，宇宙就变得无限小，物理学上把这个存在又不存在的点称为奇点。奇点是没有大小的“几何点”，被认为几乎就是“0 维”空间，因为奇点宇宙中没有空间，宇宙半径趋于零，却有着无限的密度、无限的温度和无限的能量。根据能量守恒定律，这个奇点所包含的能量等同于现今宇宙所有能量与物质的总和。大爆炸之初的宇宙处于混乱无序状态。宇宙万物都由物质组成，无论是小小的石头，还是巨大的恒星或星系，都是由大爆炸之前的纯能量产生的，爱因斯坦的质能方程（$E=mc^2$）说明能量会转换成物质。

在宇宙大爆炸后最初的 1 秒内，宇宙温度超过 100 亿开①，质子、中子和电子具有巨大的能量，可以不受强核力的束缚，处于离散状态，光因离散的粒子弹回而无法穿过。也就是说，在宇宙大爆炸后最初的时间内，宇宙处于混沌状态，犹如黑暗的浓汤，即所谓的太极。太极是阴阳未分，混沌未开的状态。随着温度的降低，在大爆炸后 38 万年，温度降至 3000 开，质子、中子和电子的能量降低，因而无法挣脱强核力的束缚，逐渐结合在一起，最先形成氢，然后是氦、锂等基本物质；宇宙开始变得透明，第一道光穿过宇宙，从此，阴阳分明。在宇宙大爆炸后不到 10 亿年，形成了第一批恒星和原始星系。

宇宙微波背景辐射图（下图）显示，宇宙形成初期、物质分布是不均匀的，图中红色区域代表物质比较密集的区域，这是引力将原子聚拢在一起的结果。红色区域也是原始恒星和星系形成的区域。

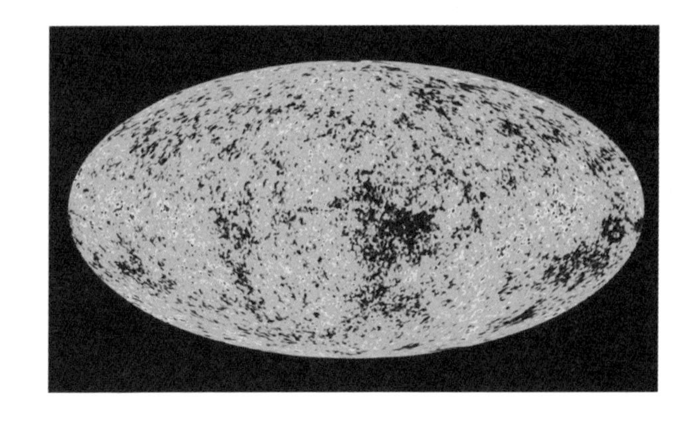

目前人类获得的最精确的宇宙微波背景辐射图

这个影像被称为“上帝的面容”。红色和黄色区域较为温暖，蓝色和绿色区域则较冷。这是目前最精确地反映宇宙诞生初期情形的全景图，几近完美地验证了宇宙标准模型，见证了宇宙诞生 38 万年后的情形

① 开：热力学温度单位，全称为“开尔文”，符号为 K。

1.2 物质的形成

宇宙万物都来自宇宙大爆炸。宇宙最初只是一个点，即奇点，它具有无限温度、无限密度和无限能量，是一个纯能量点。

宇宙大爆炸后一千亿亿亿亿亿分之一秒，宇宙温度约为 1.4 亿亿亿亿开，这个阶段称为普朗克时期。在此之前，宇宙的密度可能超过每立方厘米 1 亿亿亿亿亿亿亿亿亿亿吨，当时只有一种力（物理学），就是引力，引力因宇宙冷却而被分离出来，并独立存在，从此出现了空间和时间。这时候，宇宙中存在一种引力子，传递引力而相互作用，宇宙中的其他力（宇宙中有四种力，第一种是引力，第二种是强核力，第三种是弱核力，第四种是电磁力）仍为一体。

大爆炸后一百亿亿亿亿分之一秒，宇宙温度约为 1000 亿亿亿开，宇宙进入暴胀期，引力已分离，形成夸克、玻色子、轻子等粒子。在这一阶段，由于宇宙的进一步冷却，强核力被分离出来，而弱核力及电磁力仍然统一于所谓电弱相互作用。

宇宙发生暴胀的时间仅持续了一亿亿亿亿分之一秒，在此瞬间，宇宙经历了 100 次加倍（2 的 100 次方）的膨胀，宇宙（空间与时间）比先前增长了 1000000 亿亿亿亿亿亿亿亿倍。

宇宙大爆炸后一万亿分之一秒，宇宙温度约为 10000000 亿开，宇宙进入粒子形成期，有质子、中子及其反粒子形成，玻色子、中微子、电子、夸克以及胶子稳定下来。这时候的宇宙变得足够冷，电弱相互作用分解为电磁力和弱核力。

宇宙从高尔夫球大小膨胀到地球大小示意图

宇宙大爆炸后一万分之一秒，轻子家族（电子、中微子以及相应的反粒子）与其他粒子分离开来。

宇宙大爆炸后 0.01 秒，宇宙温度约为 1000 亿开，这时的宇宙以光子、电子、中微子为主，质子、中子仅占十亿分之一。宇宙处于热平衡状态，体积急剧膨胀，温度和密度不断下降。

宇宙大爆炸后 1 秒，宇宙温度约为 100 亿开，形成一锅夸克－胶子汤，“汤”里有诸如质子、中子、电子等。由于温度迅速降低，中微子无法与其他粒子相互作用；质子和中子的比例变得相对固定，大约每 7 个质子对应 1 个中子。由于氢原子核由一个质子构成，因此这一时期的宇宙，基本上是一锅氢原子核的汤。随着温度逐渐降低，氢核聚变反应就可能出现了。

宇宙大爆炸后 10（或 15）秒，宇宙温度约为 30 亿开，这一温度足以让质子吸引中子，开始形成由重氢构成的原子核，即氘。宇宙从此进入原子核形成时期，开始形成氘原子核。

宇宙大爆炸后 3 分钟，宇宙温度约为 10 亿开，强核力使质子与中子聚为一体，氘原子核开始成对形成氦原子核（2 个质子和 2 个中子）。这时的宇宙充满氢原子核与氦原子核，但因为没有电子围绕，所以还没有形成中性原子。在这一时期的宇宙中，仍是每 7 个质子对应 1 个中子，所以每 7 个质子中，就有 6 个质子没有中子陪伴。质子和中子是自然界中最重的粒子，因此这时期的宇宙中，没有中子陪伴的质子占宇宙的 75%，另外的 25% 是质子与中子结合形成的氘，氘很快又变成了氦。这就是大爆炸产生的宇宙物质含量，氢的质量占比是 75%，氦是 25%。这是根据宇宙大爆炸理论计算出来的，与天文学家们实际观测的古老恒星物质含量相吻合。

宇宙大爆炸后 38 万年，宇宙温度约为 3000 开，在化学结合作用下，带正电荷的质子吸

宇宙的暴胀——能量转换成物质

宇宙大爆炸后 38 万年，宇宙才从无物质的纯能量状态变成物质的粒子世界（根据爱因斯坦的质能方程，$E=mc^2$，假设把一个质量仅为 1 克的小砝码全部转化成能量的话，它的总能量相当于 2500 万千瓦 · 时的电能）

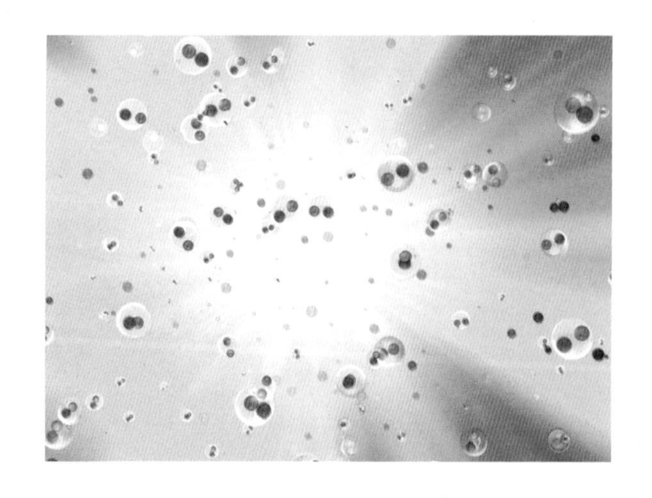

引带负电荷的电子，中性原子形成，随后形成第一种物质——氢原子，紧接着形成第二种物质——氦原子，从此宇宙开始变得透明，第一道光才能够穿过混沌的宇宙。

这时宇宙中的氢与氦仍为气态物质，并逐步在自身引力作用下凝聚成密度较高的气体云块。宇宙大爆炸后不到 10 亿年，形成了第一批恒星和恒星系统，银河系就是第一批形成的星系。

恒星的形成过程

❶ 旋涡星云形成

随着时间的流逝，星云中的氢气和氦气被分隔成更小的星云，它们在自身引力作用下坍缩。当星云状物质收缩在一起时，其中的原子相互碰撞，气体温度升高。尘埃和气团在引力的作用下不断聚集，形成旋涡状星云

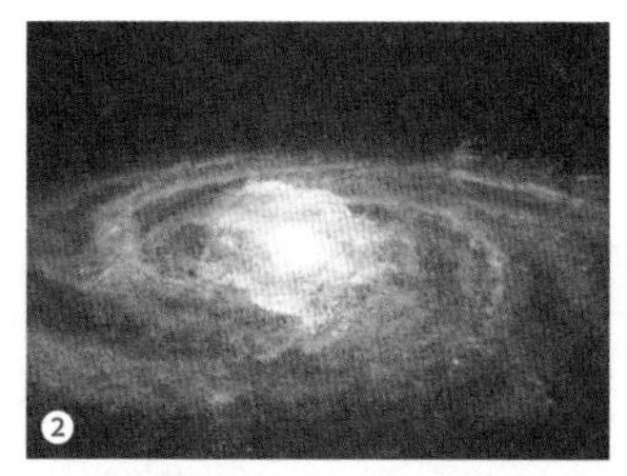

❷ 盘状星云形成

在引力的持续作用下，星云温度不断升高，密度不断增大，数十万年后，形成盘状星云，直径可以超过太阳系

❸ 巨大的气柱从星云中心喷射出来

位于盘状星云中心的物质在引力的持续作用下，不断被挤压，形成超高温度、超高密度的球体。随着压力持续增大，巨大的气柱从中心喷射出来

❹ 气体和尘埃颗粒不断被吸入，形成吸积盘

随着巨大气柱从中心喷出，物质的旋转越来越快，引力持续加强，相邻的气体和尘埃颗粒不断被吸入，并相互挤压，产生越来越多的热量，形成恒星孕育场致密云中的吸积盘（黄色/橘色区域）和圆环体（盘周围的暗环），同时向外喷出双极喷流

❺ 新恒星形成

在随后 50 万年或更长时间里，这个恒星胚变得更小、更热，核心温度超过 1500 万摄氏度，气体原子在高温下发生核聚变，一颗新恒星就此诞生。一颗恒星可存在几十万甚至几十亿年，并因内部的核聚变不断放出光和热。这张图是最新观测发现的 S1020549 恒星

1.3 恒星的诞生与死亡

宇宙中有数不清的恒星，每颗恒星都蕴藏着巨大的能量，它们创造了基本物质，组成了宇宙万物，也包括我们人类。恒星的形成需要暗物质、氢气、氦气、引力和时间，其中引力和暗物质发挥着关键作用。星云在引力作用下坍缩，形成巨大的球状物质团。如果没有暗物质，虽然引力也能引起坍缩，但这一过程将变得极其缓慢。

○ 恒星的诞生

宇宙大爆炸后，宇宙中充斥着无数大爆炸残留的气体云，即星云。形态各异的星云漂浮在太空，蔚为壮观，有火状星云、马头星云以及密度很大的尘埃星云，每个星云都是恒星的摇篮，其中孕育着数万亿颗恒星。

宇宙在大爆炸后 10 亿年之内，诞生了第一批恒星，这些恒星中的一部分形成了银河系的雏形。

宇宙大爆炸后大约 92 亿年，一颗耀眼的恒星在银河系诞生，它就是为地球万物提供光与热的太阳。

一个天体必须具备至少十分之一太阳的质量才能形成恒星，小于此质量的星云是不可能在自身引力的作用下形成恒星的。2003 年，美国发射了斯皮策空间望远镜，它可以深入尘埃星云内部，观测星云内部新恒星的生成。

总而言之，宇宙中千千万万的恒星都是利用宇宙大爆炸形成的氢气和氦气，并在引力的作用下，经过数十万年，或数百万年，甚至数亿年的时间才形成的。

2016 年，英国诺丁汉大学科研团队通过观测，计算出可观测宇宙中有多达 20000 亿个星系，假如每个星系中有 1000 亿颗恒星，那么以此计算，宇宙中有多达 2000 万亿亿颗恒星。现在全球约有 80 亿人，如果每人每秒数 1 颗恒星，那么将需要 80 万年才能数完宇宙中的所有恒星。遗憾的是，宇宙中还有许许多多星系是人类当前观测不到的。

○ 恒星的死亡

当一颗中低质量恒星（1～8 倍太阳质量的恒星）度过漫长的青壮年期，步入老年期，行将死亡时，会先变为一颗红巨星，体积膨胀几千万倍，表面温度随之降低，发出的光越来越红，但极为明亮。我们肉眼看到的较明亮的星星中，许多都是红巨星。

当一颗大质量恒星（9～30 倍太阳质量的恒星）或超大质量恒星（大于 30 倍太阳质量的恒星）即将死亡时，会先膨胀形成红超巨星。当核聚变反应停止时，红超巨星会开始坍缩，并引起超新星爆发，最终形成中子星或黑洞。

当恒星内部的氢、氦等燃料耗尽时，恒星就走向了死亡。在引力的作用下，恒星的物质会收缩并挤压在一起，这一过程在天文学上叫坍缩。不同质量的恒星死亡后的形态也不一样，科学家们认为恒星死亡后大致有三种形态：白矮星、中子星和黑洞。

（1）当一颗中低质量恒星以行星状星云形式死亡时，其内部核心自我坍塌，3 个氦原子聚合形成 1 个碳原子，最终形成一颗白矮星，其密度约为每立方厘米 1 吨。

（2）当一颗大质量恒星以超新星的形式死亡时，其内部核心自我坍塌，超大压力将原子挤破，原子核内的质子和电子互相融合形成中子，最终形成一颗中子星，其密度为每立方厘米 0.8 亿～20 亿吨。

恒星的死亡过程

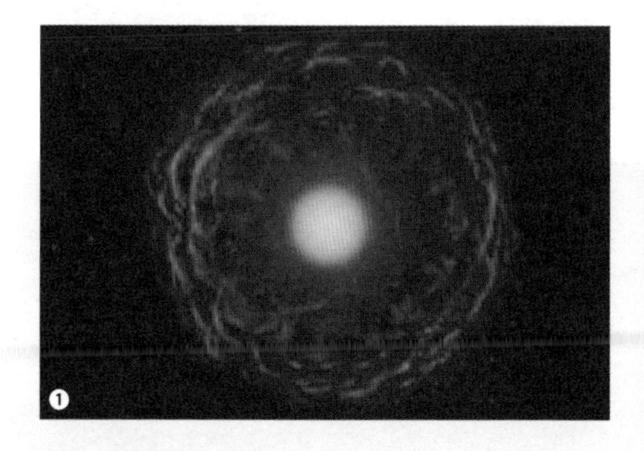

❶ 形成红巨星

恒星形成红巨星，体积膨胀几千万倍，外表温度降低，发出红色的光

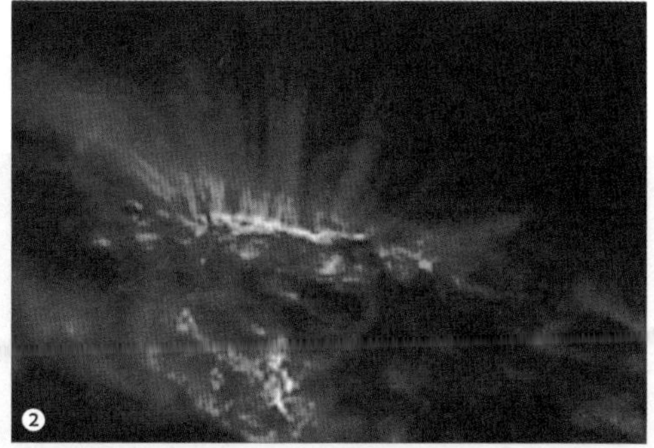

❷ 红巨星内部的热核聚变

红巨星依靠内部的氢聚变而“熊熊燃烧”着。氢聚变的结果是把 4 个氢原子核聚变成 1 个氦原子，虽然只有 7‰的物质转换成能量，但释放出的能量却是巨大的。氢的“燃烧”消耗极快，由氦原子组成的核心不断增大

（3）当一颗超大质量恒星以超新星的形式死亡时，其内部核心自我坍塌，形成黑洞。黑洞的质量几乎无限大，根据史瓦西半径公式（$Rs=2Gm/c^2$）计算，9毫米史瓦西半径的黑洞，其质量相当于地球，约为60万亿亿吨。超大质量恒星死亡后形成的黑洞为孕育新的恒星提供了物质——星云。

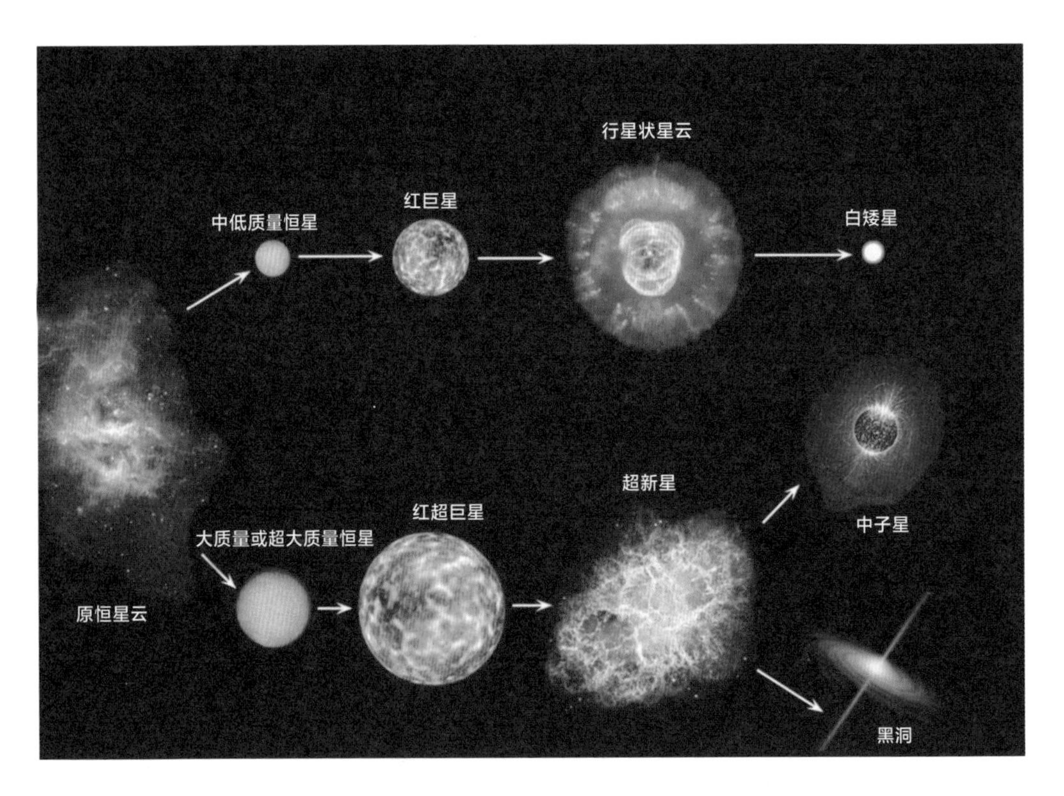

恒星死亡后的三种形态

1.4 神秘的“两暗一黑”

“两暗一黑三起源”是目前宏观宇宙学研究上的六个重大前沿问题。“两暗”指暗物质和暗能量，“一黑”指黑洞，“三起源”指宇宙起源、天体起源和生命起源。这里简要介绍一下“两暗”和“一黑”，重点系统论述“三起源”。

根据欧洲空间局发射的普朗克卫星于 2013 年探测的数据，宇宙由 26.8% 的暗物质、68.3% 的暗能量和约 4.9% 的普通重子物质构成。由此可见，几千年来，人类对宇宙的探索和认识，还不足宇宙的二十分之一。宇宙仍有许许多多的未解之谜，有待人类去探索。

○ 宇宙中最神秘的物质——暗物质

暗物质是一种不可见的物质，是宇宙物质的主要组成部分，呈不均匀分布。暗物质虽然不可见，但毕竟是有质量和引力的物质，所以人类可以通过一些技术手段推断其存在。

爱因斯坦于 1916 年发表《广义相对论》之后，又与荷兰天体物理学家威廉·德西特合作发表了关于宇宙中存在“看不见的物质”的论文。1922 年，荷兰天文学家雅各布斯·卡普坦提出，可以通过星体系统的运动间接推断出这种“看不见的物质”的存在。

存在于银河系外的巨大暗物质（艺术概念图）

NASA/JPL[①]发布的暗物质示意图

暗物质也存在于地球附近或地核中。当一股暗物质粒子穿过地球时，会形成酷似头发因静电而炸起的现象

1933 年，瑞士天体物理学家弗里茨·兹威基在推算星系团平均质量时，推导出星系团里绝大部分物质是看不见的，而且这种不可见的物质比我们能看到的可见物质要多得多，他将其称为“暗物质”。

科学家们把暗物质理解为星系的“黏合剂”，正是暗物质的存在，使天体能够聚合成一个星系，如银河系。暗物质存在的主要证据，一是远离星系中心的星体，其测定的公转速度要比开普勒定律的理论值大许多（如果没有暗物质，远离星系中心的星体就会沿着轨道切线飞离出去，也就是说，整个星系会分崩离析）；二是“引力透镜效应”，当光线经过暗物质附近时，由于暗物质的引力作用，光线会发生弯曲。

简单来说，暗物质是一种看不见、摸不着、有质量、有引力、能加速星系团旋转的物质。

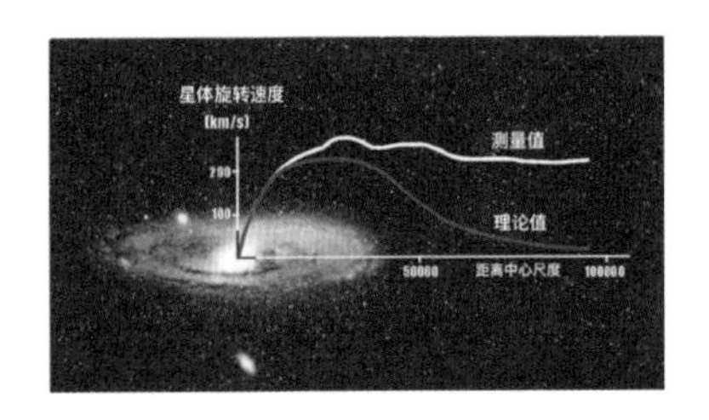

星体旋转速度测量值与理论值曲线对比图

○ 宇宙中最神秘的能量——暗能量

暗能量是一种驱动宇宙加速膨胀的能量，均匀分布于宇宙之中。暗能量最初是由爱因斯坦于 1916 年根据广义相对论推断出来的存在于宇宙中的一种物质。1998 年，美国和澳大利亚科学家领导的“超新星宇宙学计划”和“高红移超新星搜索队”两个科学团队在研究超新星时，发现宇宙在 60 多亿年前由一种不为人知的神秘力量主导，从减速膨胀变为加速膨胀。同年，美国理论宇宙学家迈克尔·特纳将这种神秘力量正式命名为“暗能量”。

可以说，如果没有暗能量，宇宙就会发生“大坍缩”，最终回到最初的状态——奇点。

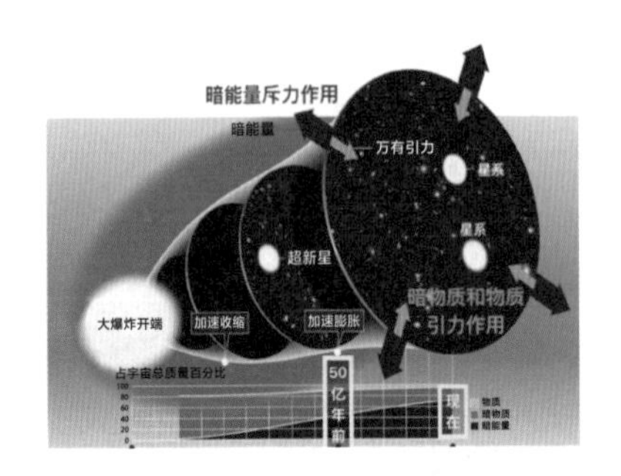

宇宙必然存在不可知的神秘力量——暗能量（想象图）

① NASA/JPL：美国国家航空航天局（缩写为 NASA）下属的喷气推进实验室（缩写为 JPL）。

如前文所述，暗能量是一种看不见、摸不着、能加速宇宙膨胀的能量，它与万有引力的作用相反，因此科学家们称其为“万有斥力”。

对于可见物质而言，能量与物质是可以相互转化的，而且遵守物质与能量转换守恒定律，二者之间的换算关系，就是爱因斯坦著名的质能方程：$E=mc^2$。可以说，物质是固化的能量，能量是无形的物质，氢弹爆炸就是物质与能量转换的例证。

暗物质与暗能量，不同于普通物质与能量，虽然都姓“暗”，但没有一丁点“血缘关系”，不能相互转换，甚至互不相容。暗物质具有质量和引力效应，能够加速星体的旋转；暗能量与引力作用相反，被称为“万有斥力”，能加速宇宙的膨胀。

○ 宇宙中最神秘的天体——黑洞

在介绍黑洞之前，有必要介绍一下“宇宙审查假说”，它是英国物理学家罗杰·彭罗斯在1969年提出的假说，目的是弥补爱因斯坦相对论的不足——无法解释奇点的存在。

宇宙审查假说，又叫宇宙审查官假说或宇宙监察机制假设，可以说是关于宇宙的最诡异、最神秘、最难理解的理论之一。支持该假说的学者认为，宇宙中凡是人类无法探知的事物，如黑洞，都可以用宇宙审查机制来解释。宇宙审查机制不想让人类观察到它们，所以把它们隐蔽起来，使人类无法探测其真相。

对于黑洞，该假说认为，在一颗恒星坍缩的过程中，如果产生一个奇点，那么就必然会有一个事件视界随之形成。也就是说，大自然禁止我们看到任何一个奇点，因为总会有一个事件视界将奇点遮蔽起来，让我们无法观察到。宇宙审查假说因此推测，在现实条件下，不可能形成奇点，因为物理学定律会“审查”奇点，把它隐蔽在事件视界的背后。

自爱因斯坦发表广义相对论以来，从卡尔·史瓦西于1916年计算出最早的黑洞解，约翰·惠勒首次对黑洞进行命名，罗伯特·奥本海默等人证明黑洞存在事件视界，罗杰·彭罗史与斯蒂芬·霍金证明了奇点的存在，天鹅座X-1被发现，卡尔·塞弗特对星系进行分类，到后来的天文学家对这类物理机制的洞察，再到2020年诺贝尔物理学奖获得者赖因哈德·根策尔和安德烈娅·盖兹发现银河系内的超大质量黑洞，科学家们一步一步地对宇宙中最神秘的天体——黑洞有了更深入的认识。人类一直期待有一天能够揭开黑洞的神秘面纱，全面认识黑洞，但这还有待于未来的探索与发现，下面仅谈谈当下科学家们对黑洞的认识。

美丽的黑洞是科学与艺术结合的产物，从图中可以看出时空在黑洞附近弯曲了（图片来源：NASA）

什么是黑洞

1916年，德国天文学家卡尔·史瓦西通过计算，得到了爱因斯坦引力场方程的一个真空解，该解表明，如果一个静态的、球状对称的天体，其半径小于某一个定值（也称史瓦西半径），那么这个天体就会存在一个边界——事件视界，只要进入这个边界，就连光也无法逃出。美国物理学家约翰·惠勒将这个不可思议的天体命名为“黑洞”。

简单来说，黑洞不是洞，而是超高密度、超大质量的天体。黑洞的密度不会低于20万亿亿吨/立方厘米（相当于1/3个地球的质量）。赖因哈德·根策尔和安德烈娅·盖兹通过天文观测，分析数以万计的恒星运动，推断出银河系中心确实存在一个非同寻常的超大质量致密天体，这个天体的质量大于400万倍太阳，直径却小于4800万千米，是超大质量黑洞。这两位科学家也因此获得了2020年度诺贝尔物理学奖。

黑洞与史瓦西半径

当一个天体的实际半径小于史瓦西半径时，光就无法逃脱，那么这个天体就是黑洞。天体的质量与史瓦西半径成正比，比如银河系中心的超大质量黑洞的史瓦西半径约为2400万千米，太阳的史瓦西半径为3000米，而地球的史瓦西半径只有9毫米。这里需要说明的是，史瓦西半径并非黑洞的实体半径，黑洞的半径无法通过肉眼观察，因此，科学家们至今仍无法一睹黑洞的真容，黑洞是科学家们通过宇宙观察而计算出的天体。

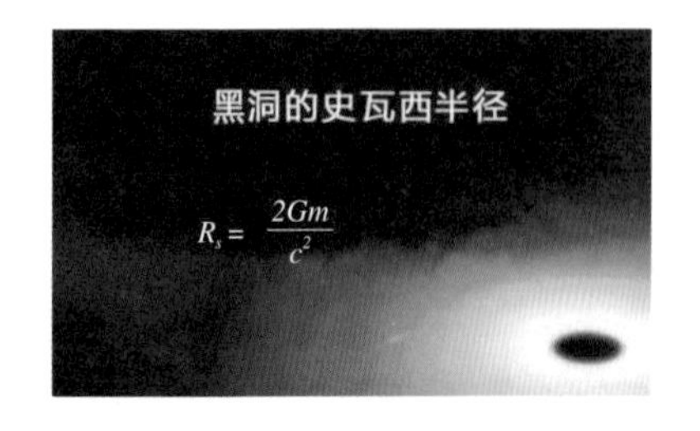

$R_s=2Gm/c^2$

R_s 为黑洞的史瓦西半径；m 为黑洞质量；c 为光速；G 为万有引力常数（$6.67\times10^{-11}N\cdot m^2/kg^2$）

黑洞的表面——事件视界

如果把黑洞看作一个球体，那球体表面就是它的

“事件视界”。科学家们只能观察了解视界外面的情况，对于视界里面的情况无法观察，只能通过计算略知一二。

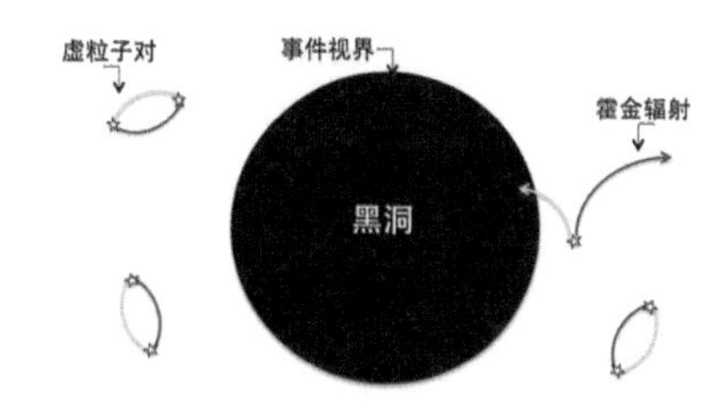

霍金辐射示意图

假设黑洞的事件视界边缘有一对正反虚粒子，一个粒子在视界内，一个粒子在视界外。视界内的粒子被黑洞强大的引力拉进黑洞，而根据动量守恒定律，视界外的粒子会朝着反方向飞去，从外面来看，犹如黑洞向外发出辐射，这就是著名的霍金辐射。本来正反虚粒子应该湮灭，将能量归还，但是现在视界外的一个粒子带着能量自己飞走了，为了确保动量守恒，这份从真空中“借”走的能量总得去填补，而将能量填补给真空的只能是黑洞。因此，霍金辐射将会使黑洞损失能量，视界面积减小，最终黑洞将为自己的“贪吃”付出代价，彻底消失

黑洞辐射与寿命

一个活跃的黑洞犹如一个饕餮，可将靠近它的一切物质都吞进去，就连宇宙中速度最快的光都难以逃脱。黑洞也有温度，会产生辐射，导致能量流失，因此最终也有死亡的一天。

1971 年，史蒂芬·霍金提出了黑洞的面积不减定理。该定理认为，黑洞的表面积与其质量成正比，质量越大，表面积越大。这个定理还告诉我们，一个黑洞不可能自发地分离成两个，因为那样表面积就减少了。黑洞只能融合，表面积会随之增加。两个黑洞融合可以引起时空涟漪，产生引力波。2017 年度诺贝尔物理学奖被授予美国科学家雷纳·韦斯、巴里·巴里什和基普·索恩，以表彰他们为“激光干涉引力波天文台”（LIGO）项目和发现引力波所做的贡献。

1974 年，史蒂芬·霍金预言黑洞可以发射热辐射，这就是著名的霍金辐射。热辐射意味着能量的流失，如果一个黑洞得不到物质能量的补充，那就意味着它是有寿命的。

根据斯特藩－玻耳兹曼定律，黑洞单位面积时间内辐射出的能量与其温度的四次方成正比。根据霍金辐射理论，黑洞的温度与其自身质量成反比，而寿命与其自身质量的三次方成正比。也就是说，黑洞质量越小，温度越高，辐射出的能量越大，寿命越短；反之，黑洞质量越大，温度越低，辐射出的能量越小，寿命越长。比如，一个质量为 10 千克的黑洞，寿命只有 84 飞秒（1 飞秒 $=10^{-17}$ 秒）；一个直

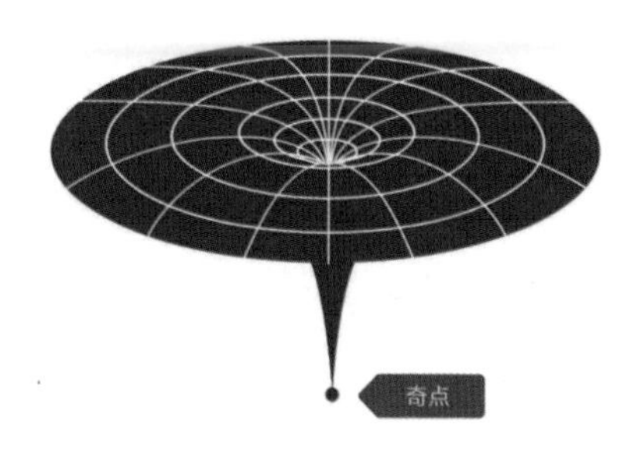

理论推导出的奇点

黑洞引起时空弯曲，内藏奇点（示意图）

径为 3000 千米、质量相当于太阳质量的黑洞，其寿命长达 10^{66} 年。

黑洞与奇点

2020 年度诺贝尔物理学奖得主，英国数学家、物理学家罗杰·彭罗斯，在 1965 年与史蒂芬·霍金一起证明了奇点定理，即黑洞事件视界下都存在一个奇点。

后来，彭罗斯又提出了宇宙审查假说，他认为除了宇宙大爆炸的那个奇点之外，宇宙中不存在裸露的奇点。也就是说，其他的奇点全部藏在黑洞的事件视界以下。

目前，科学家们还没有在宇宙中发现质量小于或等于 10 千克的黑洞，这类黑洞可能存在于宇宙早期的原初黑洞，根据霍金辐射理论，它们早就蒸发消失了，不会存活到现在。

根据霍金辐射的推断，宇宙诞生的那个奇点，犹如一个黑洞，其质量无限小，但其温度、密度和能量都无限大。这个奇点的温度高达 1.4×10^{32} 开，寿命只有 10^{-43} 秒，它湮灭的那一刻，就是人们常说的宇宙大爆炸，现在的宇宙因此而诞生。

黑洞的潮汐力

由于黑洞的引力与距离成反比，距离黑洞越近，受到黑洞的引力越大，因此当物质离黑洞足够近的时候，将会被黑洞超强的引力梯度撕碎。如果这个物质是一个人，那么他在进入黑洞之前，就可能已经被拉长成一根面条，然后被潮汐力（当天体甲受到天体乙的引力作用时，天体甲面对天体乙的正面引力要远大于背面的引力，这种引力差对天体甲有明显的撕扯效应，这种引力差就是潮汐力）撕碎。

在引力的作用下，人体进入黑洞之前，就可能被拉成了一根长长的面条，甚至被撕得粉碎

黑洞与喷流

当物质被黑洞吸收时，会沿着螺旋状的轨道靠近黑洞，形成一个圆盘状的吸积盘。吸积盘在被吸入黑洞的同时，还会沿着旋转轴的方向喷出高能粒子，也就是喷流。这些高强度的辐射能被地球上的望远镜捕获到，天文学家们就是通过黑洞周围的吸积盘和

黑洞周围的吸积盘和喷流（想象图，图片来源：JPL）

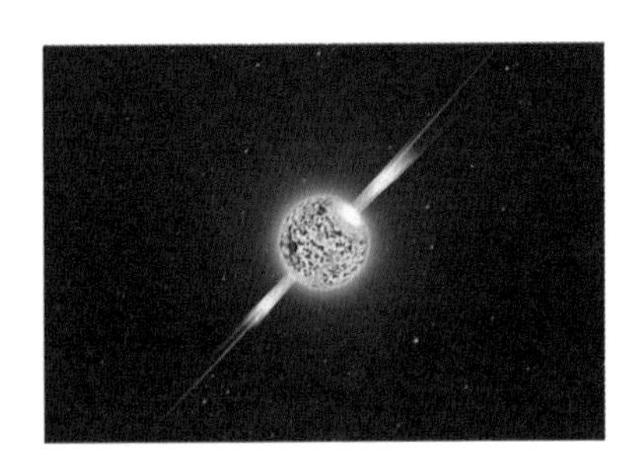

中子星艺术概念图

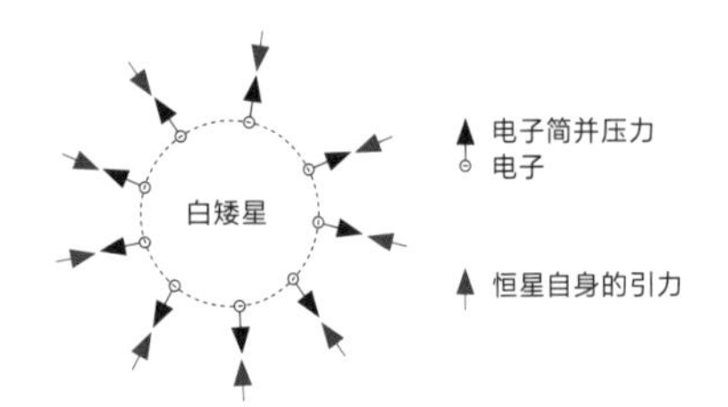

中低质量恒星坍缩形成白矮星示意图

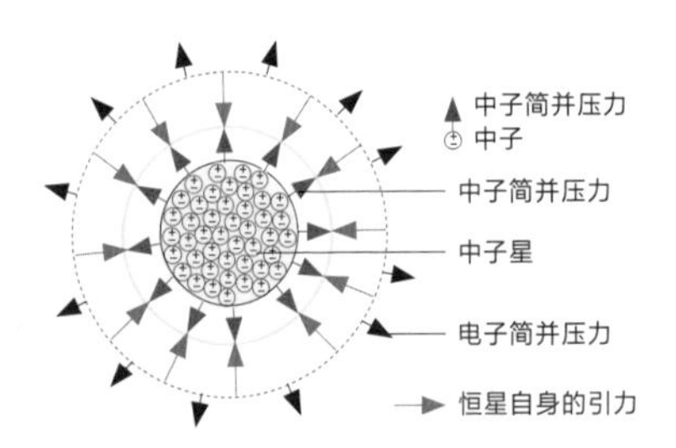

大质量恒星坍缩形成中子星示意图

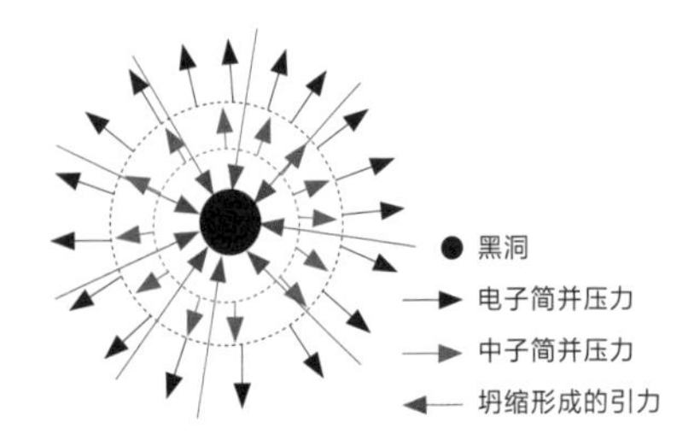

超大质量恒星坍缩形成黑洞示意图

其发出的喷流来确定黑洞的存在的。

黑洞的形成

恒星能够产生巨大的引力，这种引力不仅影响着围绕恒星运动的行星，也影响着恒星自身。在引力的作用下，恒星有坍缩的趋势，而在恒星的内核中，不停的核聚变反应提供的辐射压和恒星自身的引力相互对抗，形成了一种平衡，不过这种平衡在恒星衰老垂死时会被逐渐打破。

当一颗恒星衰老垂死时，核聚变反应使恒星中心的燃料耗尽，核聚变反应停止，核聚变反应产生的辐射力量无法再承受核心自身的引力，即恒星外壳巨大的重量。因此，在外壳的重压之下，恒星的核心开始坍缩，巨大的引力使物质向中心汇聚，而物质在向中心汇聚的过程中，需要克服物质本身产生的简并压力。

所谓简并压力，可以这样理解，有一些粒子，比如电子、中子、质子等费米子，具有排他性，也就是说，它们不能占据空间中的同一个位置。我们可以把不同的费米子比作不同的人，一大群人在围观一起交通事故，外面的人想看个究竟，拼命往里面挤，里面的人却不愿意被别人挤出来，因此拼命用力向外推。外面的人靠得越近，越往核心挤，受到的抵御力就越大。粒子间的相互排斥力，就犹如这种人与人之间的相互排挤力，称为简并压力，而且由外及里，会依次出现电子简并压力和中子简并压力，中子简并压力远大于电子简并压力。这种粒子间的相互排斥，又称泡利不相容原理。

当一颗中低质量恒星垂死时，恒星内核氢燃料耗尽，内核形成了氦，氢核聚变反应停止，引力占据上风，恒星发生坍缩，温度再次急剧升高，在氦内核之外壳层的氢发生核聚变反应，恒星开始急剧膨胀。这就是恒星的演化过程：内核收缩，外壳膨胀。此时，恒星表面温度降低，光度却在增加，变成了一颗红巨星。恒星外层的庞大质量在引力作用下发生坍缩，温度进一步升高，达到 1 亿摄氏度时，就会触发氦核聚变反应。当恒星产生了足够的辐射压力，抵消了自身的引力时，恒星将停止膨胀。这时恒星已经演化到红巨星的末期，自身会发生引力坍缩，抛出一个或多个壳层，壳层由未燃尽的氢组成，最终形成行星状星云（这里的行星状星云与行星没有关系，只是其发出的光泡看起来像行星而已）的发光气体云，促使核心温度又一次升高，引起氦聚变反应，3 个氦原子核聚变为碳。围绕在碳原子核周围的电子构成的压力，称电子简并压力。电子简并压力形似一道防线，恰好能够支撑恒星自身的重量或引力，形成一种新的平衡，这就形成了白矮星。

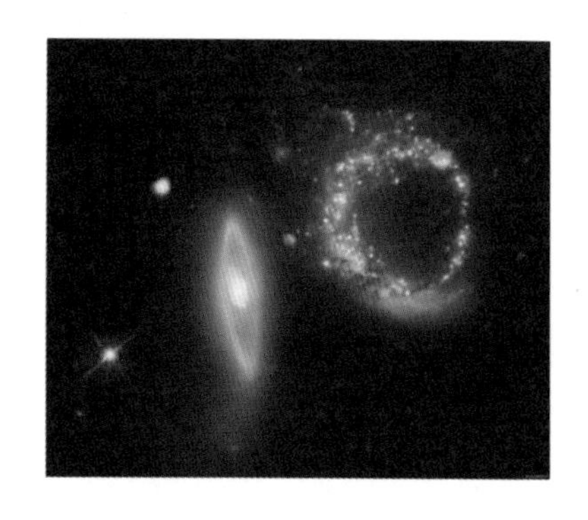

这张图是由钱德拉 X 射线天文台和哈勃空间望远镜的观测图像合成的，图中的紫红色斑点是 X 射线强辐射区域，被认为是两个星系（蓝色的是螺旋星系，粉红色环是椭圆星系）相撞时形成的黑洞（图片来源：chandra.harvard.edu）

白矮星冷却得十分缓慢，其物质会慢慢结晶，形成一个由纯碳晶体组成的星体，犹如天然金刚石星体，发白色的光，故被命名为白矮星。只不过，白矮星的密度无比巨大，约为每立方厘米 1 吨，几乎是地球上金刚石密度的 28 万倍。

当一颗大质量恒星衰老垂死时，会形成红超巨星，从而触发碳核聚变反应，依次形成一系列较重的元素，如氧、氖、镁、硫、硅等，直至最终铁元素形成，核聚变反应停止，红超巨星开始坍缩，并引起超新星爆发，形成的元素被抛向宇宙空间，剩下的恒星残骸继续发生引力坍缩，坍缩产生的引力远远超过电子简并压力，突破了这道防线，甚至将电子压入原子核内，使其与质子结合成中子。这时，中子之间产生了中子简并压力，其压力要远远大于电子简并压力，形似更为坚固的第二道防线，能支撑恒星自身的

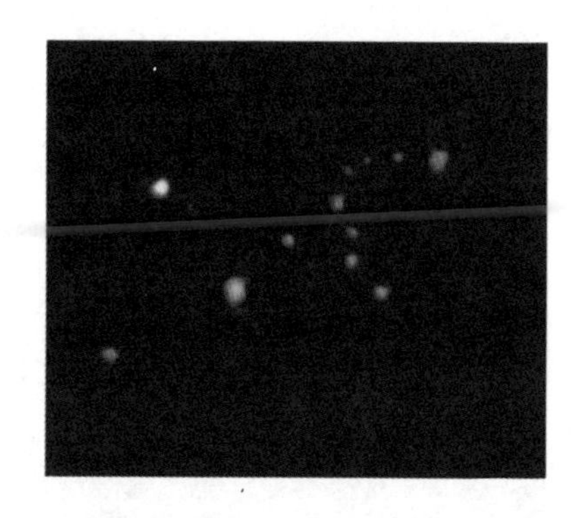

钱德拉 X 射线天文台拍下的图片

这是来自英仙座星系中心区域的 X 射线和声波（经过特殊处理），是黑洞存在的更间接证据

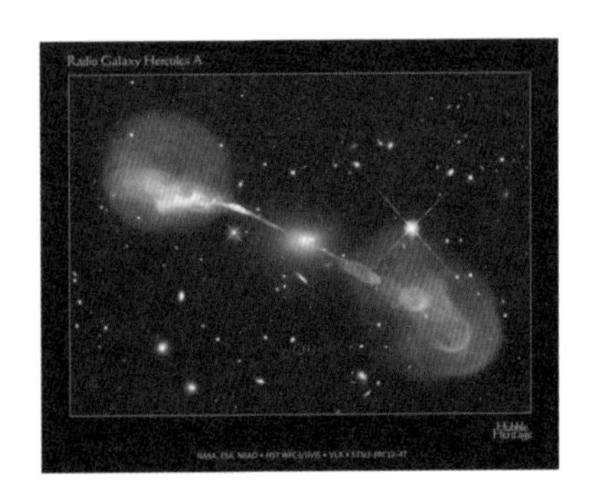

这是一张由哈勃空间望远镜和甚大天线阵（VLA）的数据合成的图片。图片显示了20亿光年外，质量为银河系1000倍的武仙座A黑洞爆发出的喷流。这个明亮星系的黑洞，其质量相当于25亿个太阳，科学家们通过VLA看到了它爆发出的喷流。喷流是超高能的等离子束，只能通过射电望远镜观测到它的信号（图片来源：NASA）

坍缩产生的引力（恒星的重量），于是形成中子星，中子星的密度为每立方厘米0.8亿～20亿吨。

当一颗超大质量的恒星衰老垂死时，会形成更大的红超巨星，形成比铁还重的元素，如金、银、铂等重元素，在核聚变反应停止时，会引发更壮观的超新星爆发，将恒星外层的重元素物质抛向太空，只留下核心。原本恒星可以通过自身的核聚变产生持续向外的推力，以平衡自身质量向内的引力，但爆发后的残骸不再提供推力，而自身巨大的引力依然存在，因此只能向内坍缩。恒星坍缩产生的引力，突破了中子简并压力的防御，这时，自然界中已再没有任何自然力量可与恒星的坍缩引力相抗衡，物质只能无限坍缩，加速向核心聚集，直到最后形成体积接近无限小、密度接近无限大的星体。这个星体的半径一旦收缩到一定程度（小于史瓦西半径），质量导致的时空扭曲就使光都无法向外射出——“黑洞”就诞生了。

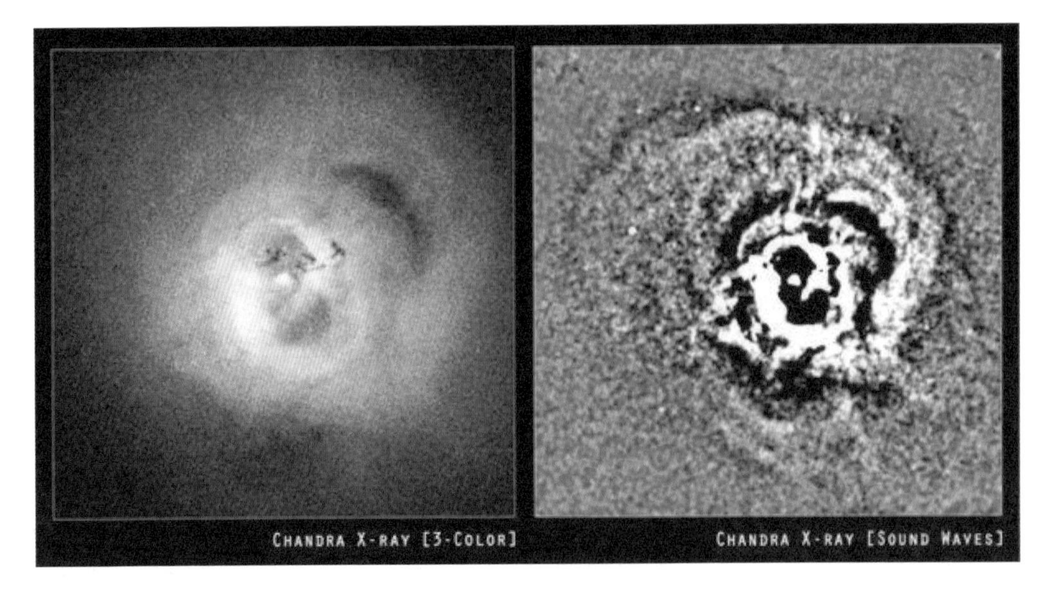

这两张图中的白点就是超大质量黑洞（图片来源：chandra.harvard.edu）

黑洞存在的间接证据

目前，科学家们还无法直接观察到黑洞，那么究竟如何证明黑洞存在呢？目前只能利用以下间接证据来证明黑洞的存在。

（1）X 射线。黑洞只有在“吞噬食物”时才会释放强烈的 X 射线。在黑洞的引力下，吸积盘内的物质落入黑洞的速度极快，物质之间的摩擦使温度升高到数十亿摄氏度，因此发出辐射，其中有 X 射线。

（2）喷流。如果黑洞吸收的物质过多，就会爆发喷流，就像人吃得过饱，就会打嗝一样，天文学家们把黑洞的这个过程，也形象地称为“打嗝”。

（3）恒星围绕一处“空白”运动。近几十年来，天文学家们记录了围绕银河系中心的人马座 A* 黑洞运动的恒星数据，这些恒星在围绕着一个“空白”处——黑洞运行。

半人马座 A 是首个被确认的天体射电源（图片来源：NASA）

观察到宇宙天体撞击产生的引力波

2015 年，美国科学家雷纳·韦斯、巴里·巴里什和基普·索恩利用激光干涉引力波天文台，发现了引力波，该引力波是由 13 亿光年之外的两个黑洞碰撞所发出的。这两个黑洞的质量分别是太阳质量的 29 倍和 35 倍，它们相互撞击形成了一个质量为 61 倍太阳质量的黑洞，失去的 3 倍太阳质量则转换成能量，形成引力波，即一种时空涟漪。这是人类首次发现引力波，不仅间接证明了黑洞的存在，同时也是对爱因斯坦广义相对论的又一次证明。

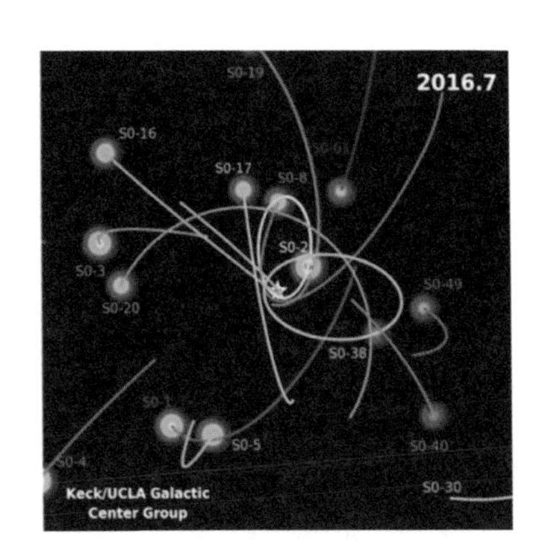

恒星围绕黑洞运动（图片来源：UCLA）

在围绕黑洞运动的恒星里有一个名为 S0-2 的恒星，它环绕轨道的周期只有 16 年。天文学家们由此推算出，这个黑洞的质量约是太阳的 15 倍，而人马座 A* 黑洞的质量是太阳的 400 万倍。2018 年 10 月，欧洲南方天文台（ESO）的天文学家公布，他们发现了从黑洞吸积盘喷发出的巨大耀斑，得到了可信的证据，证明这些观测结果与理论预测完全吻合，即有一个黑洞的质量约为太阳的 400 万倍，其周围有一些物质在运动

黑洞的神秘面纱终于被揭开——终“见”黑洞

2017 年 4 月，事件视界望远镜研究团队利用分布在全球的 8 座毫米波射电望远镜组成了观测阵

首张黑洞照片

北京时间 2019 年 4 月 10 日 21 点，事件视界望远镜研究团队发布了 M87 星系中心特大质量黑洞的图像，终于让人们一睹黑洞的“真容”

列——事件视界望远镜，并让这些望远镜都指向人马座 A*方向，观测人马座 A，以及 M87 星系中心的黑洞。

要拍摄 M87 星系中心黑洞的照片，难度很大，一年中只有约 10 天的最佳观测时间。在这么短的时间内，既要保证 8 座望远镜能同时观测两个黑洞，还要保证望远镜的灵敏度和分辨率达到最高。还有一个难题是如何“洗照片”。科学家们得到的是黑洞发出的射电波数据，而事件视界望远镜阵列一晚上就要产生 20000TB（太字节）的数据。观测 10 天得到的庞大数据让科学家们分析了两年，最终得到了左边这张黑洞照片。

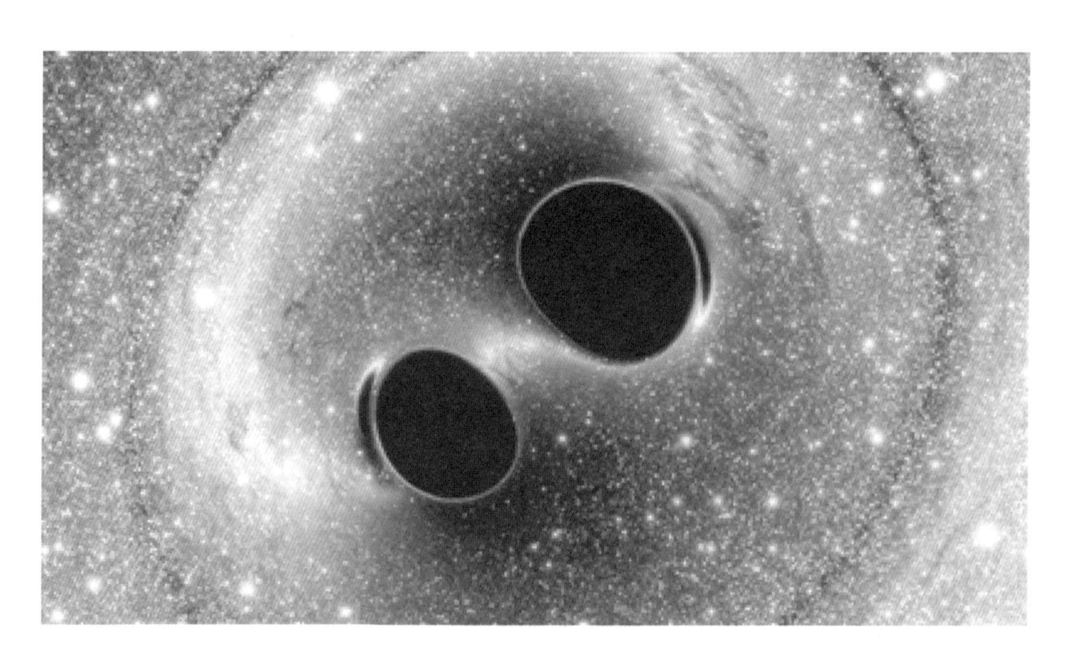

两个黑洞碰撞并合，产生引力波（模拟图，图片来源：美国加州理工学院 LIGO 网站）

1.5 常见元素的形成
——白矮星的形成

白矮星体积较小、密度较高、质量较大，因发白色的光而得名。我们所在的银河系中有很多白矮星，据科学家们研究，银河系的核心存在大约 10 万颗白矮星。白矮星在形成过程中会创造一些今天常见的元素，其中一些元素对生命至关重要。下面我们就来看看白矮星是如何形成的。

星云尘埃在自身引力作用下收缩，温度升高，氢原子克服电磁力排斥，发生氢核聚变反应，恒星形成。氢核聚变形成氦，释放出巨大能量，恒星发光发热。恒星的引力与向外的光压相互抵消，恒星暂时处于稳定状态，如太阳，其寿命大约为 100 亿年。

当恒星的氢燃料耗尽时，向外的光压消失，引力占据上风，恒星迅速坍缩，留下一层氢 - 氦组成的外壳；恒星的内核却因坍缩而温度迅速升高到 1 亿摄氏度，启动氦聚变反应。2 个氦聚变成铍 -8（4 个质子和 4 个中子的铍），铍 -8 是不稳定的，衰变产生核辐射，温度继续升高，超过 1 亿摄氏度。铍 -8 又与第 3 个氦原子核聚变成 1 个碳。地球上所有生命的碳 -12 都来自垂死恒星的心脏。此时恒星内部仍然极其炽热的环境使氦原子核与新形成的碳原子核结合，形成对生命至关重要的元素 —— 氧 -16。

氦聚变产生新的能量，抵消了恒星自身的坍缩，恒星又一次稳定下来，并迅速膨胀，这个阶段的恒星被称为红巨星。当恒星内部的氦消耗殆尽时，引力又会占据上风，但不足以压缩内核，重启核聚变反应，而且恒星很不稳定，内部产生向外的压力，向外的压力使整个恒星外壳炸开，将先前形成的硼、碳、氮、氧释放到深空中，垂死的恒星会绘制出宇宙中最美丽的画面之一：形态各异的星云。这时的恒星会收缩成一个比地球还小的天体 —— 白矮星。只有大于 1 倍、小于 8 倍太阳质量的中低质量恒星坍缩才可以形成白矮星。

这是一颗编号为 NGC7293 的星云，又称“上帝之眼”“索伦之眼”。该星云是 1824 年德国天文学家卡尔·路德维希·哈丁发现的。该图像是 2003 年由哈勃空间望远镜拍摄的。NGC7293 星云由一颗正在死亡的类太阳恒星催生而成，距离地球仅 700 光年，位于宝瓶座。它是一个螺旋星云，呈现出恒星演化最后阶段的典型特征。在残骸中央的是恒星核心，它注定形成一颗白矮星，发出的强光将照亮之前喷出的气体，并激发出荧光。这个螺旋星云直径约为 5.1 光年，看上去犹如一只有蓝眼珠的眼睛，故被称为“上帝之眼”

这是一张由计算机制作的艺术概念图，是一颗已知最古老、最冷的白矮星，编号为 JSPMJ 0207+3331，其外围是由尘埃碎片形成的两个不同颜色的环

1.6 较重元素的形成
——中子星、黑洞的形成

中低质量恒星死亡后，会形成白矮星，而大质量或超大质量恒星衰老垂死时，会形成红超巨星，从而触发一系列核聚变反应，形成一些较重的元素。当核聚变反应停止时，红超巨星发生坍缩，引发超新星爆发，原来形成的较重元素外壳会被抛撒至太空。

一些较重的元素就是在这样的过程中形成的。当恒星的氦聚变结束时，引力会进一步压缩恒星内核，内核温度再度升高，启动宇宙第三次元素生产。当恒星内核温度上升到几亿摄氏度时，碳与氦结合生成氖（氖-20），氖-20与氦（氦-4）核聚变成镁-24，2个碳原子核聚变的副产物为钠-22，此后重元素一个接一个生成。恒星内核进一步收缩，温度持续升高，触发新一轮聚变，将刚刚生成的元素组成的壳层留在外面。

在合成了元素周期表上的前13个元素之后，这个失控的“生产线”开始以硅为燃料，启动一系列复杂的反应，合成第26个元素——铁。这时恒星的温度已经高达25亿摄氏度，但不会继续升高了。铁原子核的稳定性达到了巅峰，无论再怎么往铁原子里填塞质子或中子都无法再释放能量，这是因为铁的核内能最小，不能通过聚变释放能量。只要几天时间，铁核便会形成。而超大质量恒星的核聚变反应停止后，只有几秒钟，引力便会再次获胜，恒星在自身的引力下发生坍缩，内部形成黑洞，外部化成行星状星云。

黑洞想象图

超大质量恒星会发生超新星爆发，形成黑洞。超大质量的银河系中心黑洞被碟状星云环绕，大质量恒星正孕育其中

1.7 重金属元素
——“中子俘获”的产物

恒星通过氢核聚变产生氦，如果温度足够高，氦将会继续聚变成更重的元素，比如碳、氧、铁（通常情况下，恒星核聚变最多到形成铁原子核为止），但恒星的向心聚爆只会形成最初的 26 种元素。

在宇宙中，有 60 多种元素都重于铁元素，如金、银、铂、硒、铜、锌、铀、锡、铅等。就整个宇宙而言，这些元素的含量仅占重元素总量极其微小的一部分，其稀有的原因在于，要创造大量重金属元素，需要一些很稀有的条件，这些条件存在于更深远的宇宙空间。

在一个有着 1000 亿颗恒星的星系里，这些条件被满足的时间平均每 100 年不到 1 分钟，因此这些重金属元素产生的概率只有五千万分之一。这些元素只产生于那些质量较大的恒星毁灭前的瞬间，而这些恒星的质量至少是太阳质量的 9 倍，并且只有当它们达到极高温度，

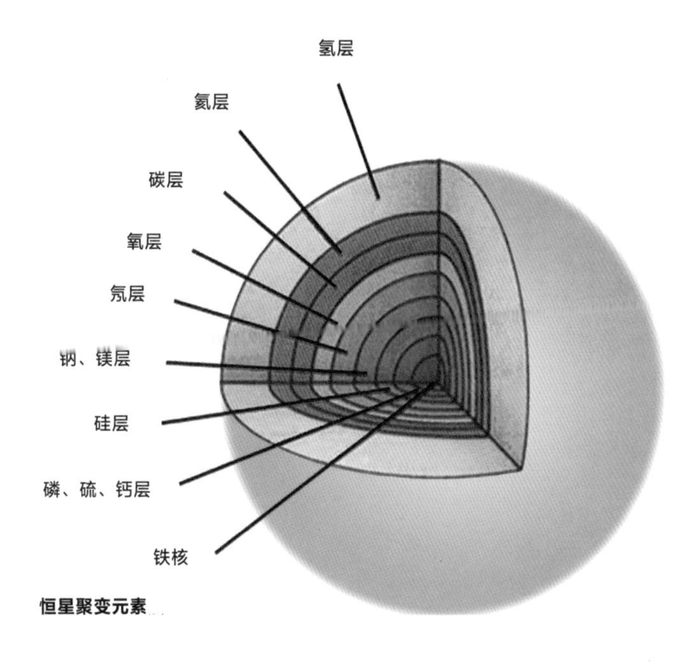

恒星聚变元素

超新星爆发形成重金属元素示意图

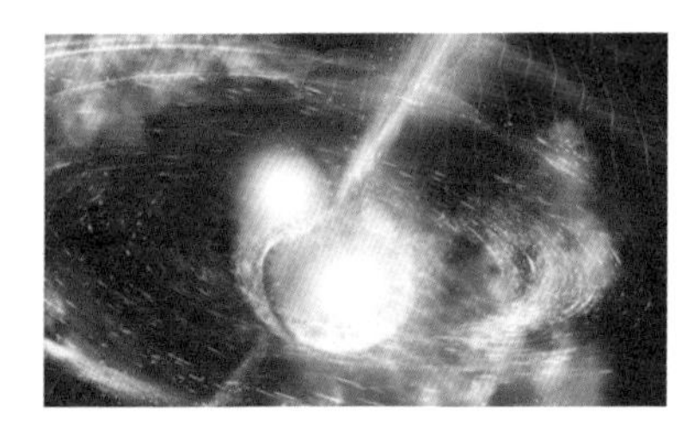

中子星碰撞示意图

出现“中子俘获”的核反应时才能产生大量重金属元素。

当大（或超大）质量恒星核心形成铁元素时，核聚变反应就会终止，辐射压迅速下降，引力重新占据上风，恒星以超高速向内坍缩，温度可能高达1000亿摄氏度，引力的强烈挤压会引爆恒星，导致超新星爆发。

超新星爆发的威力仅次于宇宙大爆炸，能够打碎早先形成的重元素的原子核，并释放出巨大的能量和自由中子。铁原子核可以俘获中子，多数会发生“中子俘获”核反应。较轻元素的原子核在极短时间内俘获大量中子，原子核因此变得极不稳定，会很快发生β衰变，中子失去电子，变成质子，从而转化成稳定的、比铁元素更重的原子核，形成原子序数更大的较重元素，如镉、铟、锡、铅、铋、钋等。

近年来的观测表明，中子星碰撞更容易创造比铁元素更重的元素。中子星碰撞时产生的能量比超新星爆发要大许多，温度也高许多，元素周期表中比铁重的元素可能绝大多数都是以这种方式被创造出来的，如锇、铱、铂、金、银、汞等重元素，甚至铀这样的超重元素。

宇宙中的94种自然元素，除氢、氦是由宇宙大爆炸产生的外，其他92种都是由不同质量的恒星死亡时形成的红巨星或红超巨星坍缩，超新星爆发，以及中子星碰撞引起的“中子俘获”产生的。原子序数越大的元素，需要核聚变反应的温度和压力越大，要求恒星的质量越大，形成的条件越苛刻，因此，原子序数越大的元素，在宇宙中的含量越低。

1.8 银河系的形成

银河系是太阳系所在的星系。

在宇宙大爆炸后最初的时间内，宇宙处于混沌状态，犹如一锅黑暗的粒子浓汤。大爆炸后 38 万年，宇宙温度降低到只有 3000 开，能量开始形成最初的物质——氢原子和氦原子。爱因斯坦的质能方程（$E=mc^2$）很好地说明了物质与能量的转换关系。

在宇宙大爆炸之后，宇宙中弥漫着各种气态星云和尘埃。在大爆炸后第一个 4 亿年里，由于热量过多等问题，宇宙完全处于电离状态，很难形成星系。约 128 亿年前，随着温度降低，宇宙渐渐稳定下来，在一个大质量黑洞携带的一片气态星云中，诞生了银河系中的第一批恒星，形成了最原始的银河系核心，即银河系的雏形。在引力作用下，周边的星系不断融入，经过上百亿年的演化，才形成今天的银河系。银河系也是宇宙中最早的星系之一。

银河系的雏形

银河系鸟瞰图

银河系由许多星团构成。由于星云坍缩时分裂成团块，因此，恒星往往以团体的方式诞生，这些聚集在一起的恒星，也被称作星团。

现在的银河系状如铁饼，直径为 10 万～20 万光年，包括 1500 亿～4000 亿颗恒星，还有大量星团、星云，以及各种类型的星际气体、星际尘埃和黑洞。银河系的可见总质量约是太阳质量的 1.5 万亿倍。

银河系水平面结构图

这张图是欧洲空间局根据盖亚空间望远镜拍摄的图像绘制而成的，我们看到的实际上是一个扁平圆盘的边缘，包含了银河系的多数恒星。这张银河系图是用超过 18 亿颗恒星的数据绘制而成的，图中明亮的部分代表该区域明亮的恒星较为密集，较暗的部分代表该区域恒星较少且较暗。在图像中，银河系的中心显得最亮，挤满了恒星；银河系平面上较暗的区域是由气体和尘埃组成的星云，它们吸收了更遥远恒星的光。图像中点缀着许多球状星团和疏散星团。图像右下半部分的两个明亮物体是大麦哲伦星云和小麦哲伦星云，它们是环绕银河系的两个河外星系

1.9 太阳系的形成

○ 太阳的诞生

约 46 亿年前，宇宙中发生了一件大事，一团被称为“原始太阳星云”的尘埃分子云，在自身引力的作用下，发生坍缩，体积越缩越小，核心的温度越来越高，当核心温度超过 1500 万摄氏度时，触发氢聚变反应，一颗十分重要的恒星——太阳诞生了。原始太阳胚胎的形成，为地球生命的诞生带来了曙光，为生命的演化创造了条件。

太阳是太阳系的主宰，控制着太阳系中的行星及其卫星的发生、发展与运行。

在太阳的核心，时时刻刻都发生着氢的核聚变反应。可以形象地说，时时刻刻都有亿万颗氢弹在太阳核心爆炸，而只有 7‰的物质转换成能量，也就是说，每秒钟大约有 6 亿吨氢原子核聚变为 5.96 亿吨氦原子，并有 400 多万吨物质转换成能量，因此，我们才能从太阳那里获得光和热。

太阳核心的核聚变反应过程如下：2 个质子（氕）结合成双质子组合，双质子极不稳定，会衰变回 2 个质子，释放 1 个正电子和中微子，此时，产生了能量；当正电子与周围的负电子相遇时，会湮灭成 2 个光子，于是就产生了光；质子在衰变过程中会转化为中子，这时，会形成氘原子核（1 个质子和 1 个中子，重氢）；氘原子核很快与 1 个质子融合，生成

太阳系的形成

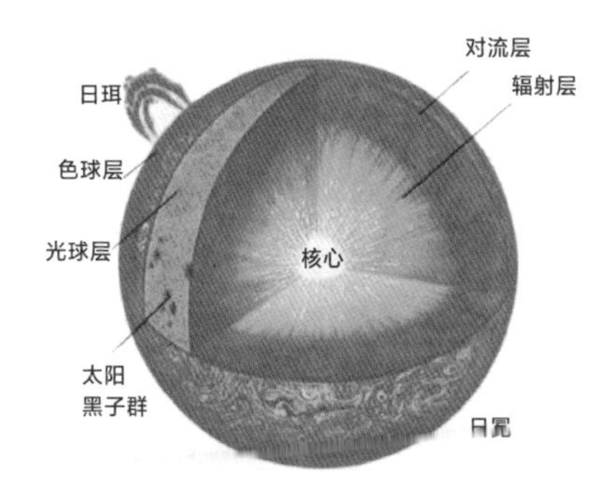

太阳内部结构示意图

太阳是一颗普通的恒星，位于太阳系的中心，因为是距离地球最近的恒星，所以对地球而言显得尤为重要，地球上的一切生命都依赖太阳诞生、生长和演化。太阳是一个巨型发光气体球，直径是地球的 109 倍，体积是地球的 130 万倍，质量是地球的 33 万倍。太阳的主要成分是氢和氦。太阳自内向外分为核心、辐射层、对流层、光球层、色球层和日冕（层）

氦 -3，同时释放伽马射线；2 个氦 -3 融合生成氦 -4，同时释放出了 2 个质子（氕，氢同位素）。

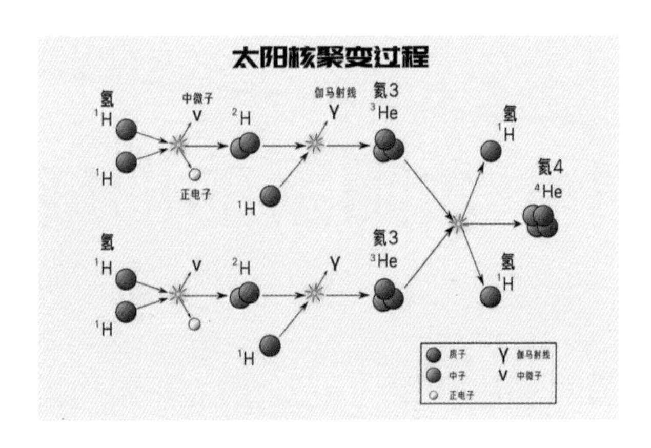

太阳内部核聚变反应过程示意图

○ 八大行星的形成

太阳形成之后，核聚变产生的巨大能量以及旋转产生的离心力将大量物质抛到宇宙中，从而在太阳周围形成了由多个小天体组成的“原行星盘”。“原行星盘”中的天体通过各自的吸积作用，逐步长大成水星、金星、地球、火星、木星、土星、天王星和海王星 8 颗行星。

行星的形成过程就像冰雹或雪花的形成过程一样。在“原行星盘”中，尘埃颗粒聚集形成团块或相互碰撞彼此聚积，逐渐增大形成直径达数千米的小天体，叫星子或行星胚胎。星子相互碰撞，一些星子被撞成更小的碎片，碎片不断与另一些星子碰撞，使这些星子变得越来越大，最后形成行星。在内太阳系，由于太阳风的巨大作用，气体难以聚积，最终形成了类地岩质行星和巨行星岩核。自太阳向外依次形成了水星、金星、地球和火星。在远离太阳的低温区域，太阳风的作用减弱，巨行星岩核不断吸积大量气体，最终形成了木星、土星、天王星和海王星四颗巨行星。46 亿年前，太阳系形成。

水星、金星、地球和火星主要由金属和岩石组成，被称为类地行星。在火星与木星之间有一个小行星带，由几十亿颗小行星组成，这些小行星主要由碳质、硅酸盐岩和金属组成。

小行星带之外是木星、土星、天王星和海王星，它们都有一个岩质内核，外部主要由甲烷、水、氨气等气体组成。它们都是体积庞大的气态巨行星，也被称为类木行星。

海王星之外是柯伊伯带，主要由彗星、氢和氦组成。2006 年 8 月 24 日，国际天文学联合会投票通过决议，把 1930 年发现的、原本被认为是太阳系第九大行星的冥王星调整为矮行星（又称侏儒行星，体积介于行星和小行星之间），其他八大行星地位不变。

○ 月球的诞生

关于地球的卫星——月球起源的假说有分裂说、同源说、俘获说、撞击说等，其中只有20世纪80年代中期提出的撞击说能够解释更多的观测事实，是当今较合理的月球起源假说。

撞击说认为，在太阳系形成初期，约46亿年前，星际空间弥漫着大量星云，星云和星云不断碰撞、吸积而逐渐增大。大约在目前地月系统的空间（最初地球与月球之间的平均距离约为21.3万千米）范围内，形成了一个质量为现在地球90%的原地球和一个如火星般大小的天体——原月球。原地球和原月球在演化过程中，各自形成了以铁为主的金属内核，以及由硅酸盐组成的幔和壳。这两个天体相距不远，在45.3亿年前，一次偶然，原月球剧烈地斜向撞击原地球，使原地球的自转角度发生了偏斜，地球表面部分岩石粉碎成尘埃，原月球的幔壳岩石也被撞得粉碎。这些被撞碎的物质（大约15%原地球物质和85%原月球物质）被气体裹挟着，形成一股炽热的气浪，飞离原地球，并因气体膨胀而减速。在原地球引力的

46亿年前，原始太阳周围环绕着一个由众多小天体组成的“原行星盘”（艺术概念图）

在原始太阳周围散布着无数小行星碎块，碎块相互碰撞形成星子，星子逐渐变大，形成行星

作用下，这些尘埃碎片，一部分被吸积到原地球上，其余的绕地球旋转，其中较大的碎片形成星子，星子与尘埃碎片不断碰撞并相互吸积，像滚雪球一样逐渐变大，最终形成了一个围绕地球运行的小天体 —— 月球。

2006 年，欧洲空间局完成了对月球表面化学成分的测定，结果表明，月球表面的化学成分与地壳的化学成分基本一致，这为月球起源的“撞击说”提供了有力的佐证。

月球是地球唯一的天然卫星，其直径大约是地球的 1/4，质量是地球的 1/81，引力是地球的 1/6，表面布满了大大小小的撞击坑，自转周期是 27.32 天。

月球对地球以及地球上的生命有着深远的影响。

现在月球正以每年 3.8 厘米的速度远离地球，随着距离地球越来越远，月球对地球的引力会逐渐减弱，地球的自转速度会逐渐变慢，每年的天数会减少，昼夜会变长，而这些都将对地球生命产生不同程度的影响。

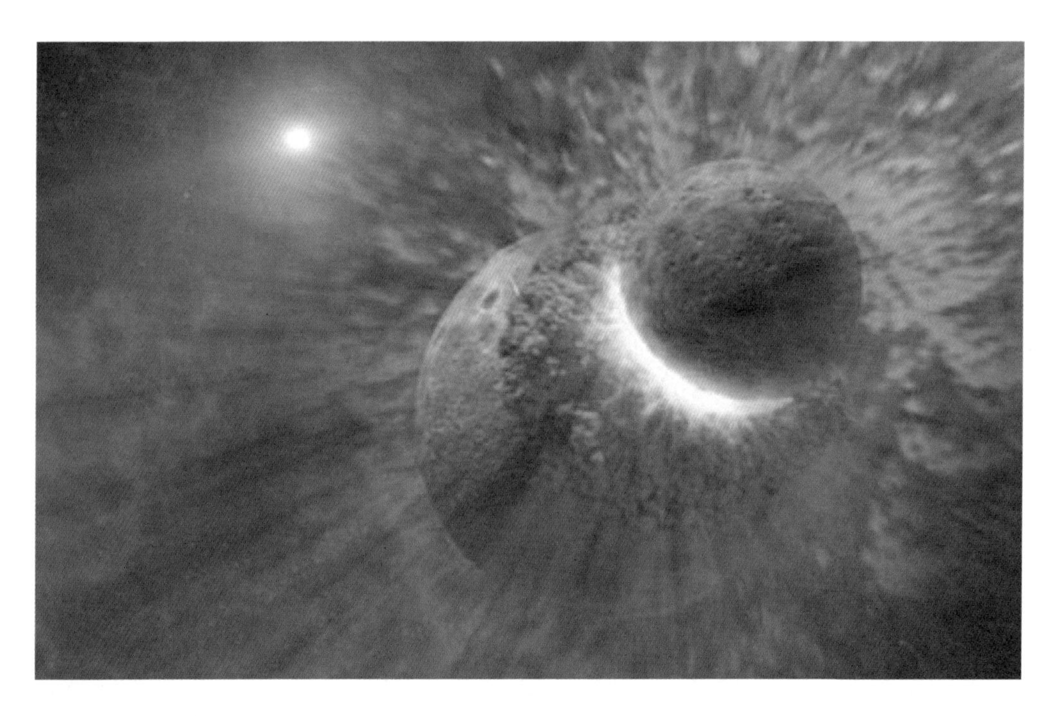

火星大小的原月球与原地球发生碰撞示意图

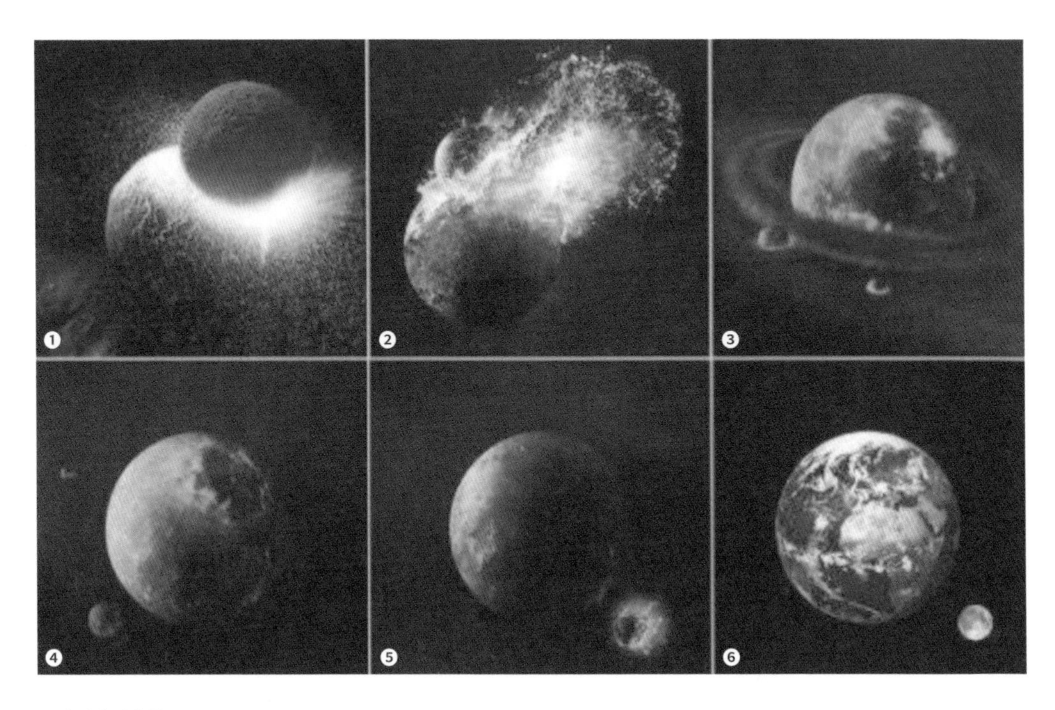

月球形成示意图

❶ 原月球斜向撞击原地球；❷ 原月球粉身碎骨，与原地球岩石尘埃一起飞离原地球；❸ 被撞碎、裹挟在一起的物质，在原地球的引力作用下，部分被吸积，部分围绕原地球运动；❹ 围绕原地球运动的较大的碎片形成一个星子；❺ 星子与碎片发生碰撞，并聚积在一起形成了月球雏形；❻ 随着碎片的不断撞击，月球雏形逐渐变大，最终成为地球的卫星——月球

我们能够看到的月球的正面

我们看不到的月球的背面

1.10 地球的初期

在地球形成后最初的五六亿年内，由于受到大量小行星的撞击，加之地球内部放射性元素衰变产生的热量的积累，地球犹如一个熔融状态的炙热火球，表面几乎被岩浆包裹。这是地球的第一个地质时期——冥古宙（46 亿—40 亿年前）。40 亿年前，地球进入第二个地质时期——太古宙（40 亿—25 亿年前），这时，随着温度的降低，岩浆开始凝固，形成小块的岩石陆块。

40 多亿年前，火山喷出的气体聚集形成了没有氧气的原始大气圈的雏形。40 亿年前，随着气温继续降低，火山气体凝结，发生持续降雨，形成了原始海洋，海底不断涌出“黑烟囱”，使海洋形成“原始的化学汤”。此时的大气十分稀薄，没有臭氧层保护，地球表面以及海洋受到宇宙射线或紫外线的照射，“原始的化学汤”发生化学作用，无机小分子生成有机小分子，进而生成生物大分子，以及生物多分子体系，最终出现原始的生命——原核生物，它含有具有自我复制和催化能力的 RNA（核糖核酸）。这是一个十分重大的事件，从此拉开了地球上生命进化的序幕。

熔融状态的炙热原始地球

今天的地球其实是一个“水球”

小行星带

太阳系全家族

内太阳系的4颗行星——水星、金星、地球和火星为类地行星；外太阳系的4颗行星——木星、土星、天王星和海王星为类木行星

1.11 地球
——宇宙中的生命之舟

宇宙浩瀚无垠，有难以计数的天体，但迄今为止，地球是人类发现的唯一存在生命的星球。地球生命经过40亿年漫长的演化，现有近千万个物种，甚至进化出了人类这样有智慧的生命。

为什么地球上诞生了五彩斑斓、千奇百怪的生命形态？这主要是由地球的外部条件与自身条件决定的。

○ 地球的外部条件

地球与太阳的距离约为1.5亿千米，这个距离恰到好处，为地球生命的诞生、繁衍创造了独一无二的环境。

第一，地球可以获得稳定的光照。虽然地球只获得了太阳总辐射能的22亿分之一，但这点阳光带来的能量对地球生命的诞生与生长而言必不可少，尤为重要的是，40多亿年来，阳光的照射一直十分稳定。

第二，地球的运行环境安全。太阳系有着稳定的运行结构，八大行星各行其道，轨道互不相交，不会发生碰撞等事故，地球生命因此免遭毁灭。

第三，地球与太阳的距离确保了地球有适宜的温度范围。地球的平均温度为15摄氏度，最低温度约为零下89.2摄氏度，最高温度约为100摄氏度，这确保了水在固体、液体、气体之间转化，也保证了水的循环。水星、金星离太阳较近，温度过高，离太阳较远的火星等则温度过低。

此外，月球相伴与木星保护也是地球生命得以繁盛的重要原因。

在四个类地行星中，地球是唯一拥有卫星的行星，月球对地球生命的进化有着许多积极影响。一是月球引力使地球产生潮汐现象，为海洋生命的生长繁衍创造了条件；二是月球引力能够阻挡小行星和陨石对地球的撞击，对地球生命起到保护作用；三是月球引力有助于地球磁场和大气层的形成，此二者都对地球生命有保护作用；四是月球能使地球自转轴的倾斜角保持稳定，使地球的气候保持相对稳定，并能四季交替，有利于生物的生长与繁衍；五是夜晚的月球能够反射太阳光，使植物维持微弱的光合作用。

木星是太阳系中质量最大的行星，其质量相当于其他七颗行星总质量的 2.5 倍，可谓太阳系中的"巨无霸"。木星所产生的巨大引力，会强烈地吸引住小行星带中的岩石碎块，从而大大降低陨石撞击地球的风险，使地球生命避免灭绝的命运。

○ 地球的自身条件

第一，地球有着独特的内部结构。地球由地核、地幔和地壳三部分组成，分别相当于熟鸡蛋的蛋黄、蛋白和蛋壳，其中地核又分为内核和外核，地幔又分为上地幔和下地幔。

地球的内核由铁、镍等元素组成，呈固态；外核由铁、镍、硅等元素构成，呈熔融态或似液态；下地幔由镁铁硅酸盐岩，如橄榄石、辉石、石榴石等组成；上地幔上部是软流层，

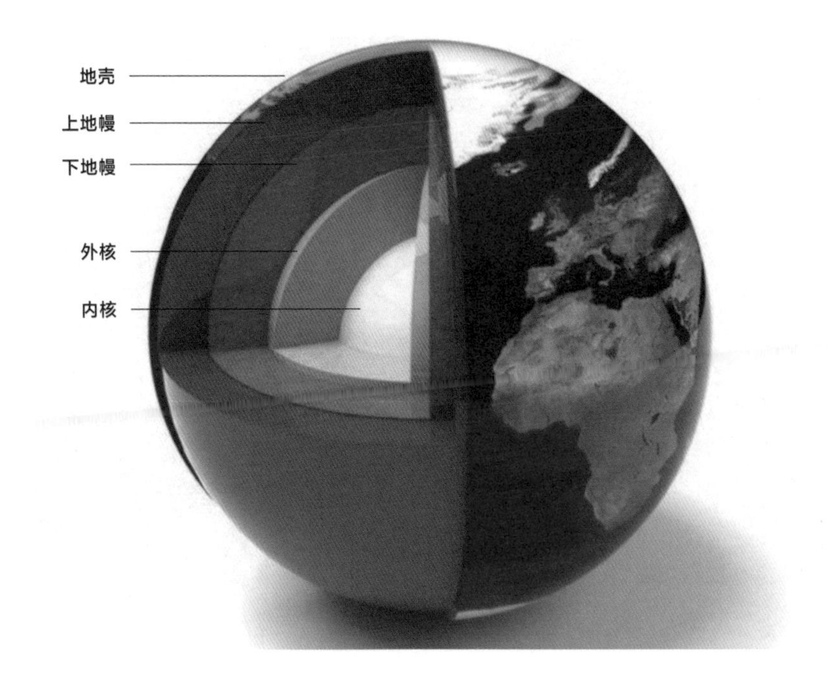

地球内部结构图示意图

呈塑性的流体状态，由熔融－固态的铁镁硅铝氧化物组成；地壳由固态的常见金属硅酸盐岩组成。

丰富的化学物质配合多样的板块运动，不仅使地球的温度不至于急速冷却至冻结，还有助于二氧化碳等气体的生成和聚集，为接下来的生命诞生、进化谱写序章。

第二，地球磁场的存在。地球磁场产生的原理类似发电机的工作原理，是地球自转导致外核运动形成的，所以地球又被称作“大地发电机”。

地球自转产生磁场，磁场在地面几万千米之外形成一个大大的“罩子”，犹如为地球披上“金刚罩铁布衫”，使地球上的生物免遭强烈的太阳风（高能太阳粒子流）的伤害。如果没有地球磁场，地球每时每刻都会像遭受着千万颗原子弹袭击一样，最初的生命不会诞生，更不会有现在的人类。

第三，大气层（大气圈）与臭氧层的保护。地球的体积和质量恰到好处，产生的重力作用使地球外面包裹了厚厚的大气层。假如没有大气层和臭氧层的保护，地球上的生命将荡然无存。

大气层的作用，一是维护水圈的循环，从而维系整个生态系统；二是避免生物圈产生的氧气逃逸到外太空，保持地表有充足的氧气，有助于生物圈的良性生长；三是保温和减少辐

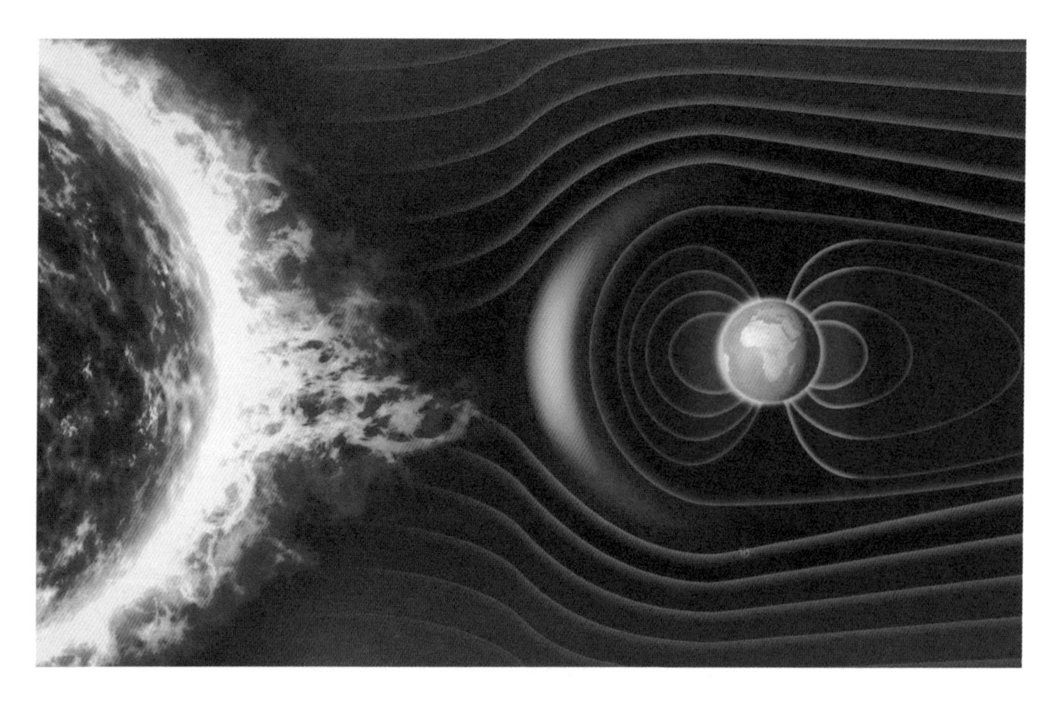

地球磁场挡住了太阳高能粒子流

射，白天臭氧层过滤掉太阳光中的高能紫外线，使地球上的生物免遭灼伤，同时又让低能紫外线辐射到地球表面，为地球增温，晚上厚厚的大气层又起到阻止地表向外辐射热量的作用，使地表温度不至于降得过低；四是减少外太空物质，如各种陨石撞击地球，对生命造成伤害。

第四，板块运动。熔融的地幔物质沿着洋中脊不断涌出洋底，促使大洋板块俯冲，进入地幔，并产生造山运动。地球上的高原、盆地、崇山峻岭等地貌，如青藏高原、珠穆朗玛峰、马里亚纳海沟，都是地球板块运动造成的。地球上气候、环境的差异也与板块运动密不可分，环境的差异造成了生物的多样性。板块运动还造成地球表面磷元素的不断增加，为原始生命的发育和生长提供了营养，甚至地球历史上两次促进生命大幅度进化的大氧化事件的产生，都与板块运动密切相关。

第五，液态水的存在。适宜的温度使地球上常年有液态水存在，并构成一个“水圈”。俗话说，水是生命之源，如果没有水的保护，数十亿年前，地球上的第一个生命就被太阳高能粒子或高能紫外线扼杀在襁褓中了，就不会有后来生命的繁衍生息，更不会有人类文明。

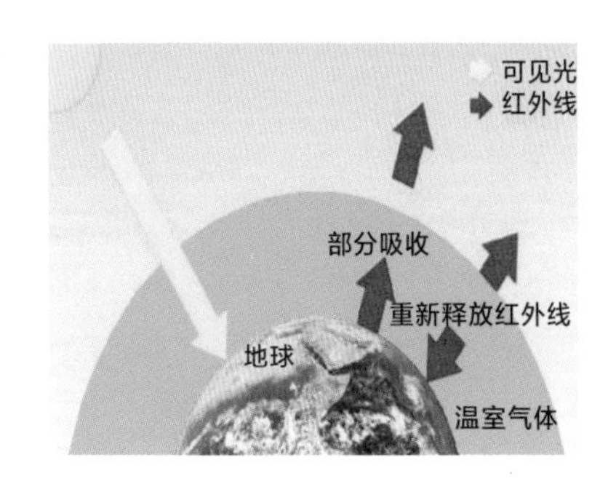

温室效应示意图

温室效应，也称“花房效应”。太阳光中的短波辐射可以透过大气中的温室气体（水蒸气、二氧化碳、甲烷等）射到地面，地面增温后，放出的长波辐射却被大气中的温室气体吸收，从而产生大气变暖的效应。大气中的温室气体就像暖房的厚玻璃，使地球变成了一个大暖房。经测算，温室气体可使地表增温 38 摄氏度，如果没有温室气体，地表平均温度就会下降到零下 23 摄氏度。但随着大气中温室气体，尤其是二氧化碳浓度的增加，会越来越阻止地球热量散失，地球的气温就会越来越高，这就是有名的“温室效应”。适当的温室效应有利于地球生命的繁衍生息，但是过强的温室效应却可能给地球生命带来灾难

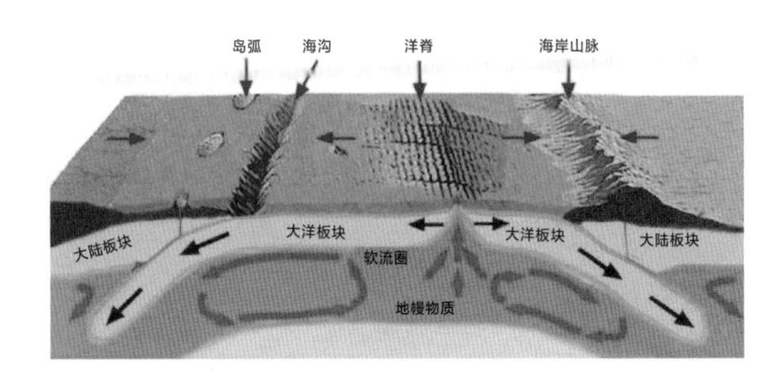

板块碰撞示意图

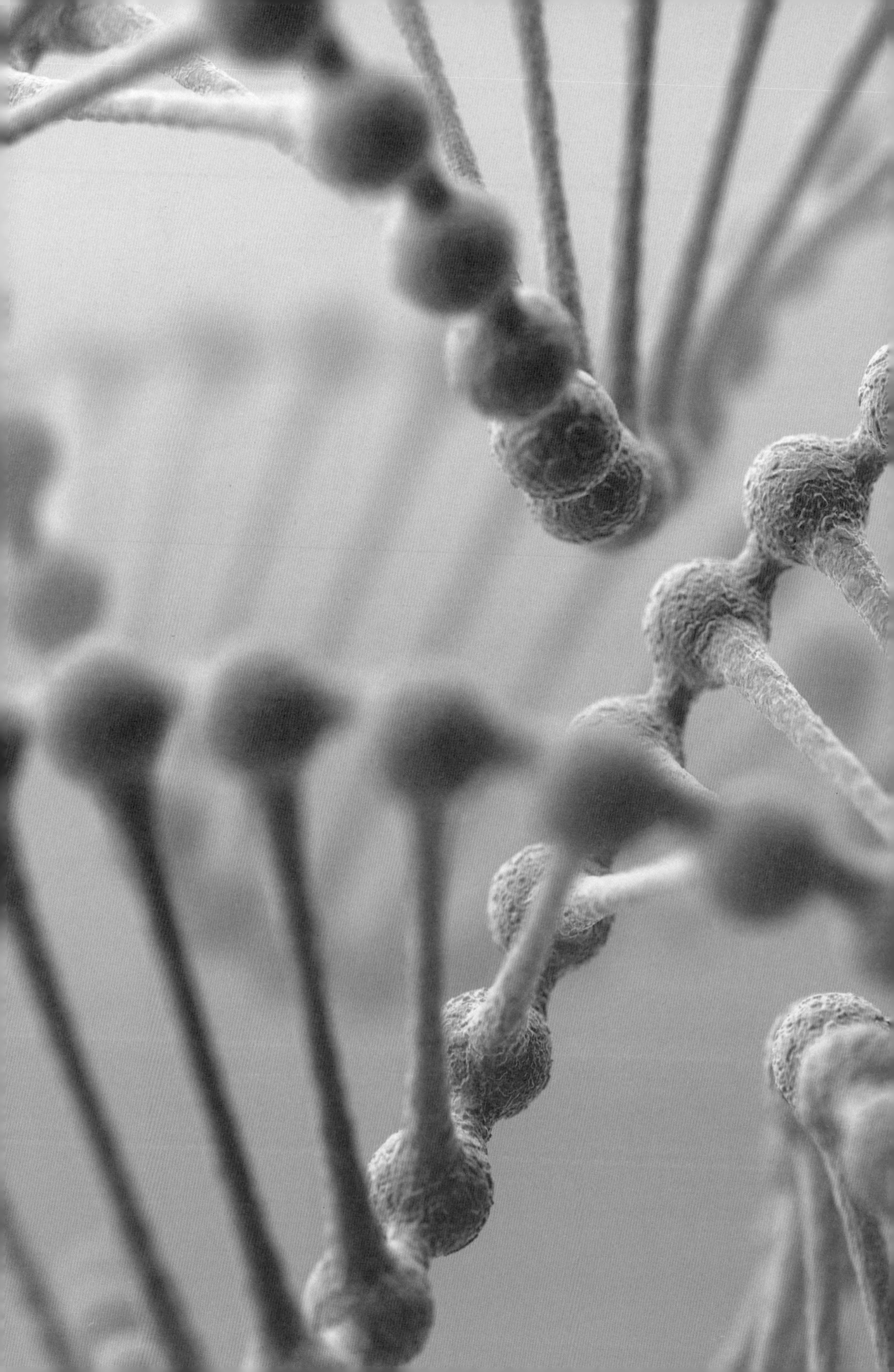

第一卷

从起源到登陆

第二章

生命起源与进化

The Evolution
of Life

如果把地球 46 亿年的历史压缩成 24 小时的话，生命的进化时间点见下表。

时间点	生命的进化
00:00	太阳系中唯一有生命的星球——地球形成
03:08	“最后的共同祖先”——露卡（LUCA）诞生
05:44	第一个单细胞生物——蓝藻（蓝细菌）诞生，开启了藻类时代
	之后将近 15 个小时内，地球上只有藻类，几乎没有其他变化
20:30	第一个多细胞动物——海绵诞生，开启了多细胞动物时代
21:10:37	发生寒武纪生命大爆发事件，拉开了脊椎动物进化的序幕
21:41	发生奥陶纪末期生物大灭绝事件，开启了有颌鱼类时代
21:48	出现了真正的植物——裸蕨，它是所有陆生高等植物的祖先
22:02	鱼类登陆，拉开了陆生脊椎动物进化的序幕，拉开了两栖动物时代
22:24	石炭纪末期，地球再次出现大冰期，开启了爬行动物时代
22:46:39	南美洲出现了地球上第一只恐龙——始盗龙，拉开了恐龙进化的序幕
22:57	千奇百怪的恐龙登上历史舞台，开启了恐龙大繁盛时代
23:12	恐龙进化出地球上第一只鸟——始祖鸟（化石分布于德国），开启了鸟类时代
23:20:40	中国出现了第一只真正的鸟——热河鸟
23:39:20	发生白垩纪末期生物大灭绝事件，开启了哺乳动物时代
23:58:37	生活在非洲的地猿始祖种，开始了真正在地上的直立行走
倒数第 60 秒	出现了有“人类祖母”之称的阿法南方古猿——露西
23:59:13	南方古猿进化出能人，开启了人类时代
23:59:23	能人进化出匠人，人类第一次走出非洲
23:59:45	匠人进化出海德堡人，人类第二次走出非洲
23:59:52	迁徙到欧洲的海德堡人，进化出尼安德特人，即早期智人
倒数第 6 秒	仍然生活在非洲的海德堡人进化出我们的祖先——晚期智人
倒数第 3~倒数第 1 秒	人类（晚期智人）第三次走出非洲，并与尼安德特人发生混血

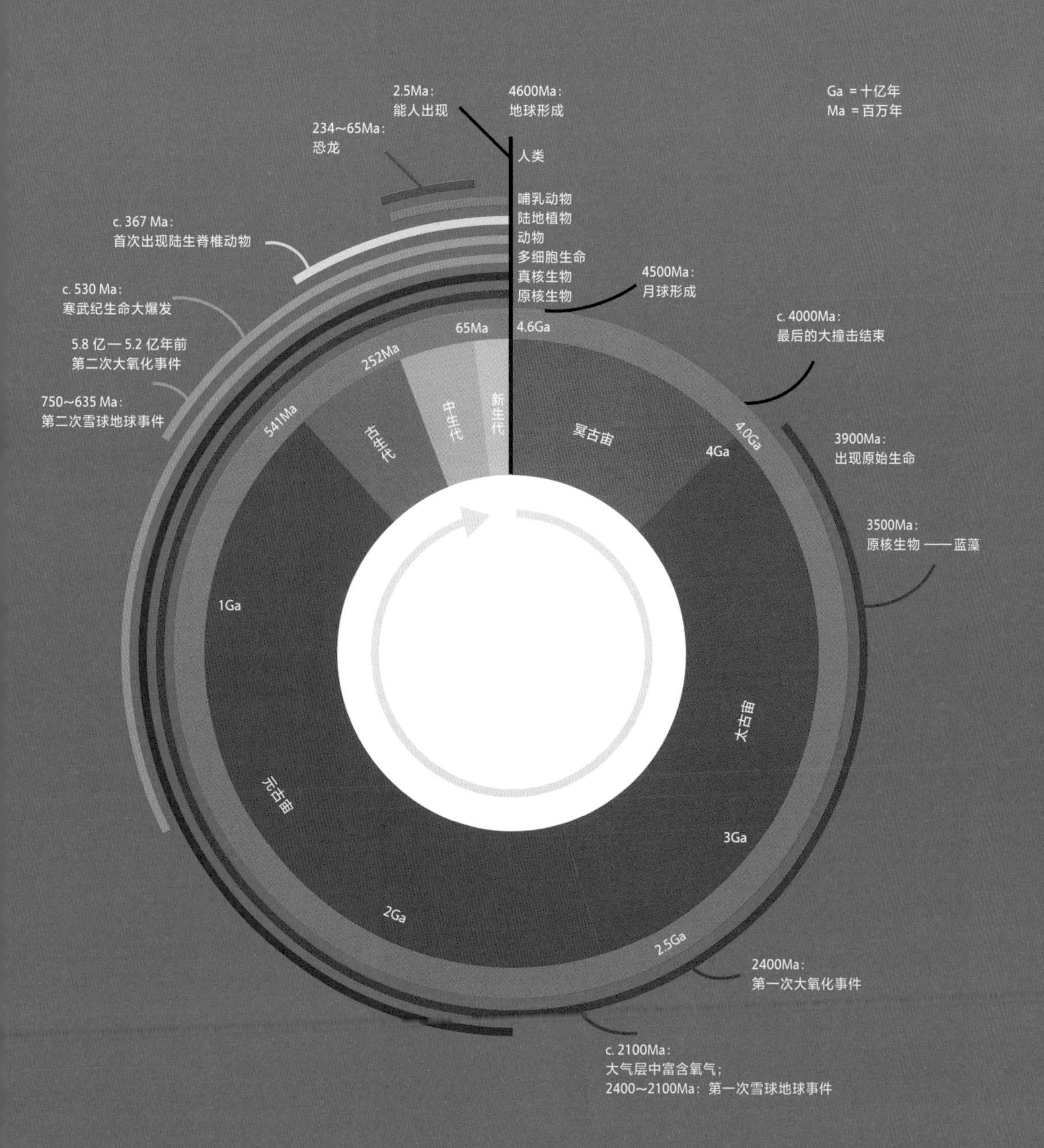

2.5Ma：
能人出现
4600Ma：
地球形成
Ga ＝十亿年
Ma ＝百万年
234~65Ma：
恐龙
人类
哺乳动物
陆地植物
动物
多细胞生命
真核生物
原核生物
c. 367 Ma：
首次出现陆生脊椎动物
c. 530 Ma：
寒武纪生命大爆发
5.8 亿一 5.2 亿年前
第二次大氧化事件
750~635 Ma：
第二次雪球地球事件
4500Ma：
月球形成
c. 4000Ma：
最后的大撞击结束
3900Ma：
出现原始生命
3500Ma：
原核生物 —— 蓝藻
65Ma
4.6Ga
252Ma
541Ma
新生代
中生代
古生代
冥古宙
4.0Ga
4Ga
1Ga
太古宙
元古宙
3Ga
2Ga
2.5Ga
2400Ma：
第一次大氧化事件
c. 2100Ma：
大气层中富含氧气；
2400~2100Ma：第一次雪球地球事件

2.1 原始海洋的形成

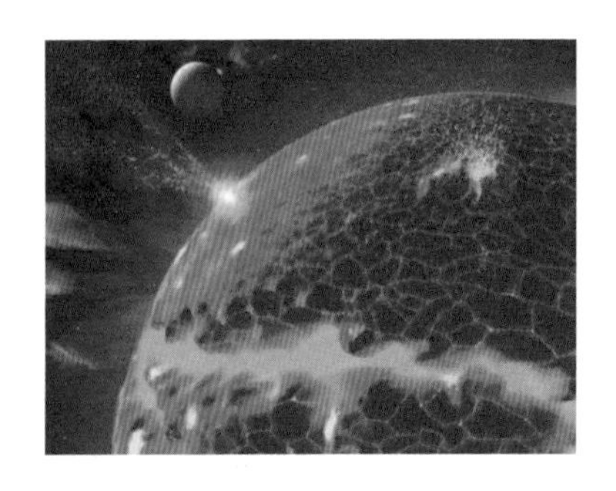

46 亿—43 亿年前的地球

一颗小行星撞向被熔岩海或者分散的熔岩湖覆盖的地球

由于受到大量小行星撞击，以及放射性元素衰变产生的热量的影响，地球在 46 亿—43 亿年前处于熔融状态，被熔岩海或者分散的熔岩湖覆盖，犹如一个炙热的火球。地球上火山喷发，熔岩横流。随着小行星撞击次数减少，地球温度逐渐降低，岩浆开始固结，并慢慢形成小的陆块，地表犹如月球的表面，随着岩浆进一步固结，形成了原始地壳。

40 亿年前，火山喷出的大量气体和尘埃，形成了地球最初的大气圈。最初的大气圈里没有氧

原始海洋

气，主要成分是水（H_2O）、二氧化碳（CO_2）、硫化氢（H_2S）、甲烷（CH_4）、氨气（NH_3）、二氧化硫（SO_2）、氮氧化物和磷酸（H_3PO_4），以及少量的氢气（H_2）等（现在仍有科学家对尤里－米勒实验持怀疑态度，认为最初的大气圈并不含有甲烷与氨气）。

这里要再次提及温室气体。40亿年前，地球大气中含有的大量水蒸气、甲烷和二氧化碳构成了温室气体，锁住了热量，使地球不至于急速冷却至冻结，后来地球上才有了液态水，有了液态水，才开启了生命的进化之旅。

随着地球温度的持续降低，火山气态喷出物中的水分形成雨水降落到地表（也有一种说法称，彗星撞击也为地球带来了水），地球表层固结的陆块进一步扩大。有证据表明，大约在40亿年前，地球表层形成了原始地壳。降落到地表的水受到刚固结地壳的烘烤而变热，甚至变得沸腾。随着温度的进一步下

大气圈的形成

岩浆开始固结，形成小的陆块

降，落到地表的雨水越来越多，渐渐注满了地面低凹之处。大约在 40 亿年前，地球上形成了原始海洋（面积相当于现在海洋的 1/10）。雨水冲刷地层，被分解的矿物质流入海洋中，使海水密度越来越大。这些矿物质有镁、钠、钙等，以氯化钠为多，形成了含有盐分的苦咸海水。科学家们根据证据推测，此时，地球上就已经产生了某种能够释放氧气的微生物——蓝藻，并找到了其遗迹化石。

原始地壳的面貌

2.2 地球生命进化历程

生命的进化与大事件

本书章节	内容	地质时代	距今时间	大事件	简介
第十四章	人类时代	N — 现代	2300 万年前至今	东非大裂谷形成，造成生殖隔离；260 万年前，第四纪冰期开始	森林古猿进化出地猿始祖种和南方古猿，再进化出能人，开启了人类进化的新时代
第十三章	哺乳动物时代	E — 现代	6600 万— 260 万年前	6600 万年前，发生了第六次生物大灭绝事件	开启了哺乳动物大繁盛时代；5500 万年前，拉开了灵长类进化的序幕
第十二章	似哺乳类爬行动物时代	P_1 — P_3	2.99 亿— 2.51 亿年前	石炭纪末期大冰期，出现了产羊膜卵的似哺乳类爬行动物，如始祖单弓兽	开启了似哺乳类爬行动物时代
第十一章	鸟类时代	J_2 — 现代	1.45 亿— 现代前	出现开花植物；恐龙进化出真正的鸟，如始祖鸟	开启了鸟类时代
第十章	恐龙时代	T_1 — K	2.51 亿— 0.66 亿年前	2.51 亿年前，发生了第四次生物大灭绝事件，拉开了恐龙进化的序幕；2 亿年前，发生了第五次生物大灭绝事件	开启了恐龙进化与恐龙大繁盛时代
第九章	真爬行动物时代	T_1 — T_3	2.51 亿— 2 亿年前	石炭纪晚期，发生了石炭纪雨林崩溃事件，进化出产羊膜卵的真爬行动物，如林蜥	进化出海陆空真爬行动物，开启了真爬行动物繁盛时代
第八章	两栖动物时代	C	3.6 亿— 2.99 亿年前	石炭纪末期大冰期	两栖类进化成爬行动物

本书章节	内容	地质时代	距今时间	大事件	简介
第七章	鱼类时代	S_1—D_3	4.4 亿—3.6 亿年前	3.77 亿年前，发生了第三次生物大灭绝事件，开启了两栖动物时代	有颌鱼类盾皮鱼进化成肉鳍鱼，肉鳍鱼登陆进化成两栖类
第六章	无颌鱼类时代	C_m—S_1	5.3 亿—4.44 亿年前	4.44 亿年前，发生了第二次生物大灭绝事件，约 85% 的海生物种灭绝，开启了甲胄鱼类与有颌鱼类时代	无颌鱼类昆明鱼、甲胄鱼进化成有颌鱼类
第五章	寒武纪生命大爆发	C_m	5.3 亿年前	生命大爆发	5.3 亿年前，出现澄江生物群（有 240 多种生物，如华夏鳗、西大动物、昆明鱼、海口鱼等）
第四章	多细胞动物时代	Pt_3	6.5 亿—5.3 亿年前	5.8 亿—5.2 亿年前，发生了第二次大氧化事件；5.41 亿年前，发生了埃迪卡拉生物大灭绝事件——第一次生物大灭绝事件	发生第二次雪球地球事件
第三章	藻类时代	Ar_1	35 亿—6.5 亿年前	24 亿—21 亿年前，发生了第一次大氧化事件	发生了第一次雪球地球事件和第一次大氧化事件
第二章	生命起源与进化	Ar_0	45 亿—35 亿前	35 亿年前，原核生物——蓝藻诞生在海洋里	原始地壳固结后，大气圈形成，火山猛烈爆发，气温下降，持续降雨，形成了原始的海洋，开始了生命进化
第一章	宇宙诞生	Pre.Ar	138.2 亿—45 亿年前	138.2 亿年前，发生宇宙大爆炸，宇宙诞生	物质形成，恒星演化，太阳系形成

2.3 生命的诞生

水是生命之基，碳氧化物是生命之本，氢是生命化学反应的催化剂和能量来源，所以有“水是生命之母，氢是生命之父”之说。

科学家们在澳大利亚发现了地球上最古老的化石——叠层石，年龄是35亿年。叠层石是由最早的蓝藻形成的，是地球上可见的最早的生命留下的遗迹。

叠层石

在澳大利亚西部，距今35亿—34亿年前的古太古代瓦拉伍纳群地层中，发现了最早的微观生命的宏观表现形式——叠层石

○ 地球生命的起源

关于生命起源的说法，大致可归纳为五种：一是上帝创世说；二是自然发生说；三是化学起源说；四是宇宙生成说；五是热泉生态系统说。其中得到学术界最广泛认可的是化学起源说。这一假说认为，原始地球大气中没有氧气，主要是水、二氧化碳、二氧化硫、硫化氢、甲烷、氨气、磷酸，以及少量的氢气等，它们都是形成生命的最基本的化学物质，其中水提供了生命诞生的基本条件，二氧化碳提供了生命体内基本的碳元素，氢气则是生命化学反应的催化剂。

汇集在原始地壳低洼处的水，主要是火山喷发出的气体冷凝而降落在地面上的水（还有深海黑烟囱附近富含化学物质的海水），它们主要由碳（C）、氢

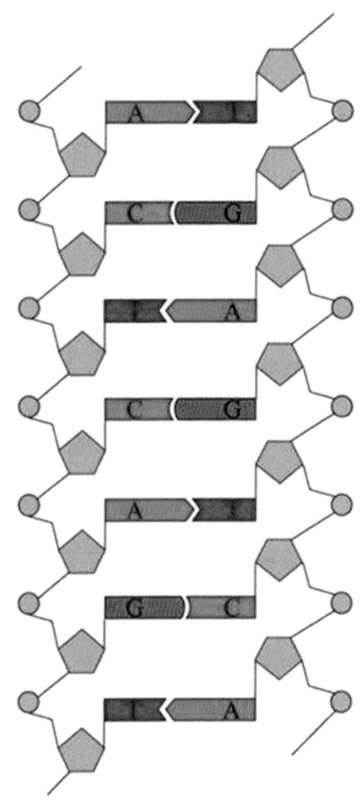

DNA 分子结构模型图（平面结构）

（H）、氮（N）、氧（O）、磷（P）、硫（S）等元素组成，生物化学家们把这种富含生命最基本元素的水称为“原始的化学汤”。在宇宙射线以及太阳紫外线或闪电的影响下，“原始的化学汤”里开始了从无机物向有机生命的演化。

化学起源说将生命的起源大致分为五个阶段。

第一阶段：无机小分子（H_2O，CO_2，H_2S，SO_2，CH_4，NH_3，以及磷酸和少量氢气等）生成有机小分子，或简单的有机化合物，如氨基酸、核苷（碱基与核糖连成的分子）等。

第二阶段：有机小分子生成有机大分子。这一过程是在原始海洋中发生的，即氨基酸、核苷等有机小分子，经过长期积累，相互作用，在适当条件下，通过缩合作用或聚合作用形成原始的蛋白质分子和核苷酸（核苷与磷酸结合）有机大分子。

第三阶段：有机大分子物质组成有机多分子体系，即核苷酸再进一步聚合成核酸，如 RNA，自身具有复制和催化功能。RNA 分子是长链状聚合物，由数千个核苷酸单元组成，而每个核苷酸由磷酸、核糖和碱基三部分组成。碱基有 4 种，分别是 A（腺嘌呤，$C_5H_5N_5$）、G（鸟嘌呤，$C_5H_5N_5O$）、C（胞嘧啶，$C_4H_5N_3O$）和 U（尿嘧啶，$C_4H_4N_2O_2$）。

第四阶段：有机多分子体系演变为原始生命，即 RNA（最初的生命是 RNA，即 A-U、G-C，RNA 具有自我复制和催化双重功能）进化成只负责复制的 DNA 和仅有催化作用的蛋白质，形成了最原始的生命。

最初的“原始化学汤”，犹如一锅“核苷酸浓汤”，其中漂浮着一个个“赤裸裸”的 RNA 分子。汤里有脂肪物质形成的一个个球形泡泡膜，这些泡泡膜就是细胞壁，它们将 RNA 分子包裹起来。细胞壁的作用，一是能以核苷酸为“食”，吞进更多的核苷酸分子；二是能有效阻止变长的RNA大分子“逃”出来。泡泡膜为了维持更长时间，必须从外部获得能量，因此，泡泡膜就在RNA自身催化作用下，自我组装成了细胞状，有RNA、蛋白质等结构，此时，原始细胞就诞生了。原始细胞吞进去的核苷酸达到极限时，就会分裂，从一个变成两个，两个变成四个……不断倍增下去。原始细胞具有了分裂复制的能力。

第五阶段：在原始细胞中，RNA既承担储存遗传信息的任务，又起着催化化学反应的作用。只是在后来的进化中，双链的DNA（脱氧核糖核酸）替代单链的RNA成为遗传物质，而蛋白质变成了细胞的主要催化剂和结构成分。

1958年，英国生物学家弗朗西斯·克里克首先提出了生命“中心法则”，即生命的遗传信息不能由蛋白质直接转移到蛋白质或核酸中。也就是说，遗传信息必须先由DNA传递给RNA（转录），再由RNA编码形成蛋白质（翻译），才能完成遗传信息的

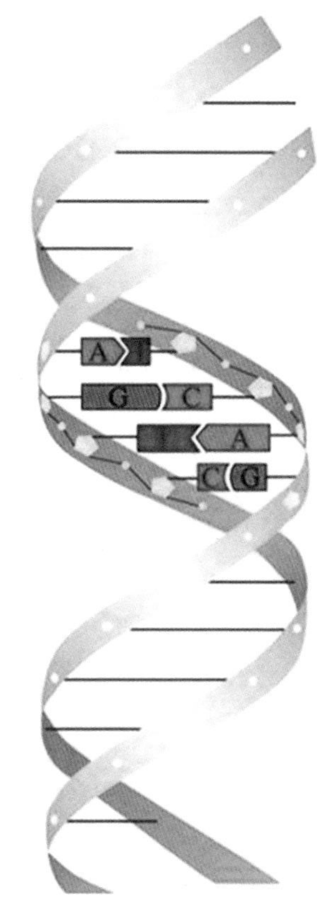

DNA分子结构模型图（双螺旋立体结构）

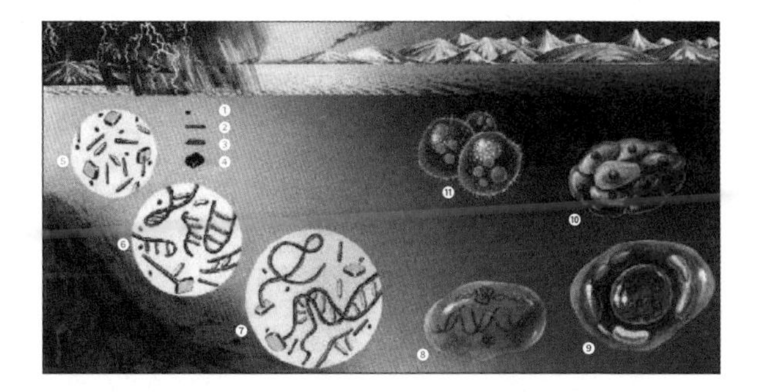

地球上的生命可能起源于一锅原始的化学汤（图片来源：Wired）

❶❷❸❹无机物；❺核苷、氨基酸；❻核苷酸；❼核酸、RNA；❽原始细胞或原核细胞；❾真核细胞；❿多细胞集合体；⓫分裂复制的多细胞

转录和翻译过程。遗传信息也可以从 DNA 传递给 DNA，即完成 DNA 的复制过程，保证遗传信息的传递和生命的生生不息。这是所有生物复制所遵循的法则。

在生命复制过程中，我们可以把 DNA 携带的信息比作最初生命的“原稿”（Word 文档格式），为了防止遗传信息被任意篡改，Word 文档要先转变成 PDF 格式，即 RNA，RNA 再将信息通过油墨复印在纸张上，这里印刷文字或图画的油墨就是制造生成的蛋白质。所以说，蛋白质里的信息是由 RNA 传递的。

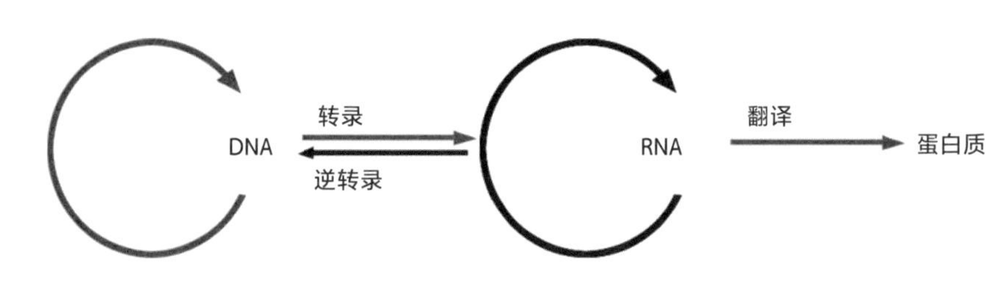

中心法则图解

○ 地球上最原始的生命

所有生物都源自最初的生命结构，也就是由生物大分子物质组成多分子体系，然后再由有机多分子体系演变为原始生命。RNA 后来被只有复制能力的 DNA 和仅有催化作用的蛋白质替代，形成了最原始的生命。

研究表明，约 40 亿年前，地球上出现了所有生命的“最后的共同祖先”——露卡（Last Universal Common Ancestor，LUCA），它是后来一切生物的根源，是一种能自我复制的有机体。露卡很可能是一个松散地聚在一起的原始细胞团块。2016 年，德国科学家威廉·马丁通过分析现有生物的 600 多万个基因，提出露卡有 355 个基因，这些基因是所有生命最基本的基因，经过了 40 亿年的演化，并一直保留至今。这 355 个基因，已经完成了 DNA 复制、蛋白质合成和 RNA 转录的蓝图，已经具有现代有机物所具备的所有基本组成部分。从露卡开始，我们很容易了解生命是如何进化的，蓝藻就是由露卡进化而来的。

蓝藻也叫蓝细菌，是一种原核生物，没有真正的细胞核，只有一个拟核，由 DNA 和蛋白质构成，这就是生命最基本的物质。有了 DNA 和蛋白质，就可以吸收能量，进行自我复制。简单说来，具有自我复制能力的物质就是生命。

有生命，就会有进化，我们的生命就是从这个阶段开始的。这也是最激动人心的时刻，

海底热泉

在大洋底，板块作用形成许多裂隙，被加热的海水从裂隙中喷溢出来，形成海底热泉。热泉温度可达 300～800 摄氏度，富含金属元素，如铁、铜、锌、钴、镍，以及金、银、铂等，大多数呈硫化矿物存在。深海探测发现许多奇异生物，如红蛤、海蟹、牡蛎、小虾等，最著名的是管状蠕虫，它以硫化物为食。科学家们认为，这些热泉与海水混合，形成了达尔文所说的"温暖的小池塘"，现代生物化学家们称之为"原始的化学汤"，"最后的共同祖先"露卡就在热泉附近诞生

从这一刻开始，地球才有别于其他行星。露卡是生命的原点，启动了地球生命的历史，拉开了地球生命进化的大幕，从此地球上充满勃勃生机，并经过 40 亿年的漫漫征程，有了现在千姿百态的生命。约 30 万年前，地球上出现了最高等的智慧生命——晚期智人，他们在 16 万—5 万年前最终走出非洲，开始统治地球。这一切的一切都源自露卡这个生命起点。

在演变出原始生命的阶段，有机多分子体系中的有机分子具有了自我复制能力，这种能够自我复制的有机分子，很可能就是 RNA。RNA 是一条链，在它的碱基排序上携带着遗传信息。RNA 中的碱基有 A

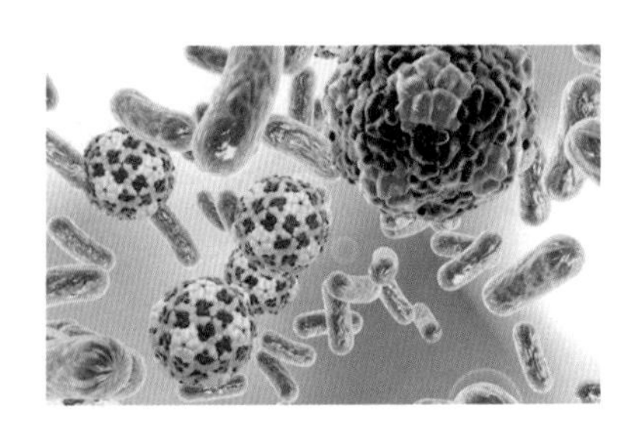

最早的生命形式——细菌

（腺嘌呤）、G（鸟嘌呤）、C（胞嘧啶）、U（尿嘧啶），其中 U 被后来 DNA 中的 T（胸腺嘧啶）取代了。

20 世纪 80 年代，美国科学家托马斯·切赫带领的科研团队发现，RNA 几乎能够与酶以完全相同的方式催化生物化学反应。托马斯·切赫因此获得了 1989 年的诺贝尔化学奖。

现在的以 DNA 为基础的生命，可能源于早期的 RNA 世界。可以说，在最早的生命体中，没有 DNA，只有 RNA。RNA 具有双重功能，既具有自我复制功能，又能起到促使复制的化学催化作用。但 RNA 自我复制的准确率低，而且催化自身的合成速率很低，这些都不利于其生存与繁衍。

随着生命的进化，细胞功能开始分化，出现了仅仅负责自我复制的 DNA 和只负责化学催化的蛋白质。RNA 的两种功能分别由 DNA 和蛋白质来完成，DNA 由 4 种碱基（A、T、G、C）组成，每 3 个相邻的碱基编码排序形成密码子，一个密码子编码一个氨基酸，多个氨基酸聚合形成蛋白质；反过来，蛋白质中的聚合酶又催化 DNA 的编码。这是生命的第一次分工。DNA 分子只承担复制，复制的准确率明显高于 RNA；蛋白质只负责催化 DNA 复制，催化能力也大大强于 RNA。因此，具有 DNA 的生物比只有 RNA 的生物更具生存优势。在自然选择作用下，具有 DNA 的生物不断繁衍兴盛起来，并最终占据统治地位。由于 RNA 仍然具有很多其他功能，因而被一直保留下来。随着 RNA 的不断进化，RNA 不再起遗传作用，但参与细胞中遗传指令的实施，发挥其他至关重要的作用。

2.4 DNA 与细胞

DNA 双螺旋结构显示，DNA 分子在细胞分裂时能够自我复制，这有力地解释了生命体要繁衍后代，物种要保持稳定，细胞内必须有遗传属性和复制能力的机制。这一发现是生物学发展史上的一座里程碑，也是分子生物学时代的开端。

地球上的生命都源于细胞，细胞是组成生物体的基本单元。细胞接受遗传指令的统一调控。基因在调控细胞属性（出生、位置、形状、大小、身份等）方面已经做到无懈可击，即使是细胞死亡的过程也为基因所掌控。生命的秘密在于自我复制。DNA、蛋白质对于生命的自我复制缺一不可。自我复制是生命的标志之一。

DNA 即脱氧核糖核酸，是一种生物大分子，储存着生物体的全部遗传信息，指导生物的发育与生命机能的运转。DNA 主要由氢、碳、氮、氧、磷、钙等元素组成，指导蛋白质的制造。蛋白质由 20 多种氨基酸组成，而组成这些物质的所有元素，以及构成人体的主要元素都是宇宙大爆炸后恒星核聚变的产物。

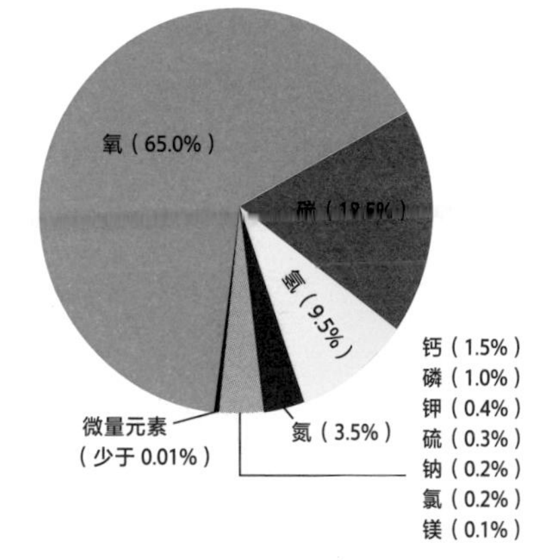

人体的主要组成元素

2.5 原核细胞与真核细胞

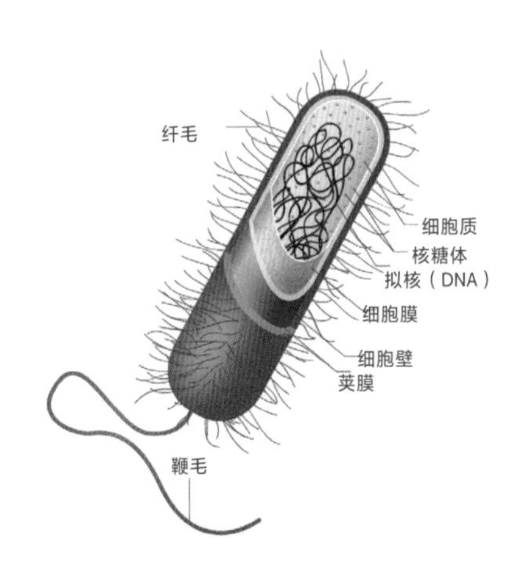

原核细胞结构模式图

原核细胞没有细胞核和染色体（质），只有核糖体和裸露的 DNA。部分原核细胞存在荚膜

最原始的细胞是原核细胞，后来又进化出真核细胞。因此，生物大致分为两类，一类是原核生物，一类是真核生物。我们肉眼看得见的生物，绝大多数都是真核生物，如五彩斑斓的菌类、各种各样的植物、千奇百怪的动物。

○ 原核细胞

原核细胞没有细胞核，是最原始、最简单的细胞。原核细胞最外面是细胞壁，里面有 DNA、RNA、蛋白质等生物大分子，它们三者分工合作，形成了完美的信息储存、传递和执行系统。可以说，没有蛋白质就不会有原核细胞，而没有原核细胞就不会有现代意义上的生命。所以，原核细胞是生命进化中一次重要的创新。

原核生物是由原核细胞构成的，所有细菌都是原核生物，也都是单细胞生物，是一个个独立的生命体。单细胞生物往往是一个多面手，能够独自完成营养吸收、能量交换、呼吸、运动、代谢、生殖等生命活动，但这些活动只能交替进行。目前发现的最早、最原始的原核生物是蓝藻。

原核生物最大的优势是个体小，直径只有 1 微米左右，所以与环境进行物质交换的速度快，繁殖速度快，生命力顽强，适应能力极强。原核生物获得物质和能量的方式多种多样，最常见的有两种，一种是化能合成，也叫氧化还原反应，即通过氧化无机分子，如氢、氨、硫化氢等获得能量，然后利用这些能量从二氧化碳中取得碳原子合成有机物，厌氧细菌就是化能合成的原核生物；另一种是光合作用，即利用太阳能，与吸收的二氧化碳合成糖分，蓝藻就是最早利用太阳能的原核生物。原核生物已经具备非常复杂和完善的分子机制，能够对环境的变化做出适应性反应，并把这种特性遗传给了下一代真核生物。所以说，地球上的第一个原核生物是所有生物的祖先，这也符合达尔文进化论的物种同祖观点。

原核生物极易受到环境变化的影响，容易发生变异。在自然选择作用下，原核生物为了生存繁衍，进化出一层膜，把 DNA 和蛋白质包裹起来，这个被膜包裹的 DNA 和蛋白质，就是细胞核，由此，诞生了真核细胞。真核细胞后来又演化出各式各样的细胞器。

○ 真核细胞

原核细胞进化出了 DNA 与蛋白质的明确分工，为地球生命进化奠定了基础。原核生物首先进化出了个体较大、具有细胞核的单细胞真核生物，比如领鞭毛虫、变形虫、草履虫等。但单细胞增大的优势明显不如大量细胞聚集在一起的优势，所以单细胞真核生物又向多细胞真核生物进化，在细胞增大的同时，出现了细胞分工。这是生物进化史上的一次革命性飞跃，诞生了多细胞真核生物。

多细胞生物的真核细胞在细胞核的基础上，进

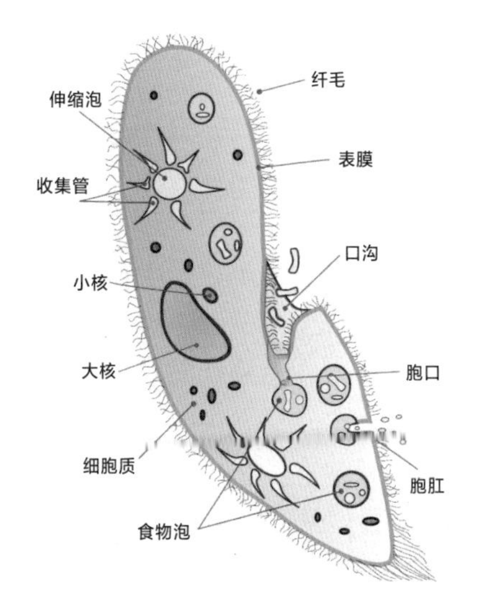

草履虫

草履虫是圆筒形的原生动物，属真核生物，因形状像一只鞋子而得名。它是由一个细胞构成的单细胞动物，雌雄同体，体长只有180～280 微米，寿命很短，为一昼夜左右

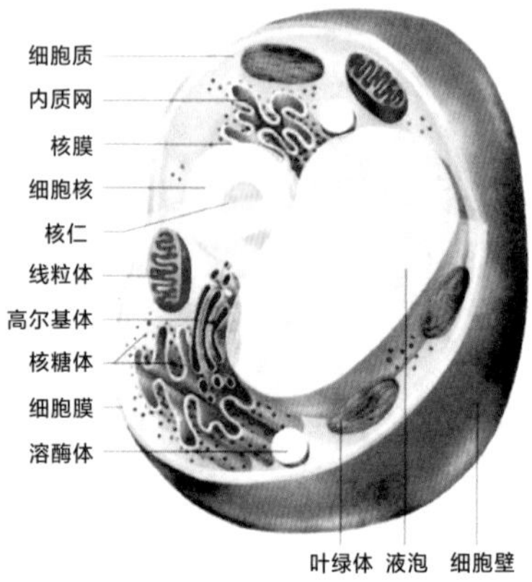

真核细胞（植物细胞）结构模式图

化出了各种各样的细胞器。真核细胞的细胞质里含有细胞核，细胞核中有染色体，染色体主要由 DNA 和蛋白质组成。细胞核、线粒体、叶绿体、内质网、核糖体、高尔基体、溶酶体、液泡等细胞器各司其职，分工合作。相比原核细胞，真核细胞的组织结构更加复杂和完善，细胞器分工更加明确和细致，细胞功能更加强大、多样化，基因数量大大增加，基因调控机制更加灵活高效，创造性地发明了生物的有性生殖机制，为多细胞动物的生存繁衍与多样化创造了条件。

在真核细胞中，细胞核是储存和复制遗传物质的主要场所，是细胞遗传和代谢的控制中心，就像细胞的“大脑”；线粒体是细胞活动的动力来源，是细胞的“发电厂”；叶绿体是藻类和植物所特有的养料制造“车间”或能量“转换器”；内质网是细胞内蛋白质合成和加工，以及脂质合成的“车间”；高尔基体是对蛋白质进行加工、分类和包装的“车间”及“发送站”；核糖体是内质网外侧的许多小颗粒，犹如“生产蛋白质的机器”；溶酶体负责分解废物，让物资循环使用，是细胞的“垃圾回收站”。

液泡是植物细胞特有的细胞器，是植物细胞的代谢库，起调节细胞内环境的作用。液泡是由膜包裹的泡状结构，里面的主要成分是水，其中含有无机盐、氨基酸、糖类以及各种色素。

叶绿体是植物细胞内最重要、最普遍的细胞器之一，负责进行光合作用。叶绿体利用叶绿素将光能转变为化学能，将二氧化碳与水化合转变为糖（光能 $+6CO_2+6H_2O \rightleftharpoons C_6H_{12}O_6+6O_2$）。可以说，叶绿体是世界上成本最低、创造物质财富最多的生物工厂。正是叶绿体通过光合作用将无机物转变成了有机物。

原生生物是真核生物中最原始的类群，它们是由原核生物进化来的，包括藻类、原生动物等。早期藻类是植物的祖先，早期原生动物是动物的祖先，所以人们对生物进行分类时，常把藻类归于植物界，把原生动物归于动物界。在原生生物中，藻类的数量最多，分布最广，与人类的关系也最为密切。

○ 领鞭毛虫——地球上所有动物的祖先

领鞭毛虫是最早的单细胞真核动物，在电子显微镜下，其外形像一个被拉长的羽毛球。领鞭毛虫由鞭毛、领和领毛构成，常附于其他物体上营固着生活。领鞭毛虫的鞭毛先演变成动物体细胞的动纤毛，后来又演变成静纤毛，成为动物细胞接收信号的“天线”，具有视觉、听觉、嗅觉、味觉和触觉等感知功能；领鞭毛虫的领毛演变成动物细胞的微纤毛，具有与静纤毛一样的功能。

分子生物学等研究证明，领鞭毛虫像多细胞动物一样，细胞有钙黏着蛋白和细胞信号传导因子。领鞭毛虫多数情况下是无性繁殖，但在钙黏着蛋白的作

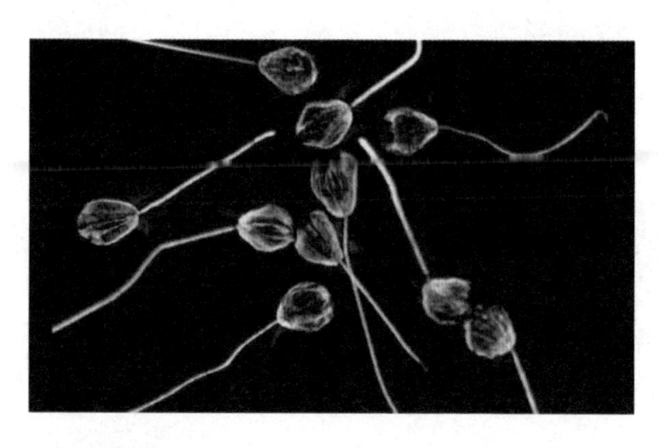

正在交配的领鞭毛虫

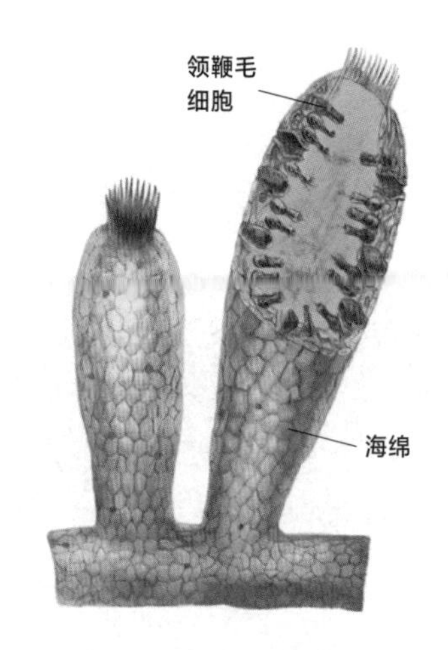

领鞭毛虫聚集形成海绵示意图

用下，彼此结合在一起，细胞传递信息，发挥调控基因的作用，导致生物体结构形成，并进行有性繁殖。最终，聚集在一起的领鞭毛虫演变成了海绵。

海绵是第一个多细胞动物，具有许多类似领鞭毛虫的细胞。海绵的领细胞与领鞭毛虫的形态特征非常相似，大小也基本一致。此外，DNA 序列分析证明，海绵与领鞭毛虫有最近的亲缘关系，因此，海绵及地球上的所有动物都是由领鞭毛虫进化而来的（详见 4.4）。

从原核细胞开始，经过单细胞真核动物领鞭毛虫，到多细胞动物海绵，是生命进化的无脊椎阶段；从昆明鱼开始，经过初始全颌鱼，最后到智人，是生命进化的有脊椎阶段。这两个阶段构成了回答“我们从哪里来”之间的“完整进化链”。

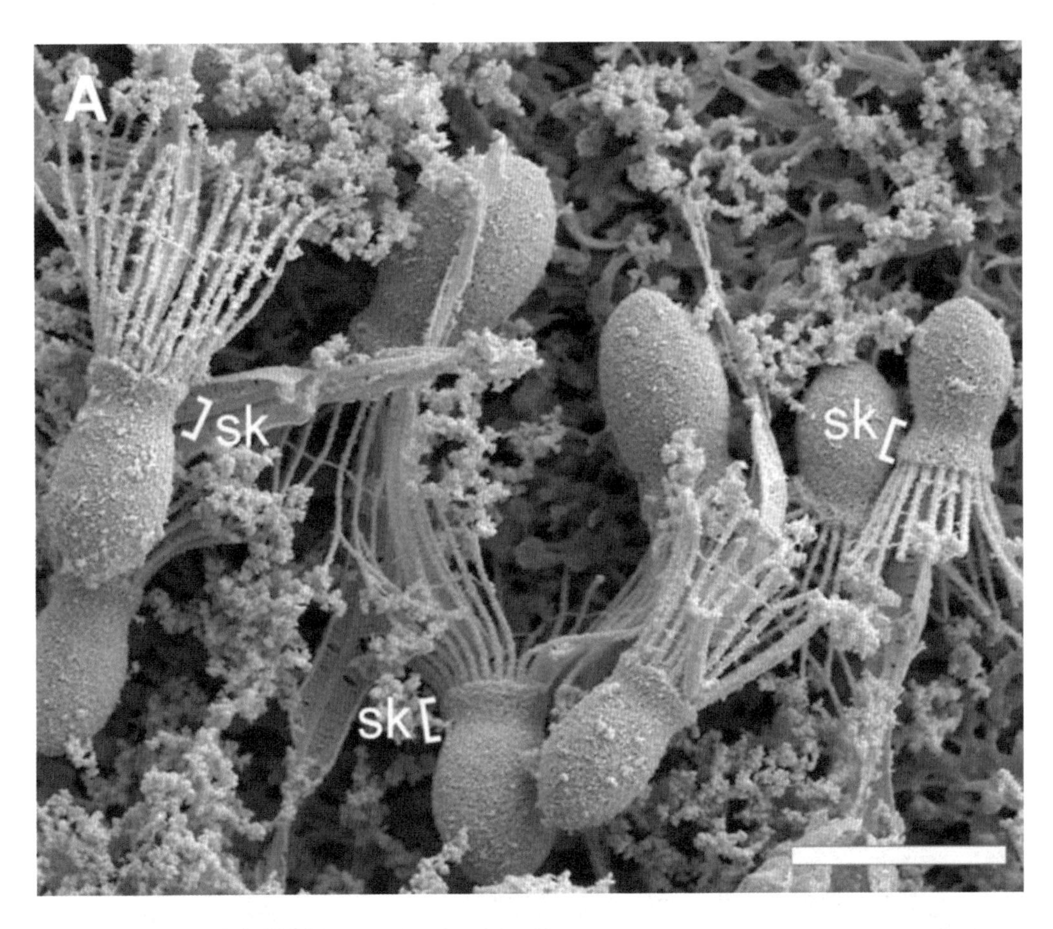

电子显微镜下的领鞭毛虫（图片来源：Jasmine L. Mah et al., 2014）

2.6 细胞的进化

关于细胞的进化，也就是关于原核细胞如何演变成真核细胞，有两种假说：直接演化说和细胞内共生说。

直接演化说认为，真核细胞是由原核细胞经过基因突变与自然选择进化来的。

细胞内共生说认为，一个个体较大的、异养的原核细胞吞噬了另一个具有氧呼吸能力的原核细胞，而后发生共生作用。如果原核细胞吞噬的是好氧细菌，那么好氧细菌就会在细胞内演化为真核细胞的线粒体；如果原核细胞吞噬的是蓝藻，那么蓝藻就会在细胞内演化成真核细胞的叶绿体。

近年来，分子生物学的研究提供了越来越多的证据支持细胞内共生说，所以这里重点介绍细胞内共生说。

在地球形成的早期，大气和水中缺少氧气，原核生物首先进化出了厌氧的古细菌。蓝藻体内有叶绿素，可以在光合作用下释放出氧气，因此在 24 亿—21 亿年前，地球上发生了第一次大氧化事件，大气中开始富集氧气。厌氧古细菌为了适应大气中氧气的增加，吞噬了一种好氧细菌，好氧细菌寄生在厌氧古细菌内，久而久之，二者形成了一种“伙伴关系”（大约在第一次大氧化事件之后就形成了伙伴关系，犹如搭伴过日子一样，并慢慢有了分工），好氧细菌（有独立的 DNA 遗传密码）演变成了真核细胞内的一种细胞器，被称为线粒体。

线粒体犹如细胞的“发电厂”，可以将细胞获得的原料，通过与氧反应转化成能量，为细胞活动提供动力来源。

随着时间的推移，大约在 15 亿年前，含有线粒体的真核细胞又吞噬了蓝藻，也和原来的好氧细菌一样，与之形成了一种伙伴关系，于是蓝藻进化成了真核细胞内的叶绿体，成为细胞光能的提供商。到这一步，真核细胞内有了两种细胞器，一种是线粒体，另一种是叶绿体。含有叶绿体的真核细胞，可以吸收阳光，进行光合作用，将细胞内的水分解成氢原子和氧原子，生成氢气和氧气，氧气被释放到大气中，氢气与吸收的二氧化碳合成糖分，糖分在线粒体作用下进行氧化，转变成能量，供生物细胞利用。

植物是含有叶绿体和线粒体的真核生物，因此植物都是自养生物，仅仅依靠细胞内的叶

在树根处生长的蘑菇

绿体进行光合作用，就能获取营养与能量，生存与繁衍。多数植物不需要捕食，所以，依据生物的“简单有效演化原理”（详见第十五章），在自然界，多数植物没有进化出捕食、感知、消化、运动等器官。

植物细胞内的叶绿体能将游离于大气中的无机碳转换成有机碳，也就是说，叶绿体是自然界无机物向有机物转化的转换器，植物就是碳元素的“超级生产商”，几乎所有生物体内的碳元素都是叶绿体生产出来的。只有通过叶绿体这一“跨界”的转换，碳元素才能进入生物体内，成为生物体内最主要的元素之一。自然界中构成生物的各种各样的分子，包括DNA、蛋白质、葡萄糖、脂肪酸等，都是以碳原子为“骨架”的。可以说，地球上的生命都是以碳元素为基础的，所以又被称为“碳基生命”。

动物是细胞中只含有线粒体的真核生物，因此动物都是异养生物，必须依靠进食或捕食其他生物才能获取营养与能量，生存与繁衍，所以，自然界中的动物都进化出了捕食、进食、运动、感知、消化等器官。

还有一种真核生物是真菌，如蘑菇、灵芝等。从外表来看，真菌更像植物，但真菌不是植物，真菌的细胞内不含叶绿素，不能靠光合作用获得能量，因此跟动物一样是异养生物。但真菌也不是动物，因为真菌不能像动物一样直接捕食，也没有胃、肠等消化器官。真菌依靠自身分泌的消化液将已经死亡的生物，如腐朽的树木等进行降解，再利用菌丝消化吸收降解所产生的有机小分子。可以说，真菌是通过体外消化获得营养、吸收能量的真核生物。

由此看出，生物可以采取不同的生存方式，但目的都是生存与繁衍。

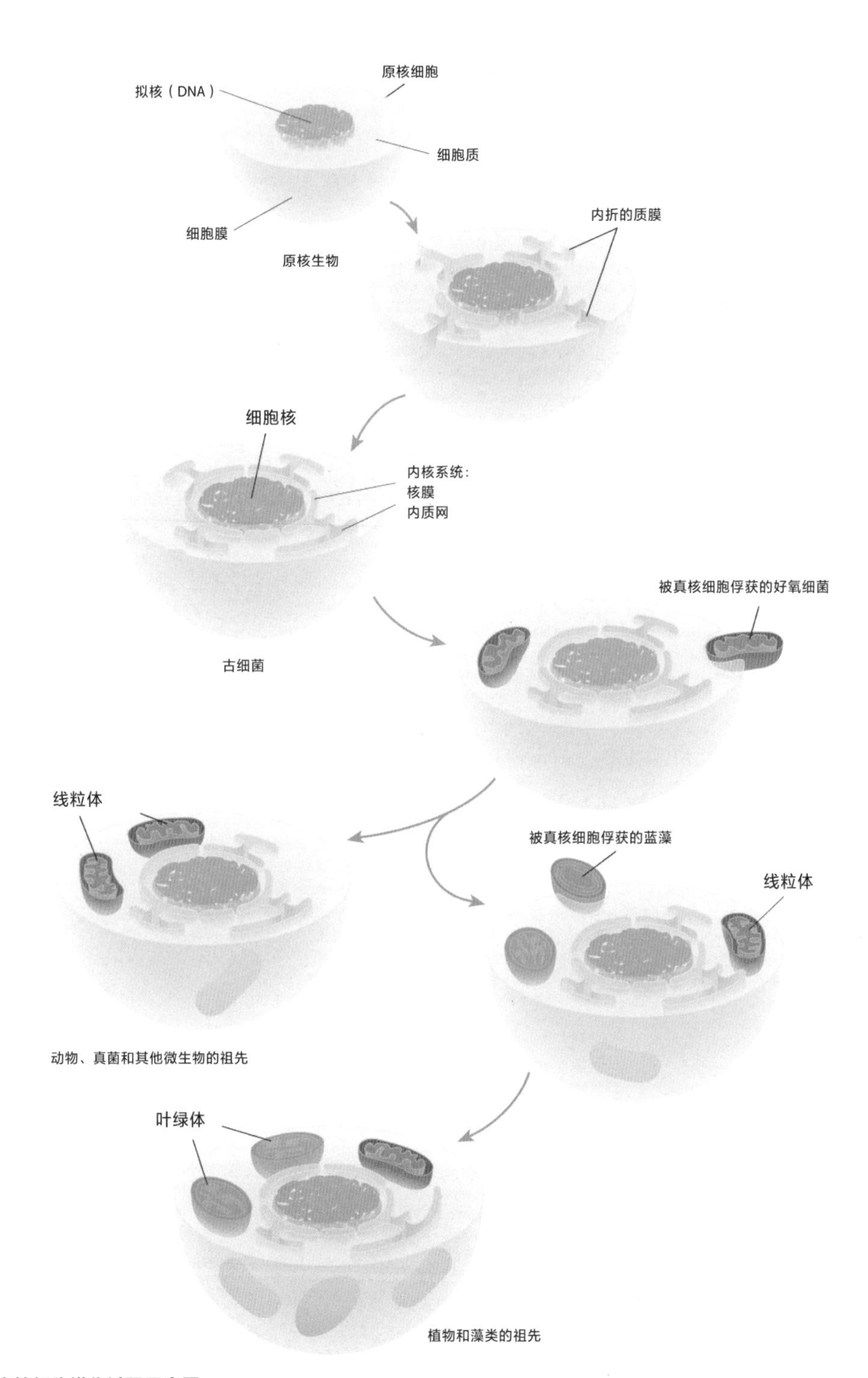

原核细胞向真核细胞进化过程示意图

2.7 细胞的“发电厂”
——线粒体

一个真核生物体是由千千万万个细胞组成的，细胞里面除了细胞核，还有各种细胞器，不同的细胞器有着不同的功能。假如我们把细胞想象成一座城市，城市里有道路、食品加工厂、发电厂等，那么细胞这座城里的“发电厂”，就是线粒体。驱动细胞活动的能量来自线

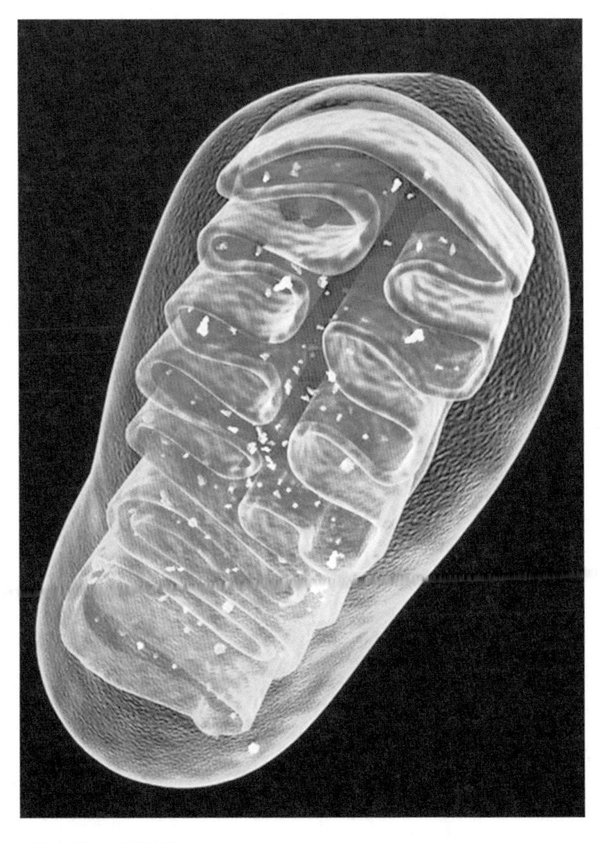

真核细胞中的线粒体

粒体，也就是说，如果细胞这座城市要想运转的话，就必须依靠线粒体发出的“电”，否则，细胞就无法动弹。线粒体可以对糖类、脂肪等能量物质进行代谢，转化成细胞能直接利用的能量。

细胞可利用的能量大部分以 ATP（三磷酸腺苷）的形式存在。如果说糖类就像煤，那么 ATP 就像电，除燃煤蒸汽机外，大部分机器不能直接利用煤驱动，但可以用电作动力。线粒体的作用就像发电厂一样，把煤转变成电，电再驱动电动机械运动。线粒体“发电”，即产生能量的原理是，线粒体有内外两层膜，膜的表面有很多种酶，其中一种是水解酶，它可以催化糖类、脂肪等降解成水和二氧化碳（$C_6H_{12}O_6+6O_2 \rightleftharpoons$ 能量 $+6CO_2+6H_2O$，一个葡萄糖分子彻底氧化后通常可以产生大约 30 个 ATP 分子），在整个过程中会释放能量，而能量正好给如同蓄电池一样的 ADP（二磷酸腺苷）充电；在合成酶的作用下，被充电的 ADP 与一个 Pi（磷酸根）结合，就变成了 ATP。ATP 可以游走到细胞各处，为其他细胞器或细胞膜供应能量。当 ATP 的能量释放完之后，就又变回 ADP，可以重新被充电了。生命就是依靠 ADP 与 ATP 的相互转化，不间断循环，而延续下去的。

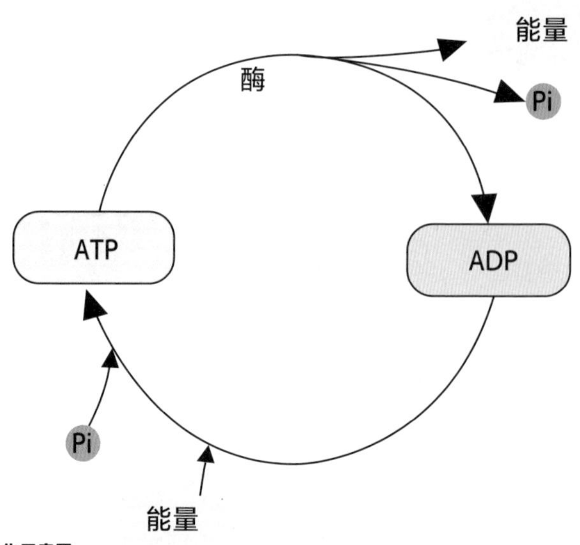

ATP 与 ADP 相互转化示意图

2.8 DNA 与蛋白质

人体由 50 万亿～70 万亿个细胞组成，如果按每秒钟数一个细胞计算，那么要数完人体全部细胞需要 160 万～220 万年。

地球上所有生命体的基本编码，无论细菌，还是植物和动物，都是 DNA。DNA 是携带所有蛋白质编码的载体。DNA 由 4 种碱基（A、T、G、C）组成。根据生命“中心法则”，DNA 不能直接生成蛋白质，必须经过信使 RNA 转录翻译，才能形成蛋白质。DNA 相当于车间主任，主任给车间主管（信使 RNA）下达生产指令，车间主管执行这个指令，为分子机器（核糖体）输入遗传密码（相当于遗传语言中的语法规则）程序，核糖体通过遗传密码程序阅读 DNA 传递的信息，合成蛋白质。也就是说，DNA 的一条链含有一个长的、不间断的 DNA 碱基序列，按照遗传语言中的语法规则（遗传密码），先编码单词（密码子或单词代码），几个单词再编码一个句子（基因）；与此对应的是，按照遗传密码，每 3 个相邻的碱基编码一个密码子，一串密码子（如 ACC、ACA、ACU、ACG）再编码一个基因。一个密码子就对应着一个氨基酸，一串氨基酸就是一个简单的蛋白质。

自然界中的所有生命，都是按照上述过程，从 DNA，经过信使 RNA，编码生成蛋白质的。蛋白质构成了生命体的所有组织和器官；反过来，蛋白质又促使 DNA 进行分裂复制，完成生命的繁衍，这就是生命的本质。

如果把一个人体比作一栋大厦，那么建造大厦的图纸就是 DNA，建造大厦的原材料（钢筋、水泥、沙子、砖块等）、工人、机械，甚至绘制图纸的纸张、笔墨等都是蛋白质，蛋白质具有各种各样的功能和作用。DNA 指导蛋白质的形成，反过来，蛋白质又促使 DNA 编码，二者相互作用，才完成了生命的自我复制。

如果把 DNA 看作一条拉链，那么拉链的齿就是 4 种碱基，每 2 个齿（碱基）组成一个碱基对，碱基配对原则是 A 只与 T 配对，G 只与 C 配对。拉链所在的布条就是 DNA 主链。拉链由两根链条组成，DNA 也由两条主链组成，并扭曲形成螺旋形结构，即著名的 DNA 双螺旋结构。

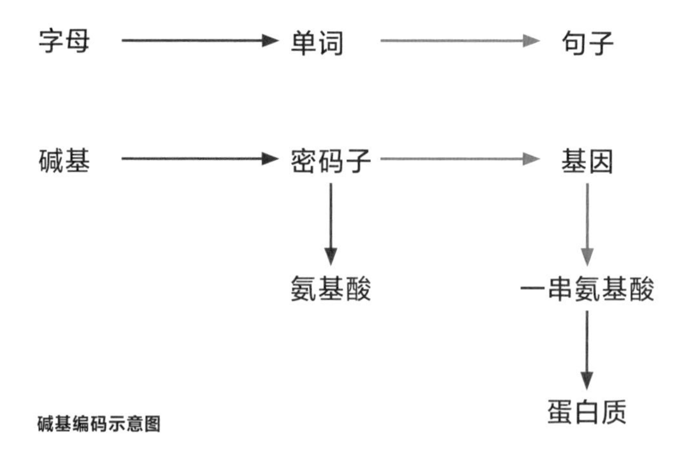

碱基编码示意图

2.9 DNA 复制与生物进化

DNA 的复制是一个边解旋边复制的过程。DNA 的复制过程是这样的：（1）DNA 分子首先利用细胞提供的能量，在解旋酶的作用下，把两条螺旋的双链解开，这个过程叫解旋；（2）以母链为模板，以周围环境中游离的 4 种碱基（A，T，G，C）为原料，按照碱基配对互补原则，在 DNA 聚合酶的作用下，各自合成与母链互补的一条子链；（3）随着解旋过程的进行，新合成的子链不断延伸，同时，每条子链与其母链盘绕成双螺旋结构，从而各自形成一个新的 DNA 分子。这样，复制结束后，一个 DNA 分子通过细胞分裂被分配到了两个子细胞中。

生命的标志之一就是能够自我复制，这里的复制指的是 DNA 复制。DNA 的复制步骤包括双链解开、转化为不能修改的 PDF 格式、翻译抄录、碱基配对、检测并修正复制错误。碱基配对一旦出现错误，复制就会暂时停止，有一种酶会迅速将错的碱基剔除，更换上正确的碱基，然后复制继续进行，这就是 DNA 的修复机制。但即便如此，DNA 复制发生错误的概率也仍有十亿分之一（人体细胞中碱基配对复制错误率）。

在 DNA 的复制过程中，碱基的配对几乎不会错位，但一旦错位，就可能发生基因突变，导致基因疾病的产生。基因突变就像一条拉链发生了错位，无法拉上闭合。

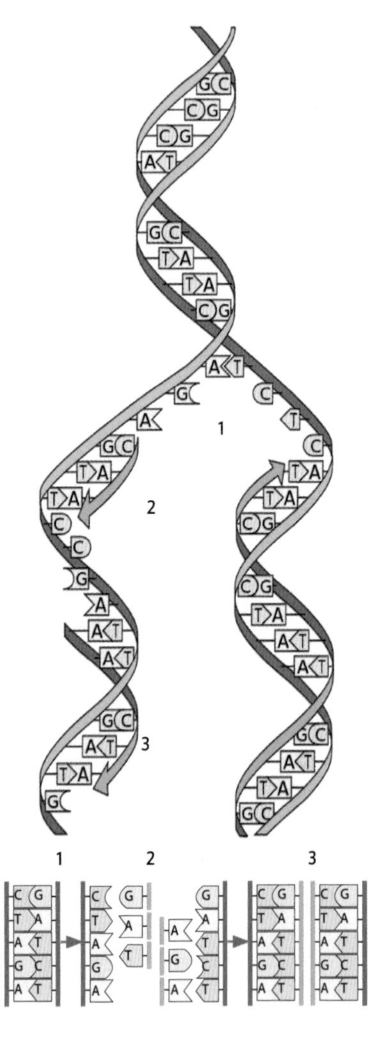

DNA 分子复制过程示意图

1—解旋；2—以母链为模板进行碱基配对；3—形成 2 个新的 DNA 分子

○ 基因突变与生物进化

我们祖先的基因组是我们基因组的“模板”。DNA 在复制过程中会出现错误，从而导致后代基因组与“模板”不匹配，这种不匹配就是基因突变。基因突变造就了生命的多样性，适应环境的基因突变是生命进化的发动机。

基因突变是随机的，没有指向性和目的性。基因突变是一把双刃剑，与环境不相适应的基因突变发生的频率高，容易引起致命的疾病（如癌症）；适应环境的基因突变十分稀少，但更容易遗传给后代。

一般情况下，DNA 修复机制会立即修复突变，但即便如此，基因突变仍在发生。基因突变只有发生在生物的生殖细胞（精子和卵子）内时，才能遗传给下一代，生物才能进化。但是，如果生殖细胞内发生严重的基因突变，生殖细胞就会凋零，甚至死亡，基因突变就不会遗传给后代；如果生殖细胞内只发生较小的、恰当的基因突变，生殖细胞就会把这种突变遗传下去。遗传了最多优质（适应环境的）基因突变的个体，生长得健壮，竞争优势明显，更容易生存繁衍。在自然选择的作用下，拥有这些突变的个体的数量最终在群体中占据了多数，有着绝对优势。所以说，生物的进化是基因突变与自然选择共同作用的结果，二者缺一不可，而且总是基因突变在先，自然选择在后。

我们人类就是吞噬了好氧细菌的古细菌经过 35 亿多年进化的结果。正是一次次偶然事件的积累，成就了必然，而造就这一结果的就是基因突变下的自然选择。

○ 遗传密码与基因

遗传密码犹如遗传语言中的语法规则，指导遗传信息（基因）中碱基的读取和密码子的编码。

具体来说，每个遗传密码子都是由同一行中相邻的 3 个信使 RNA 碱基组成的，密码子都是在基因的指导下按照遗传密码转录，并翻译生成蛋白质的。

遗传密码的另一个十分重要的特征是，地球上几乎所有生命体的遗传密码都是相同的。如果将遗传密码看作一种语言，那么几乎所有生物都利用遗传密码传递信息，就像地球上的所有人都说同一种语言一样。这也说明，地球上的所有生命都拥有共同的祖先，因为所有生物都使用共同的语言——遗传密码。

人体的 50 万亿～70 万亿个细胞，都是由最初的受精卵分裂来的。受精后第 2～4 天，受精卵分裂成 2 个细胞，之后以指数方式增长，依次经历 4 个细胞、8 个细胞、卵裂球（又叫桑椹胚）的发育过程。

每个人体细胞中有约 30 亿个碱基对，每 30 亿个碱基对的排列序列为一个基因组，一个基因组中有 23000～25000 个基因。人类基因组中只有约 1.5% 的 DNA 序列编码蛋白质。

一个特定物种中每个成员的基本基因组都是相同的，但不同的个体之间存在一些差别。可以说，人类都有同样的基因组，但不同人的基因在 DNA 碱基对的精确顺序上存在着这样或那样的差异。人与人之间的基因差异是人与人之所以不同的原因。生物体的每个细胞（生殖细胞除外）内都包含一组同样的基因，也就是说，每个生物的细胞（生殖细胞除外）内都含有该生物的全部遗传信息。假如把一个细胞包含的遗传信息比作一部百科全书，那么人体的每个体细胞内都藏有相同版本的百科全书，百科全书中的

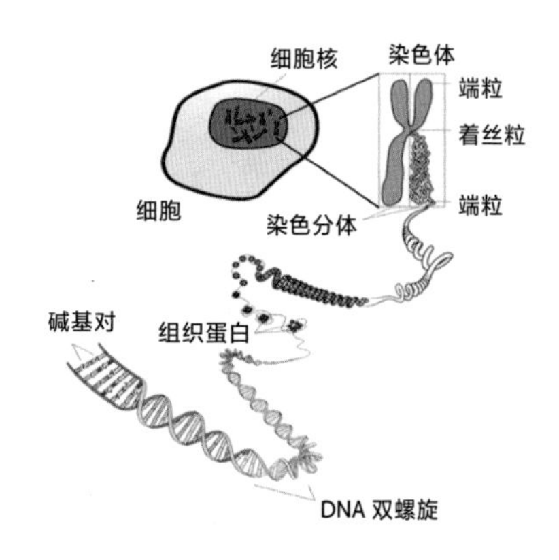

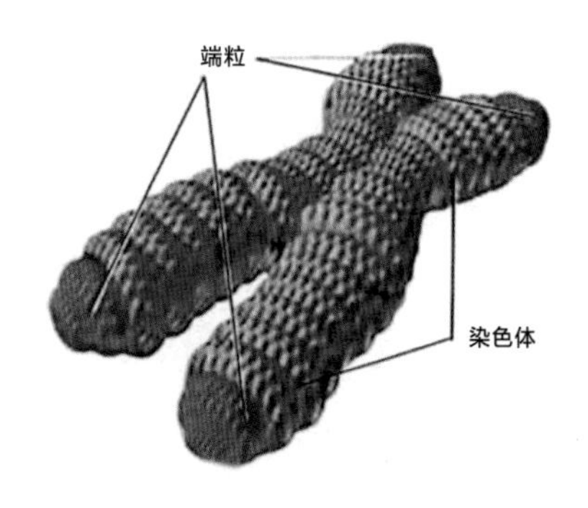

由 2 个碱基对形成的 DNA 双螺旋结构模式图

每 2 个碱基组成 1 个碱基对，每个细胞都携带 30 亿个碱基对。在碱基配对过程中，A 永远与 T 配对，形成一个碱基对；而 G 与 C 配对，形成另一个碱基对

20000 多个条目，就是基因组包含的 20000 多个基因。

人体的 50 万亿～70 万亿个细胞，根据功能或起的作用，可分成 200 多种，相当于百科全书的 200 多个专业类别，如神经细胞、皮肤细胞、肌肉细胞、肝脏细胞等。

人体细胞内的 20000 多个基因可以产生各式各样、难以计数的基因组活动。简单来说，不同种类的细胞发挥不同的作用，与细胞打开或关闭细胞中的基因密切相关，被打开的基因会被读取并产生相应的蛋白质，而没有被打开的基因，就是关闭的基因，没有被读取，保持休眠状态。

现代克隆技术就是利用生物体细胞的这一特征，克隆或培育出一模一样的生物的。

2.10 克隆技术与恐龙复活

有了克隆技术，科学家们就有希望复活已经灭绝的生物了。就目前的科学技术而言，要复活已经灭绝数千万年的恐龙是不可能的，但要复活猛犸象或剑齿虎倒是有可能的。

根据测量，DNA 的半衰期只有 521 年，即每过 521 年，脱氧核糖核酸之间的化学键就会断裂一半。在理想的保存状态下，DNA 的寿命有 680 万年，不过，实际上可以解读的 DNA 存在时间可能只有约 150 万年，所以，要复活一头猛犸象，理论上是可行的，技术上也是可以实现的。

要复活一个已经灭绝的生物，必须具备两个条件：一是获得已灭绝生物的活的体细胞，并且能从体细胞中提取出细胞核，或经过基因编辑获得完整的 DNA 信息；二是找到与要复活的生物亲缘关系相近的“代孕妈妈”。

要复活猛犸象，目前第一个条件已经得到满足。2013 年 5 月，一支由俄罗斯科研人员组成的探险团队在新西伯利亚群岛的永久冻土中发现了一具约一万年前的、保存较完好的、存有液态血液的猛犸象尸体。科学家们称，有可能从这具猛犸象尸体中提取活的体细胞核，或者根据猛犸象的基因组序列，利用最先进的基因编辑技术，对猛犸象细胞核中的碱基对排序进行重新编辑，恢复猛犸象的碱基对排序，从而形成一个完善的猛犸象体细胞核。

至于第二个条件，其实也可以满足。猛犸象和亚洲象是在 480 万年前，由同一祖先分支进化而来的，二者具有较近的亲缘关系。据研究，猛犸象生活于 480 万—4000 年前的寒冷地带，最后一批西伯利亚猛犸象大约于 4000 年前灭绝。因此，科学家们可以用猛犸象的近亲亚洲象做“代孕妈妈”。

不过，以上两个条件只是复活猛犸象的最基本的条件。即使具备了这两个条件，要复活一头猛犸象，也还是要克服重重困难。

首先是要把完好的或经过基因编辑的猛犸象体细胞核，植入已经剔除细胞核的亚洲象卵子内，这就需要使亚洲象卵子与猛犸象细胞核发生融合；融合为一体的新细胞，要经过体外培养，发育成早期胚胎；如果闯过这一关，还要将早期胚胎移入亚洲象的子宫里，让它在子宫里发育成胎儿，这个过程又需要克服排斥反应。只有这一系列步骤都顺利进行，代孕的亚洲象才有可能产下一个猛犸象宝宝。

但实际上，这一过程很难顺利实现，因为每一次排斥反应都会导致失败，即使早期胚胎成功植入代孕妈妈的子宫内，也可能因为排斥反应而最终流产。

最晚灭绝的恐龙，生活在6600万年前，距今天的时间几乎是DNA完全衰变期的10倍，因此恐龙不可能保留活的DNA，人类也就无法通过基因编辑技术恢复一个完整的恐龙体细胞核。而且，在现在的地球上也无法找到与恐龙有较近亲缘关系的代孕妈妈。

因此，从理论上讲，人类可以复活4000年前灭绝的猛犸象，但无法复活早在6600万年前就灭绝的恐龙。

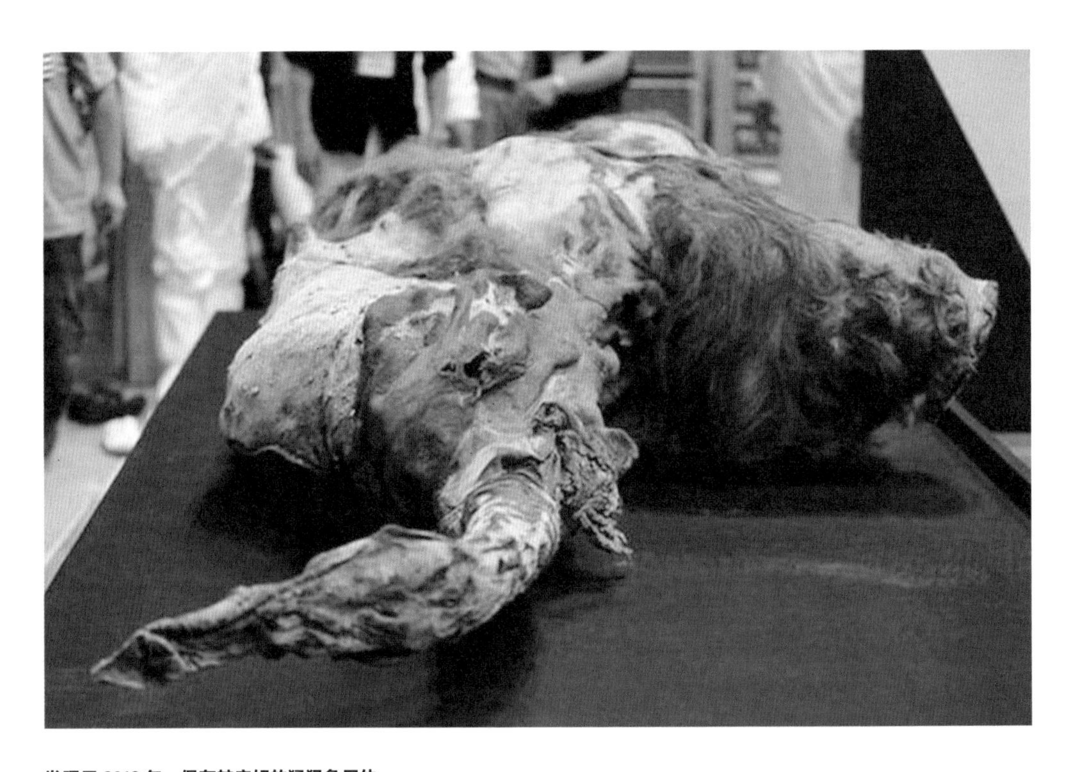

发现于2013年、保存较完好的猛犸象尸体

猛犸象复原图

现在，克隆技术有了突破性进展。2009 年 9 月 23 日，我国科学家周琪与高绍荣，首次将实验鼠体细胞（不是卵子和精子）诱导成干细胞，培育出胚胎，并再植入老鼠子宫内，克隆出了完整的活体黑色实验鼠。这只克隆小鼠被命名为“小小”。小小仍有繁殖能力，而且它也是世界上第一只用体细胞通过诱导技术克隆出的活体小鼠。

猛犸象群复原图

第一卷

从起源到登陆

第三章

藻类时代

The Evolution
of Life

3.1 蓝藻
——最早的可见细菌

约 35 亿年前，在原始的海洋里，奇迹般地出现了蓝藻，它是人类目前发现的最原始的生命。此后近 30 亿年，原核生物主宰了地球。原核生物由原核细胞组成。原核细胞是没有细胞核的细胞，但其细胞中心有遗传物质，即拟核，是一种小型环状 DNA，而且不与蛋白质结合。原核细胞只能通过拟核交换遗传信息，共享对它们有利的基因。大部分原核生物都以单细胞形式生活。

蓝藻是一种单细胞原核生物，也是目前世界上已知的最早的生命形式，现在仍然广泛存在于我们这个星球上。无论是在海洋还是在淡水环境中，无论是在潮湿的土壤中还是在裸露的山壁上，甚至在沙漠中暂时湿润的岩石上或在南极极寒环境下，蓝藻都能生存。目前已知的蓝藻有 2000 余种，从 35 亿年前到现在，它们已成为一个庞大的家族。

古老的生命蓝藻如今仍有着强大的生命力，图为 2010 年从太空中拍摄的斐济海域蓝藻暴发

作为一种原核生物，蓝藻体内并没有成熟的叶绿体，但已有叶绿体的主要构造单位类囊体，那是一种由单层膜围成的扁平小囊，膜里含有叶绿素 a。这种后来广泛存在于所有绿色植物中的色素可以吸收蓝光、紫光和红光，并反射绿光，因此蓝藻呈现为绿色。更重要的是，蓝藻也是最早能够进行光合作用的生物。蓝藻利用太阳能将二氧化碳与水合成为

6.5 亿年前古海洋叠层石礁复原图

有机食物分子，同时释放出副产品——氧气。这些有机食物分子是食物链的基础，所有海洋生物都受益于此。氧气是所有多细胞动物赖以生存的必需品，也是生命进化的驱动器。24亿—21亿年前的第一次大氧化事件，促进了真核生物的诞生；5.8亿—5.2亿年前的第二次大氧化事件，促进了寒武纪生命大爆发，为后来生命的繁衍生息奠定了基础，创造了条件。

可以说，是蓝藻的光合作用促进了生命的进化，造就了多姿多彩的生命世界。从真核生物形成、多细胞动物诞生、鱼类称霸、两栖动物繁衍、爬行动物称雄、恐龙帝国昌盛、鸟类遨游天空，到哺乳动物王朝建立，再到高等智慧人类出现，这一切都源于蓝藻的诞生与繁衍。蓝藻虽然渺小，却称得上生命世界的缔造者。

3.2 叠层石
——最早生命的记录

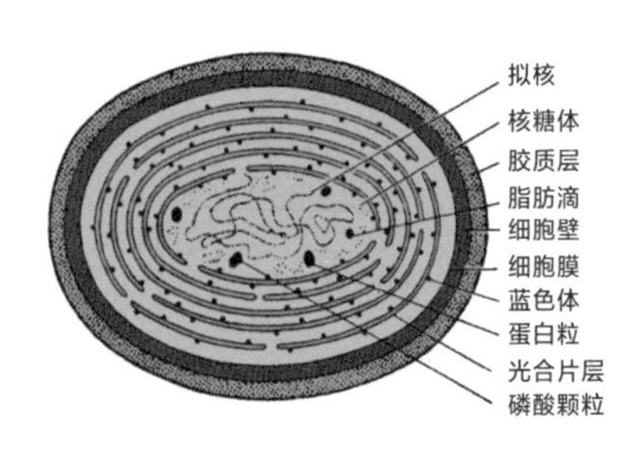

蓝藻的细胞结构模式图

叠层石是一种“准化石”，呈现出特殊的层纹状生物沉积结构，形成时间是35亿—5.4亿年前。

叠层石主要由蓝藻等细菌与沉积物构成。通常认为，蓝藻会分泌一种黏液，这些黏液将其栖息地周围的碎屑困在其中，于是在黏液和碎屑中的碳酸钙的共同作用下，便形成了一层石灰石的薄层，这些薄层再堆叠在一起，就形成了如今所见的叠层石。叠层石的形态特征受生物的活动和沉积环境影响，往往呈柱状、锥状、棒槌状、墙状等。

叠层石的存在让我们得以一窥亿万年前的生命面貌，并由此推测地球环境是如何被时间和生命共同改造的。这些凝固在叠层石里的蓝藻，也是最早通过光合作用释放氧气的生物，是大气中氧气的生产者。随着蓝藻的繁衍，大气中的氧气逐渐增多，而环境的改变又促进了生命的进化。为了适应环境的变化，生物基因发生突变，在自然选择的作用下，最终原核细胞演化为真核细胞，并分化出不同功能。由不同功能的细胞组成的生物体展现出了更多样的生命形态——地球生命进化开启了多细胞动物时代。

35亿年前的微生物

在澳大利亚西部的古老地层中，科学家们找到了叠层石，它们是蓝藻和其他藻类的化石，这也是目前地球上发现的最古老的生命痕迹

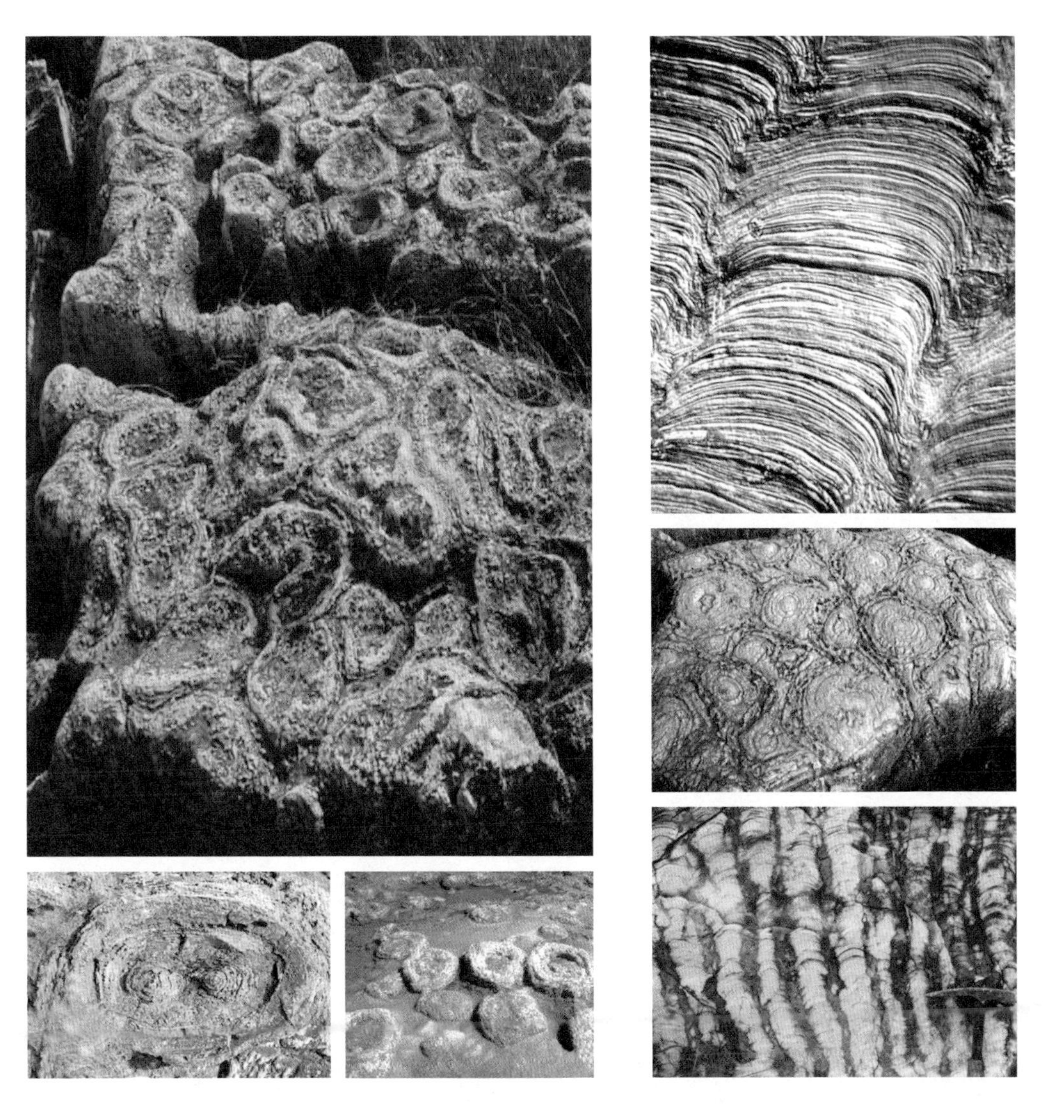

14 亿年前的叠层石

不同形态的叠层石

蓝藻类哈梅林池叠层石

第一卷
从起源到登陆

第四章
多细胞动物时代

The Evolution
of Life

21 亿年前的岩石中黑色的带状铁层（图片来源：Aka）

氧气与铁元素发生化学作用，在岩石中形成了黑色的带状铁层。通过对这些古老岩层的研究，人们得以了解亿万年前空气的含氧情况

自 35 亿年前第一种原核生物蓝藻诞生以来，这种单细胞生物统治地球长达 20 多亿年。蓝藻的光合作用使海洋中含有氧气，但是这些氧气首先与海洋中喜欢氧气的铁元素发生反应。直到 24 亿—21 亿年前，铁元素几乎被氧化消耗殆尽，形成了许多大型铁矿。从此，大气中的氧气才开始迅猛增加到 1% 以上，开启了地球上第一次大氧化事件，也是第一次雪球地球事件。

氧气含量的增加促使细胞分化，诞生了多细胞生物。从单细胞生物向多细胞生物进化，是生命进化史上的一次巨大飞跃。从多细胞生物开始，细胞才出现了分工（细胞分化），不同细胞在基因调控机制作用下分工合作，完成基因下达的指令。比如，最早出现的多细胞是体细胞和生殖细胞，体细胞只负责构成生物体的各个器官，完成生物的运动、消化、感知、捕食等生命活动，并为生殖细胞提供生存空间和营养，是生殖细胞的载体；生殖细胞不参与体细胞的

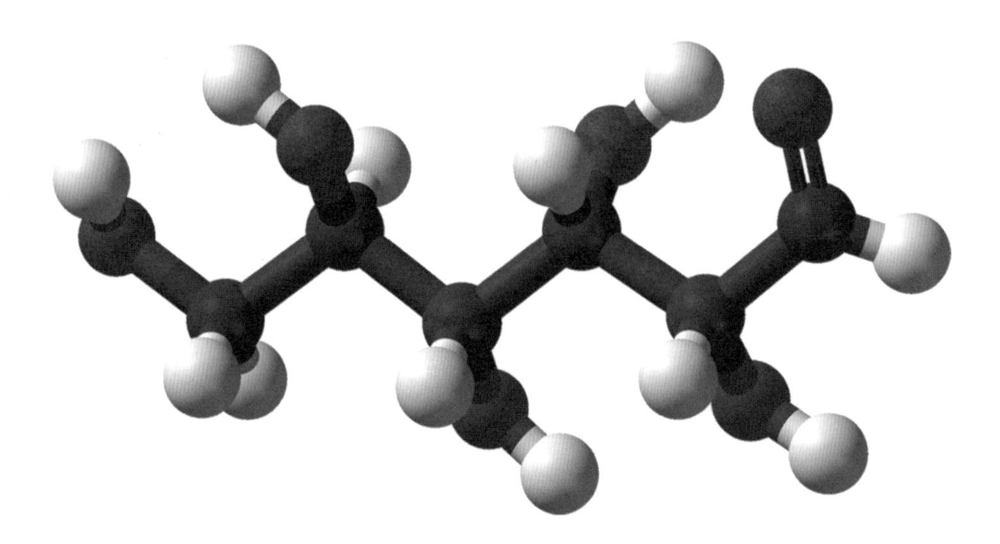

葡萄糖（$C_6H_{12}O_6$）化学结构示意图

黑色球代表碳，红色球代表氧，白色球代表氢

活动，只负责繁殖后代，传递基因，保证生命的繁衍。生殖细胞只有精子与卵子两种形式，所有多细胞生物，其体内的细胞几乎都是由一个受精卵分裂和分化而来的。也就是说，所有多细胞生物都是由一个细胞分裂复制而成的。受精卵在发育时，既产生体细胞，也产生生殖细胞。随着生物的演化，体细胞不断分化，种类不断增多，人体已分化出 200 多种体细胞，而生殖细胞始终保持不变。

生命体变得复杂多样，生命体的尺寸也急速增大，单细胞生物只有百万分之几毫米，而多细胞生物体有的长达几十米，重上百吨。

多细胞生物的优越性，一是细胞数量多，从数千个到千万亿个，因生物的不同而存在差异；二是这些细胞能够组成各种各样的器官，如我们人的眼耳口鼻舌、心肝脾肺肾、皮肤毛发指甲等；三是不同细胞分工合作，指挥器官发挥不同的作用，如你在阅读一本小说时，需要眼看、嘴读、手翻、大脑思考或记忆等，这些动作都是由不同细胞完成的。

多细胞生物的特征有：（1）由遗传物质相同的多个细胞聚合而成；（2）细胞之间有分工；（3）有特定的身体结构；（4）新个体由一个细胞（受精卵）发育而来，这个细胞能够分化成生物体内的各种细胞。

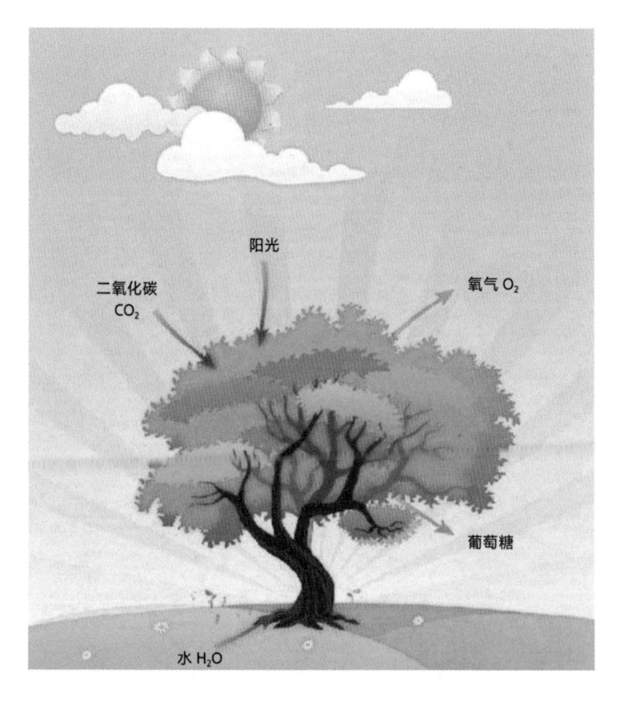

植物的光合作用示意图

○ 最早出现的多细胞生物

第一次大氧化事件后，地球上出现了多细胞生物，即含有细胞核的真核生物。科学家们发现了地球上最早的多细胞生物遗体——卷曲藻化石，年龄约为 21 亿年，呈扁圆盘状，直径约为 12.7 厘米，有扇贝状外缘和辐射状条纹。

直到 6.5 亿年前，地球上才演化出最早的多细胞动物——海绵，从此，多细胞动物开始爆发式繁衍生息，称霸地球。著名的多细胞动物化石产地有我国的蓝田生物群、瓮安生物群，以及遍布世界各地的埃迪卡拉生物群。

2010 年，美国普林斯顿大学的亚当·马洛夫教授在澳大利亚弗林德斯地区发现了最早的多细胞动物——海绵，经生物分子钟研究证明，这些海绵生活在 8.5 亿—6.5 亿年前。可以说，在 6.5 亿—5.3 亿年前，地球生命就进入了多细胞动物时代，从而拉开了寒武纪生命大

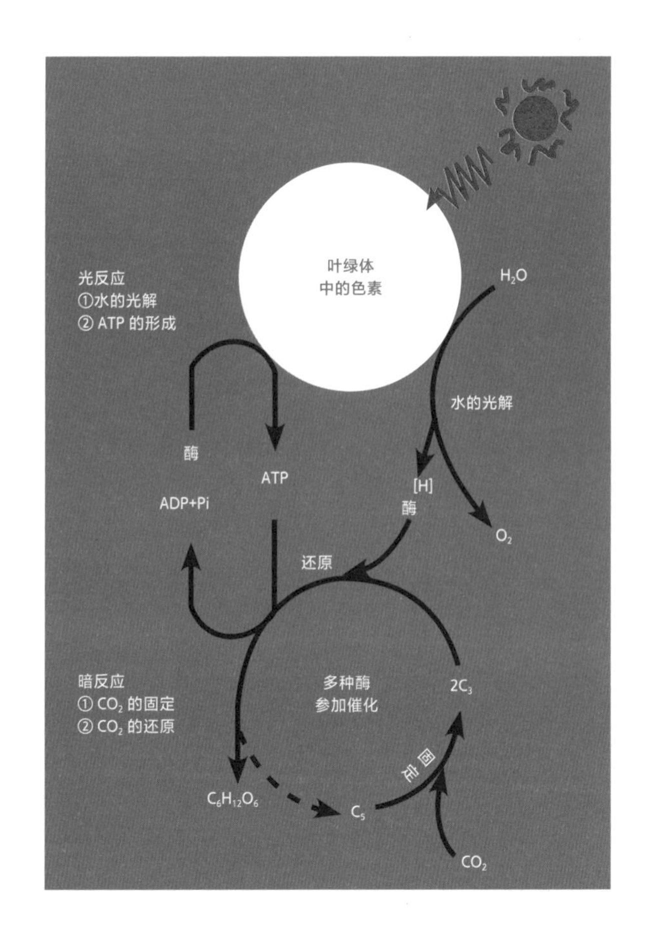

光合作用过程图解

光合作用第一步：光反应，在阳光的作用下，水分解为氧气（释放）和氢气；第二步：暗反应，氢气与吸收的二氧化碳反应形成葡萄糖和水

爆发的序幕。

在多细胞生物中，植物分布最广，也最为繁茂，绝大多数是光能自养生物，所以，一般有光的地方才有植物生长。植物从阳光中获取能量，从大气中吸收二氧化碳，并通过光合作用产生葡萄糖，为植物自身提供营养。植物是自然界的生产提供商，为动物供应食物。动物靠进食植物或其他动物获取能量和碳。

在多细胞动物时代，出现了原始的刺胞动物、原始的环节动物、原始的海绵动物、原始的节肢动物等。这些低等无脊椎动物统治着当时的地球。所以，多细胞动物时代又被称为“原始动物时代”。

卷曲藻化石遗迹（左图）及化石样本内部（右图一）、外部（右图二）结构复原图

4.1 生命的三幕式进化

大气中氧含量的上升，导致7.5亿—6.35亿年前发生了雪球地球事件（第二次冰期，也称瓦兰吉尔大冰期），全球气候变得异常寒冷，地球上的水冻结成冰，冰川从极地几乎延伸到赤道附近，整个地球犹如一个被冰川包裹的球体，蓝藻类生物也因此大量消失。在雪球地球发生之前，地球上的生命进化缓慢，且生物种类非常少，然而雪球地球事件却拉开了多细胞动物进化的序幕，在深水的有氧环境里，出现了多种多样的多细胞动物和藻类。动物从基础动物（多细胞）进化到原口动物，又从原口动物进化到后口动物，为现代动物的进化奠定了基础，古生物学家们称之为“生物三幕式进化”。

由中国科学院院士舒德干带领的西北大学早期生命研究团队，历经20余年的艰难探索，终于破解了困扰科学家们已久的早期生命——后口动物的演化难题，揭示了动物三大亚界关键门类的起源与演化关系，首次研究证明了前寒武纪与寒武纪之间动物演化的连续性，提出了“三幕式寒武纪大爆发”假说。

雪球地球示意图

生命大爆发第一幕：发生在前寒武纪，6亿—5.41亿年前，可以说是寒武纪生命大爆发的序幕。地球上出现了最低等的基础动物，它们没有骨骼和肌肉，没有口或口肛一体化（这个“口”既进食又排泄），身体呈辐射状或两侧对称。基础动物以埃迪卡拉生物群为代表，我国则有著名的安徽蓝田生物群和贵州瓮安生物群，代表性的动物是瓮安生物群的贵州始杯海绵、蓝田生物群的蓝田虫、埃迪卡拉生物群的狄更逊水母，以及现生的海绵和腔肠动物，如水母和珊瑚。埃迪卡拉生物大灭绝事件为该序幕画上了句号。

生命大爆发第二幕：在早寒武世，5.41 亿—5.3 亿年前，出现了较为进化的原口动物，它们的显著特征是进化出了骨骼。原口动物在基础动物的“口”的对面又开了一个孔，用于排泄，成了肛门，口与肛门之间有肠道，形成了一个包含进食的口、消化的肠道与排泄的肛门的完整系统；身体呈两侧对称，个体很小。原口动物以我国早寒武世云南梅树村小壳动物群为代表。节肢动物、环节动物、软体动物等低等动物都属于原口动物。

生命大爆发第三幕：5.3 亿—5.15 亿年前，原口动物在进化过程中，口（嘴）与肛门发生了倒转，也就是说，原口动物的口戏剧性地变成了排泄器官——肛门，而这个肛门的对面又开一个孔，成了口。这就是后口动物，包括古虫动物门、脊索动物门、半索动物门、棘皮

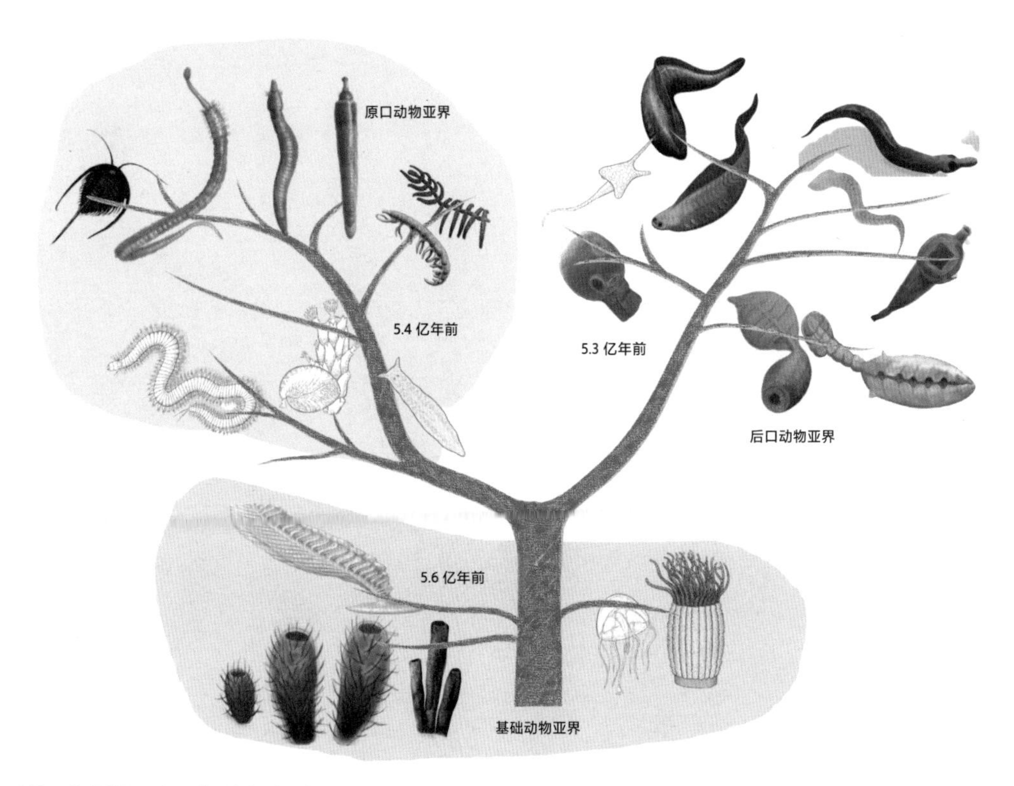

生物三幕式进化示意图（引自舒德干）

动物门等。后口动物有了骨骼、肌肉、口、肛门、脊椎、脑、眼和肛后尾。后口动物以我国闻名于世的 5.3 亿年前早寒武世澄江生物群为代表，典型的有古虫动物类和无颌鱼类（如昆明鱼），以及棘皮动物（如海星）和脊索动物（如猩猩、人类）。

从 5.6 亿年前到 5.2 亿年前（第二次大氧化事件发生期），分了三个阶段，正好产生了动物界的三个亚界，即动物门类起源爆发时的三大演化分支——基础动物亚界、原口动物亚界和后口动物亚界。

4.2 蓝田生物群和瓮安生物群

我国的蓝田生物群和瓮安生物群，都出现在埃迪卡拉纪之前，是单细胞真核动物向多细胞动物演化过程中保存下来的重要生物化石，对于研究前寒武纪早期生命的演化具有重要科学价值。

蓝田生物群是著名的生物群之一，发现于安徽省休宁县蓝田镇，对于揭示微体单细胞真核动物向复杂的多细胞真核动物的演化具有重要意义。蓝田生物群是一个多细胞生物群，有珊瑚虫、蓝田虫、休宁虫等，它们营底栖固着生活，生活在深水有氧的静水环境中，体现了6亿年前真核动物的整体演化情况。

瓮安生物群发育于贵州省瓮安县前寒武纪陡山沱期含磷地层中，是一个门类众多、种属丰富、类型多样、保存完好的动物群，以多细胞动物与动物胚胎化石而闻名。这个生物群大约生活在5.9亿年前，其中著名的化石有贵州始杯海绵化石，以及显示受精卵分裂过程的动物胚胎化石。

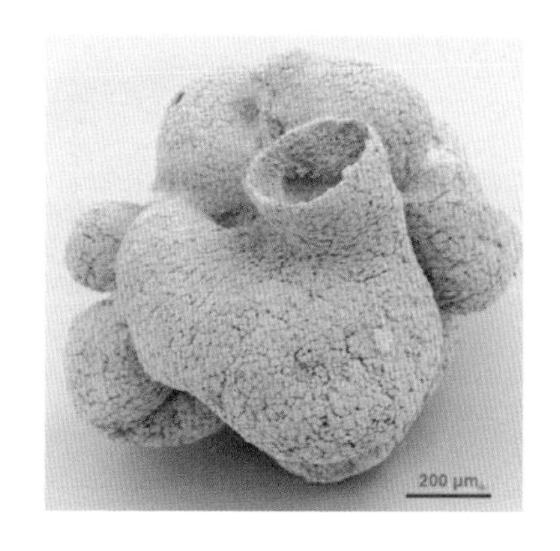

贵州始杯海绵化石

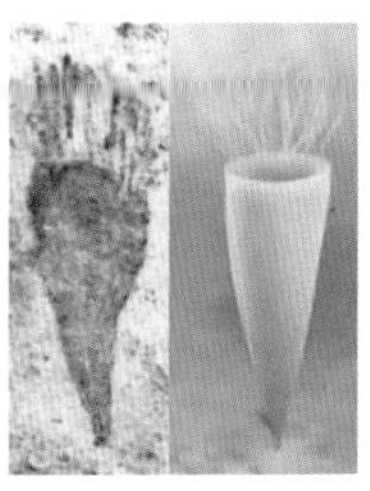

6亿年前的蓝田虫化石及复原图（引自袁训来）

左为环纹蓝田虫，右为光滑蓝田虫

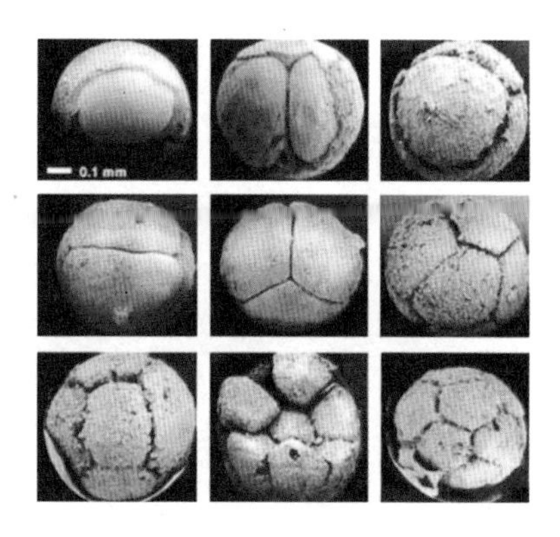

瓮安生物群的多细胞动物受精卵分裂过程的胚胎化石（引自尹崇玉、刘鹏举）

4.3 埃迪卡拉生物群

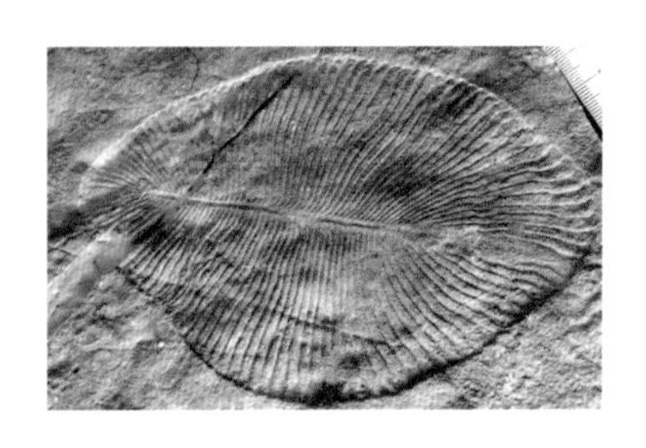

狄更逊水母化石

狄更逊水母，生活在5.71亿—5.41亿年前，呈椭圆形，身长0.4~100厘米，体厚只有几毫米，由多个肋状节和一条中央沟或脊组成，两侧对称，犹如一个滑翔翼

1947年，科学家们在澳大利亚南部埃迪卡拉地区6.7亿年前的庞德石英砂岩中，发现了大量奇形怪状的生物化石，有的像花朵，有的像雕刻出来的花纹图章，有的像直立的大片蕉叶。这些生物看起来似植物，其实都是动物，但和我们现在所看到的动物形态有很大不同，有的没有口，没有肠，也没有肛门。埃迪卡拉生物群包含3个门、19个属、24种低等无脊椎动物，3个门是腔肠动物门、环节动物门和节肢动物门。

目前，全世界有30多个地区发现了埃迪卡拉生物群。埃迪卡拉生物群存在于5.85亿—5.41亿年前，生活在海底，主要由水母状和叶状（腔肠）动物构成，它们看起来酷似树叶，不能移动，但是真真切切的动物，而且与现代动物没有亲缘关系，不是现代动物的祖先，因为在5.41亿年前，它们就都灭绝了。

埃迪卡拉生物群为什么会灭绝，众说纷纭。根据科学家们对史前环境的研究和推测，当时的地球大气中，氧气和二氧化碳的含量正在发生变化，海平面上升，海水中的化学成分也随之改变，这些都会对埃迪卡拉生物群的生存环境造成影响，并且冲击着尚且脆弱的生态系统。

那么，哪一个是最直接的原因呢？目前有一种猜测认为，主要还是氧含量的变化导致了埃迪卡拉生物群的灭绝。埃迪卡拉生物群的生物大多是原始的真核生物，构成它们的细胞很可能是含有线粒体的真核细胞，这种真核细胞内的线粒体功能较弱，对氧气的利用程度还很低，因此，这些原始的真核生物只能在低氧环境下生存与繁衍，然而海水中氧含量逐渐增加，大约到了5.41亿年前，海水中氧含量骤然大幅升高，超过了埃迪卡拉生物群生物生存的临界值，给它们带来了灭顶之灾。

1984年在我国陕西省宁强县发现的5.45亿年前的高家山生物群，是我国埃迪卡拉生物群的代表之一，其中发现了最早的动物骨骼化石。可以说，埃迪卡拉生物群是寒武纪生命大爆发的前奏。

氧含量的骤然增加最终导致埃迪卡拉生物群灭绝，但与此同时，它也为新的生命进化创造了条件，并且，它带来的将是一次惊天动地的生命大爆发，生命陡然呈现出了令人瞠目的多样化。

生物为适应高氧含量环境，基因开始发生突变。在自然选择作用下，生物快速演化，结果发生了寒武纪生命大爆发事件。5.8亿—5.2亿年前，世界各地出现了寒武纪生命大爆发，我国云南发现的澄江生物群就是这一著名生命事件中的典型生物种群。这些生物细胞内的线粒体功能进一步增强，对氧气的利用程度大幅提高，可以适应较高氧含量的海洋环境，从此拉开了脊椎动物演化的序幕。

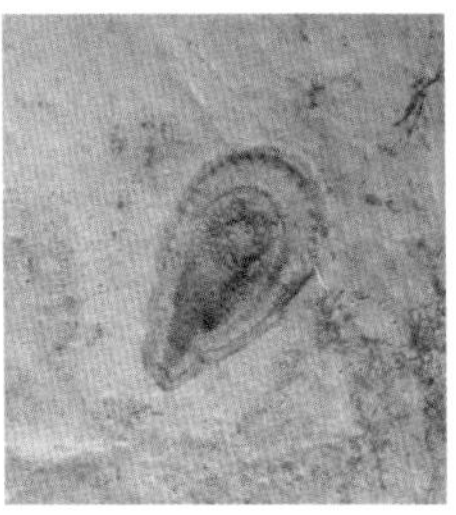

查恩盘虫化石（左）

查恩盘虫，底部呈圆盘状，虫体呈柳叶状，体长20～30厘米，直立于水中，轴部长有密集排列的羽枝，酷似叶子的叶轴和叶脉，底部圆盘附着在海底，靠滤食水中的营养物为生

金伯拉虫化石（右）

金伯拉虫，属于多细胞动物，有人说它是最早的软体动物，具弹性的外壳，两侧对称，体长约5毫米，头尾各有一个开口，体内有贯通的肠道，营底栖生活

三星盘虫化石（左）

三星盘虫，身体呈盘状结构，顶部突出三个触臂，具三重对称性，以水中漂浮的微粒为食

斯普里格虫化石（右）

斯普里格虫，为蠕虫状动物，身长3～5厘米，身体自头到尾被一条中线分开，横切面为低矮、宽大的V形体节，是最早的对称动物，头部呈新月形，从头部向尾部逐渐变窄

埃迪卡拉生物群化石

埃迪卡拉生物群生态复原图

❶狄更逊水母；❷埃尼埃塔虫；❸阮格亚虫；❹查恩盘虫；❺金伯拉虫；❻斯普里格虫；❼埃迪卡拉水母；❽奇异虫；❾三星盘虫

4.4 海绵
——多细胞动物的祖先

在多细胞动物时代，最值得一提的就是第一个出现的多细胞动物——海绵。基因测序分析对比证明，海绵是生命进化树中最根本的动物，可以说，海绵是所有多细胞动物的祖先。

进化论生物学家根据基因技术、分子生物学和 DNA 重组，参考胚胎学和古生物学研究，认为所有生物——小如细菌、蚂蚁，大如大象、鲸——的基因编码，都是由 4 种碱基（A，T，G，C）写成的，基因编码指导生成不同的蛋白质结构，从而形成不同的身体形态。地球上曾生活过的数以百万计的多细胞动物都源自一种最初的生命形式，它既没有神经系统，没有肌肉和骨骼，没有头和嘴，也没有内部器官，只是许多细胞的集合体，它就是古老的海绵。科学家们经过不断的努力，最终在印度尼西亚苏拉威西岛附近的海底找到了这种海绵，并通过动物基因序列比较，证实了海绵是位于动物家族族谱最底端的动物。

与其他动物不同，海绵的细胞相对独立和自由，能不断地自我更新和自我重塑，甚至能够奇迹般地“死而复生”。科学家们认为，海绵是地球上出现的第一种多细胞动物。如今生活在地球上的所有动物身上都能找到海绵的影子，如海绵细胞中有一种叫胶原蛋白的蛋白质，这种蛋白质现在也分布在哺乳动物的皮肤、骨骼、肌肉、软骨、关节、头发等组织中，起着支撑、修复、保护的三重抗衰老作用。这一事实说明，各种各样的动物生命形式都来源于海绵这种简单的有机体。

2010 年 8 月 9 日，美国能源部联合基因组研究所研究人员联合发表了大堡礁海绵（*Amphimedon queenslandica*）的基因组草图，并对其基因组进行了比较分析，结果表明，大堡礁海绵基因组在内容、结构和组织上与其他动物非常相似，大堡礁海绵基因组序列与人类有 70% 的相似度。美国科学家们相信，地球上出现的第一批多细胞动物很可能就是这种其貌不扬的海绵。麻省理工学院研究人员发现，这种海绵出现在 5.3 亿年前的寒武纪生命大爆发之前。通过对微体化石的分析，研究人员在一块距今 6.4 亿年前的海底岩石上发现了一种名叫 24-Isopropylcholesterol（24-IPC）的罕见分子，据悉现在的海绵也会产生这种分子。

各种形态的现生海绵

全世界已发现的海绵有 9000 余种，小的高度不足 2 毫米，大的高度可达数米。海绵是最早的有性繁殖的动物，不能移动，没有固定的形状，并随栖息地的不同而变化，呈各种颜色

海绵是最早、最原始的多细胞动物，结构简单，只有内、外两层细胞。海绵的外层细胞主要由扁平细胞组成，内层细胞主要由领细胞（也称领鞭毛细胞）组成。海绵既能以出芽方式进行无性繁殖，也可以进行有性繁殖，多数雌雄同体，异体受精，体内发育。科学研究证明，海绵的祖先是领鞭毛虫。

领细胞是一种鞭毛细胞，一端有一圈棒状的细小纤毛，还有一根长长的鞭毛，能不停地挥动鞭毛，将水不断地吸进和喷出，同时将水中的氧气带入，将细菌、微生物粘在鞭毛上作为食物享用；扁平细胞有许多进水小孔，水通过孔流入海绵体内，因此海绵也被称为“多孔动物”。

海绵的内层细胞可以变形，并在海绵体内到处游走，还能变为其他种类的细胞。最为神奇的是，海绵的内层细胞变为其他细胞后，还能再变回来，故人们也将这种细胞称为“全能细胞”。这也是为什么海绵在被打碎之后还能再长出新海绵的缘故。也许某些动物的再生性就是遗传了海绵的这种再生性。

***Aplysina fulva* 复原图**

Aplysina fulva 是一种枝杈状海绵，生活在 6.4 亿年前，化石发现于美国佐治亚州海岸的国家海洋保护区内

4.5 腔肠动物

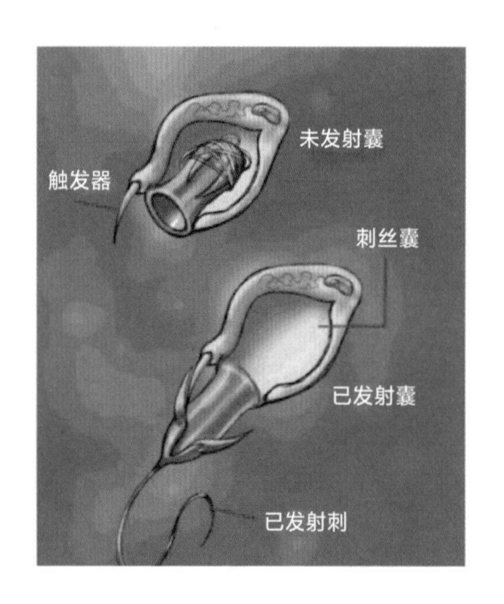

刺细胞结构与发射原理示意图

水母

腔肠动物门，现称刺细胞动物门，是最早具有网状神经系统的多细胞动物，也是最原始的后生动物，最早生活在约6.5亿年前。腔肠动物以身体中央的口为中心，呈辐射对称或两辐射对称，体壁由外胚层、内胚层与中胶层组成，内胚层围成一个腔肠状，即消化循环腔，腔肠一端有口，另一端闭塞，无肛门，吃进去的食物经过消化腔后再吐出来。腔肠动物有两种可变形态，一种是水螅体，如海葵、水螅；另一种是水母体，如水母、海蜇；也有水螅体与水母体交替生活的。腔肠动物由成千上万个带刺的细胞组成，并由此而得名“刺细胞动物”。腔肠动物细胞的刺针向外伸出，一旦被猎物触发，细胞就会瞬间爆裂，将刺针射入猎物体内并注射毒素，麻痹或杀死猎物。腔肠动物既能无性繁殖，也可以有性繁殖，大多生活在浅海，有11000多种，常见的有水螅、海葵、水母、珊瑚等。

○ 水母

水母，属腔肠动物门，是一种低等的无脊椎浮游动物，现有250多种，最早出现在6.5亿年前，是与海绵出现在同一个时代的动物。

水母虽然构造简单，没有肌肉和骨骼，也没有肛

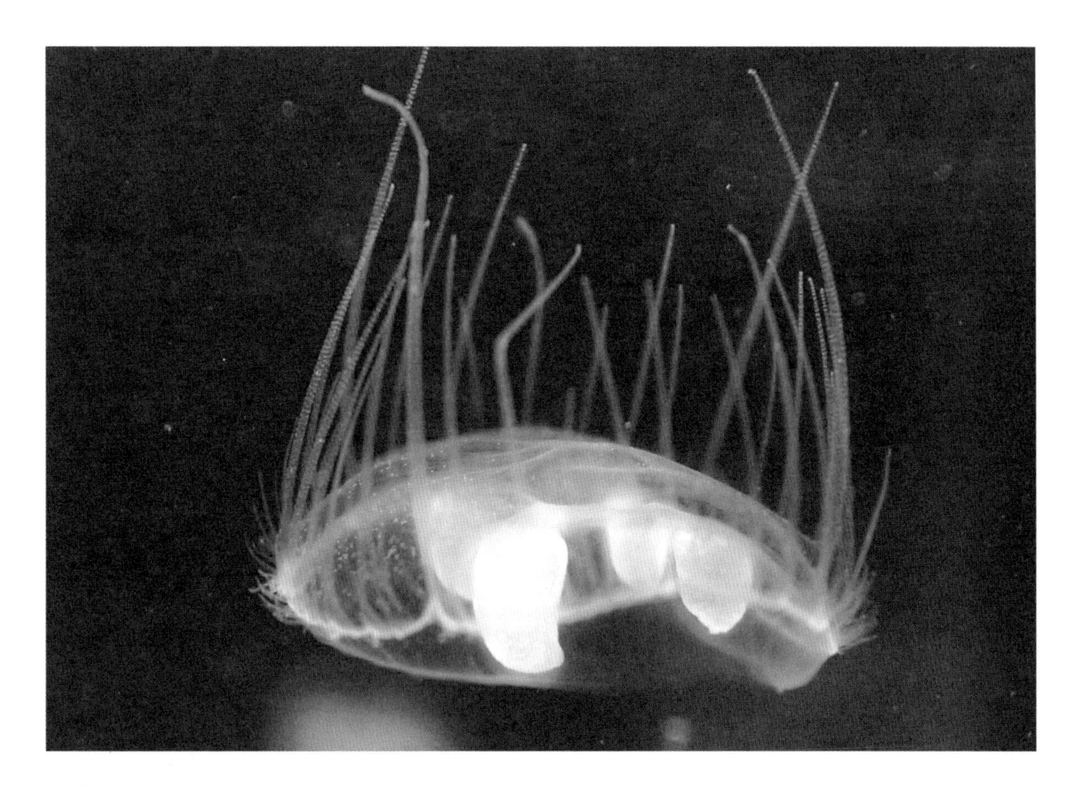

被誉为“原始腔肠动物活化石”的桃花水母

门，但有神经网和消化腔，前端有口，比海绵构造复杂。水母通过外胚层与出入消化腔的海水交换氧气，获取养分，排出废物。水母颜色绚丽，五彩斑斓，有的甚至可以发光；大多状如圆伞，伞体边缘长有须状触手；大小各异，最长可达 30 米，大者伞体直径可达 2 米；生活水域广阔，甚至在 5000 多米深的大洋底部也有水母的踪影。几乎所有种类的水母都有水螅型和水母型两个类型。

水母单体多为水母型，均生活在海洋里，肉食性，以浮游生物、甲壳类、多毛类和小鱼为食。

水母通过挤压内腔，改变内腔体积，喷出腔内的水向前移动。水母看似温和，其实是凶猛的掠食者，遇到猎物从不放过。它们会用触手缠绕、麻痹、毒杀猎物，然后送入口中，在腔肠内迅速将其消化吸收。

水母雌雄异体，成熟雄性水母的精子流入雌性水母体内授精，受精卵发育成幼虫后就会离开母体，游动一会后沉入海底形成幼体，再变成水螅体，水螅体再分裂发育形成单体水母。

水螅

○ 水螅

水螅，属腔肠动物门，身体呈辐射对称。水螅一般很小，只有几毫米长。常见的水螅有褐水螅和绿水螅两种。水螅的体壁由外胚层与内胚层组成，体壁围绕成一个消化腔，与口相通。

水螅外胚层已经分化成外皮肌细胞、腺细胞、感觉细胞、神经细胞、间细胞和刺细胞，所以，水螅是多细胞无脊椎动物。

水螅呈管状，一般透明、柔软，下端有基盘，营固着或浮游生活；上端有口，口缘有6~10个触手，触手布满刺细胞，可射出刺丝和毒液，用来捕获小型猎物。

水螅采用无性繁殖与有性繁殖两种方式繁殖。多数水螅是雌雄同体，具有较强的生殖能力，可同时进行有性生殖与无性生殖。环境适宜时，水螅会进行无性生殖，由身体长出芽体；环境不好时，水螅会生出乳头状卵巢和精巢，进行有性生殖。

海蜇

○ 海蜇

海蜇，是一种水母，属腔肠动物门，一般呈单体状，身体呈铃形、倒碗形或伞形，边缘有触手；营漂浮或浮游生活，极少数是群体营固着生活；分布广泛，我国以浙江省沿海最为丰富。

○ 海葵

海葵，属腔肠动物门珊瑚虫纲，是一种低等无脊椎动物，有红、黄、绿、橙等多种颜色。海葵下端有基盘，分泌黏液，营固着生活，外形酷似花朵，实为捕食性食肉动物。海葵上端有扁圆的开口，没有肛门，开口旁边有触手和纤毛，靠触手与纤毛的摆动将含有微生物和氧气的水送入口和消化腔中，然后再将废物吐出来。

海葵分布广泛，从潮间带到万米深海都有分布；食性很杂，食物包括无脊椎动物、甲壳类、小鱼等。

海葵为雌雄同体或雌雄异体，卵子在海水中受精。有些种类的海葵可无性生殖。海葵也是地球上寿命最长的海洋动物，年龄可高达1500～2100岁。

海葵

○ 珊瑚

珊瑚，属腔肠动物门珊瑚虫纲，种类很多，有7000多种，大致分为八射珊瑚类与六射珊瑚类。珊瑚个体色彩艳丽，犹如五颜六色的鲜花，生活方式为自由漂浮或固着底层生活。

珊瑚虫身体呈圆筒状，有口无肛门，口外有八个或八个以上触手；以海洋里的细小浮游生物为食，食物从口进入，残渣亦从口排出。珊瑚虫喜欢群居，结成一个个群体，它们的肠腔通过小肠系统联系在一起，所以有许多“口”，却共用一个“胃”。

珊瑚

珊瑚是珊瑚虫分泌出的外壳，主要成分是碳酸钙，呈微晶方解石集合体形式。珊瑚大部分形状如树枝，也有鹿角、灌木、圆球、烟花等形状。

珊瑚生长在水深100～200米、水流平静而清澈的岩礁、平台和斜坡上，并形成珊瑚礁，分布在水温高于20摄氏度的热带或亚热带地区。

珊瑚既可以进行有性繁殖（精子与卵子在消化腔或海水里形成受精卵），也可以以出芽的方式进行无性繁殖。

珊瑚礁

水母

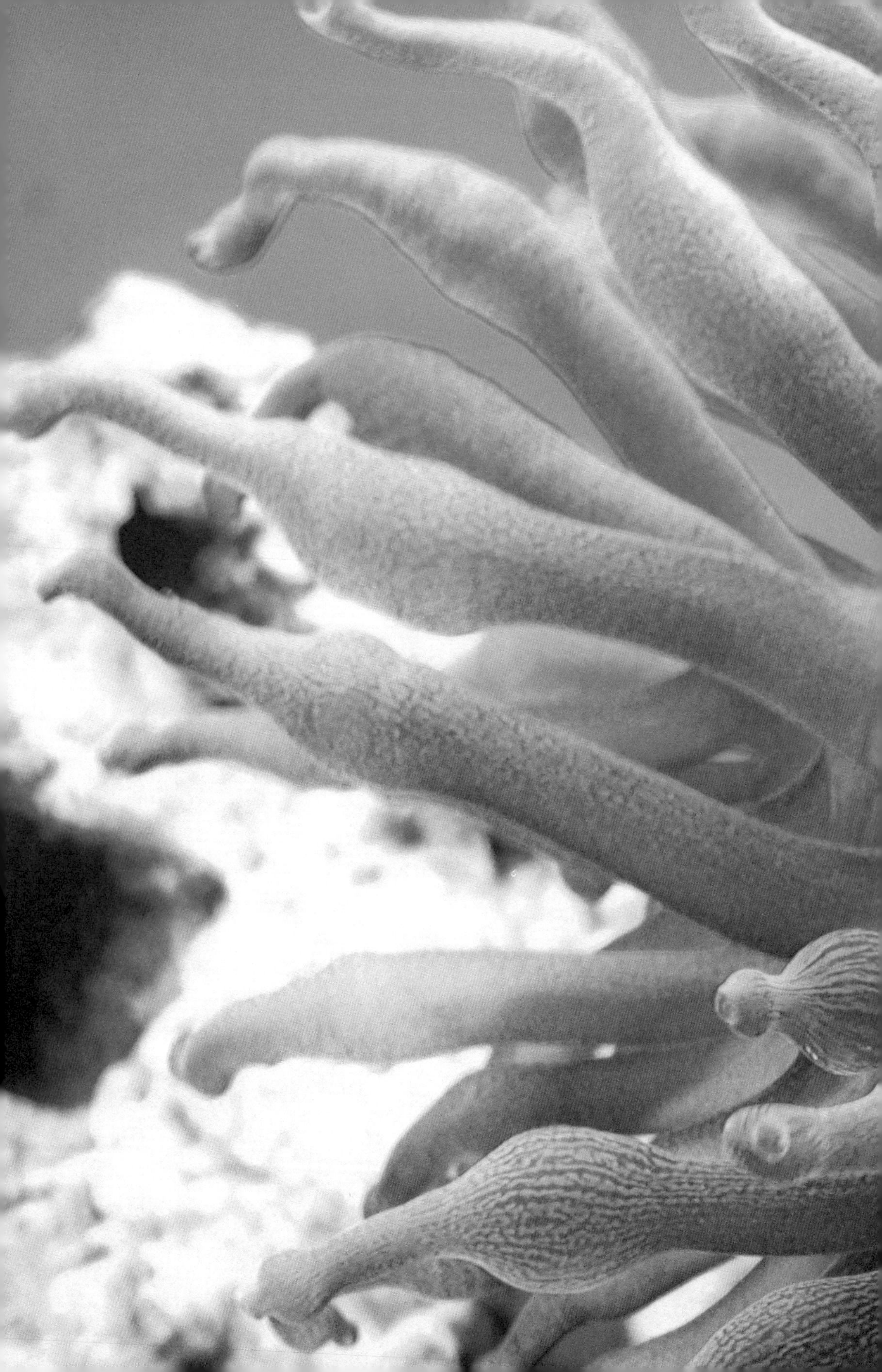

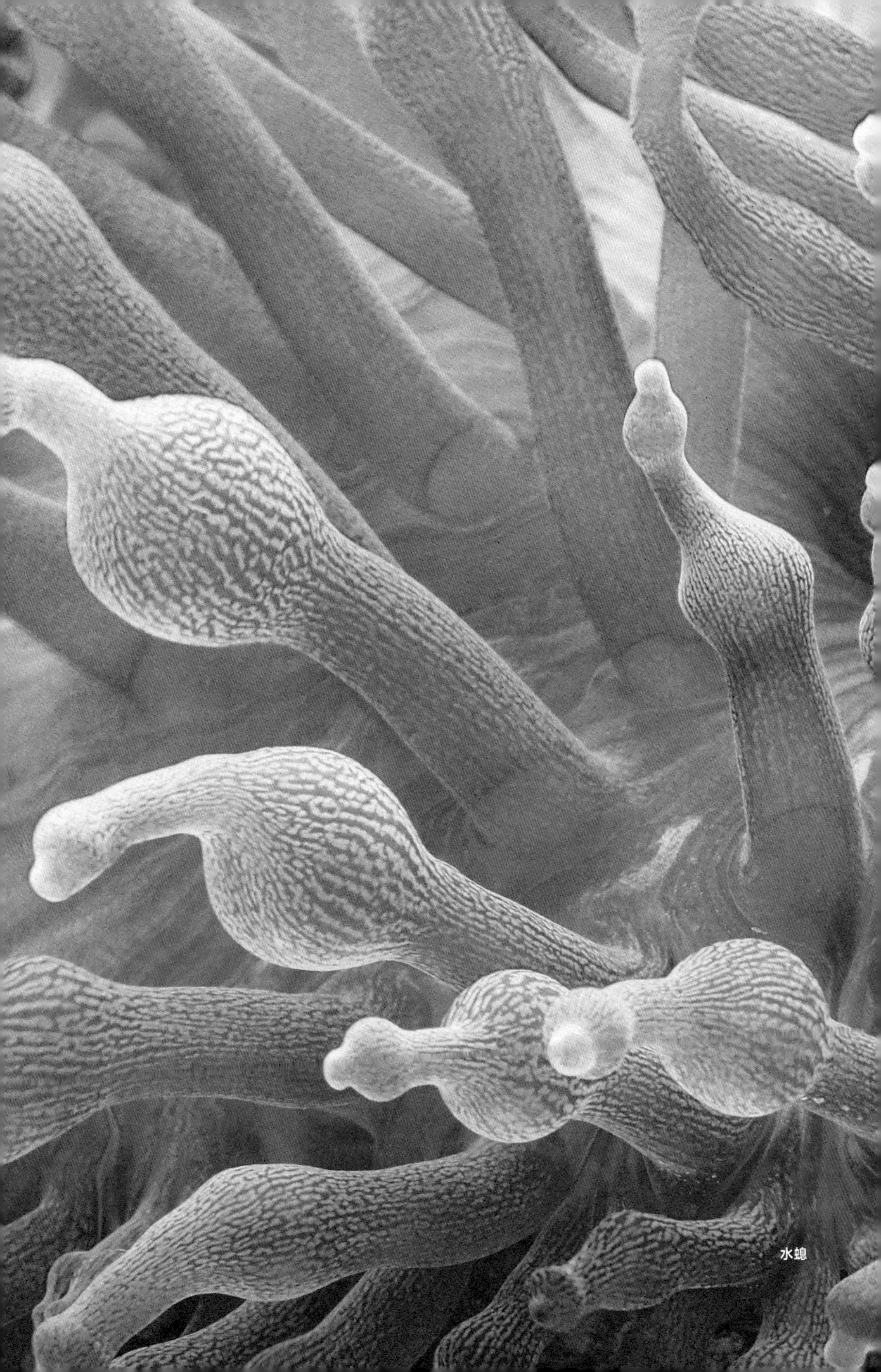

水螅

4.6 环节动物与扁形动物

环节动物，属高等无脊椎动物，两侧对称，体长几毫米到 3 米，约有 13000 种，栖息于海洋、淡水和潮湿土壤中。常见的环节动物有蚯蚓、蚂蟥、沙蚕等。

环节动物

环节动物由许多形态相似的体节组成，体节间有双层隔膜，各体节内形成小腔室，因此属分节的真体腔动物。环节动物的体壁由三胚层构成。环节动物发育了口和肛门，从口进食，食物经消化道后形成的残渣从肛门排出。环节动物是雌雄同体，异体受精，体外发育。

真体腔的出现在动物的进化上具有重要意义，一是消化道的形态和功能进一步分化，消化能力加强；二是有了分化的排泄器官，从原肾管型演变为后肾管型，排泄功能加强；三是开启了动物分节的演化；四是开始出现了闭管式循环系统，即“心脏”和血液循环系统；五是有了发达和集中的链式神经系统。

扁虫是第一种进化出头，并能定向运动的动物。

扁虫是扁形动物门的无脊椎动物，没有完整的消化腔，腹面开口，这个“口”既是口又是肛门；多为雌雄同体，多数为自体受精，也可异体受精。在异体受精中，往往是强壮的扁虫充当“父亲”的角色，强迫弱小的扁虫充当“母亲”，并为其授精。

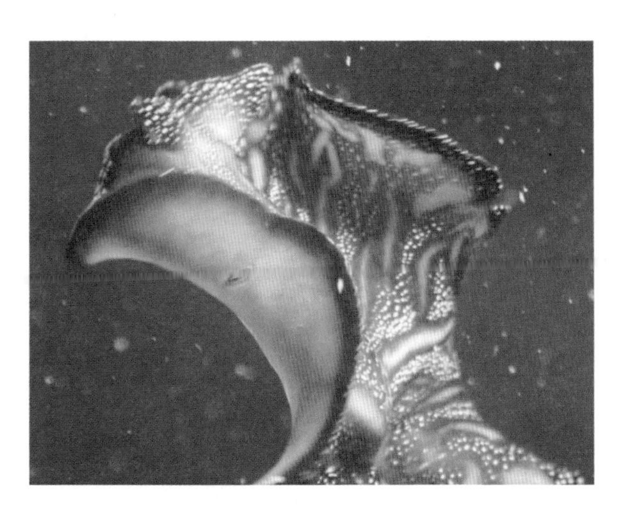

扁虫

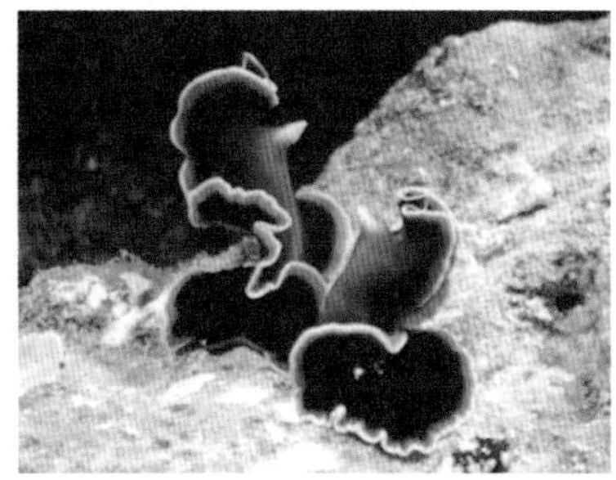

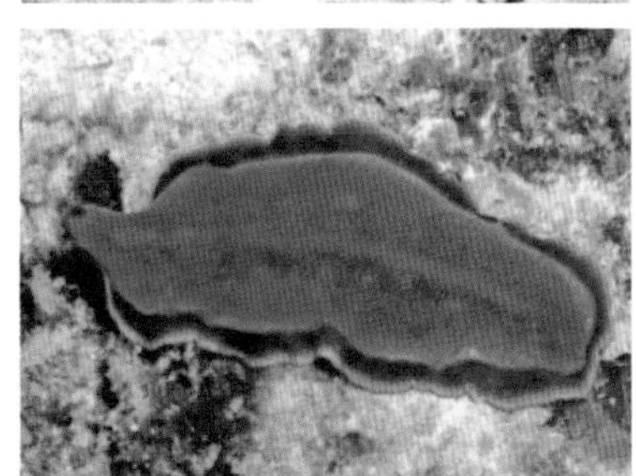

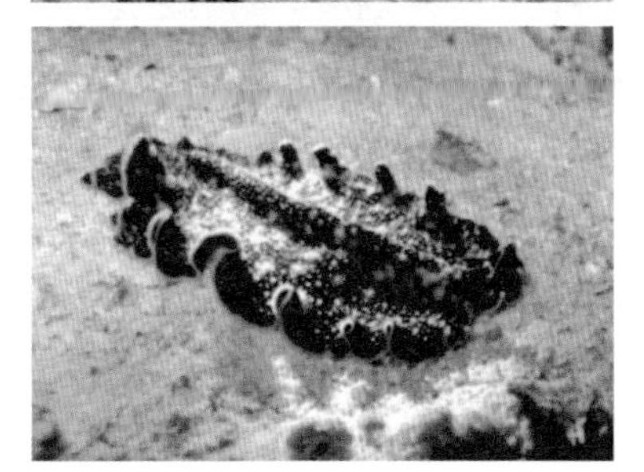

扁形动物

4.7 不可思议的动物
——章鱼

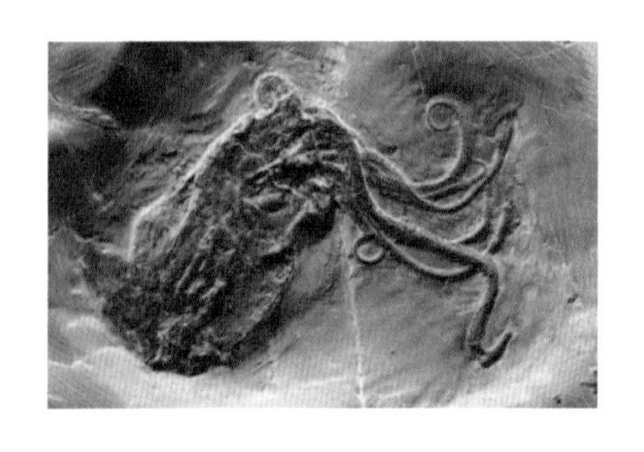

1.65 亿年前的章鱼化石

J. C. 费舍尔（J. C. Fischer）及 B. 里乌（B. Riou）将这个有 8 条腕的无脊椎动物命名为 Proteroc-topusribet

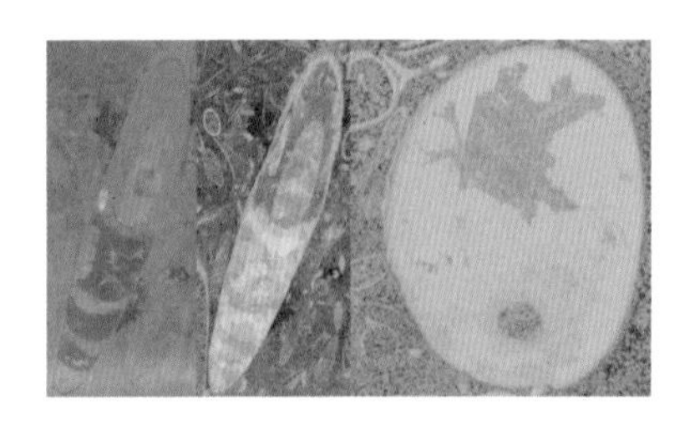

德国海德堡大学地球科学家团队发现的 5.22 亿年前的头足类动物化石，这意味着在寒武纪生命大爆发期间，头足类动物就出现了

章鱼是一种十分低级且原始的动物，但具有特殊的身体结构和一定的智慧，让许多生物望尘莫及。章鱼出现于 5 亿年前的寒武纪，是地球上最早出现的软体动物。在数亿年的进化中，章鱼保持了软体动物的形态，并未进一步进化。

章鱼也叫八爪鱼，是软体动物的“三剑客”之一（其他两个是鱿鱼和乌贼），属头足类，目前有 250 多种。章鱼有 1 个主脑、8 个副脑、3 个心脏、2 个记忆系统和 8 个可伸缩的腕（相当于人的四肢）。

章鱼主要在海底爬行生活，也可以用两个腕“直立行走”，喜欢藏匿于海底的岩石空洞和缝隙中。在遇到危险时，章鱼会从漏斗状体管中快速喷出墨汁，以迷惑敌人，借机逃生。

章鱼主要以海洋中的贝类和虾蟹类动物为食。章鱼的嘴巴位于头部下方、腕足根部和头部的连接处，由 5 个角质物组成，犹如鸟喙一样坚硬，呈锉齿状，可以钻透贝壳后食其肉。

章鱼头上有完美的视觉器官（眼睛），吸盘上有灵敏的味觉与嗅觉感受器，头骨里有两个兼有听觉作用的平衡泡。此外，章鱼的皮肤表面还布满触觉、感光、嗅觉和味觉细胞，即使不用眼睛，也能感受到光。

为什么说章鱼是不可思议的动物呢？

第一，章鱼有高度发达的神经网络。章鱼的神经细胞数量是无脊椎动物中最高的——约5亿个，是蟑螂和蜜蜂的500倍、老鼠的6.25倍。

动物	神经细胞数量 / 万个	神经细胞数量排名
田螺	1	7
龙虾	10	6
跳蛛	60	5
蜜蜂和蟑螂	100	4
老鼠	8000	3
章鱼	50000	2
人类	8600000	1

章鱼 1

章鱼 2

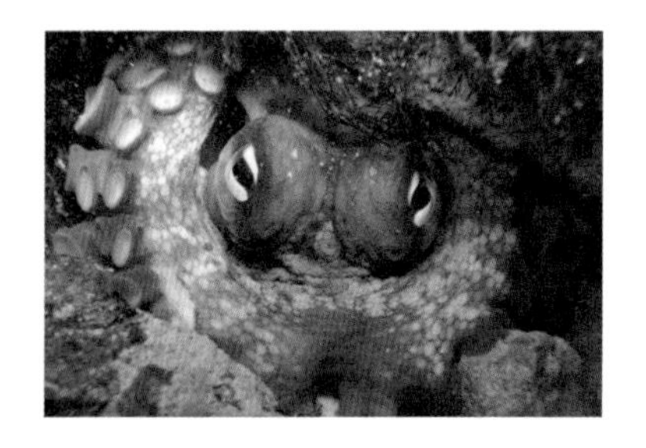
章鱼的眼睛

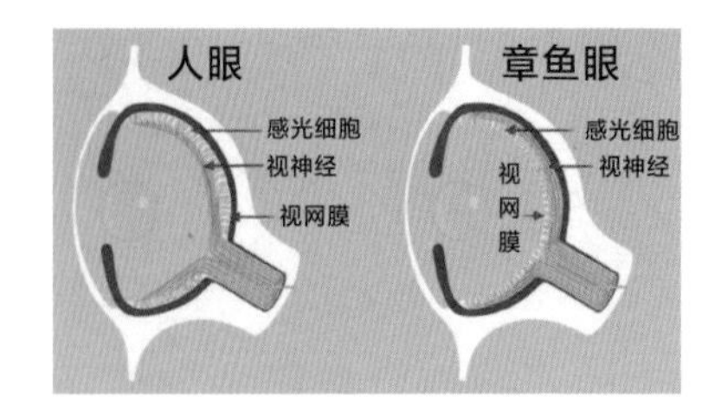

章鱼眼与人眼的对比

正在喷墨汁的章鱼

第二，章鱼具有基因再编辑能力。这是其他任何动物都无法比拟的能力。章鱼的 RNA 并不完全执行 DNA 的指令，而是根据生存的环境，通过对 RNA 进行重新编辑，修改自己的基因表达产物——蛋白质，从而改变具体的细胞功能。如一种生活在北冰洋中的章鱼，就可以通过对 RNA 的重新编辑，快速适应温度的变化，这样就不必通过基因突变生成适应环境的蛋白质了。这一神奇的能力，造成了章鱼 23%～41% 的基因隔离，从而导致其 DNA 进化得格外缓慢。虽然现在的章鱼与 5 亿多年前的祖先不同，但仍是软体动物，仍生活在海洋中，而没有像最早的脊椎动物昆明鱼那样，经过 4 亿～5 亿年的进化，演变成了鸟类和类人猿，甚至是我们人类。

2015 年，科学家们成功对章鱼的基因组进行了测序，并在章鱼基因组中检测到一组名为“锌指”的

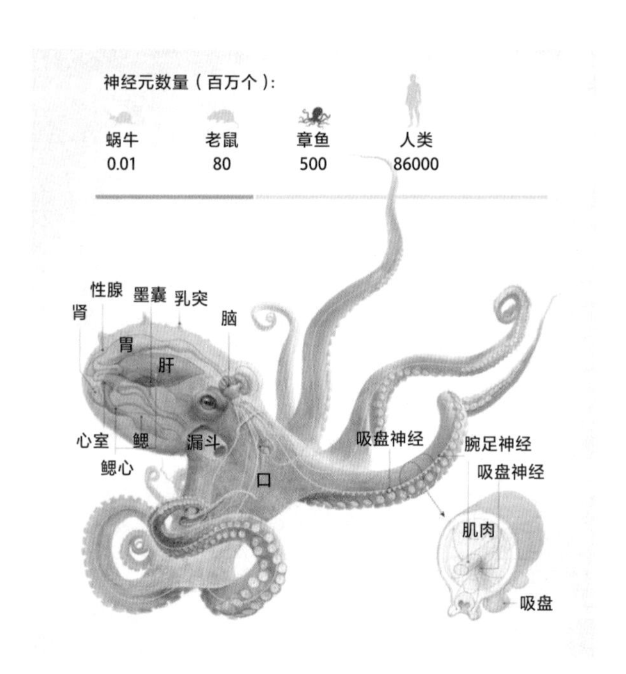

章鱼的身体构造

基因。锌指蛋白质可以顺应环境变化和生存反应，调节基因的稳定和进化。人类约有 764 个锌指基因，而章鱼有 1790 个锌指基因。

第三，章鱼有九头八臂。章鱼有 1 个主脑，负责协调身体运动，控制着 40% 的神经细胞（约 2 亿个）；还有 8 个副脑，位于 8 个腕足上，分别负责每个腕足的运动，控制着 60% 的神经细胞（约 3 亿个）。章鱼的腕足在其副脑的指挥下，可以根据所处的环境单独运动。

章鱼的腕足上除有强健的肌肉组织外，还有几十到上千个吸盘，每个吸盘都有一定的吸力，因此章鱼可以在光滑的玻璃面上爬行。不同大小的章鱼，吸盘的吸力大小也不一样，从几十克到上百克不等，而成百上千个吸盘的吸力，加起来有 100 多千克，足以拖动一个成年人。猎物一旦被章鱼的腕足缠住或吸住，就很难逃脱。

第四，章鱼有 3 个心脏和 2 个记忆系统。章鱼的一个心脏用于保证全身的血液循环；另外两个辅助心脏将血液泵入两个鳃，辅助心脏的收缩，可增加鳃血管中的血压，加速血液流动，提高气体交换，保证身体运动的需要。章鱼的 2 个记忆系统，是指主脑记忆系统和腕足副脑记忆系统。

第五，章鱼进化出了完善的视觉系统。人眼由于视网膜在感光细胞的后面，连接视网膜的视神经要穿过视网膜才能与大脑连通，因而在视网膜上形成了盲点，而章鱼的眼睛比我们人类的更进化、更完美，其感光细胞位于视神经的前面，正好覆盖于视神经上（与人类的相反），因此章鱼的眼睛没有盲点。

用椰子壳伪装的章鱼

同时，章鱼眼睛的视神经位于视网膜后面，紧紧拉住了视网膜，使视网膜与眼球连成一个整体，所以，章鱼的视网膜不会脱落。而且，章鱼的眼底不会出血，即使在黢黑的海底也能看清东西。有人据此认为，章鱼并不是色盲。

第六，章鱼能够巧妙地伪装自己。章鱼喜欢钻进岩石洞穴和缝隙，以及蟹壳、贝壳甚至椰子壳里伪装自己，不仅有助于捕捉猎物，也能够避免被其他动物捕食。

第七，章鱼可以释放“烟幕弹”。章鱼身上长有墨腺，墨腺后端的墨囊有分泌墨汁的功能，当遇到危险时，章鱼会通过肛门和漏斗状体管将墨汁喷射出来，犹如释放烟幕弹，而且可以连续喷射六次，帮助自己逃跑。章鱼的墨汁是有毒的，可以麻痹敌人。毒性最强的章鱼是蓝环章鱼，人类至今没能找到其毒素的解毒剂。

第八，章鱼的腕能够再生。章鱼拥有很强的再生能力，当章鱼的腕被捕食者牢牢抓住时，它会自动舍弃腕，利用蠕动的断腕迷惑捕食者，自己则趁机溜走。当章鱼的腕断掉后，伤口处的血管会极力收缩，伤口不再流血，并迅速愈合，不久又能长出新的腕。

蓝环章鱼

正在用两腕行走的章鱼

第九，章鱼具有很强的变色能力。章鱼的体表含有许多色素细胞，色素细胞周围又有很多微小的肌纤维，当肌纤维收缩时，色素细胞扩展，颜色变深；肌纤维松弛时，颜色变浅。章鱼的颜色改变是受神经及激素控制的，其中主要受视觉影响，在不同环境下，章鱼会表现出不同的颜色。章鱼能利用灵活的腕在礁岩、石缝及海床间爬行，利用自己的变色能力把自己伪装成其他东西，有时是珊瑚，有时是闪光的砾石。

第十，章鱼的血液是蓝色的。蓝色的血液富含铜元素，比富含铁元素的红色血液具有更高的携氧效率，便于在海洋深处或极端低温环境下生存。

第十一，章鱼有一项特异功能，即“缩体大法”。章鱼除眼睛外，身体的任何部位都可以收缩和折叠，所以，章鱼能够钻过比其眼睛大的任何缝隙和孔洞，这样就可以逃脱捕食者的追捕，还可以捕食藏匿于孔洞和缝隙中的猎物了。

第十二，章鱼会奋不顾身地繁衍后代。雄性章鱼与雌性章鱼交配后，雄性章鱼会失去自己的交接腕（生殖器），并因此而死去。雌性章鱼怀孕后，会找一个巢穴产卵，每次产下 2 万～10 万枚受精卵，然后用唾液和嘴边的小吸盘，把每 200 个卵编成一串。雌性章鱼会在 3 周内，把所有卵编成串，并在以后的 6～7 个月里，不吃不喝、专心致志地照顾和保护卵，直到小章鱼出生。最后，雌性章鱼会因精疲力竭而死去。章鱼父母为繁衍后代，不惜献出自己的生命，这也是生命的伟大之处。一切生命都在为基因传递而拼尽全力，甚至牺牲自己。

第十三，章鱼表现出超常的智力水平。章鱼的聪明表现在两个方面。首先，章鱼会使用工具，试验表明，被关在塑料瓶中的章鱼，可以从内部将瓶盖拧开而逃跑；其次，章鱼具有学习能力，不会使用工具的章鱼在看到同类使用工具后，立刻就会学会并使用。

在新西兰北岛的一个水族馆里，有一个名叫 Inky 的章鱼，趁夜色实施了完美的逃跑计划：它先是顺着水族箱的一侧滑到地板上，然后把身子蜷缩起来，钻进一根 15 厘米粗的排水管，最后顺着这个 49 米长的排水管，滑入霍克湾，重新回归太平洋。

2008 年，在德国的一个水族馆里，工作人员通过监控发现，深夜，有章鱼用腕拿起水缸里的主水管，向水族馆上方的保温灯泡喷水，造成水族馆电力系统发生短路。

在智商测试中，虽然章鱼并没有通过心理学家设计的镜子自我识别测试，但这并不能说明章鱼的智商是低的，因为就连聪明的大猩猩也没有通过镜子自我识别测试。进一步说，用镜子自我识别测试来验证动物的智商，未必适用，因为动物不只是依靠智商，还靠其异常敏锐的视觉、嗅觉、听觉、触觉等，来获得认知。

综上所述，章鱼具有独特的身体构造，神奇的特异功能，完善的视觉、触觉、味觉、嗅觉和听觉系统，不挑食，会变色，善伪装，会藏匿，勇于断腕，会喷墨汁迷惑和麻痹捕食者并迅速逃生，并拥有聪明的大脑，因而成为海洋软体动物中的佼佼者。更重要的是，章鱼具有 RNA 再编辑能力，是今天知名度最高的动物“活化石”，就连逃过五次生物大灭绝的鹦鹉螺也无法比拟。

编成串的章鱼卵

刚刚孵化出的小章鱼

第一次生物大灭绝事件：拉开了脊椎动物进化的序幕

从5.41亿年到6600万年前，地球上共发生过六次生物大灭绝事件（通常只说五次，不包括埃迪卡拉生物大灭绝事件），每次生物大灭绝事件，都会造成原来生物的大量灭绝，此后又有大量新物种诞生。可以说，生物大灭绝事件是生物进化过程中不可或缺的事件，没有生物大灭绝事件，就不会有大量新物种的诞生与繁衍。生命就是在灭绝与诞生的交替中一步一步进化的。

往往每次生物大灭绝之后一两千万年内，有进化意义的新物种就诞生了。

最新研究发现，5.41亿年前，地球上发生了第一次生物大灭绝事件，也称埃迪卡拉生物大灭绝事件。第一次生物大灭绝事件不是由“快速事件”（陨石撞击地球和超级火山喷发）引起的，而是海洋中氧含量的骤然大幅升高（甚至达到现在氧含量的60%）造成的。这是地球历史上的第二次大氧化事件。氧含量的骤然升高，促进了细胞分化，形成了不同的细胞群，细胞出现分工，从而使不同的细胞具有不同的功能，生物体的代谢更加高效，生物体更能适应环境。氧含量的增加使物种数量明显增加，也就促成了复杂动物的进化，如节肢动物、软体动物、腕足动物、环节动物、原始的脊椎动物等，在此后的2000万年间，这些新的生物突然大量涌现，科学家们形象地称之为“寒武纪生命大爆发”。

关于第一次生物大灭绝事件发生的原因，有不同的观点，但埃迪卡拉生物大灭绝却是一个不争的事实。

5.41亿年前埃迪卡拉生物大灭绝事件与5.3亿年前寒武纪生命大爆发事件之间的生态复原图

昆明鱼
长江海鞘
华夏鳗
钟健鱼

第五章
寒武纪生命大爆发

寒武纪时期的海洋生物——海蝎生态复原图

5.41亿年前，地球步入寒武纪，氧气的骤然大幅度增加，为生命的大爆发创造了条件。5.3亿年前，在我国云南省澄江市帽天山也发生了寒武纪生命大爆发事件，出现了澄江生物群。

澄江生物群化石是由我国古生物学家侯先光于1984年发现的。澄江生物群持续的时间，可能长达1000万～2000万年。研究成果表明，澄江生物群化石记录了22个动物门、240多个物种（截至2012年），包括藻类、海绵、腔肠动物、环节动物、节肢动物以及数量众多的两侧对称动物，甚至包括最古老、最原始的脊椎动物——昆明鱼和海口鱼。

寒武纪生命大爆发示意图

在寒武纪生命大爆发之前，生命的形式极为简单，但在接下来的一两千万年间，生命多样化的进程大大加快，几乎所有生物门类都在这一阶段出现

5.1 澄江生物群

澄江生物群发生地——澄江化石地，在 2012 年 7 月 1 日正式列入《世界遗产名录》。澄江生物群代表了寒武纪生命大爆发的主幕，是此次生命大爆发的巅峰，最具代表性。

澄江生物群以罕见地保存了软体动物化石而著称，特别是其中的水母化石，填补了我国古生物学研究中有关水母化石的空白。寒武纪早期水母化石的发现，在国际上也属首次。这些最原始的、不同类型的海洋动物软体构造保存完好，千姿百态，栩栩如生，是目前世界上所发现的最古老、保存最完整的一个多门类动物化石群，生动地再现了当时海洋生命的壮丽景观和现生动物的原始特征，为研究地球早期生命起源、演化、生态等提供了珍贵证据，打开了一个难得的“窗口”。

澄江生物群含有众多门类动物的化石，包括：多孔动物，如海绵；蠕形动物，如帽天山虫；腔肠动物，如先光海葵、高足杯虫；叶足动物，如微网虫、怪诞虫；腕足动物，如舌形贝；软体动物，如线带螺；节肢动物，如奇虾、周小姐虫、抚仙湖虫、始虫、尖峰虫、古莱德利基虫、等刺虫、瓦普塔虾、古虫、灰姑娘虫。

❶ 埃尔登水母，直径为 8 厘米，呈圆盘形，有 4 条分支触手，消化腔分隔成 44 个小腔，腔体内环发育，腹表面有辐射状瘤刺
❷ 奇特“皮鱼”形动物化石——西大动物（舒德干提供）
❸ 昆明鱼化石及复原图
❹ 蠕形动物帽天山虫化石（陈均远等提供）
❺ 叶足动物微网虫化石及复原图（陈均远等提供）

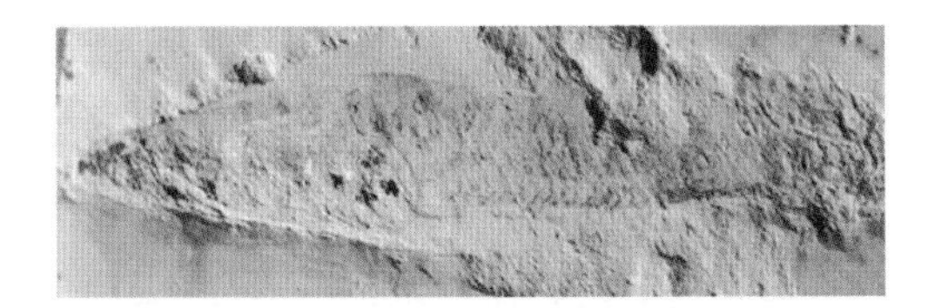

海口鱼化石及复原图

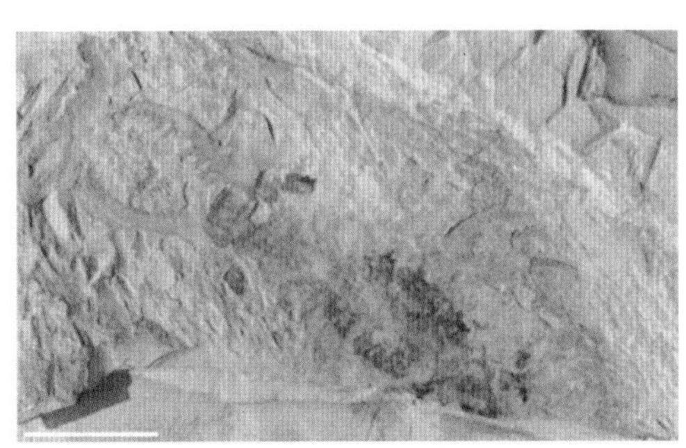

奇虾化石及复原图

节肢动物抚仙湖虫化石及复原图

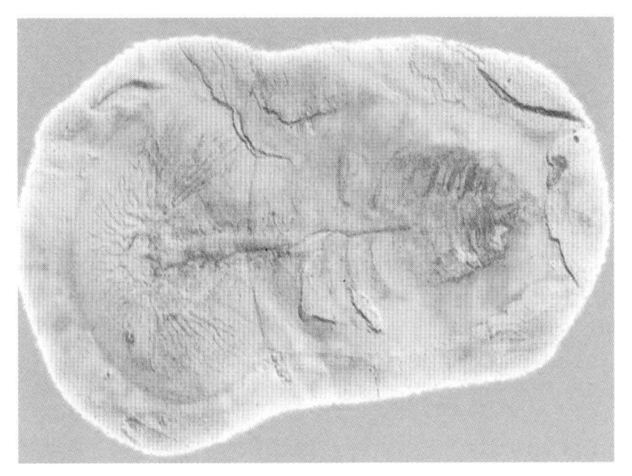

节肢动物娜罗虫化石

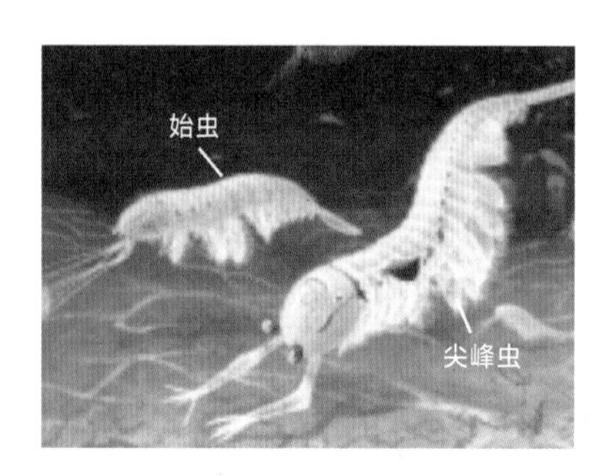

节肢动物始虫、尖峰虫复原图

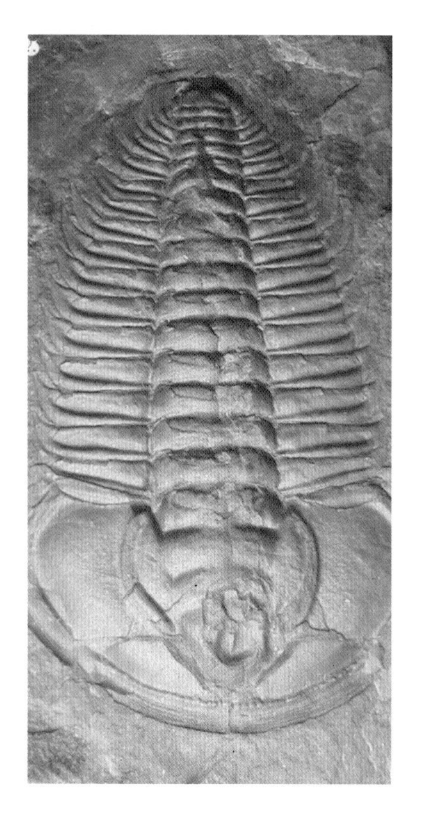

节肢动物三叶虫化石

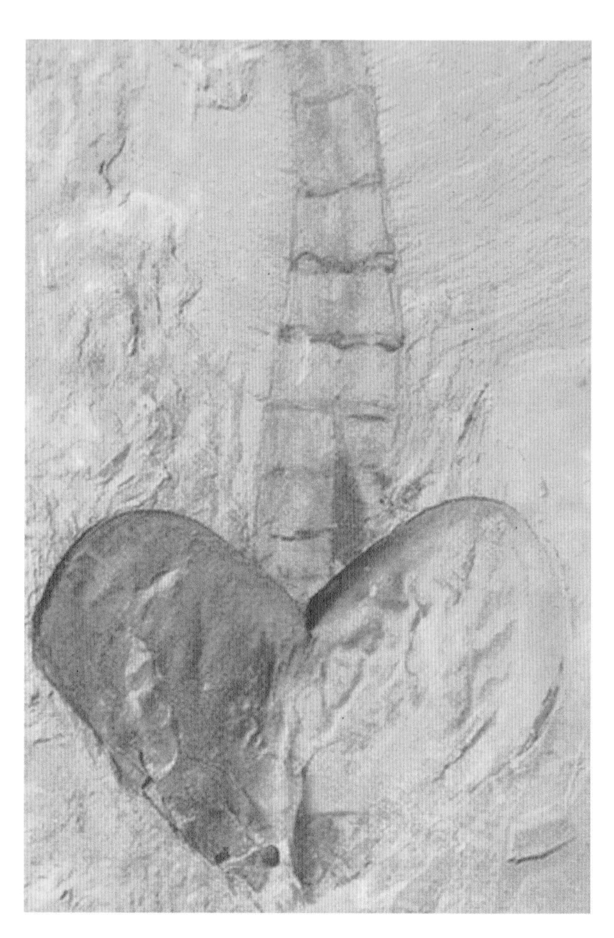

瓦普塔虾化石

腔肠动物高足杯虫化石

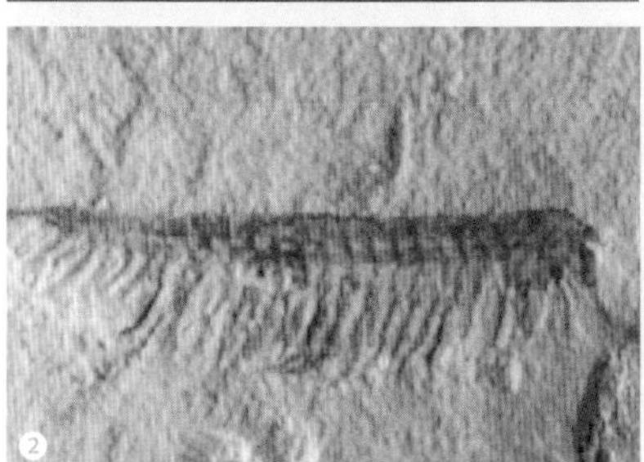

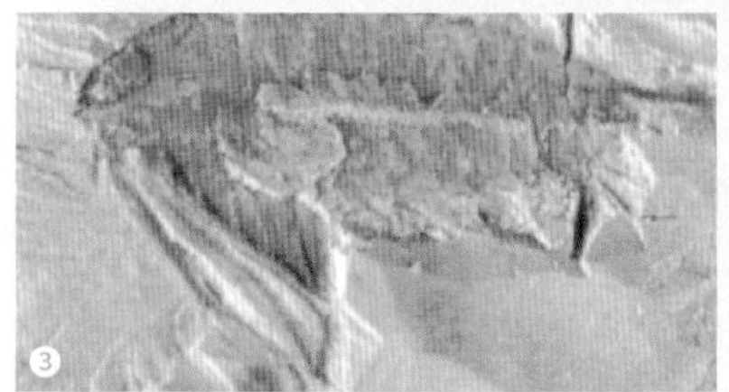

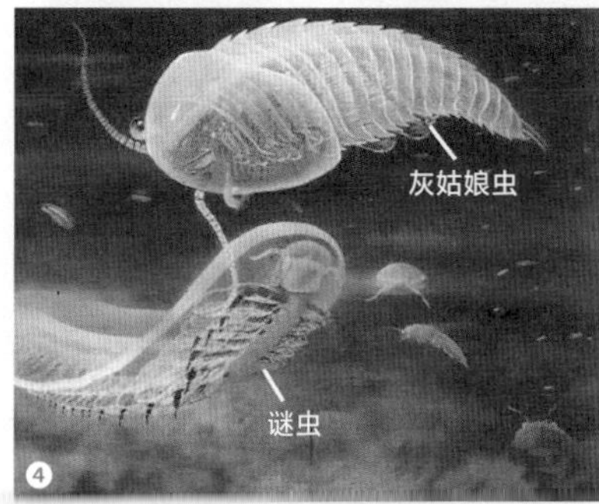

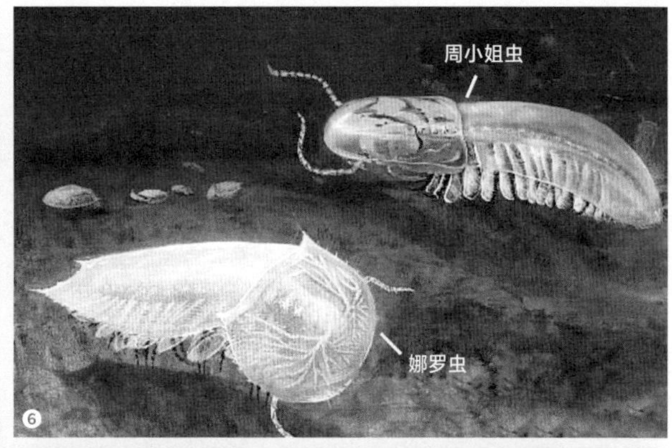

❶ 浮游节肢动物等刺虫、瓦普塔虾、古虫复原图
❷ 节肢动物尖峰虫化石
❸ 节肢动物始虫化石
❹ 节肢动物灰姑娘虫、谜虫复原图
❺ 节肢动物古莱德利基虫化石
❻ 节肢动物周小姐虫、娜罗虫复原图
❼ 底栖生物先光海葵、高足杯虫和帚虫复原图

（注：第 142 页、143 页的图由陈均远等提供）

寒武纪生命大爆发中出现的奇特物种，具有某些现代物种的特点。

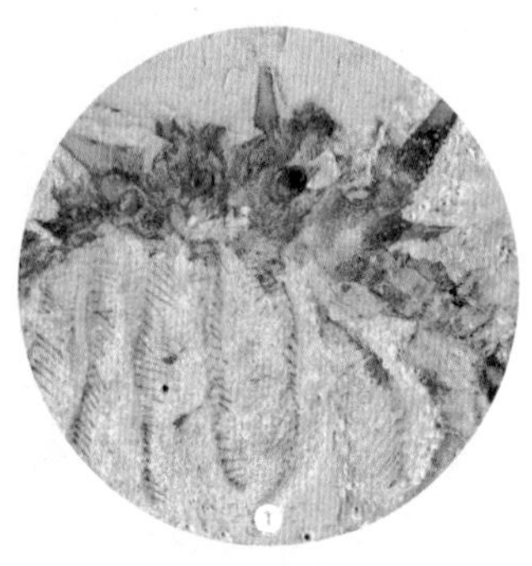

❶ 叶足动物 *Collinsium ciliosum* 化石，发现于中国南方寒武纪早期地层

这种动物又称多毛的柯林斯怪物。叶足动物发育一对触角、强大的背脊、后爪腿，以及过滤－取食前附属肢体；体长 85 毫米

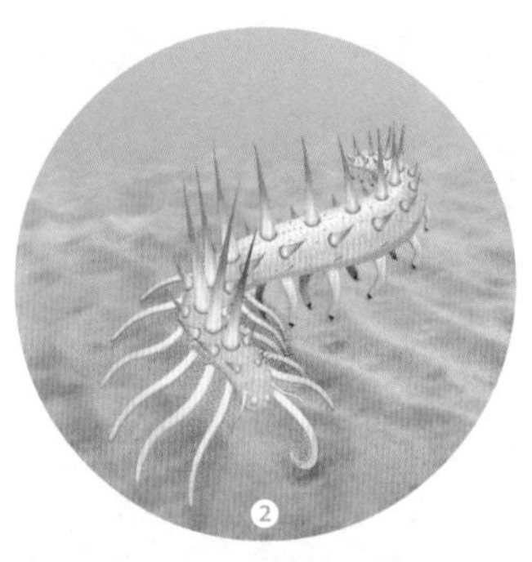

❷ 叶足动物 *Collinsium ciliosum* 复原图

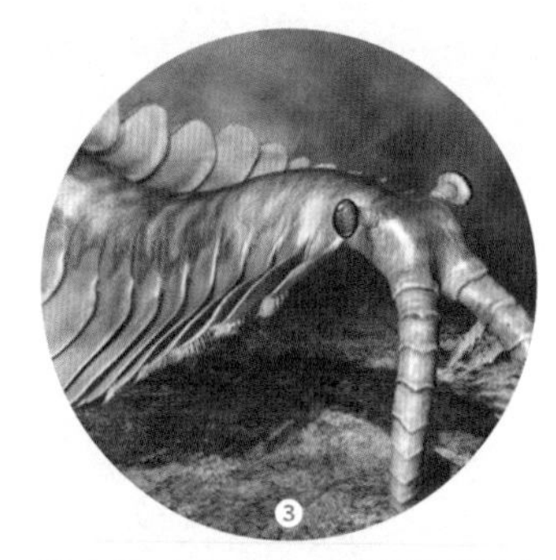

❸ 奇虾，为寒武纪时期一种体形巨大的生物，体长可达 1 米

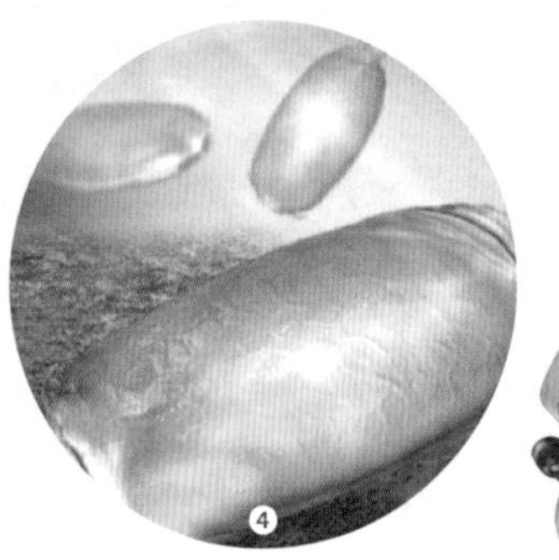

❹ 班府虫，令科学家们迷惑不解

❻ 欧巴宾海蝎

欧巴宾海蝎，环节结构，外骨骼未矿化，体长 40~70 毫米；用 14 对桨状鳃游泳；头顶有 5 只带柄的眼睛，眼睛前端还有一个软管状的长嘴，犹如象鼻，嘴的前端长有一个钳形的爪子，用来抓取食物

❺ 仙掌滇虫，类似昆虫和其他节肢动物

❼ 抚仙湖虫，是现代昆虫等节肢动物的近亲

令人惊异和兴奋的是，在澄江生物群中发现了昆明鱼的化石。昆明鱼是全球迄今为止发现的最古老的鱼，被称为“天下第一鱼”。此外，在澄江生物群中还发现了海口鱼的化石。真正的鱼类——昆明鱼和海口鱼出现的时间是5.3亿年前。

几乎所有现生动物的门类和已经灭绝的生物，在澄江生物群中都能找到影子。可以说，它是现代生物演化的起点。

生物基因发生突变，以适应海水氧含量大幅度骤然升高的环境，在自然选择的驱使下，生物种类大量涌现，澄江生物群应运而生。澄江生物群中的大多数生物都是现代生物的祖先，其中昆明鱼最具代表性，它是现代6.6万多种脊椎动物的祖先。

可以说，澄江生物群的出现对达尔文进化论的渐变观点提出了挑战，达尔文进化论的渐变说无法解释澄江生物群约240多个新物种的“突然”出现，但澄江生物群的出现符合现代进化论观点。现代进化论继承了达尔文进化论的思想，是对达尔文进化论思想的修改、补充与完善，所以，澄江生物群的发现和研究，在很大程度上为现代达尔文进化论提供了有力佐证。

5.2 寒武纪生命大爆发

寒武纪生命大爆发，为当今进化最为成功、最为繁盛的两大类动物——节肢动物与脊椎动物创造了条件，因此，寒武纪生命大爆发是极为重大、极为关键的生命进化事件，是脊椎动物进化史上的一座重要里程碑。搞清楚该事件的来龙去脉，对于我们认识生命的进化至关重要，也会让我们对达尔文进化论有更为深刻的理解。

乌葵虾复原图

乌葵虾是一种大型食肉奇虾，长相怪异，体长约 46 厘米，化石发现于加拿大伯吉斯页岩中。乌葵虾体形较大，口中牙齿多，十分凶猛，统治着寒武纪海洋，故绰号“寒武纪霸王龙”，它也许是昆虫和节肢动物的远古祖先

爬胃虫复原图

爬胃虫很可能与现在的海星和肠鳃纲生物是近亲物种

○ 突然发生的寒武纪生命大爆发事件

两百多年来，为什么会突然发生寒武纪生命大爆发的问题一直困扰着地质学家和生物学家们，就连伟大的博物学家达尔文也对寒武纪生命大爆发事件感到困惑不已。科学家们孜孜以求、艰难探索，终于在近几十年，对这一问题做出了比较科学的解释。

从辩证的角度来讲，任何事物的发展变化都是内因与外因共同作用的结果，内因起决定性作用，外因起辅助作用；外因通过内因而起作用。生物的进化也不例外。生物的进化是环境因素（外部因素）与基因突变（内部因素）共同作用的结果。

最近的研究成果显示，在 5.8 亿—5.2 亿年前，地球上发生了第二次大氧化事件，海洋中氧含量急剧升高，大气中氧含量升高到现在的 60%，氧气约占空气质量的 12%。氧含量的突然升高，使生物细胞的分化开始加快，细胞基因突变明显增多。经过数千万年的进化，在 5 亿多年前的寒武纪早期，发生了被科学家们称为寒武纪生命大爆发的事件。

据生物学家们研究，寒武纪生命大爆发与生物体内的 *Hox* 基因（同源异型基因）密切相关。*Hox* 基因的突变、重复拷贝和其调控（开关）机制，导致生物的身体形态和肢体结构发生巨大变化，从而导致寒武纪生命大爆发的发生。

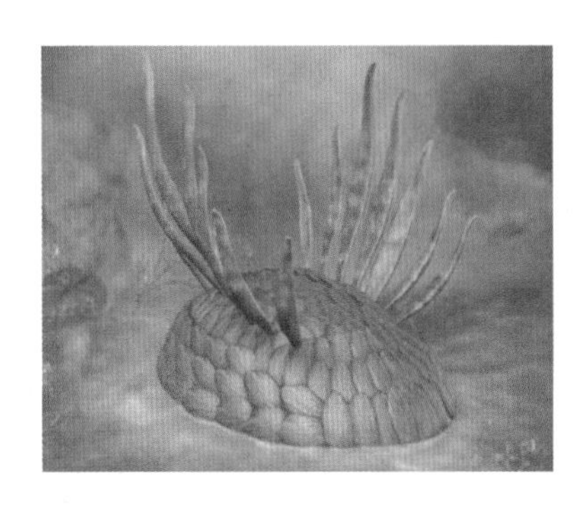

威瓦西虫复原图

威瓦西虫，是一种古老的软体动物，身体呈半球形，身长 5 厘米，体表布满板甲，两侧有对称的尖棘，能发出五颜六色的光，用来防御和捕食

寒武纪生命大爆发是基因突变的直接结果。1980 年，美国著名生物学家托马斯·刘易斯研究证明了果蝇的表型变异是 *Hox* 基因突变引起的。*Hox* 基因突变会使动物的身体结构发生巨大变化。所以说，寒武纪生命大爆发是生物表型（外形）变异的大爆发，是生物 *Hox* 基因发生突变的结果。寒武纪突然出现约 35 个生物门类的祖先类型，并不是生物逐渐进化产生的，而是生物体内 *Hox* 基因瞬间突变引起的。为此，美国古生物学家 S.J. 古尔德和 N. 埃尔德里奇提出了生物进化的“间断平衡理论”，认为生物的进化并不像达尔文所说的那样是一个缓慢且连续的渐变积累过程，而是长期稳定与短暂剧变交替的过程。

正在捕食的欧巴宾海蝎

寒武纪生命大爆发与 *Hox* 基因重复密切相关。基因重复理论是美籍日本遗传学家大野乾提出的。该理论认为，基因通过重复拷贝形成两个一样的基因，其中一个拷贝基因维持着原来的生命功能，保证生命的生存与繁衍；另一个拷贝基因可以发生突变，而不影响生物的生存，这极大地提高了生物对环境变化的适应性。

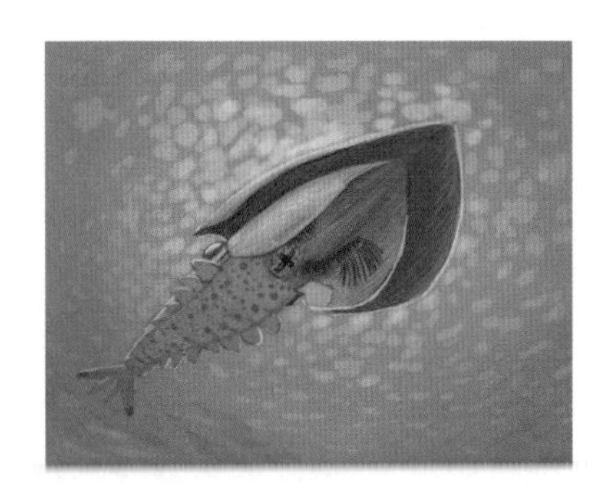

线纹心虾复原图

此外，寒武纪生命大爆发的关键因素是 *Hox* 基因的调控机制。*Hox* 基因是生命体其他基因的总开关，控制着其他基因的开与关。在节肢动物的胚胎

发育过程中，如果 *Hox* 基因在不同的时间、不同的位置开与关，就会使节肢动物的体节、触角和颚部形状发生巨变，并导致其关节肢和翅膀数量的改变，所以千姿百态的节肢动物的出现基本上都是 *Hox* 基因调控的结果。这也是美国著名遗传学家 S.B. 卡罗尔提出的“工具箱理论”。就像小学生造句，不同的学生使用相同的词组，却会造出完全不同的句子一样，卡罗尔认为，*Hox* 基因对于生物形态结构的变化起着至关重要的作用。生物体中普遍存在的 *Hox* 基因，可改变基因表达的顺序或方式，从而使生物的表型发生很大的变化。

综上所述，所有动物都是利用相同的 10 个或 14 个 *Hox* 基因的遗传“工具箱”演化而来的。

○ 动物特征发生明显变化

一，动物形态呈现出明显的多样性。寒武纪生命大爆发奠定了现代所有生物的基础，这一时期出现了 35 个门类、240 多个生物物种，而此后的生命进化中几乎没有新门类的生物诞生。现在地球上生活的 35 个门类、近千万个物种，几乎都是由寒武纪生命大爆发诞生的生物进化而来的。

二，动物器官的复杂性突然增加。前寒武纪时期，生物主要以基础动物为主，它们体形娇小，没有内外骨骼，运动能力欠佳，身体呈不对称性，器官构造及功能简单，没有眼睛，无法主动捕食，往往过着底栖生活，著名的有查恩盘虫、狄更逊水母、蓝田虫、八臂仙母虫等。

奇虾复原图

与前寒武纪时期的基础动物相比，寒武纪生命大爆发出现的动物，特别是节肢动物，器官发生了革命性的变化，长有坚韧的外骨骼、灵敏的触角、有力的肢爪、强壮的颚部、呼吸用的鳃裂、进食的嘴巴等。更为神奇的是，它们还进化出了可感知外界的脑、嗅球、眼睛等器官。有学者认为，眼睛的诞生对生命的进化至关重要，它改变了寒武纪海洋世界中动物“吃与被吃”的关系，打破了原有的生态平衡，动物间的竞争变得十分激烈。

三，诞生了脊椎动物。寒武纪生命大爆发时期出现的动物不但进化出了眼睛、鳃裂，而且进化出了脊椎。第一个有脊椎的动物——昆明鱼登上了生命进

仙掌滇虫复原图

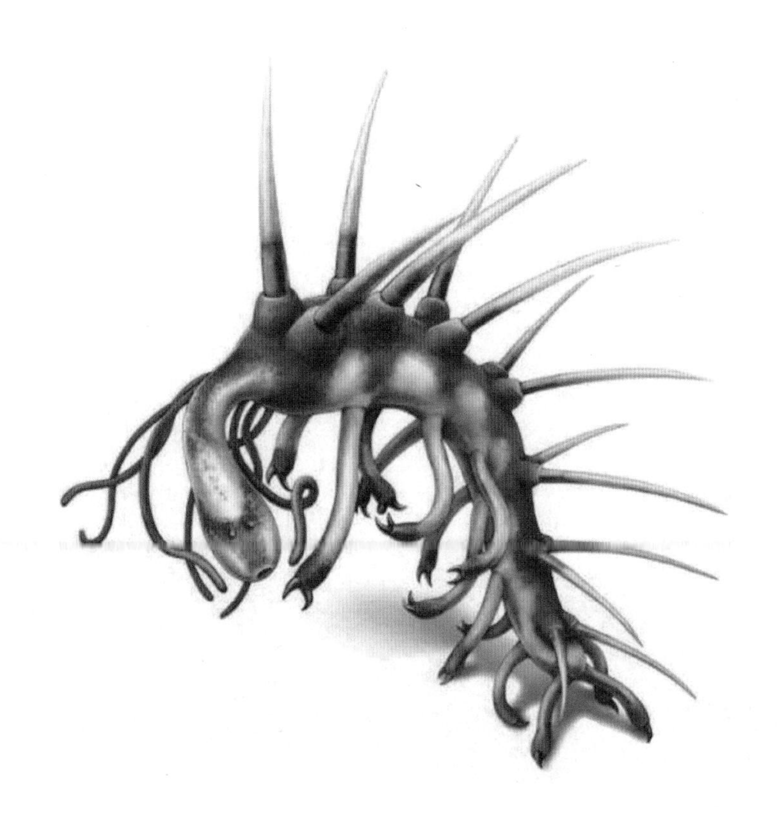

怪诞虫复原图

化的历史舞台，它是鱼类、爬行类和哺乳类的鼻祖。

四，动物身体大型化。寒武纪生命大爆发时期出现的动物，体形明显增大，由之前的毫米级大小，猛然增大到厘米级甚至米级大小，奇虾、千足虫、欧巴宾海蝎、怪诞虫、线纹心虾等节肢动物，身长接近 1 米。体形的增大增强了动物的生存优势，寒武纪时期也正是节肢动物称霸的时代。

○ 寒武纪生命大爆发在生物进化上的意义

寒武纪生命大爆发造就了 5 亿年以来生物的大发展、大繁荣、大昌盛，所以 5.4 亿—5 亿年前这段时间，成为生物进化史上的关键期和重大转折期，为后来 35 个门类生物的进化，特别是节肢动物的多样性和脊椎动物的繁盛奠定了基础。

寒武纪生命大爆发是生物进化过程中渐变与突变的统一，并不有悖于达尔文进化论，反

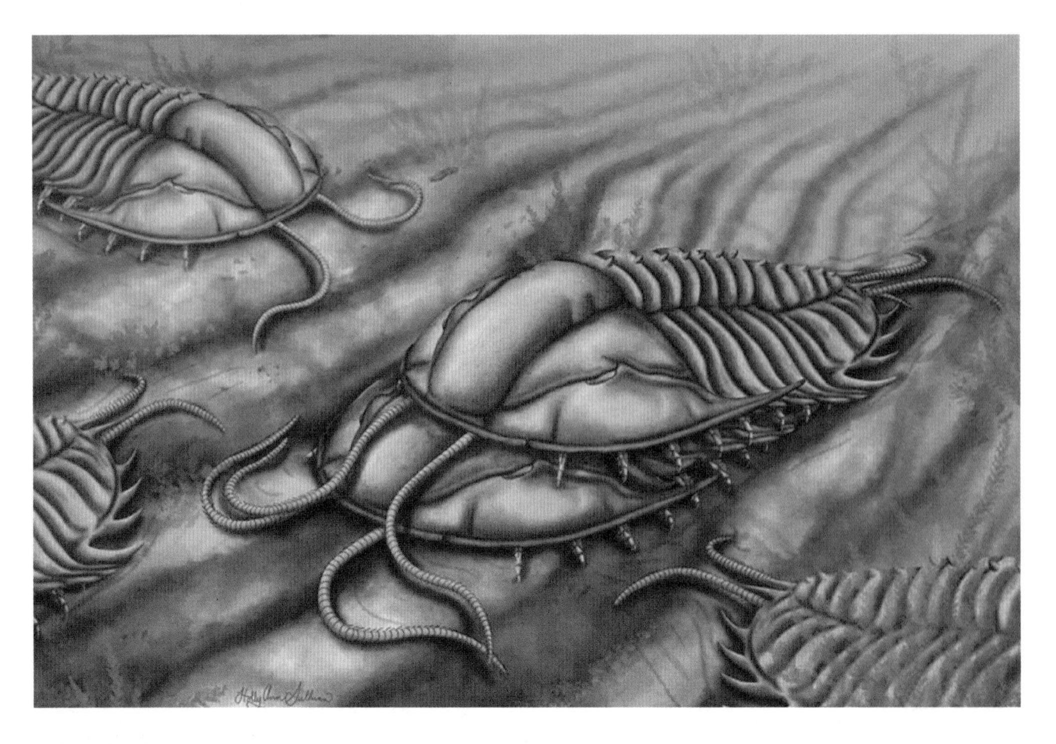

三叶虫生活想象图

而是现代达尔文进化论的有力佐证。近几十年的古生物研究说明，从某种程度上来说，寒武纪生命大爆发是在蓝田、瓮安、埃迪卡拉等生物群基础上发展起来的，经历了一个“渐变”的过程，绝非偶然。现代分子生物学研究证明，所有生物的进化都是基因突变、自然选择的结果，这就是现代达尔文进化论的本质。现在所有的动物，尤其是节肢动物、脊椎动物，都源自寒武纪生命大爆发，那时出现的生物，在自然选择的作用下，经过物种的一代代基因“渐变”，有利的基因突变不断积累，直到发生重大的基因突变。我们人类就是由昆明鱼进化来的，这期间5亿多年的“渐变—突变”进化过程可笼统概括为：昆明鱼“渐变”—甲胄鱼—初始全颌鱼—硬骨鱼—提塔利克鱼“突变”—鱼石螈（两栖类）—爬行类—哺乳类“突变”—灵长类—乍得人猿（古猿类）—地猿始祖种—阿法南方古猿—能人“渐变”—匠人—海德堡人—晚期智人—现代人。

5.3 三叶虫称雄

三叶虫，属节肢动物门，因背壳被两条纵向背沟三分为轴叶及其两侧的肋叶而得名。

三叶虫是最有代表性的远古动物之一。目前已知最早的三叶虫出现在距今 5.4 亿年的早寒武世，然后其逐渐繁盛，到寒武纪晚期发展到顶峰，随后渐渐衰落，直到 2.51 亿年前最终灭绝，在地球上生存了近 3 亿年。在人类目前所了解的远古生物中，它们是生命力最顽强的动物之一。

因为曾经高度繁荣，同时拥有易于化石化的外骨骼，所以三叶虫化石广泛分布于全球各

三叶虫化石

地，时至今日，每年仍有新种类被发现。三叶虫拥有一个极为庞大的家族，在漫长的时间里，它们演化出繁多的种类。目前全世界发现的三叶虫被分为十个目：球接子目、莱德利基虫目、耸棒头虫目、褶颊虫目、镜眼虫目、裂肋虫目、栉虫目、镰虫目、砑头虫目和齿肋虫目，其下共有1500多个属、上万个种，其中约有500个属发现于我国。这些三叶虫体形差异巨大，有的长约90厘米，有的只有2毫米长。三叶虫的外形也各不相同，有的长有醒目的复眼，有的则拥有触须。多样的形态说明三叶虫的适应性很强。根据对其化石遗迹周边遗存的研究可知，三叶虫可以在浅海底栖息爬行，也可以钻入泥沙中生活，还可半游泳生活，有些还能在远洋中漂浮生活。三叶虫高度适应环境、演化迅速、种类繁多、分布广泛的特性，使其化石在古生物学中被当作标准化石（主要是寒武纪），以帮助学者确定地层的地质年代。

整个寒武纪的海洋可谓三叶虫的世界。它们遍及各地，以生活在它们周围的一些较小的甲壳类动物为食。这证明三叶虫在当时的环境中取得了进化上的优势地位，在生存斗争中更具有竞争力。一般认为，三叶虫的优势来自其较为发达的感官系统，尤其是眼睛。

莱德利基虫化石（图片来源：Mike Peel）

莱德利基虫是三叶虫中一种比较原始和古老的种类

生物最早的眼睛仅仅是两个感光细胞的斑点，其后随着生命进化，眼睛也逐渐复杂，到寒武纪生命大爆发时已出现了各种各样具备相对完备结构的眼睛，如鹦鹉螺的杯状眼、章鱼的晶体眼等。甚至有科学家认为，正是眼睛的逐渐完备，促成了寒武纪生命的空前繁荣，它使生物能更快地发现食物、规避危险，能更好地对周边环境做出反应。三叶虫在眼睛的进化方面有着自己的优势，它们大多拥有复眼。

三叶虫的眼睛由碳酸钙组成。碳酸钙是远古海洋生物身体的重要组成部分之一，海绵的硬质部分、

三叶虫生态复原图

节肢动物的甲壳等都含有碳酸钙，三叶虫的外骨骼也如此。结晶好的碳酸钙为纯净的方解石（又名冰洲石），是透明的，因此，这种单晶的、透明的方解石便被一些三叶虫用来组成其眼睛中的透镜。尽管较硬的方解石透镜无法像人眼中柔软的晶状体那样灵活地调整焦距，但科学家们发现，有的三叶虫眼中的方解石透镜会形成复合透镜，这样在尽可能地减小球差（光线经过球面透镜折射后不再聚焦于一点的情况）的同时，还能使三叶虫的眼睛拥有较好的景深。

与此同时，三叶虫还进化出了复眼，其眼睛中的每个透镜都是一个拉长的棱镜，一般按六边形排列。三叶虫有三种形式的复眼：第一种复眼内透镜小而透镜数多，成百上千甚至上万个透镜紧密排列在一起，相互之间直接接触，整体性地覆盖着一层角膜，这种复眼被称为全膜眼（Holochroal eyes），出现得比较早，也是最常见的一种复眼；第二种复眼在前一种的基础上发展而来，其透镜较大，因此数量相对较少，通常为数百个，这些透镜被巩膜分隔开，且每个透镜都覆盖着一层角膜，这样的复眼被称为裂膜眼（Schizochroal eyes），更有利于夜视和辨色；第三种复眼被称为底膜眼（Abathochroal eyes），这种类型的复眼目前发现较少，球接子目的三叶虫就具有这种复眼。

纯净透明的方解石（图片来源：Arni Ein）

三叶虫的全膜眼（图片来源：Tomlee）

三叶虫的裂膜眼（图片来源：Moussa Direct Ltd.）

三叶虫的塔状复眼

三叶虫的复眼

5.4 动物身体结构的进化

生物进化的趋势并不总是从低级向高级，由简单到复杂。单从动物的身体外部结构来看，动物的进化呈现出从不对称到辐射状对称，再到两侧对称的趋势。

最原始的原生动物，如草履虫，为真核单细胞生物，形状如一个鞋垫，是不对称的。

约 6.5 亿年前，地球上出现了第一种多细胞动物——海绵，其外形各式各样，变化万千，也都是不对称的。

后来出现的多细胞原始动物，如棘皮动物海星、海胆等，是后口动物，它们大多是辐射状对称动物。

扁虫是一种无脊椎动物，从它开始出现了两侧对称的动物。

在 5.3 亿年前出现的澄江生物群中，出现了第一种有脊椎的动物——昆明鱼，它是两侧

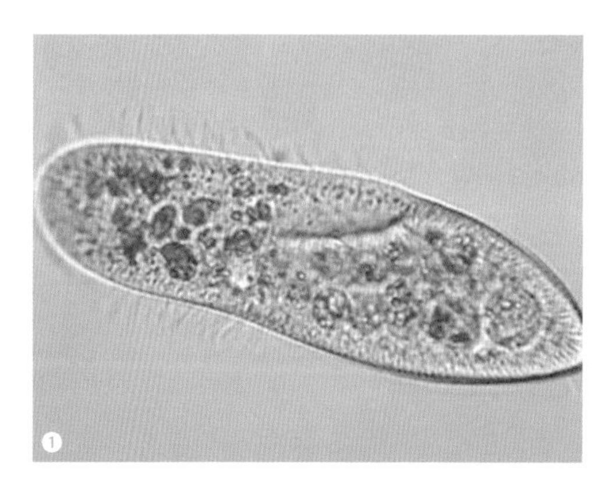

动物身体结构的进化：从不对称（❶草履虫，❷海绵）到辐射状对称（❸海星），再到两侧对称（❹锹甲虫，第 158 页❺人）

对称的动物。可以说，所有脊椎动物，如鱼类、两栖类、爬行类、鸟类、哺乳类（包括我们人类），还有所有昆虫，都是两侧对称的动物。两侧对称是动物进化的高级阶段，这也是生物进化过程中，基因突变与自然选择共同作用的结果。从物理学的角度来说，两侧对称的身体结构，让动物更容易掌握平衡，可以更快捷、更方便地运动（包括飞行、游泳、爬行、奔跑等）；有助于动物体内器官的分布、神经系统的控制；让植食性动物双眼的视野开阔，便于警觉，而肉食性动物双眼形成立体视觉，便于捕猎。

因为两侧对称的动物有诸多优势，所以在自然环境下，它们常常处于优势地位，能够获得更多的食物，免遭捕食者的猎杀，而两侧不对称的动物往往处于劣势。在自然选择的作用下，甚至不可能出现两侧不对称的脊椎动物。两侧对称的动物更适于生存繁衍，因此愈加繁盛。

现在地球上有 6.6 万多种脊椎动物，130 万余种昆虫，它们都是两侧对称的高等动物，而且种群数量庞大。可以说，在我们可见的动物世界里，两侧对称的动物占绝对统治地位，也可以说，我们生活在一个两侧对称动物的世界里。

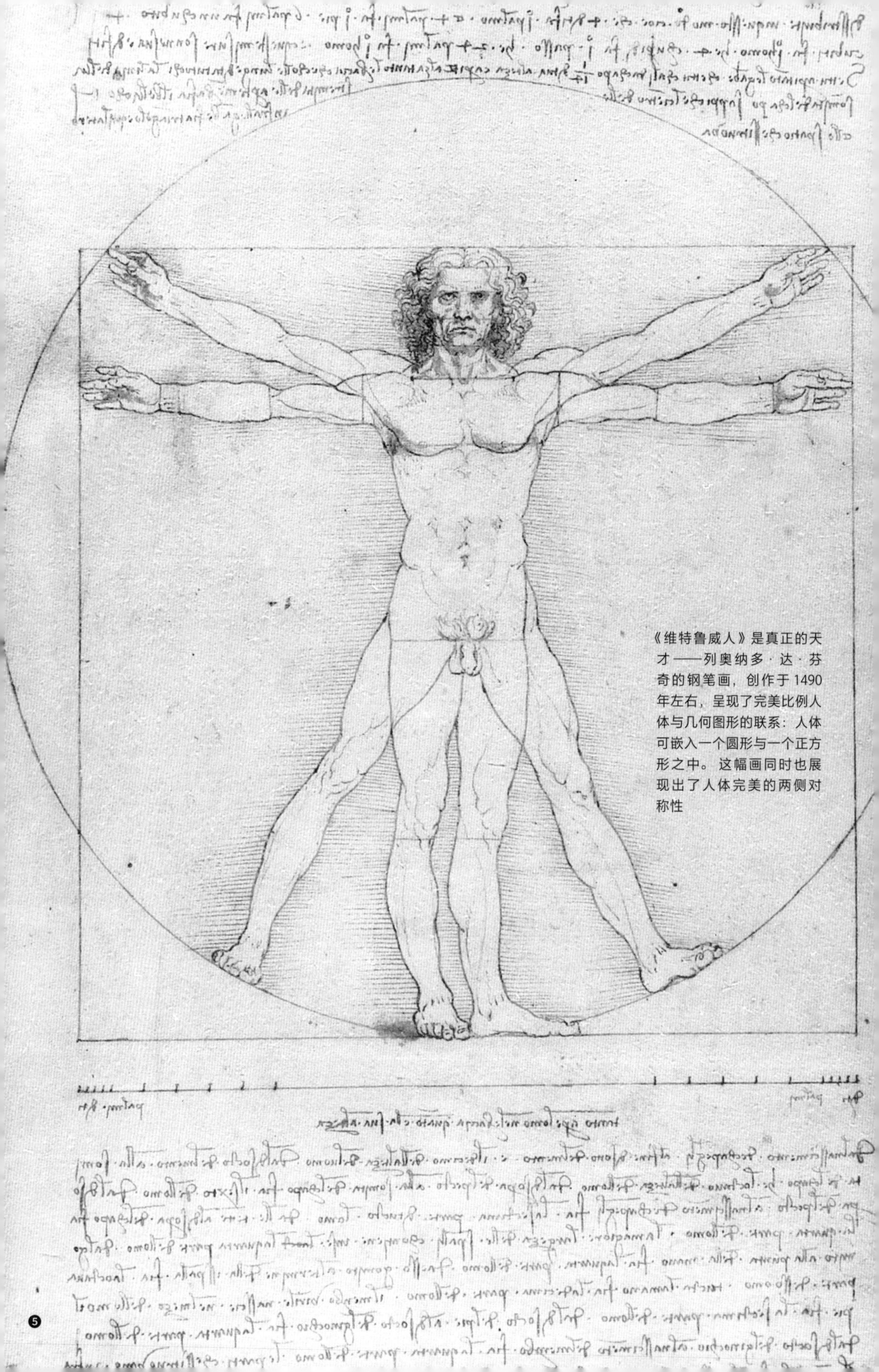

《维特鲁威人》是真正的天才——列奥纳多·达·芬奇的钢笔画，创作于1490年左右，呈现了完美比例人体与几何图形的联系：人体可嵌入一个圆形与一个正方形之中。这幅画同时也展现出了人体完美的两侧对称性

❺

5.5 海洋中最古老的“活化石”之一——鹦鹉螺

4.44 亿年前，发生了第二次生物大灭绝事件，原始的无颌鱼类灭绝；3.77 亿年前，发生了第三次生物大灭绝事件，鱼类时代结束，肉鳍鱼几近灭绝；2.51 亿年前，发生了最为严重的第四次生物大灭绝事件，三叶虫灭绝；2 亿年前，发生了第五次生物大灭绝事件，绝大多数陆地爬行动物灭绝；6600 万年前，发生了第六次生物大灭绝事件，曾经繁盛的恐龙、海龙、蛇颈龙、沧龙、翼龙类等灭绝。

在大约 4 亿年的时间里，地球上发生了五次生物大灭绝事件，不计其数的生物灭绝，而鹦鹉螺却一次又一次幸免于难，成为海洋生物的“活化石”，这是因为鹦鹉螺具有独特的身体结构、特殊的生活习性和灵活机动的应急方式。

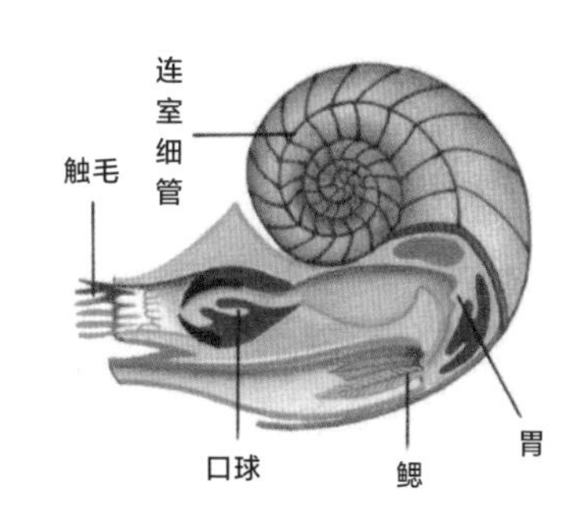

鹦鹉螺内部结构示意图

鹦鹉螺最早出现在 5 亿年前的晚寒武世，繁盛于 4.85 亿—4.44 亿年前的奥陶纪，当时它们在全球几乎都有分布，而且体形也大，直径最大可达 11 米。在奥陶纪的海洋里，无脊椎动物十分繁盛，鹦鹉螺体形庞大、嗅觉灵敏，并具有凶猛的嘴喙，因此统治着整个海洋。鹦鹉螺可谓当时海洋里的顶级掠食者，主要以三叶虫、海蝎，以及其他无脊椎动物为食。

鹦鹉螺“有眼无珠”的眼睛

鹦鹉螺外壳的内部构成

鹦鹉螺现在有 2 属、6 种，其外壳由许多腔室组成，各腔室之间有隔膜隔开；鳃 2 对；具有 63～94 只腕，无吸盘；眼简单，无晶状体；无墨囊。鹦鹉螺的外壳薄而轻，呈螺旋形盘卷，表面呈白色或者乳白色，生长纹从壳的脐部辐射而出，多为红褐色，整个外壳光滑如圆盘，形似鹦鹉嘴，故得名“鹦鹉螺”。

鹦鹉螺现在主要分布于热带印度洋—西太平洋的珊瑚礁水域。经过 5 亿多年的演化，鹦鹉螺除体形有巨大变化外，外形和习性变化很小，故有海洋“活化石”之称，在研究生物进化等方面有很高的学术价值。现在我国已将鹦鹉螺列为国家一级保护动物，由此也可见其重要性。

鹦鹉螺是海洋软体动物，属头足类，与章鱼、乌贼是一类动物，具有发达的脑，是最聪明的无脊椎动物之一。

鹦鹉螺营底栖生活，通常夜间活跃，白天则在海洋底质上歇息，以腕握在海底岩石上。

鹦鹉螺生活在海洋表层 100～600 米深处，躯体的腔室内充满气体，能够通过调控气体量，适应不同深度的压力。鹦鹉螺是肉食性动物，吃小鱼、小蟹、软体动物、底栖的甲壳类等，其中尤以小蟹为多。在暴风雨过后的夜里，鹦鹉螺会成群结队地漂浮在海面上。

鹦鹉螺有 63～94 只腕，腕上无吸盘，为叶状或

现存的鹦鹉螺

奥陶纪生态复原图

丝状的触手，用于捕食及爬行。当鹦鹉螺把肉体缩到贝壳里的时候，会用触手盖住壳口。鹦鹉螺在休息时，总有几条触手负责警戒。在所有触手的下方，有一个类似鼓风夹子的漏斗状结构，通过肌肉收缩向外排水，以推动鹦鹉螺的身体向后移动。鹦鹉螺也因此被海洋生物学家们称为“海洋中的喷射推进器”。

鹦鹉螺犹如一艘设计精巧的潜水艇，其外壳由横断的隔膜分隔出 30 多个独立的小房室，最后一个（也是最大的一个）房室就是动物体的居住处。当动物体不断成长，房室也周期性地向外侧推进，外套膜（位于外壳内）后方则分泌碳酸钙与有机物质，建构

寒武纪清江生物群生态复原图（引自张兴亮、傅东静等）

寒武纪生命大爆发生态复原图

❶奇虾；❷奥代雷虫；❸昆明鱼；❹小寒武古杯；❺奥特瓦虫；❻三叶虫；❼威瓦西虫；❽足杯虫；❾欧巴宾海蝎；❿怪诞虫；⓫马尔三叶形虫

起一个崭新的隔膜。在隔膜中间，贯穿并连通一个细管，可以输送气体（多为氮气）到各房室之中，这样就能像潜水艇似的，掌控着壳室的浮沉与移行。

鹦鹉螺有独特的身体构造，有坚硬的外壳保护，生活范围广，不挑食，只要是肉类就几乎都不放过，有照相机一样的眼睛，有聪明的大脑、机敏的触手和高度的警觉性，反应灵敏，加速快，逃跑及时，又适应环境变化，体形由大变小，因此躲过了五次生物大灭绝事件。

三叶虫等寒武纪时期的海洋生物

第一卷

从起源到登陆

第六章

无颌鱼类时代

The Evolution
of Life

鱼类演化图

脊索动物·皱囊虫、西大动物

最早的无颌鱼类·昆明鱼、海口鱼

圆口类·七鳃鳗、盲鳗

甲胄鱼类（曙鱼、星甲鱼、鳍甲鱼、花鳞鱼）

原始有颌鱼·盾皮鱼类（初始全颌鱼，4.23 亿年前）（云南鱼、邓氏鱼、恐鱼）

棘鱼类

软骨鱼类

硬骨鱼类·辐鳍鱼纲

肉鳍鱼纲・肺鱼形亚纲
腔棘鱼亚纲
四足形亚纲
奇异东生鱼（4.09 亿年前）
真掌鳍鱼（3.8 亿年前）
潘氏鱼（3.85 亿年前）
希望螈
提塔利克鱼
（3.75 亿年前）
四足动物・棘螈
鱼石螈

在寒武纪的海洋中，除多样化的无脊椎动物外，还出现了极具生命进化意义的原始脊椎动物——最古老的鱼类昆明鱼和海口鱼，从此拉开了脊椎动物演化的序幕，生命演化进入了无颌鱼类时代。

无颌鱼类是最早的鱼类，其口的末端没有关节，也没有张合口的上下颌，用口吸入含有微小动物和沉积物的水摄食，因为身体像鱼，被称为无颌鱼类。它们尾巴向上，在海底游泳。

关于由虫到鱼的演化，舒德干院士领导的西北大学早期生命研究团队经过20余年的研究，创新性地提出，基础动物—原口动物—后口动物的进化历程，是单囊体—二分体—三分体的过程，即从皱囊虫（单囊体，首创了口）演化到古虫类（二分体，创造了鳃裂），再演化到无颌鱼类（三分体，包括昆明鱼、海口鱼、钟健鱼等，创造了脊椎、脑、眼睛和肛后尾）的过程。

6.1 从虫到无颌鱼类的演化

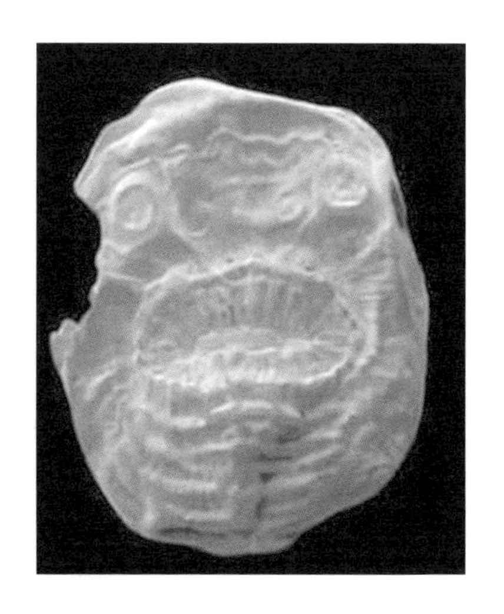

冠状皱囊虫化石

皱囊虫是地球上第一个长出“口”的后口动物。脊索动物包括尾索动物（如柄海鞘）、头索动物（如文昌鱼）和脊椎动物三大类，其中脊椎动物最为繁盛，包括鱼类、两栖类、爬行类、鸟类、哺乳类等，脊索动物的口（嘴）都是由皱囊虫的口演化而来的。

○ 皱囊虫与古虫动物类

冠状皱囊虫，属单囊体，可能是原口动物和后口动物的共同祖先，化石发现于陕西南部的早寒武世宽川铺组，生活于约 5.35 亿年前，比寒武纪生命大爆发早 500 万年。

冠状皱囊虫体长 1 毫米，呈囊状，是第一个有口的动物，口很大，占身体的 1/3 多；没有肛门，有很窄的消化道，吃进去的食物经肠道后再吐出来；没有鳃裂，只能通过口和表皮来吸收氧气。

皱囊虫化石的发现，一是填补了原口动物化石实证与分子进化钟预测起源时间之间的鸿沟，二是揭示了两侧对称动物的体形在寒武纪逐渐增大的演化规律，三是有助于在前寒武纪地层中探寻其他动物门类的始祖。

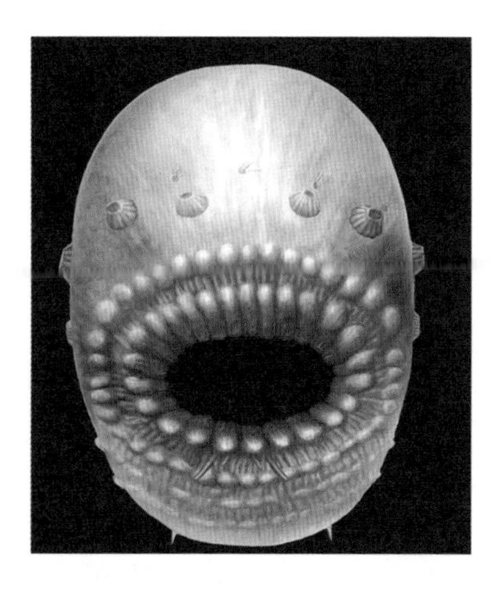

冠状皱囊虫复原图（引自舒德干）

动物在微小的单囊体皱囊虫的基础上，又进化为二分体古虫动物门，包括西大动物、地大动物和古虫

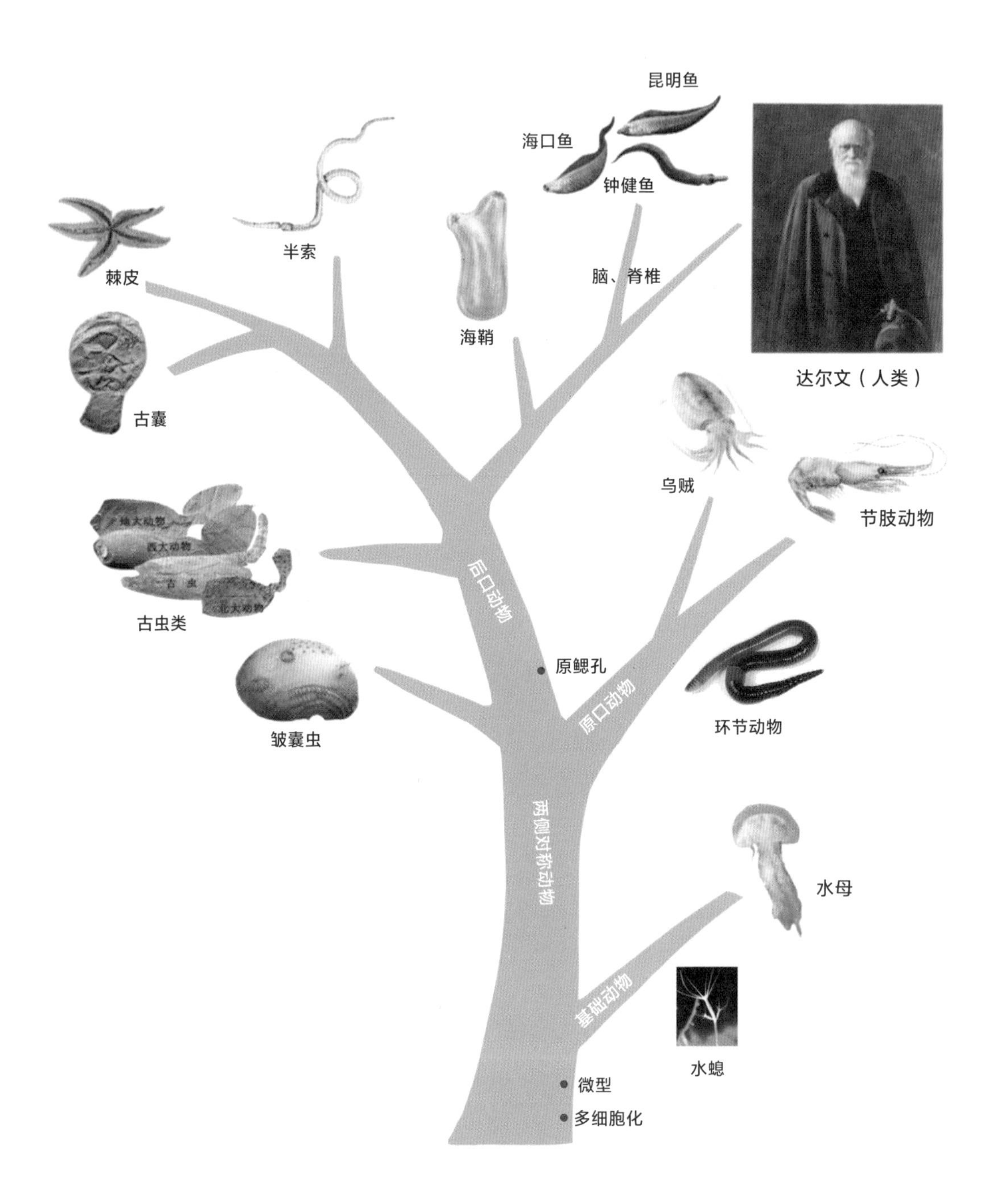

从虫到无颌鱼类的演化示意图（引自舒德干）

演化路径：从单囊体皱囊虫到二分体古虫类，再到三分体无颌鱼类

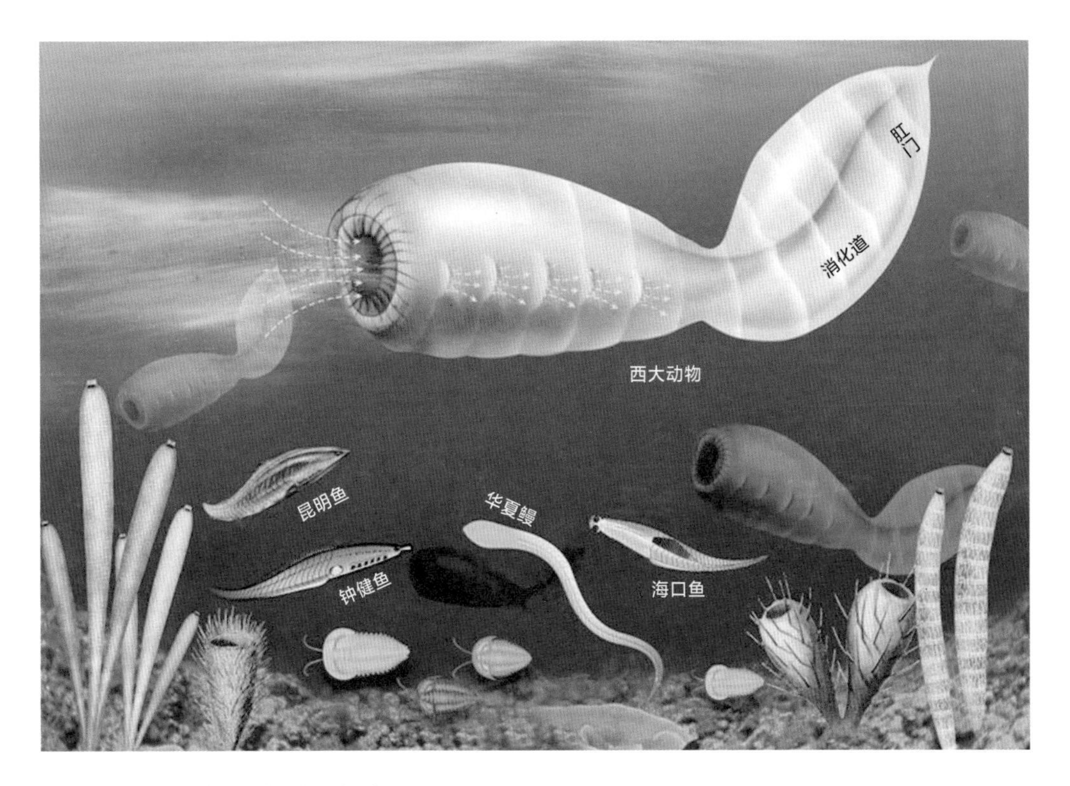

寒武纪后口动物生态复原图（引自舒德干）

动物类。古虫动物类是更为进化的后口动物，在皱囊虫原有的口和消化道的基础上，又进化出用于排泄的肛门和用于呼吸与排水的鳃裂，从而为原始脊椎动物的出现奠定了基础。古虫动物类的发现既为全面而准确地揭示寒武纪生命大爆发的属性提供了有力的决定性证据，也是对寒武纪生命大爆发全貌认识上的一次重大突破。

昆明鱼与海口鱼

二分体的古虫动物又进化出高等的后口动物，后者是最原始的脊椎动物，属三分体，即有脑、眼睛、脊椎与肛后尾，是脊椎动物进化的原点，为探索包括人类在内的脊椎动物的起源提供了最充分的证明，代表性动物是昆明鱼、海口鱼和钟健鱼。高等后口动物又经过 5 亿多年的演化，才在 200 万年前，诞生了最具人形的直立人——匠人。这是脊索动物从虫到

昆明鱼生态复原图

人类进化的整个过程，构成了一个完整的生命演化故事。

昆明鱼（或海口鱼）是第一种长出脑和眼睛的脊椎动物，并具肛后尾，是最原始的无颌鱼类，生活在 5.3 亿年前，化石发现于中国云南澄江生物群。虽然叫昆明鱼，但它并不像现在的鱼，没有成对的胸鳍和腹鳍，所以看起来不像一条“真正”的鱼，倒像一条虫子，也许它就是由虫子（如古虫动物）演变来的。昆明鱼具有不太发育的腹鳍，有一条长长的像帆一样的背鳍，没有胸鳍，不是靠鳍在水中游动，而是通过收缩或摆动身体在水里游动的，因此速度不快；鱼鳃不太发育，头部有 5～6 个鳃囊。昆明鱼体长不到 3 厘米，它的嘴巴像吸管，靠过滤海水中的微生物为生，不能主动猎食。

海口鱼化石和钟健鱼化石，与昆明鱼化石发现在同一地层，它们同属最古老的脊椎动物，有脑、眼睛、肛后尾，都属无颌鱼类。这两种鱼的身体结构接近现存的七鳃鳗，头部有 6～9 片鳃，有明显的背鳍。

昆明鱼的出现是脊椎动物进化史上的第一次巨大飞跃，也是生命进化过程中一个极其重要的事件，拉开了脊椎动物进化的序幕。昆明鱼化石的发现将脊椎动物的进化史向前推进了约 4000 万年。

昆明鱼的诞生使脊椎动物登上历史舞台，结束了无脊椎动物称霸地球的历史，改变了动物世界的格局，生命进化从此步入脊椎动物由低级向高级进化的历程，启动了动物由不对称向对称进化的程序，开启了动物进化的新模式。鱼类占领海洋，恐龙称霸陆地，鸟儿翱翔天空，狮子雄踞草原，人类独霸五洲……这一切的一切，都源于第一个脊椎动物——昆明鱼。

海口鱼生态复原图

○ 七鳃鳗与盲鳗

5亿年前，无颌鱼类分化出两个演化支，一个是无颌甲胄鱼类，另一个是无颌圆口类。圆口类，如现生的七鳃鳗和盲鳗，是低等的脊椎动物，没有上下颌，全身为软骨，无偶鳍，无鱼鳞，呈鳗形，有一个鼻孔，鳃呈囊状，有发达的舌肌，有许多角质齿。

七鳃鳗，身体两侧、眼睛后面各有7个鳃孔，故名七鳃鳗；雌雄异体，要经过较长的幼体期，才能变态为成体；体长13～100厘米，有一条长长的背鳍，口呈漏斗状，无口须；眼睛发达，长有可感光的“第三只眼”；头前腹面有大的漏斗状吸盘，张开时呈圆形，周边有多个乳状突起；口在漏斗底部，口两边有密集的角质齿，口内有一个似活塞的肉质“舌”（其实不是舌头，鱼还没有进化出舌头），上面布满角质的舌齿，犹如一个舐刮器；有1对唾液腺。

七鳃鳗

七鳃鳗称得上“活化石”，它自寒武纪以来，逃过了五次生物大灭绝事件，一直生活到现在。七鳃鳗主要用吸盘吸附到鱼类及海洋哺乳动物身上，靠吸食和刮取它们的血肉为食。七鳃鳗用锋利的牙齿撕碎宿主的表皮，再用粗糙的舌头舔舐宿主，其唾液腺能分泌一种抗凝剂，防止宿主的伤口闭合。

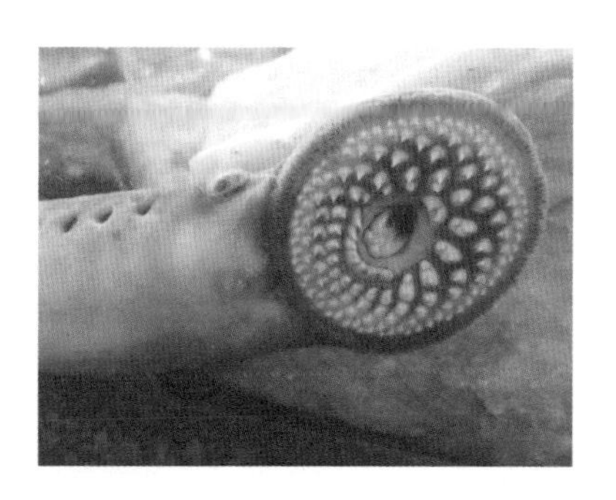

七鳃鳗的牙齿

七鳃鳗没有胃，消化缓慢，大多数情况下吃两口

盲鳗

盲鳗的头部

就走人，在宿主身上留下一个圆形伤口；有时专门吸食一个宿主，直到宿主只剩下骨架。

盲鳗，属无颌圆口类，与七鳃鳗并称“无颌双煞”。盲鳗眼睛退化，不具晶体，埋于皮下，故名盲鳗；雌雄同体，受精卵不经变态可直接发育成小盲鳗。盲鳗生活在百米水下，主要以微小的甲壳类动物或浮游生物为食。

盲鳗有 4 个心脏，虽然看不见，但其全身都有发达的感受器，能准确判定方向、分辨猎物。盲鳗的口在最前端，周围是软唇，有 4 对口须；鳃囊 6 对，多数只有一长管通往体外。盲鳗是世界上唯一用鼻子呼吸的鱼类。

盲鳗又称钻腹鱼，是唯一寄生于生物体内的脊椎动物。成年盲鳗往往经鱼鳃钻入鱼体内，用牙齿将其肉一片一片地切下来，吸食其血肉及内脏，将鱼吃得只剩下骨架和皮囊。盲鳗遇到捕食者时，会分泌出一种特殊的黏液，将四周的海水粘成一团，趁捕食者不知所措时逃之夭夭。

6.2 甲胄鱼类

4.44 亿年前的第二次生物大灭绝事件发生之后，甲胄鱼取代了最原始的无颌鱼类，并在志留纪晚期至泥盆纪早期达到顶峰，但在泥盆纪末期全部灭绝。

头戴甲胄的甲胄鱼，也属无颌鱼类，生活在 5 亿—3.5 亿年前。为了防范猎食者，其头部进化出像骨片一样的甲片，犹如古代士兵披戴的甲胄，故名甲胄鱼。甲胄鱼的甲胄可称得上是后来脊椎动物头盖骨的雏形，我们人类的头盖骨也许就是由这个“甲胄”经过四五亿年

早中志留世生态复原图

的进化而来的。

甲胄鱼是一个复杂的类群，包括盔甲鱼类、头甲鱼类、缺甲鱼类、茄甲鱼类、鳍甲鱼类等。它们大小不一，小的只有几厘米长，大的可达 30 厘米长，但均没有成对的鳍，倒歪尾，游动不快，生活在水底，没有上下颌，口如吸盘，只能靠滤食水中的小型生物或微生物为生，活动不便；有发育的鳃，可以用鳃来呼吸。晚期的甲胄鱼、花鳞鱼发育了一对偶鳍，才有了较强的游动性。著名的甲胄鱼有曙鱼，生活在 4 亿年前，化石发现于我国浙江，其头骨中已经有了颌骨的萌芽，故被命名为曙鱼。

泥盆纪是脊椎动物飞速发展的时期，鱼类相当繁盛，出现了各种类别的鱼，故泥盆纪被称为“鱼类时代”。早泥盆世以无颌鱼类为多，中、晚泥盆世盾皮鱼相当繁盛，它们已具有原始的颌，偶鳍发育，歪形尾。脊椎动物经历了一次几乎是爆发式的发展。

颌骨的出现在脊椎动物进化史上具有重要意义。颌骨的形成使脊椎动物能够主动、有效地进食，大大提高了脊椎动物的生存能力。迄今发现的最早的有颌鱼是初始全颌鱼，属盾皮鱼类。

灵动土家鱼的发现，证明鱼类的偶鳍是由甲胄鱼类的腹侧鳍褶演化而来的，为“鳍褶起源假说”提供了佐证。

晚志留世生态复原图

灵动土家鱼（由朱敏院士带领的科研团队研究命名）复原图

翼鳍鱼复原图

翼鳍鱼，属甲胄鱼类，生活在约 4.05 亿年前，背部有一行显眼的背刺，尾部呈倒歪形，善游泳，以水面的浮游生物为食

缺甲鱼复原图

缺甲鱼，属甲胄鱼类，生活于晚志留世至早泥盆世，4.18 亿—3.97 亿年前，化石发现于欧洲和北美洲，在中国川东南晚志留世地层中也有发现；体长不超过 15 厘米，体呈长纺锤形而侧扁，头部覆以小骨片，尾为下歪形，只有侧鳍，没有胸、腹鳍的分化

星甲鱼复原图

星甲鱼，属甲胄鱼类，生活在中奥陶世，体长约 20 厘米，有一块完整的头甲，身体两侧各有 8 个鳃孔，尾鳍呈舵状，通过摇摆尾巴游动

曙鱼复原图

曙鱼，属无颌甲胄鱼纲盔甲鱼类，有一块头甲，具腹甲，有一对或两对胸角，松果孔封闭，背甲只有眼孔和一个中背孔，鳞不发育或为方形，不具偶鳍，尾为下歪形。图中两个圆眼之间的椭圆形开孔是其鼻孔，不是口，它的口位于身体下方，呈圆盘状或裂缝状。对曙鱼的进一步研究发现，曙鱼是动物下颌演化过程中非常关键的中间环节，为颌骨的起源奠定了基础

长鳞鱼复原图

长鳞鱼，属甲胄鱼类，头部有纹饰复杂的小鳞片，身上覆盖着鳞片和骨板，无偶鳍和上下颌，显然还只是一种鱼形动物，算不上真正的鱼

花鳞鱼复原图

花鳞鱼，属甲胄鱼类，有多个物种，生活在晚志留世，体长 0.4～1 米，体形较小，没有头盾，嘴巴在头部前方，在水底或水面进食，有很强的游动能力，尾巴下叶较长，用鳍来稳定躯体，后部有背鳍和尾鳍，腹部前方有两个褶翼。花鳞鱼类后来进化出鱼鳍，不仅尾鳍出现辐条，还独立演化出了一对偶鳍

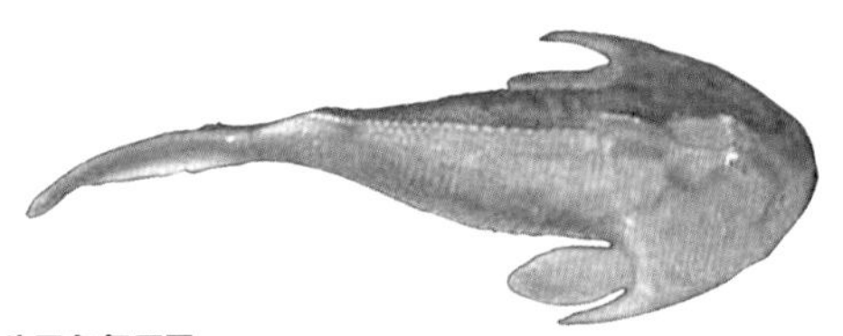

头甲鱼复原图

头甲鱼，为甲胄鱼中著名的一类，也称“骨甲鱼”，生存在晚志留世到晚泥盆世，化石发现于中国云南、四川，体形较小，身长不超过 20 厘米，头扁平，嘴没有上下颌。头甲鱼因头和躯干的前部覆盖着坚厚的骨质甲片而得名。头甲鱼腹部扁平，因为骨质甲片很重，所以游泳能力不强，营底栖生活，以海藻为食

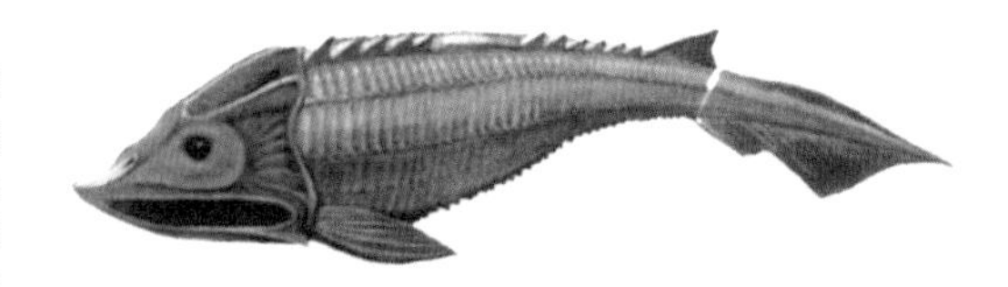

半环鱼复原图

半环鱼，属甲胄鱼类，生活在约 3.5 亿年前，是一种无颌鱼类，体长一般不超过 30 厘米，头部有一块结实的硬壳，躯体靠骨板保护，有一对似胸鳍的鳍褶，栖息在河流、湖泊中，以用吸盘状的口吸食细小食物为生

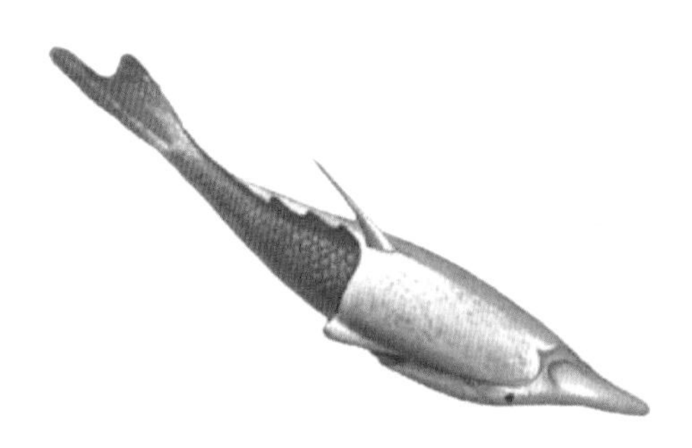

鳍甲鱼复原图

鳍甲鱼，属甲胄鱼类，已知最早出现于奥陶纪，繁盛于晚志留世至早泥盆世，背腹扁平，身体前部有一个沉重的头盾，头盾前端呈尖头嘴状，头盾后缘正中有一根向上竖立的刺状长棘，胸甲以后则被有骨质鳞，并有倒转的歪尾

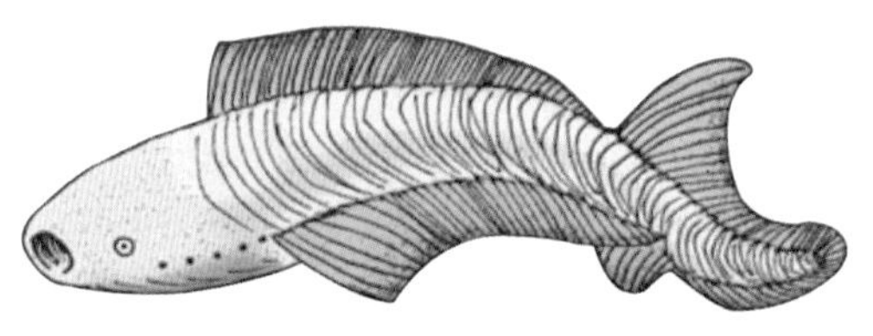

莫氏鱼复原图

莫氏鱼，属甲胄鱼类，为小型海洋无颌鱼类，没有厚重的骨盾，尾巴长，已知最早出现在志留纪早期，其中大多数物种在晚泥盆世灭绝

鱼群和海豚

第二次生物大灭绝事件：拉开了鱼类大繁盛的序幕

地球历史上第二次生物大灭绝事件发生在4.44亿年前的奥陶纪末期，其原因可能是在距离地球6000光年的宇宙中，一颗中子星与黑洞不知为何相撞，产生数束伽马射线，其中一束击中了地球（击中地球的概率极小，不到一亿分之一）。伽马射线击穿气体分子，地球大气遭受严重破坏，臭氧层几乎损失了1/3，紫外线直接穿透大气层，杀死了大量浮游生物，破坏了海洋食物链，海洋生物面临食物匮乏的危机。伽马射线还杀死了大量珊瑚，破坏了海洋生物赖以生存的家园。随之而来的是气体重新化合成二氧化氮，导致二氧化氮遮天蔽日，一半阳光因此无法到达地球，海水温度也随之骤降至约10摄氏度。在以后的数十万年里，地球气温不断下降，冰川不断扩大，海平面整体下降了50～100米，地球进入了第三个大冰期，也称安第斯-撒哈拉大冰期（4.42亿—4.30亿年前），昔日生机勃勃的海洋就像死神来过一样，海生生物遭受灭顶之灾，约85%的海生生物，包括最原始的无颌鱼类消失殆尽，海洋从此开启了“有颌鱼类时代”。

此后，约4.23亿年前，地球上出现了第一个具有上下颌的鱼类——初始全颌鱼，从此动物才真正有了“嘴”。两栖动物、爬行动物、哺乳动物（包括我们人类）的颌部、鸟类的喙部等，都是由初始全颌鱼的颌骨进化而来的。

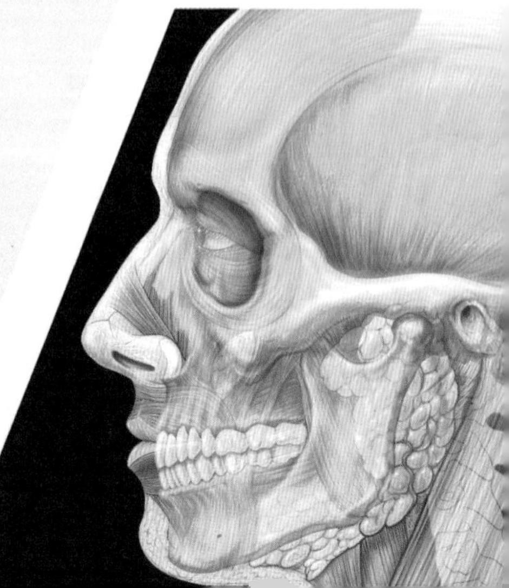

第七章
鱼类时代

7.1 盾皮鱼类

盾皮鱼类是已经灭绝的一大类原始有颌鱼类，因头部和身体覆盖着笨重的盔甲而得名，最早出现于4.36亿年前，繁盛于4.23亿—3.72亿年前，灭绝于3.59亿年前，是最早的有颌鱼类，是“鱼类时代”水里的统治者。初始全颌鱼的出现是脊椎动物进化史上的第二次巨大飞跃。

盾皮鱼仅由头部和躯体两部分组成，有坚固的头甲和胸部骨片，头、躯背腹扁平，身体被覆鳞片，发育偶鳍和背鳍，尾巴呈歪尾型；身体笨重，游动能力较差，主要在海底活动和捕食。

盾皮鱼类后来有两个演化分支：一个是硬骨鱼类；另一个是先演化出棘鱼类，再进一步演变成软骨鱼类。软骨鱼类和硬骨鱼类后来取代了盾皮鱼类，成为鱼类时代的“双雄”。

志留纪时期，多数鱼类是小型盾皮鱼，体长3～20厘米，如发现于我国的奇迹秀山鱼、袖珍边城鱼、长吻麒麟鱼，以及遍布全球的沟鳞鱼。

泥盆纪时期，多数鱼类是大型盾皮鱼，最具代表性的是恐鱼类，如尾骨鱼、邓氏鱼、霸鱼等。

盾皮鱼由无颌的甲胄鱼演化而来，并在晚志留世分化出软骨鱼类和硬骨鱼类；硬骨鱼在晚志留世又分别进化出肉鳍鱼类和辐鳍鱼类。

盾皮鱼才称得上“真正”的鱼。鱼的特征包括：（1）终生生活在水里，主要靠成对的胸鳍和腹鳍在水中游动；（2）用鳃呼吸，采用吞水式呼吸；（3）心脏由 1 个心房和 1 个心室组成，属 2 缸型心脏；（4）血液完全单循环，是变温动物；（5）雌雄鱼不需要身体接触，分别将卵子和精子排到水里进行体外受精（不包括软骨鱼）；（6）除软骨鱼外，都有鱼鳔，鱼鳔有辅助呼吸、下沉和上浮功能；（7）没有进化出眼睑（眼皮），因为鱼在水里不用闭眼，眼睛既可以保持湿润，也无须防止风沙迷眼；（8）没有痛觉；（9）牙齿由鱼鳞进化而来，牙齿多数呈匕首状，具有巨大的咬合力，如邓氏鱼的咬合力比鳄鱼还厉害得多。

麒麟鱼是进化史上的关键过渡物种之一，具有重大的进化意义，有“不完全的全颌”。麒麟鱼的“原始颌骨”是由鱼的鳃弓进化来的，由软骨组成，还不是真正意义上的颌骨。“原始颌骨”（麒麟鱼），经来自体表的骨片加固，演变成由硬骨构成的“骨质全颌”（全颌鱼）。从此，脊柱动物才有了真正的“嘴”和脸的雏形，开启了脊柱动物主动捕食的历史，哺乳动物的“嘴”和脸就是由全颌鱼的“骨质全颌”演变来的。

奇迹秀山鱼和初始全颌鱼是盾皮鱼进化到硬骨鱼的关键过渡物种，从此，脊椎动物才有了第一张脸。我们人类有如此漂亮的脸蛋，首先要感谢 4 亿多年前的老祖宗——奇迹秀山鱼和初始全颌鱼。

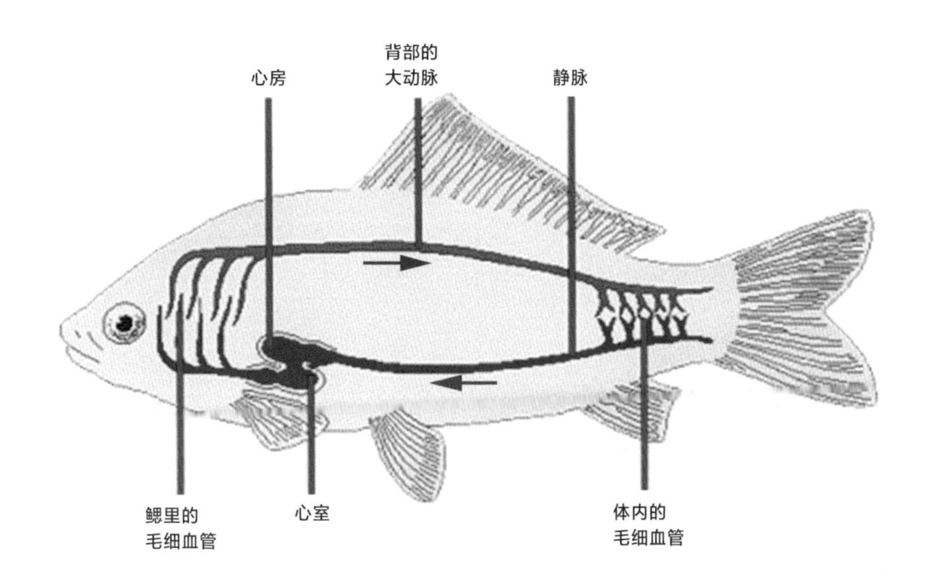

鱼的血液单循环示意图

鱼的血液是单循环，血液从心室挤出，经鳃交换气体后，流经鳃动脉，通过背部的大动脉，输送到身体各个部分，再经静脉流回心房

○ 长吻麒麟鱼——具有原始颌骨的盾皮鱼

长吻麒麟鱼生活于4.23亿年前，化石发现于我国云南曲靖，化石保存得十分完美。其体长20厘米，躯体呈长长的箱形，头部既像海豚又像鲟鱼，有明显突出的吻部和隆起的“额头”，仍像甲胄鱼一样，整体呈扁平状，被沉重、坚固的骨片包裹，口和鼻孔都位于腹面，底部平坦。长吻麒麟鱼成群地在水底缓慢游动，用吻部翻起泥沙，以蠕虫和有机物碎屑为食，靠坚固的骨甲和保护色防御捕食者。

○ 奇迹秀山鱼——最早、最原始的有颌盾皮鱼

奇迹秀山鱼（由朱敏院士带领的科研团队研究命名）复原图

奇迹秀山鱼生活于4.36亿年前，化石发现于我国重庆。其体长约3厘米，是最原始的有颌鱼类，也是最早有完整下巴的脊椎动物，是地球上出现的第一张脸。奇迹秀山鱼的明显特征是头甲后端有两个突出的“胸翼”，头部有两个凸出的大眼睛。其头甲中间有一道裂缝，有颈关节功能，头部可上下活动，便于捕食；有发达的、成对的胸鳍和腹鳍，有2个背鳍，尾巴呈上叶长、下叶短的歪尾型。

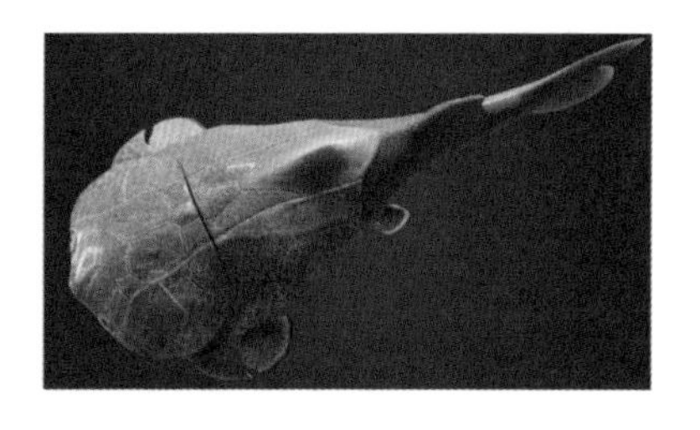

袖珍边城鱼（由朱敏院士带领的科研团队研究命名）复原图

袖珍边城鱼生活于4亿年前，化石发现于我国重庆。袖珍边城鱼具典型的全颌盾皮鱼特征，体长近4厘米，因有沉重的头甲和胸甲，过着底栖生活。其头甲和胸甲之间有关节缝，有发达的胸鳍；有独有的颌骨和牙齿，代表着传统盾皮鱼与现代鱼类的过渡类型。

长吻麒麟鱼（由朱敏院士带领的科研团队研究命名）
生态复原图（杨定华绘）

○ 初始全颌鱼——具有真正上下颌的盾皮鱼

初始全颌鱼，生活于4.23亿年前，化石发现于我国云南曲靖。其体长20多厘米，头腹底部平坦，嘴巴仍位于腹部前端，但体形更为侧扁，偶鳍发达，尾鳍不再是歪尾型，而是进化成扁形桨状。

沟鳞鱼，属胴甲鱼类，生活于4.19亿—3.59亿年前，化石广泛发现于世界各地。其头胸部套着一个似蟹壳的小壳，小壳由多块小骨板组成，上面有弯曲的细沟。沟鳞鱼的明显特征是没有真正的鳍，胸部长有一对蟹脚状附肢，附肢分两节，有关节。其头甲呈六边形，眶孔居中，后松果片小，头甲和躯甲背壁各具一V形感觉沟。

初始全颌鱼头部化石

月甲鱼，为盾皮鱼纲扁平鱼类的典型代表，生活于4.19亿—3.59亿年前，体长不足50厘米，头部具有发达的头甲，呈扁平状，头甲上有特殊的沟脊状装饰；头盾后面是胸盾，胸盾两侧有一对很大的带锯齿的镰刀状角板，其后有胸鳍；身体表面有大鳞片组成的硬壳，行动迟钝，过着底栖生活。

海因茨氏斯坦鱼，头和胸部被骨甲包裹，头甲与

沟鳞鱼复原图

躯体以关节联结，眼睛位于头的背面，两眼靠近，胸鳍呈桨状，分成两节或不分节，尾巴呈歪尾型。

假瓣甲鱼类，为原始的盾皮鱼，躯体没有骨片包裹，具有宽阔的翼状胸鳍，皮肤上有许多小齿或盾鳞，用作装饰。

硬鲛类，为扁平盾皮鱼类，具有特大的半圆形翼状胸鳍，头骨上覆盖着小而数目不一的多边形骨板，躯干有骨片保护，尾部也有许多大小不一的骨片。

棘胸鱼类，以高度骨化的头部护甲为特征，装饰精美，头骨骨骼样式独特，躯干护甲短小。

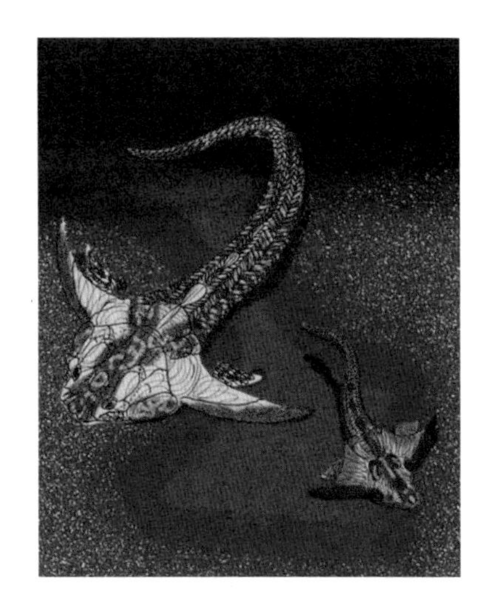

月甲鱼复原图

初始全颌鱼生态复原图（朱敏提供）

初始全颌鱼，是迄今发现的最早有颌骨的盾皮鱼类，体长 20 多厘米，身体扁平，在水底生活，以藻类、水母和生物碎屑为食

海因茨氏斯坦鱼复原图

假瓣甲鱼类复原图

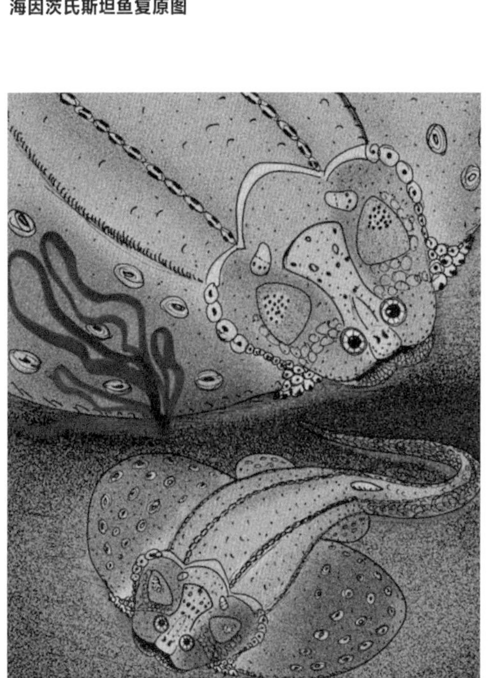

硬鲛类复原图

棘胸鱼类复原图

○ 尾骨鱼

尾骨鱼是盾皮鱼纲节颈鱼目的一员，从外形上看，就是小型版的邓氏鱼。尾骨鱼生活于 4.23 亿—3.59 亿年前，因颈部有关节，故又名“节颈鱼”；体长 22～40 厘米，头胸部有沉重的骨甲，后部则覆以皮齿鳞；有背鳍和偶鳍，脊椎未骨化，尾巴呈歪尾型。

○ 邓氏鱼——最凶猛的盾皮鱼

邓氏鱼是盾皮鱼类恐鱼科的典型代表，生活于 4.3 亿—3.59 亿年前，化石发现于欧洲、非洲和北美洲，是当时海洋中的顶级掠食者，其背部颜色较深，腹部呈银色，体格健壮，体形呈流线型，头部和前胸有厚厚的骨甲，口腔有四个关节，可以快速开合，每秒钟可以张口 50 次，张开的大口有 1 米多宽；体长约 11 米，体重可达 6 吨。邓氏鱼的咬合力最大可达 5300 千克 / 平方厘米，几乎相当于 5 条成年鳄鱼咬合力的总和，比霸王龙的咬合力高出近 3 倍，比现代鲨鱼的咬合力高出近 10 倍，但邓氏鱼又是“无齿之徒”，其嘴边铡刀般的薄刃并不是牙齿，而是上下颌

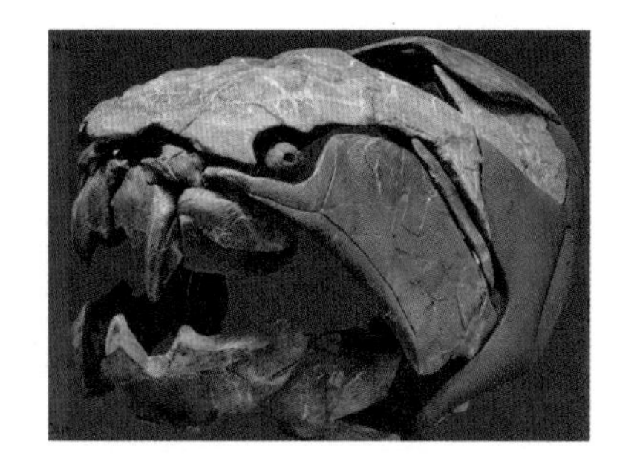

邓氏鱼头骨化石

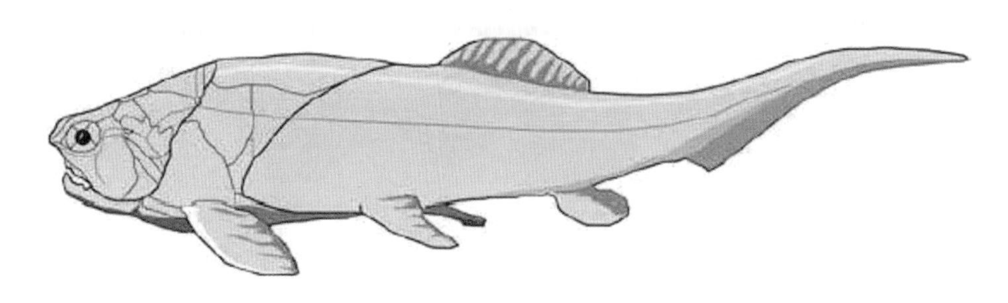

尾骨鱼复原图

骨突出的两个长条，呈凹凸不平的刃片状，非常锐利，能切断、咬裂、粉碎任何东西。

邓氏鱼可以猎食任何海洋动物，包括盾皮鱼类、硬骨鱼类、鲨鱼类，以及无脊椎动物，如三叶虫、鹦鹉螺、菊石等，甚至还会猎杀同类。

霸鱼与邓氏鱼并称“盾皮鱼双雄”，与邓氏鱼生活在同一时代，其体形比邓氏鱼小，体长7~8 米，体重超过 3 吨，没有牙齿，靠吸入海水、过滤浮游生物为生。

著名的霸鱼有阿加西兹霸鱼，因不能主动猎食，所以其头背腹部被坚硬的骨板包裹，以加强自身的防御力；具有发达的胸鳍、背鳍、腹鳍和尾鳍，说明它是游泳健将。

邓氏鱼生态复原图

霸鱼复原图

7.2 软骨鱼类

软骨鱼类是由最早的有颌鱼类之一棘鱼进化而来的。

棘鱼最早出现于志留纪早期，繁盛于志留纪晚期到泥盆纪，在石炭纪和二叠纪时期逐渐衰落，并最终灭绝。棘鱼也是从无颌鱼类向有颌鱼类进化的最早尝试者之一，其内骨骼已经开始骨骼化，具有原始的颌部，下颌有牙，上颌无牙。棘鱼由盾皮鱼类演化而来，并最终演化成软骨鱼类，但也有观点认为，棘鱼是基干硬骨鱼类。

软骨鱼是软骨鱼类或鲨鱼类的通称，包括鲨、鳐、银鲛等。硬骨鱼和软骨鱼都是由盾皮鱼类演变

棘鱼复原图

棘鱼是软骨鱼的前辈，由盾皮鱼演化而来，也是最早的有颌鱼类之一。它的背鳍、胸鳍、腹鳍和臀鳍的前端发育有硬棘，因而得名“棘鱼”

裂口鲨复原图

裂口鲨，生活在约 3.5 亿年前，个头较小，眼睛很大，有 6 对鳃裂，体长 1 米左右，外貌和某些现代鲨鱼相似，对环境适应能力较强。它是现代鲨鱼的祖先

旋齿鲨复原图

史前著名的软骨鱼类有旋齿鲨和巨牙鲨。旋齿鲨因螺旋状的下颌而闻名，巨牙鲨因凶猛而著称。旋齿鲨最早出现在 2.9 亿年前的早二叠世，于 2.5 亿年前的早三叠世灭绝

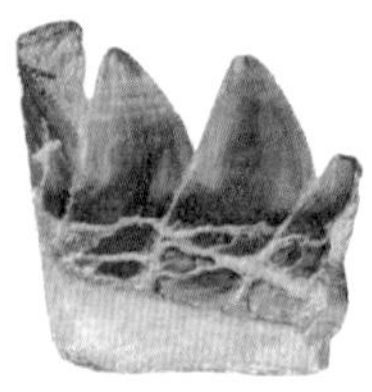

旋齿鲨牙齿化石

旋齿鲨的牙齿在上下颌左右两块颌骨接合处向下、向内卷曲成环圈状，生长方式非常特殊。上左图为浙江省长兴晚二叠世中华旋齿鲨牙齿化石，长 5.6 厘米；上右图为螺旋排列的旋齿鲨牙齿化石

而来的，并在泥盆纪兴起。软骨鱼与硬骨鱼最明显的不同是，软骨鱼的骨架由软骨组成，脊椎虽部分骨化，却缺乏真正的骨骼。软骨鱼是动物中较高等的一类，体内骨骼全部由软骨组成，体外有盾鳞或无鳞；有 5～7 对鳃裂，具奇鳍或偶鳍，没有鱼鳔；体内受精，卵胎生或卵生，大多数生活在海洋里。软骨鱼最早出现于泥盆纪，石炭纪至二叠纪渐趋繁盛，一直稳定发展，直至现代。

巨牙鲨猎食始须鲸想象图（右上）及牙齿化石（右下，旁边小牙为大白鲨牙齿）

巨牙鲨，是从其牙齿化石及一些脊椎化石中推断出来的生物，生活在 2800 万—260 万年前，与现代鲨鱼相似。据估计，巨牙鲨的体长最大为 20.3 米，比现代鲨鱼还要长两倍。它的每一颗牙齿都像一把巨型匕首。它的体重估计达 70 吨。从已知的史前食物链来看，它应该以鲸为食。有学者认为，它是大白鲨的直接祖先

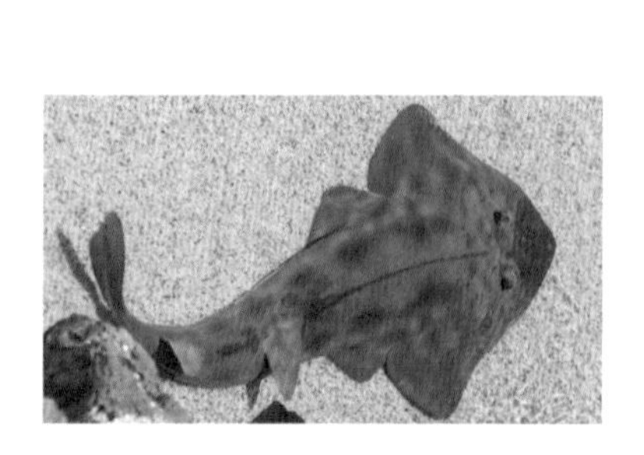

犁头鳐

鳐属于软骨鱼纲，是多种扁体软骨鱼的统称，目前分布于世界大部分水域，从热带到近北极水域，从浅海到 2700 米以下的深水区，都有分布。鳐体呈圆形或菱形，胸鳍宽大，由吻端扩伸到细长的尾根部，有些种类具有尖吻，体单色或具有花纹，多数种类脊部有硬刺或棘状结构，有些尾部内有发电器官。鳐大小各异：小鳐体长仅 50 厘米；大鳐可长达 8 米。鳐无害，底栖，身体部分埋于水底沙中

7.3 硬骨鱼类

硬骨鱼是由盾皮鱼进化来的，可以与软骨鱼以兄弟相称。

硬骨鱼可以说是进化最成功的脊椎动物，因为它们一是生存时间较长，有 4 亿多年的历史；二是种群繁盛，现在生活在水里的辐鳍鱼类就有 32000 多种，如果算上肉鳍鱼及其“子孙”，约有 67000 种；三是其“子孙后代”分布范围广泛，从南极到北极，从陆地到海洋，从浅海到深海，从森林到天空，几乎遍布地球的各个角落；四是其“子孙后代”体形庞大，如现在生活在海洋里的蓝鲸和陆地上的大象，以及已经灭绝的恐龙，都是由硬骨鱼进化来的。

4 亿多年前，硬骨鱼分别进化出辐鳍鱼类和肉鳍鱼类“两兄弟”。“老大”辐鳍鱼类是现在水域里最繁盛的脊椎动物，可以说，除鲨鱼类外，几乎所有鱼类都属于辐鳍鱼类；“老二”肉鳍鱼类经过几千万年的演化，进化出鱼石螈，之后依次进化出了两栖动物、爬行动物、鸟类，以及哺乳动物。

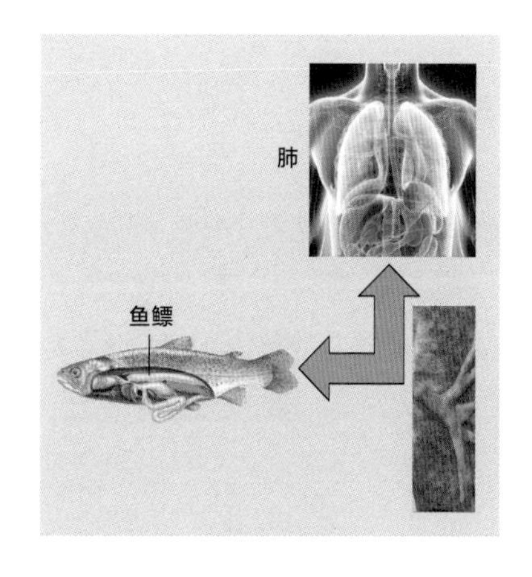

肺和鱼鳔是由原始的肺进化而来的

达尔文认为，动物的肺是由鱼鳔进化来的，但事实并非如此，化石发现与研究，以及基因分析证明，肺与鱼鳔是进化上的同源器官，二者受相同基因的控制，是消化道分支，即“原始的肺”的产物

硬骨鱼之所以成为进化最成功的脊椎动物，与其 4.23 亿年前基因大量增加密切相关，并为 5000 多万年后，脊椎动物登陆以及相关器官，如四肢等运动器官，心脏等循环器官，鱼鳔、肺等呼吸器官，肝脏、胰脏、胆囊等消化器官的演化奠定了基因基础。

这里主要介绍一下硬骨鱼呼吸器官和消化器官的演化。化石研究证明，硬骨鱼已经进化出了原始的肺。

最初，原始硬骨鱼为了从食物中获取营养，其消化道（管壁）上长满了血管，这些血管既可以吸收营养，又可以吸收氧气。久而久之，消化道除了吸收营养外，还具备了吸取氧气的功能，可以直接从空气中吸取氧气，以弥补硬骨鱼心脏缺氧、动力不足的缺陷。随后，消化道产生了分支，进化成了“原始的肺”，硬骨鱼的身体比重降低，能更快地游动，更擅长捕食和逃命。后来，硬骨鱼的消化道分支就演化成了鱼鳔，如现在的肺鱼（肉鳍鱼类）就有发育多个小气室的鱼鳔，观赏鱼（辐鳍鱼类）既有鱼鳔，也可以浮到水面，张口呼吸空气。登上陆地的肉鳍鱼，演化成两栖类、爬行类和哺乳类，其原始的肺进化成了主要的呼吸器官——肺。

随着硬骨鱼的不断进化，消化道分支能够分泌消化酶，也有了解毒功能。后来，消化道分支就分别进化成了脊椎动物的胰脏和胆囊，专门用于消化食物，以及具有解毒功能的肝脏。

因此，可以说，鱼类的鱼鳔，以及脊椎动物的肺、胰脏、胆囊，以及肝脏都是同源器官，都是由硬骨鱼的消化道分支进化来的。这也完全遵守生命的“继承性演化原理”。

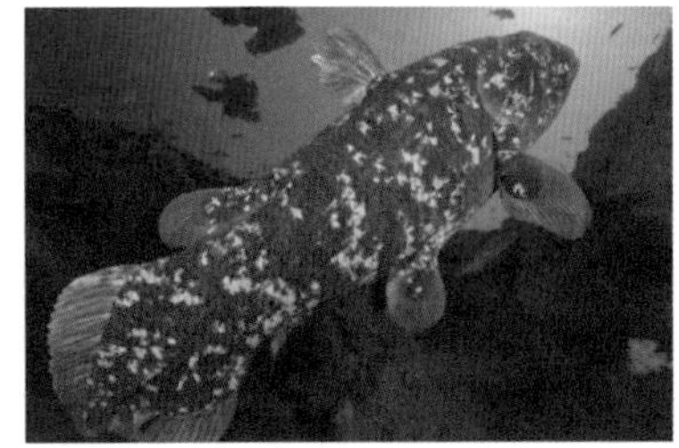

肉鳍鱼类

硬骨鱼类在鱼类的进化过程中，起到了承前启后的作用。最早的硬骨鱼类出现在我国云南潇湘动物群，其中除有进化出颌骨的盾皮鱼类——长吻麒麟鱼、初始全颌鱼外，还有典型的硬骨鱼类——钝齿宏颌鱼，以及进化出四足雏形的肉鳍鱼类——梦幻鬼鱼、真掌鳍鱼等。它们都是研究“从鱼到人”演化过程的关键环节。潇湘动物群的发现意义重大，不仅将“鱼类时代”前推到晚志留世，而且完成了脊椎动物进化史上的第二次巨大飞跃。在潇湘动物群生活着进化特征明显不同的鱼类，包括盾皮鱼、硬骨鱼、肉鳍鱼、辐鳍鱼等，这与当时裸蕨植物登上陆地，迅速繁衍茂盛，大气中氧含量明显增加密不可分。这说明大气中氧含量的增加对生物的演化起到积极的促进作用。可以说，在晚志留世，脊椎动物的进化突飞猛进，仅仅在潇湘动物群，脊椎动物的进化就完成了两次跨越，即盾皮鱼类（初始全颌鱼）脱胎换骨，进化出罗氏斑鳞鱼和钝齿宏颌鱼；硬骨鱼类又进一步分化出肉鳍鱼（梦幻鬼鱼）和辐鳍鱼（晨晓弥曼鱼）。罗氏斑鳞鱼是最早登上进化舞台的硬骨鱼类，它的出现，使脊椎动物向人类的进化又前进了一步。

○ 斑鳞鱼——目前发现的最早、最原始的硬骨鱼

罗氏斑鳞鱼生活于4.1亿年前，化石发现于我国云南曲靖。根据复原图特征分析，斑鳞鱼头部具有盾皮鱼的特征，仍有沉重的头甲包裹，头部腹面平坦；躯体具有肉鳍鱼的特征，

罗氏斑鳞鱼（中上，其他是沟鳞鱼类）生态复原图

钝齿宏颌鱼正在猎食无颌长孔盾鱼（想象图，图片来源：Brian Choo）

不再是扁平状，而是呈侧扁状；鱼鳍具有棘鱼特征，背鳍和胸鳍呈棘刺状；尾鳍具有辐鳍鱼特征，不再是歪尾形，而是呈对称的燕尾形。

朱敏院士等通过系统研究分析，斑鳞鱼具有肉鳍鱼类、辐鳍鱼类、盾皮鱼类和棘鱼类的某些特征。可以说，斑鳞鱼可能是最原始的硬骨鱼类。在形态结构上，斑鳞鱼的特征组合很可能正是硬骨鱼类祖先的特征。硬骨鱼是辐鳍鱼和肉鳍鱼的直接共同祖先。

钝齿宏颌鱼是一种典型的硬骨鱼类，生活在4.25亿年前，化石发现于我国云南曲靖，体长一般为1米，最大可达1.2米，下颌骨由内外两列骨骼组成，内外颌骨上都长有牙齿，外侧的牙齿用来捕捉并紧紧咬住猎物，内侧的大型钝齿则用于压碎其硬壳。钝齿宏颌鱼可能是脊椎动物家族中最早的顶级掠食者。

○ 晨晓弥曼鱼——最原始的辐鳍鱼

晨晓弥曼鱼是最早、最原始的辐鳍鱼，也许是现在32000多种辐鳍鱼的祖先。晨晓弥曼鱼生活在4.1亿年前，从复原图可以看出，它扁扁的头颅类似盾皮鱼；背鳍、偶鳍有棘刺，类似硬骨鱼；身体扁圆，正尾型类似肉鳍鱼。初始弥曼鱼的内颅是典型的辐鳍鱼类特征，处于从硬骨鱼分开演化，并与肉鳍鱼分道扬镳的岔口。

晨晓弥曼鱼（最下，中上是沟鳞鱼）生态复原图（图片来源：Brian Choo）

肉鳍鱼“活化石”——拉蒂迈鱼

1938 年 12 月 22 日，有人在非洲东海岸东伦敦岛附近深海中捕到一条身长 1.5 米、重 58 千克的大鱼，经英国鱼类专家史密斯教授鉴定，这是一条幸存下来的“活化石”，并以其收藏者“拉蒂迈”命名。它是现存的肉鳍鱼，曾生活在 3.59 亿年前的淡水或浅海里，具有明显“四足动物”的特征，后来进入深海生活，所以躲过了自泥盆纪以来的四次生物大灭绝事件。拉蒂迈鱼有 8 个鱼鳍，其中有一前一后 2 个背鳍，1 对胸鳍，1 对腹鳍、1 个臀鳍和 1 个尾鳍，因尾鳍形状似矛，还被命名为“矛尾鱼”；除前背鳍外，其他 7 个鱼鳍均为肉质鳍。它有肺，卵胎生，寿命为 80～100 岁，是一种长寿鱼

拉蒂迈鱼

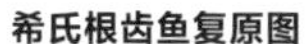

希氏根齿鱼复原图

希氏根齿鱼，属肉鳍鱼纲，出现于晚泥盆世，在泥盆纪末期的第三次生物大灭绝中幸存下来，并在石炭纪得到了大发展，直至石炭纪晚期消亡。根齿鱼类主要栖息于大型湖泊以及江河中，化石大多发现于英国。希氏根齿鱼有“苏格兰猎手”之称，体长 7～8 米，上颌骨密布小牙齿，下颌骨更是生有鸟喙状的犬齿形牙齿和巨大的獠牙，牙齿最长可达 22 厘米，牙齿表面光滑，前后边缘十分锋利，具有极强的撕咬力

希氏根齿鱼生态复原图

7.4 肉鳍鱼登陆
——拉开了陆生脊椎动物进化的序幕

脊椎动物的进化使一部分鱼长出了四足，能够从水里爬上陆地，著名的肉鳍鱼有提塔利克鱼、梦幻鬼鱼、真掌鳍鱼、奇异东生鱼、周氏鸿鱼等。

约 4 亿年前，地质历史进入泥盆纪，地球气候变得炎热干燥，水域面积缩小，亚欧大陆出现干旱盆地，沙漠广布，许多溪流和湖泊干涸。那时，动物们只活跃于水中，陆地上还没有动物生活。许多动物和植物在干涸的泥浆里死去，动物的生存受到严重威胁，原始无颌鱼开始衰亡。3.7 亿—3.6 亿年前，肉鳍鱼依靠自身的优势，慢慢爬上陆地，经过漫长而艰难的历程，在连续不断的世代演变中，逐渐变成了两栖动物。鱼石螈就是肉鳍鱼进化成两栖动物的最早代表。这也是脊椎动物进化史上的第三次巨大飞跃。

肉鳍鱼复原图

肉鳍鱼爬上陆地，标志着地球上的生物终于走出了海洋、湖泊与河流。随着两栖动物的来临，陆地上有了新的生机，爬行动物、鸟类、哺乳动物，包括我们人类，相继出现。

肉鳍鱼向陆地迈出了一小步，却开启了陆生脊椎动物繁盛的一大步，拉开了今日陆地上生机盎然、多姿多彩的序幕。

○ 肉鳍鱼

朱敏等科学家于2008年5月初在我国云南曲靖，在距今约4.23亿年的石灰岩中发掘出一块标本，那是世界上唯一保存完整的志留纪有颌类动物化石，经研究被命名为“梦幻鬼鱼”，为最原始的肉鳍鱼的代表物种。梦幻鬼鱼的出现表明，在4.23亿年前的志留纪末期，辐鳍鱼类与肉鳍鱼类就开始分化了。这条鱼代表着人类遥远祖先的一个分支，可能是四足动物的祖先。

梦幻鬼鱼，属于硬骨鱼类，也是硬骨鱼类中最早的肉鳍鱼，体长26厘米，生活在4.23亿年前。其头骨表现出原始肉鳍鱼类的特征，和初始全颌鱼一样有上下颌，嘴中长有牙齿，是食肉鱼类，但颊部骨骼与早期的辐鳍鱼类相似。其身体前部没有骨质铠甲，有发达的、成对的胸鳍和腹鳍，肩带在胸鳍之前有一棘刺，这与早期软骨鱼类、盾皮鱼类、棘鱼类相似；

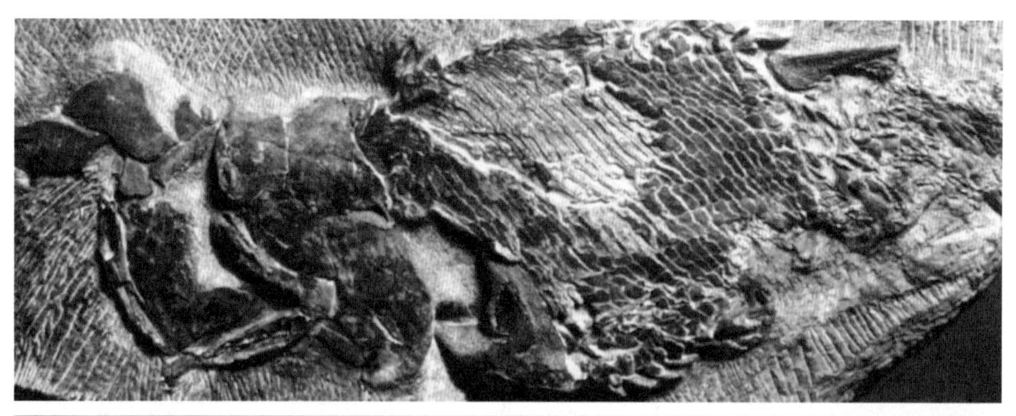

梦幻鬼鱼化石及复原图

具有背鳍棘刺和带棘刺的骨板，以及燕尾型尾鳍，头部呈子弹头状，在水中游得比初始全颌鱼更快。其胸鳍和腹鳍具有肉鳍的雏形，是最早的肉鳍鱼。

最新研究认为，两栖动物的祖先并非真掌鳍鱼。真掌鳍鱼生活在3.8亿年前的泥盆纪，是一种淡水鱼，以水生动物为食，属较进化的肉鳍鱼类；体表有鳞，并有供呼吸用的内鼻孔和鳔；头骨构造、牙齿的类型以及肉鳍骨骼的排列方式，都与早期的两栖动物相似。3.7亿—3.6亿年前，地球气候开始变化，许多湖泊干涸或水质变坏，它们就靠内鼻孔、鳔和肉鳍，慢慢爬上了陆地。从真掌鳍鱼到陆生脊椎动物，在进化上只差爬上陆地这最后一步了。可以肯定的是，两栖动物是由肉鳍鱼类进化而来的，但究竟是肉鳍鱼类中的扇骨鱼类、腔棘鱼类，还是肺鱼类，有待科学家们进一步研究。

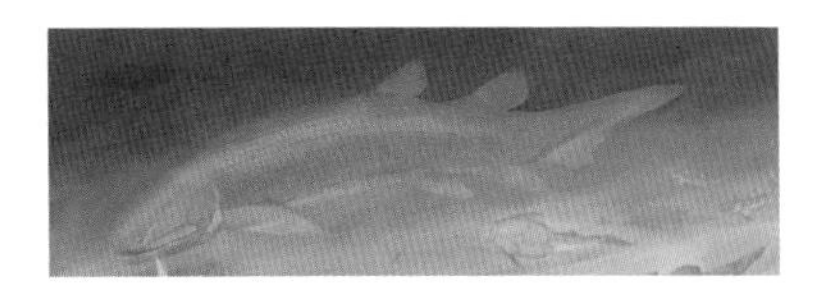

杨氏鱼复原图

杨氏鱼（*Youngolepis*），属原始肉鳍鱼类，化石在1981年发现于云南，与奇异东生鱼共生。其属名以中国古脊椎动物学研究的奠基人杨钟健的名字命名。中国科学院院士张弥曼研究发现，杨氏鱼只有一对外鼻孔，口腔中还没有发育出内鼻孔。这一发现对了解鱼类鼻孔的演化有重要意义

奇异东生鱼复原图

奇异东生鱼，属肉鳍鱼类，以已故地质学家刘东生的名字命名，是迄今发现的最古老的基干四足动物之一，生活于早泥盆世，约4.09亿年前，化石发现于中国云南昭通。奇异东生鱼兼具原始有颌类与典型陆生脊椎动物的特征，说明它已经开始向陆生脊椎动物演化

奇异东生鱼生态复原图

丁氏甲鳞鱼（最下，其他是初始全颌鱼）生态复原图

丁氏甲鳞鱼，为原始的肉鳍鱼类，生活在 4.2 亿年前，体长 20 多厘米，身体覆盖着厚密、坚硬的菱形鳞片。丁氏甲鳞鱼具有早期硬骨鱼类与肉鳍鱼类、辐鳍鱼的过渡特征，即具有早期的硬骨鱼、盾皮鱼和全颌鱼的头骨的组合特征，为探索硬骨鱼类的起源提供了新的化石证据。从复原图可以看出，丁氏甲鳞鱼的头甲似盾皮鱼，有较宽大的偶鳍，背鳍似棘鱼棘刺，躯体如扁圆状肉鳍鱼，尾巴如辐鳍鱼般对称，呈正尾型

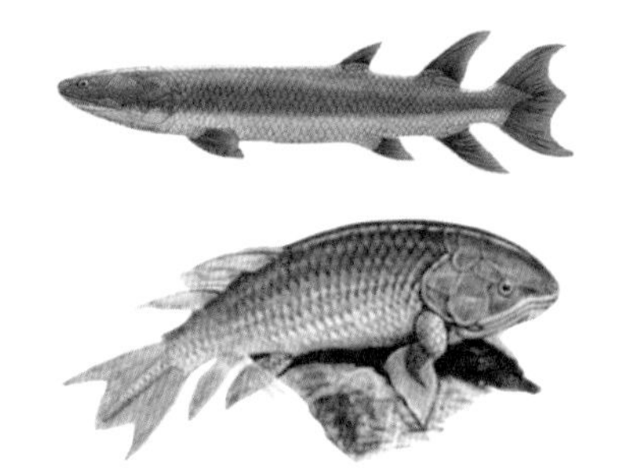

真掌鳍鱼复原图及登陆复原图

希望螈艺术复原图（图片来源：Katrina Kenny）

希望螈，名字叫螈，但确实是肉鳍鱼类，是最接近四足动物的肉鳍鱼，也许就是它进化成了鱼石螈。它生活于 3.74 亿年前，化石发现于加拿大的魁北克省，化石长约 1.57 米，有明显的四肢雏形

在 3.77 亿—3.72 亿年前的晚泥盆世，地球上发生了第三次生物大灭绝事件，造成大约 82% 的物种灭绝。先是全球气候变冷，海面结冰，然后是大体量的火山喷发，前后历时 500 万年，使海生生物遭受重创，从此，肉鳍鱼开始登陆，拉开了“两栖动物时代”的序幕。最有代表性的肉鳍鱼是提塔利克鱼和周氏鸿鱼，它们有可能是最早登上陆地的先驱者。

提塔利克鱼被认为是四足形类动物，是介于鱼类与早期四足陆栖动物之间的过渡物种。

提塔利克鱼生活在 3.75 亿年前的晚泥盆世的浅海或淡水区域，那里含氧量较低。提塔利克鱼是最接近两栖动物的肉鳍鱼类，已经进化出两栖动物的某些特征，如牙齿锋利，颈部有关节，可以独立活动；头部呈三角形，有类似鳄鱼的扁平头骨；有四条腿，鱼尾呈扁圆形，尾鳍位于鱼尾上方，如帆状；没有背鳍，只有一对臀鳍；胸鳍和腹鳍已经有原始的腕骨和趾头，虽然不能靠其行走，但可以用来支撑身体；具有细小的鳃裂，消化道分支已经进化出肺的功能，说明它有了原始的肺；头骨背腹宽阔平坦，双眼向中线

肉鳍鱼登陆想象图

靠近，有独特的眉弓，外鼻孔位于腹部，靠近嘴的边缘。由此可见，提塔利克鱼已经具备两栖动物的雏形，但它仍是一条鱼，一条正向两栖动物进化的鱼。

周氏鸿鱼，由朱敏团队发现于宁夏青铜峡，并为纪念国际著名古脊椎动物学家周明镇院士而命名。这是一种生活在3.7亿年前的鱼，体长达1.5米，兼具根齿鱼类、希望螈类和四足动物的特征。在鸿鱼生活的晚泥盆世，欧洲、北美洲和大洋洲的水域中生活着许多与四足动物有亲缘关系的大型肉鳍鱼，真正的四足动物及其近亲希望螈类也已经出现。在肩带以及肩胛骨与前肢骨的关节结构上，鸿鱼与原始四足动物具有惊人的相似性。鸿鱼与两栖动物具有许多相似性，说明鸿鱼已经非常适应浅水滨岸生活，离真正的登陆只差一步之遥。周氏鸿鱼化石的发现为鱼类登陆提供了新的佐证。

肉鳍鱼的一小步，却是脊椎动物进军陆地的一大步，犹如鲤鱼跳龙门，完成了一次华丽的变身，实现了一次巨大的跨越，这又是自然选择驱使下，生命的一次基因适应性突变的结果。登陆的肉鳍鱼避开了水里的厮杀与凶险，呼吸到了新鲜的空气，尝到了昆虫的美鲜，从此在陆地上称王称霸，所向披靡，为后来脊椎动物的繁盛创造了历史机遇。

脊椎动物在陆地上繁衍生息，陆地上才有了一派生机盎然的气象。在地球历史上，有曾经称霸地球1.69亿年的恐龙、霸占天空的翼龙以及有“水中杀手”之称的鱼龙、沧龙。现在水里游的鲸，天上飞的鸟儿，草原上奔跑的骏马，有“非洲之王”称谓的狮子，树上生活的猩猩，以及我们人类，等等，都是由最终登上陆地的、长有四条腿的肉鳍鱼进化来的。

也许最早登上陆地的这条鱼就是提塔利克鱼，是它开创了脊椎动物陆地生活的新纪元，从此，脊椎动

箐门齿鱼生态复原图（图片来源：Brian Choo）

箐门齿鱼，属原始的肉鳍鱼类，以掠食其他鱼类为生，长15厘米，生活在4.1亿年前的早泥盆世，与腔棘鱼有亲缘关系。箐门齿鱼是那个时期最凶猛的掠食者之一，可谓水中“杀手”。这是中国科学院古脊椎动物与古人类研究所研究员卢静等人的研究成果

潘氏鱼复原图

潘氏鱼，是一种早期肉鳍鱼，生活在3.85亿年前的泥盆纪，化石发现于欧洲的拉脱维亚。潘氏鱼拥有类似两栖类的巨大头部，身长90～130厘米。潘氏鱼是肉鳍鱼类与早期两栖类之间的过渡物种

提塔利克鱼化石及其登陆想象图

提塔利克鱼，属肉鳍鱼类，体长3米，是肉鳍鱼与两栖动物之间最著名的过渡物种。其化石由进化生物学家尼尔·舒宾于2004年发现于加拿大北部埃尔斯米尔岛

提塔利克鱼生态复原图

周氏鸿鱼吞噬沟鳞鱼想象图

物登上了陆地这个大舞台，拉开了脊椎动物陆地生活的序幕。

肉鳍鱼为了适应陆地生活，呼吸空气，其消化道分支（原始的肺）进化出许多小腔室，类似肺泡，初步具备了肺的功能，所以肉鳍鱼既可以用鳃呼吸，也可以用肺呼吸。后来，肉鳍鱼登上陆地，消化道分支进化成肺，这是肉鳍鱼进化史上的一次重大飞跃，是由基因突变引起的，这时肉鳍鱼已经进化成了鱼石螈，这也是脊椎动物的又一次成功进化。

科学家们推测，大约在 3.7 亿年前，四足动物起源于欧美古大陆，然后沿海岸迅速扩散到大洋洲和亚洲，鱼石螈类在 3.6 亿年前已广泛分布于全球。

为了更好地适应陆地生活，鱼石螈逐渐完善早期的肺，最终进化成完全依靠肺呼吸的陆地爬行动物。

哺乳动物（包括人类）的肺，都是由肉鳍鱼的消化道分支逐渐进化而来的。生命的每一次重大进化，都是基因突变、自然选择的结果。

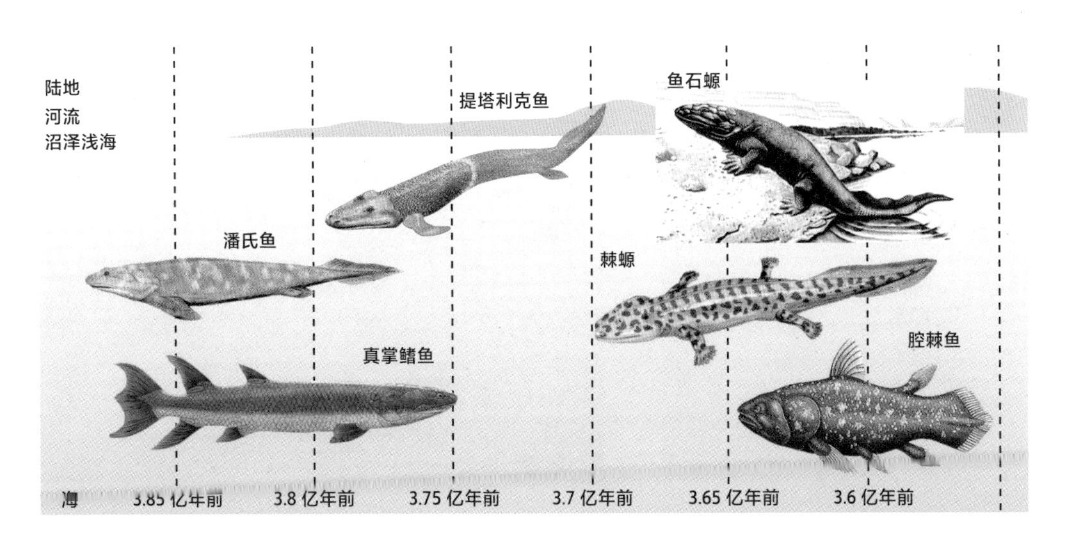

在晚泥盆世远洋区，肉鳍鱼类及其后代的适应性

潘氏鱼适合在淤泥浅滩生活；提塔利克鱼有像四肢的鳍，可以在陆地上爬行；棘螈有 8 个脚趾；鱼石螈有 5 个脚趾；真掌鳍鱼和腔棘鱼有肉鳍

○ 肺鱼

肺鱼属于肉鳍鱼类，最早出现于 4 亿年前，繁盛于 3.85 亿—2.99 亿年前。肺鱼现在生活在非洲、南美洲和大洋洲，为濒危鱼类。肺鱼生活在水底，行动迟缓，体长 1 米多，背鳍、臀鳍和尾鳍连在一起。它以鱼类、软体动物、甲壳类、昆虫幼虫、蠕虫等为食。肺鱼是较进化的现生鱼类，是由鱼类向两栖类进化的过渡物种，是更接近两栖动物的鱼类，有“活化石”之称。肺鱼也许是自然界中最先尝试由水中转向陆地生活的动物之一。

澳洲肺鱼

澳洲肺鱼，鳔很长，不成对，鳔内有两条纤维带，一背一腹将鳔分为左右两部分，并在两侧形成许多对称中隔，将鳔分隔成许多对称的小气室（肺泡）；鳃 5 对，很发达；产于澳大利亚昆士兰；可以用鳃和鳔（肺）同时进行呼吸，也可以单独使用肺或鳃呼吸

非洲肺鱼

非洲肺鱼和美洲肺鱼与澳洲肺鱼的不同之处在于，前两种肺鱼都有一对肺

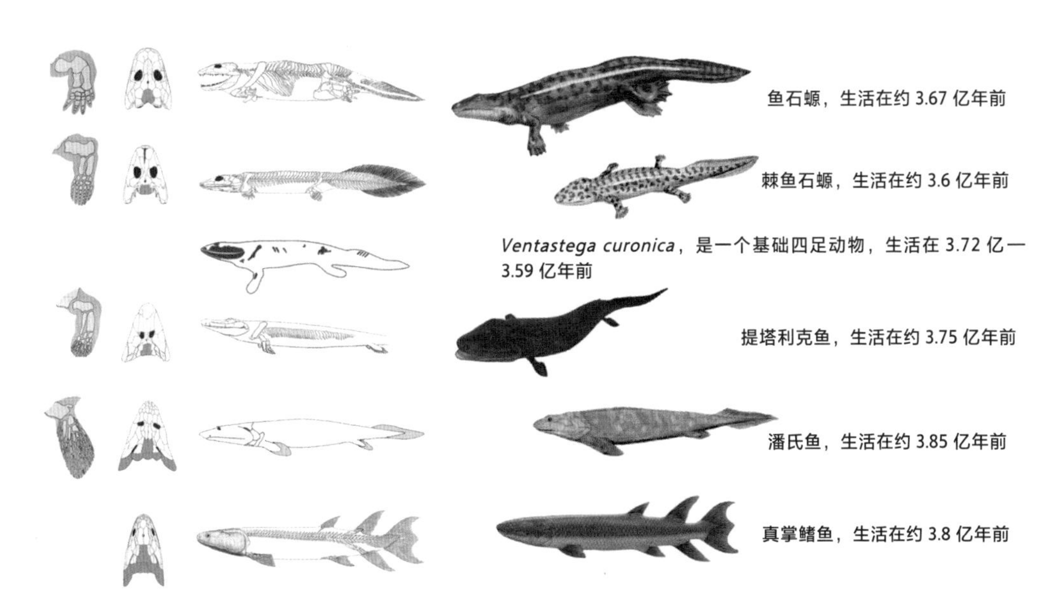

肉鳍鱼向鱼石螈演变的过程

自下而上：鱼鳍进化成具有 5 趾的四足；头形由子弹头形进化成三角形；由双背鳍进化为无背鳍；由 2 对臀鳍进化为 1 对臀鳍；尾鳍由燕尾形进化成扁圆形

美洲肺鱼

潘氏中国螈生态想象图

潘氏中国螈（*Sinostega pani*），属鱼石螈类，是朱敏院士等人研究发现，并为其命名的。潘氏中国螈生活在大约 3.55 亿年前，化石发现于中国宁夏回族自治区，是一种四足动物

鱼石螈
海蝎

鱼类时代晚期阶段生态复原图

泥盆纪鱼类时代生态复原图

海蝎躲过第三次生物大灭绝事件幸存下来

正在登陆的提塔利克鱼（想象图）

第三次生物大灭绝事件：拉开了陆生脊椎动物进化的序幕

关于第三次生物大灭绝事件的成因，有多种说法，包括小行星撞击说、超新星爆发说、冰期说、地幔热柱说等。这次事件很可能是多种因素共同作用的结果。

在泥盆纪时期，陆地上首次出现了高大繁茂的蕨类植物，当时陆地上的脊椎动物只有肉食性两栖动物，所以蕨类植物很快遍布全球。除了脊椎动物外，陆地上只生活着少量节肢动物，海洋仍然是鱼类的世界，盾皮鱼仍主宰着海洋。

3.77 亿年前，发生了两次小行星撞击事件，大地剧烈晃动，3 万亿亿多立方米的岩浆从西伯利亚地区喷涌而出。海水随之开始沸腾，大量生物被活活烫死。滚落的岩石很快摧毁了附近的珊瑚礁和其他生物。岩浆使海水酸化，大量海洋动物窒息而死。

火山喷发产生的温室气体——二氧化碳在数千年后导致全球气温迅速升高，达到 30 摄氏度，洋流也停止了运动。在赤道地区，海水温度由 20 摄氏度升到 32 摄氏度，珊瑚再一次遭受蹂躏。

大约 3.76 亿年前，在今天中国的西部地区，大地再次剧烈颤动，200 万亿立方米的岩浆从一个直径 8000 米的火山口中喷涌而出。岩浆使方圆数十千米内的生物灰飞烟灭。火山还喷发出海量的火山灰和有毒气体，遮天蔽日，地球陷入 200 万年的漫漫长夜。火山灰使地球无法获得太阳能，气温开始迅速下降。海水温度从 32 摄氏度降至 16 摄氏度，浅海中的鱼类全部死亡。地球发生了严重的冰期事件。

撞击事件发生 150 万年后，地球开始了第一场降雪。这场降雪持续了数年，大雪覆盖了全球纬度 45 度以上的所有地区，海洋生物大量死亡。撞击事件发生 200 万年后，即 3.75 亿年前，气候不再寒冷，岩浆也不再喷发，但海洋中绝大部分生物都已灭绝。这时陆地上的植物对于生物的生存起到了至关重要的作用，它们制造出大量氧气，地球上的有毒气体逐渐消散，气温渐渐稳定下来，开始出现四季更替，地球逐渐恢复了生机。这次生物大灭绝事件是地球历史上持续时间最长的灾难，历时 500 万年，直到 3.72 亿年前才结束，成为严重程度位列第四的生物大灭绝事件，使当时地球上 82% 的生物永远消失了。所有盾皮鱼和绝大部分肉鳍鱼都是在这场大灾难中灭绝的。

这场大灭绝事件也促使生物进化发生了一次巨大飞跃，即脊椎动物进化史上的第三次巨大飞跃，陆地上首次出现了能爬行的脊椎动物，即更为适应环境的进化物种——鱼石螈。鱼石螈是包括人类在内的所有四足脊椎动物的祖先，它蓬勃发展，很快代替了节肢动物，成为陆地上的霸主。

正是在第三次生物大灭绝事件之后，地球开启了“两栖动物时代”，两栖动物呈爆发式、多样化发展。鱼石螈登陆后，进化出更适应陆地生活、具有四足和5~7指（趾）的两栖动物，随着长时间的陆地生活，在自然选择的作用下，后来的两栖动物都进化成了5指（趾）。进化总是选择最有利于生物生存与繁衍的基因突变，5指（趾）使动物既能保持肢腕的灵活性，又适宜爬行、抓握等。此后，爬行动物、哺乳动物的四肢，包括人类的手臂、双腿与5个手指和5个脚趾都是由此进化而来的。人类能够抓握、跳跃、投掷、走路、跑步等，都是由于有了四肢和手指，猛禽的利爪和翅膀也都是由此进化而来的。

两栖动物可以用肺呼吸空气，开始陆地生活。两栖动物的心脏比鱼的心脏多了1个心房，为3缸型心脏，马力更大，血液循环方式为不完全双循环，属于变温动物。

脊椎动物各式各样的四肢

第一卷

从起源到登陆

第八章

两栖动物时代

The Evolution
of Life

四足动物演化图

四足形亚纲

两栖动物纲・海纳螈

滑体亚纲・蝾螈

壳椎亚纲・笠头螈

迷齿亚纲・鱼石螈

石炭蜥

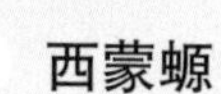

石炭蜥目

西蒙螈

原水蝎螈

爬行动物纲・副爬行动物・龟鳖

似哺乳类爬行动物・始祖单弓兽

真爬行动物・林蜥

8.1 两栖动物的特征

约 3.7 亿年前，肉鳍鱼开始从水中爬上陆地，并演化成两栖动物。两栖动物最大的特征是进化出了肺，由鱼类用鳃呼吸变为两栖动物用肺呼吸，从而开启了陆生脊椎动物的新时代。鱼石螈是最早的、具有代表性的两栖动物。

两栖动物因可以在陆地和水中两栖生活而得名。两栖动物的特点有：（1）变温动物，体温随环境温度的改变而变化；（2）水陆两栖生活，变态发育，如蝌蚪用鳃呼吸，有感知水流与水压的侧线系统，有游泳的尾鳍，但没有四肢，生活在水里，成年后有了肺，采用胸－肤式呼吸，并长出四足；（3）成年后具有四肢，每个脚上有 5～8 个脚趾；（4）原始的肺先分隔成一个个小的气室，起到肺泡的作用，再进化成肺，但并不完善，必须依靠湿润的皮肤或口咽腔膜辅助呼吸；（5）以藻类和浮游生物为食，现生的两栖动物多为肉食性；（6）长出了眼睑，用来防风避沙、保护眼睛，同时可以使眼睛保持湿润；（7）有类似肉鳍鱼的尾鳍，呈扁圆形；（8）更为进化的两栖类，开始发育中耳，听小骨不是有 3 块骨头，而是只有 1 块骨头，听力系统发育不完善，是听力最差的陆地脊椎动物；（9）只能看见水平运动的动物，如蠕虫、昆虫等；（10）具有 2 个心房、1 个心室，属 3 缸型心脏；（11）血液循环包括体循环和肺循环 2 条途径，体循环是血液从心室挤出，经过体动脉流到身体各部，再

现生的两栖动物

从上到下：蚓螈（无足目）、蛙类（无尾目）、蝾螈（有尾目）

经体静脉流回右心房，这种循环又称大循环，肺循环是血液从心室挤出，经过肺动脉到肺，进行气体交换后，再经肺静脉流回左心房，这种循环又称小循环，由于两栖动物的心室无分隔，肺循环（有氧血液）和体循环（无氧血液）回心的血液在心室内有混合，所以为不完全双循环；（12）抱团体外受精，雌雄抱团的目的是雄性两栖动物刺激雌性两栖动物排卵，此后雄性和雌性分别将精子和卵子排到水里，卵子在水里受精，形成受精卵。

从以上特征可看出，变温动物与恒温动物有很大不同，它们体温变化大，进食量少，一般只在白天捕食，环境适应性弱，绝大多数体表没有毛发或羽毛，但有裸露的皮肤或鳞片，不具有外耳。

两栖动物的动静脉血混合循环是不完全双循环，体力不足，新陈代谢较慢，寿命较长，多数具有冬眠习性；后肢主要用来在水中游泳；头部与身体间有了活动的关节；眼睛移到头顶。两栖动物有 5 种主要的感觉：触觉、味觉、视觉、听觉和嗅觉，它们能感知紫外线和红外线，以及地磁场。通过触觉，它们能感知温度和疼痛，能对刺激做出反应。

从肉鳍鱼进化而来的两栖类，有了能够爬行的四足和 5 指（趾）、主动猎食的嘴巴、可以撕咬的牙齿、用于呼吸的鼻孔和肺、保护眼睛的眼睑、适合陆地生活的 3 缸型心脏和能够在

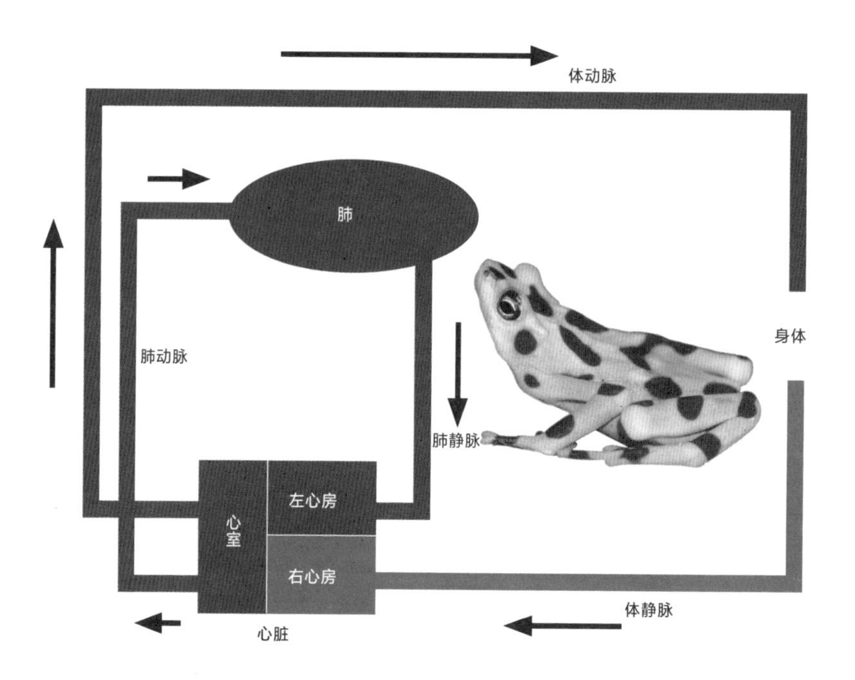

两栖动物血液循环示意图

陆地上听到声音的中耳。

海纳螈是最原始的两栖动物之一。海纳螈，意为“海纳的走兽”，它是鱼石螈、棘鱼石螈的近亲。海纳螈是最早长出四足、爬上陆地、用肺呼吸的两栖动物之一。

海纳螈的大脑已经有了记忆功能。在生殖方面，只有那些体形健壮、占有领地、争夺雌性配偶获胜的雄性海纳螈，才能获得与雌性的交配权。雌性与雄性海纳螈往往在水边交配，以便把卵子、精子产在水里，精子与卵子在水中结合形成受精卵。当受精卵发育成幼体时，就已经有了能够呼吸的鳃，它们被透明的薄膜包裹，犹如一团团胶状物漂浮在水里，随后幼体慢慢长大，直到长成其父母的形态。后来的爬行动物和哺乳动物的领地意识、争夺配偶等特性就是从海纳螈这里遗传而来的。

两栖动物（两栖纲）是脊椎动物的一个大类，根据不同的特点，又分为三个亚类（亚纲），即迷齿亚纲、滑体亚纲和壳椎亚纲。

海纳螈复原图

海纳螈，生活在 3.6 亿年前的水岸地区，化石多数发现于美国宾夕法尼亚州，身长 1.5 米左右，头部扁扁的，牙齿锋利

8.2 迷齿亚纲

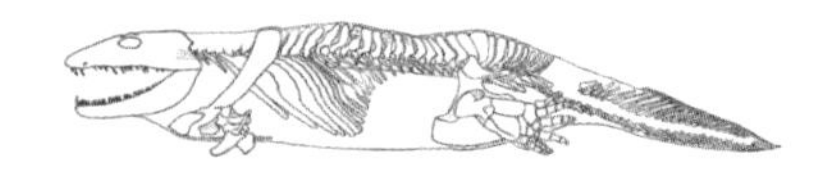

鱼石螈骨骼图

鱼石螈是最原始的两栖动物，兼有鱼类和两栖类的特性，在很多地方与肉鳍鱼相似

石炭蜥生态复原图

石炭蜥，生活在 2.85 亿年前，是祖先型鱼石螈的早期后代。石炭蜥身体很长，尾部约占身体的一半；每个椎骨由一前一后两个圆盘组成，分别称为椎间体与椎侧体，所以石炭蜥被称为并椎两栖动物

迷齿亚纲是原始的两栖类，因牙齿的釉质层在横切面上呈迷路构造，故名“迷齿”，包括鱼石螈、棘鱼石螈、石炭蜥、西蒙螈、引螈、虾蟆螈、原水蝎螈等。

在 3.67 亿年前，长出四足的提塔利克鱼从水里爬上陆地演化成两栖动物，拉开了两栖动物进化的序幕。

鱼石螈是最早和最原始的四足动物，生活在 3.67 亿年前的晚泥盆世，化石发现于北美洲的格陵兰岛东部。鱼石螈身长约 1 米，头部呈三角形，尾部呈扁圆状，有尾鳍，进化出了可呼吸的肺，皮肤也能辅助呼吸，但仍保留着许多肉鳍鱼类的特征。鱼石螈在很多地方与提塔利克鱼相似，如头骨高而窄；鳃盖骨消失了，但仍存在前鳃盖骨的残余；身体表面有小的鳞片；身体侧扁，有一条很像提塔利克鱼的尾鳍。鱼石螈的眼睛已经移到头骨的中部，而不再像肉鳍鱼那样位于头的前段吻部，所以视力更好；进化出了四肢，后肢有 7 个脚趾，脊椎上已经长出关节突，便于脊柱弯曲活动；前肢的肩带不再与头骨连接，头部能够活动了。这些都说明鱼石螈进化出了明显更适应陆地生活的特性。

原水蝎螈，其名的希腊文意思是“早期的流浪者”，它在两栖动物向爬行动物进化的过程中，扮演着十分重要的角色。有科学家认为，是原水蝎螈一类的两栖动物进化为爬行动物的。

原水蝎螈形似蜥蜴，体形较大，牙齿锋利，有强大的咬合力，生活在晚石炭世，是沼泽地带的顶级掠食者，能够捕获大型鱼类、节肢动物和其他两栖动物。

原水蝎螈犹如今天的鳄鱼，常常潜伏在水边突袭猎物，有时候会爬到森林深处，既可以逃避水中的凶险，也可以掠食其他动物。原水蝎螈是两栖动物与爬行动物之间的重要过渡物种，也许原水蝎螈就是爬行动物的直接祖先。

○ 离片椎目

离片椎目属迷齿亚纲的主干类型，繁盛于石炭纪至二叠纪，在全球各地都有分布。离片椎目的一些成员在二叠纪后仍然繁盛，是中生代原始两栖动物的唯一代表，直到中生代后期才灭绝。在中生代，离片椎目两栖动物分布广泛，体形巨大，如三叠纪的虾蟆螈。

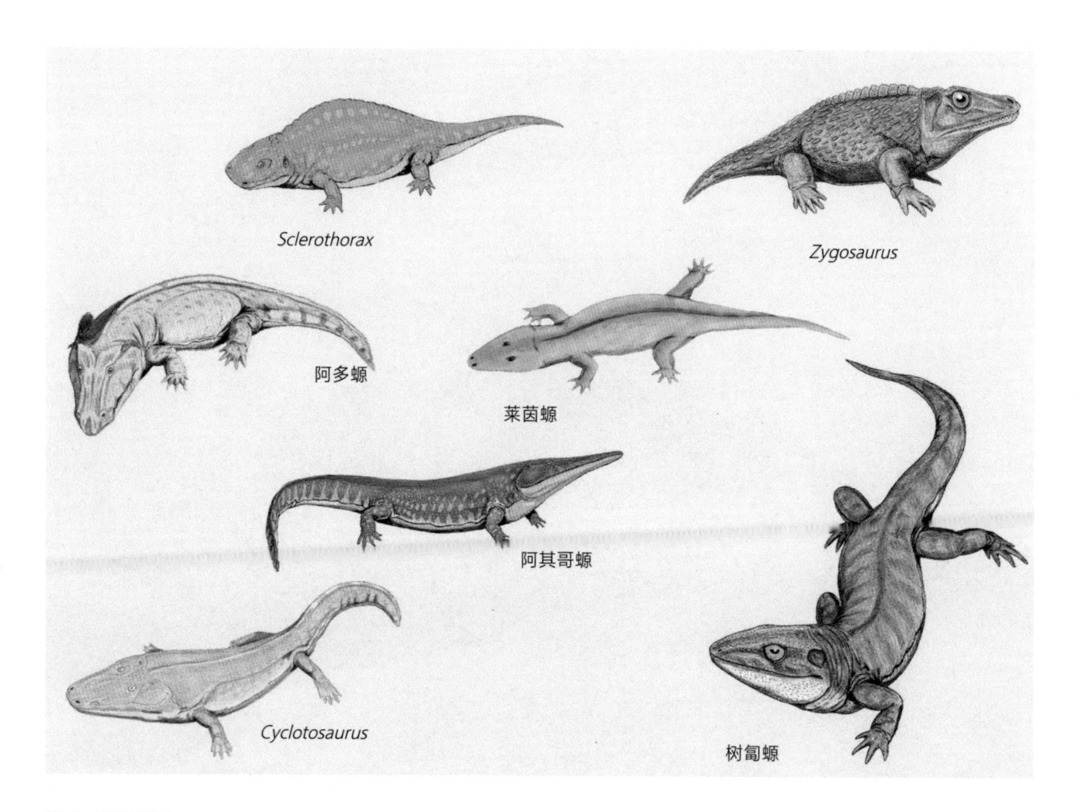

离片椎目复原图

鱼石螈生态复原图

普氏锯齿螈复原图

普氏锯齿螈，生活在二叠纪中晚期，是水生两栖动物中的王者，化石发现于南美洲的巴西，体长可达 7 米，是地球上已知最大的两栖动物之一；具有巨大而尖长的吻部，以及锋利的牙齿，身体细长，四肢短小，适合游泳。普氏锯齿螈可能像鳄鱼一样生活在浅水中，是一种凶猛的掠食者，以鱼类为食

原水蝎螈复原图

原水蝎螈，属石炭蜥目，是一种凶猛的掠食动物，生活在 3.26 亿—3.18 亿年前

棘螈复原图及化石骨骼模型

棘螈，又名棘鱼石螈，是最初有明显四肢的脊椎动物，生活于约 3.6 亿年前，是肉鳍鱼类与在陆地上爬行的四足动物之间的过渡物种。棘螈每只脚有 8 趾，趾间有蹼，没有腕，不适合在陆地上行走；肩膀及前肢很像鱼类，前肢的肘部不能向前弯曲，不能形成支撑的姿态，较适合在水中划动或抓握水中植物；有肺，但肋骨太短，不能支撑胸腔离开水面；鳃像鱼一样位于内侧，被覆盖着，而不像两栖类那样是外露的。棘螈可能生活在浅水地带的沼泽中，通常潜伏在水里或近水边捕获猎物

虾蟆螈生态复原图、骨骼化石及复原图

虾蟆螈，又名虾蟆龙或乳齿螈，生活在三叠纪，化石发现于欧洲。虾蟆螈是最大的迷齿类两栖动物之一，体长 4~5 米，头部巨大，扁平，呈三角形，头长 1.25 米左右。它也是 2 亿多年前晚三叠世最大的动物之一。虾蟆螈是水生动物，很少离开水，主要生活在沼泽、池塘中，以鱼类为食

迷齿螈生态复原图

迷齿螈，属迷齿亚纲，生活在 2.3 亿年前，体长 1.8 米左右，头部硕大，体态臃肿，后肢十分强壮。迷齿螈生活在溪流、江河和湖泊中，也能在陆地上活动，以捕食鱼和其他陆生动物为生

引螈复原图及骨骼化石

引螈，属迷齿亚纲，是最早登上陆地的动物之一，也是石炭纪至二叠纪时期陆地上最大的动物之一。引螈体长 1.8 米以上，头骨很大，头部宽阔而扁平，耳缺很深，有大而具迷路构造的牙齿，脊椎和四肢骨结构粗壮，体形笨重，脊椎骨异常坚硬

蜥螈复原图

蜥螈，又称西蒙螈，属迷齿亚纲，是一种小型四足动物，体长约 60 厘米。蜥螈的头骨及牙齿特征与两栖类相似，但是头骨以外的椎骨、肩胛骨、肠骨、上腕骨、指骨等具有原始爬行类的特征。由于形态上的这些进步性，蜥螈被认为是两栖动物向爬行动物过渡的中间物种。蜥螈生活于 2.7 亿年前的二叠纪早期，化石发现于美国得克萨斯州。因为蜥螈出现的时间晚于真正的爬行动物，所以它不是爬行动物的直接祖先。蜥螈的头骨纵长，头顶有一个松果眼，是原始脊椎动物的感光器官。它的身体能完全抬起离开地面

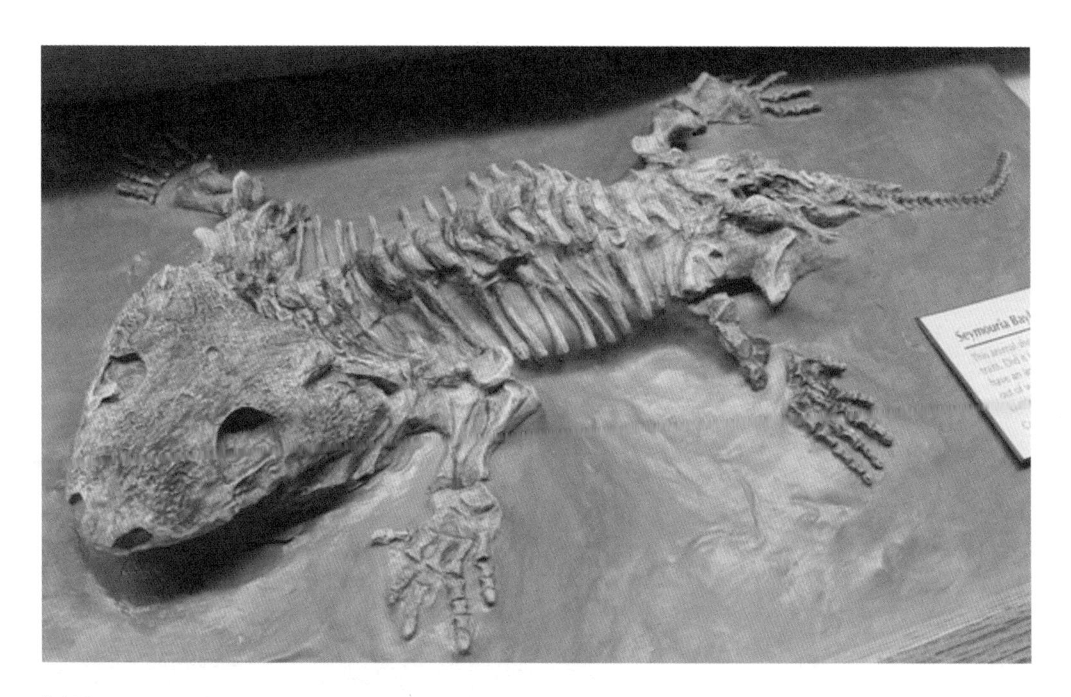

蜥螈化石

8.3 滑体亚纲

滑体亚纲包括大鲵、小鲵、山椒鱼、蝾螈、青蛙、蟾蜍等。现存的所有两栖动物都属于滑体亚纲。滑体亚纲又分为无足目（蚓螈等 6 科 34 属 162 种）、无尾目（青蛙、蟾蜍等 20 科 303 属约 3500 种）和有尾目（大鲵、蝾螈等 10 科 60 余属 350 余种）。

滑体亚纲因皮肤光滑、有多细胞黏液腺而得名，其皮肤也是一种辅助呼吸器官。滑体亚纲两栖动物可能起源于石炭纪，与壳椎亚纲有着共同的祖先。

在滑体亚纲中，最为奇特的莫过于红背无肺蝾

现生蝾螈

蝾螈，属两栖纲有尾目。有尾目幼体与成体在形态上差别不大，主要包括蝾螈、小鲵和大鲵。蝾螈有发育完全的前肢和后肢，四肢细弱，大小大体一致；眼小，或隐于皮下（如洞螈），没有鼓膜或外耳开口；牙齿位于下颌；身体有黏膜皮肤，没有鳞片或尖锐的爪子；不同于其他两栖动物，通常体内受精

现生棘螈

现生的镇海棘螈，属两栖纲有尾目蝾螈科棘螈属，是我国目前仅有的一种棘螈，只分布于浙江省宁波市北仑区九峰山风景区海拔 100～200 米的丘陵地带，专家称它是一种名副其实的“活化石”。它白天很少活动，晚上出来觅食，以蚯蚓、蜗牛、小型螺类、蜈蚣等为食

螈，它的呼吸方式十分特别。由于基因发生了适应性突变，红背无肺蝾螈在没有进化出肺的前提下，仅仅靠皮肤和口腔内膜呼吸，就适应了陆地生活。

自然界中有许许多多超乎人们想象的物种，它们为了生存和繁衍，只能通过改变自己去适应环境的变化，红背无肺蝾螈就是其中的典型代表。

青蛙

青蛙是现生最多的两栖动物，其前脚有 4 趾，后脚有 5 趾，有蹼，在水里和水边草丛里生活；有十分强健的后肢，是跳跃能手，一次弹跳可达 1～3 米远；大多夜间活动，主要捕食昆虫，也吃蜗牛、小鱼、小虾等，只能看见移动的食物

蟾蜍

蟾蜍，俗称癞蛤蟆，体表有疙瘩，能分泌白色毒液，肉食性，白天藏起来，夜间或傍晚出来捕食，只能看见和捕食水平移动的昆虫、蜗牛等，用突然伸出的舌头黏住食物，有冬眠习性。雄性蟾蜍是称职的父亲，背负着受精卵，担负育儿的重任

没有进化出肺的两栖动物——现生无肺蝾螈

红背无肺蝾螈，因背上有红色条纹而得名，只在陆地上生活，远离池塘和溪流，不经历水生幼体阶段；受到威胁时，可以自断尾巴逃生

现生中国大鲵

大鲵，属有尾目，分布于亚洲。图中是一条中国大鲵，生活在淡水中。目前世界上最早的大鲵化石发现于中国内蒙古自治区，距今约有1.65亿年

山椒鱼

山椒鱼，属两栖纲有尾目，虽名鱼，实非鱼类。山椒鱼曾与恐龙生活在同一个时期，较恐龙早1亿年出现，在地球存活了3亿年，是现存世上少有的“活化石”之一

太平洋大鲵

太平洋大鲵是分布于北美洲西部的大型蝾螈，最大体长可达30厘米，肋骨间沟不显著，皮肤光滑，具大理石花纹，头大

8.4 壳椎亚纲

壳椎亚纲动物的种类相当多，最早出现在早石炭世，晚石炭世至二叠纪达到鼎盛，二叠纪后灭绝。这类两栖动物大多身体细长，也有身体呈扁平状的，体形小，生活于沼泽、水边地洞中，代表性的动物是二叠纪时期的笠头螈。

笠头螈幼年时头呈圆形，随着生长，头骨快速向两边长大，变成宽阔的箭头状。笠头螈体长最大可达 1 米以上，主要生活在溪流和池塘的水底。

笠头螈复原图（图片来源：Nobu Tamura）

笠头螈，别称盗首螈，属壳椎亚纲游螈目，生活在 2.7 亿年前的河流与湖泊中，分布于北美洲、非洲，形状古怪，身体细扁，有长尾，善于游泳。成年笠头螈的头颅是扁平的，呈箭头状，两角尖之间最宽达 40 厘米

笠头螈生态复原图

笠头螈骨架模型

8.5 植物进化史

现在地球上约有 35 万种植物，仅种子植物就有 20 多万种，其中绝大多数是被子植物，裸子植物约有 800 种。几乎所有植物都依靠光合作用获得能量、繁衍生长，它们都有一个共同的祖先——绿藻。

植物的进化与动物的进化一样，遵循现代达尔文进化论原则，即基因突变、自然选择、适者生存。35 亿年前，地球上出现了最早的原核生物蓝藻，在第一次大氧化事件后，原核生物的进化经过了五次巨大飞跃：蓝藻首先进化出真核植物，即红藻、绿藻等真核藻类，绿藻又进化出原始陆生维管植物——裸蕨，此后，裸蕨又依次进化出蕨类植物、裸子植物与被子植物。

○ 藻类

大约 10 亿年前，蓝藻进化出真核藻类绿藻等，并首次出现在陆地上。这是植物进化史上的第一次巨大飞跃。今日地球上的花草树木，都是由低等的绿藻类慢慢进化来的。

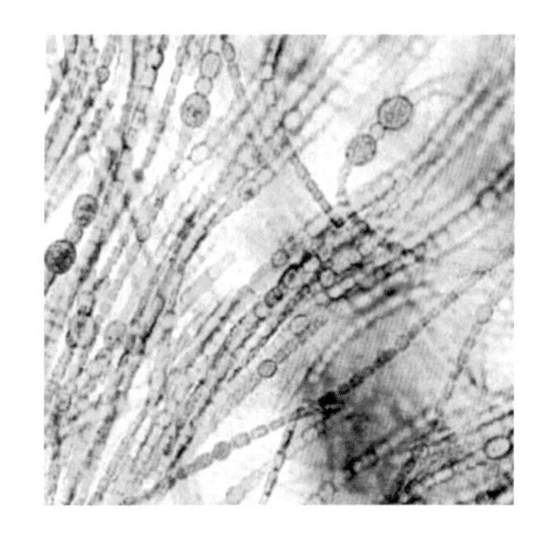

古代蓝藻复原图

○ 裸蕨植物

裸蕨，因无叶而得名，是最初的高等植物的代表。裸蕨是最先进化出维管组织（植物输送水分与养分的器官，由木质部与韧质部组成）的植物。裸蕨最早出现在约 4.3 亿年前的志留纪晚期，它的出现是植物进化史上的第二次巨大飞跃。裸蕨繁盛于 3.9 亿—3.7 亿年前的中晚泥盆世，灭绝于约 3.6 亿年前的晚泥盆世。

裸蕨为孢子繁殖，分化出蕨类和种子植物，种子植物又分化出裸子植物和被子植物。

裸蕨植物复原图

泥盆纪裸蕨植物生态复原图

○ 蕨类植物

蕨类植物，为非种子植物，孢子繁殖，它的出现是植物进化史上的第三次巨大飞跃。蕨类植物最早出现在约 4.2 亿年前的志留纪晚期，在泥盆纪至石炭纪（4.16 亿—3 亿年前）繁盛，多为高大乔木，形成了地球上第一批原始森林。2 亿年前，蕨类植物大多灭绝，大量遗体被埋入地下，形成煤层。现代生存的蕨类植物大部分为草本，少数为木本，主要分布于热带、亚热带湿热多雨的地区。

蕨类植物

蕨类植物生态复原图

石炭纪蕨类植物生态复原图

石炭纪蕨类植物生态复原图

○ 裸子植物

裸子植物是原始的种子植物，它是由蕨类植物演变而来的，因其胚珠外面没有子房壁包被、不形成果皮、种子是裸露的而得名。裸子植物的出现是植物进化史上的第四次巨大飞跃。裸子植物出现于约3.85亿年前的泥盆纪晚期，在二叠纪晚期至白垩纪晚期（2.7亿—0.66亿年前）繁盛。

裸子植物主要包括现生的苏铁、银杏、松柏类，以及已经灭绝的科达树等植物。

水杉，为裸子植物，有“活化石”之称，主要生活在白垩纪，现在仍有存活

苏铁，为最古老的裸子植物之一，是著名的“活化石”，最早出现在约 3 亿年前，在侏罗纪时代最为繁盛，现在仍有存活

银杏，裸子植物的“活化石”，最早出现在 3 亿多年前，是世界上现存最古老的树种之一

柏树

暮秋时分，北京青年湖公园里的银杏树

银杏是中生代残遗下来的稀有树种，为中国所特有

○ 被子植物

被子植物，又名绿色开花植物。是否具有真正的花，是区分被子植物与其他植物的主要依据。研究表明，被子植物和裸子植物是由裸蕨类植物分别进化而来的。在生存繁衍方面，被子植物比裸子植物具有更大的优势。被子植物的出现是植物进化史上的第五次巨大飞跃。被子植物首先出现在约1.45亿年前的白垩纪早期，大约1亿年前，裸子植物开始衰落，被子植物蓬勃发展，分布最广，种类最多。目前，世界上的被子植物有1万多属，约20万种，占植物界的一半。它们形态各异，包括高大的乔木、矮小的灌木及一些草本植物。被子植物在白垩纪晚期成为世界上植物的大多数。

中华古果是迄今世界上发现的最早的被子植物。

中华古果，属被子植物，开花，茎纤弱，叶子细而深裂，叶柄膨突，显示了水生草本植物的特性，生活于1.45亿年前，化石发现于中国辽宁北票。它是孙革与季强等人于2000年发现的，有力地验证了“东亚是被子植物起源中心之一”的推论。

中华古果化石及复原图

被子植物酢浆草

被子植物百合

被子植物榆叶梅

被子植物玉兰

The Evolution
of Life

生命进化史

第二卷
从陆地到天空

第二卷

从陆地到天空

第九章
真爬行动物时代

The Evolution of Life

爬行动物（真爬行动物）演化图

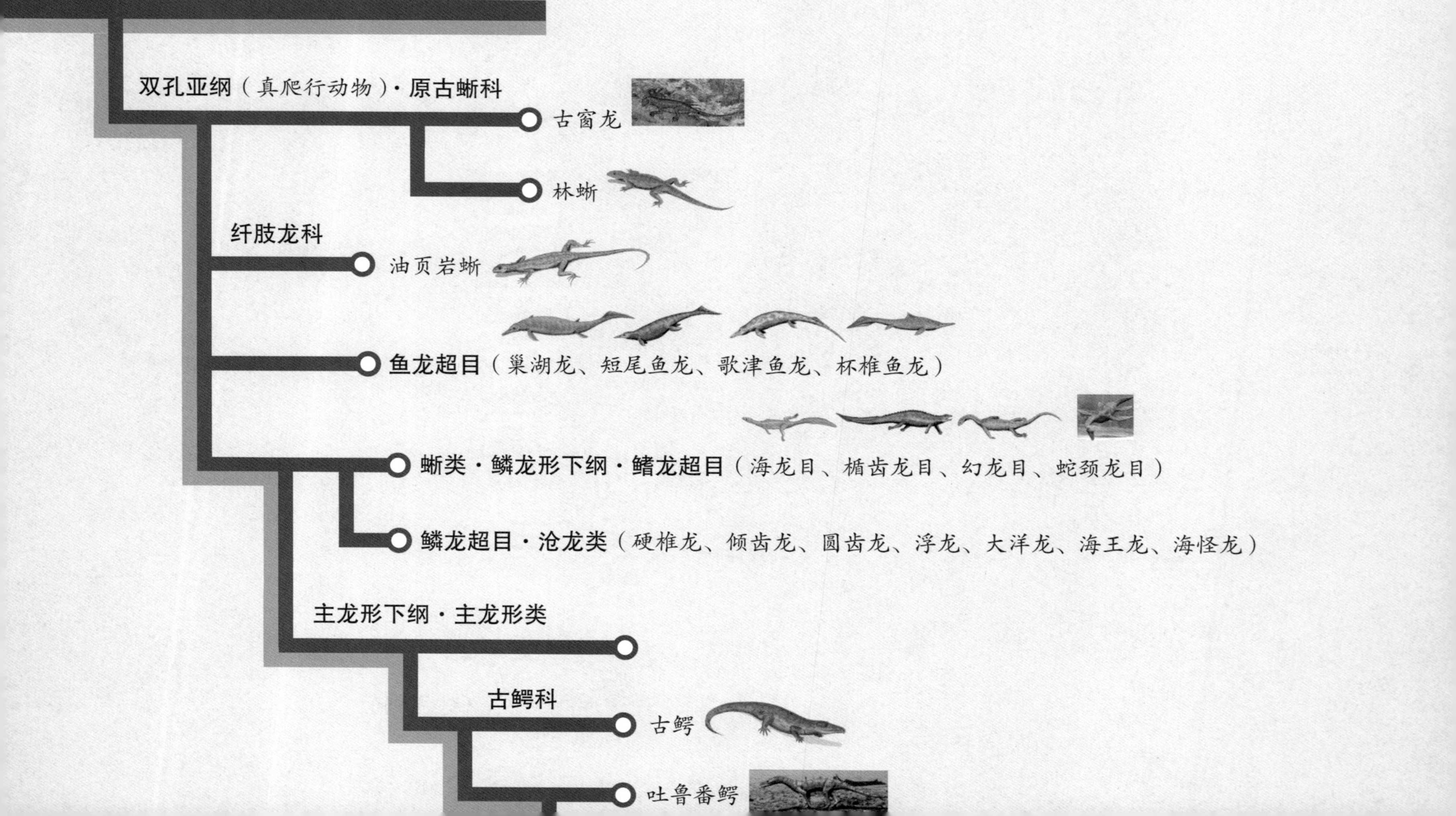

双孔亚纲（真爬行动物）·原古蜥科

古窗龙

林蜥

纤肢龙科

油页岩蜥

鱼龙超目（巢湖龙、短尾鱼龙、歌津鱼龙、杯椎鱼龙）

蜥类·鳞龙形下纲·鳍龙超目（海龙目、楯齿龙目、幻龙目、蛇颈龙目）

鳞龙超目·沧龙类（硬椎龙、倾齿龙、圆齿龙、浮龙、大洋龙、海王龙、海怪龙）

主龙形下纲·主龙形类

古鳄科

古鳄

吐鲁番鳄

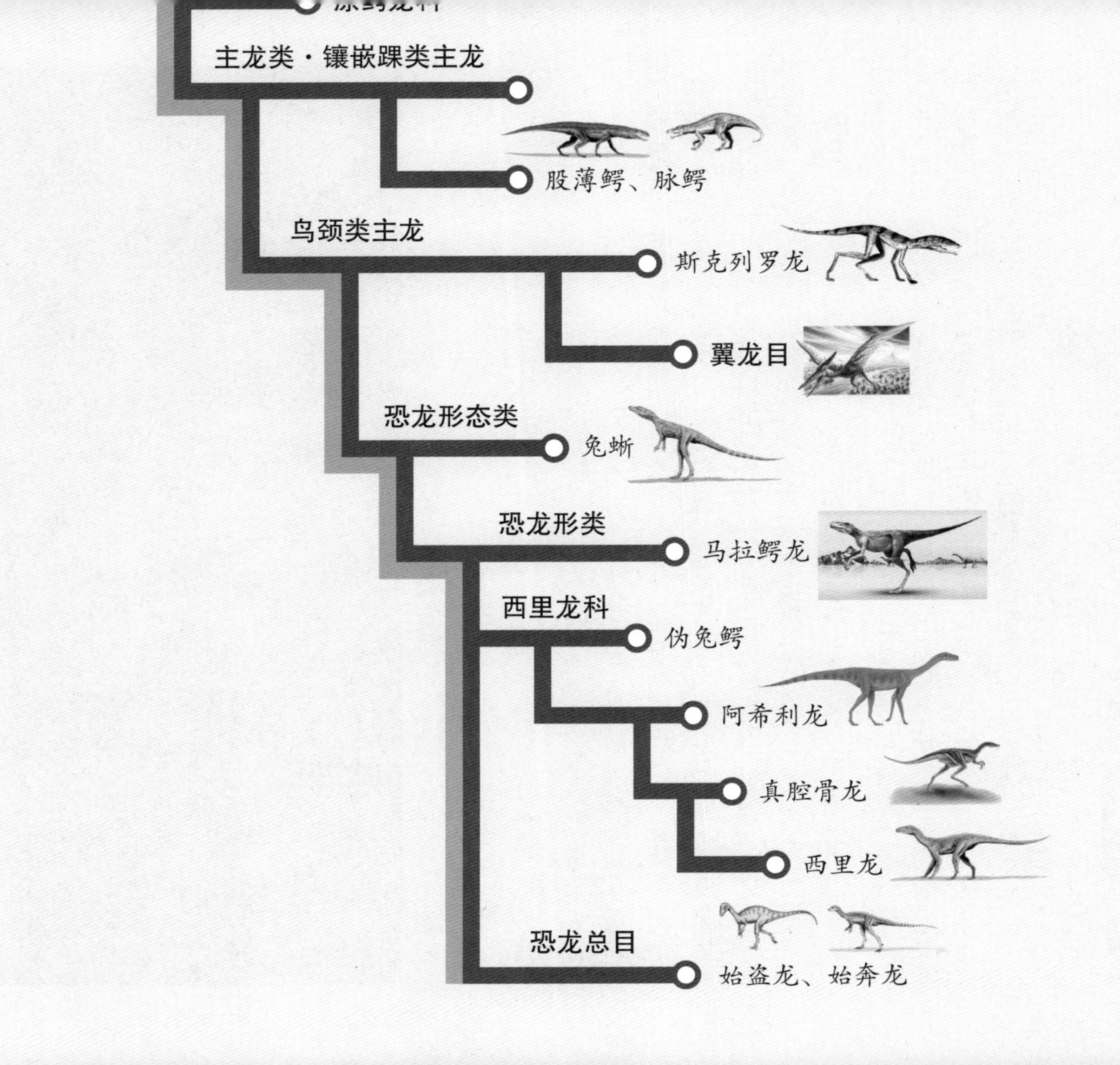
主龙类·镶嵌踝类主龙
股薄鳄、脉鳄
鸟颈类主龙
斯克列罗龙
翼龙目
恐龙形态类
兔蜥
恐龙形类
马拉鳄龙
西里龙科
伪兔鳄
阿希利龙
真腔骨龙
西里龙
恐龙总目
始盗龙、始奔龙

第三次生物大灭绝事件之后，约 3.7 亿年前，典型的肉鳍鱼进化出了两栖类，如鱼石螈。约 4600 万年之后，石炭纪晚期，具有与史前两栖动物和爬行动物相似特征的原水蝎螈，可能演化出爬行动物。爬行动物分三大类：真爬行动物（双孔亚纲）、似哺乳类爬行动物（单孔亚纲）和副爬行动物（无孔亚纲）。

3.6 亿—2.6 亿年前，大气中的二氧化碳浓度下降，导致地球进入了第四次大冰期，即石炭纪末期大冰期，也称卡鲁冰期。寒冷干燥的气候不适合蕨类热带雨林的生长，森林消失了，只留下彼此隔离、低矮的树蕨类丛林，这被称为“石炭纪雨林崩溃事件”。这一雨林崩溃事件大约使一半的大型节肢动物和两栖动物遭受灭顶之灾，而刚刚崭露头角的爬行动物凭借进化上的优势，更加适应陆地生活，因而幸免于难，在二叠纪至三叠纪时代，呈蓬勃多样化发展，并且先后成为地球上的优势物种。

石炭纪生态复原图

晚石炭世生态复原图

从石炭纪末期开始，三大类爬行动物各自走上了不同的演化道路，其中真爬行动物与似哺乳类爬行动物在进化道路上意义最为特殊，这也是本书论述的重点。本书划分出真爬行动物时代（第二卷）和似哺乳类爬行动物时代（第三卷），并分别论述。真爬行动物后来又演化出会游泳的爬行动物（包括鱼龙类、蛇颈龙类和沧龙类），以及可以跑动的主龙类（鸟颈类主龙和镶嵌踝类主龙），其中鸟颈类主龙是翼龙类、恐龙及鸟类的祖先，镶嵌踝类主龙是鳄类的祖先；似哺乳类爬行动物演化出各式各样的哺乳动物，包括我们人类。

○ 石炭纪雨林崩溃事件

泥盆纪末期第三次生物大灭绝事件之后，地球进入石炭纪（3.6 亿—2.99 亿年前），气候变得寒冷，先后在冈瓦纳古陆出现了两次小冰期，但蕨类植物，如楔叶类、石松类、真蕨类、种子蕨类等开始繁盛，其中鳞木、科达类等高达 30～50 米，可谓参天大树。繁茂高大的树木，在光合作用下，制造了大量氧气，此时大气中的氧含量高达 35%。石炭纪蕨类植物的繁盛为后来巨厚煤层的形成奠定了基础，所以这一时期被命名为“石炭纪”。在石炭纪，巨型昆虫（节胸马陆 0.9 米，普摩诺蝎 0.7 米，巨脉蜻蜓 0.3 米，蜈蚣近 2.6 米）十分繁盛，故这一时期又被称作“巨虫时代”。

两栖动物在石炭纪更是大行其道，有长 3 米、重 100 千克的引螈，模样更像大蜥蜴，体表披着细小的鳞片，宽而扁的大嘴巴里长满利齿，习性犹如今天的鳄鱼，常常捕食小型爬行动物。在石炭纪晚期，地球进入了第四次大冰期，脊椎动物在进化史上实现了第四次巨大飞跃，爬行动物开始在地球上亮相，它们彻底摆脱了对水的依赖。爬行动物的卵包着一层坚硬的卵壳，卵内还有一层羊膜包裹着胚胎，称“羊膜卵”，就像鸡蛋一样，可以避免胚胎脱水

生活在石炭纪的巨脉蜻蜓、蜉蝣等第一批飞行昆虫，以及体形巨大的蜘蛛

巨脉蜻蜓体长 30 厘米，体宽 2.5 厘米，翼宽 48 厘米；蜉蝣翼长 48 厘米；蜘蛛腿长 48 厘米

或受到损伤。后来由真爬行动物演化出的恐龙、鸟类，都以产蛋来繁衍后代。

在石炭纪的森林角落里，还游荡着一些行动敏捷的小型动物，它们是最早的爬行动物，有发现于加拿大的林蜥、油页岩蜥、始祖单弓兽等。

节胸马陆复原模型

石炭纪雨林崩溃事件使大型节肢动物、两栖动物遭受重创，约一半的物种消失，而新生的爬行动物凭其生存繁衍的优势，成功躲过了这次大冰期，在2.99亿—2亿年前大显身手，呈爆发式多样化增长，成了陆地上的主宰者。

正在捕食昆虫的林蜥（想象图）

强悍的引螈正在捕食弱小的林蜥（想象图）

羊膜卵孵化后，小蜥蜴破壳而出

1.9 亿年前的恐龙胚胎化石及复原图

○ 真爬行动物与羊膜卵

动物产羊膜卵是脊椎动物进化史上的第四次巨大飞跃，也是动物繁殖方式的一次革命性进步，从此拉开了真爬行动物时代的序幕。真爬行动物通过产蛋的方式在陆地上繁衍后代，最早、最具有代表性的真爬行动物是生活在森林深处的林蜥。林蜥因个体较小，常成为大型两栖动物的猎物。真爬行动物繁衍方式的革命性进化，促进了真爬行动物的繁衍生息，由此，真爬行动物不断发展壮大，并最终称霸陆地，地球生命史迎来了恐龙时代。

9.1 最原始的真爬行动物

石炭纪晚期，真爬行动物开始登上历史舞台，它们体形纤细娇小，体长 20～40 厘米，牙齿小而锐利，主要以昆虫为食。著名的早期真爬行动物有古窗龙、林蜥、油页岩蜥等，它们可称得上是真爬行动物的祖先。

在 2.51 亿年前第四次生物大灭绝事件之后，主龙形类爬行动物，如加斯马吐鳄、古鳄、引鳄、吐鲁番鳄等开始称霸三叠纪，其中鸟颈类主龙是恐龙、翼龙目及鸟类的祖先；镶嵌踝类主龙，如股薄鳄、派克鳄、鸟鳄、凿齿鳄、狂齿鳄、四川鳄等与现今鳄鱼是近亲。

在真爬行动物时代，天空中出现了较为原始的、会飞行的真双齿翼龙、沛温翼龙、蓓天翼龙等翼龙类爬行动物；水中有了会游泳的鱼龙类、幻龙类、楯齿龙类、海龙类等早期水生爬行动物。可以说，各种海生爬行动物都是由真爬行动物（双孔类）进化而来的。

在陆地上，真爬行动物恐龙形态类爬行动物有伪兔鳄、兔蜥、阿希利龙、西里龙等。

鸟颈类主龙在今天的南美洲进化出最早的恐龙——始盗龙和皮萨诺龙。可以说，南美洲是恐龙的发源地，小型的、两足猎食的鸟颈类主龙，如始盗龙等，是所有恐龙的祖先。

古窗龙复原图（图片来源：Conty）

古窗龙，又名古单弓兽，属真爬行动物，小型灵活，身长约 30 厘米，外表似蜥蜴，生活于石炭纪晚期，3.12 亿—3.04 亿年前，化石发现于加拿大新斯科舍，是已知最古老的爬行动物之一。古窗龙有锐利的牙齿与大眼睛，可以夜间猎食。它们可能以昆虫及小型动物为食。古窗龙仍然拥有某些原始特征，类似四足类动物

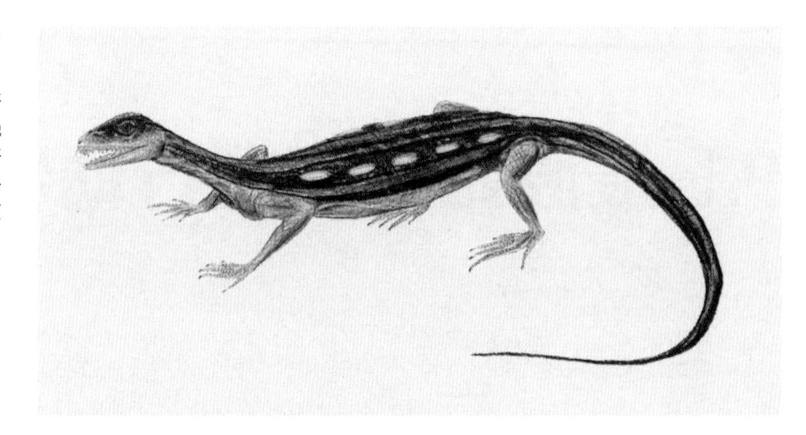

纤肢龙复原图（图片来源：Smokey）

纤肢龙，属真爬行动物纤肢龙科，生活于二叠纪晚期，化石发现于美国。纤肢龙身长大约 60 厘米，外形类似现代蜥蜴，与油页岩蜥是近亲

莱氏林蜥复原图（图片来源：Nobu Tamura）

林蜥，属真爬行动物，是已知最早的爬行动物之一，生活于 3.12 亿年前的石炭纪晚期，化石发现于加拿大新斯科舍，在同一地点还发现了原始盘龙目的始祖单弓兽的化石。林蜥身长大约 20 厘米，外形类似现代蜥蜴，四肢爬行，有 5 个脚趾，长有尖锐的趾爪，拥有锐利的小型牙齿，以昆虫为食

油页岩蜥复原图（图片来源：Nobu Tamura）

油页岩蜥，属真爬行动物纤肢龙科，生活于晚石炭世，约 3.02 亿年前，化石发现于美国堪萨斯州。油页岩蜥身长约 40 厘米，是已知最早的真爬行动物之一，主要以小型昆虫为食

第四次生物大灭绝事件：拉开了恐龙进化的序幕

回顾地球历史，自 5.41 亿年至 6600 万年前，地球上的生物至少经历了六次生物大灭绝事件，每一次大灭绝事件都使地球上难以计数的生命遭受灭顶之灾，其中 2.51 亿年前的二叠纪末期生物大灭绝事件无疑是最为惨烈、最为严重的一次。话说地质历史进入了 2.99 亿年前的二叠纪，生命经历了数十亿年的演化之后出现了大发展，水里、地上和空中出现了各式各样的生物，地球成了生命的“伊甸园”。二叠纪时期的海水清澈温暖，无数低级小生命在海洋中无忧无虑地生活着，如珊瑚虫、苔藓虫、有孔虫、海绵等。这些小生命在海洋中繁衍生息，在数千万年的时间里，创造了一个个生命奇迹，形成了一座座超级生物礁。

在二叠纪，陆地上森林密布，高大的蕨类植物、裸子植物郁郁葱葱，林间五彩斑斓的昆虫翩翩起舞，这些昆虫体形都十分巨大，可达二三米长。这样欣欣向荣的景象持续了近 5000 万年，直到二叠纪末期环境发生巨大变化，大部分生物才从地球上奇迹般地消失了，三叶虫也从此在海洋中永远不见踪影。地球不再是生命的“伊甸园”，剩下的极少部分生物也在遭受蹂躏。据科学家们统计，有多达 95% 的海洋生物和 75% 的陆生脊椎动物在二叠纪末期惨遭灭绝。科学家们通过对二叠纪末期岩石地层进行研究，发现铱元素富集，而铱主要来自外太空，因此推测地球上出现铱元素富集，可能与小天体的撞击有关，但这一观点仍然受到质疑。20 世纪 90 年代，科学家们在西伯利亚的冻土层中发现了绵延数千千米的火成岩，这套岩石被称为“西伯利亚大火成岩省”。由此我们可以想象这样一幅画面：地壳被火山熔岩撕裂出一个数千千米的“大口子”，炙热的岩浆喷涌而出，在数百万平方千米的大地上肆虐横行，所产生的约 200 万立方千米的火山岩和火山灰在冷却后形成了这一超规模的火成岩省。科学家们经进一步研究发现，发生在 2.51 亿年前的这次巨大的火山喷发持续了 100 多万年。二叠纪末期的生物大灭绝事件很可能与这次大规模的火山喷发事件密切相关。

这次大规模的火山喷发对全球气候产生了巨大影响，持续不断的火山喷发使大量火山气体和火山灰喷入空中，先导致气温极速升高，随之而来的则是气温急剧下降。这一次次的气温骤升与骤降，对生物产生一次次重创，而弥散在空中的火山灰遮挡了阳光的照射，阻碍了植物的光合作用，最终从根本上摧毁了整个地球的生态系统。

但与之前的几次生物大灭绝一样，这样的大灭绝事件既是生物的灾难，也是生命进化的契机。第四次生物大灭绝事件促使脊椎动物的听觉系统进一步演化，听觉能力大幅度提高。与此同时，脊椎动物的颌骨也发生进化。

○ 脊椎动物颌骨的演化

第一，鱼的鳃弓演化成最初盾皮鱼的原始颌骨，原始颌骨只是软骨，代表动物如麒麟鱼。

第二，原始颌骨缩小，来自体表的骨片加固取代了原始颌骨，形成了鱼类坚固的上下颌骨，如初始全颌鱼的颌骨。硬骨鱼的嘴巴也由此进化而来。

第三，缩小的原始颌骨与体表骨片形成的齿骨构成了爬行动物的下颌骨（关节骨、方骨和齿骨），但爬行动物不具有咀嚼功能，代表动物如林蜥。

第四，进一步缩小的原始颌骨演化成哺乳动物的3块小骨头，构成了听小骨，哺乳动物的下颌骨只由一块齿骨构成，有了咀嚼能力。

第四次生物大灭绝事件后，天上出现了翼龙（2.3亿年前），水里有了鱼龙（2.48亿年前），陆地上出现了恐龙。2.34亿年前，第一只恐龙始盗龙出现在南美洲，拉开了恐龙进化的序幕。

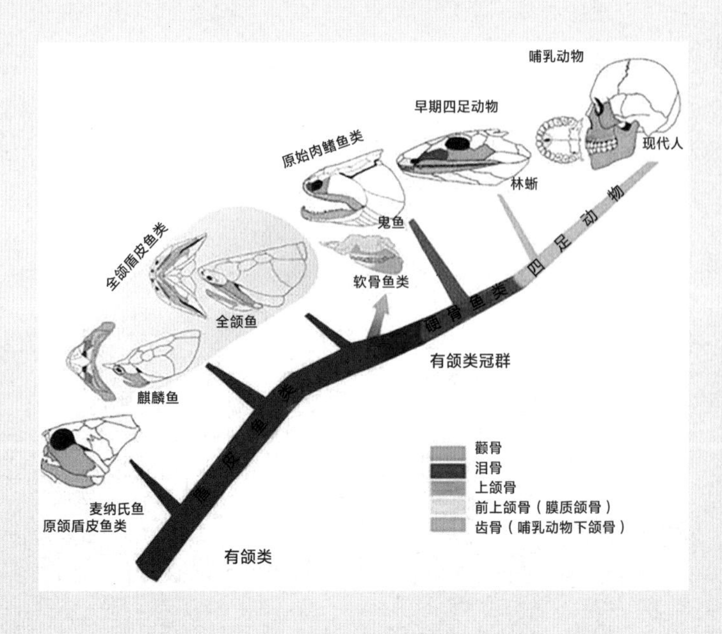

脊椎动物颌骨演化示意图（引自朱敏）

9.2 主龙类爬行动物

真爬行动物的祖先最先演化出主龙形类爬行动物，主龙形类后来又演化出主龙类爬行动物。

主龙形类首先出现在晚二叠世，繁盛于三叠纪。它们外表类似鳄鱼，是半水生的猎食性动物，有狭长的口鼻部，站立时前肘部向外拐，著名的有加斯马吐鳄、古鳄、吐鲁番鳄、引鳄等。

古鳄很像现代鳄鱼，潜伏在水边伏击猎物，它也许是鳄鱼的远祖。古鳄最显著的特征是上颌前端向下弯曲，几乎满嘴（腭骨）长有牙齿，这也是主龙形类爬行动物的原始特征，后来爬行动物、哺乳动物的

弗氏古鳄复原图（图片来源：Nobu Tamura）

古鳄，属古鳄科，是已灭绝的主龙形类爬行动物，生活于三叠纪早期，化石发现于中国和南非

加斯马吐鳄复原图

加斯马吐鳄，属古鳄科，是已知最早的主龙形类之一，生活于三叠纪早期的俄罗斯欧洲部分，身长约 2 米，行为类似现代鳄鱼

引鳄复原图

引鳄，属引鳄科，是大型肉食性动物，生活于三叠纪早中期，化石发现于南非、俄罗斯、中国等地。它们身长 2.5~5 米，是当时的顶级掠食动物

牙齿集中在上下颌骨的边缘。

主龙类，又名初龙类、祖龙类、古龙类，希腊文意为“具优势的蜥蜴”，是真爬行动物的一个主要演化分支，主龙类又演化出镶嵌踝类主龙和鸟颈类主龙两大类。

主龙类的四肢朝外伸展，匍匐爬行时，肺部会受到挤压，无法正常呼吸，因此呼吸与爬行必须交替进行，也因此它们爬行得很慢。

鸟颈类主龙的西里龙、镶嵌踝类主龙的波罗尼鳄复原图（图片来源：Hiuppo）

9.3 镶嵌踝类主龙

镶嵌踝类主龙是主龙类的一个演化支，是所有鳄类的祖先，也称“假鳄类”，其特征是有脚后跟，口鼻狭长，颈部粗壮，四肢由趴姿到直立，体形较大，覆有甲板。

镶嵌踝类主龙是肉食性爬行动物，出现在三叠纪早期（约 2.45 亿年前），到三叠纪中期（2.47 亿—2.35 亿年前）成为陆地优势动物，在三叠纪晚期（2.35 亿—2.01 亿年前）达到鼎盛。它可分为 4 个目（类）：劳氏鳄目、植龙目、坚蜥目和鳄形超目。

在三叠纪至侏罗纪第五次生物大灭绝事件中，所有大型镶嵌踝类主龙灭绝，只有小型喙头鳄亚目与原鳄亚目存活下来，取而代之的是恐龙。

当白垩纪末期第六次生物大灭绝事件发生时，大部分鸟颈类主龙灭绝，只有鸟类与镶嵌踝类主龙的鳄鱼存活至今。

短吻鳄、长吻鳄等是镶嵌踝类主龙演化支中仍然存活的物种。

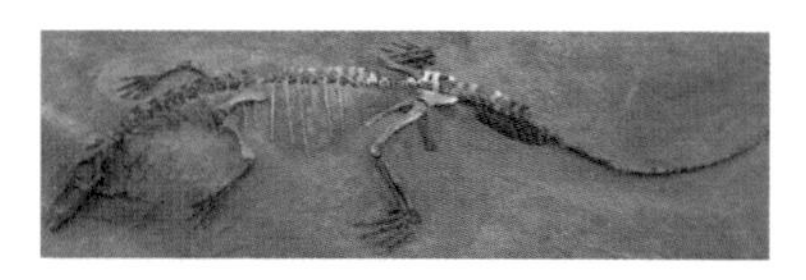

达坂吐鲁番鳄化石标本（中国古动物馆）

凿齿鳄复原图（图片来源：Nobu Tamura）

凿齿鳄，属镶嵌踝类主龙类植龙目，生活于三叠纪晚期的北美洲

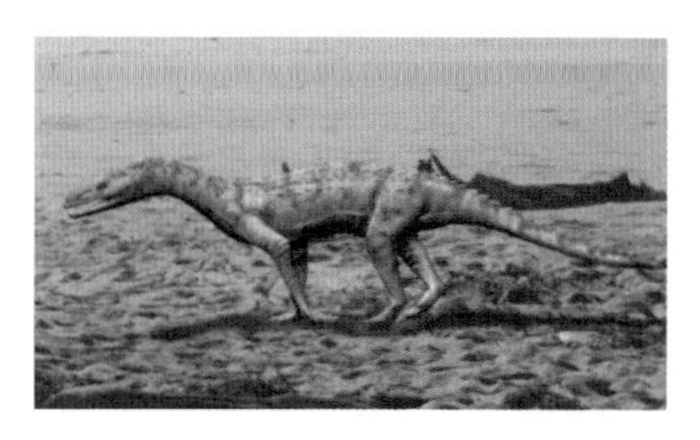

吐鲁番鳄复原图（图片来源：Nobu Tamura）

吐鲁番鳄，属主龙形类，生活于三叠纪中期的中国西北部，体形小，身长约 90 厘米

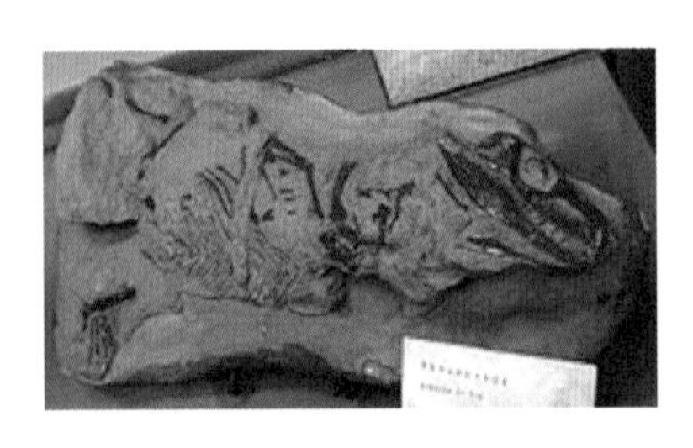

派克鳄化石（法国国家自然历史博物馆）

卡罗来纳狂齿鳄骨架

派克鳄复原图（图片来源：Nobu Tamura）

派克鳄，属镶嵌踝类主龙，是小型史前爬行动物，肉食性，生活于三叠纪早期，2.47 亿—2.42 亿年前，化石发现于非洲，身长 60 厘米，体形修长，头部小，牙齿小呈针状，以昆虫与其他小型动物为食。派克鳄前肢指爪锐利，拥有相当长的后肢，可能是半两足动物，能够以后肢快速奔跑

卡罗来纳狂齿鳄复原图（图片来源：Nobu Tamura）

狂齿鳄，属镶嵌踝类主龙类植龙目，生活于三叠纪晚期，化石发现于美国，身长 3 米。如同其他植龙目，狂齿鳄的外表非常类似鳄鱼。它们可能在水边捕食鱼类和陆地动物。狂齿鳄的背部、身体两侧、尾巴覆盖着骨质鳞甲

股薄鳄复原图（图片来源：Nobu Tamura）

股薄鳄，意为“纤细的鳄鱼”，属镶嵌踝类主龙，生活于三叠纪中期，体形小，身长约 30 厘米。股薄鳄与鳄形超目的祖先是近亲

脉鳄复原图（图片来源：Arthur Weasley）

脉鳄，属镶嵌踝类主龙鸟鳄科，生活于三叠纪晚期，肉食性，能以两足行走，曾分布于全球。目前鸟鳄科已发现鸟鳄、脉鳄、里约鳄三属

链鳄骨架模型（美国石化林国家公园）

链鳄，又名有角鳄，属镶嵌踝类主龙坚蜥目，生活于晚三叠世的美国得克萨斯州。链鳄是最大的坚蜥目动物之一，身长约 5 米，高约 1.5 米

波斯特鳄骨架模型（美国得克萨斯州理工大学）

波斯特鳄，又译为后鳄龙，属镶嵌踝类主龙劳氏鳄目，是现代鳄鱼的早期远亲，生活于三叠纪晚期，2.28 亿—2.01 亿年前，化石发现于北美洲。波斯特鳄是该地区的顶级掠食者，身长可达 4 米，背部高度约 2 米，体重 250～300 千克。波斯特鳄的头骨宽广巨大，嘴部带有大型匕首状牙齿，脊部覆盖着多排骨板，可保护身体

柯氏波斯特鳄复原图（图片来源：Nobu Tamura）

链鳄复原图（图片来源：Nobu Tamura）

四川鳄复原图（图片来源：Nobu Tamura）

四川鳄，属镶嵌踝类主龙鳄形超目，为最原始的鳄鱼之一，生活于侏罗纪晚期到白垩纪早期的中国

锹鳞龙复原图（图片来源：Arthur Weasley）

锹鳞龙，属镶嵌踝类主龙坚蜥目，生活于三叠纪晚期，2.28 亿—2.08 亿年前，化石发现于苏格兰与波兰，身长 3 米，头部长达 25 厘米。锹鳞龙是一种四足、植食性动物，主要以木贼、蕨类植物以及苏铁为食，行动缓慢，身披厚重的鳞甲，以抵御其他掠食动物的攻击

9.4 鸟颈类主龙

鸟颈类主龙又称鸟颈总目，是一个庞大的主龙类演化支。因有 S 状曲线的脖子，被命名为鸟颈类主龙。鸟颈类主龙包括两个演化支：恐龙形态类和翼龙目。

著名的鸟颈类主龙有马拉鳄龙和斯克列罗龙，它们是小型肉食性动物，四肢尚不能完全直立，后肢修长，明显长于前肢，两足或四足行走。

马拉鳄龙骨骼及复原图

马拉鳄龙，属鸟颈类主龙，生活于三叠纪晚期，2.35亿—2.28亿年前，化石发现于南美洲的阿根廷。马拉鳄龙是小型两足爬行动物，身长约 40 厘米，类似恐龙

9.5 恐龙形态类爬行动物

大约在早二叠世，鸟颈类主龙演化出恐龙形态类爬行动物，如兔蜥类、兔鳄。第四次生物大灭绝事件后不久，恐龙形态类爬行动物演化出恐龙形类爬行动物，著名的恐龙形类有阿希利龙和西里龙。经过约 1000 万年的演化，恐龙形类爬行动物才演化出恐龙，最早出现的恐龙是始盗龙。

真爬行动物向恐龙的演变，也是脊椎动物进化史上的第五次巨大飞跃，即真爬行动物不再匍匐前行，而是进化出了可以垂直站立的四肢，前肢主要用来捕食，而后肢不仅可以直立行走，还可以快速奔跑，所以不再像主龙类那样，呼吸与运动交替进行，而是可以边运动边呼吸。鸟颈类主龙这一变化发生在 2.47 亿—2.34 亿年前，代表性的动物有艾雷拉龙、始盗龙，从而拉开了恐龙进化的序幕。

阿希利龙生活于 2.45 亿年前的三叠纪中期，是已知最古老的恐龙形类，也是第一个发现于非洲的原始恐龙形类爬行动物。阿希利龙的出现表明三叠纪中期鸟颈类主龙已呈多样性发展。阿希利龙在形态上非常接近恐龙，但还不是恐龙，因为它的臀部结构与恐龙不同。

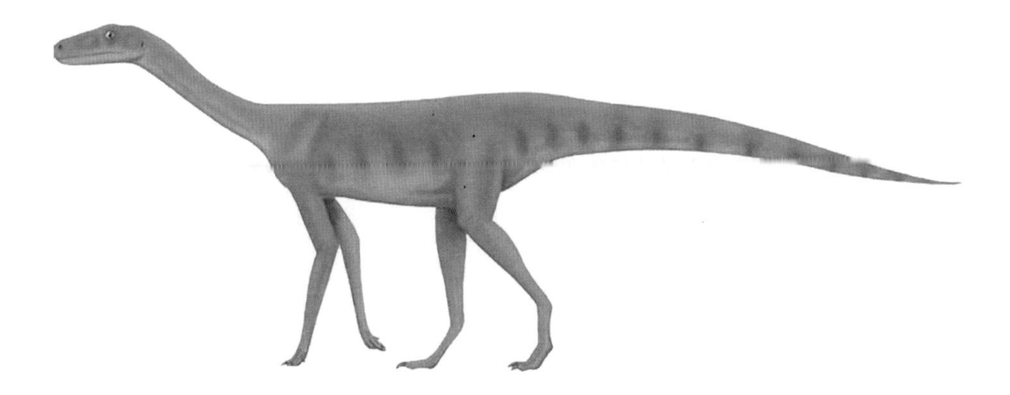

阿希利龙复原图（图片来源：Smokey）

阿希利龙，属恐龙形类西里龙科，化石发现于非洲的坦桑尼亚，身长 1～3 米，臀部高 0.5～1 米，体重 10～30 千克

兔鳄复原图（图片来源：Arthur Weasley）

兔鳄，属恐龙形态类，生活于晚三叠世，约 2.3 亿年前。它与恐龙关系密切。兔鳄是一种小型主龙类，其显著特征是脚细长，脚掌发展良好，这很像恐龙。它既可以迅速追赶猎物，也可以快速逃离捕食者

兔蜥类复原图（图片来源：Devant Art）

兔蜥类，属恐龙形态类，是恐龙的早期近亲，生活于三叠纪晚期，2.35 亿—2.01 亿年前，化石发现于南美洲的阿根廷，以及美国亚利桑那州、新墨西哥州和得克萨斯州。兔蜥类是小型两足爬行动物，后肢长约 25 厘米

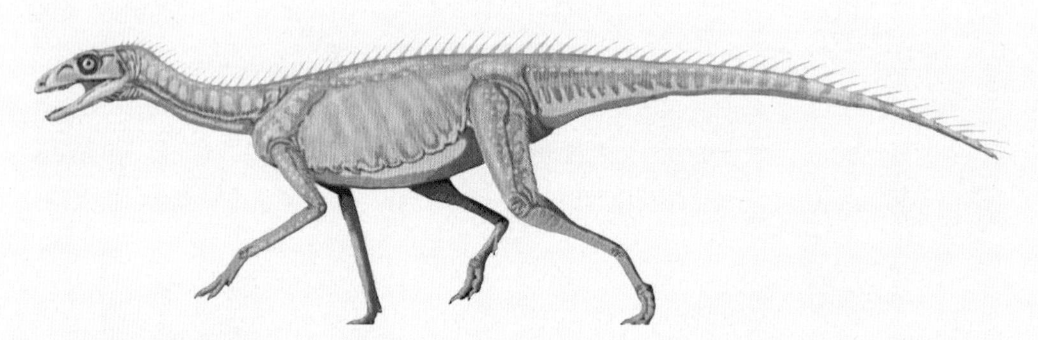

奥波莱西里龙复原图（图片来源：Dmitry Bogdanov）

奥波莱西里龙，身长近 2.3 米，可以两足行走，体态轻盈，适合奔跑

斯克列罗龙复原图（图片来源：Nobu Tamura）

斯克列罗龙，属鸟颈类主龙，生活于三叠纪晚期的苏格兰。斯克列罗龙是善于行走的小型动物，身长约 18 厘米，后肢相当长，能以两足方式或四足方式行走

西里龙复原图（图片来源：Nobu Tamura）

西里龙，属恐龙形类西里龙科，生活于约 2.3 亿年前，三叠纪晚期的波兰。西里龙是植食性动物，牙齿小，呈圆锥状，带有锯齿，齿骨前端没有牙齿，某些古动物学家因此认为西里龙具有喙状嘴

9.6 史前翼龙
——最早会飞的脊椎动物

○ 翼龙的直接祖先——凯利孔纳蓬龙

1998年，美国自然历史博物馆研究员约翰·弗林领导的研究团队在非洲马达加斯加岛西南部的穆龙达瓦盆地发现了凯利孔纳蓬龙（*Kongonaphon kely*）的化石。

凯利孔纳蓬龙，意为“昆虫的杀手”，属鸟颈类主龙，是恐龙和翼龙最近的共同祖先，生活于约2.37亿年前，身高约10厘米，大小如手机。古生物学家们通过对凯利孔纳蓬龙的研究，了解到翼龙为了躲避陆地上的危险和捕食飞行的昆虫，演化出了翅膀，飞上了天空。三叠纪晚期，昼夜温差较大，为了保暖，翼龙与恐龙的皮肤上进化出一层绒毛。

凯利孔纳蓬龙复原图（图片来源：Alex Boersma）

○ 翼龙概述

科学家们发现，目前发现的翼龙化石要早于恐龙化石。1784年，意大利自然科学家科利尼描述了第一具翼龙化石骨架。1822年，英国乡村医生、古生物学家吉迪恩·曼特尔发现了首个恐龙化石。

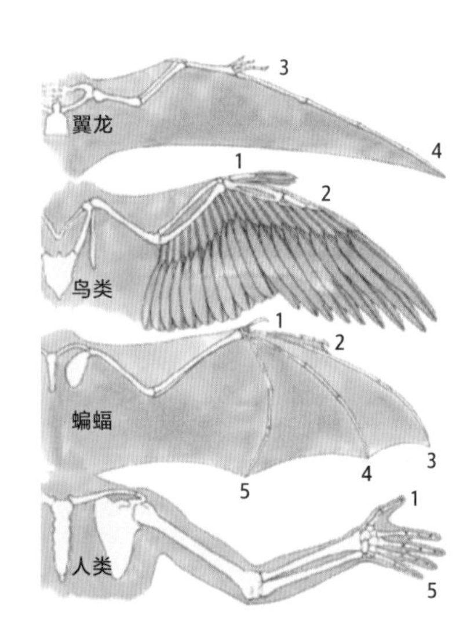

翼龙翅膀、鸟类翅膀、蝙蝠翅膀与人类上肢骨骼对比图

翼龙是最早会飞的脊椎动物，比最早的鸟——始祖鸟早8500万年飞上天空，与恐龙生活在一个时代，在地球上生活了约1.65亿年。

翼龙大致分为较原始的喙嘴翼龙类和进化的翼手龙类，前者主要生活在侏罗纪，后者主要生活在白垩纪。

翼龙为了御寒保暖，身上长有绒毛，为了在高空中飞行，进化成恒温动物。翼龙的小脑十分发达，有利于整合信息，保持平衡。翼龙的胸骨有龙骨突，有利于附着飞行肌肉，肩带及前肢异常发达，骨骼中空，有非常强的飞行能力。翼龙前肢的第五指已消失，只有四指，其中的三个指是活动的，第四指变得

正在飞行的翼龙（想象图）

又长又粗，用于飞行的翼膜就附着在第四指上。

翼龙的演化特征是：从侏罗纪早期的喙嘴翼龙类进化到白垩纪晚期的翼手龙类，翼龙的体形和头颅由小变大，脖子、掌骨和翼展由短变长，尾巴由细长变为短粗，尾巴末端从有标状物到无，后肢的第五趾由长变短，由两足行走变为四足行走，飞行能力也由弱变强，喙嘴由短变长，牙齿从又细又长又尖变得稀少甚至没有，从无头冠到有明显的头冠。

在中国辽宁西部发现的悟空翼龙是喙嘴翼龙类与翼手龙类之间的关键过渡物种。悟空翼龙的头骨、脖子与翼手龙类几乎一模一样，而后肢、尾巴又与喙嘴翼龙类非常相似。可以说，悟空翼龙就是喙嘴翼龙类与翼手龙类的“镶嵌体”。

随着近些年来不断发现带羽毛恐龙、树栖恐龙的化石，现在关于翼龙飞行起源的主流观点，也由地栖起源说变为树栖起源说，即翼龙的祖先为了捕食更多的猎物，先凭借四肢爬到树的高处，然后从一棵树上滑翔到另一棵树上，久而久之，翅膀愈加发育，最终翼龙真正飞了起来。

翼龙在空中飞行，需要极强的新陈代谢能力，对营养要求也很高，所以翼龙是杂食性动物。大部分翼龙除了以鱼类为食，也吃植物或植物的种子、昆虫，以及水中微生物、陆地小动物等。

2004 年，我国古生物学家发现了世界上第一枚翼龙蛋化石与胚胎化石。研究证明，翼龙是卵生的，像鸡、鸭、鹅等较原始的鸟类一样，其胚胎发育模式属早熟型，即幼崽破壳时就长有羽毛，骨骼很硬，不仅能够行走，甚至还可以飞行，以躲避猎食者，并能自主觅食。

随着翼龙的进化，到白垩纪时期，翼龙的头冠更加醒目，头冠的主要功能是：(1）用于性展示，即雄性翼龙向雌性炫耀和展示；(2）用于飞行时保持身体平衡，飞行捕食时保持身体稳定；(3）调节体温；(4）更显强大威猛，恐吓对手或情敌。

2006 年，中国古脊椎动物与古人类研究所研究员汪筱林领导的团队在新疆维吾尔自治区哈密市进行野外考察时，发现了哈密翼龙动物群。据推测，该动物群有上亿个幼年或成年翼龙个体化石，还有各种类型的恐龙、鸟类等足迹化石。这是世界上面积最大和最富集的翼龙化石产地，翼龙化石富集面积约 70～80 平方千米，分布密度达每平方米至少有 1 个翼龙个体。此外，在该翼龙动物群，还有数以万计的立体“软壳蛋”和立体胚胎。研究发现，与鸡蛋正好相反，翼龙蛋外面的钙质硬壳很薄，但里面的壳膜比较厚，翼龙蛋的塑性变形更明显。

哈密翼龙动物群的化石骨架比较分散，但每一具骨骼都比较完整。这说明哈密翼龙动物群的集体死亡很可能是湖泊形成的突发性大型风暴导致的。

9.7 三叠纪翼龙目

翼龙目是能飞行的爬行动物的一个演化支。它们是由鸟颈类主龙演化而来的，但并不是恐龙。翼龙类生活于三叠纪晚期至白垩纪末期，约 2.3 亿—0.66 亿年前，几乎与恐龙同时出现，同时灭绝。翼龙类是第一类能主动飞行的脊椎动物，其双翼由皮肤、肌肉与其他软组织构成，翼膜从身体两侧延展到极长的第四指上。翼龙的翅膀类似现代蝙蝠的翅膀，在生物学上，这叫作趋同进化。

较早的翼龙嘴里长满牙齿，具有长尾巴，尾端呈

真双型齿翼龙复原图

真双型齿翼龙（*Eudimorphodon*），又名真双齿翼龙，是目前已知最古老的翼龙之一，化石发现于意大利贝尔加莫，时代为三叠纪晚期，2.28 亿—2.01 亿年前。它们拥有少数原始特征，翼展约为 100 厘米，长尾巴的末端可能有个钻石形标状物，类似晚期的喙嘴翼龙，这个标状物可能在飞行时充当舵来使用。它们以鱼类或腐肉为食，也吃硬壳的无脊椎动物

沛温翼龙复原图（图片来源：Nobu Tamura）

沛温翼龙（*Preondactylus*），属翼龙目，生活于三叠纪中期的意大利，约 2.3 亿—2.16 亿年前。沛温翼龙可能以鱼类、昆虫为食，拥有短翼与长腿，翼展约为 45 厘米，有完全发育的翼，比一般翼龙类更原始

钻石形；较晚的翼龙尾巴大大缩短，某些晚期翼龙缺乏牙齿。翼龙以鱼、水生有壳无脊椎动物和昆虫为食，它们的体形差异非常大，最小的森林翼龙，翼展只有 25 厘米；最大的风神翼龙，翼展超过 15 米。

迄今，世界上已经发现并命名的翼龙有 140 多种。最近的研究表明，翼龙是恒温动物，体表有毛。

三叠纪时期的翼龙进化的明显特征是体形较小，翼展不超过 1 米，尾巴末端有标状物，著名的有蓓天翼龙、沛温翼龙、真双齿翼龙等。

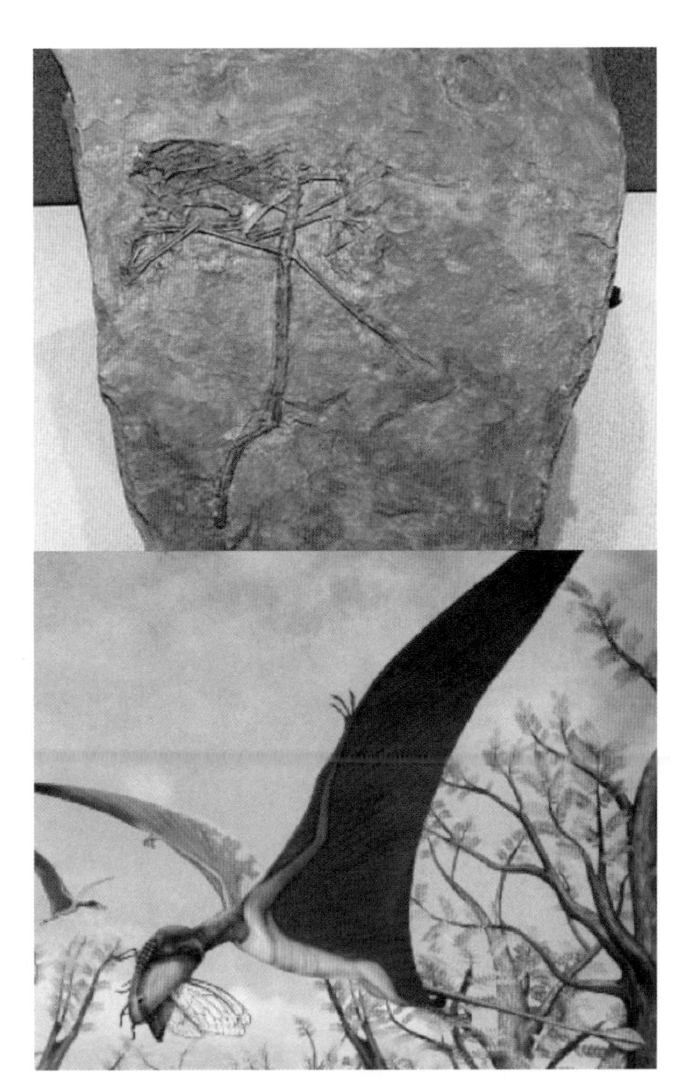

蓓天翼龙骨骼化石及复原图

蓓天翼龙（*Peteinosaurus*），又名翅龙，属翼龙目，是最古老的翼龙之一，也是最早能真正振翅的翼龙，生活在约 2.1 亿年前的晚三叠世。蓓天翼龙是小型杂食性爬行动物，翼展达 60 厘米，重达 100 克，尾端呈钻石形，主要生活在河谷、沼泽中，以昆虫为食，特别喜欢吃蜻蜓

9.8 三叠纪鱼龙超目

鱼龙超目是一类大型海生爬行动物，外形类似鱼类和海豚，这是趋同进化的结果。鱼龙类都是由陆地上四足爬行的真爬行动物演化来的。

鱼龙类比恐龙早出现约 1400 万年，在约 9000 万年前灭绝，灭绝时间比恐龙早约 2500 万年。在早三叠世，鱼龙体形较小，如巢湖鱼龙、短尾鱼龙等；到中晚三叠世，鱼龙体形变大，如杯椎鱼龙、喜马拉雅鱼龙等；到侏罗纪，鱼龙特别繁盛，分布尤为广泛；到了白垩纪，

柔腕短吻龙复原图

鱼龙被蛇颈龙类取代，蛇颈龙类成了那时的顶级掠食动物。

第四次生物大灭绝事件之后，最先出现的鱼形动物是柔腕短吻龙（*Cartorhynchus lenticarpus*），它也是目前发现的个体最小的成年鱼龙，体长约 40 厘米，生活在早三叠世，约 2.48 亿年前，化石发现于我国安徽省巢湖马家山。短吻龙身体骨骼较重，便于海底取食，吻部很短且没有牙齿，可能采取吸食方式；躯干较短，前肢较大，在陆地上能像海豹一样弯曲腕部支撑身体，向前移动。它既可以在海洋里生活，又可以回到岸上生活。

鱼龙类的头部像海豚，口鼻部较长，长满牙齿，体形呈流线型，适于快速游泳。有些鱼龙能够潜到深海捕食，如大眼鱼龙。鱼龙类呼吸空气，属于卵胎生爬行动物，直接把幼崽产在海洋里。早期的鱼龙生产时，小鱼龙先露出头部；后期的鱼龙生产时，小鱼龙先露出尾部。

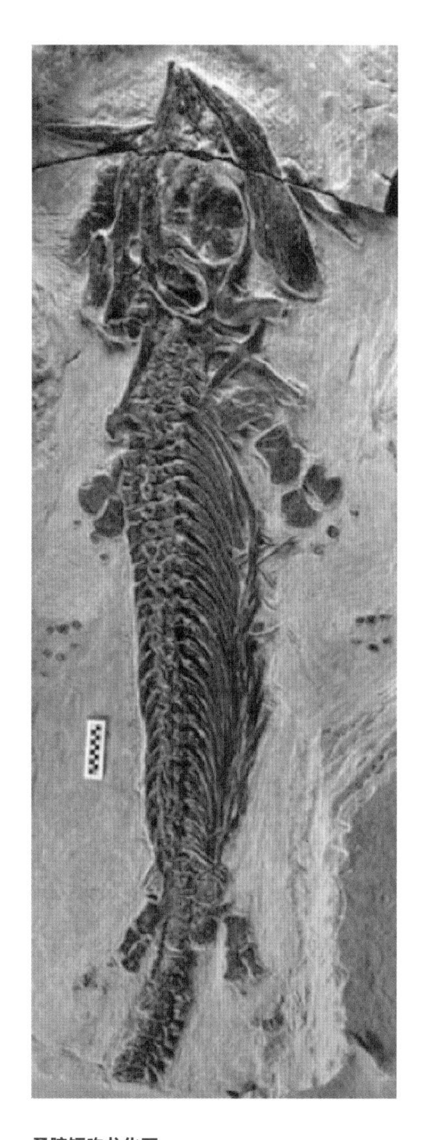

柔腕短吻龙化石

加利福尼亚鱼龙复原图（图片来源：Nobu Tamura）

加利福尼亚鱼龙（*Californosaurus*），又称皮氏萨斯特鱼龙，属鱼龙超目，生活在三叠纪晚期，化石发现于美国加利福尼亚州。身长3米，以鱼类及其他小型海洋生物为食。和其他鱼龙类一样，加利福尼亚鱼龙很可能一生都不会离开水域，所以产子也是在水中进行的

混鱼龙生态复原图（图片来源：Nobu Tamura）

混鱼龙（*Mixosaurus*），意为“混合蜥蜴”，属鱼龙超目。混鱼龙生活于三叠纪中期，曾分布于亚洲（中国）、欧洲和北美洲。混鱼龙身长约1米，拥有长尾巴，尾巴有下鳍，显示它们游泳速度慢，但同时拥有背鳍，起稳定作用。混鱼龙的外形类似鳗鱼，以鱼类为食

杯椎鱼龙复原图（图片来源：Nobu Tamura）

杯椎鱼龙（*Cymbospondylus*），意为“船的脊刺”，为原始鱼龙类，生活于三叠纪中晚期，2.4亿—2.1亿年前，化石发现于德国与美国内华达州。杯椎鱼龙身长6~10米。它是最不像鱼类的鱼龙类，背部没有背鳍，尾巴有长的下鳍。它可能是卵胎生

萨斯特鱼龙生态复原图及化石（图片来源：Dmitry Bogdanov）

萨斯特鱼龙（*Shastasaurus*），属鱼龙超目，生活于三叠纪晚期，约2.1亿年前，化石发现于美国、加拿大和中国。萨斯特鱼龙体形很大，身长约21米，有高度特化的鳍状肢，适合在海中游泳，口鼻部短，缺乏牙齿，被推测以鱼类、无壳头足类为食

喜马拉雅鱼龙生态复原图

喜马拉雅鱼龙，属鱼龙超目萨斯特鱼龙超科，生活于晚三叠世，化石发现于中国西藏自治区4800米的高山上，身长约15米，重3吨，肉食性，可能与秀尼鱼龙是同一物种

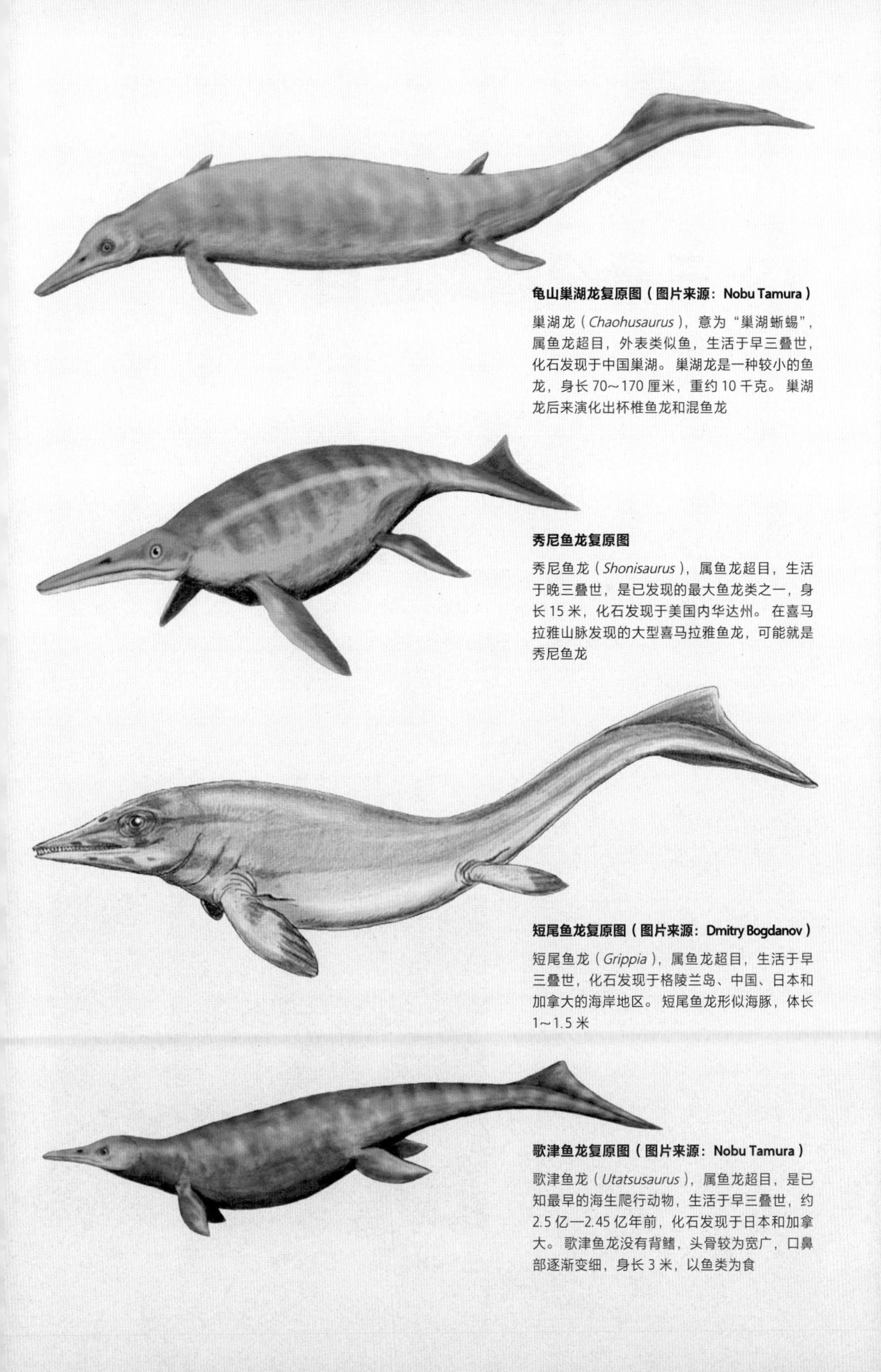

龟山巢湖龙复原图（图片来源：Nobu Tamura）

巢湖龙（*Chaohusaurus*），意为“巢湖蜥蜴”，属鱼龙超目，外表类似鱼，生活于早三叠世，化石发现于中国巢湖。巢湖龙是一种较小的鱼龙，身长 70～170 厘米，重约 10 千克。巢湖龙后来演化出杯椎鱼龙和混鱼龙

秀尼鱼龙复原图

秀尼鱼龙（*Shonisaurus*），属鱼龙超目，生活于晚三叠世，是已发现的最大鱼龙类之一，身长 15 米，化石发现于美国内华达州。在喜马拉雅山脉发现的大型喜马拉雅鱼龙，可能就是秀尼鱼龙

短尾鱼龙复原图（图片来源：Dmitry Bogdanov）

短尾鱼龙（*Grippia*），属鱼龙超目，生活于早三叠世，化石发现于格陵兰岛、中国、日本和加拿大的海岸地区。短尾鱼龙形似海豚，体长 1～1.5 米

歌津鱼龙复原图（图片来源：Nobu Tamura）

歌津鱼龙（*Utatsusaurus*），属鱼龙超目，是已知最早的海生爬行动物，生活于早三叠世，约 2.5 亿—2.45 亿年前，化石发现于日本和加拿大。歌津鱼龙没有背鳍，头骨较为宽广，口鼻部逐渐变细，身长 3 米，以鱼类为食

9.9 三叠纪鳍龙超目

鳍龙超目是一类进化得非常成功的海生爬行动物，繁盛于中生代。它们是由陆生蜥类演化而来的。最早的鳍龙超目动物出现在三叠纪早期，约 2.45 亿年前，在 6600 万年前灭绝。鳍龙超目（包括楯齿龙目、海龙目、幻龙目和蛇颈龙目）与恐龙、翼龙类、沧龙类生活在同一时期。早期的鳍龙超目物种体形小，约 60 厘米长，有长四肢，是半水生的动物，例如肿肋龙类，但它们中有些能快速长到数米，并生活在浅水中，如幻龙类。三叠纪至侏罗纪生物灭绝事件使这些早期物种几乎全部灭绝，只有蛇颈龙目存活。在早三叠世时期，蛇颈龙目快速分化为长颈、小头的蛇颈龙类，以及短颈、大头的上龙类。

○ 楯齿龙目

楯齿龙目又名盾齿龙目、齿龙目，属蜥形纲鳍龙超目，生活于三叠纪，在 2.01 亿年前的

楯齿龙骨骼

楯齿龙复原图（图片来源：Nobu Tamura）

楯齿龙（*Placodus*），又名盾齿龙，属楯齿龙目，生活于三叠纪中期，约 2.4 亿年前，化石发现于德国、法国、波兰和中国。楯齿龙有略胖的身体与长尾巴、短颈部，身长约 2 米，可能生活在浅水区域，以贝类为食，近亲是蛇颈龙类

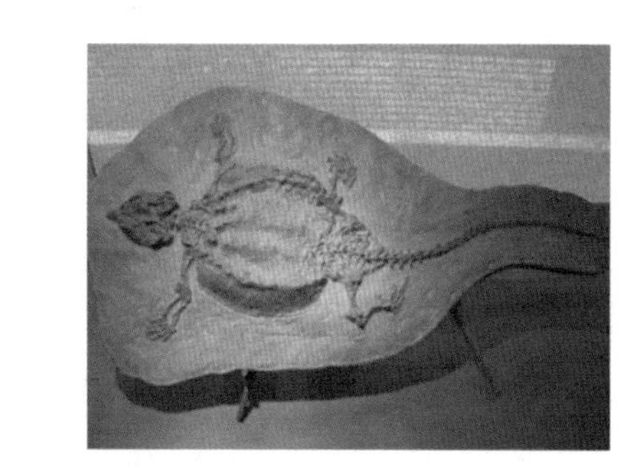

豆齿龙骨骼化石

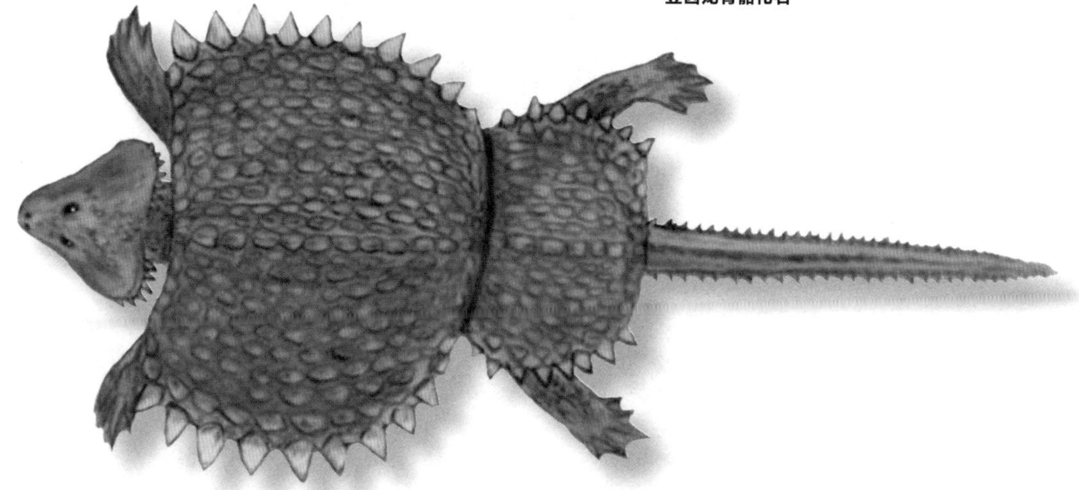

豆齿龙复原图

豆齿龙（*Cyamodus*），又名海豆蜥，属楯齿龙目豆齿龙科，生活于中三叠世，2.47 亿—2.35 亿年前，化石发现于德国和中国。豆齿龙身长约 1.3 米

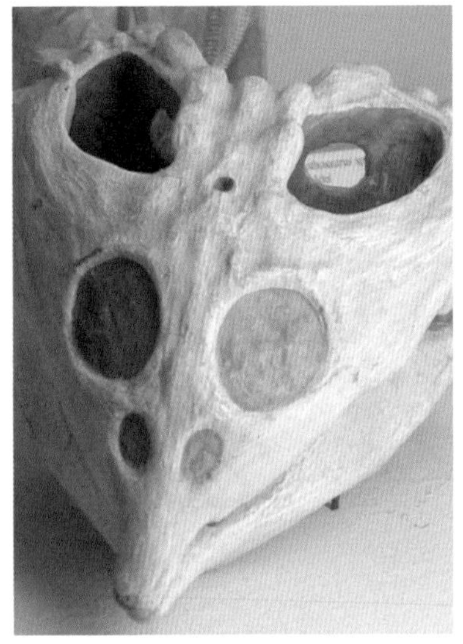

盾龟龙头骨化石

生物灭绝事件中灭绝。楯齿龙类的化石发现于欧洲、北非和中东地区。楯齿龙类通常身长1~2米，最长可达3米，四肢短而强壮。部分原始楯齿龙类外表类似粗壮的蜥蜴，而其他楯齿龙类背上有大型骨板，类似乌龟。

盾龟龙复原图

盾龟龙（*Placochelys*），又名铠甲楯齿龙、龟龙，生活于三叠纪，化石发现于德国，身长约90厘米。盾龟龙的口鼻部呈喙状，几乎没有牙齿，但有特化过的宽广牙齿，可用来压碎甲壳类的外壳。盾龟龙具有类似海龟的鳍状肢，适合在海中生活，此外，盾龟龙具有明显的脚趾，还有短尾巴

○ 幻龙目

幻龙目，又名孽子龙目，属于鳍龙超目，习性类似现代的海豹，在水中捕捉猎物，再回到海岸上享用美餐。它们有长长的身体与尾巴，脚掌已演化成桨状，颈部相当长，头部长而平坦。它们以鱼类为食。幻龙类是蛇颈龙的祖先。

科学家们在我国云南省罗平县发现了一种幻龙化石，这种幻龙被命名为张氏幻龙（*Nothosaurus zhangi*）。张氏幻龙生活在2.41亿—2.35亿年前的中三叠世，体长5~7米，是当时海洋中的顶级猎食者，主要以大型肉食性鱼类和其他海生爬行动物为食。张氏幻龙是第四次生物大灭绝事件之后，较早出现的顶级掠食者，对研究三叠纪动物的复苏具有重要意义。

张氏幻龙捕食小型肿肋龙（想象图）

张氏幻龙，属鳍龙超目幻龙目，体形庞大，头部扁平宽阔，长有巨大且锋利的圆锥形犬齿，趾间有蹼，尾巴可能呈鳍状。与蛇颈龙相比，幻龙对水生环境的适应程度并不是很高，因此主要以伏击的方式在水下捕食猎物

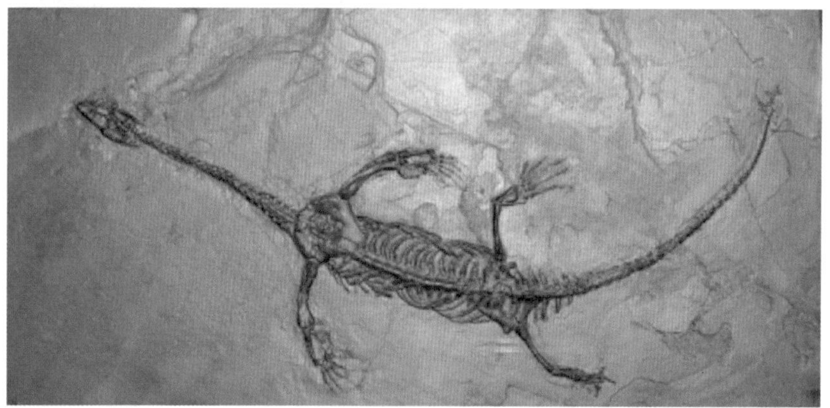

贵州龙骨骼化石

贵州龙复原图

贵州龙（*Keichousaurus*），是一种海生爬行动物，属鳍龙超目幻龙目肿肋龙科，生活于三叠纪，在第五次生物大灭绝事件中灭绝，化石发现于中国贵州省。如同其他鳍龙类，贵州龙高度适应水生环境。它们身长 15～30 厘米，拥有长颈部、长尾巴，以及有 5 个脚趾的延长脚掌。它们以鱼类为食，是卵胎生动物，可直接在水里产下幼年个体

○ 海龙目

海龙目，意为“海洋蜥蜴”，生活于三叠纪中晚期。某些海龙类身长 4 米以上，具有侧向扁平的尾巴，适合在海洋环境中生存。海龙类的外表类似蜥蜴。

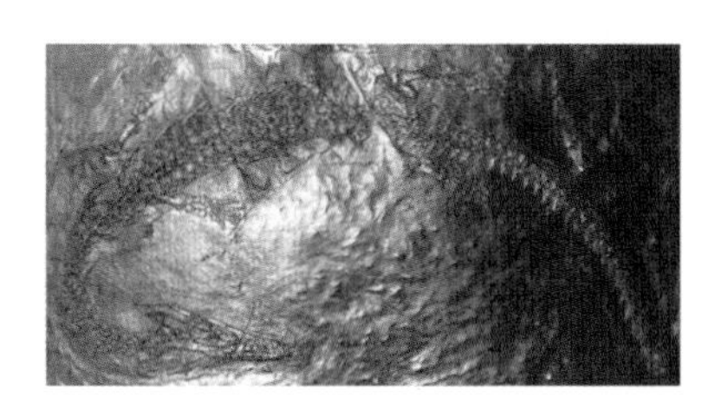

阿氏开普吐龙骨骼化石

阿氏开普吐龙复原图（图片来源：Nobu Tamura）

阿氏开普吐龙（*Askeptosaurus*），属海龙目，生活于三叠纪中期，化石发现于意大利、瑞士，身长约 2 米，以类似鳗鱼的方式游泳，以鱼类为食

贫齿龙复原图（图片来源：Nobu Tamura）

贫齿龙（*Miodentosaurus*），属海龙目，生活于三叠纪晚期，化石发现于中国，身长 2~2.5 米，可能是最大的海龙类

第五次生物大灭绝事件：拉开了恐龙繁盛的序幕

2 亿年前，三叠纪末期，地球上的陆地还是一个整体，所有陆地连在一起形成一块超级大陆——盘古大陆（联合古陆）。后来，软流圈的岩浆剧烈活动，最终岩浆喷涌而出，造成了三叠纪末期生物大灭绝事件，并将盘古大陆切割成两半，形成了劳亚古陆和冈瓦纳古陆。从此拉开了地球六大板块运动的序幕，大西洋有了雏形。

2 亿年前的某一天，在现今北美洲南部、大西洋西岸的美国佛罗里达州，一大股水蒸气突然从地面喷向高空，一群正在觅食的真双型齿翼龙，来不及躲闪被活活烫死。这是大灾难的前奏。

后来，地面上出现了一条 2500 千米长的裂缝，从北美洲的佛罗里达海岸一直向中大西洋延伸，海水遇到滚热的岩浆，被迅速汽化，水蒸气迅猛喷发，周边的气温极速升高，一场灾难即将来临。

随着一声巨响，约 1.8 亿亿立方米的岩浆从这道裂缝汹涌喷出。岩浆急速扩散，淹没了约 200 平方千米的地表。岩浆所到之处，所有生命荡然无存。

伴随着岩浆喷发，还喷出了大量有毒气体。大量二氧化碳扩散到大气中，遮天蔽日，导致全球气温急剧升高。全球平均温度，从灾难发生前的 16 摄氏度，在数百年间迅速升高至 30 摄氏度。很多动物因食物短缺或呼吸困难而死亡。

灾难发生约 1 万年后，大气中的氧含量骤降，而二氧化碳的含量却上升。肺功能弱的鳄类动物大多灭绝。

大气中的水蒸气与二氧化硫发生化学反应，连续下了数万年的酸雨使植物数量锐减。

灾难发生十几万年后，枯木在高温下开始燃烧，产生了大量有毒气体和灰烬。数万吨灰烬在大气中滚动，使生物的命运又一次雪上加霜。

灾难发生数十万年后，岩浆终于停止了喷发，但喷发形成的火山灰遮天蔽日，照射到地面上的阳光减少了一半。地球进入了大规模的冰期，全球气温骤降，从 30 摄氏度下降到 10 摄氏度。大批动物因卵无法孵化而灭绝。

几十万年后，冰期结束了，但此时，地球上的生命几乎消失殆尽，地球生物开始了漫长的恢复期。又过去了几十万年，幸存的植物不断繁衍，它们制造氧气，大气含氧量逐渐增加，从此，地球开始焕发生机。

这是第五次生物大灭绝事件，造成当时70%的物种灭绝，有百余种之多的鳄类动物遭到重创，波斯特鳄、鸟鳄、凿齿鳄、狂齿鳄、链鳄等都灭绝了，但有一些鳄却存活到了现在。

恐龙却因这场灾难呈爆发式多样化发展，体形由小变大，体长数十米，体重数十吨，形态各式各样，并迅速成为地球霸主，遍布世界各大洲，统治地球长达1.38亿年，但最终又都在第六次生物大灭绝事件中灭绝了。

○ 第五次生物大灭绝事件与地球板块运动

2亿年前，三叠纪末期，岩浆从地下喷涌，地球又开始板块运动，大西洋开始出现雏形，第五次生物大灭绝事件也拉开了序幕。

1912年，德国气象学家兼地质学家阿尔弗雷德·魏格纳最先提出了“大陆漂移说”。20世纪50年代，美国学者首先提出，全球大洋洋底纵贯着一条连续不断的、全长达6.4万千米的大洋中脊。20世纪60年代初，美国地质学家哈里·赫斯和罗伯特·迪茨提出了“海底扩张”的概念。此后，地质学家们使用深潜器观测到了大洋中脊的裂谷，为大陆漂移说提供了有力的佐证。后来，又经古地磁学、地球物理学、地质年代学等学科证实，板块构造才成为一种理论，并在地学领域得到广泛的应用。“板块构造”也成为20世纪四大科学模型之一。

根据板块构造理论，在中生代早期，约2.37亿年前的三叠纪，现在世界上的六大板块（包括亚洲、欧洲、北美洲、南美洲、非洲，以及大洋洲和南极洲七大洲），还是一个整体，就像六块拼图一样，拼在一起叫盘古大陆。盘古大陆四周被泛大洋包围，犹如一个超级航母“漂浮”在古老的泛大洋上。

盘古大陆的地壳厚度很不均匀，地壳下面是汹涌炙热的岩浆，犹如惊涛骇浪一样，在地球内部地质作用下运动。炙热的岩浆首先从地壳最薄弱处（最早的洋中脊）涌出，这个最薄弱处位于北美大陆东南部与非洲大陆西北部的接合部。随着岩浆不断地涌出，地壳被撕开一个大口子，这就是最初中大西洋的雏形，由此盘古大陆分裂成了北方的劳亚古陆和南方的冈瓦纳古陆，时间大概在2亿年前。随着岩浆不断涌出，中大西洋两侧的古陆，劳亚古陆和冈瓦纳古陆被不断向两边推动。大约经过了5000万年，到了1.5亿年前的晚侏罗世，中大西洋基本形成，北方的劳亚古陆（包括北美洲、欧洲、亚洲）与南方的冈瓦纳古陆（包括南美洲、非洲、大洋洲和南极洲）也基本定型。

在大西洋洋底中央，形成了一条贯穿大西洋南北的洋中脊，其中间有一条贯穿洋中脊的裂谷，岩浆从裂谷中持续不断地涌出，把洋中脊两侧的岩石（固结的岩石板块）不断向两侧推动，使离洋中脊越远的岩石，其岩石年龄越大，反之，年龄越小。随着两边大陆的不断远离，大西洋越来越大，大约到了 9400 万年前的早白垩世，北大西洋与南大西洋基本形成，劳亚古陆上的北美洲与亚欧大陆分开，冈瓦纳古陆上的南美洲、非洲、印度、大洋洲和南极洲也相互分离。

随着时间的流逝，洋中脊的岩浆不间断地涌出，推动两侧的岩石板块不断向两侧运动。大约到了 6600 万年前，世界上六大板块（七大洲）的位置基本定型，地球的面貌与现在的样子相差不大。

此后，在岩浆不断涌动的作用下，印度板块不断向北运动，最终与欧亚板块相撞，形成了青藏高原，以及著名的喜马拉雅山脉。在印度板块不断北移的过程中，约 3300 万年前至今，印度板块与非洲板块交界处产生了张裂拉伸，大量岩浆喷涌而出，造就了著名的乞力马扎罗山和肯尼亚山，形成了一系列大致呈南北走向的张裂带，这就是著名的东非大裂谷，它对人类的起源产生了巨大的影响。

与此同时，南极洲与大洋洲分开，不断向南运动，直到约 2000 万年前，地球的面貌完

全定型，与现在的样子一模一样，形成了七大洲（欧洲、亚洲、非洲、北美洲、南美洲、大洋洲、南极洲）和四大洋（太平洋、大西洋、北冰洋、印度洋）。

现在的板块仍以不同的速率运动着，据科学观测，喜马拉雅山脉仍以每年约 2 毫米的速度在增高，现在很多地震就是板块运动造成的。

○ 地球面貌的演变

在 2.2 亿—2000 万年前，2 亿年的时间里，地球发生了沧海巨变，如大西洋的诞生与成长、盘古大陆的分裂、世界七大洲的形成、喜马拉雅山脉的崛起与青藏高原的隆升等。直到早白垩世，地球才有了现今面貌的雏形。

第二卷

从陆地到天空

第十章

恐龙时代

The Evolution
of Life

恐龙总目演化图

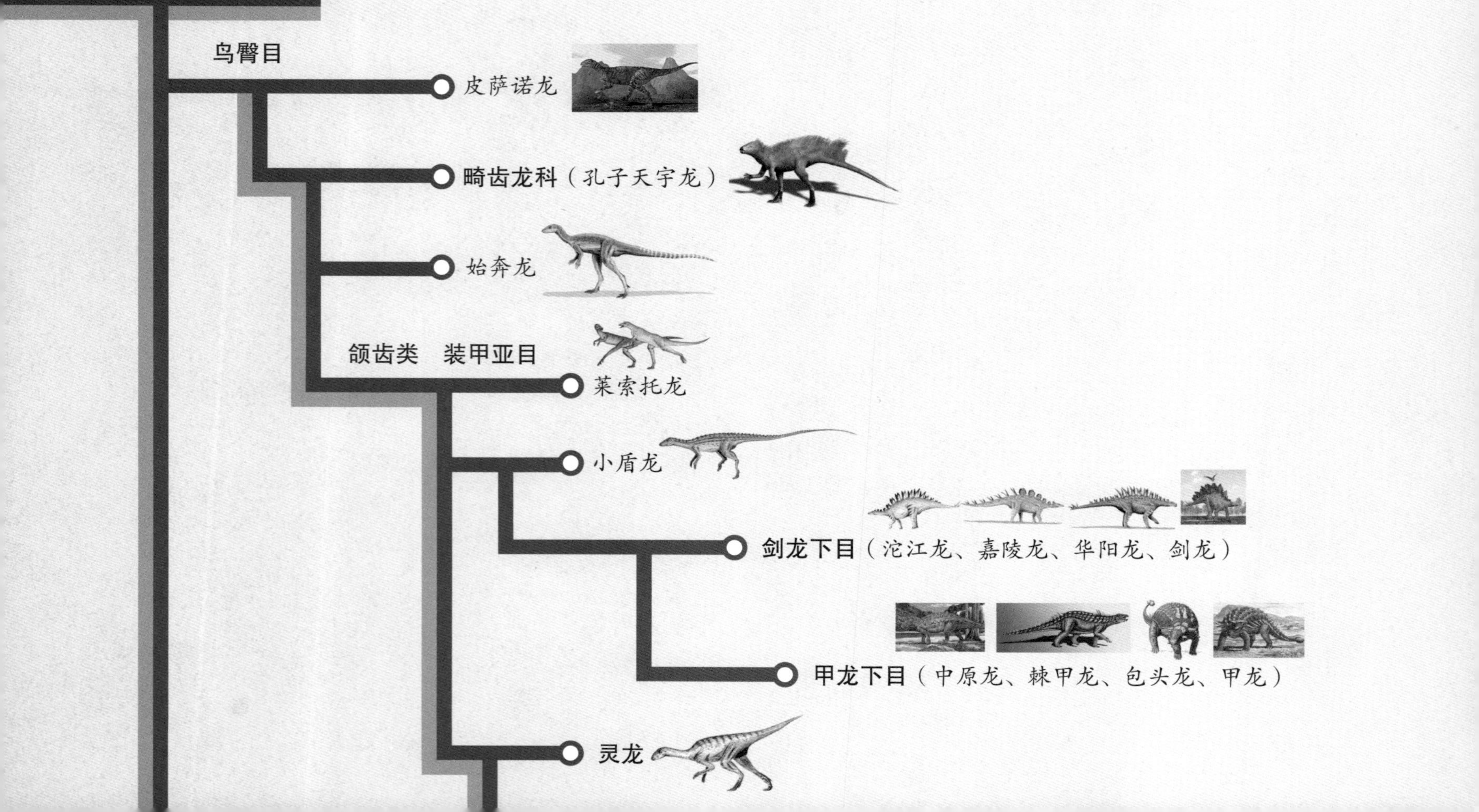

乌臀目

皮萨诺龙

畸齿龙科（孔子天宇龙）

始奔龙

颌齿类　装甲亚目

莱索托龙

小盾龙

剑龙下目（沱江龙、嘉陵龙、华阳龙、剑龙）

甲龙下目（中原龙、棘甲龙、包头龙、甲龙）

灵龙

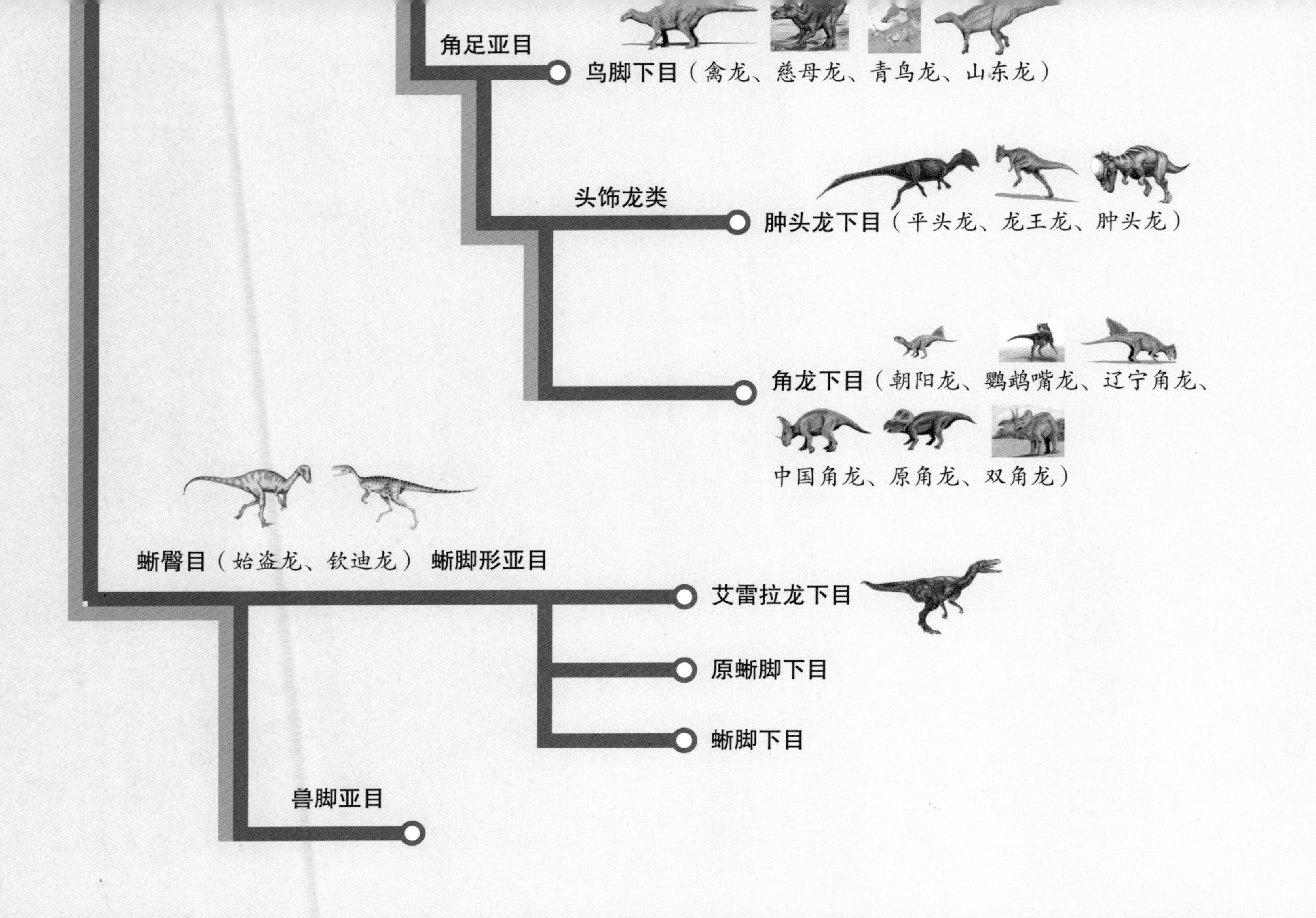
角足亚目
鸟脚下目（禽龙、慈母龙、青鸟龙、山东龙）
头饰龙类
肿头龙下目（平头龙、龙王龙、肿头龙）
角龙下目（朝阳龙、鹦鹉嘴龙、辽宁角龙、
中国角龙、原角龙、双角龙）
蜥臀目（始盗龙、钦迪龙）
蜥脚形亚目
艾雷拉龙下目
原蜥脚下目
蜥脚下目
兽脚亚目

10.1 恐龙概述

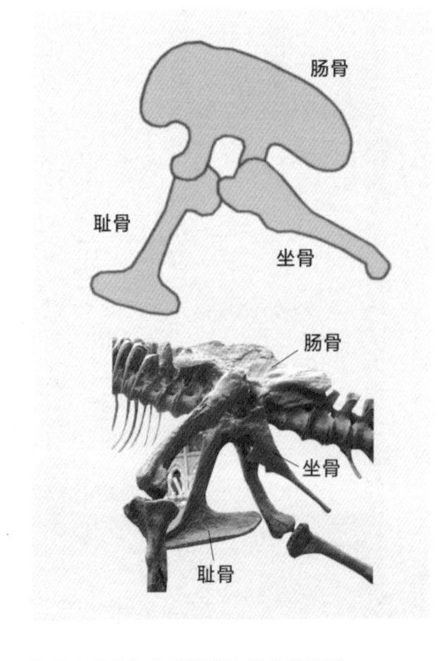

蜥臀目骨盆构造及蜥臀目暴龙的骨盆

蜥臀目的耻骨在肠骨下方，向前延伸，坐骨则向后延伸，其骨盆结构与蜥蜴相似，因此被命名为蜥臀目

在恐龙时代，除陆地恐龙和飞行的鸟类外，水生爬行动物，如鱼龙类、幻龙类、蛇颈龙类、沧龙类等，以及翱翔天空的翼龙类也十分兴盛，它们也与恐龙一样，在6600万年前的第六次生物大灭绝事件中灭绝。

恐龙是中生代生物多样化中的优势陆生动物，是一种高度特化的爬行动物，生活于2.34亿—0.66亿年前，存在时间长达1.69亿年之久。

恐龙家族极为庞大，并多样化蓬勃发展。据不完全统计，恐龙有1047个种。恐龙有植食性的，有肉食性的，也有杂食性的。恐龙与其他陆生爬行动物的最大区别在于站立姿态和行进方式。恐龙具有完全直立的姿态，其四肢位于躯体的正下方，因此，恐龙的四肢比其他爬行动物（如鳄类，四肢位于躯体两侧且向外伸展）更有利于行走和奔跑。

恐龙的特征有：（1）四足或两足行走，四肢或后肢十分强壮，四肢垂直位于腹部下方，靠后肢行走的恐龙，主要是兽脚类恐龙，可以快速奔跑，最高时速可达七八十千米，但前肢短小，每肢有指（趾），数量不超过5个，有些恐龙的前肢不但有锐利的前爪，而且可以辅助捕食猎物或进食，因此恐龙比其他陆地爬行动物更具优势；（2）根据羽毛形状、运动方式、代谢速率，以及碳氧同位素、骨骼组织特征研究表明，几乎所有恐龙，特别是四足行走的蜥脚类恐龙和两足行走、长有羽毛的兽脚类恐龙，都是恒温动物

（通过体内的生理活动调控体温），它们不同于其他爬行动物，不依靠外部热源来调控体温；（3）有孵蛋行为，比如窃蛋龙；（4）体表有鳞片，为御寒长有毛发；（5）具有立体视觉，可以主动追赶、捕食猎物；（6）部分恐龙长有羽毛，可以滑翔；（7）发育听小骨，由一块骨头组成，听觉进化；（8）牙齿没有分化，不具有咀嚼功能，只能吞咽食物。

脊椎动物进化史上的第五次巨大飞跃是，真爬行动物由趴姿进化出直立姿势，不仅可以直立行走，而且可以快速奔跑，用前肢捕获猎物，这一切发生在 2.34 亿年前，代表性的爬行动物有始盗龙、艾雷拉龙，拉开了恐龙进化的序幕。

蜥脚类和兽脚类恐龙都采用鸟类的胸 - 囊式呼吸方式，即双重呼吸（一次呼吸，两次通过肺部进行气体交换）。

在三叠纪，地球上的主要陆地仍是一个整体，称为盘古大陆。恐龙能够快速奔跑，因此比其他爬行动物更具优势，并呈多样化迅猛发展，最终称霸地球。所以，恐龙化石在现今的各大洲都有发现。根据其骨盆构造（肠骨、耻骨和坐骨），恐龙总目分为鸟臀目和蜥臀目两大类，只有这两大类高度特化的爬行动物，才属于恐龙。

10.2 鸟臀目恐龙

鸟臀目，意思是“如鸟类般的臀部”，它们拥有与鸟类相似的骨盆结构，是一类嘴巴外观类似鸟喙的植食性恐龙。

早期的鸟臀目恐龙都是两足行走，后期的鸟臀目却都是四足行走。鸟臀类恐龙性情温和，不具进攻性，因而常常成为肉食性恐龙的猎物。为了生存繁衍以及免遭肉食性恐龙的攻击，鸟臀类恐龙逐渐演化出了各式各样的防御性器官，如剑龙类恐龙的肩刺、尾刺和背部骨板，甲龙类恐龙的甲胄和尾锤，鸟脚类恐龙的爪子和鸭状嘴，角龙的犄角、头盾和喙状嘴，肿头类恐龙的似盔状头颅，等等。鸟臀类恐龙种类繁多，千姿百态，其中有些形态甚至可以说是稀奇古怪。

鸟臀类恐龙最显著的特征在其腰带结构：肠骨前后都大大扩张，耻骨有一个大的前突，从肠骨的下方伸出，因此，骨盆从侧面看是四射状，四个突出部分（四支）分别是肠骨的前后部、耻骨前支（前耻骨），以及紧挤在一起的坐骨和耻骨体及耻骨后支（也称后突）。

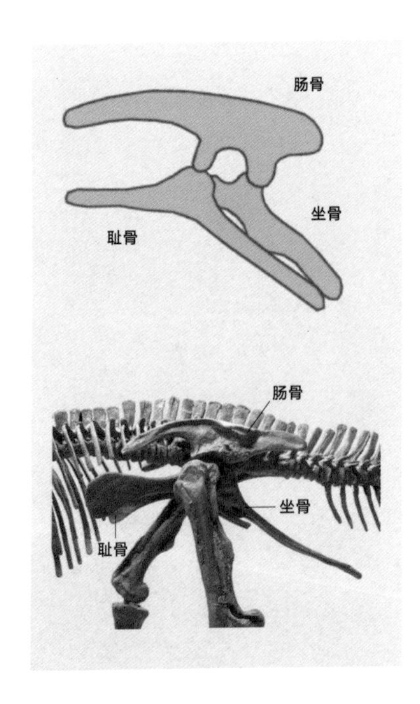

鸟臀目骨盆构造及鸟臀目埃德蒙顿龙骨盆

鸟臀目的肠骨前后都大大扩张，耻骨前侧有一个大的前耻骨突，伸在肠骨的下方，后侧更是大大延伸，与坐骨平行伸向肠骨前下方。这样的结构与鸟类类似

○ 最原始的鸟臀目恐龙

原始的鸟臀目恐龙以二足植食性恐龙为主，生活

在晚三叠世至早侏罗世。它们体形较小，身长 1 米左右，前肢短小，后肢长而强壮，善于奔跑，化石多数发现于非洲和南美洲。原始的鸟臀目恐龙有皮萨诺龙、始奔龙、莱索托龙、小盾龙等。

皮萨诺龙骨架

皮萨诺龙生态复原图

皮萨诺龙（*Pisanosaurus*），又称匹萨诺龙，是已知最早、最原始的鸟臀目恐龙，是两足小型植食性恐龙，生活于晚三叠世，2.28 亿—2.165 亿年前，化石发现于南美洲阿根廷。其身长约 1 米，身高约 30 厘米，重 2.27~9.10 千克，有 3 个大脚趾、手指，第四趾（指）退化，有喙状嘴和粗壮的尾巴，后肢强健，说明善于快速奔跑

莱索托龙复原图

莱索托龙（*Lesothosaurus*），属鸟臀目，生活于早侏罗世，2.01亿—1.9亿年前，化石发现于非洲莱索托和南非。莱索托龙是种小型、二足植食性恐龙，身长1.2米，体重约10千克，外表类似大型二足蜥蜴，它们的颌部只能上下移动，不能横向运动，只能切断植物，而无法磨碎植物；前肢相当短小，后肢比前肢长许多，有五根手指，第五指很细；脚部与胫部的长度相当，显示莱索托龙是快速、灵活的奔跑者

畸齿龙复原图（图片来源：NobuTamura）

畸齿龙（*Heterodontosaurus*），又名异齿龙，意为"有不同牙齿的蜥蜴"，属鸟臀目，生存于早侏罗世，2.01亿—1.96亿年前，化石发现于南非。畸齿龙外形与棱齿龙类类似，但有犬齿形牙齿，以植物为食，是一类小型、行动敏捷的鸟臀目恐龙，身长约1米，有长而狭窄的骨盆，其耻骨类似更先进的鸟臀目恐龙

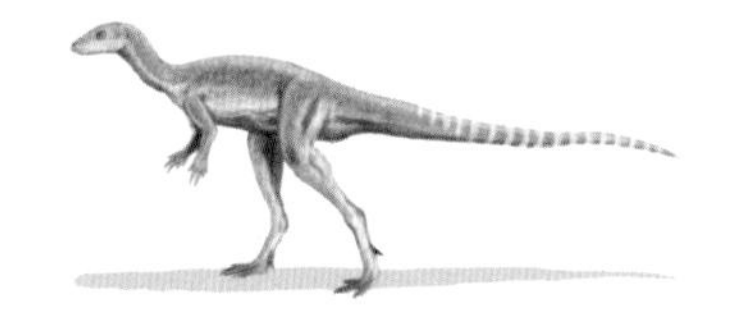

始奔龙复原图（图片来源：NobuTamura）

始奔龙（*Eocursor*），意为"开始的奔跑者"，属鸟臀目，是一类轻型、二足恐龙，身长约1米，是已知最早的鸟臀目恐龙之一，生活于晚三叠世，约2.1亿年前，化石发现于非洲

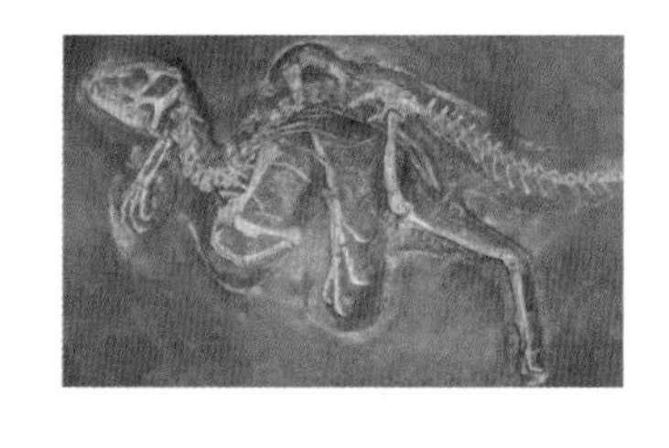

塔克畸齿龙化石（美国加利福尼亚大学伯克利分校）

醒龙复原图

醒龙（*Abrictosaurus*），意为"不眠的蜥蜴"，属鸟臀目畸齿龙科，生活于早侏罗世，2.01亿—1.9亿年前，化石发现于非洲南部。醒龙是一类小型、二足、植食性或杂食性的恐龙，身长接近1.2米，体重不足45千克，背部与尾部长有管状羽毛

果齿龙复原图

果齿龙（*Fruitadens*），属鸟臀目畸齿龙科，生活于1.503亿—1.502亿年前的晚侏罗世，化石发现于美国科罗拉多州。果齿龙是已知最小的鸟臀目恐龙，成年个体身长65~75厘米，体重0.5~0.75千克，二足，善于奔跑，为杂食性恐龙，以特定植物为食，可能捕食昆虫和无脊椎动物，是已知生存年代最晚的畸齿龙科恐龙之一

孔子天宇龙生态复原图

天宇龙（*Tianyulong*），属鸟臀目畸齿龙科，是小型、原始鸟臀目恐龙，生活在晚侏罗世，约 1.585 亿年前，化石发现于中国辽宁省建昌县。天宇龙身体修长，尾巴也长，有一对犬齿形牙齿，可能是植食性或杂食性恐龙。孔子天宇龙的化石，颈部、背部、尾巴都有类似鬃毛的痕迹，其中尾部的毛状痕迹最长，约 6 厘米。这些毛状结构物呈细管状，彼此平行，没有分叉，内部中空。在毛状结构上，孔子天宇龙与有羽毛的兽脚类恐龙，如中华龙鸟和北票龙最为相似。鸟臀目的管状毛与兽脚类的原始羽毛是否同源，目前尚无定论

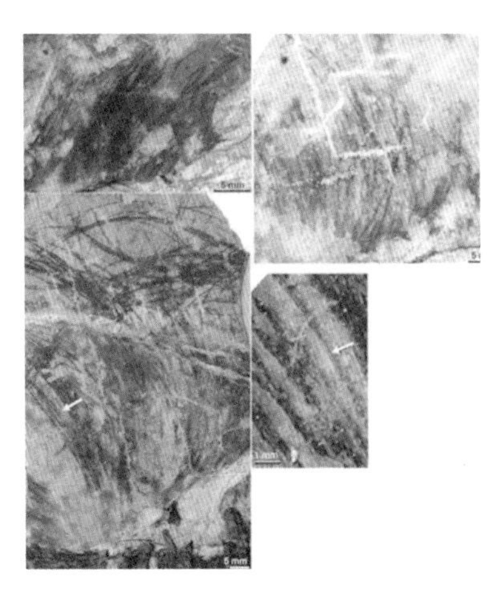

孔子天宇龙羽毛化石

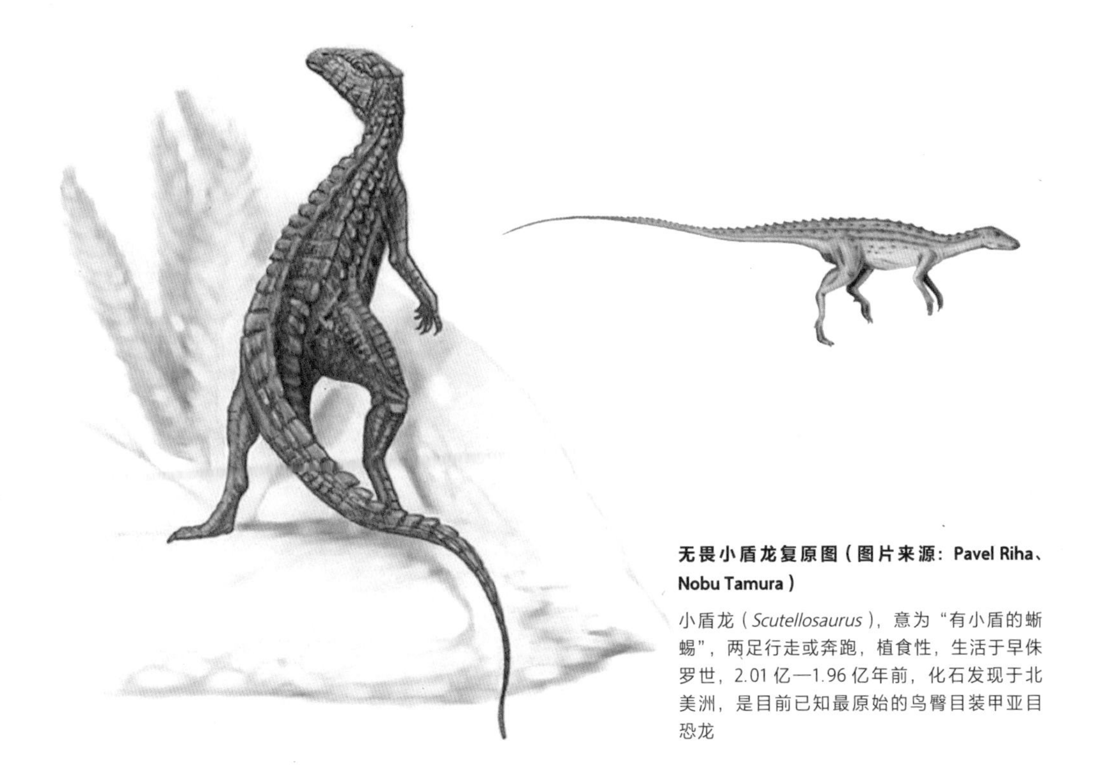

无畏小盾龙复原图（图片来源：Pavel Riha、Nobu Tamura）

小盾龙（*Scutellosaurus*），意为“有小盾的蜥蜴”，两足行走或奔跑，植食性，生活于早侏罗世，2.01 亿—1.96 亿年前，化石发现于北美洲，是目前已知最原始的鸟臀目装甲亚目恐龙

10.3 五大类鸟臀目恐龙

鸟臀目恐龙依据不同的特征，分为剑龙下目、甲龙下目、鸟脚下目、肿头龙下目和角龙下目五类。

○ 鸟臀目剑龙类（下目）恐龙

剑龙下目是一类植食性恐龙，生活在侏罗纪至早白垩世，化石大多发现于北半球，尤其是北美洲和中国。剑龙下目恐龙体长 3~9 米，四足行走，头部长而狭窄，脖子较短，背部高高弓起，有成排的骨板，尾部有用于防卫的尾刺。著名的剑龙下目恐龙有剑龙、华阳龙、沱江龙、嘉陵龙、乌尔禾龙、巨刺龙、钉状龙等。

剑龙下目恐龙明显的骨板便于相互识别，并起到调节体温的作用，还会让剑龙显得威猛，此外还可以作为防御的武器。

剑龙生态复原图

沱江龙生态复原图

沱江龙（*Tuojiangosaurus*），属剑龙下目，生活于侏罗纪晚期，化石发现于中国四川省自贡市大山铺镇，身长约 7 米，臀高 2 米，重约 4 吨，体形比剑龙小

❶沱江龙的头骨和尾椎骨化石

❷多棘沱江龙骨架

❸狭脸剑龙骨骼

剑龙（*Stegosaurus*），属剑龙下目，四足行走，植食性，是最著名的恐龙之一。剑龙生活于侏罗纪晚期，1.52 亿—1.45 亿年前，化石发现于北美洲和欧洲。剑龙身长约 9 米，高 4 米，体重 2~4 吨。剑龙与巨型蜥脚类恐龙，如梁龙、圆顶龙、迷惑龙等植食性恐龙，共同生活于同一时代和地区

❹腿龙科复原图

腿龙科（Scelidosauridae），是鸟臀目装甲亚目的一科，生活于侏罗纪早期，化石发现于亚洲、欧洲和北美洲

巨刺龙生态复原图

巨刺龙（*Gigantspinosaurus*），意为“有巨大棘刺的蜥蜴”，是一类生活于晚侏罗世的剑龙类恐龙，化石发现于中国四川省自贡市。巨刺龙身长约 4.2 米，体重约 700 千克。巨刺龙的明显特征是相当小的骨板与大型肩刺，肩刺约为肩胛骨的两倍长，颈部骨板小，呈三角形。巨刺龙头部相对较大，下颌每边约有 30 颗牙齿，臀部宽广，四节荐椎与第一节尾椎的下方尖刺愈合成一块骨板，前肢粗壮

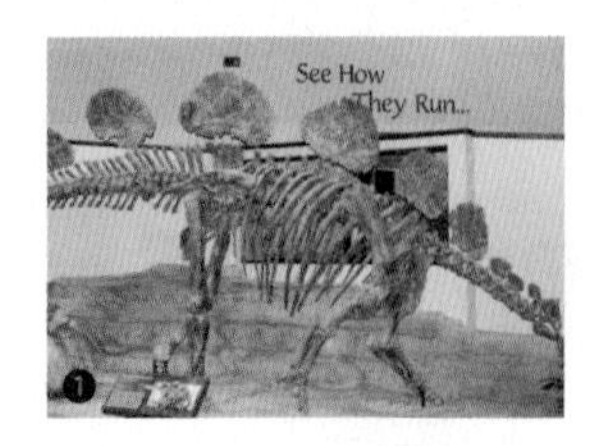

❶❷ 西龙骨架及复原图

西龙（*Hesperosaurus*），属剑龙下目，植食性恐龙，生活于约 1.5 亿年前的晚侏罗世，化石发现于美国怀俄明州。西龙是典型的剑龙类恐龙，背部有交互的装甲，尾巴上有四根尖刺。它的背部装甲没有剑龙的高，但较长，头骨较剑龙的短、宽，与锐龙最为相似

❸ 嘉陵龙复原图（图片来源：Nobu Tamura）

嘉陵龙（*Chialingosaurus*），属剑龙下目，植食性恐龙，是最早的剑龙类之一，生活于约 1.6 亿年前的晚侏罗世，化石发现于中国四川的上沙溪庙组。嘉陵龙可能以当时最丰富的蕨类及苏铁植物为食。嘉陵龙身长约 4 米，体重约 150 千克，较其他晚期剑龙类小

❹ 平坦乌尔禾龙复原图

乌尔禾龙（*Wuerhosaurus*），属剑龙下目，是少数存活到白垩纪早期的剑龙类恐龙之一。乌尔禾龙身长约 6 米。与其他剑龙类成员相比，乌尔禾龙的特点是背部骨板较圆、较平坦，有尾刺

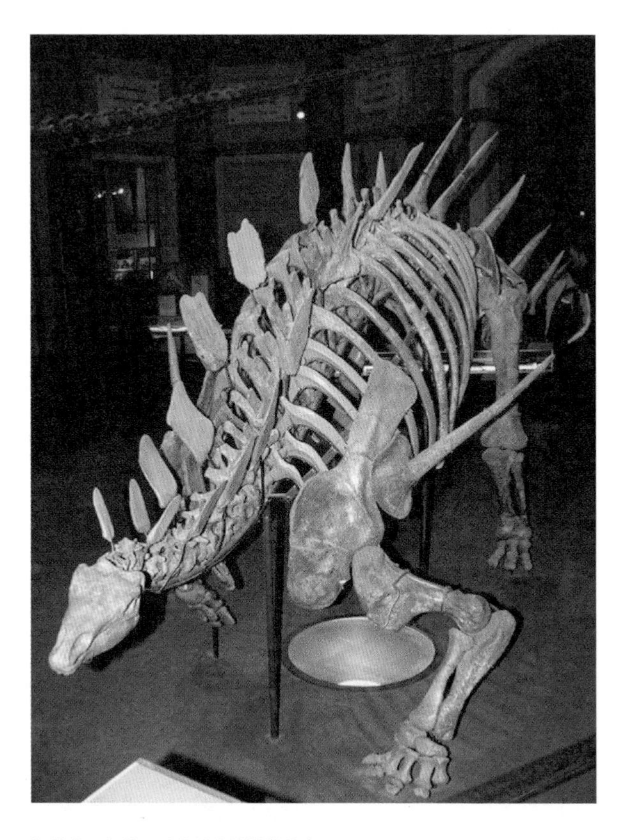

钉状龙骨架模型（柏林自然博物馆）

钉状龙（*Kentrosaurus*），又名肯氏龙，属剑龙下目，为植食性恐龙，生活于晚侏罗世，1.557 亿—1.508 亿年前，化石发现于坦桑尼亚。钉状龙与北美洲的剑龙是近亲，但两者的体形大小、身体灵活度和防御用的骨板形状不同。钉状龙的后背到尾巴分布着尖刺，而非骨板，肩膀或臀部两侧可能有尖刺。钉状龙体长较剑龙小，约为 4 米，体重约 320 千克。钉状龙可能被类似异特龙与角鼻龙的兽脚类恐龙所猎食。钉状龙可左右挥动其有尖刺的尾巴来防御攻击，臀部两侧的尖刺也可保护它们免受攻击。钉状龙与剑龙最主要的区别在于，剑龙缺乏臀部与尾巴连接处附近的一对显著的尖刺。从钉状龙的股骨长度可以看出，它行动缓慢。钉状龙可能用后腿直立起来进食树叶、树枝，但常呈四足着地状态

钉状龙复原图

米拉加亚龙复原图

米拉加亚龙（*Miragaia*），属剑龙下目，生活于1.5 亿年前的晚侏罗世，化石发现于葡萄牙，是在欧洲发现的第一个剑龙类。米拉加亚龙是脖子最长的剑龙类恐龙，有 17 节颈椎，颈长仅次于梁龙类。米拉加亚龙口鼻部前端缺少牙齿，颈部和背部长有两排三角形骨板，尾部长有两排骨刺

华阳龙复原图（图片来源：Nobu Tamura）

华阳龙（*Huayangosaurus*），属剑龙下目，四足行走，植食性，生活于侏罗纪中期，约 1.65 亿年前，化石发现于中国四川省自贡市大山铺镇，比其北美洲近亲剑龙属早约 2000 万年。华阳龙身长约 4.5 米，远比剑龙小，是已知最小的剑龙类之一。华阳龙与蜥脚类恐龙，如蜀龙、酋龙、峨眉龙、原颌龙，以及鸟脚类恐龙，还有肉食性气龙，生活在同一时期、同一地区。华阳龙头部小，背部拱起，有双排垂直的骨板，尾巴末端有两对尾刺。华阳龙的背甲较尖、较细

○ 鸟臀目甲龙类（下目）恐龙

甲龙下目是一类体形庞大的四足植食性恐龙，四肢短而强壮，牙齿细弱。它们最明显的特征是身体布满骨质的装甲，身体低矮，腹部离地面不足 1 米。它们首次出现于早侏罗世的中国，并存活到了白垩纪末期。除非洲外，它们几乎分布于各大洲。著名的甲龙下目恐龙有中原龙、棘甲龙、活堡龙、包头龙、天镇龙、埃德蒙顿甲龙、敏迷龙等。

天镇龙骨骼

天镇龙（*Tianzhenosaurus*），属甲龙下目，生活于晚白垩世，化石发现于中国山西省大同市天镇县。天镇龙体形中等，头颅长 28 厘米，身长 4 米

中原龙生态复原图

中原龙（*Zhongyuansaurus*），属甲龙下目，生活于白垩纪早期，化石发现于中国河南省洛阳市。中原龙的特征是头部顶部平坦，坐骨笔直

棘甲龙复原图（图片来源：Karkemish）

棘甲龙（*Acanthopholis*），属甲龙下目结节龙科，四足行走，植食性，生活于白垩纪晚期，1.13 亿—1 亿年前的英国。棘甲龙的鳞甲由椭圆形甲片组成，水平排列于皮肤上，在颈部、肩膀处有尖刺伸出，沿脊椎排列。棘甲龙身长 3~5.5 米，体重约 380 千克

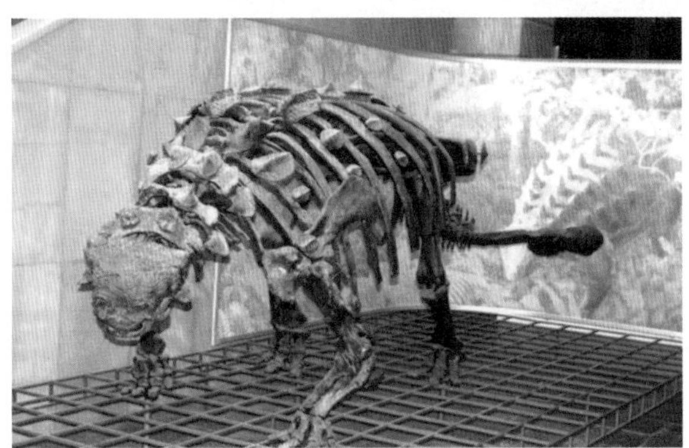

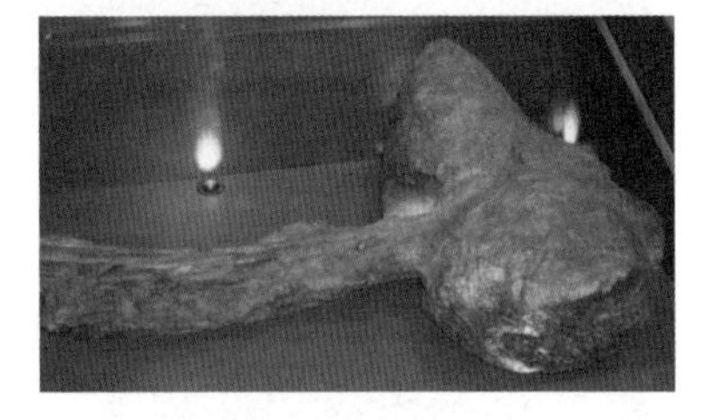

包头龙生态复原图、骨架及尾锤化石

包头龙（*Euoplocephalus*），又名优头甲龙，是最大的甲龙下目甲龙科恐龙之一，植食性。包头龙生活于晚白垩世，8500万—6600万年前，化石发现于北美洲。包头龙背部有尖刺鳞甲，尾端有巨大的尾锤，体长6米，体重3吨。它嗅觉灵敏，四肢灵活，可挖掘坑洞，由于牙齿很小，只能吃低矮的植物及浅埋的根茎。包头龙身上的装甲既能防寒保暖，还具有强有力的防御作用，使其免受伤害

甲龙生态复原图

甲龙（*Ankylosaurus*），属甲龙下目，生活于白垩纪末期，7210 万—6600 万年前，化石发现于北美洲西部。甲龙体长 6.25 米，宽 1.50 米，高 1.70 米，体重约 2 吨。甲龙身上披有厚厚的鳞片，甚至眼睑上都长有骨质鳞片，背上有两排刺，头顶有一对角，有大的尾锤。甲龙尾骨末端有强劲的肌肉和一个重约 50 千克的尾锤，尾锤只能水平摆动，甚至可以打断霸王龙的腿骨

活堡龙化石及复原图（图片来源：Conty）

活堡龙（*Animantarx*），属甲龙下目结节龙科，四足行走，植食性，生活于晚白垩世的北美洲，1 亿—0.94 亿年前。活堡龙行动缓慢，背部有重装甲盾板，没有尾锤，头骨长约 25 厘米，身长接近 3 米

敏迷龙复原模型（澳大利亚国家恐龙博物馆）

敏迷龙复原图

敏迷龙（*Minmi*），属甲龙下目，是一种小型恐龙，身长约 2 米，肩膀高约 1 米，生活于早白垩世，1.25 亿—1.13 亿年前，化石发现于澳大利亚昆士兰州罗马镇附近的邦吉尔组。敏迷龙是最原始的甲龙类恐龙，也是第一类发现于南半球的甲龙类恐龙。敏迷龙拥有长四肢，后肢长于前肢，头颅宽，颈部短，脑部非常小。敏迷龙可能用四足缓慢行走

埃德蒙顿甲龙复原图（图片来源：Mariana Ruiz）

埃德蒙顿甲龙（*Edmontonia*），属甲龙下目结节龙科，生活于晚白垩世，化石发现于加拿大艾伯塔省埃德蒙顿市。埃德蒙顿甲龙体形巨大，类似坦克，身长约 6.6 米，高约 2 米。它们口鼻部狭窄，没有牙齿，喙状嘴可用来切碎植物

盖尾龙复原图

盖尾龙（*Stegouros elengassen*），是一种新发现的恐龙，由智利大学古生物学家亚历克斯·瓦尔加斯研究命名，名称源自智利传说中一种长有鳞甲的怪物。盖尾龙看上去很像剑龙，却是彻头彻尾的甲龙类恐龙。盖尾龙是植食性恐龙，生活在 7490 万—7170 万年前，体长约 2 米，四肢细长，有圆形蹄状爪子，骨盆很宽，酷似剑龙，头部较大，上颌前端有狭窄而弯曲的喙。盖尾龙最明显的特征是尾巴呈扁平状，形似树叶，其后半段由 7 对外侧突出的骨板组成，具有很强的攻击性，很像“装甲剑”，而不像其他甲龙的尾巴，呈“装甲锤”状。盖尾龙与生活在南极的南极甲龙有亲缘关系

原巴克龙骨骼化石

○ 鸟臀目鸟脚类（下目）恐龙

鸟脚下目恐龙生活在侏罗纪早期到白垩纪晚期。早期的鸟脚类是小型、两足、快速奔跑的植食性恐龙；后期的鸟脚类则是大型四足恐龙，典型的特征是嘴部呈鸭嘴状。著名的鸟脚类恐龙有灵龙、原巴克龙、禽龙、南阳龙、兰州龙、卡戎龙、慈母龙、埃德蒙顿龙、大鸭龙、巴思钵氏龙、奇异龙、帕克氏龙、青岛龙、山东龙等。

原巴克龙复原图（图片来源：Deibvort）

原巴克龙（*Probactrosaurus*），是早期禽龙类鸭嘴龙超科恐龙，生活于约 9000 万年前，化石发现于中国内蒙古自治区。原巴克龙体长 6 米，体重 1 吨，植食性，前肢和前爪修长，拇指呈圆锥形，头骨上无脊冠，鼻骨狭长，多数时间是四足行走

巨齿兰州龙骨骼化石及复原图

兰州龙（*Lanzhousaurus*），是鸟脚下目禽龙类恐龙，生活于早白垩世，化石发现于中国甘肃。兰州龙牙齿巨大，最大齿长 14 厘米，宽 7.5 厘米，体长约 10 米，高约 4.2 米，体重 5.5 吨，四足行走或偶尔两足行走。兰州龙是目前发现的世界上牙齿最大的植食性恐龙

灵龙复原图（图片来源：Arthur Weasley）

灵龙（*Agilisaurus*），属鸟臀目鸟脚下目棱齿龙科，生活于侏罗纪中期，化石发现于东亚，因骨骼轻盈和长脚而得名。灵龙胫骨比股骨长，善于双足奔跑，长尾巴起平衡作用。它觅食时四足行走。它是小型植食性恐龙，身长约 1.2 米，与其他鸟臀目恐龙一样，它的上下颌前端形成喙嘴，可以帮助切碎植物

禽龙复原图（图片来源：Nobu Tamura）及骨骼化石

禽龙（*Iguanodon*），意为“鬣蜥的牙齿”，属鸟臀目鸟脚下目禽龙类，生活于白垩纪早期，1.29 亿—1.25 亿年前，化石发现于欧洲。禽龙是大型植食性恐龙，身长约 10 米，高 3～4 米，前肢拇指有一尖爪，可能用来抵抗掠食动物或是协助进食，前肢很长，常常四肢着地行走。禽龙牙齿化石发现于 1825 年。禽龙是最早被命名的恐龙之一

南阳龙复原图

南阳龙（*Nanyangosaurus*），属鸟脚下目鸭嘴龙超科，生活于早白垩世，化石发现于中国河南省南阳市。南阳龙是一种进化的禽龙类，后来演化出真正的鸭嘴龙类。南阳龙体长 4～5 米，股骨长 51.7 厘米，前肢相当长，具有长手掌，没有发现其手掌的第一指、第一掌骨，有可能没有保存下来

山东龙骨骼化石

山东龙复原图

山东龙（*Shantungosaurus*），意为“山东蜥蜴”，属鸟脚下目鸭嘴龙科，生活于晚白垩世，化石发现于中国山东半岛。山东龙是目前已知最大、最长的鸭嘴龙科恐龙之一，其头部平坦，身长14.72米，头骨长1.63米，重约16吨

两具科氏大鸭龙骨架模型（美国自然历史博物馆）

大鸭龙复原图

大鸭龙（*Anatotitan*），又名大鹅龙，属鸟脚下目，植食性，生活在白垩纪晚期的北美洲。大鸭龙体长12.2米，头上没有顶饰。大鸭龙是十分机敏的动物，依靠发达的视觉、听觉和嗅觉，能逃过大部分猎食者的追捕

盔龙骨骼化石及复原图

盔龙（*Corythosaurus*），又名冠龙、鸡冠龙、盔头龙、盔首龙，属鸟臀目鸟脚下目鸭嘴龙科，生活于7700万—7570万年前的白垩纪晚期，化石发现于北美洲。盔龙长着类似鸭子的口鼻部，性情温和，靠发达的视觉和听觉进行捕食和躲避袭击。它头顶高大中空的骨质头冠与鼻腔连通，能够起到扬声器的作用，可以通过高分贝的声音吓阻猎食者，雄性的头冠明显大于雌性。盔龙身长超过9米，体重4吨，但奔跑速度很快

副栉龙复原图

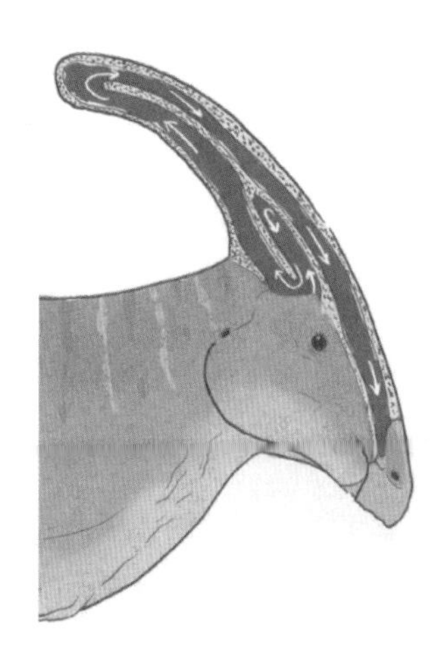

副栉龙头冠气流运动示意图

副栉龙（*Parasaurolophus*），又名副龙栉龙、似栉龙、拟栉龙、似棘龙、拟棘龙，属鸟脚下目鸭嘴龙科，生活于7600万—7300万年前，化石发现于北美洲。副栉龙最显著的特征是，头上有布满血管的大型管状头冠，那是一根从鼻孔到头冠末端，再绕回头后方，直到头颅内部的管状骨头。头冠既可用来报警、求救，也可以用来求偶，甚至具有调节体温、冷却大脑的功能，根据年龄、性别不同，能发出不同声音

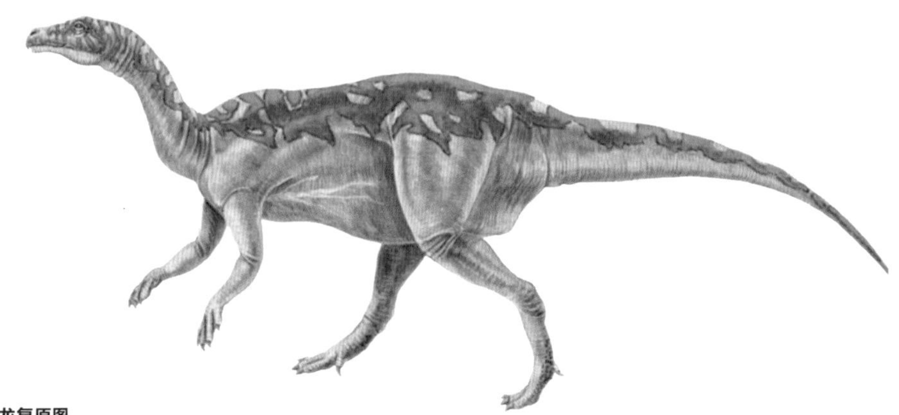

西风龙复原图

西风龙（*Zephyrosaurus*），属鸟脚下目棱齿龙科，生活于早白垩世，1.25 亿—1 亿年前，化石发现于美国蒙大拿州卡本县。西风龙是小型敏捷、两足、植食性恐龙，可能是穴居动物

成年慈母龙骨架（比利时皇家自然历史博物馆）

慈母龙及其蛋巢复原图（加拿大自然博物馆）

在巢中的慈母龙未成年体化石（哥本哈根科学中心）

慈母龙（*Maiasaura*），属鸟脚下目鸭嘴龙科，生活于晚白垩世，约 7400 万年前，化石发现于美国蒙大拿州。慈母龙体形大，身长 6~9 米，体重约 4 吨，具有鸭嘴龙科典型的平坦喙状嘴。慈母龙喜群居生活。成年慈母龙可能用柔软的植物垫在窝底。雌慈母龙在垫好的巢内产 18~40 枚硬壳的蛋，并在巢旁保护着蛋，以免它们被其他恐龙偷走。雌慈母龙可能卧在蛋上孵化，当它离开觅食时，由其他成年慈母龙看护着恐龙蛋。慈母龙蛋的形状像柚子。当小慈母龙被孵出后，父母会共同照顾它们，并喂给它们食物。慈母龙父母可能先将坚硬的植物嚼碎，再喂给小恐龙

卡戎龙复原图

卡戎龙（*Charonosaurus*），属鸟脚下目鸭嘴龙科，生活于晚白垩世，7000 万—6600 万年前，化石发现于中国黑龙江南岸。卡戎龙身长 13 米，全身呈褐色，重约 7 吨。它常用四足走路，但也可以用更长的、更有力的后腿奔跑。它头顶的冠是一根长而中空的管状骨头，震动发声，如低音长号，可用于向同伴传递信息

帕克氏龙复原图（图片来源：Steveoc）

帕克氏龙（*Parksosaurus*），属鸟脚下目棱齿龙科，生活于白垩纪末期，约 7000 万年前，化石发现于加拿大艾伯塔省。帕克氏龙是小型两足、植食性恐龙，身长约 2.5 米，体重约 45 千克

埃德蒙顿龙骨骼化石

埃德蒙顿龙复原图（Nobu Tamura）

埃德蒙顿龙（*Edmontosaurus*），又译为爱德蒙托龙，属鸟脚下目鸭嘴龙科，生活于晚白垩世，7210 万—6600 万年前，化石发现于加拿大艾伯塔省埃德蒙顿市，并因此得名。成年埃德蒙顿龙体长可达 13 米，体重约 4 吨，是最大的鸭嘴龙科恐龙之一

漠视奇异龙复原图（图片来源：Nobu Tamura）

奇异龙（*Thescelosaurus*），属鸟脚下目，生活于白垩纪末期的北美洲，是白垩纪末期生物大灭绝事件前最后的恐龙之一。奇异龙的完整化石标本与化石的良好保存状况，显示它们可能生活于河流附近。奇异龙是两足、植食性恐龙，身长 2.5~4 米，它们有健壮的后肢、小而宽的手掌、长而尖的口鼻部，身体背部中线可能有小型鳞甲。奇异龙被认为是一种特化的棱齿龙

青岛龙骨骼化石及复原图（图片来源：ДИБГД）

青岛龙（*Tsintaosaurus*），属鸟脚下目鸭嘴龙科，植食性，生活于晚白垩世，化石发现于中国。青岛龙身长约 7 米，高 5 米，重约 6~7 吨，拥有类似鸭的口鼻部，以及强壮的齿系，头顶有长刺般的头冠，类似独角兽。青岛龙通常四足行走，但也可用两足奔跑的方式逃离掠食动物。如同其他鸭嘴龙类，青岛龙可能以群体方式共同生活

○ 鸟臀目角龙类（下目）恐龙

角龙下目是一类植食性恐龙，具有类似鹦鹉的喙状嘴，生活于白垩纪的北美洲与亚洲。它们的祖先出现于侏罗纪晚期。角龙下目的早期物种是小型、两足恐龙，较晚期的物种为体形非常大的四足恐龙，最显著的特征是脸部长出角状物及有颈部头盾。它们的头盾可能用来保护容易受伤的颈部，免受猎食恐龙攻击。著名的角龙类恐龙有朝阳龙、朝鲜角龙、鹦鹉嘴龙、辽宁角龙、中国角龙、原角龙、双角龙、尖角龙、古角龙、始三角龙、安德萨角龙、尖角龙、弱角龙、恶魔角龙、戟龙、彼得休斯角龙等。

奇迹龙复原图（图片来源：Charles R. Knight）

奇迹龙（*Agathaumas*），属角龙下目角龙科，生活于晚白垩世，7210 万—6600 万年前，化石发现于美国怀俄明州

鹦鹉嘴龙生态复原图

鹦鹉嘴龙（*Psittacosaurus*），又译为鹦鹉龙，属角龙下目鹦鹉嘴龙科，植食性，生活于早白垩世，1.29 亿—1.13 亿年前。鹦鹉嘴龙和原角龙、三角龙等恐龙的嘴像鹦鹉喙一样。科学家们认为，鹦鹉嘴龙可能是大部分角龙类恐龙的祖先。鹦鹉嘴龙的化石发现于中国辽宁西部，以及蒙古国、俄罗斯、泰国等地。成年的鹦鹉嘴龙一般体长 1 米左右，最长可达 1.5 米，特征是上颌具有高而强壮的喙状嘴，有管状羽毛

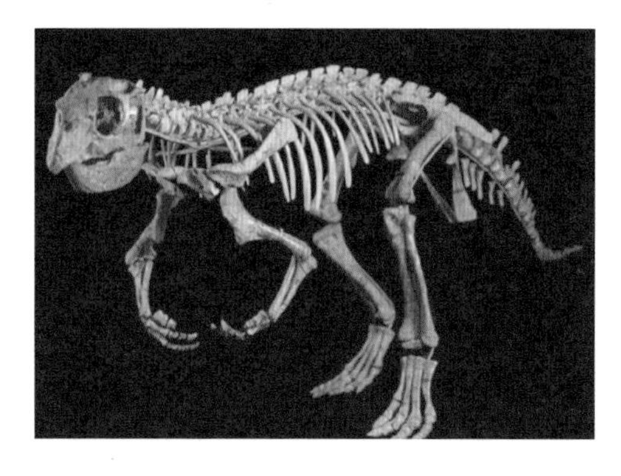

鹦鹉嘴龙骨架及复原图

朝鲜角龙复原图

朝鲜角龙（*Koreaceratops*），又名韩国角龙，属角龙下目，生活于白垩纪早期，约 1.03 亿年前，是半水生恐龙，化石发现于韩国

辽宁角龙复原图（图片来源：Nobu Tamura）

辽宁角龙（*Liaoceratops*），属角龙下目，生活于早白垩世，约 1.3 亿年前，化石发现于中国辽宁省。辽宁角龙大小接近体形较大的狗，是一种四足行走的恐龙，以植物为食

朝阳龙复原图

朝阳龙（*Chaoyangsaurus*），属角龙下目，植食性，生活于晚侏罗世，1.508 亿—1.455 亿年前。它有鹦鹉喙般的嘴，化石发现于中国辽宁省朝阳市。朝阳龙化石的发现将角龙的历史向前推到了侏罗纪末期，后来世界各地的角龙都是由朝阳龙演化来的

大岛氏古角龙复原图（图片来源：Nobu Tamura）

古角龙（*Archaeoceratops*），属角龙下目古角龙科，是基础新角龙类恐龙，生活于晚白垩世，化石发现于中国甘肃省马鬃山地区。古角龙是小型双足恐龙，身长约 1 米。古角龙的头盾小，没有角

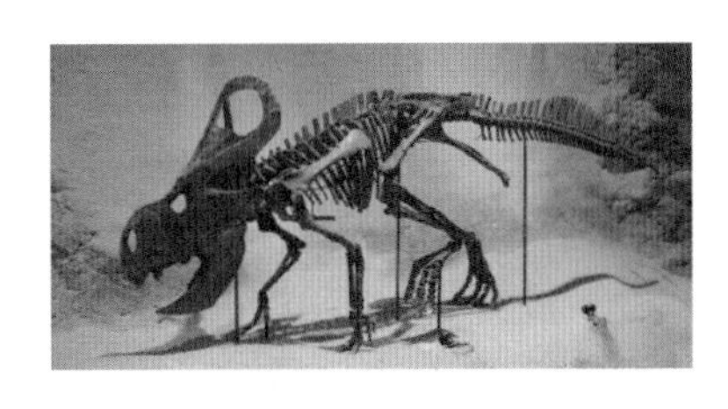

安氏原角龙复原图及骨架模型

原角龙（*Protoceratops*），属角龙下目原角龙科，生活于晚白垩世，化石发现于蒙古国。原角龙科是一群早期冠饰角龙类，体形较小，接近绵羊，缺乏发育良好的角状物，身长 1.5～2 米，有大型头盾，可用来保护颈部，颌部肌肉附着于头盾，用来辨认同类

双角龙复原图及头骨化石

双角龙（*Nedoceratops*），属角龙下目角龙科，植食性，生活于晚白垩世，化石发现于北美洲。双角龙以当时的优势植物如蕨类、苏铁、针叶树为食，它们可能使用锐利的喙状嘴咬下树叶（含针叶）

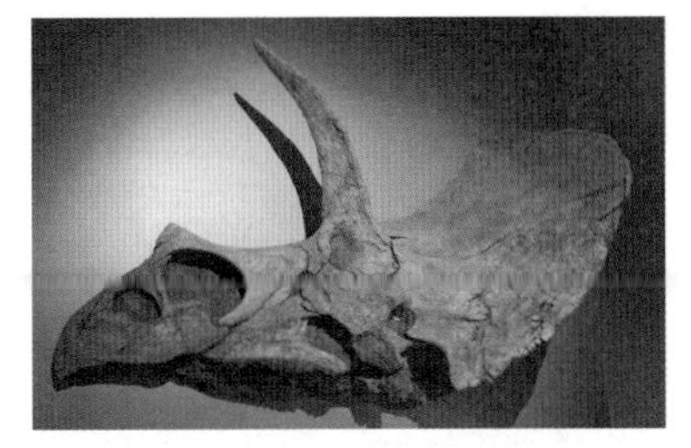

始三角龙复原图及头骨化石（图片来源：Nobu Tamura）

始三角龙（*Eotriceratops*），属角龙下目角龙科，生活于晚白垩世，约 6760 万年前，化石发现于加拿大艾伯塔省南部。始三角龙头骨长约 3 米，身长可能有 12 米

尖角龙头骨化石及复原图（图片来源：Lady of Hats）

尖角龙（*Centrosaurus*），属角龙下目角龙科，植食性，生活于晚白垩世，7650万—7550万年前，化石发现于加拿大艾伯塔省。尖角龙体长6米，鼻端有一大型鼻角

安德萨角龙复原图（图片来源：Nobu Tamura）

安德萨角龙（*Udanoceratops*），又名峨丹角龙，属角龙下目，生活于晚白垩世，约8350万年前，化石发现于北美洲和亚洲。安德萨角龙体长4.5米，以蕨类、苏铁和针叶树为食

中国角龙复原图（图片来源：Nobu Tamura）

中国角龙（*Sinoceratops*），属角龙下目角龙科，植食性，生活于晚白垩世，约7000万年前，化石发现于中国山东省诸城市。中国角龙体长6～7米，头长约2米，体重5～6吨

弱角龙复原图（图片来源：Nobu Tamura）

弱角龙（*Bagaceratops*），又名巴甲角龙，属角龙下目弱角龙科，生活于晚白垩世，约 8000 万年前，化石发现于蒙古国。其具有原始角龙类的特征与体形，体长约 1 米，身高 0.5 米，体重约 22 千克。与近亲原角龙相比，弱角龙头盾较小，缺乏孔洞，头骨更接近三角形。弱角龙具有喙嘴，鼻部有小型突起物，但没有额角

弱角龙头骨化石

恶魔角龙复原图（图片来源：Nobu Tamura）

恶魔角龙（*Diabloceratops*），属角龙下目角龙科，生活于白垩纪晚期的北美洲。恶魔角龙头盾上端具有两根向外弯曲的角，外形类似恶魔的角。恶魔角龙体长 5 米，身高 2 米，面部长有大小不同的 26 只角，顶角长约 60 厘米，鼻角长约 30 厘米。恶魔角龙是最早期的尖角龙亚科之一，它的发现有助于古生物学家了解角龙科的早期演化关系

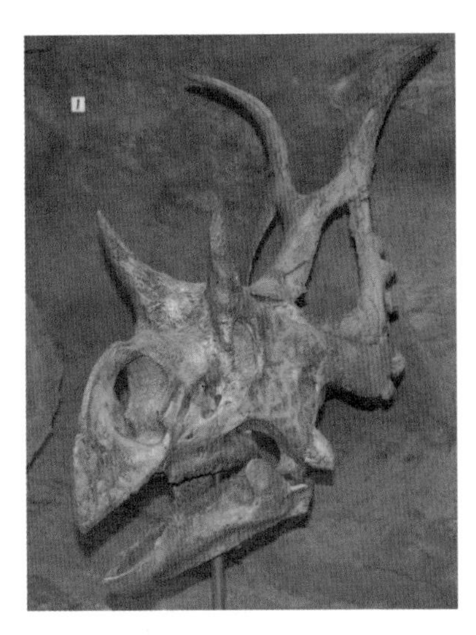

恶魔角龙头骨化石

奥伊考角龙复原图（图片来源：Nobu Tamura）

奥伊考角龙（*Ajkaceratops*），属角龙下目，生活于晚白垩世，8600 万—8400 万年前，化石发现于欧洲。奥伊考角龙类似亚洲的弱角龙和巨嘴龙，它们的祖先可能借多座群岛从亚洲迁徙而来

戟龙骨架模型与头部骨架正面图（加拿大自然博物馆）（图片来源：Lady of Hats）

戟龙复原图

戟龙（*Styracosaurus*），又名刺盾角龙，属角龙下目，生活于晚白垩世，7650 万—7500 万年前。戟龙头盾上有 4 或 6 个长角，两颊各有一个较小的角，以及一个从鼻部延伸出的角。戟龙为大型恐龙，身长约 5.5 米，身高约 1.8 米，重约 3 吨，四肢短，身体笨重，尾巴相当短，有喙状嘴及平坦的颊齿，应是植食性恐龙。戟龙可能是群居动物，多与鸭嘴龙、三角龙、厚鼻龙、尖角龙、腕龙等植食恐龙共栖，以大群体方式迁徙

彼得休斯角龙生态复原图

彼得休斯角龙（*Regaliceratops peterhewsi*），属角龙下目，种名源于化石发现者彼得休斯。彼得休斯角龙生活在晚白垩世，约 6800 万年前，化石发现于加拿大艾伯塔省东南部奥德曼河畔的悬崖上。它鼻部的角很高，眼睛上方各有一个角，在许多方面与三角龙相似。它最大的特征是头部的褶边，犹如一个向外延伸的巨大五角形平板光环。它是三角龙的近亲

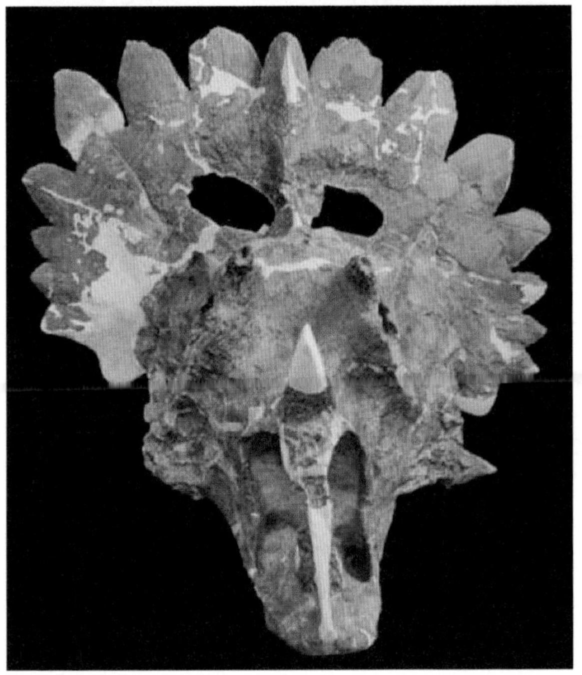

彼得休斯角龙头骨化石

肿头龙骨骼及头骨化石

○ 鸟臀目肿头龙类（下目）恐龙

肿头龙下目又称厚头龙下目，希腊语的意思是“有厚头的蜥蜴”。已知的肿头龙类大多数生活在晚白垩世的北美洲和亚洲。肿头龙是一类奇特的鸟臀类恐龙，以加厚的头盖骨为特征。实际上，不同类别的恐龙具有各不相同的头饰，但一般来说，头骨的厚度与它们的身体大小成正比。肉食性恐龙的头骨较厚，植食性恐龙的头骨较薄。肿头龙类全是两足行走、植食性或杂食性恐龙，但具有较厚的头骨。有些肿头龙的头骨呈圆丘状，顶部有近 10 厘米厚，其他的头部则较平坦或呈楔状。关于肿头龙类厚头骨的功能目前还存在争议。著名的肿头龙类恐龙有肿头龙、阿拉斯加头龙、龙王龙、平头龙等。

肿头龙生态复原图

肿头龙（*Pachycephalosaurus*），也称厚头龙，属肿头龙下目肿头龙科，生活于白垩纪晚期，7210 万—6600 万年前，化石发现于美国。肿头龙是两足行走、植食性或杂食性恐龙，是目前已知最大的肿头龙类，身长约 4.5 米，重量可达 450 千克。肿头龙后肢长，前肢小，颅顶厚，头顶肿大，好像长着一个巨瘤，用两条粗壮的后腿走路

龙王龙复原图（图片来源：Nobu Tamura）

龙王龙（*Dracorex*），属肿头龙下目，生活于晚白垩世的北美洲。它可能是肿头龙的幼体

龙王龙骨架模型（美国印第安纳波利斯儿童博物馆）

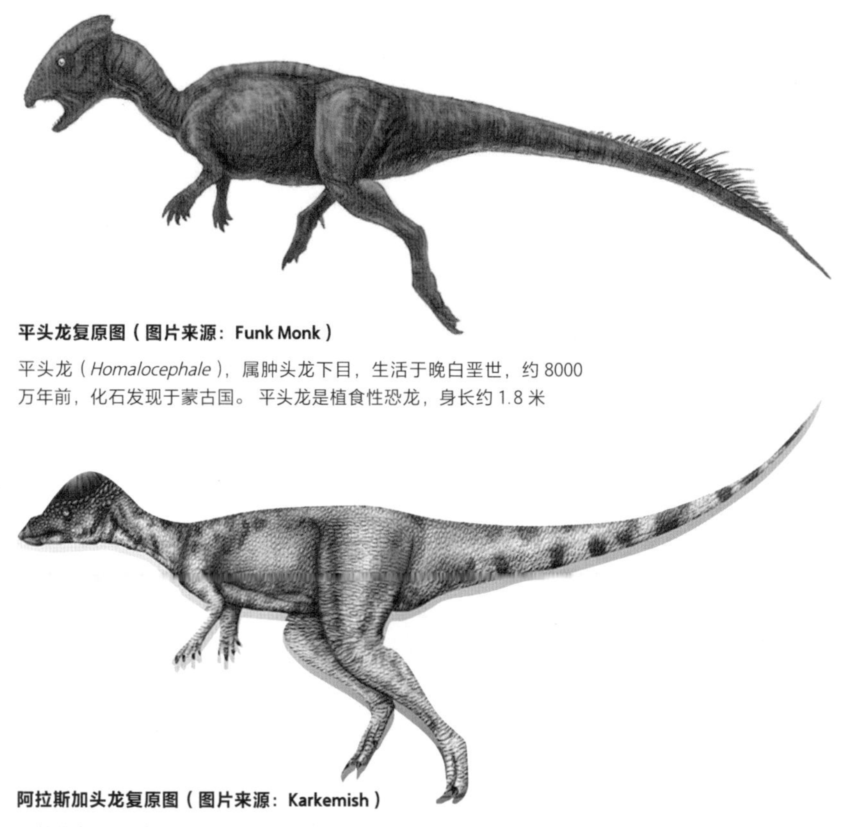

平头龙复原图（图片来源：Funk Monk）

平头龙（*Homalocephale*），属肿头龙下目，生活于晚白垩世，约 8000 万年前，化石发现于蒙古国。平头龙是植食性恐龙，身长约 1.8 米

阿拉斯加头龙复原图（图片来源：Karkemish）

阿拉斯加头龙（*Alaskacephale*），属肿头龙下目，生活于晚白垩世，8000 万—7400 万年前，化石发现于美国阿拉斯加州

10.4 蜥臀目恐龙

钦迪龙复原图

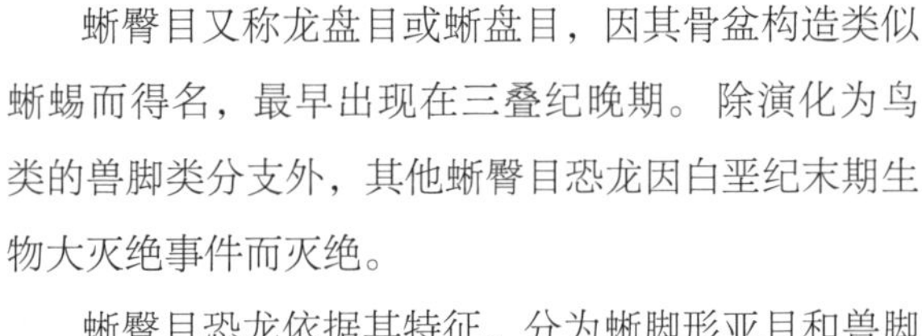

蜥臀目又称龙盘目或蜥盘目，因其骨盆构造类似蜥蜴而得名，最早出现在三叠纪晚期。除演化为鸟类的兽脚类分支外，其他蜥臀目恐龙因白垩纪末期生物大灭绝事件而灭绝。

蜥臀目恐龙依据其特征，分为蜥脚形亚目和兽脚亚目两类。

钦迪龙生态复原图

钦迪龙（*Chindesaurus*），又名庆迪龙。它具有多种蜥臀目演化分支的特征，生活于三叠纪晚期，2.25 亿—2.16 亿年前，化石发现于美国亚利桑那州的石化林国家公园。钦迪龙身长约 2.4 米，体重约 30 千克

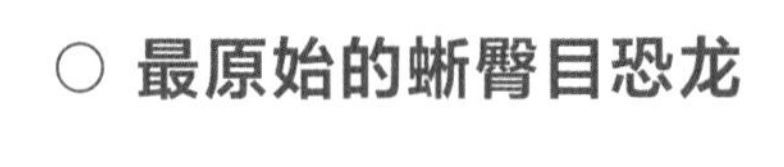

○ 最原始的蜥臀目恐龙

原始蜥臀目恐龙的特征是体形较小，双足行走，杂食性，分类位置不定。它们的前肢可以捕食猎物，后肢强壮直立，可以奔跑。代表性的原始蜥臀目恐龙有始盗龙、艾沃克龙、钦迪龙等。

艾沃克龙复原图

艾沃克龙（*Alwalkeria*），是原始蜥臀目恐龙，生活于三叠纪晚期的印度。艾沃克龙是小型双足杂食性恐龙，它与始盗龙相似，吃昆虫、小型脊椎动物、植物等

始盗龙复原图（图片来源：Conty）

始盗龙生态复原图及骨骼化石

始盗龙（*Eoraptor*），身体小巧，成年后身长约 1 米，体重约 10 千克，站立时靠脚掌中间的 3 根脚趾来支撑身体，上肢较长的三根手指都有爪，用来捕捉猎物

始盗龙是地球上出现的第一只恐龙，它的诞生拉开了恐龙进化的序幕，开启了恐龙统治地球长达近 1.69 亿年的历史。

始盗龙可能是蜥臀目恐龙的直接祖先，生活在 2.34 亿年前的南美洲阿根廷北部地区，体形小巧，两足行走，并拥有善于捕抓猎物的短小前肢，前肢长度仅为后肢的一半，前肢都有五指，甚至可以捕获与其体形大小相当的猎物。始盗龙手臂、腿部的骨骼薄而中空，有利于降低体重，所以善于奔跑。始盗龙同时有着肉食性及植食性的锯齿状牙齿，所以它有可能是杂食性动物。

10.5 蜥臀目蜥脚形亚目恐龙

蜥脚形亚目，意思是“蜥蜴般的脚”，分为原蜥脚下目和蜥脚下目。该类恐龙都是植食性恐龙，最早出现在晚三叠世，约 2.3 亿年前，并在 6600 万年前的白垩纪末期生物大灭绝事件中全部灭绝。

早期的蜥脚形类恐龙个体较小，体长一般只有几米，大多数是两足行走；后期随着体形增大，脖子明显变长，但头部很小，具有长长的尾巴以保持身体平衡，都是四足行走，具有 5 个脚趾，靠吞食石块磨碎坚硬的植物，来帮助消化。

板龙骨骼化石

板龙（*Plateosaurus*），属蜥脚形亚目原蜥脚下目，生活于晚三叠世，2.16 亿—2.01 亿年前，化石发现于欧洲。板龙是最早被命名的恐龙之一。板龙身形庞大，体长 7 米，两足，植食性，拥有小头部、长颈部、锐利的牙齿、强壮的四肢，以及大型拇指尖爪，这些尖爪可能用来防卫与帮助进食，后肢 2 倍长于前肢

○ 原蜥脚下目恐龙

原蜥脚下目为早期的植食性恐龙，生活于中三叠世到早侏罗世，2.35亿—1.7亿年前。原蜥脚下目恐龙的特点是头部小，颈部长，前肢较后肢短，有非常大的拇指尖爪，可用来防卫，大多是半两足动物，极少是完全四足动物。著名的原蜥脚下目恐龙有滥食龙、黑水龙、板龙、鞍龙、里奥哈龙、槽齿龙、大椎龙、地爪龙、云南龙、禄丰龙等。

板龙生态复原图

槽齿龙复原图

槽齿龙（*Thecodontosaurus*），属原蜥脚下目，生活于晚三叠世，2.16 亿—2.01 亿年前，化石大部分发现于英国南部与威尔士。槽齿龙两足行走，植食性，平均身长 1.2 米，高约 30 厘米，重约 30 千克。它们拥有小型头部、大型拇指尖爪、修长的后肢、长颈部和长尾巴。槽齿龙前掌有 5 个手指，后脚掌有 5 个脚趾。槽齿龙牙齿呈叶状，有锯齿状边缘，位于齿槽内

黑水龙复原图（图片来源：Funk Monk）

黑水龙（*Unaysaurus*），属原蜥脚下目，植食性，生活于晚三叠世，2.25 亿—2 亿年前，化石发现于巴西南部，是已知最古老的恐龙之一，与在德国发现的板龙为近亲，说明三叠纪时期的动物可轻易地跨越联合古陆。黑水龙相当小，身长约 2.5 米，身高 70～80 厘米，体重约 70 千克，以两足方式行走

地爪龙复原图

地爪龙（*Aardonyx*），属原蜥脚下目，生活于侏罗纪早期，化石发现于南非。地爪龙的前肢有许多原蜥脚类、蜥脚类恐龙的特征。地爪龙平常以两足方式行走，也可用四足方式前行，类似禽龙

里奥哈龙复原图（图片来源：Deivid）

里奥哈龙（*Riojasaurus*），属原蜥脚下目，植食性，生活于晚三叠世，化石发现于阿根廷拉里奥哈省，身长约 10 米

鞍龙复原图（图片来源：Nobu Tamura）

鞍龙（*Sellosaurus*），属原蜥脚下目，植食性，生活于晚三叠世，2.25 亿年前，化石发现于欧洲。鞍龙身长约 7 米，高约 2.1 米，重约 900 千克。如同其他原蜥脚类恐龙，鞍龙也有拇指指爪，可能用来防御，或是捡取食物。其外表类似板龙

云南龙复原图

云南龙（*Yunnanosaurus*），属原蜥脚下目，生活于侏罗纪早期到中期，化石发现于中国云南。云南龙是存活时间最长的原蜥脚下目恐龙之一。云南龙与禄丰龙有较近的亲缘关系。最大的云南龙身长可达 7 米，身高 2～3 米

大椎龙复原图（图片来源：Nobu Tamura）

大椎龙（*Massospondylus*），又名巨椎龙，属原蜥脚下目，植食性，生活于早侏罗世，2.01 亿—1.83 亿年前，化石发现于南非、莱索托、赞比亚等地。大椎龙身长 4～6 米，具有长颈部、长尾巴、小型头部，以及修长的身体。大椎龙的前肢具有锐利的拇指指爪，可能用来防卫或协助进食

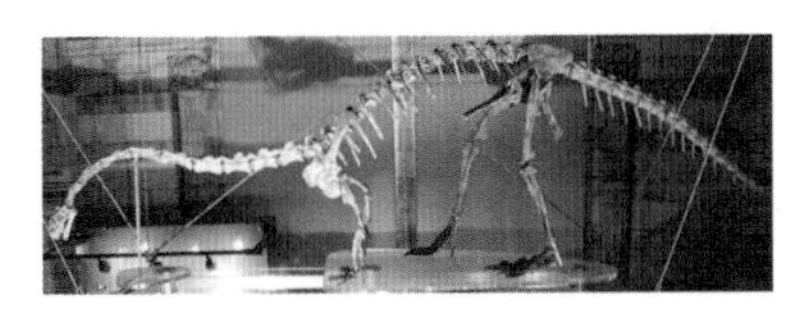

大椎龙骨架（伦敦自然史博物馆）

滥食龙复原图（图片来源：Nobu Tamura）

滥食龙（*Panphagia*），属原蜥脚下目，生活于三叠纪中期，约 2.314 亿年前，是已知生活年代最早的恐龙之一，化石发现于阿根廷。滥食龙可能是杂食性恐龙，是肉食性兽脚类恐龙与植食性蜥脚形恐龙之间的过渡物种

鼠龙复原图

鼠龙（*Mussaurus*），属原蜥脚下目，植食性。鼠龙是非常早期的恐龙，生活于晚三叠世，约 2.15 亿年前，化石发现于阿根廷南部。鼠龙成年个体的身长可达 6 米，体重约 1500 千克

巨型禄丰龙骨架模型（中国国家自然博物馆）

巨型禄丰龙复原图（图片来源：Debivort）

禄丰龙（*Lufengosaurus*），属原蜥脚下目，植食性，生活于侏罗纪早期，约 1.9 亿年前，化石发现于中国云南禄丰。禄丰龙身体结构笨重，身长约 9 米，体重约 1.7 吨

○ 蜥脚下目恐龙

蜥脚下目恐龙最早出现于晚三叠世，约 2.28 亿年前，繁盛于侏罗纪至白垩纪，2.01 亿—7000 万年前。蜥脚下目恐龙均为植食性，四足行走，体形巨大，具有小型头部、长颈部和长尾巴，以及粗壮四肢和 5 个脚趾，是目前已知陆地上出现过的最大动物，如巴塔哥泰坦龙，体长近 40 米，体重达 77 吨。著名的蜥脚下目恐龙还有火山齿龙、巨脚龙、棘刺龙、蜀龙、峨眉龙、克拉美丽龙、圆顶龙、腕龙、地震龙、超龙、阿根廷龙、梁龙、重龙、迷惑龙、叉龙、巧龙、马门溪龙、盘足龙、星牙龙、极龙、桥湾龙等。

蜥脚类恐龙体形巨大的原因，一是蜥脚类恐龙缺乏抑制生长的基因，它们一生都在生长，幼年期生长较快，成年期生长相对缓慢，所以活得越久的蜥脚类恐龙，体形越大，体重越重；二是蜥脚类恐龙缺乏牙齿，所以它们头颅变得更小，颈部变得更长，不动地方就能吃到更多的食物；三是蜥脚类恐龙虽然没有咀嚼能力，但有强大的胃磨功能，吃进去的食物在肠道中滞留时间更长，有利于营养的充分吸收；四是蜥脚类恐龙的脊椎骨广泛气腔化，它们具有双

棘刺龙复原图（图片来源：Nobu Tamura）

棘刺龙（*Spinophorosaurus*），属蜥脚下目，生活于侏罗纪中期或更早期，1.74 亿—1.66 亿年前，化石发现于非洲的尼日利亚。棘刺龙身长约 13 米，具有某些进阶型特征，类似蜀龙和马门溪龙

棘刺龙化石

重呼吸功能，便于充分利用吸收的氧气，而且蜥脚类恐龙生活的侏罗-白垩纪时期，气候温暖潮湿，树木高大，植被繁茂，空气中氧含量较高；五是蜥脚类恐龙的心脏进化出四个腔室，使它们可以保持体温恒定，即使在气温较低的夜间也可进食。

火山齿龙复原图（图片来源：Bardrock）

火山齿龙（*Vulcanodon*），属早期蜥脚下目，植食性，生活于早侏罗世，2.01 亿—1.96 亿年前，化石发现于非洲南部。火山齿龙体形较小，身长约 6.5 米

天府峨眉龙骨架

峨眉龙（*Omeisaurus*），属蜥脚下目，植食性，生活于侏罗纪中晚期，1.67 亿—1.61 亿年前，化石发现于中国四川省。峨眉龙体形中等，身长 10～15.2 米，身高约 4 米，体重约 4 吨。峨眉龙的颈部长，颈椎多达 17 节。它们可能是该时期中国最常见的蜥脚类恐龙，可能与沱江龙、重庆龙等植食性恐龙生活在同一地区，以群体方式生活

蜀龙化石

蜀龙（*Shunosaurus*），属蜥脚下目，生活于中侏罗世，1.7 亿—1.61 亿年前，化石发现于中国四川省。蜀龙身长约 9.5 米，体重约 3 吨。蜀龙的颈部短，显示它们以低矮植被为食。蜀龙与峨眉龙、原颌龙、晓龙、华阳龙、气龙共同生活于同一地区。蜀龙尾巴末端长有骨质尾锤，用于防卫

蜀龙复原图（图片来源：Arthur Weasley）

天府峨眉龙复原图

巨脚龙复原图

巨脚龙（*Barapasaurus*），又名巴拉帕龙或巨腿龙，是已知最早的蜥脚下目恐龙之一，植食性，生活于侏罗纪早期，1.896 亿—1.765 亿年前，化石发现于印度。巨脚龙四肢像柱子，可以支撑身体，牙齿像锯齿，便于咬碎食物。巨脚龙身长约 14 米，体重约 13 吨，臀部高约 4.5 米

欧罗巴龙骨架模型

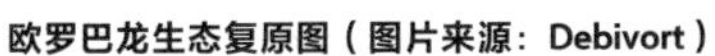

欧罗巴龙生态复原图（图片来源：Debivort）

欧罗巴龙（*Europasaurus*），属蜥脚下目，是岛屿隔离环境下演化出的侏儒物种，生活于1.57亿—1.52亿年前，化石发现于德国北部。欧罗巴龙体形矮小，体长1.7～6.3米，四肢粗壮，前肢长于后肢，四足行走。欧罗巴龙最明显特征是，鼻孔上面有明显的鼻突

地震龙生态复原图

地震龙（*Seismosaurus*），属蜥脚下目梁龙科，是巨大的植食性恐龙，生活于侏罗纪晚期，1.54亿—1.44亿年前，化石发现于美国新墨西哥州。地震龙身长约32米，体重22～27吨，体形比它的近亲超龙小

第一副完整的圆顶龙骸骨化石

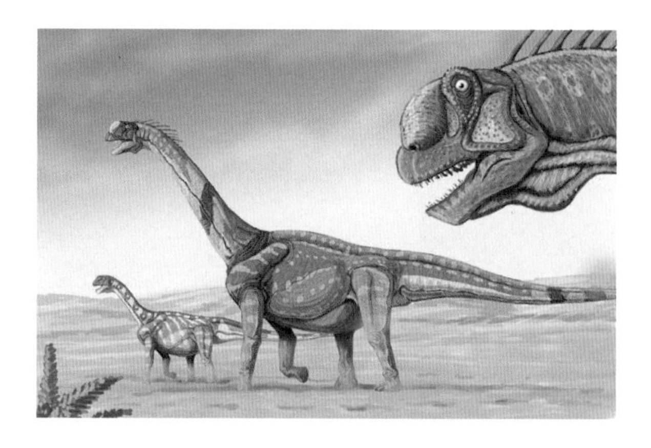

圆顶龙生态复原图（图片来源：Dmitry Bogdanov）

圆顶龙（*Camarasaurus*），属蜥脚下目，是四足植食性恐龙，生活于1.57亿—1.45亿年前，化石发现于北美洲。相比其他蜥脚类恐龙，它的脖子和尾巴都较短，前肢明显长于后肢，脖子前部有棘刺。成年圆顶龙体长约20米，体重30吨，往往被异特龙掠食。圆顶龙是群居动物，可能不照看小恐龙。圆顶龙具凿状牙齿，不能咀嚼，通过吞下的胃石消化胃里的坚硬植物，以蕨类植物和松树的叶子为食。与其他蜥脚类恐龙一样，圆顶龙往往把蛋生在沟渠里，而且排成弧形，说明它们是一边绕圈子，一边生蛋，弧形的半径恰好与蜥脚类以后腿为中心绕圈形成的半径一致。圆顶龙的蛋有足球大小

超龙骨骼（北美洲古生物博物馆）

超龙生态复原图

超龙（*Supersaurus*），又译为超级龙，意为“超级蜥蜴”，属蜥脚下目梁龙科，生活于侏罗纪晚期，1.53亿年前，化石发现于美国科罗拉多州。超龙身长33~34米，是最长的恐龙之一，体重可达35~40吨

巧龙骨骼模型

巧龙复原图

巧龙（*Bellusaurus*），意为“美丽的蜥蜴”，属蜥脚下目，生活于侏罗纪晚期，1.75 亿—1.61 亿年前，化石发现于中国新疆维吾尔自治区克拉玛依市。巧龙是种短颈的小型蜥脚类植食性恐龙，身长约 4.8 米

叉龙骨骼化石

叉龙复原图

叉龙（*Dicraeosaurus*），是小型蜥脚下目梁龙超科恐龙，生活在晚侏罗世，约 1.5 亿年前，化石发现于非洲。不像其他的梁龙超科，叉龙的颈部较短、较宽，头部较大。它也不具有梁龙的鞭状尾巴

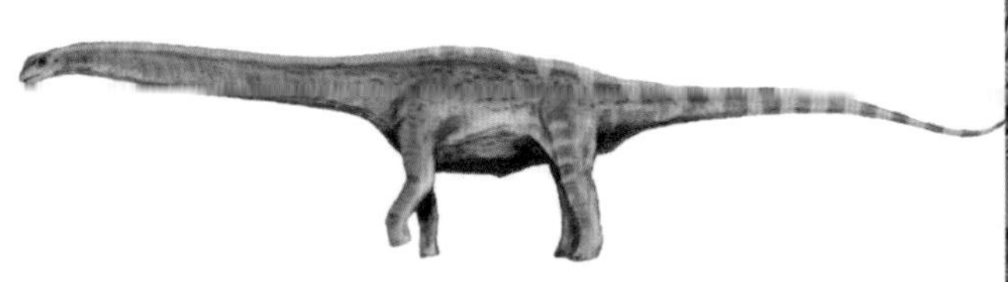

阿根廷龙复原图

阿根廷龙（*Argentinosaurus*），属蜥脚下目泰坦巨龙类，植食性，生活于早白垩世晚期，1.22 亿—0.94 亿年前，化石发现于阿根廷内乌肯省。它是地球上生活过的体形最大的陆地动物之一，身长约 36.6 米，体重约 73 吨

阿根廷龙骨架模型（德国法兰克福）

重龙骨架模型（美国自然历史博物馆）

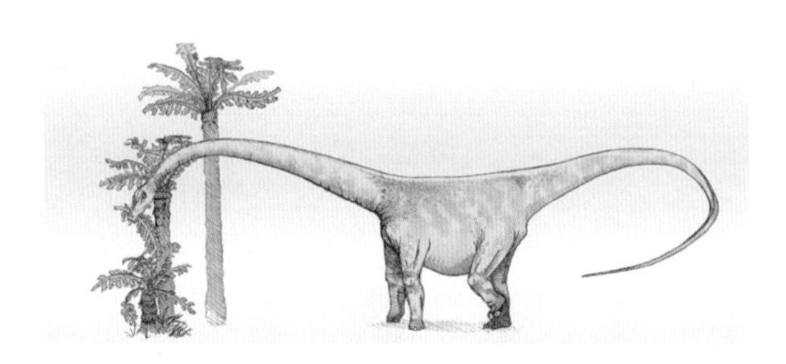

重龙复原图（图片来源：Debivort）

重龙（*Barosaurus*），又名巴洛龙，属蜥脚下目梁龙科，是巨大的植食性恐龙，其近亲为著名的梁龙。重龙与梁龙的区别是：重龙颈部比梁龙长，尾巴比梁龙短。重龙生活于侏罗纪晚期，1.61 亿—1.51 亿年前，化石发现于北美洲，同地区还生活着植食性梁龙、迷惑龙、圆顶龙、腕龙、简棘龙和剑龙，以及肉食性异特龙。成年重龙身长约 26 米，体重约 20 吨

马门溪龙骨骼及生态复原图（图片来源：ДИБГД）

马门溪龙（*Mamenchisaurus*），属蜥脚下目马门溪龙科，因其化石发现于中国四川宜宾马鸣溪（误读成马门溪）而得名。这里介绍的马门溪龙发现于中国重庆市合川区，是中国发现的最为完整的蜥脚类恐龙化石。马门溪龙生活于晚侏罗世，约 1.5 亿年前，身长 22～30 米，身高近 4 米。马门溪龙的脖子由长长的、相互叠压在一起的颈椎构成，颈椎多达 19 节，非常僵硬，转动十分缓慢。它脖子上的肌肉相当强壮，支撑着小脑袋。它的脊椎骨中有许多空洞，因而相对于它庞大的身躯而言，马门溪龙体重较轻。马门溪龙生活在广袤、茂密的森林里，那里到处生长着红木和红杉树。它们成群结队穿越森林，用小的、勺状的牙齿啃食其他恐龙够不着的树顶嫩枝。马门溪龙四足行走，它那又细又长的尾巴拖在身后。在交配季节，雄性马门溪龙在争夺雌性的战斗中用尾巴互相抽打对方。马门溪龙生活的地区同时还生活着大型肉食性恐龙，如永川龙。

星牙龙复原图

星牙龙（*Astrodon*），属蜥脚下目，是大型植食性恐龙，也是腕龙的近亲，生活于早白垩世，约 1.12 亿年前，化石发现于美国东部。成年星牙龙身长 15.2～18.3 米，头部可高举离地面 9.1 米

梁龙复原图（图片来源：Dmitry Bogdanov）

梁龙骨架（美国新墨西哥自然历史与科学博物馆）

梁龙（*Diplodocus*），属蜥脚下目梁龙科，生活于侏罗纪末期，1.57亿—1.45亿年前，化石发现于北美洲西部，该地区当时还生活着圆顶龙、重龙、迷惑龙、腕龙等。最大的梁龙体长超过25米，脖长7.5米，尾长13.4米，是已知最长的恐龙之一，体重约10吨。梁龙的鼻孔位于眼睛之上，当遇上肉食性恐龙攻击时，它就逃入水中躲藏，头顶上的鼻孔不会被水淹没，便于呼吸。梁龙在吃食时，尾巴会不断地抽打，并发出声响。梁龙体形很大，脑袋却纤细小巧，嘴的前部长着扁平的牙齿，嘴的侧面和后部则没有牙齿。梁龙比迷惑龙、腕龙要长，由于头尾很长，躯干很短、很瘦，因此体重并不重。梁龙脖子虽长，但由于颈骨数量少且韧，脖子并不能像蛇颈龙一般自由弯曲。梁龙是最容易辨识的恐龙之一，它巨大的体形足以恐吓同期的异特龙、角鼻龙等猎食恐龙

腕龙复原图（图片来源：БоГДнов）

腕龙骨架模型（美国菲尔德自然史博物馆）

腕龙（*Brachiosaurus*），属蜥脚下目腕龙科，生活于晚侏罗世，1.57亿—1.45亿年前，化石发现于北美洲，在白垩纪早期的北非也有分布。腕龙曾经是陆地上最大的动物之一。腕龙是四足植食性恐龙，不同于蜥脚下目的其他科，它的身体结构像长颈鹿，颈部高举。腕龙的牙齿是凿状牙齿，适合咬断植物。它的头骨有很多大型孔洞，可帮助减轻重量。腕龙是长颈巨龙的近亲，身长约25米，头部可高举离地面13米，体重约28.7吨。腕龙脖子长、脑袋小，有一条短粗的尾巴，走路时四脚着地。腕龙的前腿比后腿长。每只脚有5个脚趾，每只前脚的1个脚趾和每只后脚的3个脚趾有爪。腕龙的牙平直而锋利，鼻孔长在头顶上。它们成群居住并且一起外出，像圆顶龙一样生蛋和进食植物

迷惑龙生态复原图（图片来源：ДИБГД）

迷惑龙头部模型

秀丽迷惑龙骨架模型（美国自然历史博物馆）

路氏迷惑龙骨架模型（美国菲尔德自然史博物馆）

迷惑龙（*Apatosaurus*），又译谬龙，以前被称为雷龙，属蜥脚下目梁龙科，生活于1.57亿—1.45亿年前的晚侏罗世，化石发现于美国的科罗拉多州、俄克拉何马州、犹他州和怀俄明州。它们曾是陆地上最大的动物之一，身长约26米，体重18～30吨。迷惑龙有着长颈部，尾巴呈鞭状，与身体相比，头部相当小，牙齿呈匙状，是植食性恐龙。迷惑龙前肢略短于后肢，颈椎比梁龙短而重，腿部骨头较梁龙结实而长，比梁龙更粗壮，走动时，尾巴离开地面。迷惑龙的前肢有一个大指爪，后肢的前3个脚趾有趾爪

克拉美丽龙复原图及骨骼

克拉美丽龙（*Klamelisaurus*），又译为美丽龙，属蜥脚下目，生活于侏罗纪中期，1.7亿—1.61亿年前，化石发现于中国新疆维吾尔自治区

新发现的世界上最大的恐龙之一——巴塔哥泰坦龙正利用其鞭尾抵御掠食者（想象图）

巴塔哥泰坦龙（*Patagotitan*），也称巴塔哥泰坦巨龙或巴塔哥巨龙，属蜥脚下目泰坦巨龙类，生活在1亿—9400万年前。2012年，其化石发现于阿根廷巴塔哥尼亚地区梅奥家族的农场。巴塔哥泰坦龙是泰坦巨龙类中最重的一种，植食性，具有很长的脖子和尾巴，四足行走，行动迟缓，难以逃避快速奔跑的肉食性恐龙的攻击，往往依靠有力的尾巴给攻击者猛烈一击。巴塔哥泰坦龙体长约37米，身高6米，大腿骨长约2.37米，体重69吨，甚至可达77吨，差不多相当于一架美国发现号航天飞机的重量或14头亚洲象的总重量。最近古生物学家们研究证明，曾被认为最大、最重的易碎双腔龙并不存在，这样，巴塔哥泰坦龙就成了世界上已经发现的最大、最重的恐龙

华北龙骨骼模型

华北龙（*Huabeisaurus*），属蜥脚下目，四足植食性，生活于晚白垩世，8300万—7500万年前，化石发现于中国北部，复原后体长20米，身高5米

盘足龙复原图

盘足龙（*Euhelopus*），属蜥脚下目盘足龙科，是大型植食性恐龙，生活于白垩纪早期，1.3 亿—1.12 亿年前，化石发现于中国山东。盘足龙身长约 15 米，体重 15～20 吨，前肢长于后肢，足像圆盘，主要生活在水中

桥湾龙复原图（图片来源：Nobu Tamura）

桥湾龙（*Qiaowanlong*），属蜥脚下目，生活于白垩纪早期，1.12 亿—1 亿年前，化石发现于中国甘肃。桥湾龙身长约 12 米，体重 10 吨左右，与盘足龙、长生天龙是近亲

南极龙复原图

南极龙（*Antarctosaurus*），属蜥脚下目泰坦巨龙类，生活于 8500 万—6600 万年前，化石发现于阿根廷。南极龙体长 19 米，最大体长 30 米，最大体重约 34 吨，四肢粗壮，四足行走，脖子和尾巴都很长，脖子长约 14 米，几乎占全身体长的 1/2，脑袋小，可能有鳞甲，从头到尾长有短小的棘刺

兽脚亚目演化图

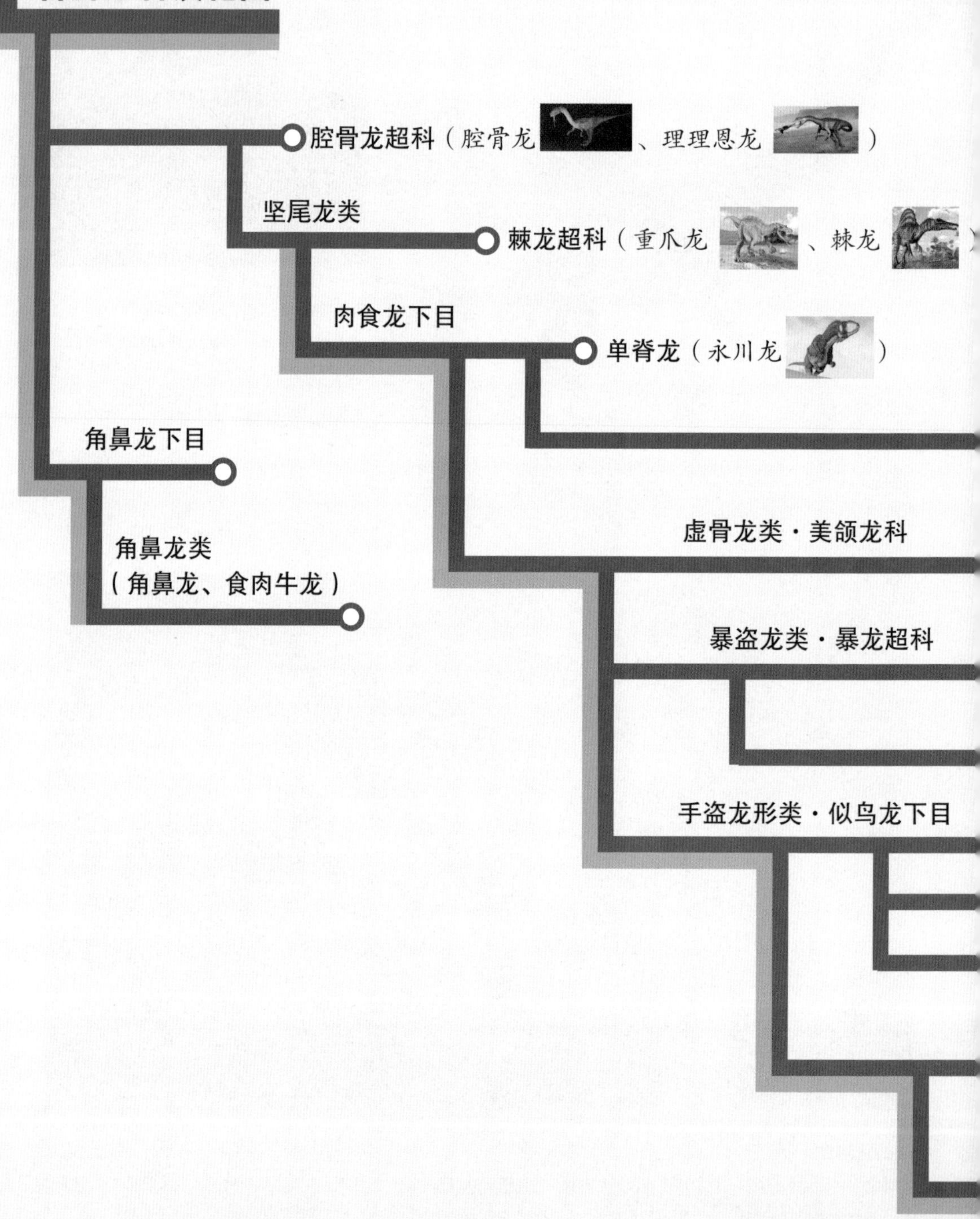

腔骨龙超科（腔骨龙、理理恩龙）
坚尾龙类
棘龙超科（重爪龙、棘龙）
肉食龙下目
单脊龙（永川龙）
角鼻龙下目
角鼻龙类
（角鼻龙、食肉牛龙）
虚骨龙类 · 美颌龙科
暴盗龙类 · 暴龙超科
手盗龙形类 · 似鸟龙下目

异特龙超科（中华盗龙、中棘龙、异特龙）
（美颌龙、中华龙鸟、中华丽羽龙、华夏颌龙）
伤龙科（伤龙）
暴龙科（五彩冠龙、羽暴龙、霸王龙）
似鸟身女妖龙科
似金翅鸟龙科
似鸟龙科（似鸟龙、似鸡龙、似鹈鹕龙、似驼龙）
手盗龙类 · 阿瓦拉慈龙科
（阿瓦拉慈龙、鸟面龙、单爪龙）
镰刀龙下目
（阿拉善龙、北票龙、肃州龙、慢龙、二连龙、镰刀龙）

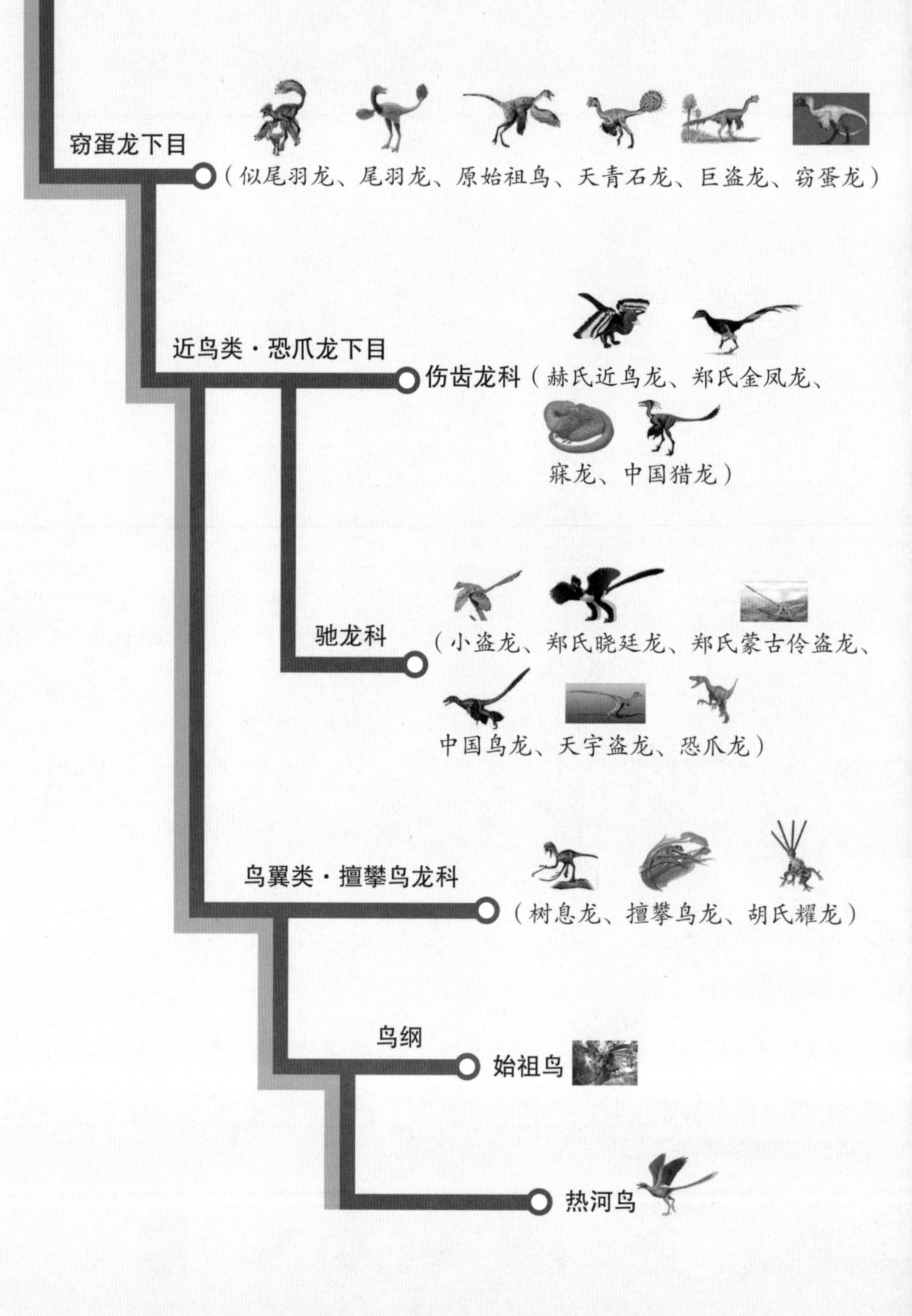

窃蛋龙下目
（似尾羽龙、尾羽龙、原始祖鸟、天青石龙、巨盗龙、窃蛋龙）
近鸟类·恐爪龙下目
伤齿龙科（赫氏近鸟龙、郑氏金凤龙、
寐龙、中国猎龙）
驰龙科
（小盗龙、郑氏晓廷龙、郑氏蒙古伶盗龙、
中国鸟龙、天宇盗龙、恐爪龙）
鸟翼类·擅攀鸟龙科
（树息龙、擅攀鸟龙、胡氏耀龙）
鸟纲
始祖鸟
热河鸟

10.6 蜥臀目兽脚亚目恐龙

兽脚亚目恐龙生活于2.35亿—0.66亿年前，在地球上生活了约1.69亿年。兽脚亚目恐龙的特点是：大多数为肉食性；前肢短小而灵活，用于捕获猎物；后肢粗长而有力，善于奔跑，最高时速达六七十千米。

长毛状物的、骨骼中空的小型兽脚类恐龙是虚骨龙类，它们逐渐进化成现今的鸟类。著名的虚骨龙类有羽王龙、中华龙鸟、原始祖鸟、尾羽龙、小盗龙、中国鸟龙、近鸟龙、寐龙等。

鸟类就是沿着兽脚亚目恐龙的演化支进化而来的，从较原始的兽脚类开始，经过近一亿年的演化，大致经历了八个演化阶段，即腔骨龙类、坚尾龙类、肉食龙下目、虚骨龙类、手盗龙形类、手盗龙类、镰刀龙下目、窃蛋龙下目，到近鸟类，这时候出现了最像鸟类的恐龙，

太阳神龙复原图（图片来源：Conty）

太阳神龙（*Tawa*），是早期兽脚亚目恐龙，肉食性，生活于2.15亿—2.13亿年前的三叠纪晚期，化石发现于美国新墨西哥州，这说明恐龙起源于盘古大陆南部（今天的南美洲），并迅速扩散到盘古大陆的各个地区。太阳神龙化石的发现有助于研究三叠纪晚期恐龙的演化关系

艾雷拉龙头部化石

如近鸟龙、小盗龙等，它们体长仅有40厘米左右，长有明显的不对称飞羽，可以滑翔或在林间飞行，外形酷似鸟类，却是会飞的恐龙，它们在进化上与鸟类只差最后一步，直到鸟纲，这些恐龙经过一次较大的基因突变，才在自然选择作用下，演化出真正的鸟类。世界上出现的第一种鸟是始祖鸟，中国出现的第一种鸟是热河鸟，这些最早出现的鸟类，仍然保留了兽脚亚目恐龙的一些特征。

由此可见，生命的进化，尤其是脊椎动物的进化是一个循序渐进的过程，是一次次基因突变、自然选择的过程，也是生物不断适应性变异的过程。生命进化的过程是不可复制的，绝不可能再现，这就是生命进化的神秘之所在。

艾雷拉龙生态复原图

艾雷拉龙（*Herrerasaurus*），又称埃雷拉龙、黑瑞龙或赫勒拉龙，属兽脚亚目，生活在三叠纪晚期，2.35亿—2.28亿年前，化石发现于阿根廷巴塔哥尼亚西北部。艾雷拉龙是轻巧的肉食性恐龙，有长尾巴及相当小的头颅，体长3~6米，臀部高度超过1.1米，体重210~350千克

○ 较原始的兽脚亚目恐龙

较原始的兽脚类恐龙体形娇小，身体修长，对于研究早期恐龙演化具有重要意义。它们主要生活在三叠纪晚期的南美洲，当时南美洲与非洲还连在一起。

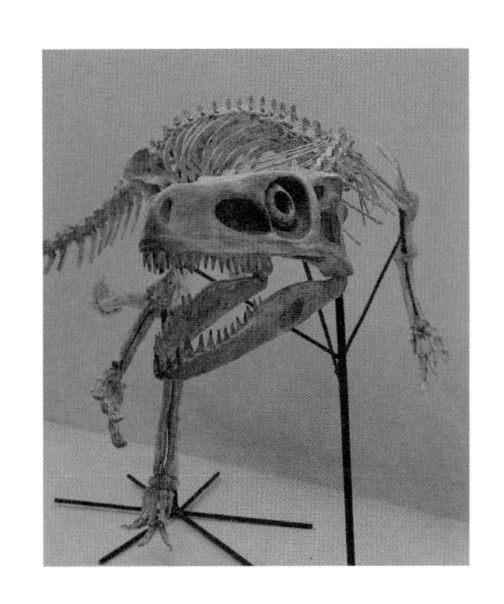

南十字龙骨架

正在猎食的南十字龙（想象图，图片来源：Nobu Tamura）

南十字龙（*Staurikosaurus*），是小型兽脚亚目恐龙，肉食性，生活于三叠纪晚期，约 2.25 亿年前，化石发现于巴西。南十字龙身长约 2 米，尾巴长约 80 厘米，体重约 30 千克。南十字龙与始盗龙、艾雷拉龙是近亲，而且是在蜥脚下目与兽脚亚目分开演化后才演化出来的

双脊龙复原图

双脊龙（*Dilophosaurus*），又名双棘龙、双嵴龙或双冠龙，意思是“双冠蜥蜴”，为兽脚亚目恐龙原始类群，生活于约 1.9 亿年前的早侏罗世，因其头顶有两个冠状物而得名。双脊龙可能是坚尾龙类的演化分支的原始物种。双脊龙最明显的特征是头骨顶端有一对圆形头冠，这些圆冠仅用作装饰，由于相当脆弱，因此不可能作为武器。圆冠的大小是辨别雌雄的标志。双脊龙体长约 6 米，体重约 500 千克

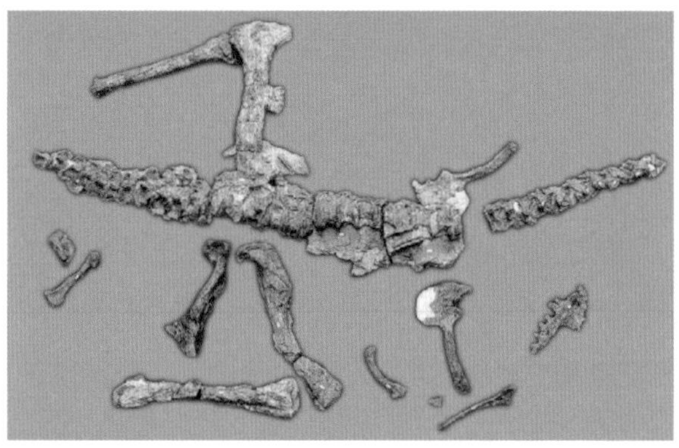

圣胡安龙复原图及骨骼化石（图片来源：Nobu Tamura）

圣胡安龙（*Sanjuansaurus*），属兽脚亚目艾雷拉龙科，肉食性，生活于三叠纪晚期，2.28 亿—2.01 亿年前，化石发现于阿根廷，是艾雷拉龙、南十字龙的“姊妹”。圣胡安龙是中型恐龙，股骨长 39.5 厘米，身长约 3 米，体形接近艾雷拉龙

恶魔龙复原图（图片来源：Funk Monk）

恶魔龙（*Zupaysaurus*），为中型兽脚亚目恐龙，肉食性，生活于三叠纪晚期，2.16 亿—2.01 亿年前，化石发现于南美洲的阿根廷。恶魔龙鼻端有着两个平行的冠状物。成年恶魔龙头骨长约 45 厘米，体长约 4 米。与其他兽脚亚目成员相似，恶魔龙用后肢行走，用前肢捕捉猎物

虚骨龙生态复原图（图片来源：Nobu Tamura）

虚骨龙（*Coelurus*），又名空尾龙，属兽脚亚目虚骨龙科，生活于晚侏罗世，1.53 亿—1.5 亿年前，化石发现于亚洲和北美洲。虚骨龙是小型、两足肉食性恐龙，以昆虫、哺乳类、蜥蜴等小型猎物为食。虚骨龙身长 2.4 米，体重最大可达 20 千克，它的尾部椎骨是空心的

虚骨龙复原图

○ 兽脚亚目腔骨龙超科恐龙

兽脚亚目最早分化出腔骨龙类和角鼻龙类两个演化支。

腔骨龙超科是肉食性恐龙，生活于晚三叠世到早侏罗世，曾分布于世界各地。腔骨龙超科恐龙体形修长，身长 1～6 米，有细长的尾巴和长的窄吻头骨，形似虚骨龙类，有些头顶有易碎的冠饰。它们可能以小群体方式生活。著名的腔骨龙超科恐龙有腔骨龙、理理恩龙、哥斯拉龙、斯基龙、合踝龙等。

腔骨龙化石

腔骨龙复原图（图片来源：Park Ranger）

腔骨龙（*Coelophysis*），又名虚形龙，属兽脚亚目腔骨龙超科，生活于三叠纪晚期，2.16 亿—2.01 亿年前，化石发现于北美洲，是小型双足肉食性恐龙。腔骨龙非常纤细，善于奔跑，头部长而狭窄，长有锐利的像剑一样向后弯的牙齿，牙齿的前后缘有小型锯齿，以小型、似蜥蜴的动物为食。腔骨龙可能以小群体方式集体猎食

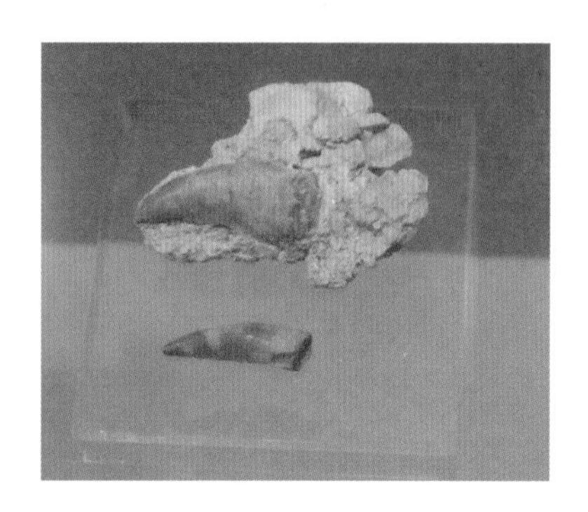

理理恩龙牙齿

理理恩龙骨架化石

理理恩龙复原图（图片来源：Nobu Tamura）

理理恩龙（*Liliensternus*），属兽脚亚目腔骨龙超科，生活于晚三叠世，2.15 亿—2.01 亿年前，化石发现于德国。理理恩龙身长约 5.15 米，重约 127 千克。它可能猎食植食性恐龙，如板龙等。理理恩龙最明显的特征是头上的脊冠只是两片薄薄的骨头。在捕食时如果脊冠被攻击，它可能会因剧痛而放弃眼前的猎物直接逃跑

合踝龙生态复原图（图片来源：Dmitry Bogdanov）

合踝龙（*Syntarsus*），又名坚足龙或并合踝龙，属腔骨龙超科，生活于侏罗纪早期，2.01 亿—1.83 亿年前，化石发现于非洲南部的津巴布韦。合踝龙身长约 3 米，体重约 32 千克

哥斯拉龙复原图（图片来源：Nobu Tamura）

哥斯拉龙（*Gojirasaurus*），属腔骨龙超科，生活于三叠纪晚期，约 2.1 亿年前，化石发现于美国新墨西哥州。哥斯拉龙身长约 5.5 米，体重 150～200 千克，是当时的大型肉食性动物之一

斯基龙复原图（图片来源：Nobu Tamura）

斯基龙（*Segisaurus*），属兽脚亚目腔骨龙超科，生活于侏罗纪早期，约 1.83 亿年前，化石发现于美国亚利桑那州。斯基龙是原始敏捷的两足恐龙，大小相当于鹅，身长约 1 米，身高约 0.5 米，体重 4～7 千克。斯基龙为食虫性动物，也可能为食腐动物。斯基龙身体结构类似鸟类，颈部长而灵活。斯基龙具有 3 个脚趾，腿部强壮，相当于身体的长度，尾巴与前肢也很长，锁骨类似鸟类

○ 兽脚亚目角鼻龙类恐龙

角鼻龙类，又名刺龙或角冠龙，是晚侏罗世大型掠食性恐龙，化石发现于北美洲、非洲坦桑尼亚、欧洲葡萄牙等。它们的特征是嘴巴很大，牙齿像匕首，鼻端有一个尖角及眼睛上有一对小角。它们前肢短而强壮，前肢有 4 指。角鼻龙类与异特龙、蛮龙、迷惑龙、梁龙及剑龙生活于同一时空。角鼻龙类体形比异特龙小，身长 6~8 米，高 2.5 米，体重 500 ~1000 千克；角鼻龙类可能有着与异特龙完全不同的生态位。角鼻龙类有着较长及更灵活的身体，尾巴左右较扁，形状像鳄鱼。这显示它们比异特龙更适合游泳。2004 年，一项研究指出，角鼻龙类一般狩猎水中生物，如鱼类、鳄鱼，不过它们亦可能猎食大型恐龙。这项研究亦指出，成年的角鼻龙类及幼龙有时会同时觅食。

角鼻龙复原图

角鼻龙（*Ceratosaurus*），又名角冠龙，属兽脚亚目角鼻龙类，生活在晚侏罗世，化石发现于北美洲、欧洲和非洲。它是一种很凶残的肉食性恐龙，最明显的特征是鼻端有一个大的鼻骨尖角，眼睛上有一对小角。它的头部很大，并生有小锯齿状棘突；拥有强健的上下颌，大嘴里长有尖利而弯曲的牙齿；腰粗，尾长，前肢有 4 指，短小强壮，后肢粗壮，双脚行走

食肉牛龙复原图

食肉牛龙（*Carnotaurus*），又名牛龙、肉食牛龙，属兽脚亚目角鼻龙类阿贝力龙科，是一种生活于7210万—6600万年前的大型肉食性恐龙，体长约8米，体重约3吨，化石发现于阿根廷巴塔哥尼亚地区。食肉牛龙的眼睛上方有两只短而粗的角，因此得名“牛龙”。它是一种擅长奔跑的大型恐龙，奔跑速度可达每小时60千米，因此有“白垩纪猎豹”之称。与其他兽脚类恐龙相比，食肉牛龙的头明显较小，只有约59厘米长。食肉牛龙的双眼微微朝着前方，因此拥有一定的立体视觉，一旦锁定猎物，就径直高速冲向猎物，反复用牙齿撕咬猎物的脖子，咬一口，躲开后再咬一口，直至猎物失血过多而死。食肉牛龙口鼻部大，可能具有大的嗅觉器官

泥潭龙复原图

泥潭龙（*Limusaurus*），属兽脚亚目角鼻龙类，生活于晚侏罗世，1.61亿—1.56亿年前，化石发现于中国新疆维吾尔自治区准噶尔盆地。它是一种奇特的、没有牙齿的植食性小型恐龙，嘴呈喙状，有胃石。泥潭龙是唯一发现于亚洲的角鼻龙类恐龙，据此估计，当时亚洲及其他大洲之间有陆桥连接

○ 兽脚亚目坚尾龙类恐龙

坚尾龙类（Tetanurae）首次出现于早中侏罗世。许多著名的恐龙都属于坚尾龙类，包括异特龙、窃蛋龙、棘龙、暴龙、迅猛龙等，还有所有现代鸟类。第一种被命名的中生代恐龙是斑龙，它是一种基础坚尾龙类恐龙。坚尾龙类的股骨－尾巴肌肉经过演化缩短，尾巴后段不灵活，但有助于奔跑时改变方向；头骨不坚实，骨头有空腔，可以减轻头部重量。

坚尾龙类是兽脚亚目中接近鸟类而远离角鼻龙类的物种，正是它最终进化成了鸟类。

斑龙超科（Megalosauroidea），又译为巨龙超科，是兽脚亚目坚尾龙类的一个超科，生活于中侏罗世至中白垩世。棘龙科可能属于斑龙超科。

斑龙复原图（图片来源：Lady of Hats）

斑龙（*Megalosaurus*），又名巨龙、巨齿龙，是一种基础坚尾龙类恐龙，为大型肉食性恐龙，生活于中侏罗世，1.83 亿—1.68 亿年前，化石发现于欧洲（英国南部、法国、葡萄牙）。斑龙身长约 9 米，体重约 1 吨，可能猎食剑龙类与蜥脚类恐龙

蛮龙的骨架模型（北美洲古生物博物馆）

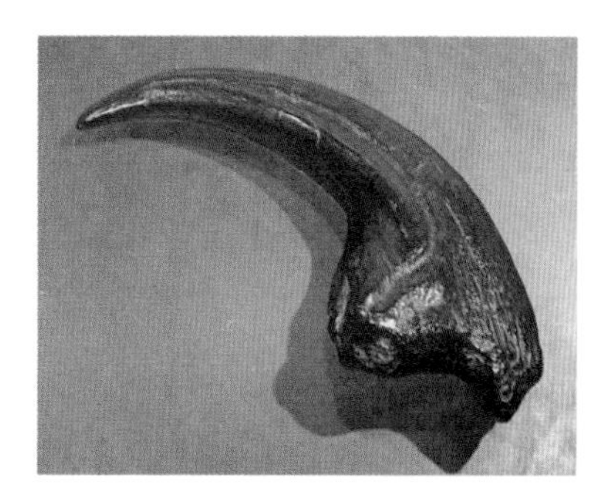

蛮龙指爪（英国伦敦自然史博物馆）

蛮龙（*Torvosaurus*），意为“野蛮的蜥蜴”，属兽脚亚目斑龙超科，是一种大型肉食性恐龙，以大型植食性恐龙为食，例如剑龙类或蜥脚类恐龙。蛮龙生活于晚侏罗世的北美洲与欧洲葡萄牙。蛮龙的体形相当大，北美洲的蛮龙身长 9～11 米，体重约 2 吨，而葡萄牙的蛮龙个体则长达 13 米，重达 4 吨，是目前已知最大的侏罗纪兽脚亚目恐龙之一。蛮龙以强壮的后肢行走，拥有有力的短前肢，肘前臂的长度是肘后上臂的一半。它们还拥有巨大的拇指尖爪，以及大型、锐利的牙齿

谭氏蛮龙复原图（图片来源：ДИБГД）

非洲猎龙骨架模型

非洲猎龙复原图

非洲猎龙（*Afrovenator*），属兽脚亚目斑龙超科，为肉食性恐龙，生活在1.64亿—1.61亿年前的中侏罗世，化石发现于非洲撒哈拉沙漠。非洲猎龙身长8米，体重约2.1吨，是一种大而灵巧的兽脚类恐龙；牙齿长5厘米，拥有带钩的锋利爪子

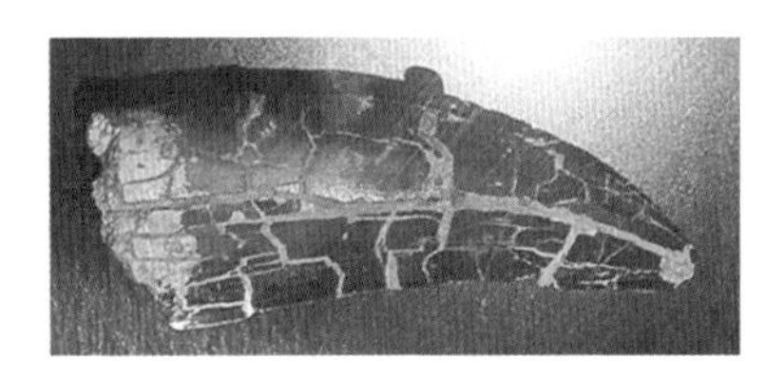

多里亚猎龙牙齿

多里亚猎龙复原图

多里亚猎龙（*Duriavenator*），属兽脚亚目斑龙超科，是已知最古老的坚尾龙类恐龙之一，生活于侏罗纪中期，约1.7亿年前，化石发现于英国南部多塞特郡

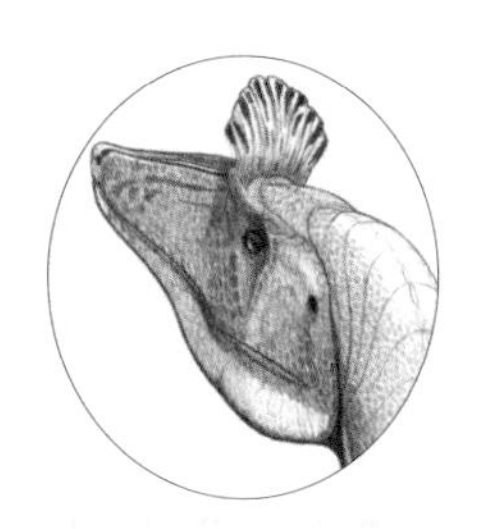

冰脊龙骨骼化石

冰脊龙生态复原图（图片来源：ДИБГД）

冰脊龙（*Cryolophosaurus*），又名冰棘龙或冻角龙，属兽脚亚目坚尾龙类，肉食性，生活于侏罗纪早期，1.9 亿—1.84 亿年前，化石发现于南极洲。冰脊龙身长约 6.5 米，体重约 460 千克。冰脊龙的头部有一个奇异冠状物，头冠有皱褶，外观很像一柄梳子。在南极洲，还发现了大型原蜥脚类冰河龙、小型翼龙目和似哺乳类爬行动物三瘤齿兽

似松鼠龙复原图及骨骼

似松鼠龙（*Sciurumimus*），属兽脚亚目斑龙超科，生活于侏罗纪晚期，约 1.5 亿年前，化石发现于德国下巴伐利亚石灰岩采石场，化石标本较为完整，带有丝状结构覆盖物。似松鼠龙证明远古恐龙普遍身披羽毛。许多兽脚类恐龙都被证明长有羽毛，但似松鼠龙更接近进化树的底部，这可能是拥有羽毛的肉食性恐龙存在于地球上的最早证据

重爪龙复原图

重爪龙（*Baryonyx*），又名坚爪龙，意为“沉重的爪”，属兽脚亚目棘龙科，生活于晚白垩世，1.37 亿—0.65 亿年前，化石发现于英国多尔金南部和西班牙北部。重爪龙口鼻部长而低矮，颌部狭窄，有锯齿状牙齿以及钩子般的指爪，适合捕食鱼类。重爪龙身长约 9 米，身高约 3.4 米，体重约 2 吨。重爪龙每只手掌的拇指都有长 25 厘米的大指爪

大龙复原图（图片来源：Ghedoghedo）

大龙（*Magnosaurus*），属兽脚亚目，是基础坚尾龙类恐龙，生活于侏罗纪中期。大龙体重 150～200 千克，化石发现于英国

鲨齿龙生态复原图（图片来源：Ilyayungin 1991）

鲨齿龙（*Carcharodontosaurus*），属兽脚亚目鲨齿龙科，是体形最大的食肉恐龙之一，生活于1亿—9400万年前的埃及、阿尔及利亚和摩洛哥。鲨齿龙身长11.5～14米，身高约4.5米，体重6～11.5吨，其牙齿类似鲨鱼，极其锋利，形如匕首，适合切割皮肤以及肌肉组织。鲨齿龙有大而酷似骷髅眼睛的眶前孔、较为短小的前肢、巨大而长的头骨、较窄的吻部、瘦的躯干和略微短的后肢。它的头比霸王龙略长但偏窄，脑容量比霸王龙小

埃及棘龙骨架

在陆上和水里的棘龙复原图

棘龙（*Spinosaurus*），意为“有棘的蜥蜴”，又称棘背龙、脊背龙，属兽脚亚目棘龙超科棘龙科，生活于晚白垩世，1.13 亿—9300 万年前的非洲北部区域。棘龙有两个亚种，即埃及棘龙和摩莎迪亚棘龙，其中埃及棘龙是目前已知最大的兽脚类食肉恐龙。棘龙体长 12～19 米，帆高 1.8 米，臀高 2.7～4 米，平均体重 8.5 吨，最大个体不低于 18 吨，是与鲨齿龙同时代生活的大型肉食性恐龙。棘龙最明显的特征是体形巨大、背有帆状物、头骨修长，其独特的背帆可能具有调节体温、储存脂肪、散发热量、吸引异性、威胁对手、吸引猎物等功能；其头骨长 1.4～1.9 米，外形类似上龙类。棘龙是季节性半水生动物，雨季主要以鱼为食，但在旱季，棘龙会上岸捕食豪勇龙和未成年蜥脚龙类，还会和鲨齿龙发生冲突。棘龙头部如上龙或鳄鱼，长条形，适合捕鱼，捕鱼时会把嘴伸进水里，靠嘴巴上的小孔发出的辐射源感知猎物。棘龙生活在非洲，而霸王龙生活在北美洲，二者难以相遇，更不可能打斗

○ 兽脚亚目坚尾龙类肉食龙下目恐龙

肉食龙下目恐龙是大型肉食性恐龙，头颅巨大而中空，牙齿锋利如匕首，前肢灵活有力，指爪尖利，后肢粗壮强劲，擅长奔跑，多数生活在侏罗纪中晚期，主要捕食大型植食性恐龙，如梁龙类等。

和平中华盗龙骨架模型（图片来源：Nobu Tamura）

中华盗龙（*Sinraptor*），生活在1.64亿—1.45亿年前，化石发现于中国新疆维吾尔自治区。和平中华盗龙体长7.5米，高近3米，头骨长85厘米，体重1.8吨，主要特征是大脑袋、中等大小而强壮的前肢、长腿、粗壮的身体，以及嘴里长满一排排锋利的牙齿。和平中华盗龙站立时，粗大的尾巴可支撑身体，其前肢十分灵活，指上有弯而尖的利爪，出没于丛林和湖滨，以一些较温顺的植食性恐龙，如沱江龙、马门溪龙等为食

和平中华盗龙复原图

上游永川龙化石

永川龙（*Yangchuanosaurus*），生活在约1.6亿年前，化石发现于中国重庆，是中国境内发现的比较凶猛的大型兽脚类恐龙，在辈分上高于中华龙鸟、羽王龙等。永川龙体形壮实，犹如生活在北美洲的异特龙，体长约11米，站立时身高4米，体重约4吨，头部又高又大，头骨长122厘米，略呈三角形，嘴里长满一排排像匕首一样锋利的牙齿；脖子较短，身体不长，有一条长尾巴，站立时用来支撑身体，跑动时用来保持身体平衡；后肢生有三趾，强壮有力，奔跑迅速；前肢短小灵活，长有弯刀状的利爪。永川龙生活在丛林或湖泊附近，犹如老虎，喜欢独来独往

上游永川龙复原图（图片来源：Dmitry Bogdanov）

气龙骨架模型

气龙复原图

气龙（*Gasosaurus*），属兽脚亚目坚尾龙类，生活在侏罗纪中期，约1.64亿年前，化石发现于中国四川省大山铺镇。气龙有强壮的脚及短的手臂，是中型肉食性恐龙，身长3.5~4米，臀部高约1.3米，体重约150千克

新猎龙骨骼及复原图（图片来源：Nobu Tamura）

新猎龙（*Neovenator*），属兽脚亚目肉食龙下目异特龙超科，生活于早白垩世，1.29亿—1.25亿年前，化石发现于英国威特岛，为著名的欧洲肉食性恐龙之一。新猎龙身长近7.5米，拥有修长的体形

中棘龙复原图（图片来源：Funk Monk）

中棘龙（*Metriacanthosaurus*），属兽脚亚目肉食龙下目异特龙超科中棘龙科，生活于中侏罗世，约1.6亿年前，化石发现于英国

吉兰泰龙复原图（图片来源：Funk Monk）

吉兰泰龙（*Chilantaisaurus*），属兽脚亚目肉食龙下目异特龙超科新猎龙科，生活于白垩纪晚期，约9200万年前，化石发现于中国。吉兰泰龙是大型恐龙，体重约6吨

两只异特龙在围攻一只重龙（想象图，图片来源：Fred Wierum）

暹罗龙复原图（图片来源：Funk Monk）

暹罗龙（*Siamosaurus*），属兽脚亚目肉食龙下目，生活于早白垩世，化石发现于泰国。暹罗龙体长约9.1米，是肉食性恐龙，主要以鱼类为食。它与棘龙是近亲

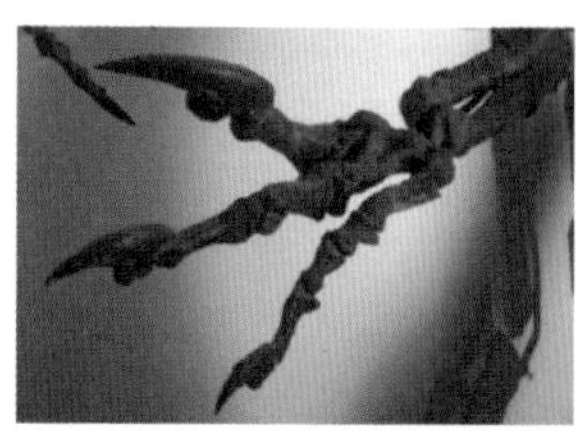

异特龙颅骨化石（美国国立自然历史博物馆）及脆弱异特龙手掌与指爪化石

异特龙复原图（图片来源：Nobu Tamura）

异特龙（*Allosaurus*），又称跃龙或异龙，属兽脚亚目肉食龙下目异特龙超科异特龙科，生活于晚侏罗世，1.55 亿—1.45 亿年前，化石发现于北美洲、欧洲等地。异特龙平均身长 8.5 米，最长可达 13 米。异特龙头骨巨大，上有大型孔洞，可减轻体重，眼睛上方拥有角冠。它的头骨由几块骨头组成，骨头之间有可活动关节，进食时颌部先上下张开，再左右撑开吞下食物；下颌还可以前后滑动。它们嘴里长有数十颗大型锐利弯曲的牙齿；后肢粗壮，前肢小，手部有 3 指，指爪大而弯曲，长度为 25 厘米；尾巴长而重，可平衡身体与头部。异特龙的骨架和其他兽脚亚目恐龙一样，呈现出与鸟类似的轻巧中空特征。异特龙是当时北美洲最常见的大型掠食动物，位于食物链的顶端，可能猎食其他大型植食性恐龙，如鸟脚下目、剑龙下目、蜥脚下目恐龙等。异特龙可能采取伏击方式攻击大型猎物，用上颌撞击猎物

南方巨兽龙骨骼模型及复原图（图片来源：ДИБГД）

南方巨兽龙（*Giganotosaurus*），又名南巨龙、巨兽龙、超帝龙、巨型南美龙，属兽脚亚目肉食龙下目鲨齿龙科，生活于晚白垩世，9400 万—9000 万年前，化石发现于阿根廷。南方巨兽龙体形较暴龙长，但较棘龙小，是第三大肉食性恐龙。最大的南方巨兽龙体长 16 米，重 15 吨

昆卡猎龙生态复原图

昆卡猎龙（*Concavenator*），又译为驼背龙，属兽脚亚目肉食龙下目鲨齿龙科，生活于白垩纪早期，约 1.3 亿年前，化石发现于西班牙中部。昆卡猎龙是一种相当特殊的兽脚类恐龙，臀部前段的两节特别高，形成臀部的隆肉，可能具有视觉展示或调节体温的功能

侏罗猎龙骨骼化石（图片来源：Nobu Tamura）

○ 兽脚亚目虚骨龙类美颌龙科恐龙

虚骨龙类（Coelurosauria），又名空尾龙类，属兽脚亚目，呈多样性，包含暴龙超科、似鸟龙下目，以及手盗龙类（也包含鸟类）。虚骨龙类为兽脚亚目中亲缘关系接近鸟类，而远离肉食龙下目的恐龙。它们是一群长有羽毛的恐龙，并一步步最终演化成鸟类。

美颌龙科是一群小型肉食性恐龙，体长0.7～1.4米，生活于侏罗纪至白垩纪。美颌龙科有4个属，包括中华龙鸟、中华丽羽龙、侏罗猎龙和美颌龙。这些恐龙的体表可能都发育有与羽毛同源的鬃毛样物。

侏罗猎龙复原图

侏罗猎龙（*Juravenator*），属于美颌龙科，是小型虚骨龙类恐龙，生活于晚侏罗世，1.52亿—1.51亿年前，化石发现于德国侏罗山脉。它是中华龙鸟的“姊妹”，肉食性，身上局部长有原始羽毛，体长只有约75厘米，目前只发现一个化石，是一个幼年个体。在侏罗猎龙的尾巴基部与后肢，发现了鳞片皮肤痕迹

中华丽羽龙复原图

中华丽羽龙（*Sinocalliopteryx*），又名中华美羽龙，意为“中国的美丽羽毛”，属美颌龙科，生活于早白垩世，约 1.246 亿年前，化石发现于中国辽宁。中华丽羽龙与近亲华夏颌龙相似，但体形较大，身长 2.37 米，是已知最大的美颌龙科恐龙

美颌龙复原图（图片来源：Nobu Tamura）

美颌龙（*Compsognathus*），属美颌龙科，生活于晚侏罗世早期，约 1.5 亿年前的欧洲。美颌龙是一种小型双足肉食性恐龙，重约 3 千克，如火鸡大小。美颌龙有长的后肢及尾巴，便于在运动时平衡身体；前肢比后肢细小，手掌有 3 指，都有利爪，用来抓捕猎物；踝部高，足部类似鸟类，显示它们的行动非常敏捷。美颌龙的亲属，如中华龙鸟，其遗骸都有简单的、像软毛的羽毛覆盖身体，可见美颌龙亦可能有类似的羽毛

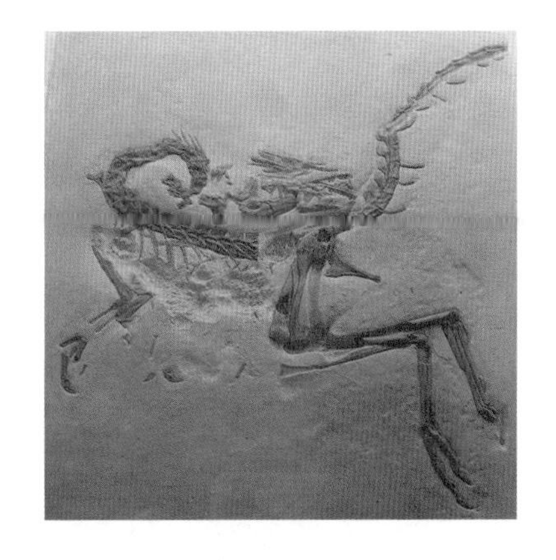

美颌龙化石（牛津大学自然史博物馆）

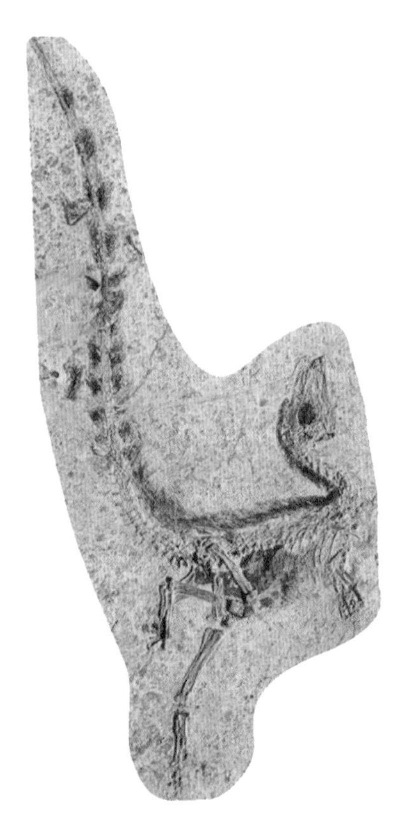

具原始羽毛痕迹的中华龙鸟的正模化石标本（中国地质博物馆）

中华龙鸟生态复原图（季强等研究并命名，图片赵闯绘）

中华龙鸟（*Sinosauropteryx*），意为“中国的有翼蜥蜴”，生活在1.25亿—1.22亿年前的早白垩世。中华龙鸟的成年个体有2米长。中华龙鸟是中国地质科学院季强教授发现并命名的，是中国乃至世界上发现的第一个带羽毛的恐龙。中华龙鸟的化石发现于中国辽宁省北票市，骨架高1米，前肢粗短，后肢粗壮，适宜奔跑，趾爪锋利，嘴里有粗壮锋利的牙齿，有长长的尾椎（有60多节尾椎骨）。中华龙鸟最明显的特征是全身长有原始的绒毛，犹如小鸡的绒毛，用来御寒。虽然名字是中华龙鸟，但它不是鸟，而是鸟类的久远祖先，与暴龙类有很近的亲缘关系，除了有羽毛外，没有其他与鸟相似的特征，是真正的恐龙。中华龙鸟的发现极大地推动了恐龙是鸟类祖先的研究，并最终科学地证明，鸟类是由长毛的恐龙进化而来的

嗜鸟龙骨架（加拿大皇家蒂勒尔博物馆）

嗜鸟龙复原图

嗜鸟龙（*Ornitholestes*），属虚骨龙类，生活于晚侏罗世，1.61亿—1.5亿年前，化石发现于北美洲。嗜鸟龙有许多地方类似美颌龙，但体形稍大。嗜鸟龙身长约2米。嗜鸟龙的头部相当小，但比其他小型兽脚类恐龙，如美颌龙、虚骨龙更健壮，因此它的咬合力较大。嗜鸟龙的尾巴长，用以平衡身体。嗜鸟龙具有超常的视觉能力，可以捕食奔跑或躲藏在蕨类植物及岩石下面的蜥蜴和小型哺乳动物

东方华夏颌龙（H.Wang 等研究并命名）生态复原图

华夏颌龙（*Huaxiagnathus*），意为“华夏的颌部”，属兽脚亚目美颌龙科，生活于早白垩世，化石发现于中国辽宁省义县组，最大个体身长约 1.8 米，是一种大型美颌龙类。华夏颌龙前肢短，后肢强健，身体覆有绒毛，脖子灵活修长，头颅狭长而空洞，牙齿细小、尖锐、边缘弯曲，是优秀的捕食者

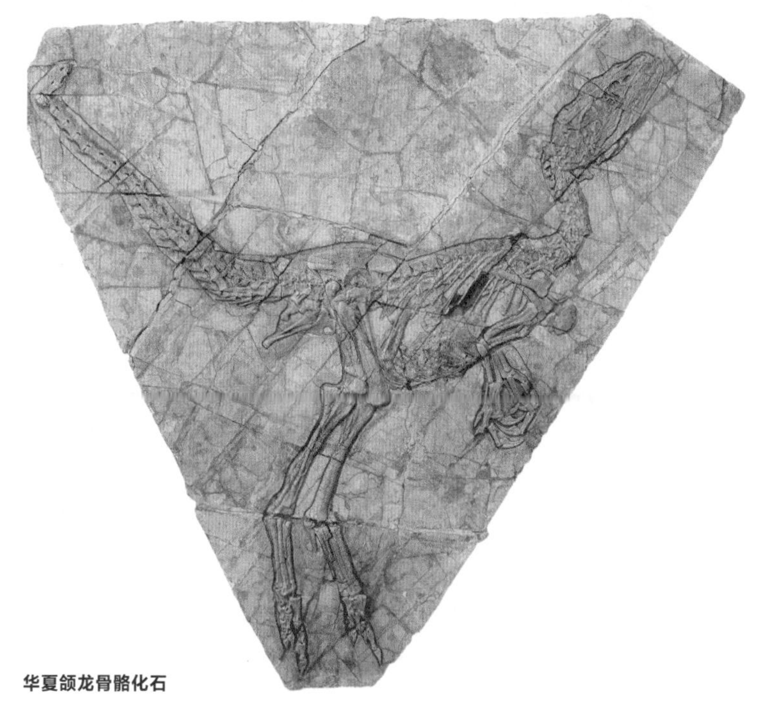

华夏颌龙骨骼化石

帝龙化石

○ 兽脚亚目虚骨龙类暴龙超科恐龙

暴龙超科属兽脚亚目虚骨龙类中的另类，包括伤龙科和暴龙科。它们是两足、肉食性恐龙，可能具有羽毛，大多头部具有骨质冠。暴龙超科最早出现于侏罗纪的劳亚古陆，体形较小，如帝龙。到了白垩纪，暴龙超科已经成为北半球的大型顶级掠食动物，上下颌长有大型棒状牙齿，具强大的咬合力，既可以主动捕食，又能能吃腐肉。暴龙超科恐龙化石已发现于中亚、东亚、北美洲等地，可能还存在于大洋洲。

奇异帝龙（徐星等研究并命名）生态复原图

帝龙（*Dilong*），属暴龙超科，是一种小型的、具有羽毛且凶猛的肉食性恐龙，生活于早白垩世，约 1.25 亿年前，化石发现于中国辽宁省北票市。身长约 2 米，身高约 0.8 米，是最早、最原始的暴龙超科恐龙之一，且有着简易的原始羽毛，羽毛痕迹出现在下颌及尾部。这些原始羽毛不同于现今的鸟类羽毛，没有羽轴，只用于保暖，而不用于飞行。帝龙是暴龙的祖先

屿峡龙复原图

屿峡龙（*Labocania*），属兽脚亚目，可能属于暴龙超科，为肉食性恐龙，生活于晚白垩世，约 7000 万年前，化石发现于墨西哥下加利福尼亚州。屿峡龙身长约 7 米，体重约 1.5 吨。屿峡龙的头部厚重，尤其是额骨，上颌骨的牙齿弯曲，表面相当平坦

伤龙复原图

伤龙（*Dryptosaurus*），属暴龙超科伤龙科，生活于晚白垩世，7210 万—6600 万年前，化石发现于北美洲东部。伤龙身长约 7.5 米，臀部高度为 1.8 米，体重约 1.5 吨。早期研究认为伤龙有 3 根手指，但近期的研究表明，伤龙与霸王龙一样，只有 2 根手指，指爪长 20 厘米。研究认为，在演化上，伤龙比雄关龙原始，但比盗暴龙进化

矮暴龙复原图

矮暴龙（*Nanotyrannus*），意为“小型暴君”，属暴龙科，可能是暴龙的未成年体

雄关龙复原图

雄关龙（*Xiongguanlong*），属兽脚亚目暴龙超科，肉食性，生活于白垩纪早期，1.25 亿—1 亿年前，化石发现于中国甘肃省嘉峪关市的新民堡群。如同其他兽脚类恐龙，雄关龙是一种二足恐龙，具有长尾巴，以平衡头部与身体重量。雄关龙身长约 6 米，臀部高约 1.5 米，体重约 280 千克，头颅长 1.5 米，约有 70 颗锐利牙齿。与其他原始暴龙类（例如五彩冠龙）相比，雄关龙的头部没有头冠，口鼻部长而狭窄，比较适合撕咬猎物，而后期大型暴龙科的口鼻部大而厚重，结构坚实，可直接咬碎猎物，例如暴龙。与其他原始暴龙超科恐龙相比，雄关龙的脊椎比较粗壮，可能是为了支撑较大的头骨

原角鼻龙复原图

原角鼻龙（*Proceratosaurus*），属兽脚亚目，是原始暴龙超科恐龙，生活于中侏罗世，约 1.65 亿年前，化石发现于英国。原角鼻龙是一种小型肉食性恐龙，身长略小于 3 米。原角鼻龙目前被认为是已知最早的虚骨龙类之一

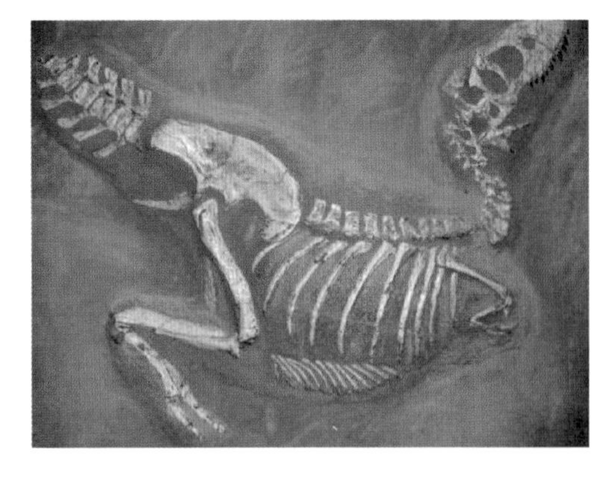

勇士特暴龙复原图、骨架模型及骨骼化石

特暴龙（*Tarbosaurus*），意为“令人害怕的蜥蜴”，属兽脚亚目暴龙科，生活在白垩纪晚期，7210 万—6600 万年前，化石发现于蒙古国。它是一种大型二足猎食动物，体长 10～12 米，身高 5 米，体重约 6 吨，嘴里有 60～64 颗大而锋利的牙齿，下颌骨因特殊的接合构造，十分灵活，上颌骨的牙齿横截面呈椭圆形或多半个圆形，牙齿很长，仅牙冠就长达 8.5 厘米。特暴龙后肢长而粗壮，有三根脚趾，长而粗重的尾巴可以使身体保持平衡，将重心保持在臀部。与其他暴龙比较，特暴龙头颅高大且有大型孔洞，前部狭窄，后部稍宽，说明它不具有立体视觉。最显著的特征是前肢很小，手掌上只有两根手指，个别有退化的第三指，第二指仅有第一指的一半长，而其他暴龙的第二指有第一指的两倍长，第三指也长于第一指。特暴龙生活在河流纵横的平原上，是顶级猎食者，常以大型植食性鸭嘴龙类、蜥脚类恐龙为食

五彩冠龙骨骼化石及头部复原图

五彩冠龙复原图

五彩冠龙（*Guanlong wucaii*），属兽脚亚目虚骨龙类暴龙超科，是已知最早的暴龙超科恐龙之一，生活于侏罗纪晚期，约 1.6 亿年前，化石发现于中国新疆维吾尔自治区准噶尔盆地五彩湾。它比著名的暴龙要早 9200 万年。五彩冠龙身长 3 米，巨头，长颈，生有一对翅膀似的前肢，浑身长满羽毛，看上去既像恐龙又像鸟类，还长有锋利的牙齿。尤为引人注目的是，它的头部长有一个红色冠状物，犹如公鸡头上的鸡冠

侏罗暴龙生态复原图（图片来源：Nobu Tamura）

侏罗暴龙（*Juratyrant*），属兽脚亚目虚骨龙类暴龙超科，肉食性，生活于晚侏罗世，1.493 亿—1.49 亿年前，化石发现于英国

始暴龙生态复原图

始暴龙（*Eotyrannus*），属暴龙超科，生活于早白垩世，1.25 亿—1.2 亿年前，化石发现于英国怀特岛郡。始暴龙体长 4.5~6 米，体重 2 吨。始暴龙可能会猎食棱齿龙、禽龙等植食性恐龙

羽王龙的头部化石及头部复原图

华丽羽王龙生态复原图（徐星等研究并命名）

羽王龙（*Yutyrannus*），又名羽暴龙，属暴龙超科，生活于白垩纪早期，约 1.25 亿年前，化石发现于中国辽宁省北票市。羽王龙体长约 9 米，体重约 1.4 吨，是已知体形最大的有羽毛恐龙。它的羽毛呈丝状，几乎覆盖全身，主要用于调节体温。在化石的尾巴、颈部和上臂、臀部、脚掌发现羽毛痕迹，颈部羽毛长 20 厘米，上臂羽毛长 16 厘米。羽王龙比北票龙大 40 倍

惧龙猎食角龙类（想象图，图片来源：ДИБГД）

惧龙（*Daspletosaurus*），又名恶霸龙，属暴龙超科，生活于晚白垩世，7700万—7400万年前，化石发现于加拿大艾伯塔省。惧龙与暴龙是近亲，并且拥有很多解剖学上的相同特征。惧龙重达数吨，有很多尖锐的大型牙齿。它的前肢很短，但比其他暴龙科的长

蛇发女怪龙复原图（图片来源：Nobu Tamura）

蛇发女怪龙（*Gorgosaurus*），又名魔鬼龙或戈尔冈龙，属暴龙超科，生活于白垩纪晚期，7650万—7500万年前，化石发现于北美洲西部。蛇发女怪龙是二足、大型肉食性恐龙，长有很多大型、锋利的牙齿。它的前肢相当小，具有两指。成年蛇发女怪龙的体长可达8～9米，体重达2.4吨，体形比暴龙小，接近惧龙

蛇发女怪龙骨架模型，骨上有伤口（美国休斯敦自然科学博物馆）

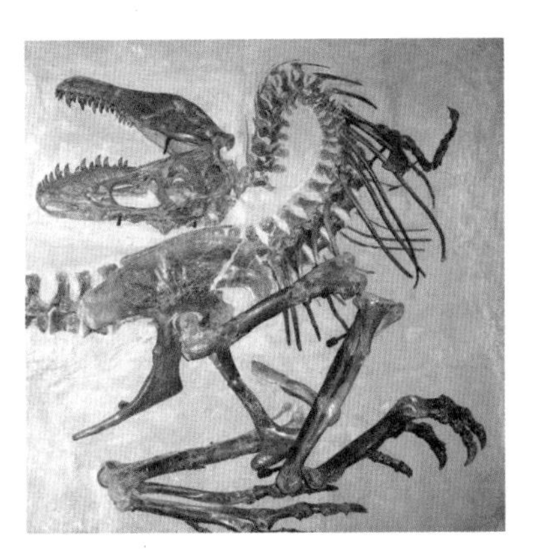

一个蛇发女怪龙的亚成年体化石标本，保持着死亡时的姿态（加拿大皇家蒂勒尔博物馆）

暴蜥伏龙复原图（图片来源：Nobu Tamura）

暴蜥伏龙（*Raptorex*），属暴龙超科，生活于白垩纪早期，约1.25亿年前，化石发现于蒙古国。其外观类似暴龙，有可能是特暴龙的幼年个体

霸王龙骨骼模型及牙齿化石（巴黎探索皇宫）

霸王龙生态复原图

霸王龙（*Tyrannosaurus*），又称暴龙，拉丁文名称的意思是“残暴的蜥蜴王”，属兽脚亚目暴龙科，生活于白垩纪末期，7210万—6600万年，是最后一次生物大灭绝事件前最后的恐龙种群之一，化石分布于美国和加拿大西部，分布范围较其他暴龙科更广。霸王龙是已知最著名的恐龙之一，也是出现最晚、体形最大、咬合力最强的肉食性恐龙。霸王龙身长约13米，肩高约5米，平均体重约9吨。霸王龙身体壮硕，头骨可达1.5米长，下颌强壮有力，关节面靠后，双眼朝前，具有立体视觉。爪和牙齿是霸王龙有力的搏击武器。它的口中长着锋利的牙齿，每颗约有20厘米长，牙齿边缘呈锯齿状，稍有些弯曲，可以撕扯和咀嚼大块肉。霸王龙最大的单颗牙齿的咬合力是2040千克力，综合咬力超过8163千克力，更大的霸王龙咬合力在12200千克力左右。霸王龙的后肢结实粗壮，脚掌长着3个脚趾，手指有尖锐的爪。霸王龙最早的祖先是始盗龙

○ 兽脚亚目虚骨龙类似鸟龙下目恐龙

似鸟龙，意为“鸟类的模仿者”，是一种高度特化的兽脚类恐龙，外表类似现代的鸵鸟。它们是一群快速、敏捷、杂食性或植食性的兽脚亚目恐龙，生活于白垩纪的劳亚古陆。似鸟龙下目最早出现于早白垩世，并存活到了晚白垩世。似鸟龙下目恐龙的头骨很小，颈部长而纤细，拥有大大的眼睛。有些原始物种拥有牙齿，例如似鹈鹕龙和似鸟身女妖龙，但大部分似鸟龙类的喙状嘴中没有牙齿。

似鸟龙类恐龙可能是奔跑速度最快的恐龙之一，时速可达 35～80 千米。如同其他虚骨龙类，似鸟龙下目恐龙可能全身覆盖着羽毛，而非鳞片。

似鸟龙类是植食性或杂食性恐龙，因为没有牙齿，所以依靠吞食石子把胃里的食物磨成糊状进行消化。

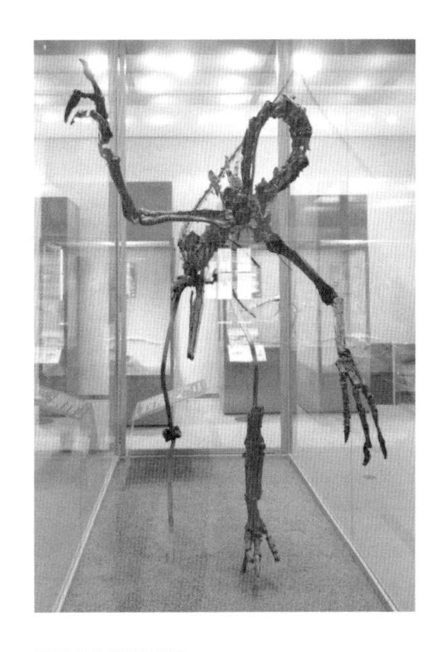

似鸟身女妖龙骨骼

似鸟身女妖龙复原图（图片来源：Sleveoc 86）

似鸟身女妖龙（*Harpymimus*），属兽脚亚目似鸟龙下目，生活于早白垩世，1.33 亿—1.25 亿年前，化石发现于蒙古国。似鸟身女妖龙比后期的似鸟龙更原始，下颌仍然有牙齿

古似鸟龙骨架模型（中国古动物馆）

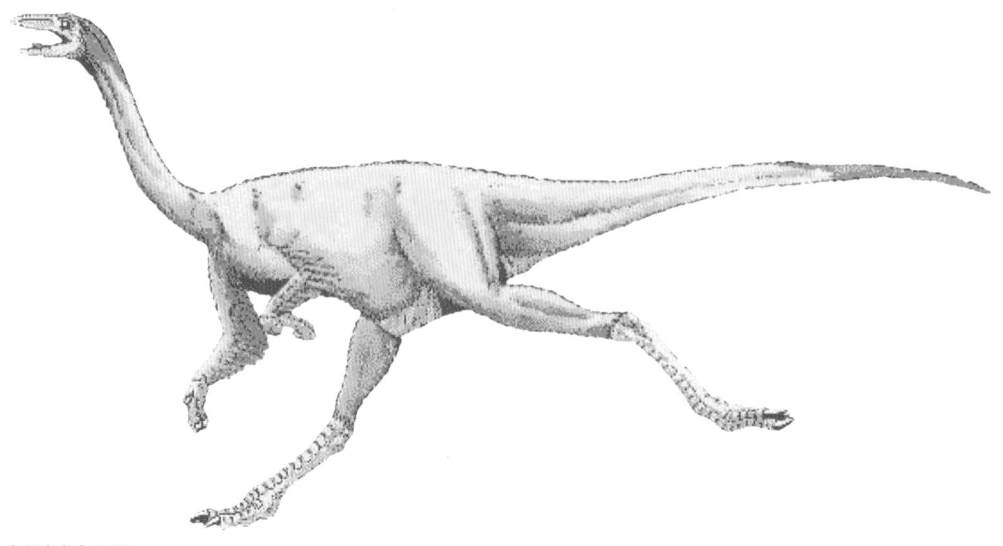

古似鸟龙复原图

古似鸟龙（*Archaeornithomimus*），意指它们是似鸟龙的祖先，属似鸟龙下目，生活于晚白垩世，约 8000 万年前，化石发现于中国。古似鸟龙体长约 3.3 米，身高 1.8 米，体重约 50 千克。古似鸟龙是杂食性动物，以小型哺乳动物、植物及果实、蛋等为食

似鸟龙生态复原图

似鸟龙（*Ornithomimus*），属兽脚亚目似鸟龙科，生活在晚白垩世，1亿—6600万年前，化石发现于中国西藏和北美洲。似鸟龙体长约3.5米，高2.1米，重100～150千克，看起来非常像现在的鸵鸟，但它是二足植食性恐龙，有一双大大的眼睛，视野开阔，视力较好。似鸟龙体形高大，轻巧苗条，骨头中空，后肢细长，脚长有三趾，肌肉发达，非常适宜奔跑，长长的尾巴可以保持身体平衡，身上长有细细的羽毛，前肢有长长的羽毛，形如鸟的翅膀，末端有细长的指爪，便于抓取食物。似鸟龙具有喙状的嘴，头小，颅骨薄，脑腔特别大

北山龙复原图（图片来源：Nobu Tamura）

北山龙（*Beishanlong*），属似鸟龙下目，生活于白垩纪早期，1.25亿—1亿年前，化石发现于中国甘肃省。它是目前世界上发现的最大的似鸟龙类，体长约8米，重约620千克，明显比似鸡龙大

似金翅鸟龙复原图（图片来源：Debirort）

似金翅鸟龙（*Garudimimus*），属似鸟龙下目，可能是杂食性恐龙，生活于晚白垩世，9400万—7000万年前，化石发现于蒙古国。似金翅鸟龙是早期似鸟龙类恐龙，身长近4米，后肢相对短而厚实，肠骨较短，与其他似鸟龙类相比，口鼻部较钝，眼睛较大

似鸡龙头部骨骼及复原图（图片来源：Sleveoc 86）

似鸡龙（*Gallimimus*），属似鸟龙下目，生活于晚白垩世，7000万—6600万年前，化石发现于蒙古国。似鸡龙体长4～6米，体重440千克。似鸡龙也许是最大的似鸟龙类，它身材短小、轻盈而且后腿很长，身上长满了鸟类一样的羽毛，奔跑迅速，跨步很大，能逃脱多数捕食者的追捕。它像一只大鸵鸟，长着长脖子和没有牙齿的嘴。它的尾巴僵硬挺直，奔跑时有助于保持平衡。似鸡龙的前肢很短，长着3个指爪，指爪非常锋利。似鸡龙用爪拨开泥土，挖出蛋来吃。多数情况下，似鸡龙以植物为食，也吃小昆虫，甚至还能捕食蜥蜴

似鸵龙骨架标本

似鸵龙（*Struthiomimus*），是一种类似鸵鸟的长腿恐龙，属似鸟龙下目，生活于晚白垩世，7600万—7000万年前，化石发现于加拿大艾伯塔省。似鸵龙是两足植食性或杂食性恐龙，身长约4.3米，臀部高度为1.4米，体重约150千克

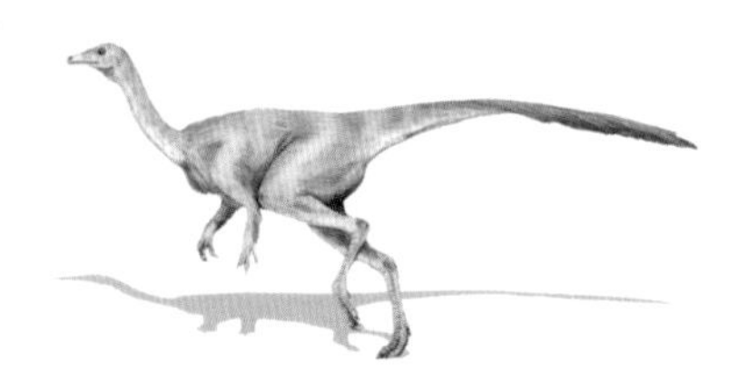

似鸵龙复原图（图片来源：Nobu Tamura）

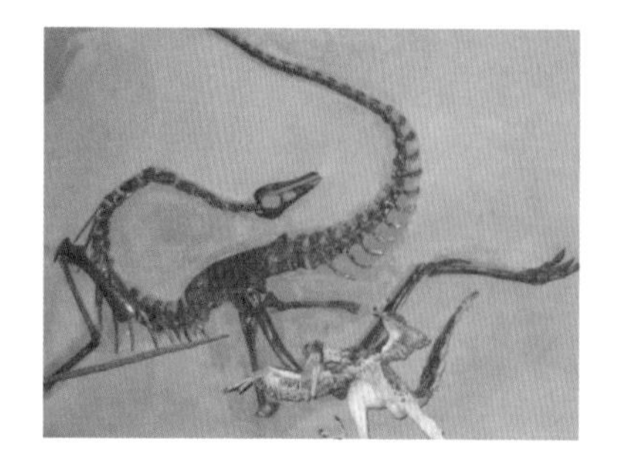

似鸸鹋龙化石，右下为中国鸟龙模型（加拿大自然博物馆）

奇异恐手龙生态复原图

奇异恐手龙（*Deinocheirus mirificus*），是最大的似鸟龙下目恐龙，也是亚洲发现的最大兽脚亚目恐龙之一，杂食性，生活在7000万—6600万年前，化石发现于蒙古国南部。奇异恐手龙身高近6米，体长13米，体重9.5吨，具有2.5米长的前肢和25厘米长的指爪，前肢可用来采集植物或抓食鱼类。奇异恐手龙最明显的特征是具有长长的吻部和凸起的背部，长毛。在其化石的腹部位置发现大量碎石，说明恐手龙像鸟一样靠吞食石头来磨碎和消化食物

似鸸鹋龙复原图（图片来源：Julius T.Csotony）

似鸸鹋龙（*Dromiceiomimus*），属似鸟龙下目，是双足快速奔跑的恐龙，生活于晚白垩世，8000万—6600万年前。似鸸鹋龙身长约3.5米，体重100～150千克。似鸸鹋龙的股骨有46.8厘米长，而其胫骨长度比股骨长20%，适合快速奔跑。似鸸鹋龙具有无齿喙嘴，可能是以昆虫、蛋、蜥蜴与小型哺乳动物为食。它的大眼睛显示它有敏锐的视觉，适合夜间捕食

○ 兽脚亚目虚骨龙类手盗龙类阿瓦拉慈龙科恐龙

手盗龙类（Maniraptora）是虚骨龙类的一个演化支，是似鸟龙下目的姐妹群。手盗龙类主要包含：阿瓦拉慈龙科、镰刀龙下目、窃蛋龙下目、恐爪龙下目，以及鸟翼类。手盗龙类最早出现于侏罗纪，并存活到了现代，现今有 10000 多种鸟属手盗龙类。

手盗龙类的特征为细长的手臂与手掌，手掌有 3 指，它们是唯一具有骨化胸板的恐龙。许多手盗龙类具有修长、往后指的耻骨，如镰刀龙类、驰龙类、鸟翼类、原始伤齿龙类。手盗龙类还演化出了鸟类才有的正羽与飞羽，是第一类有飞行能力的恐龙。手盗龙类是杂食性动物，以植物、昆虫和其他动物为食。

手盗龙类阿瓦拉慈龙科是一类小型、长后肢、善于奔跑的恐龙。最近的研究显示，它们是原始的手盗龙形类，具有高度特化的特征，前肢适合挖掘或撕裂，颌部延长、牙齿微小。它们以群居昆虫，如白蚁为食。阿瓦拉慈龙科的典型特征是：头部修长，具有小而短的前肢，手掌退化有一个大型背爪；外形类似鸟类，身体短，尾巴长，后肢细长，股骨短于胫骨，这些显示它可以快速奔跑。

以白蚁为食的足龙复原图（图片来源：Funk Monk）

足龙（*Kol*），属阿瓦拉慈龙科，生活于白垩纪晚期，约 7500 万年前，化石发现于蒙古国。足龙是一种演化的阿瓦拉慈龙类，可能是同时期阿瓦拉慈龙类的近亲

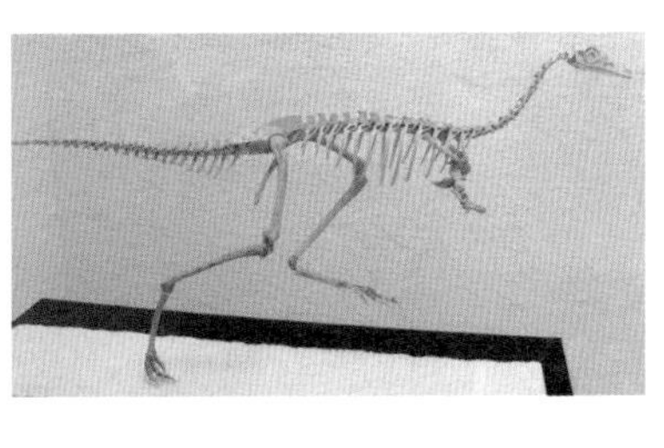

单爪龙复原图（图片来源：Andrey Atuchin）及单爪龙重建骨骼（美国自然历史博物馆）

单爪龙（*Mononykus*），意为“单一的爪”，属阿瓦拉慈龙科，生活于晚白垩世，约 7200 万年前，化石发现于蒙古国。单爪龙是一种小型恐龙，身长约 1 米，双脚长而敏捷，可以在沙漠平原上快速奔跑。单爪龙的头部小，牙齿小而尖，以昆虫与小型动物为食，如蜥蜴与小型哺乳类。单爪龙眼睛大，说明它们可在夜晚猎食

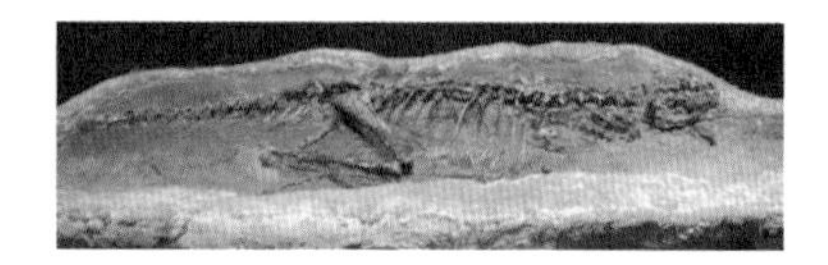

简手龙化石

简手龙复原图（图片来源：Nobu Tamura）

简手龙（*Haplocheirus*），属阿瓦拉慈龙科，生活于侏罗纪晚期，1.63亿—1.57 亿年前，化石发现于中国新疆维吾尔自治区准噶尔盆地。简手龙是已知最早、最原始的阿瓦拉慈龙科恐龙，其他阿瓦拉慈龙类都发现于白垩纪晚期的地层。简手龙比始祖鸟早了约 1500 万年

角爪龙复原图（图片来源：Nobu Tamura）

角爪龙（*Ceratonykus*），属阿瓦拉慈龙科，生活于白垩纪晚期，化石发现于蒙古国。角爪龙是小型恐龙，后肢长，善于奔跑

临河爪龙复原图（图片来源：Nobu Tamura）

临河爪龙（*Linhenykus*），属阿瓦拉慈龙科，是目前已知最基础的单爪龙亚科物种，生活于白垩纪晚期，化石发现于中国内蒙古自治区。临河爪龙身长 70 厘米左右，股骨长约 7 厘米

阿瓦拉慈龙复原图（图片来源：Karkmish）

阿瓦拉慈龙骨架模型

阿瓦拉慈龙（*Alvarezsaurus*），为阿瓦拉慈龙科基础恐龙，比同科的单爪龙及鸟面龙更原始，生活于晚白垩世，8900 万—8300 万年前，化石发现于阿根廷。阿瓦拉慈龙是小型恐龙，身长 2 米，体重约 20 千克，两足行走，长尾巴，能快速奔跑，以虫为食

亚伯达爪龙复原图（图片来源：Cropbot）

亚伯达爪龙（*Albertonykus*），属阿瓦拉慈龙科，生活于晚白垩世，约 7000 万年前，化石发现于加拿大艾伯塔省。亚伯达爪龙身长约 70 厘米，是已知最小的阿瓦拉慈龙科恐龙。亚伯达爪龙具有极短的前肢、修长的后肢和长而坚挺的尾巴，手部只有一个手指，手指上有大型指爪，并有修长的口鼻部，内有微小的牙齿。它们类似现今的犰狳、食蚁兽，用单一指爪挖开树木，以里面的昆虫为食。阿瓦拉慈龙科恐龙因为前肢过短，所以不能挖掘洞穴

鸟面龙复原图（图片来源：Funk Monk）

鸟面龙（*Shuvuuia*），又名苏娃蒙古古鸟，属阿瓦拉慈龙科，生活于晚白垩世，8000 万—6600 万年前，化石发现于蒙古国。鸟面龙体形小、轻巧，约有 60 厘米长，是已知最小的恐龙之一。鸟面龙头骨亦很轻巧，有修长的颌部及小型牙齿。鸟面龙是有羽毛恐龙，后肢修长，脚趾很短，有奔跑的能力；前肢短而强壮，用来挖开昆虫（如白蚁）的巢，而细长的嘴部则用来吸食昆虫

○ 兽脚亚目虚骨龙类手盗龙类镰刀龙下目恐龙

镰刀龙下目是一群高度特化的兽脚类恐龙，也是唯一不食肉的兽脚类恐龙，它们生活在白垩纪时期，以当时繁盛的裸子植物为食。镰刀龙下目恐龙都拥有相似的前肢、头骨和骨盆特征。镰刀龙下目与鸟类有更近的亲缘关系，其化石发现于蒙古国、中国北部和东北部，以及北美洲西部地区。

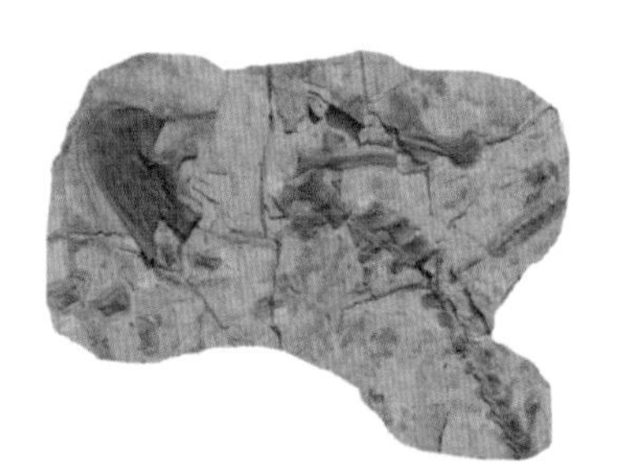

镰刀龙类颈部长而强壮，腹部宽广，有 4 个脚趾，骨盆巨大，尾巴短，头骨小。镰刀龙类体形相差较大，体长一般为 4～5 米，体重 1～7 吨，体形最大者是镰刀龙，体长约 10 米，最小者，如北票龙，身长 2.2 米。

镰刀龙类最大的特征是前肢有特大而弯曲的指爪，用来抓取和切碎树枝，其中第二指爪最长，一般长 30～60 厘米，第二指爪最长的是镰刀龙，长约 1 米。镰刀龙类像中华龙鸟一样，身上普遍覆盖着原始的绒毛，可能是用来保暖的，如北票龙，身上的羽毛较长，而且垂直于手臂。

北票龙（具有两种羽毛形态，徐星等研究并命名）化石及复原图

北票龙（*Beipiaosaurus*），属镰刀龙下目，生活于早白垩世，约 1.25 亿年前，化石发现于中国辽宁省北票市。北票龙是一种长羽毛的植食性恐龙，身长约 2.2 米，臀高 0.88 米，体重约 85 千克。北票龙的喙没有牙齿，但有颊齿。北票龙的内趾较小。相对于其他镰刀龙下目来说，北票龙的头部较大

镰刀龙类蛋的内部构造（图片来源：Pavel Riha）

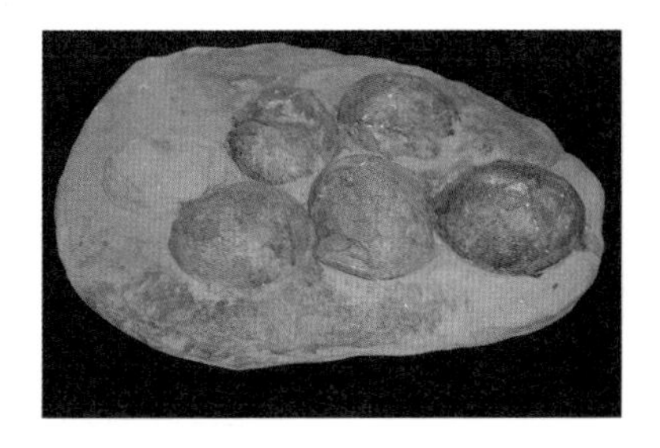

慢龙的蛋巢化石

慢龙复原图（图片来源：Funk Monk）

慢龙（*Segnosaurus*），意为“缓慢的蜥蜴”，属镰刀龙下目，生活于晚白垩世，1 亿—6600 万年前，化石发现于蒙古国。与其他镰刀龙类不同的是，慢龙的颌部中间有钉状牙齿，有中等程度压缩的趾爪

二连龙复原图（图片来源：Funk Monk）

二连龙（*Erliansaurus*），属镰刀龙下目，生活于晚白垩世，7210 万—6800 万年前，化石发现于中国内蒙古自治区。二连龙唯一的化石是一个亚成年个体，股骨长 41.2 厘米，生前身长约 2.5 米。估计其成年个体身长 4 米，体重约 400 千克

肃州龙复原图（图片来源：Funk Monk）

肃州龙（*Suzhousaurus*），属镰刀龙下目。生活于白垩纪早期，1.45 亿—1 亿年前，化石发现于中国甘肃省俞井子盆地。肃州龙比北票龙及铸镰龙更为进化，较阿拉善龙及镰刀龙原始

二连龙骨架

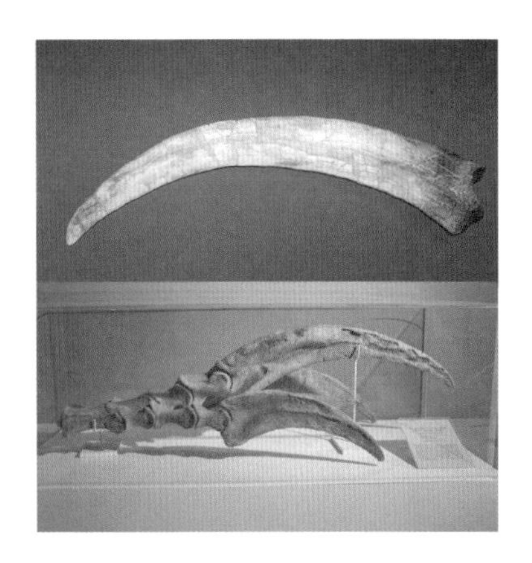

镰刀龙指爪模型及手掌模型

镰刀龙复原图（图片来源：Apckryltaros）

镰刀龙（*Therizinosaurus*），意为“镰刀蜥蜴”。镰刀龙是一种大型镰刀龙下目恐龙，植食性，生活于晚白垩世，约 7000 万年前。化石首次发现于蒙古国。镰刀龙体重约 5 吨，是已知较晚期、最大的镰刀龙类，也是最大的手盗龙类。镰刀龙最显著的特征是手部有 3 个巨大指爪，指爪长而弯曲、狭窄

死神龙复原图

死神龙（*Erlikosaurus*），又译为鄂力克龙，属镰刀龙下目，生活于晚白垩世，约 8000 万年前，化石发现于蒙古国

阿拉善龙复原图（图片来源：Conty）

阿拉善龙（*Alxasaurus*），属镰刀龙下目，生活在早白垩世，1.13 亿—1 亿年前，化石发现于中国内蒙古自治区。阿拉善龙身长 3.8 米，身高 1.5 米，体重约 380 千克；前肢长 1 米，后肢长 1.5 米，躯干、前肢和尾端有毛发，脖子长，尾巴短，趾爪短，用前肢爪将树叶送到嘴里，主要吃松柏类树叶。阿拉善龙是最早发现的镰刀龙下目恐龙之一，介于早期的北票龙和晚期的镰刀龙下目（死神龙、慢龙及镰刀龙）之间。在进化上，它与似鸟龙类有更近的亲缘关系

南雄龙复原图（图片来源：Lady of Hats）

南雄龙骨架

南雄龙（*Nanshiungosaurus*），属镰刀龙下目，生活于晚白垩世，化石发现于中国。南雄龙身长 4 米，有大型指爪

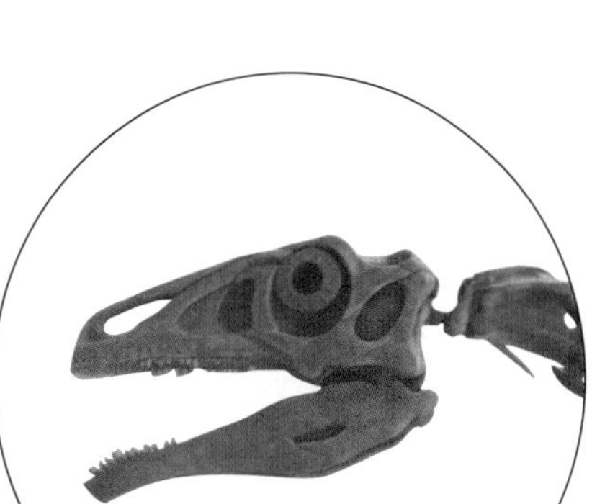

懒爪龙复原图及头骨化石（图片来源：Nobu Tamura）

懒爪龙（*Nothronychus*），又名伪君龙，属镰刀龙下目，生活于晚白垩世，约 9000 万年前。懒爪龙是在北美洲发现的第一种镰刀龙类，化石发现于美国新墨西哥州。懒爪龙是两足植食性恐龙，身长 4.5～6 米，身高 3～3.6 米，体重约 1 吨。懒爪龙具小型头部，拥有许多叶状牙齿，适合切碎植物，颈部长而细，手臂长，手灵巧，手指上有 10 厘米长的弯曲指爪，腹部相当大，后肢结实，尾巴短。懒爪龙的亚洲近亲拥有类似鸟类的特征，而且有羽毛压痕，说明懒爪龙覆盖有绒毛状羽毛，看起来类似鹤鸵

○ 兽脚亚目虚骨龙类手盗龙类窃蛋龙下目恐龙

呈孵蛋姿势的窃蛋龙类——奥氏葬火龙化石标本

窃蛋龙下目是一类手盗龙类恐龙，生活于白垩纪，化石发现于亚洲和北美洲。它们普遍具有喙状嘴，长有羽毛，头顶有骨质冠饰，体形小的像火鸡，如尾羽龙；体形大的身长约 8 米，重约 1.4 吨，如巨盗龙。

窃蛋龙类恐龙最明显的特征是普遍长有羽毛，前肢与尾巴上的羽毛尤为突出，看起来像大的羽毛扇子。这些羽毛都是有羽轴且对称的，还不是鸟类的飞羽，所以窃蛋龙类恐龙都不能飞行，就连滑翔能力也不具备。

大多数古生物学家认为，窃蛋龙下目是手盗龙类中比恐爪龙类还要原始的一类恐龙。在蒙古国与我国内蒙古自治区、辽宁省，发现了许多窃蛋龙类恐龙化石，如尾羽龙、似尾羽龙、原始祖鸟、天青石龙等，最著名的当数窃蛋龙。

小猎龙复原图（图片来源：Funk Monk）

小猎龙（*Microvenator*），意为“迷你猎人”，属兽脚亚目窃蛋龙下目，生活于早白垩世，1.45 亿—1 亿年前，化石发现于美国蒙大拿州。小猎龙是已知最原始的窃蛋龙类恐龙，肉食性，成年个体身长近 3 米

护蛋姿态的窃蛋龙骨架模型

窃蛋龙的蛋化石

窃蛋龙生活在晚白垩世，约7500万年前，化石首次发现于我国北部的内蒙古自治区与蒙古国南部的戈壁沙漠上。窃蛋龙是比镰刀龙类更接近鸟类的恐龙，体形较小，犹如火鸡，身长约2米，前肢长有3个指爪，指爪弯而尖锐，具有长长的尾巴，头顶上长有醒目的骨质头冠，比公鸡的头冠更高耸、更明显，后肢强壮而有力，行动敏捷，善于快速奔跑。它可以像袋鼠一样用坚韧的尾巴保持身体的平衡。窃蛋龙的前肢末端和尾巴后段发育有羽毛。

1923年，美国科学家安德鲁斯带领的美国考察探险队伍，在中国北部的内蒙古自治区和蒙古国南部的戈壁沙漠上，进行古生物考察挖掘时，发现了大量恐龙蛋和恐龙新物种化石。

在挖掘、清理恐龙蛋化石时，一位名叫欧森的考察队技师在恐龙蛋旁边发现了散乱的肋骨碎片化石，部分成形的关节、四肢与腿骨化石，以及更大的骨骼化石，甚至还有一个破碎的头骨化石。考察队员觉得这些骨骼化石非常奇怪，是不曾知道的恐龙化石，状似鸟类。

在对这些化石进行研究的过程中，当时的美国自然历史博物馆脊椎古生物学部主任、著名古生物学家奥斯本推测，这些零散破碎的化石说明，这只恐龙是在一次偷窃活动中死亡的，并由此编造了一个看似合理，却又十分荒诞的故事。奥斯本的故事是这样的：一只原角龙离开自己的巢，外出觅食，一只恐龙趁机偷窃原角龙蛋，却被恰巧返回的原角龙逮个正着，愤怒之下，原角龙一脚踩碎了窃贼的脑壳，由此留下了这些残碎的骨骼化石。奥斯本因此将这只正在“偷蛋”的恐龙命名为“窃蛋龙”（*Oviraptor*），拉丁文的意思是“偷蛋的贼”。

从此，窃蛋龙就背上了这口“黑锅”，成为偷蛋的贼。但其实窃蛋龙是被大大冤枉的。直到 70 年后的 1993 年，美国自然历史博物馆的马克・罗维尔博士才为窃蛋龙平反昭雪，证明窃蛋龙不仅不是“偷蛋的贼”，还是一个有爱心的妈妈，它是在用它那长而弯曲的前肢指爪呵护自己的小宝宝。

事情还得从 20 世纪 90 年代讲起。

1993 年，罗维尔博士在发现上述化石的同一地点，在窃蛋龙化石的身边发现了更多的、类似的恐龙蛋化石，还在其中一个蛋化石里发现了窃蛋龙胚胎的细小骨头，从而确认，窃蛋龙妈妈根本不是在偷原角龙的蛋，也没有被返回巢的原角龙一脚踩死，它是在保护自己的蛋，是在用它的长爪呵护自己的小宝宝。

后来，科学家们又对 1923 年发现的窃蛋龙骨骼化石进行复原，发现其姿势仿佛现在孵蛋的母鸡，两条后肢紧紧地蜷向身子的后部，两只如翅膀一样的前肢则向前伸展，呈护卫巢的姿势。这也证明至少某些恐龙种类已经具有孵化抚育能力。

窃蛋龙前肢长有羽毛，具备孵化能力，这证明它是恒温动物，已经有了鸟类的某些特征，

窃蛋龙复原图

窃蛋龙（*Oviraptor*），又名偷蛋龙，属窃蛋龙下目，是更接近鸟类的恐龙，身上有羽毛

这也是恐龙进化的标志性特征，证明了恐龙是鸟类的直接祖先，鸟类是由恐龙进化而来的。窃蛋龙可能是鸟类的爷爷辈或祖爷爷辈。

至此，窃蛋龙70多年的冤假错案，终于昭雪。但按照古生物命名法原则，一旦被命名，即便错了，也不能更改，所以，“窃蛋龙”这个坏名字还是要继续叫下去，这个“黑锅”还得继续背下去。不过，大多数人都知道了窃蛋龙是被冤枉的，它其实是一个称职的好妈妈。

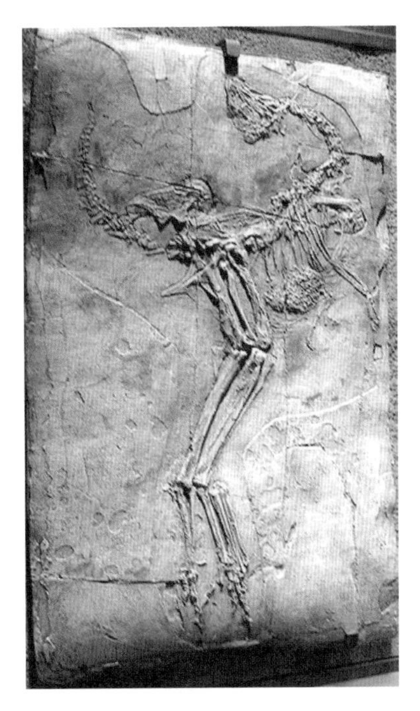

尾羽龙化石（美国菲尔德自然史博物馆）

邹氏尾羽龙（季强等研究并命名）复原图

尾羽龙（*Caudipteryx*），意思是“尾巴羽毛”，属窃蛋龙下目尾羽龙科，生活于早白垩世，约1.25亿年前，化石发现于中国辽宁西部义县组。尾羽龙有两个物种，分别是邹氏尾羽龙和董氏尾羽龙。尾羽龙具有兽脚类恐龙和鸟类的混合特征，头骨短而呈方形，口鼻部似喙状，上颌前端有少数长而锐利的牙齿，后肢长，躯体结实，能快速奔跑。尾羽龙的身体覆盖着短绒羽，尾巴及上肢有对称的正羽，上有羽枝与羽片，这些羽毛的长度为15~20厘米。尾羽龙羽毛短小而对称，且手臂短，所以不能飞。尾羽龙个头如孔雀，是杂食性动物，有胃石。在某些植食性恐龙以及现代鸟类中，这些胃石位于砂囊中

巨盗龙骨架

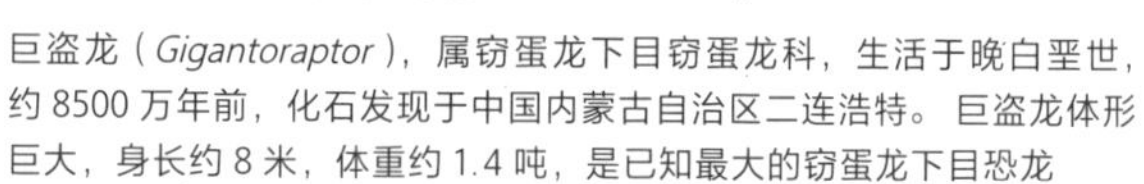

巨盗龙生态复原图（图片来源：Nobu Tamura）

巨盗龙（*Gigantoraptor*），属窃蛋龙下目窃蛋龙科，生活于晚白垩世，约8500万年前，化石发现于中国内蒙古自治区二连浩特。巨盗龙体形巨大，身长约8米，体重约1.4吨，是已知最大的窃蛋龙下目恐龙

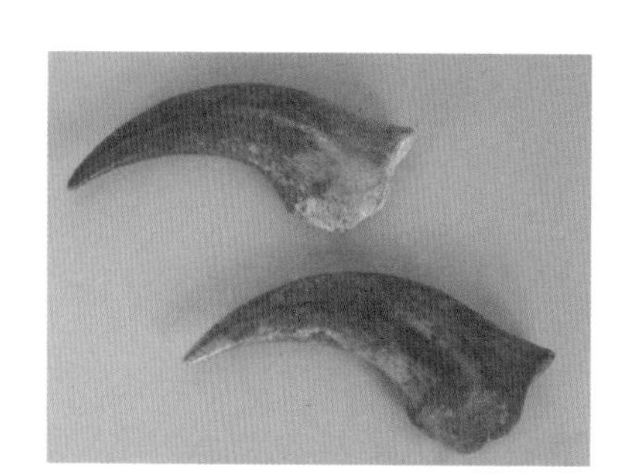

单足龙指爪化石及复原图（图片来源：Funk Monk）

单足龙（*Elmisaurus*），属窃蛋龙下目近颌龙科，生活于晚白垩世，化石发现于蒙古国

纤手龙的头部、颈部化石（加拿大皇家安大略博物馆）及复原图（图片来源：Arthur Weasley）

纤手龙（*Chirostenotes*），属窃蛋龙下目近颌龙科，生活于白垩纪晚期，约8000万年前，化石发现于加拿大艾伯塔省。纤手龙的特征是长手臂可折叠，指爪强壮，脚趾修长，长有像鹤鸵的高圆顶冠。纤手龙体长约2.9米，臀部高0.91米，体重约55千克，杂食性或植食性，可能吃小型蜥蜴、哺乳动物、蛋、昆虫或植物

天青石龙复原图（图片来源：Smokeyjb）

天青石龙（*Nomingia*），属窃蛋龙下目，肉食性，生活于晚白垩世，7500万—6600万年前，化石发现于蒙古国。天青石龙身长约1.7米，体重约20千克。天青石龙的头上长有冠饰，尾部呈扇形，并拥有喙状嘴

拟鸟龙头骨化石

似尾羽龙复原图

似尾羽龙（*Similicaudipteryx*），生活于白垩纪早期，约1.2亿年前，化石发现于中国辽宁省。似尾羽龙与尾羽龙很像，二者的区别是，似尾羽龙具有尾综骨，背椎形状也和尾羽龙不一样。鸟类的尾综骨位于尾巴末端，是羽毛的附着处。在窃蛋龙下目之中，目前只有天青石龙、似尾羽龙具有尾综骨。窃蛋龙类与鸟类的尾综骨可能是个别演化出现的

奇异拟鸟龙复原图

拟鸟龙（*Avimimus*），意思是“鸟类模仿者”，生活于晚白垩世，约7000万年前，化石发现于蒙古国。拟鸟龙是一种小型恐龙，臀部高约45厘米，身长约1.5米，与身体相比，头骨相当小，但眼睛与脑部较大

粗壮原始祖鸟（季强和姬书安研究并命名）生态复原图（图片赵闯绘）

原始祖鸟（*Protarchaeopteryx*），属窃蛋龙下目，生活于早白垩世，约1.25亿年前，化石发现于中国辽宁省义县组。原始祖鸟大小如火鸡，体长约1米，体重约10千克，植食性或杂食性。原始祖鸟有长长的尾巴，身上发育羽毛；前肢修长，有3个趾爪，长有长而丰满的羽毛；后肢较长，肌肉发达，有大大的眼睛，嘴里布满牙齿。原始祖鸟是窃蛋龙下目中最原始的物种之一，比始祖鸟更原始，体形也大，但它仍是恐龙，而始祖鸟是最原始的鸟。原始祖鸟可能是树栖动物，只能在树枝间跳跃，捕食昆虫和小型动物，也吃树叶

○ 兽脚亚目虚骨龙类手盗龙类恐爪龙下目恐龙

恐爪龙下目属兽脚亚目虚骨龙类，是一群不属于鸟类，但与鸟类亲缘关系最近的恐龙。恐爪龙下目包括驰龙科和伤齿龙科，生活于晚侏罗世至白垩纪。它们是一群两足肉食性或杂食性恐龙，是鸟类的直接祖先。

恐爪龙类的明显特征是：后脚第二脚趾有大型且大幅弯曲的镰刀状趾爪，当它们行走、跑动时，第二脚趾往上后缩、不接触地面，只有第三、第四脚趾接触地面，承受身体的重量。

恐爪龙类的牙齿弯曲，边缘呈锯齿状。大部分恐爪龙类是掠食动物，某些小型物种，尤其是小型伤齿龙，可能为杂食性。

掠食的蜥鸟盗龙（想象图）

蜥鸟盗龙（*Saurornitholestes*），意为“蜥蜴鸟类盗贼”，属恐爪龙下目驰龙科，生活于晚白垩世，8300 万—7000 万年前，化石发现于北美洲加拿大艾伯塔省。它们是一类土狼大小的肉食性恐龙，身长约 1.8 米

手盗龙类恐爪龙下目驰龙科恐龙

驰龙科属近鸟类恐龙，为中至小型，肉食性，最早出现于1.64亿年前，存活到6600万年前，在地球上大约生活了1亿年。驰龙科具有大型头部、锯齿边缘的牙齿和狭窄口鼻部，眼睛向前，颈部长，呈S状弯曲，身体相当短，长有羽毛，第二脚趾上有大型、弯曲的趾爪。其化石在世界各地均有发现。在驰龙科中，最著名的是顾氏小盗龙，它的前肢与后肢上长有长长的飞羽，具有明显的“四翼”特征，已经具备了一定的飞行能力。

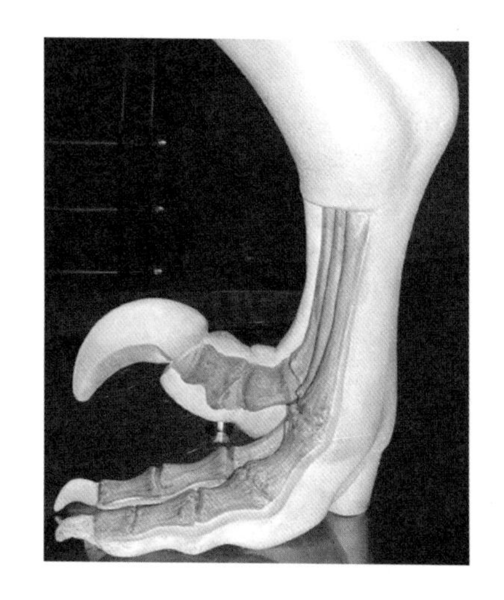

恐爪龙下目驰龙科恐龙脚趾构造模型

恐爪龙类恐龙行走或奔跑时，第二脚趾往上后缩，不着地，只有第三、第四脚趾着地

蓝斯顿氏蜥鸟盗龙骨骼（加拿大皇家蒂勒尔博物馆）

正在捕食的小盗龙（想象图，图片来源：Brian Choo）

小盗龙（*Microraptor*），意为“小型盗贼”，属恐爪龙下目驰龙科小盗龙类，生活于1.25亿—1.13亿年前，化石发现于中国辽宁省。小盗龙是已知最小的恐龙之一，体长42—83厘米，体重约1千克。小盗龙全身披有羽毛，四肢长有不对称的飞羽，身体上的绒羽长25～30毫米，头顶上的绒羽长40毫米，前后肢和尾巴上长有大量不对称飞羽，看上去就像有四个翅膀，且排列方式与现代鸟类十分相似，说明小盗龙具有飞行能力。小盗龙长有无锯齿的牙齿，尾椎数小于26节，趾爪纤细，明显向后弯曲。小盗龙的发现证实，非鸟类恐龙向鸟类演化过程中，可能经过一段四翼飞行的时期，也具有较好的滑行能力。虽然小盗龙的发现对于鸟类飞行起源的研究有帮助，但是关于鸟类飞行“树栖起源”与“地栖起源”之争，至今仍无定论

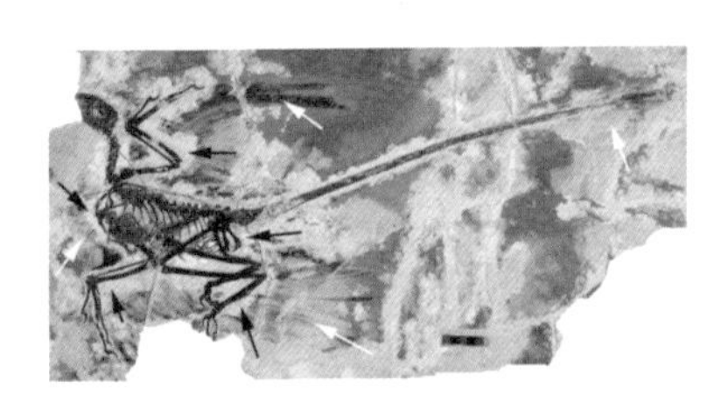

小盗龙骨骼化石

郑氏晓廷龙（徐星、郑晓廷研究并命名）化石及复原图

晓廷龙（*Xiaotingia*），是一种小型有羽毛恐龙，属于恐爪龙下目驰龙科基础物种，而不是近鸟龙的近亲，近鸟龙归类于伤齿龙科。晓廷龙生活于侏罗纪中期或晚期，1.75亿—1.5亿年前，化石发现于中国辽宁西部，目前只有一个种：郑氏晓廷龙。郑氏晓廷龙是最小的兽脚类恐龙之一，体重约800克。它具有圆锥形牙齿，脚掌具有特化的第二脚趾，前肢长而粗壮，后肢具有长飞羽，四肢呈现出典型的四翼特征

似驰龙复原图（图片来源：Funk Monk）

似驰龙（*Dromaeosauroides*），属恐爪龙下目驰龙科，生活于早白垩世，约 1.4 亿年前，化石发现于欧洲

正在打闹的杨氏长羽盗龙（想象图）

杨氏长羽盗龙（*Changyuraptor yangi*），属驰龙科小盗龙类，因具有极长的尾羽而得名，生活在约 1.25 亿年前，化石发现于中国辽宁。杨氏长羽盗龙体长约 1.2 米，体重 4 千克，具有修长的羽毛，与当今鸟类的羽毛极为相似，长有尖牙、利爪和长尾。杨氏长羽盗龙除身上覆盖羽毛外，前肢和腿部也长满羽毛，似有 4 个翅膀，因此拥有一定的飞行能力。它是迄今发现的最大的四翼恐龙。杨氏长羽盗龙的尾部羽毛长达 30 厘米，是除鸟类之外最长的羽毛。它靠尾巴在飞行中调整方向，落地时减速，确保安全着陆

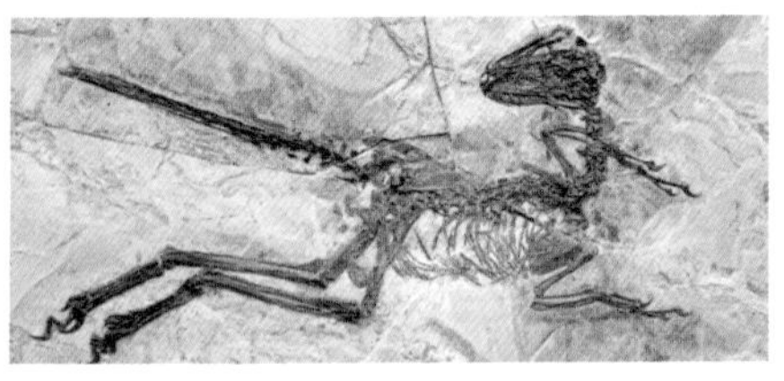

振元龙化石及复原图（图片来源：Emily Willoughby）

振元龙（*Zhenyuanlong*），属于驰龙科小盗龙类，生活于 1. 29 亿—1.13 亿年前，化石发现于中国辽宁省建昌县。振元龙体形较大，体长约 2 米，个头比小盗龙大许多，前肢短小，长有羽毛，但羽毛特征与小盗龙一样，前肢既有绒状羽毛，也有大型、对称和不对称的正羽（有羽轴和羽枝），在尾巴上也发现类似前肢的大型正羽。振元龙因体形较大、前肢较短，不具有飞行能力。在进化关系上，振元龙比小盗龙和中国鸟龙更为原始

顾氏小盗龙复原图

陆家屯纤细盗龙（徐星、汪筱林研究并命名）复原图（图片来源：Funk Monk）

纤细盗龙（*Graciliraptor*），属驰龙科小盗龙类，生活于早白垩世，1.29 亿—1.25 亿年前，化石发现于中国辽宁省北票市。纤细盗龙的股骨长度为 13 厘米，身长约 90 厘米。纤细盗龙是一种轻型兽脚类恐龙，中段尾椎、下肢相当长，尾椎的后关节突延伸至后方尾椎，因此纤细盗龙的尾巴相当坚挺，这也是驰龙科恐龙常见的尾部特征

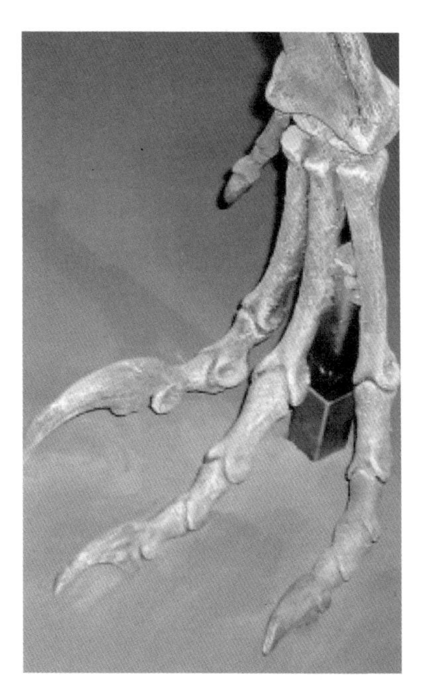

恐爪龙复原图（图片来源：Domser）及脚趾化石

恐爪龙（*Deinonychus*），属驰龙科，生活于晚白垩世，1.13 亿—1 亿年前，化石发现于美国。恐爪龙最长可达 3.4 米，头骨最长可达 41 厘米，臀部高度为 0.87 米，体重最高可达 73 千克。它后肢的第二趾上有大而呈镰刀状的趾爪，在行走时第二趾可能会缩起，仅使用第三、第四趾行走。一般认为恐爪龙会用其镰刀爪来刺伤猎物。恐爪龙是最著名的驰龙科恐龙之一，是迅猛龙的近亲。目前还没有发现恐爪龙有羽毛的证据，但已发现某些驰龙科有羽毛的直接与间接证据，显示这个演化支普遍具有羽毛

西爪龙复原图（图片来源：Nobu Tamura）

西爪龙（*Hesperonychus*），属驰龙科，生活于白垩纪晚期，约 7500 万年前，化石发现于加拿大艾伯塔省。西爪龙的身长小于 1 米，体重约 1.9 千克，是已知最小的北美洲肉食性恐龙

中国鸟龙骨骼标本（中国地质博物馆）

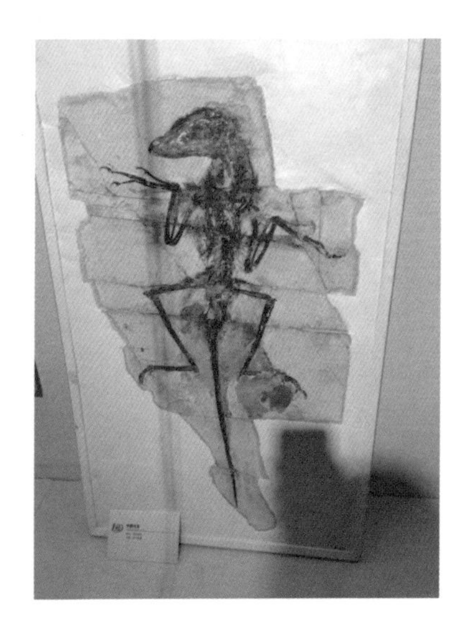

千禧中国鸟龙化石（香港科学馆）

千禧中国鸟龙（徐星等研究并命名）生态复原图（赵闯绘）

中国鸟龙（*Sinornithosaurus*），意为“中国的鸟蜥蜴”，是一种有羽毛恐龙，属兽脚亚目恐爪龙下目驰龙科，生活于早白垩世，1.25 亿—1.22 亿年前，化石发现于中国辽宁西部。中国鸟龙是已发现的第五个有羽毛恐龙，最类似鸟类。其第一个标本发现于中国辽宁四合屯，属于义县组的九佛堂地层。中国鸟龙被认为是原始的驰龙科恐龙，其头部与肩膀类似始祖鸟及其他鸟翼类

有羽毛版本的鹫龙生态复原图（图片来源：Nobu Tamura）

大黑天神龙复原图（图片来源：Nobu Tamura）

大黑天神龙（*Mahakala*），是原始驰龙科恐龙，生活于晚白垩世，约8000万年前，唯一的化石发现于蒙古国南戈壁省。大黑天神龙身长约70厘米，具有早期伤齿龙科和鸟翼类的特征。大黑天神龙虽然出现得晚，却是最原始的驰龙科恐龙。大黑天神龙比其他原始恐爪龙下目的体形小，说明鸟类在演变出飞行能力以前，体形很小

天宇盗龙复原图（图片来源：Nobu Tamura）

天宇盗龙（*Tianyuraptor*），属恐爪龙下目驰龙科，生活于早白垩世，1.29亿—1.25亿年前，化石发现于中国辽宁西部。天宇盗龙是较原始的驰龙科恐龙。其模式标本拥有一些北半球驰龙科所没有的特征，之前仅发现于南半球。驰龙科及原始鸟翼类叉骨较小，前肢较短，科学家们认为它们是过渡性物种

鹫龙骨骼模型（美国菲尔德自然史博物馆）

鹫龙（*Buitreraptor*），又名阿根廷鹫龙，属手盗龙类恐爪龙下目驰龙科，生活于白垩纪晚期的南美洲。鹫龙具长而像鸟类的手臂，可猎捕细小的动物，如蜥蜴及哺乳动物。它有长腿，善于奔跑。它很可能有羽毛。鹫龙的生态位与现今的鹭鹰或北美洲的伤齿龙相似

肋空鸟龙复原图

肋空鸟龙（*Rahonavis*），属驰龙科，生活于晚白垩世，7000 万—6600 万年前，化石发现于非洲的马达加斯加西北部。肋空鸟龙身长约 70 厘米，第二脚趾有类似伶盗龙的镰刀状趾爪。肋空鸟龙是一种小型掠食者，大小接近始祖鸟，外形类似迅猛龙。肋空鸟龙属半鸟亚科，是半鸟的近亲

临河盗龙复原图（图片来源：Nobu Tamura）

临河盗龙（*Linheraptor*），属恐爪龙下目驰龙科，是奔跑能力很强、非常敏捷的掠食性恐龙，生活于晚白垩世，约 8000 万年前，化石发现于中国内蒙古自治区巴音满都呼地区。临河盗龙体长约 2.5 米，体重约 25 千克

蒙古伶盗龙骨架模型（美国怀俄明恐龙中心）

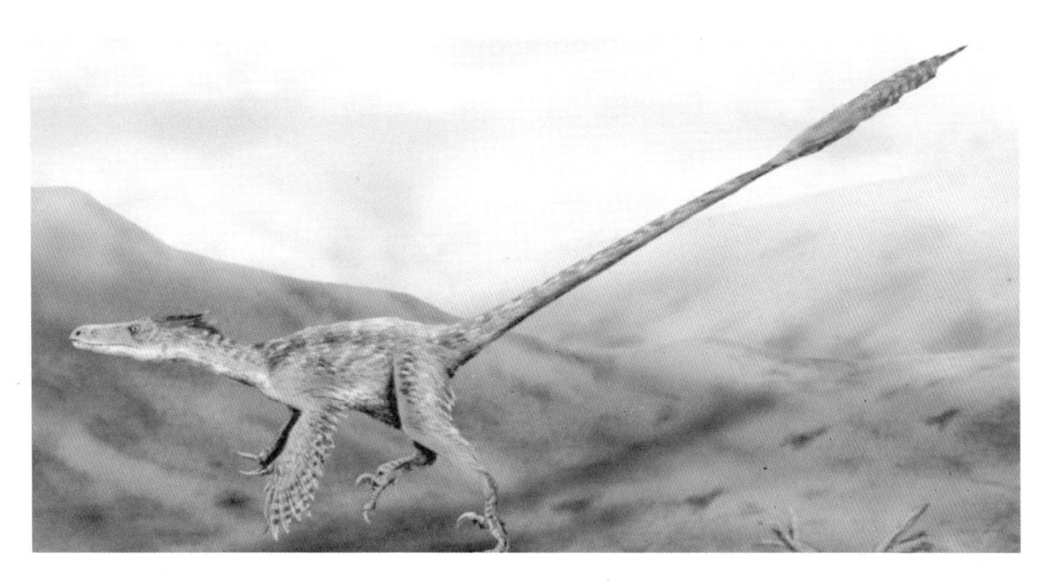

蒙古伶盗龙生态复原图（图片来源：Nobu Tamura）

伶盗龙（*Velociraptor*），又译为迅猛龙、速龙，属恐爪龙下目驰龙科，生活于晚白垩世，8400 万—7000 万年前。其模式种为蒙古伶盗龙（*V. mongoliensis*），化石发现于蒙古国和中国内蒙古自治区等地。伶盗龙体长 1.8 米，牙尖爪利，有长约 7 厘米的第二趾，这镰刀般的利爪是其捕杀猎物的重要武器，而其他两趾着地，可作支撑，能高速奔跑。伶盗龙捕猎时，一只脚着地，另一只脚举起“镰刀”，先用前肢上的利爪钩抓住猎物，然后一跃而起，用“镰刀”扎进猎物的腹部，再以嘴用力撕咬猎物的脖子等致命之处，置猎物于死地

南方盗龙复原图

南方盗龙（*Austroraptor*），属驰龙科，生活于白垩纪晚期，约 7000 万年前，化石发现于南美洲的阿根廷。南方盗龙身长约 5 米，是目前南半球所发现的最大的驰龙类恐龙。与其他驰龙类相比，南方盗龙的前肢相当短，其前肢与身体的比例，可与暴龙相比

南方盗龙骨架模型（加拿大皇家安大略博物馆）

半鸟复原图（图片来源：Nobu Tamura）

半鸟（*Unenlagia*），又名若鸟龙，属驰龙科，生活于晚白垩世，化石发现于南美洲。半鸟极度类似鸟类，与鹫龙有较近的亲缘关系

手盗龙类恐爪龙下目伤齿龙科恐龙

伤齿龙科恐龙长有羽毛，脑袋大，眼睛大而向前，第二脚趾类似驰龙，但较小。伤齿龙已经有了鸟类的许多行为特征，比如其树栖时，头部藏在前肢下方，类似现在的鸟类，这也是“鸟类起源于恐龙”理论的重要证据。著名的伤齿龙类有彩虹龙、近鸟龙、寐龙等。

最近发现的巨嵴彩虹龙化石，显示其身披五彩斑斓的羽毛，很像鸟类。

巨嵴彩虹龙体形娇小，大小如乌鸦，有着类似迅猛龙的头盖骨和尖锐锋利的牙齿，是一种两足肉食性恐龙，以捕捉小型哺乳动物和蜥蜴为食。巨嵴彩虹龙全身覆满羽毛，总体呈黑褐色；头部羽毛呈红、绿、蓝三种颜色，颈部羽毛更加丰富多彩，呈红、黄、绿、蓝四种颜色，并相间分布；展开的羽翼犹如彩虹。巨嵴彩虹龙的尾羽有许多大型飞羽，沿尾骨两侧对称排列，就像一个长长的芭蕉叶，比始祖鸟的尾巴要大，十分醒目，其大尾扇很可能在其四翼飞行中发挥着作用，这也表明尾部羽毛比翼部羽毛更早用于空中飞行。

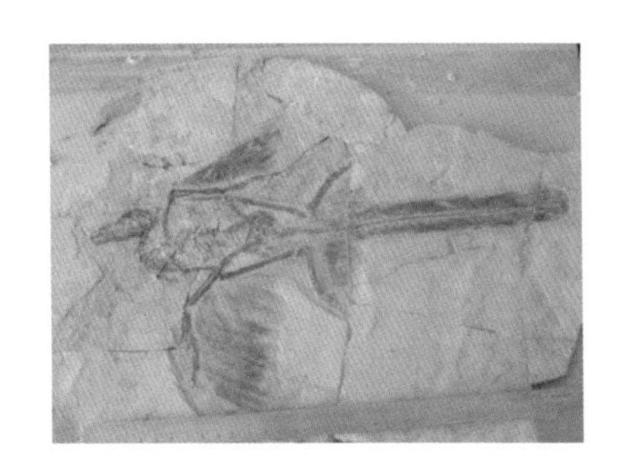

近鸟龙化石

近鸟龙复原图

近鸟龙（*Anchiornis*），又名近鸟，是小型有羽毛恐龙，属手盗龙类伤齿龙科，生活于侏罗纪中期或晚期，1.64 亿—1.57 亿年前，化石发现于中国辽宁。近鸟龙是目前已知最早的有羽毛兽脚亚目恐龙，也是一种原始近鸟类。近鸟龙与驰龙科的小盗龙有许多相似特征。近鸟龙身长约 34 厘米，体重约 110 克，是已知最小的恐龙之一

杨氏中国鸟脚龙复原图

中国鸟脚龙（*Sinornithoides*），意为“中国的鸟类外形”，属恐爪龙下目伤齿龙科，生活于早白垩世，1.29 亿—1.25 亿年前，化石发现于中国内蒙古自治区。中国鸟脚龙是最小的肉食性恐龙之一，身长 1 米，可能以小型哺乳类与昆虫为食

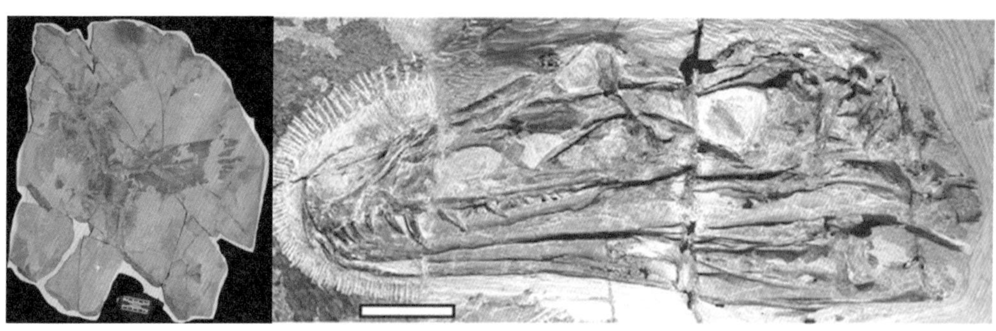

巨嵴彩虹龙（徐星、胡东宇研究并命名）复原图及化石

巨嵴彩虹龙，意思是“有巨大羽冠的彩虹”，属伤齿龙科近鸟龙类，生活在 1.61 亿年前的晚侏罗世。它的眼睛上有鸟冠，看起来像骨骼组成的眉毛。2014 年 2 月，中国河北省青龙县一个农民发现了一块带羽毛的完整恐龙化石。沈阳师范大学古生物学院胡东宇教授、中国科学院古脊椎动物与古人类研究所研究员徐星共同对该化石进行了研究，并将其命名为巨嵴彩虹龙

华美金凤鸟（季强等研究并命名）生态复原图

金凤鸟（*Jinfengopteryx*），属手盗龙类伤齿龙科，生活于早白垩世，约 1.22 亿年前，化石发现于中国河北省。金凤鸟身长约 55 厘米

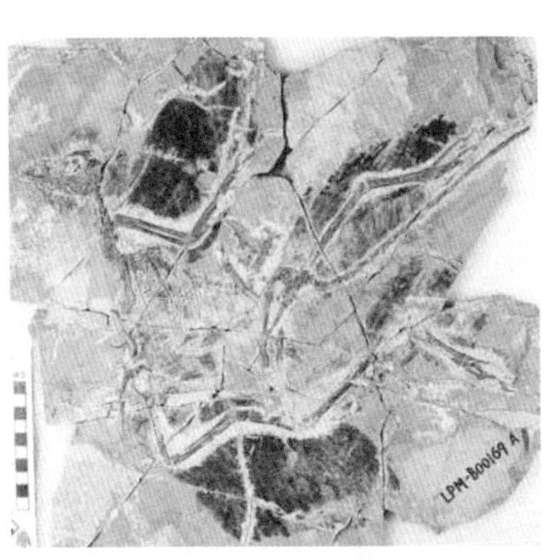

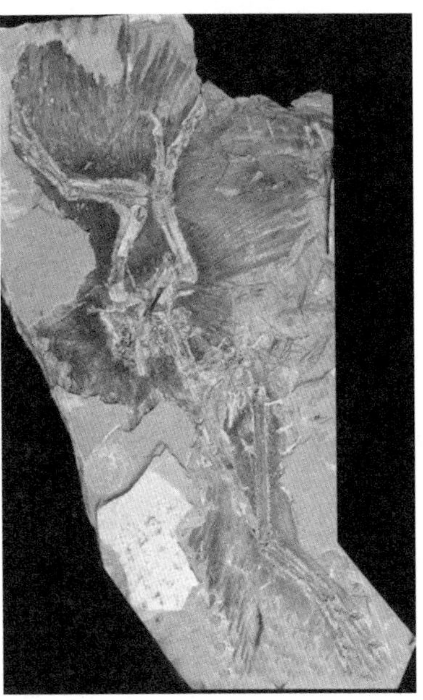

赫氏近鸟龙化石

扎纳巴扎尔龙复原图（图片来源：Funk Monk）

扎纳巴扎尔龙（*Zanabazar*），属恐爪龙下目伤齿龙科，生活于白垩纪晚期，1 亿—6600 万年前，化石发现于蒙古国的纳摩盖吐组

赫氏近鸟龙（徐星等研究并命名）生态复原图（赵闯绘）

赫氏近鸟龙，是一种小型有羽毛恐龙，属于盗龙类伤齿龙科，生活于约 1.6 亿年前的中晚侏罗世，比中华龙鸟早 2000 万年，化石发现于中国辽宁省，是目前发现的世界上最早的带羽毛恐龙化石。赫氏近鸟龙是恐龙向鸟类进化的关键环节。在其化石骨架周围清晰地分布着羽毛印痕，前肢、后肢和尾部都分布着奇特的飞羽。图中是一对雄性和雌性赫氏近鸟龙

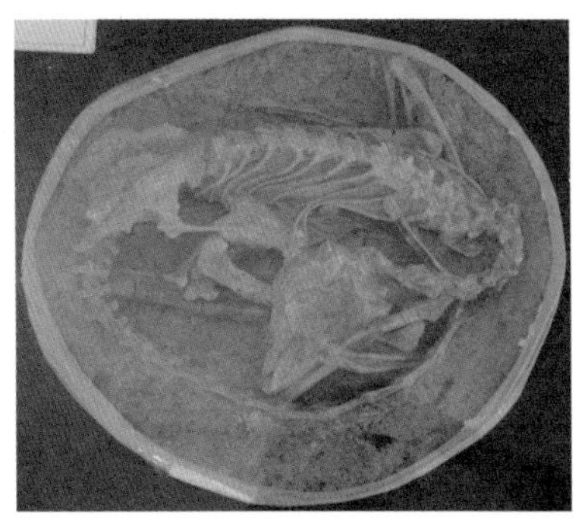

寐龙（徐星等研究并命名）生态复原图及骨骼化石

寐龙（*Mei*），属兽脚亚目伤齿龙科，是一种鸭子大小的恐龙，生活于早白垩世，约 1.3 亿年前，化石发现于中国辽宁省北票市。寐龙骨架保存着一种睡觉的姿态，故而得名。其头蜷曲在翅膀之下，类似一只卧睡在巢中的小鸟。这种行为与鸟类类似，显示出伤齿龙类不仅骨骼形态与鸟类相似，行为学上也与鸟类有着最为亲密的关系

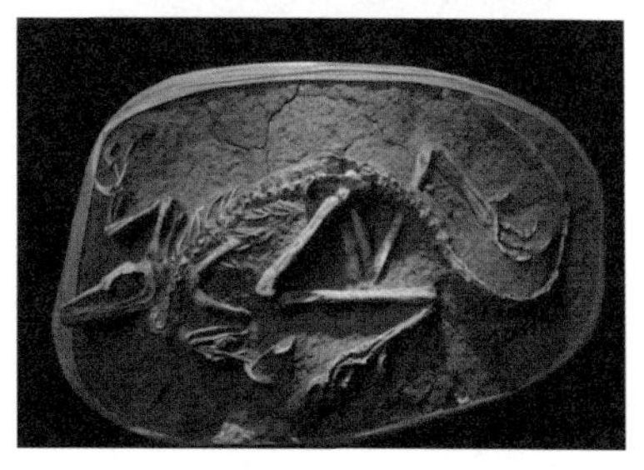

张氏中国猎龙生态复原图及头骨、骨骼化石

中国猎龙（*Sinovenator*），属恐爪龙下目伤齿龙科，生活于早白垩世，约1.225亿年前，化石发现于中国辽宁省陆家屯。中国猎龙是伤齿龙科中目前发现的最原始的物种。科学家们发现它与原始的驰龙科、鸟翼类有共同特征，显示这三个近鸟类支系有相近亲缘关系。中国猎龙大小似鸡，身长不足1米。它的前肢像鸟一样，有向两侧伸展的翅膀，身上具有从恐龙向鸟类演化的过渡特征，是“鸟类起源于恐龙”理论的又一重大证据。中国猎龙的前肢和尾巴上可能长有类似现代鸟类的羽毛

胡氏耀龙骨骼化石

胡氏耀龙，属鸟翼类擅攀鸟龙科，是和鸟类关系最为接近的恐龙之一，生活于1.76亿—1.46亿年前的中侏罗世，化石发现于中国辽宁省。胡氏耀龙体长超过40厘米，长有4枚长约20厘米的带状尾羽，其他羽毛均未形成类似鸟类的飞羽。虽然胡氏耀龙的前肢长于后肢，前肢类似原始鸟类，但由于没有飞羽，胡氏耀龙并不具有飞行能力

兽脚亚目虚骨龙类手盗龙类鸟翼类恐龙

鸟翼类是指翅膀上长满羽毛、能拍打翅膀并可以飞行的恐龙，以及从这些恐龙演化而来的鸟纲。在兽脚亚目恐龙之中，目前已知最早具有动力飞行能力的物种是晚侏罗世的始祖鸟。

擅攀鸟龙科（Scansoriopterygidae），又名攀龙类，是鸟翼类的一个演化支，化石发现于中国辽宁的道虎沟地层，年代为侏罗纪晚期或白垩纪早期。擅攀鸟龙与树息龙是已发现的非鸟类恐龙中，第一群已明显适应树栖生活或半树栖生活的动物，它们可能大部分时间都待在树上。树息龙、擅攀鸟龙、耀龙的模式标本都包含了化石化的羽毛痕迹。擅攀鸟龙科的一个明显特征是具有很长的第三手指，如树息龙，其长指可能用来捕食树洞中的虫子。

耀龙的化石保存了羽毛痕迹，是化石记录里已知最早的纯装饰用羽毛。耀龙的尾巴羽片呈长带状，在构造上与现代鸟类的舵羽（尾巴的羽毛）不同。耀龙的身体也覆盖着简易的羽毛，类似原始的有羽毛恐龙，这些羽毛由平行的羽枝构成。针对耀龙与树息龙的尾巴羽毛，科学家们指出，一种可能是该羽毛为炫耀性羽毛，在演化时间上早于飞羽；另一种可能是该羽毛演化自可以飞行的祖先，而后失去了飞行的能力。

耀龙复原图

耀龙（*Epidexipteryx*），意为“炫耀的羽毛”，属鸟翼类擅攀鸟龙科，生活于侏罗纪中期或晚期，1.68亿—1.52亿年前。耀龙目前只发现了一个化石，发现于中国内蒙古自治区宁城县，是一个保存良好的部分骨骼。耀龙的头骨具有许多独特特征，外形类似窃蛋龙类、会鸟，以及镰刀龙类；尾巴附有4根长羽毛，羽毛可发现羽轴、羽片等构造；身长达25厘米，若加上尾巴的羽毛，可达44.5厘米，接近鸽子的大小。科学家们估计，耀龙体重约164克

树息龙复原图

树息龙（*Epidendrosaurus*），属手盗龙类鸟翼类擅攀鸟龙科，生活于侏罗纪中期，1.64 亿—1.57 亿年前，化石发现于中国辽宁宁城。它是非鸟类恐龙中第一类明显完全或半栖息于树上的恐龙。树息龙标本有化石化的羽毛轮廓。这个标本被认为是幼体，如麻雀大小

奇翼龙化石

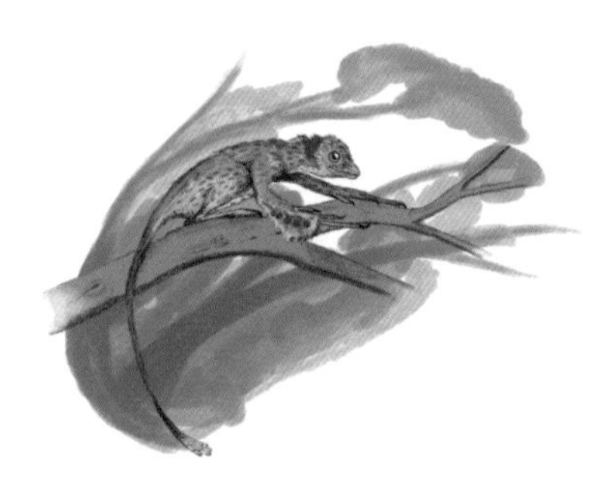

擅攀鸟龙复原图（图片来源：Matt Martyniuk）

擅攀鸟龙（*Scansoriopteryx*），是手盗龙类鸟翼类恐龙，营树栖生活，目前仅在中国辽宁省发现一个未成年个体化石。擅攀鸟龙具有独特的、延长的第三手指，与树息龙是近亲。擅攀鸟龙拥有类似现代鸟类的羽毛，其中最明显的羽毛压痕拖曳在左前臂与手部。与树息龙相比，它的尾巴较短

奇翼龙（徐星等研究并命名）生态复原图

奇翼龙（*Yi qi*），属兽脚亚目擅攀鸟龙类，生活于晚侏罗世，约 1.6 亿年前，是一种具有翼膜翅膀的小型恐龙，生活在树上，在树林间滑翔。它与鸟类亲缘关系非常近，可以说是具有蝙蝠翅膀的鸟类的祖先。奇翼龙的翅膀非常奇特，与其他似鸟恐龙和鸟类的翅膀完全不同。其头短粗，手部具极长的外侧手指，长有僵硬的丝状羽毛，更像原始羽毛，而不像其他似鸟恐龙和鸟类拥有的片状羽毛。奇翼龙的发现，为翼膜状飞行器官的趋同演化提供了一个绝佳的实证，表明即便是在以羽翼为特征的鸟类支系上，也曾出现过翼膜翅膀。该研究由徐星、郑晓廷、舒克文、王孝理等人共同完成，被评为 2015 年度“十大地质科技进展项目”

10.7 水生爬行动物

在恐龙时代，除在陆地上兴盛的恐龙外，水中和空中的爬行动物也相当繁盛。水中的爬行动物，前面介绍了三叠纪时期的鱼龙，这里着重讲述侏罗纪时期的鱼龙（真鼻龙、泰曼鱼龙、大眼鱼龙等）、蛇颈龙类、沧龙类等。此时空中的爬行动物有鸟掌翼龙类、梳颌翼龙类、准噶尔翼龙类、神龙翼龙类等。可以说，在恐龙时代，陆地上恐龙称霸，天空中翼龙称王，水中有鱼龙、蛇颈龙和沧龙驰骋，它们几乎霸占了地球的陆地、天空与海洋。

鱼龙复原图

鱼龙（*Ichthyosaurus*），意思为“鱼类蜥蜴”，属鱼龙目，生活于侏罗纪早期，化石发现于比利时、英国、德国和瑞士。鱼龙身长 2 米，有肉质的背鳍及大型尾鳍。雌性鱼龙直接产下幼体，即为卵胎生

鱼龙化石

○ 侏罗纪鱼龙目

侏罗纪是鱼龙目广泛活跃的时代，并显示出种群的多样性，不同种类大小各异，体长从1米到15米不等。这一时期，鱼龙目的形态变异已大大减少，与三叠纪时的前辈们相比并没有太多变化。在这不多的变化中，有两点变化是比较显著的，首先是这一时期的鱼龙都有明显的鳍状肢、突出的背鳍和尾鳍，这说明它们游动得既快又平稳；其次是这一时期的鱼龙眼睛变得更大，典型的如大眼鱼龙、泰曼鱼龙等，这或许表明部分鱼龙在向更深的水域进发。

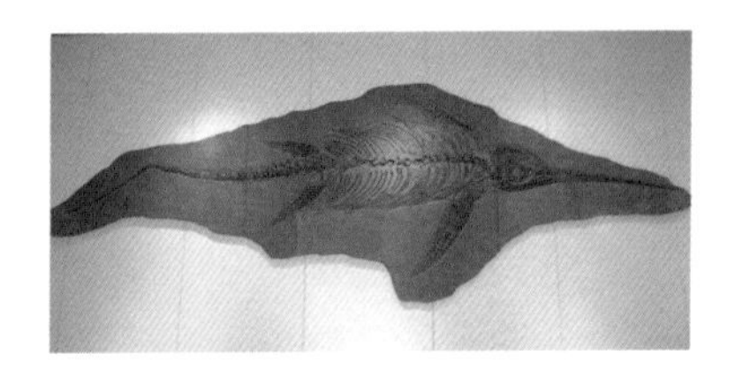

一个6.4米长的真鼻龙化石标本

真鼻龙（*Eurhinosaurus*），属鱼龙目，生活于侏罗纪早期，化石发现于欧洲。真鼻龙是大型鱼龙类，身长超过6米。真鼻龙与其他鱼龙类相似，拥有类似鱼类的身体，有背鳍、尾鳍与大的眼睛。真鼻龙的上颌有下颌的两倍长，且两侧拥有尖锐的牙齿，类似锯鳐科

泰曼鱼龙头骨化石

三角齿泰曼鱼龙骨架模型

泰曼鱼龙攻击狭翼鱼龙（想象图）

真鼻龙生态复原图（图片来源：Nobu Tamura）

真鼻龙头颅化石

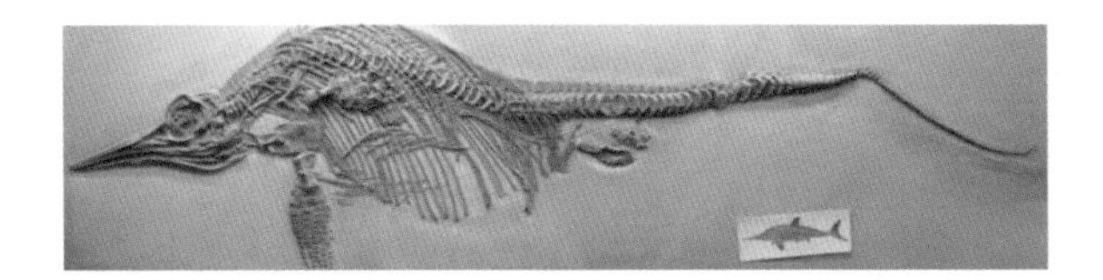

狭翼鱼龙化石（加拿大皇家安大略博物馆）

狭翼鱼龙复原图（图片来源：Nobu Tamura）

狭翼鱼龙（*Stenopterygius*），又名狭翼龙，属鱼龙目狭翼鱼龙科，生活于侏罗纪中晚期，化石发现于英国、法国、德国和卢森堡。狭翼鱼龙身长约 4 米，习性类似今日的海豚，大部分生活在海洋中，以鱼类、头足类及其他动物为食

宽头泰曼鱼龙复原图（图片来源：Dmitry Bogdanov）

泰曼鱼龙（*Temnodontosaurus*），又译为切齿鱼龙，属鱼龙目，生活于早侏罗世，化石发现于英国和德国。泰曼鱼龙是大型鱼龙类，身长超过 12 米。它最大的特征是眼睛很大，眼睛直径近 20 厘米。泰曼鱼龙生活于深海区，猎捕巨大的菊石与乌贼

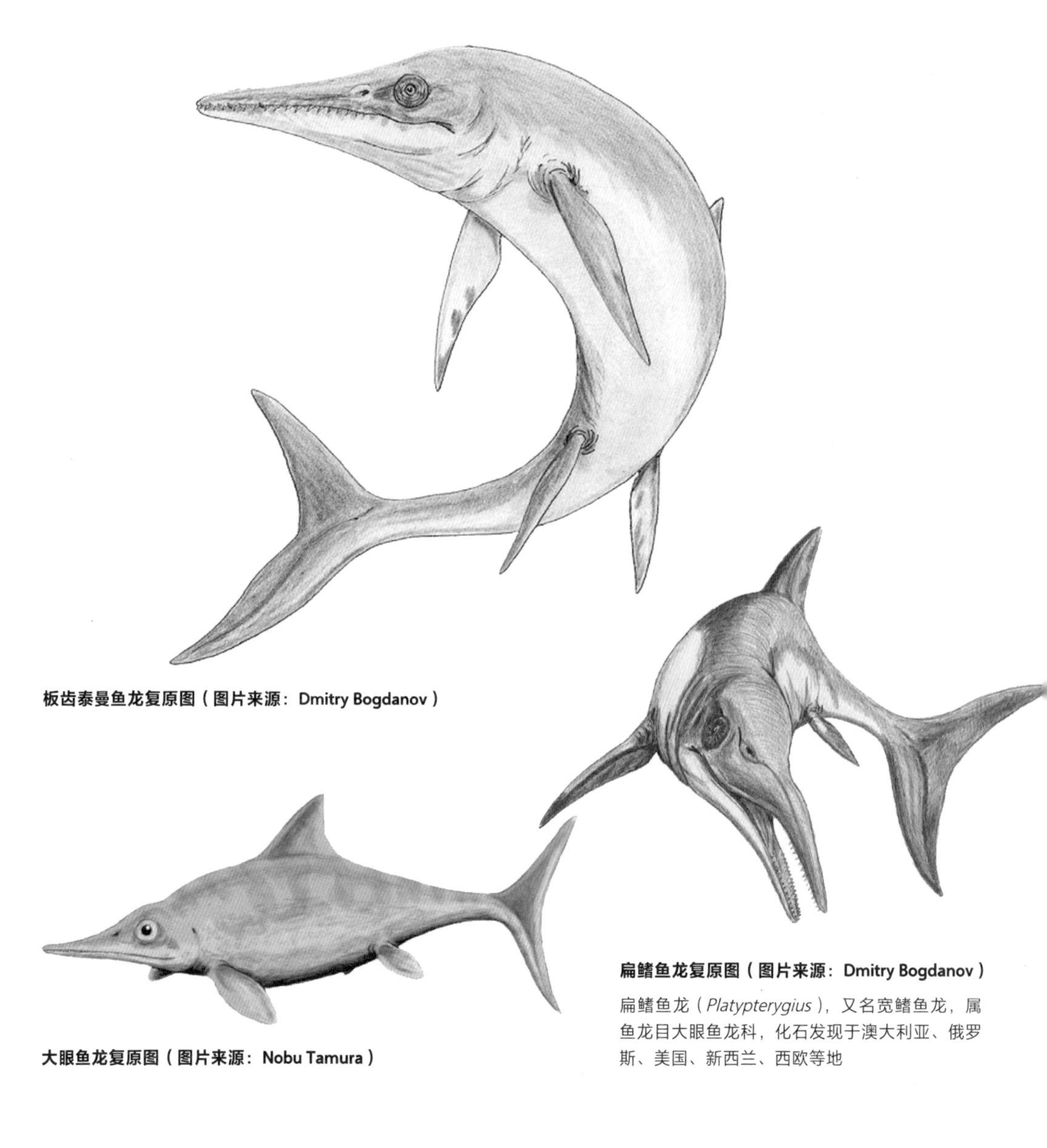

板齿泰曼鱼龙复原图（图片来源：Dmitry Bogdanov）

扁鳍鱼龙复原图（图片来源：Dmitry Bogdanov）

扁鳍鱼龙（*Platypterygius*），又名宽鳍鱼龙，属鱼龙目大眼鱼龙科，化石发现于澳大利亚、俄罗斯、美国、新西兰、西欧等地

大眼鱼龙复原图（图片来源：Nobu Tamura）

短鳍鱼龙复原图（图片来源：Dmitry Bogdanov）

短鳍鱼龙（*Brachypterygius*），属鱼龙目大眼鱼龙科扁鳍鱼龙亚科，生活于侏罗纪晚期，化石发现于英国与俄罗斯的欧洲部分

扁鳍鱼龙生态复原图（图片来源：Dmitry Bogdanov）

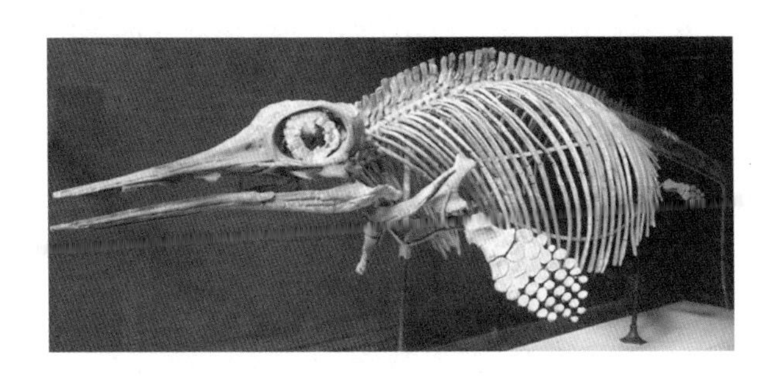

大眼鱼龙骨架化石

大眼鱼龙（*Ophthalmosaurus*），意为“眼睛蜥蜴”，因有极大的眼睛而得名，眼睛直径达10厘米。大眼鱼龙生活于侏罗纪中晚期，1.65亿—1.45亿年前。化石发现于欧洲、北美洲和南美洲的阿根廷。它拥有海豚形状的优美外形，身长6米，没有牙齿，捕食鱿鱼。大眼鱼龙的游泳速度可达每小时2.5千米

蛇颈龙类骨骼化石

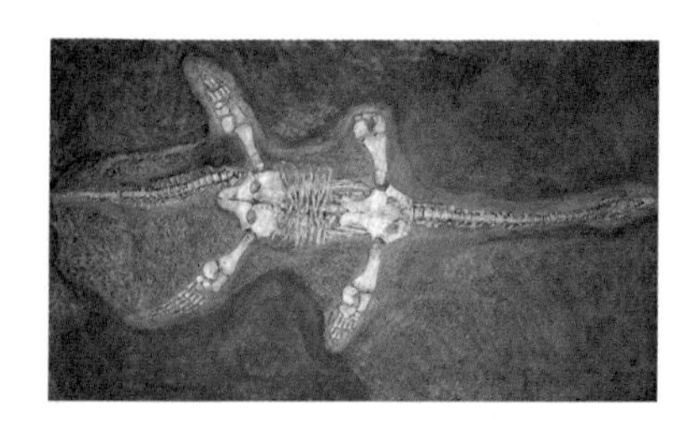

海洋龙化石

○ 蛇颈龙目

蛇颈龙目（Plesiosauria）属较晚的鳍龙超目水生爬行动物，首次出现在三叠纪中期，约 2.3 亿年前，在侏罗纪特别繁盛，直到 6600 万年前灭绝。

蛇颈龙类有宽广的身体与短尾巴，四肢演化成两对大型鳍状肢。蛇颈龙类从较早的幻龙类演化而来，幻龙类有类似鳄类的身体。主要的蛇颈龙类可用头部与颈部的尺寸作为区别。

蛇颈龙类是当时最大的水生动物，它们的体形比最大的鳄类还大，也比它们的后继者沧龙类大。当时，蛇颈龙类在全球都有分布。

蛇颈龙目又分为蛇颈龙亚目和上龙亚目。

蛇颈龙亚目（Plesiosauroidea），属蜥形纲鳍龙

蛇颈龙生态复原图

蛇颈龙是一类水生爬行动物，个体较大，因具有长而灵活的颈部而得名。蛇颈龙体躯宽扁，四肢演化成鳍脚，像现代的海狮一样生活在海洋里，以鱼类为食。蛇颈龙可分为长颈蛇颈龙和短颈蛇颈龙，最早出现在三叠纪中期，繁盛于侏罗纪

超目蛇颈龙目，即长颈蛇颈龙，为肉食性水生爬行动物，大部分是海生，如浅隐龙科、薄板龙科、蛇颈龙科。海洋龙属小型蛇颈龙类，颈部长，头部稍大，首次出现于晚三叠世，繁盛于早侏罗世，直到白垩纪与古近纪因第六次生物大灭绝事件而灭绝。

上龙亚目（Pliosauroidea），意思是“有鳍蜥蜴”，属于蛇颈龙目，即短颈蛇颈龙，是一类海生爬行动物，肉食性，生活于中生代的侏罗纪与白垩纪，化石发现于英国、墨西哥、南美洲、大洋洲，以及接近挪威的北极地区。

相较于蛇颈龙下目，上龙下目的特征是颈部短、头部长，体形大，身长4～5米，并呈流线型，行动快速且凶猛。它们长而强壮的颌部有多排锐利的牙齿，能抓住少数巨大的猎物。它们可能猎食鱼龙类或其他蛇颈龙类。它们同蛇颈龙下目一样，嘴大，眼睛巨大，适应深海生活。

典型的上龙类包括：菱龙、滑齿龙、上龙和泥泳龙。

蛇颈龙生态复原图（图片来源：Dmitry Bogdanov）

上龙亚目生态复原图，从左到右依次为：上龙、泥泳龙、滑齿龙、菱龙（图片来源：Nobu Tamura）

上龙亚目是一类已经灭绝的海生爬行动物，由蛇颈龙亚目进化而来。与蛇颈龙亚目相比，上龙亚目颈较短，头较长，颌更加坚硬，外观更具流线型。它们极善游泳，以乌贼、鱿鱼为食

海霸龙生态复原图（图片来源：Nobu Tamura）

海霸龙骨骼模型

海霸龙（*Thalassomedon*），又名海统龙，属鳍龙超目蛇颈龙目薄板龙科，生活于9500万年前的北美洲，近亲为薄板龙。海霸龙身长12米，颈部有62个脊椎骨，长度约为6米，占了身长的一半；头骨长度为47厘米，牙齿长度为5厘米；鳍状肢长1.5~2米；在胃部曾发现石头，某些理论认为这些石头的作用是作压载物或协助消化，当这些石头随着胃部运动而移动时，可协助磨碎食物

海洋龙生态复原图（图片来源：Nobu Tamura）

海洋龙（*Thalassiodracon*），意为“海中的龙”，属小型蛇颈龙类，生活于三叠纪末期至侏罗纪早期，2.03亿—1.96亿年前，化石发现于英国萨默塞特郡。海洋龙体长1.5~2.0米，具有长的颈部，头颅比蛇颈龙稍大

捕抓乌龟的硬椎龙骨架

硬椎龙（*Clidastes*），又名耀炬龙，属沧龙类，生活于白垩纪晚期。硬椎龙是小型沧龙类，身长 2~4 米，最长 6.2 米，生活在浅海，动作相当敏捷、快速，猎捕海面附近的鱼类或翼龙类为食

○ 沧龙类

古生物学家们认为，生活于 9200 万年前的特纳利达拉斯蜥蜴是沧龙的祖先。

沧龙类（Mosasauridae）是一类体形如蛇般弯曲的海生爬行动物，属蜥形纲有鳞目硬舌亚目蛇蜥下目。有鳞类是身上覆盖着重叠鳞片的爬行动物。沧龙类从早白垩世的半水生有鳞目动物演化而来。8500 万年前，鱼龙类灭绝，上龙类与蛇颈龙类衰退，沧龙类后来居上，成为海中的优势掠食者，称霸海洋。

沧龙类体形一般较大，小者体长 2 米，大者体长

特纳利达拉斯蜥蜴复原图

达拉斯蜥蜴（*Dallasaurus turneri*），生活于 9200 万年前，化石发现于美国。达拉斯蜥蜴拥有适合陆地行走的“手脚”，从陆地转入海洋生活后，达拉斯蜥蜴的“手脚”进化成了沧龙类的鳍状肢

10多米，最长达17米。沧龙类形似鳗鱼，常呈优美的流线型，没有背鳍，有扁圆状尾鳍，依靠身体的伸缩和尾鳍摆动在水中游动。沧龙类曾分布于世界各地，均为肉食性，牙齿小而锋利，多以小型鱼类和水生无脊椎动物为食。

目前已知的沧龙类有：硬椎龙、沧龙、倾齿龙、圆齿龙、浮龙、大洋龙、海王龙、板踝龙、扁掌龙、哥隆约龙和海诺龙。

硬椎龙生态复原图（图片来源：Dmitry Bogdanov）

沧龙及其生态复原图

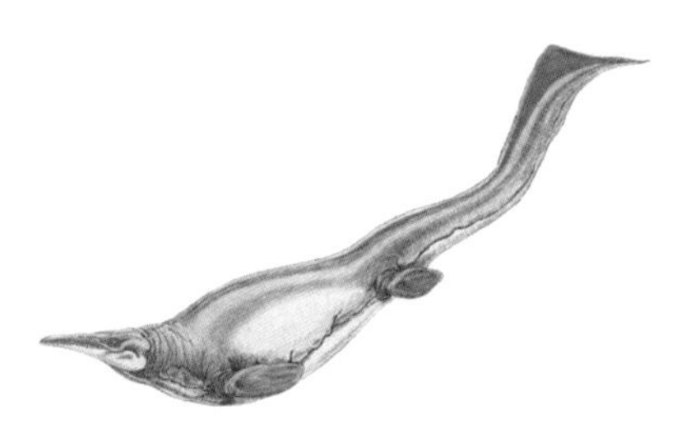

浮龙复原图（图片来源：Dmitry Bogdanov）

浮龙（*Plotosaurus*），意为“游泳的蜥蜴”，属沧龙类，生活于白垩纪晚期，化石发现于美国加利福尼亚州。它们的鳍状肢狭窄，尾鳍大，身体呈流线型，游泳速度可能比其他沧龙类快。浮龙的眼睛也相当大

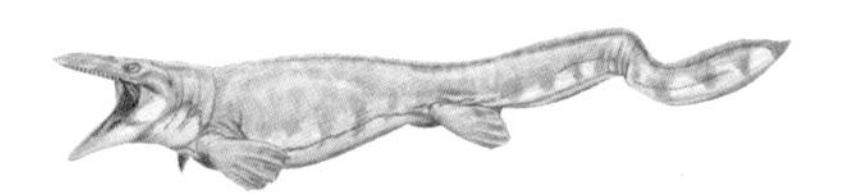

海王龙复原图（图片来源：Dmitry Bogdanov）

海王龙（*Tylosaurus*），又名瘤龙、节龙，属沧龙类，生活于晚白垩世，化石发现于美国。海王龙与现代巨蜥、蛇有亲缘关系。海王龙是海洋中的优势掠食动物，可捕食鱼类甚至鲨鱼和小型沧龙类、蛇颈龙类

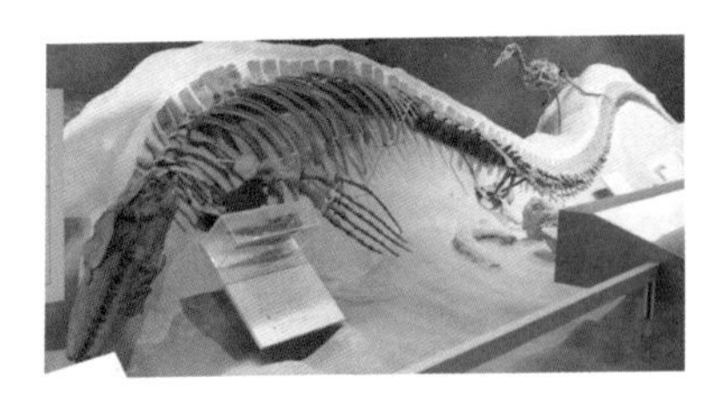

海王龙化石

倾齿龙复原图（图片来源：Dmitry Bogdanov）

倾齿龙（*Prognathodon*），又名前口齿龙，是一种海生爬行动物，属沧龙类。倾齿龙眼睛四周有保护骨骼的环，显示其生活在深海。倾齿龙的化石发现于美国南达科他州与科罗拉多州，以及比利时、新西兰。倾齿龙以贝类为食

大洋龙复原图（图片来源：Nobu Tamura）

大洋龙（*Halisaurus*），属沧龙类。相比其他沧龙类，大洋龙体形较小，身长 3~4 米

哥隆约龙复原图（图片来源：Dmitry Bogdanov）

哥隆约龙（*Goronyosaurus*），是一种类似鳄鱼的沧龙类，生活于白垩纪晚期，化石发现于尼日利亚

扁掌龙复原图（图片来源：Dmitry Bogdanov）

扁掌龙（*Plioplatecarpus*），属沧龙类，生活于白垩纪晚期，约 8350 万年前，化石发现于美国堪萨斯州、亚拉巴马州、密西西比州、北达科他州、南达科他州、怀俄明州，以及加拿大、瑞典、荷兰等地。扁掌龙可能以小型动物为食

海诺龙复原图（图片来源：Dmitry Bogdanov）

海诺龙（*Hainosaurus*），属沧龙类，生活于晚白垩世，是顶级掠食者。海诺龙体形巨大，身长可达 12 米，可能猎食海龟、蛇颈龙类、头足类、鲨鱼、鱼类，甚至其他沧龙类

海怪龙复原图（图片来源：Dmitry Bogdanov）

海怪龙（*Taniwhasaurus*），是一种肉食性海生爬行动物，属沧龙类，生活于晚白垩世，化石发现于新西兰、日本和南极洲。海怪龙是海王龙、海诺龙的近亲

板踝龙复原图（图片来源：Dmitry Bogdanov）

板踝龙（*Platecarpus*），意为“扁平的腕部”，属沧龙类。板踝龙身长约 7 米，以鱼类、乌贼与菊石类为食

埃及圆齿龙复原图（图片来源：Dmitry Bogdanov）

圆齿龙（*Globidens*），意为“球状牙齿”，属沧龙类。圆齿龙为中型沧龙类，身长 6 米，拥有球状及流线型的身体、扁平的尾部与强而有力的下颌，捕食乌龟、菊石类与贝类

翼龙目演化图

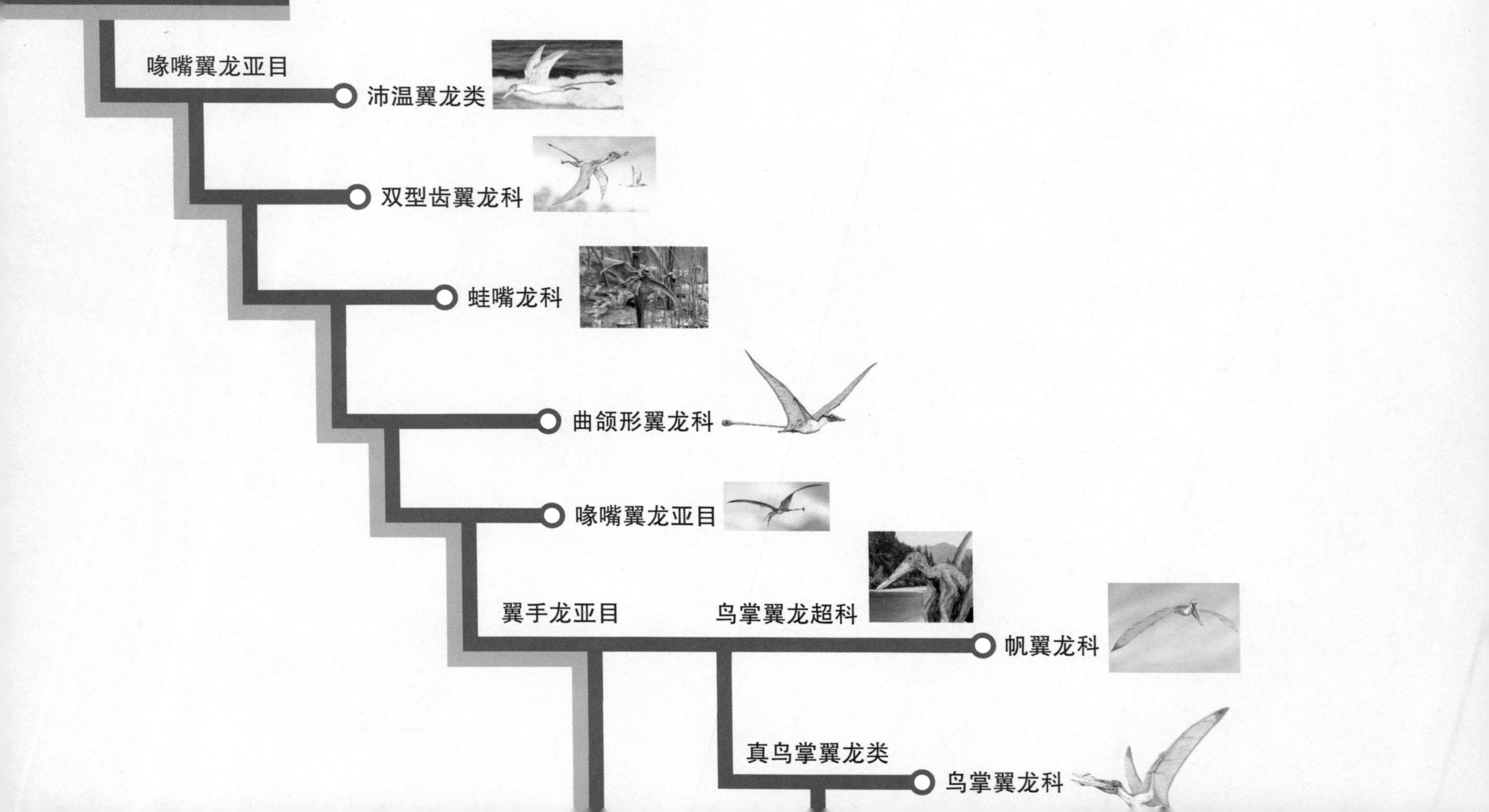

喙嘴翼龙亚目

沛温翼龙类

双型齿翼龙科

蛙嘴龙科

曲颌形翼龙科

喙嘴翼龙亚目

翼手龙亚目

乌掌翼龙超科

帆翼龙科

真乌掌翼龙类

乌掌翼龙科

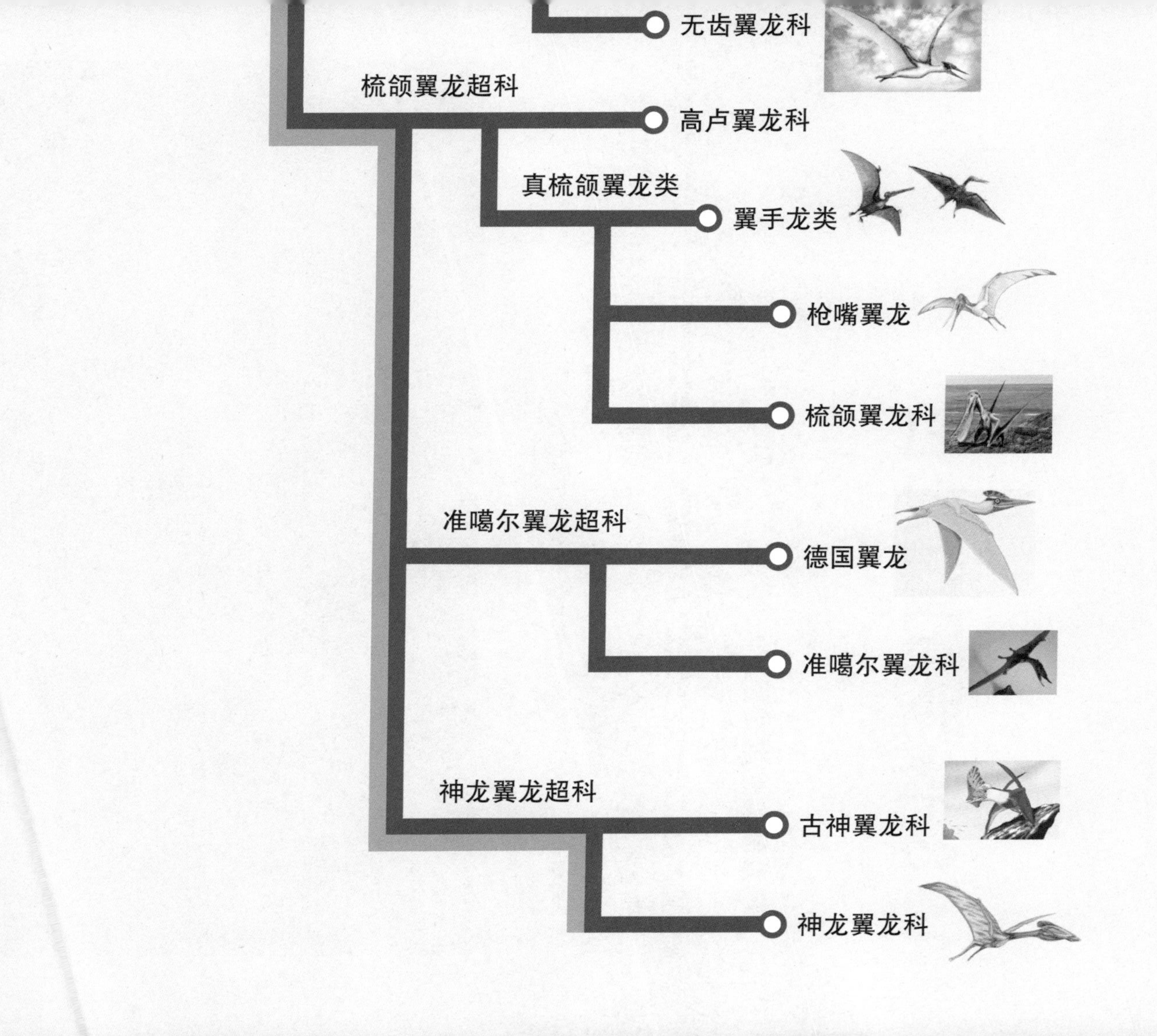
无齿翼龙科
梳颌翼龙超科
高卢翼龙科
真梳颌翼龙类
翼手龙类
枪嘴翼龙
梳颌翼龙科
准噶尔翼龙超科
德国翼龙
准噶尔翼龙科
神龙翼龙超科
古神翼龙科
神龙翼龙科

10.8 侏罗纪翼龙目

○ 较为原始的翼龙目

前面介绍了三叠纪时期的翼龙，这里重点介绍侏罗纪时期的翼龙。侏罗纪时期翼龙的特点是形态较为原始，体形小，满嘴有小的牙齿，其中有的翼龙仍然保留三叠纪翼龙的特点，尾端有标状物，如悟空翼龙；有的头颅偏圆，长有大大的眼睛，尾巴短粗，如蛙嘴龙。

蛙嘴龙生态复原图

蛙嘴龙（*Anurognathus*），又称无颚龙、无尾颌翼龙，是一种小型翼龙类，属喙嘴翼龙亚目蛙嘴龙科，生活于侏罗纪晚期，1.55 亿—1.4 亿年前的欧洲。蛙嘴龙身长只有 9 厘米，但翼展可达 50 厘米，同时长着一条短而粗硬的尾巴。蛙嘴龙有一个小脑袋，满口针状牙，这种粗短的头骨是原始翼龙类的特征。

悟空翼龙生态复原图

悟空翼龙（*Wukongopterus*），属基础翼龙目，生活于侏罗纪晚期，化石发现于中国辽宁省。悟空翼龙有长颈部、长尾巴，翼展约为 73 厘米。悟空翼龙后肢之间有翼膜。悟空翼龙是喙嘴翼龙类与翼手龙类之间的过渡物种

悟空翼龙复原图（图片来源：Nobu Tamura）

热河翼龙复原图

热河翼龙化石及生态复原图

热河翼龙（*Jeholopterus*），又名宁城翼龙，是一种小型蛙嘴龙科翼龙类，生活于中侏罗世或早白垩世，化石发现于中国辽宁省，以发现地点热河命名。其化石上有毛与皮肤的压痕

○ 喙嘴翼龙亚目

喙嘴翼龙亚目（Rhamphorhynchoidea）又名喙嘴龙亚目，是翼龙目两个亚目之一，属原始的翼龙类。翼手龙亚目从喙嘴翼龙类演化而来，而非拥有更直系的共同祖先。喙嘴翼龙类是第一批出现的翼龙类，出现于晚三叠世，2.16 亿—2.03 亿年前。大多数喙嘴翼龙类有牙齿与长尾巴，但缺乏冠饰，这些特点不像它们的翼手龙类后代，不过某些喙嘴翼龙类有由角质形成的冠饰。喙嘴翼龙类通常体形较小，它们的手指仍然是用来攀抓的。

在侏罗纪末期，喙嘴翼龙类几乎消失。蛙嘴龙科的树翼龙，仍生存于白垩纪早期。发现于中国东北道虎沟化石层的悟空翼龙科，同时保留了早期喙嘴翼龙类和晚期翼手龙类的特征。

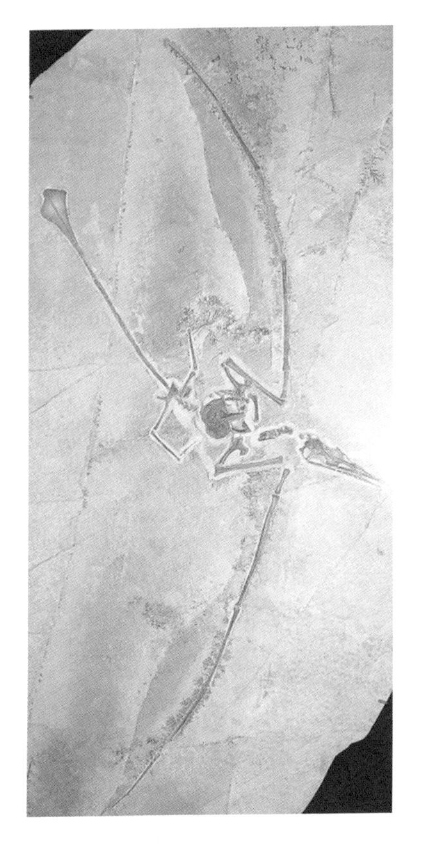

喙嘴翼龙化石及生态复原图

喙嘴翼龙（*Rhamphorhynchus*），又译为喙嘴龙，属喙嘴翼龙类，生活于侏罗纪，化石发现于英国、坦桑尼亚、西班牙等地。喙嘴翼龙与翼手龙生存于同一时代。喙嘴翼龙的尾端呈钻石状，颌部布满向前倾的尖细牙齿，以鱼类、昆虫为食

双型齿翼龙骨架及生态复原图（图片来源：Dmitry Bogdanov）

双型齿翼龙（*Dimorphodon*），属翼龙目喙嘴翼龙类，是一种中型翼龙类，生活于早侏罗世，2.01 亿—1.8 亿年前，化石发现于欧洲、北美洲。双型齿翼龙有大型头骨，头骨长 22 厘米，有大型孔洞，由纤细骨头隔开，大大减轻了头骨的重量

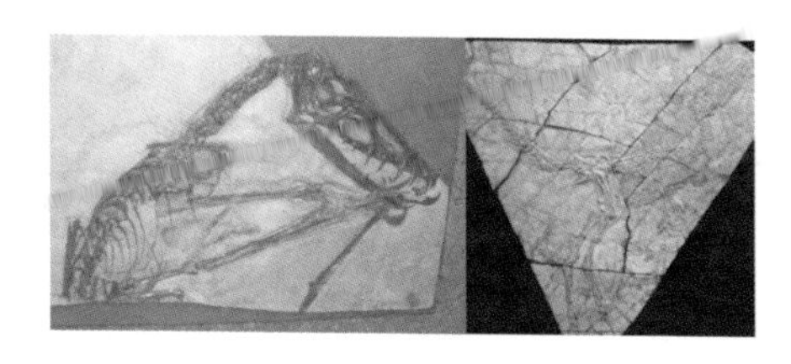

掘颌龙复原图（图片来源：Dmitry Bogdanov）及化石

掘颌龙（*Scaphognathus*），属翼龙目喙嘴翼龙类，生活于晚侏罗世，化石发现于德国。掘颌龙的翼展约为 1 米

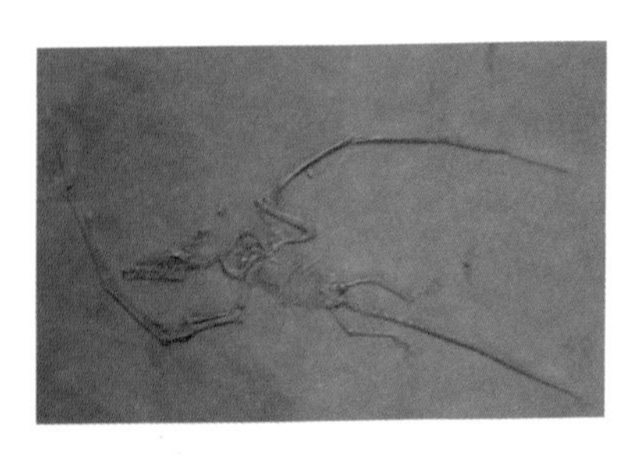

曲颌形翼龙化石及复原图（图片来源：ДИБГД）

曲颌形翼龙（*Campylognathoides*），属翼龙目喙嘴翼龙类，生活于侏罗纪早期，约1.8亿年前，化石发现于德国

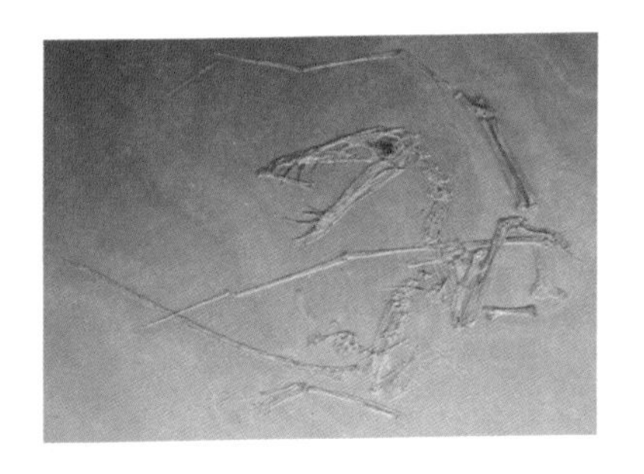

矛颌翼龙化石及复原图

矛颌翼龙（*Dorygnathus*），属翼龙目喙嘴翼龙类，生活于早侏罗世，约1.8亿年前，化石发现于欧洲。矛颌翼龙的翼展约为1.69米，头骨长，眼眶是头部最大的孔洞

索德斯龙化石及复原图（图片来源：Dmitry Bogdanov）

索德斯龙（*Sordes*），属喙嘴翼龙类，是一种小型原始翼龙类，生活于侏罗纪晚期，以昆虫与两栖类为食，化石发现于哈萨克斯坦

丝绸翼龙生态复原图（图片来源：Nobu Tamura）

丝绸翼龙（*Sericipterus*），属翼龙目喙嘴翼龙类，生活于侏罗纪晚期，化石发现于中国新疆维吾尔自治区。丝绸翼龙的翼展约为1.73米，头部有3个骨质冠饰，口鼻部有1个低矮冠饰，头部顶端也有低矮头冠，头冠前侧有横向突出，嘴中有尖锐的牙齿

布尔诺美丽翼龙正模化石标本

布尔诺美丽翼龙（*Bellubrunnus*），属喙嘴翼龙类，生活于侏罗纪晚期，约1.51亿年前，化石发现于德国。布尔诺美丽翼龙生活于潟湖与沙洲环境中

布尔诺美丽翼龙生态复原图（图片来源：Matt Van Rooijen）

达尔文翼龙化石

达尔文翼龙生态复原图

达尔文翼龙（*Darwinopterus*），属翼龙目悟空翼龙科，生活于侏罗纪中期，1.64亿—1.57亿年前，化石发现于中国辽宁西部。达尔文翼龙带有早期喙嘴翼龙类和后期翼手龙类的混合特征。粗齿达尔文翼龙的牙齿较粗壮，可能以外壳坚硬的甲虫为食

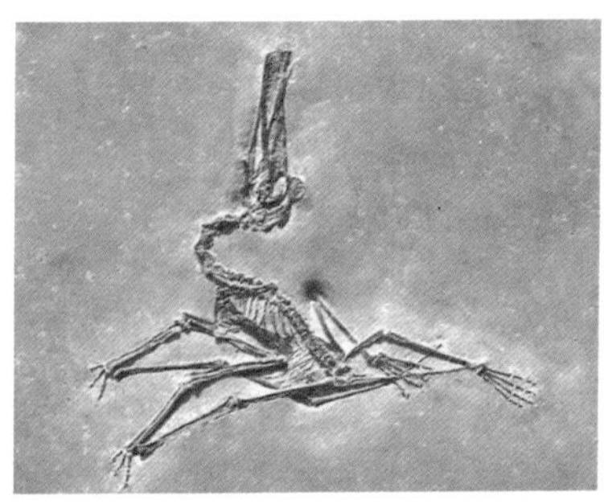

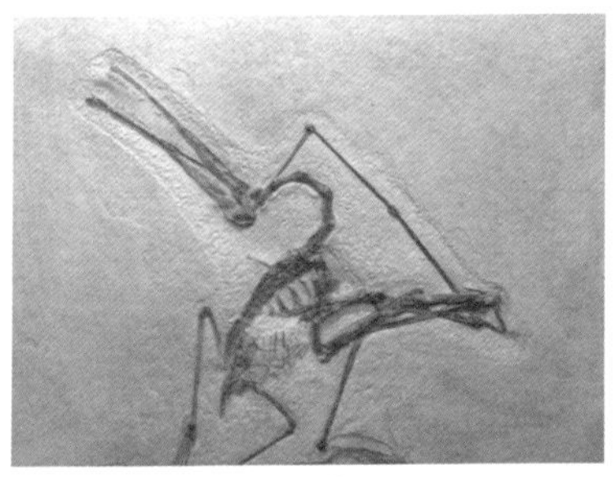

纤弱梳颌翼龙化石

○ 其他翼龙类

除喙嘴翼龙外，在晚侏罗世，还生活着其他翼龙，它们中小体形，喙部细长，牙齿密集，尾巴短粗，如梳颌翼龙、德国翼龙、翼手龙等。

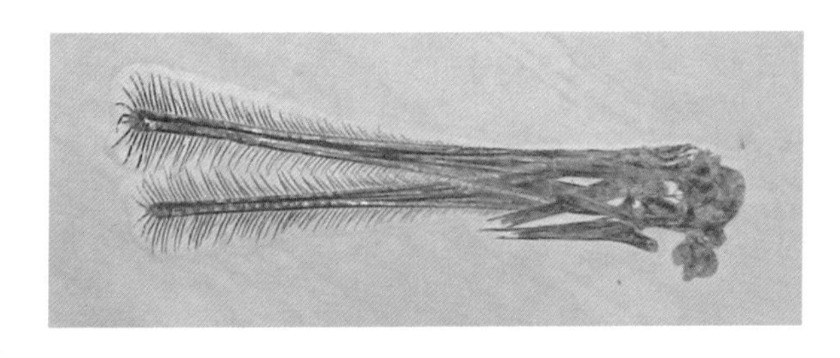

梳颌翼龙头骨化石

梳颌翼龙（*Ctenochasma*），属翼龙目翼手龙亚目梳颌翼龙超科，生活于侏罗纪晚期，化石发现于德国和法国。纤弱梳颌翼龙是最小的梳颌翼龙，翼展为 25 厘米。梳颌翼龙的成年个体具有骨质头冠，幼年个体则没有。其最明显的特征是嘴里有数百个小型牙齿，牙齿排列紧密，小而细长。它们可能是滤食性动物

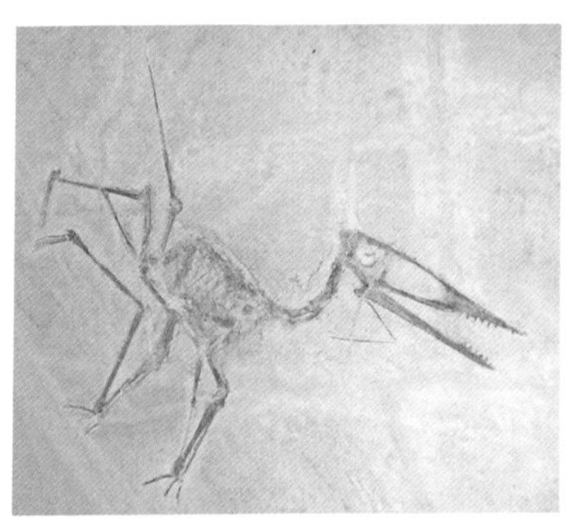

脊饰德国翼龙化石（上）及德国翼龙化石（下）

巨嘴德国翼龙复原图（图片来源：Dmitry Bogdanov）

德国翼龙（*Germanodactylus*），又译为日耳曼翼龙，属翼手龙亚目准噶尔翼龙超科，生活于晚侏罗世，化石发现于德国。德国翼龙大小如乌鸦。脊饰德国翼龙的颅骨长 13 厘米，翼展为 0.98 米；杆状德国翼龙的体形较大，颅骨长度为 21 厘米，翼展为 1.08 米

翼手龙复原图

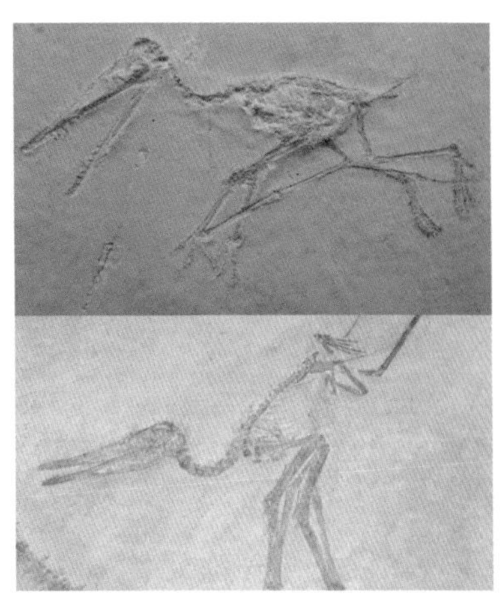

古老翼手龙化石

寇氏翼手龙复原图

翼手龙（*Pterodactylus*），属翼龙目翼手龙亚目，是第一个被命名的翼龙类，生活在晚侏罗世，化石发现于欧洲、非洲等地。它们可能猎食鱼类和其他小型动物。翼手龙是中小型翼龙类，寇氏翼手龙的翼展为50厘米，巨翼手龙的翼展为2.4米，其他种的体形更小

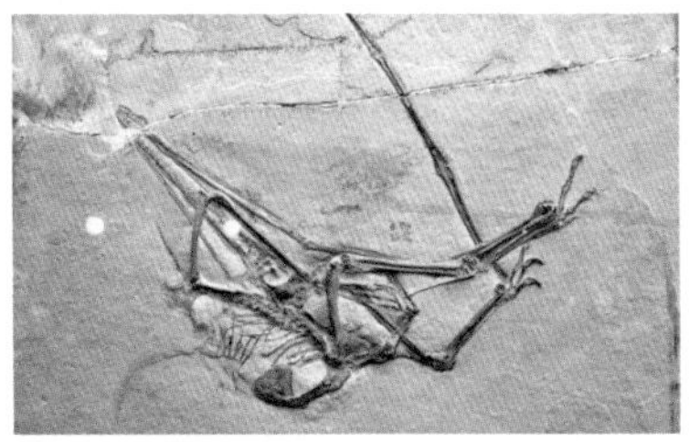

寇氏翼手龙化石（柏林洪堡大学自然博物馆）

10.9 白垩纪翼龙目

努尔哈赤翼龙生态复原图（图片来源：Nobu Tamura）

○ 翼手龙亚目鸟掌翼龙超科

鸟掌翼龙超科是生存年代最晚的一群翼龙类，生活于 8630 万—6600 万年前。如同其他翼龙类，鸟掌翼龙超科是一类可飞行爬行动物，并且能在地面上移动。在翼龙类之中，鸟掌翼龙超科的前肢（不含翼指）、后肢比例差异大，前肢长度大幅超过后肢。当鸟掌翼龙超科在地面上行走时，可能会采取不同于其他翼龙类的行走方式——用四肢直立的步态行走。

努尔哈赤翼龙生态复原图

努尔哈赤翼龙（*Nurhachius*），属翼手龙亚目鸟掌翼龙超科，生活于早白垩世，化石发现于中国辽宁省朝阳市。努尔哈赤翼龙头骨长 31.5 厘米，翼长 2.5 米

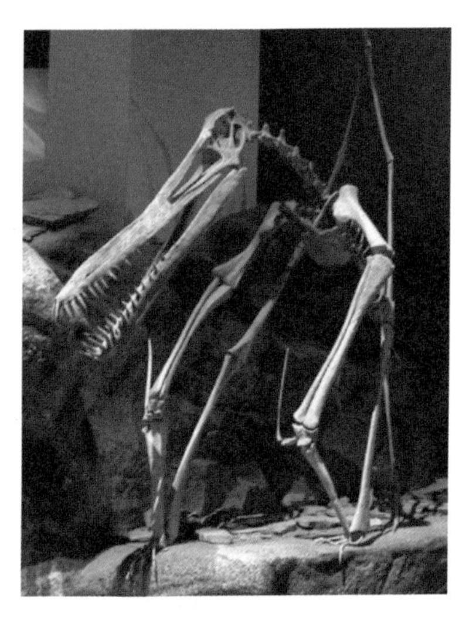

古魔翼龙骨架（北美洲古生物博物馆）

古魔翼龙复原图

古魔翼龙（*Anhanguera*），属翼手龙亚目鸟掌翼龙超科，生活于早白垩世，1.13 亿—9400 万年前，化石发现于南美洲的巴西

一群帆翼龙正在吃河流中的剑龙类恐龙尸体（想象图，图片来源：Matt P. Witton）

帆翼龙（*Istiodactylus*），属鸟掌翼龙超科帆翼龙科，是中大型翼龙类，生活于早白垩世，化石发现于英国怀特岛。帆翼龙头骨长达 65 厘米，翼展为 5 米。帆翼龙有小而锐利的牙齿，适合捕食鱼类。最近的研究认为，帆翼龙可能是一种食腐动物

中国帆翼龙复原图

中国帆翼龙（*Istiodactylus sinensis*），属翼手龙亚目帆翼龙科，生活于早白垩世，化石发现于中国辽宁义县。中国帆翼龙头骨长 33.5 厘米，翼展为 2.7 米，牙齿呈小刀状，上下颌牙齿均为 15 颗。中国帆翼龙像现在的秃鹫一样，是食腐动物

阔齿帆翼龙复原图（图片来源：Dmitry Bogdanov）

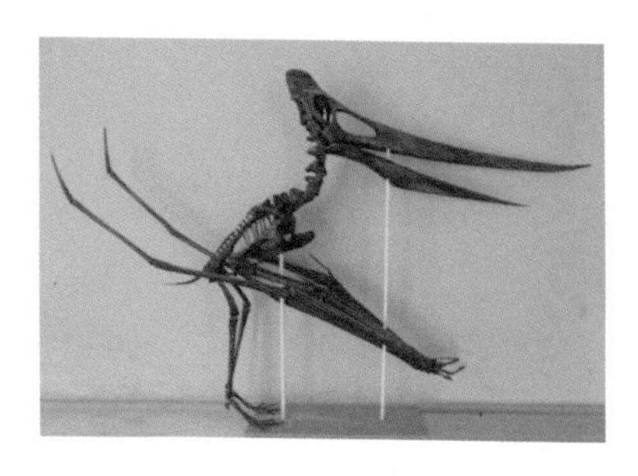

雌性乔斯坦伯格翼龙具有较小的头冠

无齿翼龙生态复原图

无齿翼龙（*Pteranodon*），属翼手龙亚目真鸟掌翼龙类无齿翼龙科，生活于晚白垩世，8980万—7210万年前，化石发现于北美洲。无齿翼龙是最大的翼龙类之一，翼展达9米

乔斯坦伯格翼龙生态复原图

乔斯坦伯格翼龙（*Geosternbergia*），属翼手龙亚目鸟掌翼龙超科无齿翼龙科，生活于白垩纪晚期，化石发现于北美洲。乔斯坦伯格翼龙的翼展为3～6米

两个乔斯坦伯格翼龙骨架模型（加拿大皇家安大略博物馆）

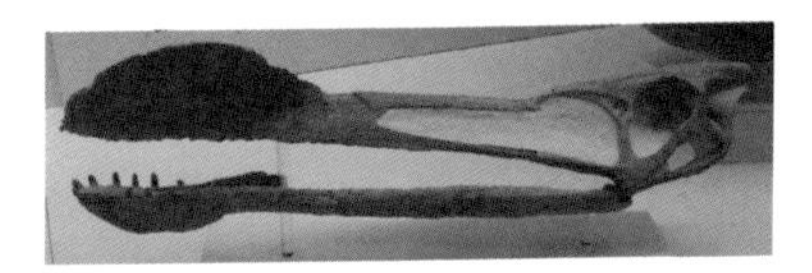

鸟掌翼龙头骨

鸟掌翼龙正在攻击枪嘴翼龙（想象图，图片来源：Dmitry Bogdanov）

鸟掌翼龙（*Ornithocheirus*），属翼手龙亚目鸟掌翼龙科，生活于白垩纪早期，1.13亿—1亿年前，化石发现于欧洲、南美洲。鸟掌翼龙翼的展约为6米，是最早出现的大型翼龙类之一，其他的大型翼龙类出现在9000万年前。最大的鸟掌翼龙的翼展近12米，体量约100千克

鸟掌翼龙复原图（图片来源：Nobu Tamura）

科罗拉多斯翼龙生态复原图

科罗拉多斯翼龙（*Coloborhynchus*），属鸟掌翼龙超科，生活于早白垩世，化石发现于北美洲、南美洲和欧洲

西阿翼龙生态复原图（图片来源：Smokeybjb）

西阿翼龙（*Cearadactylus*），属翼手龙亚目鸟掌翼龙超科，生活于白垩纪早期，化石发现于南美洲。它是大型翼龙类，尾巴长，颈部短，翼展为4～5.5米，重约15千克。西阿翼龙可以主动飞行，类似现代鸟类，以海生动物为食

穆氏翼龙生态复原图（图片来源：Karkemish）

穆氏翼龙（*Muzquizopteryx*），属鸟掌翼龙超科无齿翼龙科，生活于白垩纪晚期，化石发现于北美洲的墨西哥。穆氏翼龙的翼展为2米，头顶有短而圆的头冠，往头后方延伸

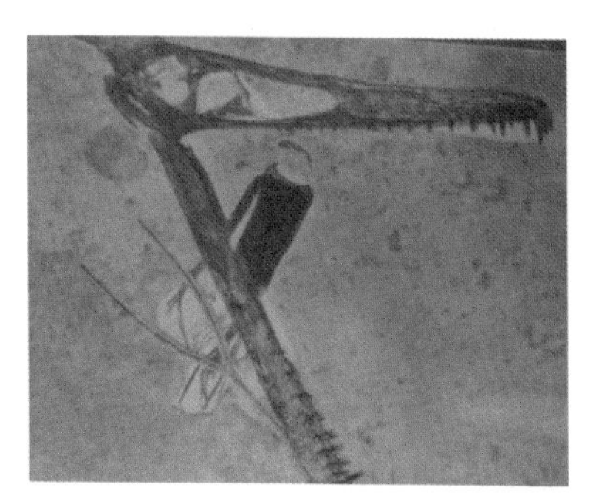

玩具翼龙化石及复原图（图片来源：Funk Monk）

玩具翼龙（*Ludodactylus*），属翼龙目翼手龙亚目鸟掌翼龙超科，生活于早白垩世，化石发现于南美洲的巴西

顾氏辽宁翼龙生态复原图（图片来源：Dmitry Bogdanov）

辽宁翼龙（*Liaoningopterus*），属翼手龙亚目鸟掌翼龙超科，生活于早白垩世，化石发现于中国辽宁省朝阳市。辽宁翼龙是一种大型翼龙类，头骨长 61 厘米，翼展为 5 米，头骨长而低矮，上下颌的前端具有低矮冠饰

秀丽郝氏翼龙生态复原图

郝氏翼龙（*Haopterus*），属翼手龙亚目鸟掌翼龙超科，生活于早白垩世，化石发现于中国辽宁省。郝氏翼龙的头骨长而低矮，头骨长 14.5 厘米，翼展约为 1.35 米。郝氏翼龙有修长的后肢，在地面上以四足方式运动，可能以鱼类为食

捻船头翼龙生态复原图（图片来源：Nobu Tamura）

捻船头翼龙（*Caulkicephalus*），属翼手龙亚目鸟掌翼龙超科，生活于早白垩世，约 1.3 亿年前，化石发现于英国怀特岛。捻船头翼龙的翼展约为 5 米，以鱼类为食

夜翼龙复原图（图片来源：Dmitry Bogdanov）

夜翼龙（*Nyctosaurus*），属翼手龙亚目鸟掌翼龙超科，生活于晚白垩世，8630 万—8360 万年前，化石发现于美国中西部，因拥有大型头顶冠饰而闻名。夜翼龙的翼上没有爪，只保留第四指，不便在地面上行走。夜翼龙比它的近亲无齿翼龙存活还久，直到白垩纪至古近纪才灭绝

南翼龙鬃毛状牙齿复原图

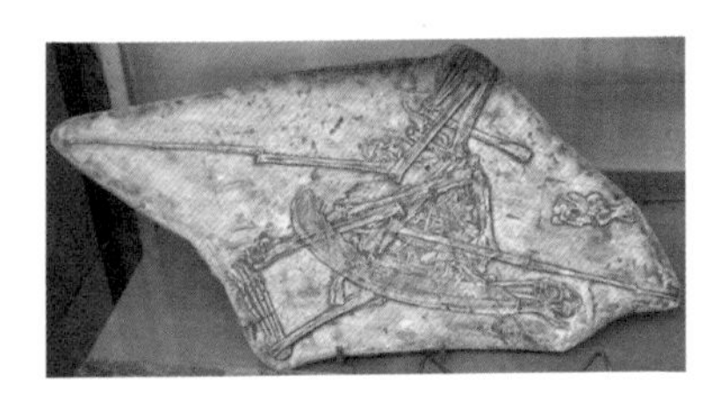

南翼龙化石（法国国家自然历史博物馆）

南翼龙（*Pterodaustro*），属翼手龙亚目梳颌翼龙超科，生活于白垩纪早期，约 1.4 亿年前。化石发现于南美洲的阿根廷和智利。南翼龙的翼展为 1.32 米，拥有大约 1000 颗长而狭窄的鬃毛状牙齿，可能以过滤方式捕食猎物，类似现代红鹳

○ 翼手龙亚目梳颌翼龙超科

梳颌翼龙超科的特征是有明显伸长的头骨，颌部像梳子一样，喙状嘴里有密集的鬃毛状或弯曲的针状牙齿，便于捕食水中的小鱼小虾等。

南翼龙生态复原图

飞龙头部复原图（图片来源：Nobu Tamura）

飞龙（*Feilongus*），属翼手龙亚目梳颌翼龙超科，生活于晚白垩世，化石发现于中国辽宁省北票市。飞龙头骨长 39~40 厘米，翼展约为 2.4 米，喙状嘴的前端有 76 颗长而弯曲的针状牙齿

○ 翼手龙亚目准噶尔翼龙超科

准噶尔翼龙超科的化石大多发现于我国准噶尔盆地，并因此而得名。它们是一群中小型翼龙，尾巴短小，以鱼或昆虫为食。

准噶尔翼龙化石及复原图

准噶尔翼龙（*Dsungaripterus*），属翼手龙亚目准噶尔翼龙超科，生活于早白垩世，化石首次发现于中国新疆维吾尔自治区准噶尔盆地。准噶尔翼龙体长 0.9 米，翼展为 2.5 米，以鱼为食

准噶尔翼龙（上）与湖翼龙（下）想象图（图片来源：Apokryltaros）

湖翼龙（*Noripterus*），属翼龙目翼手龙亚目准噶尔翼龙超科，生活于白垩纪早期，化石发现于中国新疆维吾尔自治区准噶尔盆地。湖翼龙是准噶尔翼龙的近亲，二者生存于同一时代与地区

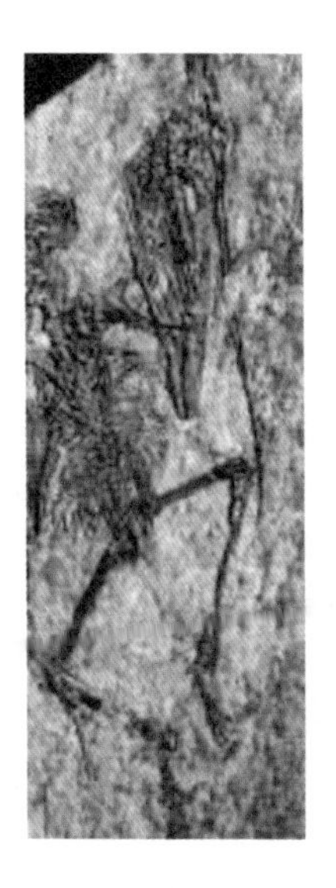

森林翼龙胚胎及化石

森林翼龙（*Nemicolopterus*），属翼手龙亚目准噶尔翼龙超科，生存于早白垩世，约 1.2 亿年前，化石发现于中国辽宁省。森林翼龙的翼展仅有 25 厘米，是最小的翼龙之一。森林翼龙能用前爪与脚趾抓住树枝，生活在树冠上，以昆虫为食。森林翼龙与古神翼龙科生存于同一时代

朝阳翼龙生态复原图

朝阳翼龙（*Chaoyangopterus*），属翼手龙亚目神龙翼龙超科，生活于早白垩世，1.29 亿—1.13 亿年前，化石发现于中国辽宁省朝阳市。朝阳翼龙头骨长 27 厘米，两翼长 1.85 米，以鱼为食

○ 翼手龙亚目神龙翼龙超科

神龙翼龙超科是大中型翼龙，翼展较大，尾巴短小，多数头部具有醒目的骨质冠饰，冠饰的主要作用是吸引异性、区别身份和调节体温。它们嘴里没有牙齿。著名的神龙翼龙超科有雷神翼龙、风神翼龙等。

谷氏中国翼龙生态复原图

董氏中国翼龙生态复原图

中国翼龙（*Sinopterus*），属翼手龙亚目神龙翼龙超科，杂食性，生活于早白垩世，约 1.1 亿年前，化石发现于中国辽宁省朝阳市。中国翼龙拥有相当大的头部，以及类似鸟类的喙状尖嘴，嘴部缺乏牙齿；头上有一个骨质冠饰。董氏中国翼龙的头骨长 17 厘米，翼展估计为 1.2 米

浙江翼龙复原图（图片来源：John Conway）

浙江翼龙（*Zhejiangopterus*），属翼手龙亚目神龙翼龙超科，生活于白垩纪晚期，化石发现于中国浙江省临海县的一个采石场。浙江翼龙的翼展约为 3.5 米

包科尼翼龙复原图（图片来源：Dmitry Bogdanov）

包科尼翼龙（*Bakonydraco*），属翼手龙亚目神龙翼龙超科，生活于白垩纪晚期，化石发现于匈牙利。它的嘴部的长度为 29 厘米，翼展为 3.5～4 米。包科尼翼龙类似古神翼龙，可能以小鱼或青蛙为食

古神翼龙生态复原图（图片来源：Dmitry Bogdanov）

古神翼龙（*Tapejara*），又译为塔佩雅拉翼龙，属翼手龙亚目神龙翼龙超科，生活于白垩纪，化石发现于南美洲的巴西。古神翼龙在体形上呈多样性，有些物种翼展达 6 米。每个物种有大小不同、形状各异的冠饰，作为与其他古神翼龙交流的信号与展示物

古神翼龙头部复原图

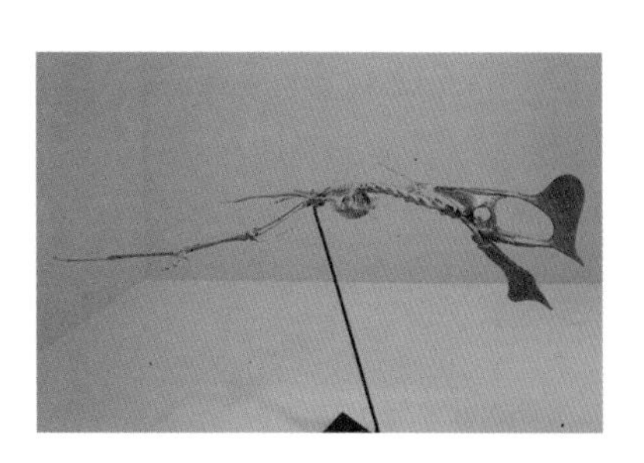

古神翼龙骨骼

妖精翼龙生态复原图（图片来源：ДИБГД）

妖精翼龙（*Tupuxuara*），属翼手龙亚目神龙翼龙超科，生活于白垩纪早期，化石发现于巴西。妖精翼龙属于有头冠、没有牙齿的大型翼龙类，身长 2.5 米，翼展为 5.4 米，头骨长度为 90 厘米，生活在南美洲的海岸边，以鱼类为食

伦纳德氏妖精翼龙骨架模型

哈特兹哥翼龙复原图（图片来源：Nobu Tamura）

哈特兹哥翼龙（*Hatzegopteryx*），属神龙翼龙超科，生活于晚白垩世，7210 万—6600 万年前，化石发现于罗马尼亚。哈特兹哥翼龙的翼展可达 12 米，甚至更大

掠海翼龙骨架模型

磷矿翼龙复原图（图片来源：Funk Monk）

磷矿翼龙（*Phosphatodraco*），属翼手龙亚目神龙翼龙科，生活于白垩纪晚期，化石发现于非洲的摩洛哥。磷矿翼龙是生存于白垩纪至古近纪生物大灭绝事件前的翼龙类之一，同时也是第一种发现于北非的神龙翼龙科恐龙

掠海翼龙生态复原图（图片来源：ДИБГД）

掠海翼龙（*Thalassodromeus*），属翼手龙亚目神龙翼龙超科，是大型翼龙类，有巨大的头部冠饰，生活于白垩纪早期，约1.08亿年前，化石发现于巴西东北部。掠海翼龙与其近亲古神翼龙共同生存于同一地域。其头骨的长度为1.42米，头冠占了头部75%的面积，口鼻部尖，没有牙齿，翼展为4.5米

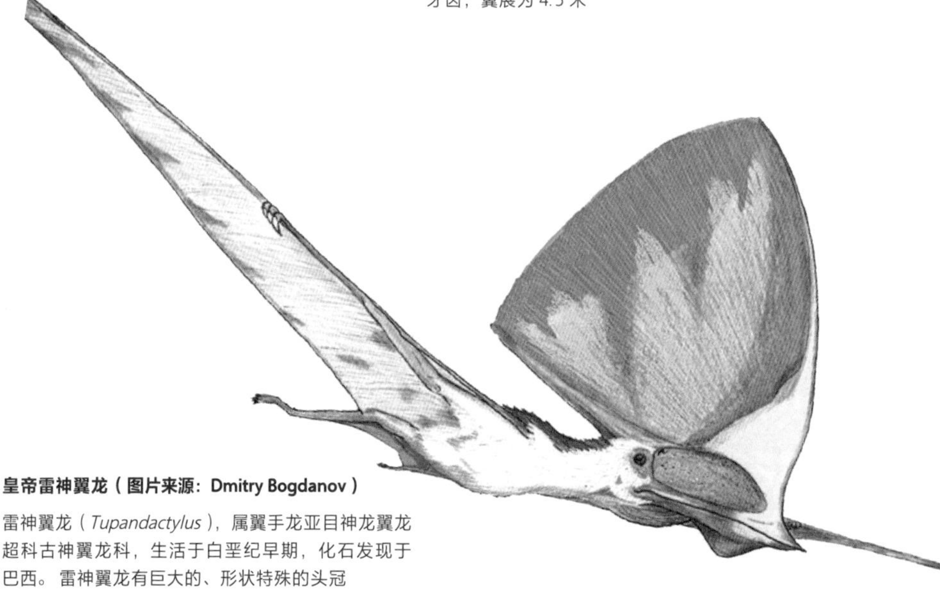

皇帝雷神翼龙（图片来源：Dmitry Bogdanov）

雷神翼龙（*Tupandactylus*），属翼手龙亚目神龙翼龙超科古神翼龙科，生活于白垩纪早期，化石发现于巴西。雷神翼龙有巨大的、形状特殊的头冠

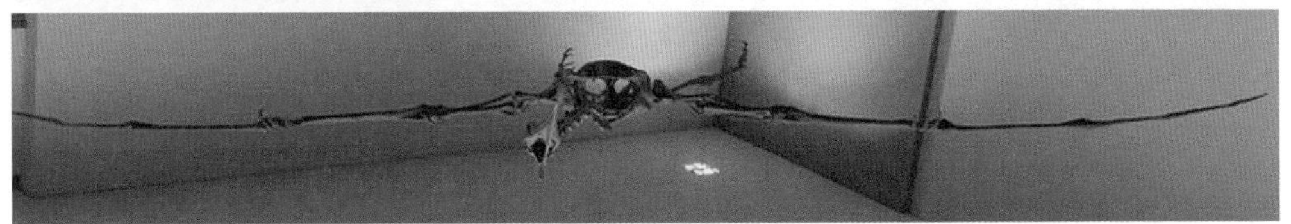

风神翼龙生态复原图（图片来源：ДИБГД）、骨骼及复原图

风神翼龙（*Quetzalcoatlus*），又名披羽蛇翼龙、羽蛇神翼龙，属翼手龙亚目神龙翼龙超科，生活于晚白垩世，7210 万—6600 万年前，是目前已知最大的飞行动物之一，翼展超过 12 米。它像鹭一样捕食鱼类，或像秃鹳一样以腐尸为食，或像现代剪嘴鸥一样猎食。风神翼龙类似鹳鸟，能在空中长途飞行

第十一章
鸟类时代

鸟类演化图

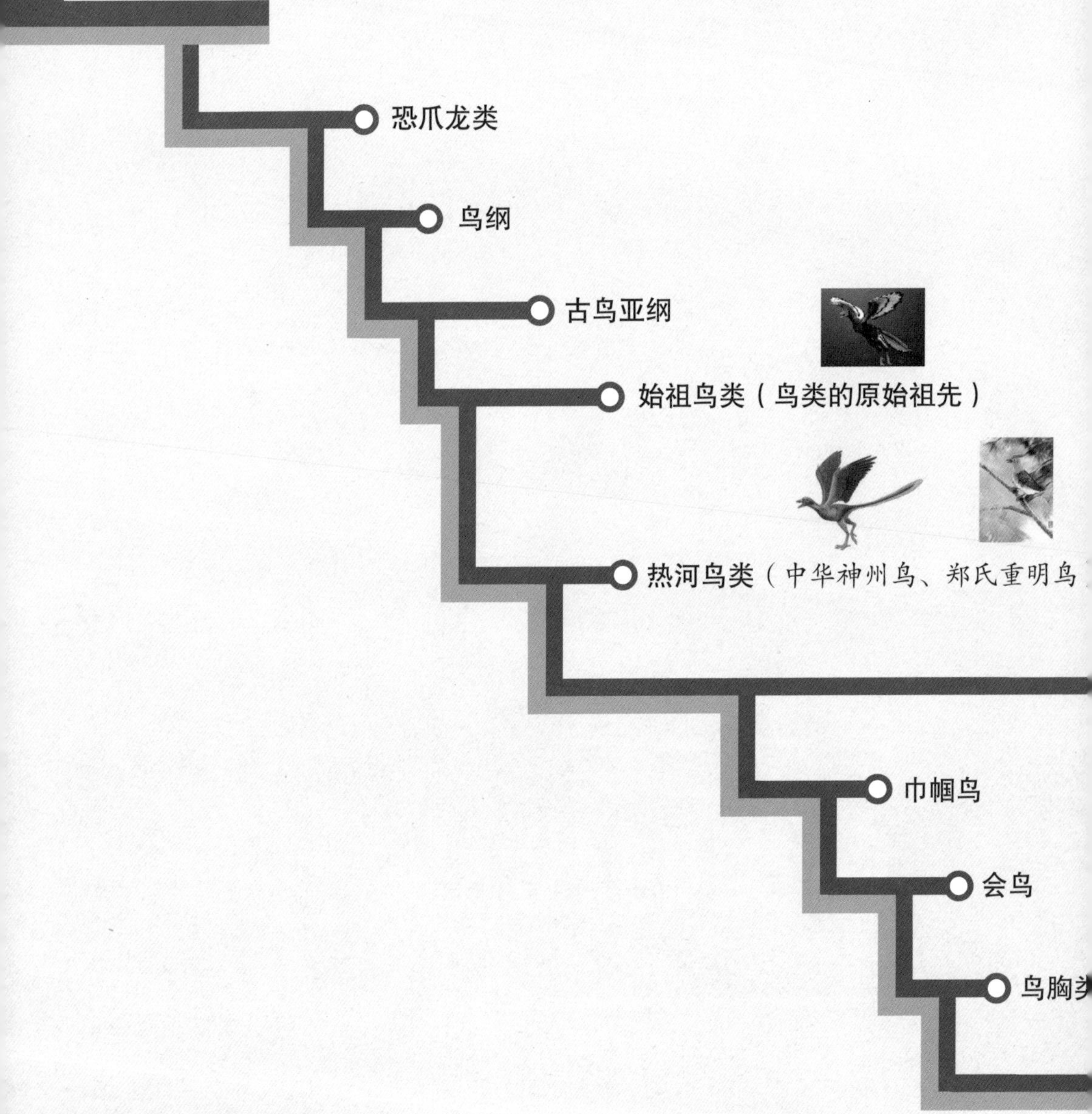

恐爪龙类

鸟纲

古鸟亚纲

始祖鸟类（鸟类的原始祖先）

热河鸟类（中华神州鸟、郑氏重明鸟

巾帼鸟

会鸟

鸟胸类

尾综骨类（始孔子鸟、横道子长城鸟、迷惑巾帼鸟、会鸟、林氏星海鸟）

（有尾华夏鸟、娇小辽西鸟、三塔中国鸟、郑氏波罗赤鸟、

反鸟亚纲 步氏始反鸟、鄂托克鸟、朝阳长翼鸟）

今鸟亚纲（弥曼始今鸟、凌河松岭鸟、鱼鸟、马氏燕鸟、

小齿建昌鸟、葛氏义县鸟、长趾辽宁鸟）

有一个经典的问题：鸡生蛋，还是蛋生鸡？这个问题通常被用来形容无限因果链，无法给出明确的答案。

但如果从生物进化论的角度来论述这个问题，并从基因变异的角度来分析，答案其实是显而易见的。可以这么说，鸡生的蛋一定是鸡蛋，而生第一只鸡的蛋，却不一定是鸡蛋。生下这个蛋的是一种鸟，它的后代长成了现代家鸡的祖先——原鸡；再往前追溯，还可以追溯到某一个长毛恐龙的蛋，从蛋里孵出了如今被认为是具有原

麝雉

麝雉（*Opisthocomus hoazin*），属鸟纲麝雉目麝雉科，是世界上现存最原始的鸟类之一。麝雉生活在南美洲热带雨林中，长有羽冠，成鸟体长 50～70 厘米，体重不足 1 千克，上体羽毛呈咖啡色，稍杂有白斑，下体羽毛和羽冠均呈淡红褐色，脸部裸出的皮肤呈蓝色。麝雉的化石最早发现于法国的始新世晚期地层（约 4000 万年前），在哥伦比亚的上中新世地层（2300 万—100 万年前）中也有发现。麝雉擅长攀爬，不善飞行，成鸟能笨拙地飞行短距离，但它擅长游泳，常常在水面上方的树枝上筑巢。幼鸟的前肢具两个爪，类似始祖鸟和孔子鸟，但并非原始性状，而是对攀缘生活的特殊适应。麝雉一生下来，每个翅膀上就长有两只爪子，用于攀登，3 周后，这两只爪子消失。麝雉身体里散发出一种浓烈的霉味，因此才被称作麝雉。麝雉雌雄相似，食物以植物的叶、花、果实等为主，有时也吃小鱼、虾、蟹。麝雉喜群居，白天常常成群地栖息于河边的树上，不时发出尖锐的叫声

始鸟类性状的始祖鸟。始祖鸟的蛋不是鸡蛋，但确实是这种“鸟蛋”演化并孕育出了鸡。

鸟类的祖先是恐龙，这已被科学研究证实。根据古生物学、分子生物学以及基因技术研究，一种长毛恐龙，如近鸟龙或小盗龙是鸟类的最近共同祖先。

在晚侏罗世或早白垩世，气候变得寒冷，早期兽脚类恐龙的基因发生突变，在自然选择的作用下，首先长出绒毛，如中华龙鸟，以适应环境变化，用于保暖或求偶。后来，兽脚类恐龙又在前肢和尾巴末端长出了既保暖又漂亮的羽毛，如尾羽龙和原始祖鸟（属窃蛋龙类）。

无论恐龙，还是鸟类，动物的每一次形态特征的进化都是基因突变造成的。动物体是由亿万个细胞组成的，而每个细胞内含有数以亿计的碱基对。每个动物都是由一个受精卵不断分裂形成的，细胞的分裂就是细胞的复制过程。在细胞复制过程中，当编码基因的 DNA 片段出现差错时，就会发生基因突变，虽然细胞内有一种氨基酸负责纠正这种复制错误，但仍

刚出生不久的麝雉

有十亿分之一的差错概率。千百万年里，一代传一代，基因的变异越来越多，再加上环境因素的剧烈影响，即自然选择的作用导致的基因适应性变异，甚至基因适应性突变，新的物种便产生了。

脊椎动物体内有两类细胞，一类是体细胞，构成各种器官；另一类是生殖细胞，也就是精子和卵子。

如果基因突变只发生于父母的体细胞内，那么这种基因突变不会遗传给下一代；如果基因突变发生在父母的生殖细胞中，通过精子与卵子的结合，形成受精卵，那么这种基因突变就会遗传给下一代，更有可能在极端条件下形成新物种。

可以说，生命进化史上的每一次巨大飞跃，每一个新物种的诞生，都是生殖细胞基因突变造成的。

基因突变是一把双刃剑，既可能产生新的物种，又可能形成癌变，比如人类的许多癌症就是基因突变造成的。只有父母生殖细胞（或受精卵）的突变有益于该物种的生存和繁衍时，这种突变才能延续，才能遗传下去，这就是自然选择、适者生存的原则。

由此可见，父母生殖细胞的突变（精子或卵子突变，或者精子和卵子都发生突变）是通过受精卵遗传下去的，而对于爬行动物或鸟类来说，是通过“受精蛋”，传递给下一代的，下一代可能在形态特征上与父母完全不同，甚至是一个新的物种。这里所说的“父母”，或者是长毛恐龙，或者是鸟类，而受精蛋孵出的新物种，或者是鸟类，或者是最早的鸡。由此得出结论，是先有基因突变的受精蛋，然后才有鸡；或者先有受精蛋，然后才有鸟。总之，无论是鸟还是鸡，都是先有基因突变的受精蛋，即“蛋”在前面，鸡或鸟在后面。

11.1 鸟类概述

较为知名的原始鸟类是发现于德国的始祖鸟，以及发现于中国辽宁西部的热河鸟、孔子鸟、会鸟、神州鸟等。这些生活于侏罗纪晚期、白垩纪早期的鸟，尽管还很原始，但已开始具备现代鸟类的特征。它们从“恐龙”这个群体中脱颖而出，逐渐演化、繁衍为今天遍布全球，拥有万余个种类的天空统治者。

鸟类的特征为：（1）两足，前肢为翅膀；（2）心脏由 2 个心房、2 个心室组成，属 4 缸型心脏；（3）具有有氧血液与无氧血液完全分开的双循环系统；（4）属恒温动物，体温较高，通常为 42 摄氏度；（5）卵生，多数具孵卵行为；（6）全身覆盖着羽毛，有坚硬的喙，古鸟有牙齿，现生鸟无牙齿；（7）身体呈流线型或纺锤形，大多具飞行能力，营树栖生活，而且多数是“建筑”高手；（8）有气囊和发达的胸肌，采用胸 - 囊式呼吸，利于飞行。

脊椎动物进化史上的第六次巨大飞跃是脚拇指反转，前后肢等长，代表性的动物是始祖鸟和热河鸟。

鸟类的呼吸方式与爬行动物、哺乳动物完全不同。鸟类的呼吸系统与兽脚类恐龙一样，由肺与气囊构成。鸟的体腔内有九个气囊，与肺相通，采用胸 - 囊式呼吸。鸟在吸气时，一部分空气在肺内进行气体交换后进入前气囊，另一部分空气经过支气管直接进入后气囊；呼气时，前气囊中的空气直接呼出，后气囊中的空气经肺呼出，又在肺内进行气体交换。这样，在一次呼吸过程中，鸟的肺内进行了两次气体交换，因此叫作双重呼吸。鸟类进化出气囊，实行双重呼吸，是为了适应飞翔生活的需要。

目前，在南美洲热带雨林发现了一种原始的鸟——麝雉，其幼鸟翅膀上长有爪子，成年后爪子消失。有人认为这是一种“返祖现象”，犹如翅膀上长有爪子的中华龙鸟、原始祖鸟、尾羽龙、小盗龙等兽脚类恐龙。

○ 羽毛的演化

通过化石研究可以发现，最初的羽毛是空心的单根毛丝，叫管状羽毛，是由鳞片演化而来的，后来管状羽毛变为一簇簇绒毛。羽毛的进化也遵守基因变异、自然选择、适者生存的自然法。羽毛的演化史，正是鸟类称霸天空的历史。

羽毛的演化过程大致分五个阶段：（1）爬行动物的鳞片延长，形成原始的管状羽毛，如天宇龙、帝龙的羽毛；（2）管状羽毛进一步演化出根部束在一起的簇状羽毛，主要用来保暖，如中国鸟龙的羽毛；（3）鳞片中部增厚形成羽轴，进而出现未分叉的对称羽毛，仍然主要起保暖作用，如原始祖鸟的羽毛；（4）进一步长出羽小枝、羽小钩等构造复杂的分叉对称羽毛，

羽毛的演化过程

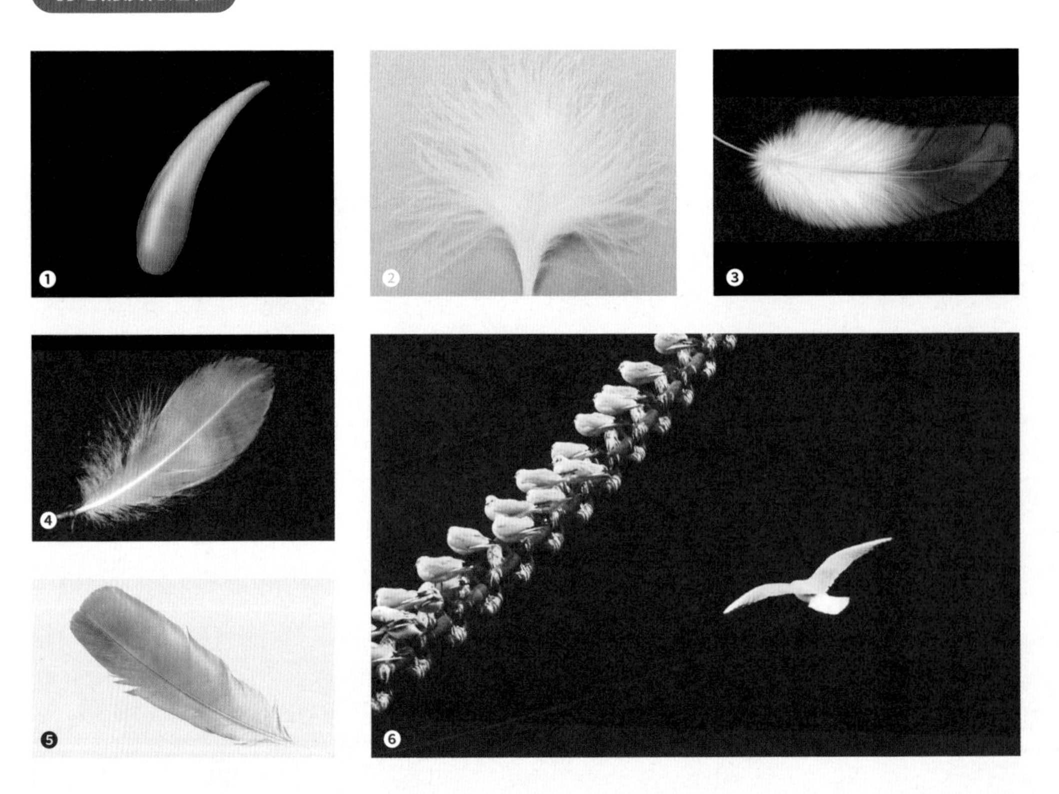

❶管状羽毛；❷簇状绒毛；❸未分叉的对称羽毛；❹分叉的对称羽毛；❺不对称羽毛；❻现代鸟类

有这种羽毛的恐龙就会滑翔了，如小盗龙；（5）分叉对称的羽毛进一步演化出不对称的羽毛，叫飞羽，只有进化出飞羽的恐龙或鸟类，才能够飞行或飞翔，如近鸟龙、始祖鸟等。

空气动力学试验证明，对称的羽毛在风的吹动下，自身只会发生旋转，不能协助飞行，只有不对称的飞羽才有助于飞行。现代鸟类的不对称羽毛出现在翅膀上，用于控制飞行，但彩虹龙的不对称羽毛长在长长的尾巴上，这说明早期的类鸟型恐龙可能与现代鸟类有完全不同的飞行风格。

海鸥拥有长长的双翼与美丽而不对称的尾羽，图中的海鸥正在波涛汹涌的海面上搜寻猎物

雄鹰进化出宽大的双翅与发达而不对称的飞羽，图中的雄鹰双目圆睁，八趾张开，正在抓捕猎物

11.2 最早、最原始的鸟

最早、最原始的鸟主要是生活在晚侏罗世至早白垩世的鸟，它们是由长有羽毛的恐爪龙进化而来的。古生物学家们把中生代的鸟纲分为三大类，即古鸟亚纲、反鸟亚纲和今鸟亚纲。

古鸟亚纲，为中生代古鸟类，其特点是上下颌有牙齿，肋骨上无钩状突起，无龙骨突起，掌骨分离不愈合，前肢末端有爪，有很长的尾椎，无尾综骨（尾椎骨尚未完全愈合）。

古鸟亚纲主要包括始祖鸟、热河鸟、神州鸟、重明鸟等，以及较进化的古鸟类，如始孔子鸟、孔子鸟类、巾帼鸟、会鸟等。

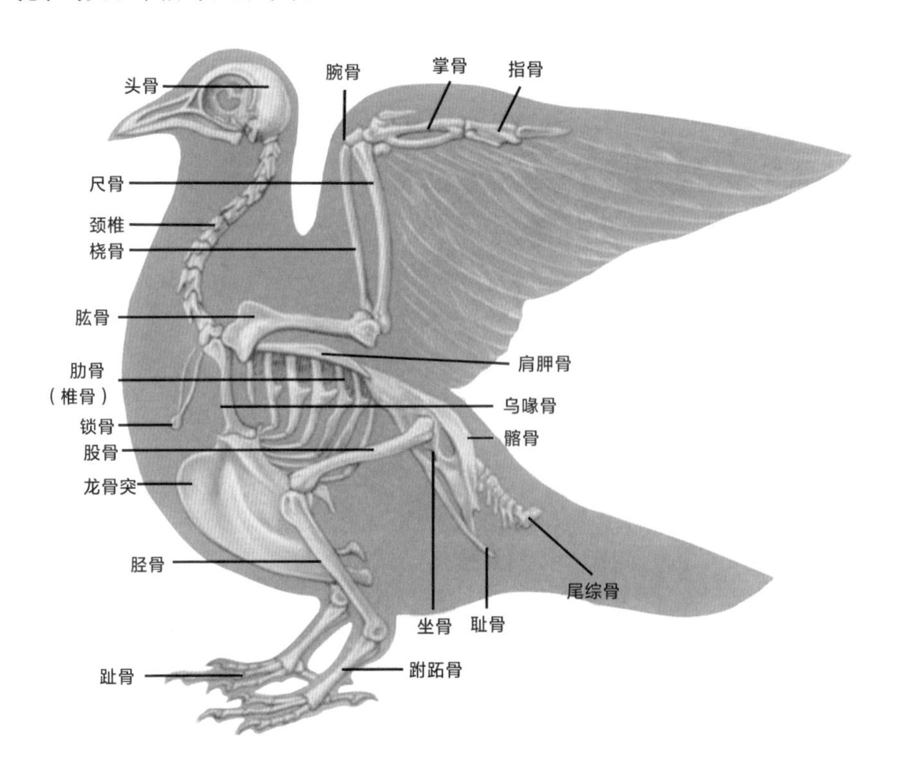

鸟类骨骼构造示意图

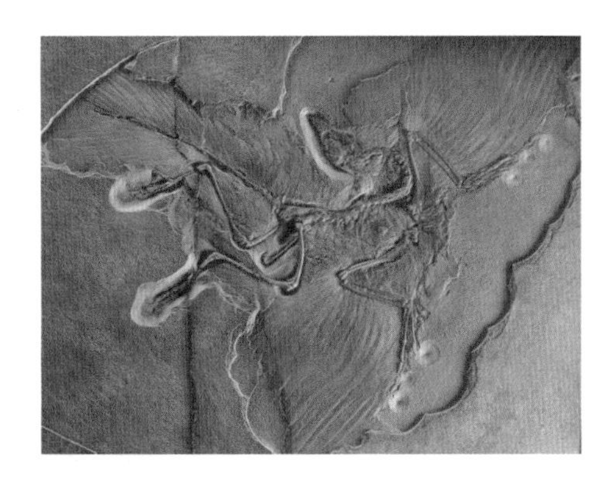

始祖鸟柏林化石标本

始祖鸟复原图

始祖鸟（*Archaeopteryx*），其学名意为“古代的翅膀”，德文名字意为“原鸟”或“首先的鸟”，属鸟纲始祖鸟科，生活于1.52 亿—1.45 亿年前，化石发现于德国巴伐利亚州索伦霍芬石灰岩矿床。关于始祖鸟的归属，最早它被认为是鸟类的祖先，现在有古生物学家把它归入兽脚亚目恐爪龙类。本书采用学术界普遍认同的观点，即始祖鸟仍是最早、最原始的鸟——鸟类的祖先。始祖鸟大小如现在的野鸡，体长 50 厘米，外形酷似现代鸟类，头颅膨大，有大大的眼睛和尖尖的鸟喙；身披丰满的绒状羽毛，翅膀和尾巴上布满不对称的飞羽，犹如现代鸟类复杂的羽毛一样；颈椎和胸椎内发育气囊；有四个脚趾，第一脚趾朝后，其他三个脚趾朝前，第一脚趾与其他三个脚趾可以对握，牢牢抓住树枝。始祖鸟仍保留着兽脚类恐龙的一些特征，一是翅膀末端有 3 个尖利的指爪，便于在树干上爬行；二是尾巴内有 21 节尾椎骨，显得很长、很坚挺；三是嘴里有细小的牙齿

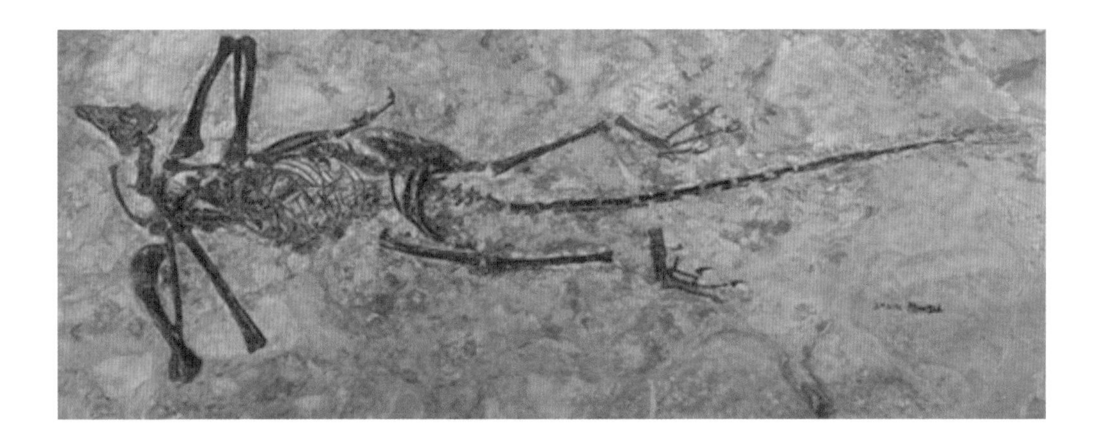

热河鸟化石及复原图

热河鸟（*Jeholornis*），由周忠和院士发现并研究，属原始的鸟类，但比始祖鸟略进化。热河鸟生活于 1.25 亿—1.13 亿年前，化石发现于中国辽宁西部，是中国境内发现的“第一只鸟”，是真正的鸟，体长约 60 厘米，有长的手指、脚及有明显尾椎的尾巴，有发达的嗉囊，吃植物的种子，嗅觉灵敏，白天觅食。热河鸟仍有恐龙的特征，如翅膀末端仍有指爪，有尾椎骨，嘴里仍有牙齿（但已严重退化）。在进化关系上，它比始祖鸟更接近现代鸟类，其翼、胸腔及颅骨有更多鸟类的特征。它的翼较圆及阔，似鸡或苍鹰

中华神州鸟（季强等研究并命名）复原图

中华神州鸟（*Shenzhouraptor sinensis*），属古鸟类，具有一定的飞行能力，是恐龙向鸟类演化的关键过渡物种。中华神州鸟生活于1.25亿—1.13亿年前，化石发现于中国辽宁西部。它体长53厘米，尾巴约有25节尾椎骨，长度约占全身的2/3，嘴里无牙，前肢明显长于后肢，叉骨呈“U”字形，飞羽明显长于身体上的绒羽，有一定的飞行能力。中华神州鸟比始祖鸟进化，如嘴里没有牙齿、前肢比后肢长很多等，但是在另外一些特征上，中华神州鸟显示出浓厚的原始色彩，如其尾巴比始祖鸟的尾巴略长

郑氏始孔子鸟生态复原图

郑氏始孔子鸟（*Eoconfuciusornis zhengi*），是孔子鸟科中最原始的物种，生活于1.31亿年前，比其他孔子鸟早600多万年，发现时代较晚，化石发现于中国河北省丰宁县。郑氏始孔子鸟的特征是：开始演化出尾综骨（尾综骨位于脊柱的末端，由几块尾椎愈合而成，用来固定尾羽），但尾综骨愈合不彻底，说明其特征更原始；前后肢末端长有钩状爪子，有助于攀爬树木和在树上栖息；雄鸟有长长的华丽尾羽，是标志装饰物，用来求偶；生活在湖边，常常在湖面上飞翔，跟踪和猎食鱼类。郑氏始孔子鸟的化石保存得十分完整，堪称栩栩如生，说明其是落入湖中死亡后，被淤泥快速掩埋，形成化石的

圣贤孔子鸟（侯连海等研究并命名）化石及生态复原图

圣贤孔子鸟（*Confuciusornis sanctus*），有了完全愈合的尾综骨，是古鸟更进化的标志，其尾羽就附着在尾综骨上。圣贤孔子鸟也是目前发现的最早、最原始的鸟类之一，比始祖鸟更进化。圣贤孔子鸟上下颌均没有牙齿，具粗壮的角质喙，是世界上最早出现角质喙的古鸟类，在鸟类进化研究中占有重要地位。圣贤孔子鸟生活于1.25亿—1.13亿年前，化石发现于中国辽宁省北票市上园镇四合屯，雄鸟长有长长的羽状尾翼、尖尖的喙部和华丽丰满的羽毛。圣贤孔子鸟翅膀末端有3个大而弯曲的指爪；脚上有4个脚趾，可以抓握树枝；为植食性动物，过着群居生活，实行一夫多妻制

郑氏重明鸟生态复原图（图片史爱娟绘）

郑氏重明鸟（*Chongmingia zhengi*），属古鸟亚纲，是热河生物群的一类新的基干鸟类，生活于1.25亿—1.13亿年前，化石发现于中国辽宁省朝阳市大平房镇。重明鸟有愈合的肩胛乌喙骨和粗壮的叉骨，说明其飞行能力较差；有3个明显的指爪，有4个大的脚趾；头顶上有较长的绒毛。重明鸟有胃石，说明其是植食性鸟类

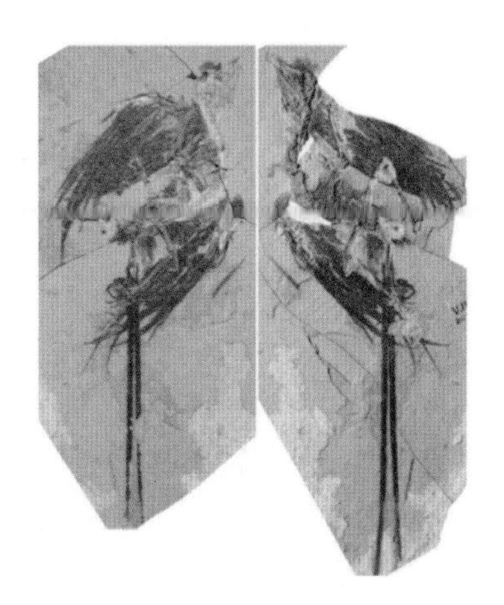

保存完好的郑氏始孔子鸟化石标本（正背面）

迷惑巾帼鸟生态复原图

迷惑巾帼鸟（*Jinguofortis perplexus*），属尾综骨类，与孔子鸟是近亲，但比孔子鸟更进化，生活在1.27亿年前，化石发现于中国河北省。研究证明，巾帼鸟是位于孔子鸟之后的最早、最原始的尾综骨类鸟类，但比会鸟原始。巾帼鸟生活在密林中，身体呈流线型，翅膀宽而短，翅膀末端的指爪明显退化，有细小的牙齿，后肢具有4个脚趾，尾羽明显缩短

孙氏孔子鸟生态复原图

孙氏孔子鸟（*Confuciusornis suniae*），是与圣贤孔子鸟产于同一地点的、同一模式种的原始鸟类，现在已被认为是圣贤孔子鸟的同物异名

杜氏孔子鸟生态复原图

杜氏孔子鸟（*Confuciusornis dui*），与圣贤孔子鸟同属一个家族，是一种比圣贤孔子鸟小的鸟类，生活于 1.25 亿—1.13 亿年前，化石发现于中国辽宁北票张吉营李巴狼沟。杜氏孔子鸟的发现，一是解决了一直存在争议的始祖鸟头骨构造之谜，证明了始祖鸟有眶后骨和鳞骨；二是杜氏孔子鸟所具有的双弓形头骨，证明了鸟类更早是由主龙类爬行动物演化来的

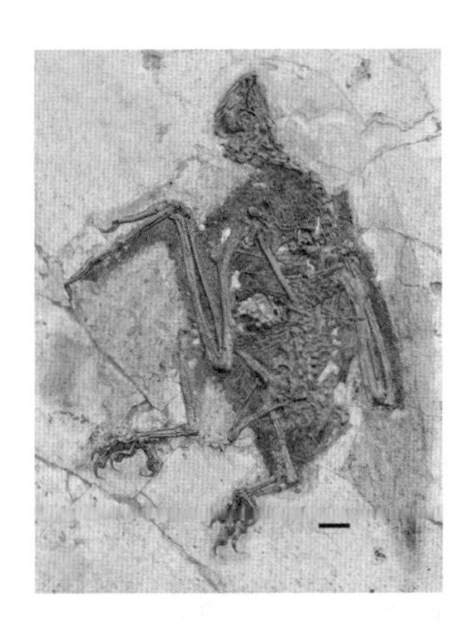

会鸟化石及生态复原图

会鸟（*Sapeornis*），属鸟纲尾综骨类，是一种原始的鸟类，生活于 1.25 亿—1.13 亿年前，化石发现于中国辽宁西部。会鸟是早白垩世最大的鸟类，比始祖鸟和孔子鸟都大很多，体重约 1 千克，翼展可达 1.4 米，比后肢长 1.5 倍，说明它适合生活在开阔地带。会鸟翅膀末端明显收缩，说明其擅长飞行，翅膀末端只有 2 个指骨，而更原始的始祖鸟、热河鸟、孔子鸟有 4 个指骨，说明它比这三种鸟更进化；上颌有牙齿，后肢长有发达的飞羽，类似“四个翅膀”，尾巴明显变短，这一特征已经和其他进化的鸟类非常相似。会鸟是植食性鸟类，以植物的种子为食，有胃石

林氏星海鸟（王旭日等研究并命名）生态复原图

林氏星海鸟（*Xinghaiornis lini*），属鸟纲尾综骨类，生活于1.25亿—1.13亿年，化石发现于中国辽宁北票四合屯。林氏星海鸟体形较大，喙部较长，嘴里无牙齿，翅膀明显长于后肢。林氏星海鸟具有反鸟类和今鸟类的共同特征，是鸟类演化的关键过渡物种

横道子长城鸟（季强等研究并命名）生态复原图

横道子长城鸟（*Changchengornis hengdaoziensis*），属古鸟亚纲孔子鸟类，生活于1.25亿—1.13亿年前，化石发现于中国辽宁北票四合屯。长城鸟大小如乌鸦，具无齿的角质喙，类似圣贤孔子鸟，雄性长城鸟有两条丝带状长尾羽。长城鸟骨骼轻盈，飞羽发育，比圣贤孔子鸟更进化，也更适宜飞行；杂食性，主要以丛林中的植物种子和昆虫为食

11.3 反鸟亚纲
——古鸟

反鸟亚纲是已经灭绝的原始鸟类，也称初鸟类，是始祖鸟最先进化出的鸟，也是中生代分布最广、种类和数量最多的鸟类。跟其他原始鸟类一样，它们仍保留有牙齿和上肢的指爪。初鸟类形态各异，体形一般较小，具有突出的角质喙，胸骨发达，具较强的飞行能力。所有反鸟类都在白垩纪末期生物大灭绝事件中灭绝了。

反鸟亚纲的代表性鸟类有娇小辽西鸟、三塔中国鸟、有尾华夏鸟、郑氏波罗赤鸟、步氏始反鸟、朝阳长翼鸟等。

娇小辽西鸟生态复原图

娇小辽西鸟（*Liaoxiornis delicatus*），属反鸟亚纲，生活在1.25亿—1.13亿年前，化石发现于中国辽宁省凌源市，体长约12.9厘米，是世界上已知中生代最小的原始鸟类，并因此得名。其突出的形态构造是，头骨高而短，眼睛大；胸骨特别小，尾综骨和尾巴都长；后肢与前肢相比，显得特别原始，股骨比肱骨长，趾爪大而不太弯曲；下颌有5枚牙齿，上颌有6枚牙齿

有尾华夏鸟生态复原图

有尾华夏鸟（*Cathayornis caudatus*），反鸟亚纲，是一种小型华夏鸟，由侯连海研究员命名。有尾华夏鸟下颌有超过3对牙齿，尾综骨尚未完全愈合，尾巴较短，生活在早白垩世，化石发现于中国辽宁省朝阳县波罗赤镇

三塔中国鸟生态复原图

三塔中国鸟（*Sinornis santensis*），属鸟纲反鸟亚纲，是始祖鸟与现生鸟类之间的关键物种。在演化特征上，中国鸟比始祖鸟更为进化，形似现在的猛禽，如鹰和雕；脑袋较短，喙很短，嘴里有尖锐的牙齿；腿羽丰满，两翼宽大，具有很强的飞行能力；翅膀末端有 3 个尖利的指爪，后肢有 4 个趾爪，如大的弯钩，十分尖锐，用来攀爬和抓握，以及捕食猎物；常以小型动物为食；在树上做窝，孵卵，抚育雏鸟

华夏鸟生态复原图

华夏鸟（*Cathayornis*），属鸟纲反鸟亚纲，生活在晚白垩世，化石发现于中国辽宁省朝阳县波罗赤镇。华夏鸟体形小，头颅较大，喙较长，具牙齿；翅膀末端有 2 个指爪，有 4 个较长的脚趾，趾爪不甚弯曲

步氏始反鸟（季强等研究并命名）生态复原图

步氏始反鸟（*Eoenantiornis buhleri*），属反鸟亚纲始反鸟科，生活于早白垩世，化石发现于中国辽宁省凌源市。步氏始反鸟体形中等，与大多数反鸟类一样，喙部有牙齿，头骨高，吻特别短，前颌骨齿明显大于上颌骨齿，脖子较长；营树栖生活，可能以昆虫等无脊椎动物为食

郑氏波罗赤鸟生态复原图

郑氏波罗赤鸟（*Boluochia zhengi*），属反鸟亚纲长翼鸟科，生活于早白垩世，化石发现于中国辽宁省朝阳市，是小型鸟类，吻部前端向下弯曲，牙齿已经开始退化；趾爪尖锐而弯曲，与猛禽类相似，尾综骨很长；生活在树上，生性凶猛，擅长抓捕猎物

成吉思汗鄂托克鸟生态复原图

鄂托克鸟（*Otogornis*），属反鸟亚纲，生活于1.45 亿—1 亿年前，化石发现于中国内蒙古自治区鄂托克旗查尔查布地区。从复原图上看，鄂托克鸟具有原始的特征，喙尖长，嘴里有细小牙齿，头顶有鬃状毛发，翅膀末端有指爪，后肢强健修长，尾巴坚挺，说明其有尾椎骨，且善于奔跑

朝阳长翼鸟生态复原图

长翼鸟（*Longipteryx*），属鸟纲反鸟亚纲长翼鸟目长翼鸟科，生活于白垩纪早期，1.45 亿—1.25 亿年前，化石发现于中国辽宁省朝阳市。长翼鸟体长约 15 厘米，喙比头部还要长，尖端有起钩的牙齿，双翼很长且强壮。它们仍保留有较长且分开的手指，指上有爪，拇指粗短，飞行结构发育完好。它们的爪及趾都很长且强壮，但脚较短。长翼鸟犹如现今的翠鸟，可能以鱼类、甲壳类或其他水生动物为食

第六次生物大灭绝事件：拉开了现生鸟类进化的序幕

6600万年前，一颗直径约为10千米，质量约为20000亿吨的小行星碎片，以约每秒20千米的速度飞越大西洋，撞击在墨西哥湾尤卡坦半岛上，引发了第六次生物大灭绝事件，撞击形成的陨石坑——希克苏鲁伯陨石坑，直径有193千米，深达32千米。撞击引发了地震和海啸，致使火山大量喷发，火山灰遮天蔽日，温度急剧下降，时间长达数十年，地球变得寒冷、黑暗和干燥。同时，撞击还造成了地球上的森林燃起熊熊烈火，这些足以使恐龙灭绝。此外，藻类、森林死亡，食物链被摧毁，大批动物因饥饿而死，约有75%～80%的物种灭绝，陆地上的恐龙，水里的海龙类、楯齿龙类、蛇颈龙类、沧龙类等海生爬行动物和空中飞行的翼龙类全部灭绝。这就是地球历史上最著名的第六次生物大灭绝事件，也称白垩纪末期生物大灭绝事件。这次生物大灭绝事件之后，小型陆生哺乳动物依靠残余的食物勉强为生，飞翔于蓝天的鸟类终于熬过了最艰难的时日，开始大繁荣。鸟类从此统治了天空，成为当之无愧的天空霸主。

11.4 今鸟亚纲
——现代鸟

今鸟亚纲包括白垩纪的古鸟类和现存的全部鸟类，分布范围遍及全球。今鸟亚纲分为 4 个总目：齿颌总目、平胸总目、楔翼总目和突胸总目，其中现生鸟类有 10000 余种，包括了该亚纲的后 3 个总目。现生鸟类一般嘴里无牙齿、无尾椎、翅膀末端无指爪。反鸟亚纲与今鸟亚纲有着共同的祖先，二者于早白垩世就在演化上分家了。二者最显著的区别在肩带，今鸟类的肱骨关节面向上，而反鸟类由于肩胛骨突出关节头，乌喙骨有关节窝，肱骨关节面向下。至于为什么自 6600 万年前白垩纪末期生物大灭绝事件起，反鸟类都灭绝了，而今鸟类却蓬勃多样化发展，至今仍无定论。

最具代表性的今鸟类是弥曼始今鸟，它是最早、最原始的今鸟类，也可能是现生所有今鸟类的祖先。今鸟类还包括凌河松岭鸟、鱼鸟、马氏燕鸟、小齿建昌鸟、葛氏义县鸟、长趾辽宁鸟等。

弥曼始今鸟生态复原图

弥曼始今鸟（*Archaeornithura meemannae*），属今鸟亚纲，是迄今世界上发现的最古老的今鸟类。弥曼始今鸟生活于 1.3 亿—1.13 亿年前，化石发现于中国河北丰宁四岔口盆地。弥曼始今鸟上下颌厚重，有轻质的角质喙，没有牙齿，生活在滨海环境，以鱼类为食

凌河松岭鸟生态复原图

凌河松岭鸟（*Songlingornis linghensis*），属今鸟亚纲朝阳鸟目朝阳鸟科，生活于 1.45 亿—1 亿年前，化石发现于中国辽宁省朝阳市。凌河松岭鸟是小型鸟类，嘴巴狭长，颌骨牙齿多，排列紧密；具有发达的龙骨突，后肢很长，脚趾细长，适合生活在滨岸附近，以捕食鱼类为生

鱼鸟骨骼化石及复原图

鱼鸟（*Ichthyornis*），属今鸟亚纲，生活于 1.45 亿—6600 万年前，化石发现于北美洲。鱼鸟站起来身高 0.2—1 米，酷似现代燕鸥，嘴巴狭长，上下颌长满牙齿；胸骨、龙骨突发达，翅膀宽大，有发达的飞羽，具较强的飞行能力；脚趾间有蹼，有短的尾椎骨，长有发达的尾羽；生活在海洋环境，以捕食鱼类为生

马氏燕鸟（周忠和等研究并命名）复原图（图片来源：M.Rothman）

马氏燕鸟（*Yanornis martini*），属今鸟亚纲燕鸟目燕鸟科，生活于1.45亿—1亿年前，化石发现于中国辽宁省朝阳市。马氏燕鸟体形较大，头骨明显延长，上颌约有10颗牙齿，下颌有20颗牙齿，牙齿呈锥状；有4个较大的脚趾，小腿细长，尾椎骨短，翅膀宽大，说明其飞行能力很强，适合在河湖里捕食鱼类

小齿建昌鸟生态复原图

小齿建昌鸟（*Jianchangornis microdonta*），属今鸟亚纲，生活于1.45亿—1亿年前，化石发现于中国辽宁省建昌县。它是较大的今鸟类，后肢细长，脚趾发达，牙齿细小而尖锐，生活在河湖环境，擅长捕食鱼类

葛氏义县鸟（周忠和等研究并命名）复原图

葛氏义县鸟（*Yixianornis grabaui*），属今鸟亚纲，生活于 1.45 亿—1 亿年前，化石发现于中国辽宁省朝阳市。葛氏义县鸟体形中等，体长约 20 厘米，翼展约为 40 厘米，牙齿短小，关节发育，具有 8 根尾羽；翅膀阔而圆，有发达的飞羽；第一脚趾朝后，较短，其他三个脚趾较长，可以对握，牢牢抓住树枝；嘴巴细长，尾巴较短，散开呈扇形；生活在丛林中，具有很强的飞行能力

长趾辽宁鸟生态复原图

长趾辽宁鸟（*Liaoningornis longidigitris*），属今鸟亚纲，生活于早白垩世，化石发现于中国辽宁省北票市上园镇。长趾辽宁鸟是小型鸟类，体长 20 厘米，趾爪长而弯曲，胸骨具发育的龙骨突，脖子较长，翅膀宽大，说明其具有较强的飞行能力；腿骨较长，说明它是黄昏鸟、鱼鸟以及后期鸟类的祖先类型，是适于水域生活的游禽类，以食鱼为主

飞行的大雁

The Evolution
of Life

生命进化史

第三卷

从野性到文明

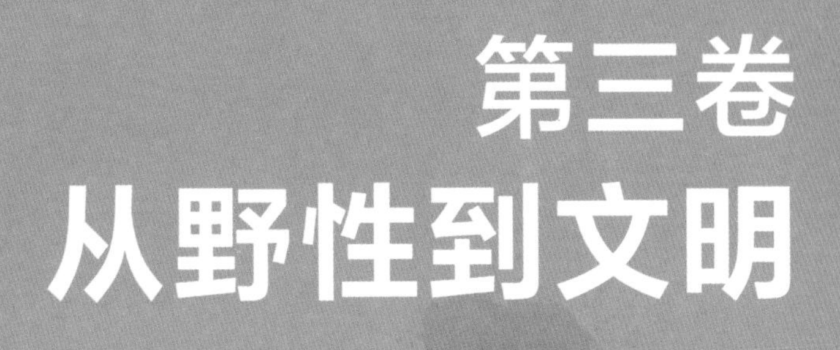

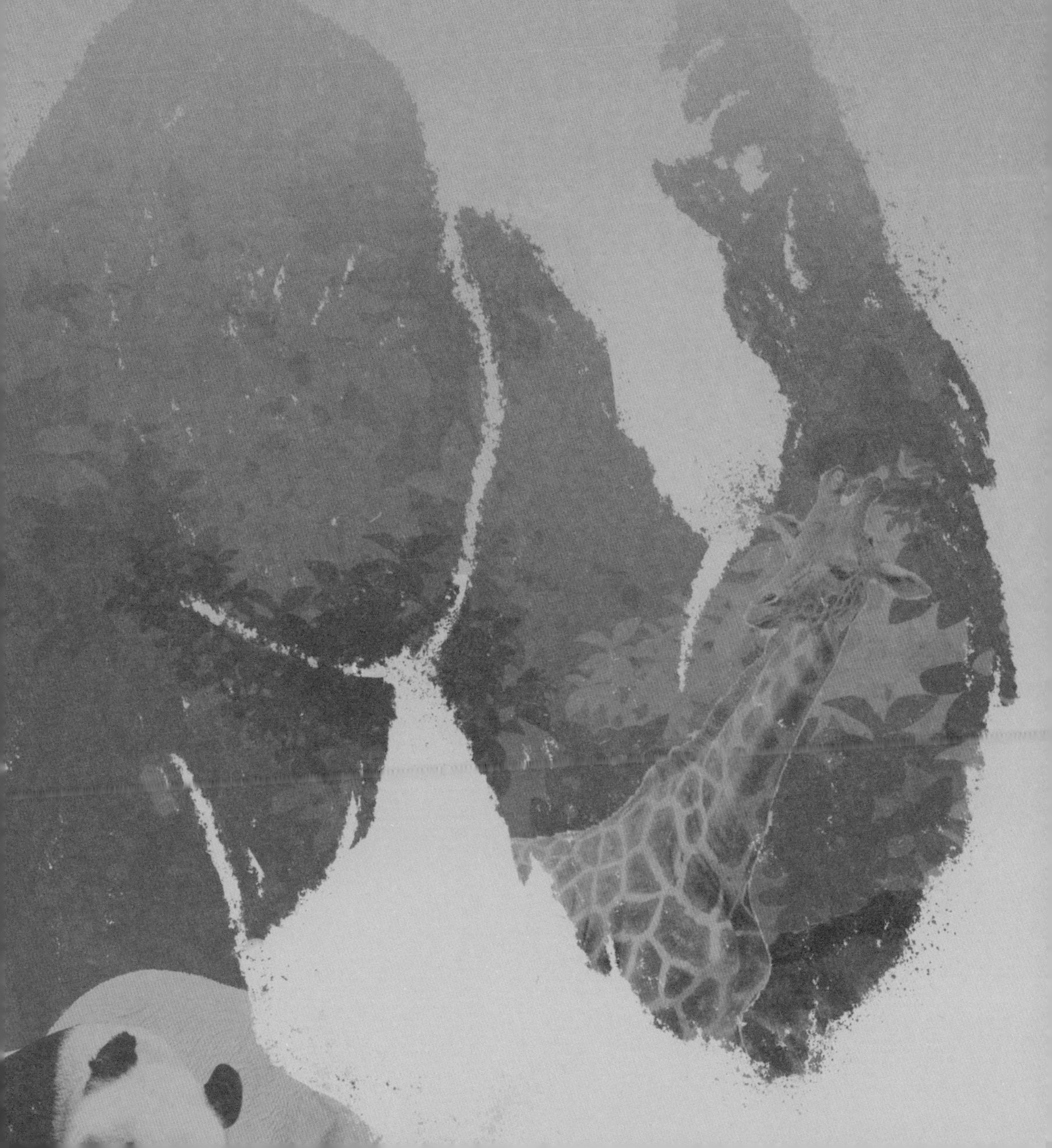

第三卷
从野性到文明

第十二章
似哺乳类爬行动物时代

The Evolution of Life

在两栖动物时代，石炭纪的森林角落里生活着一些行动敏捷的小型动物，它们是最早的爬行动物，有发现于加拿大的林蜥、油页岩蜥、始祖单弓兽等。

3.6亿—2.6亿年前，地球先后出现了两次小冰期，气候变得异常寒冷，茂密的蕨类热带雨林消失，只剩低矮的树蕨类，形成一片片灌木孤岛，这被称为“石炭纪雨林崩溃事件”。这一雨林崩溃事件使生活于石炭纪的大型节肢动物、两栖动物遭受重创，而新生的似哺乳类爬行动物，如始祖单弓兽、蛇齿龙等，凭身体优势（体形小巧、四肢灵活、肺功能完善、靠羊膜卵繁殖、洞穴生活等），更加适应陆地的灌木丛生活，躲过了这次雨林崩溃事件，幸存下来，并在二叠纪大显身手，呈爆发式多样化发展，成了陆地上真正的霸主。它们后来进化出哺乳动物，进而进化出灵长类，包括人类。

生活在晚石炭世森林里的始祖单弓兽和蛇齿龙

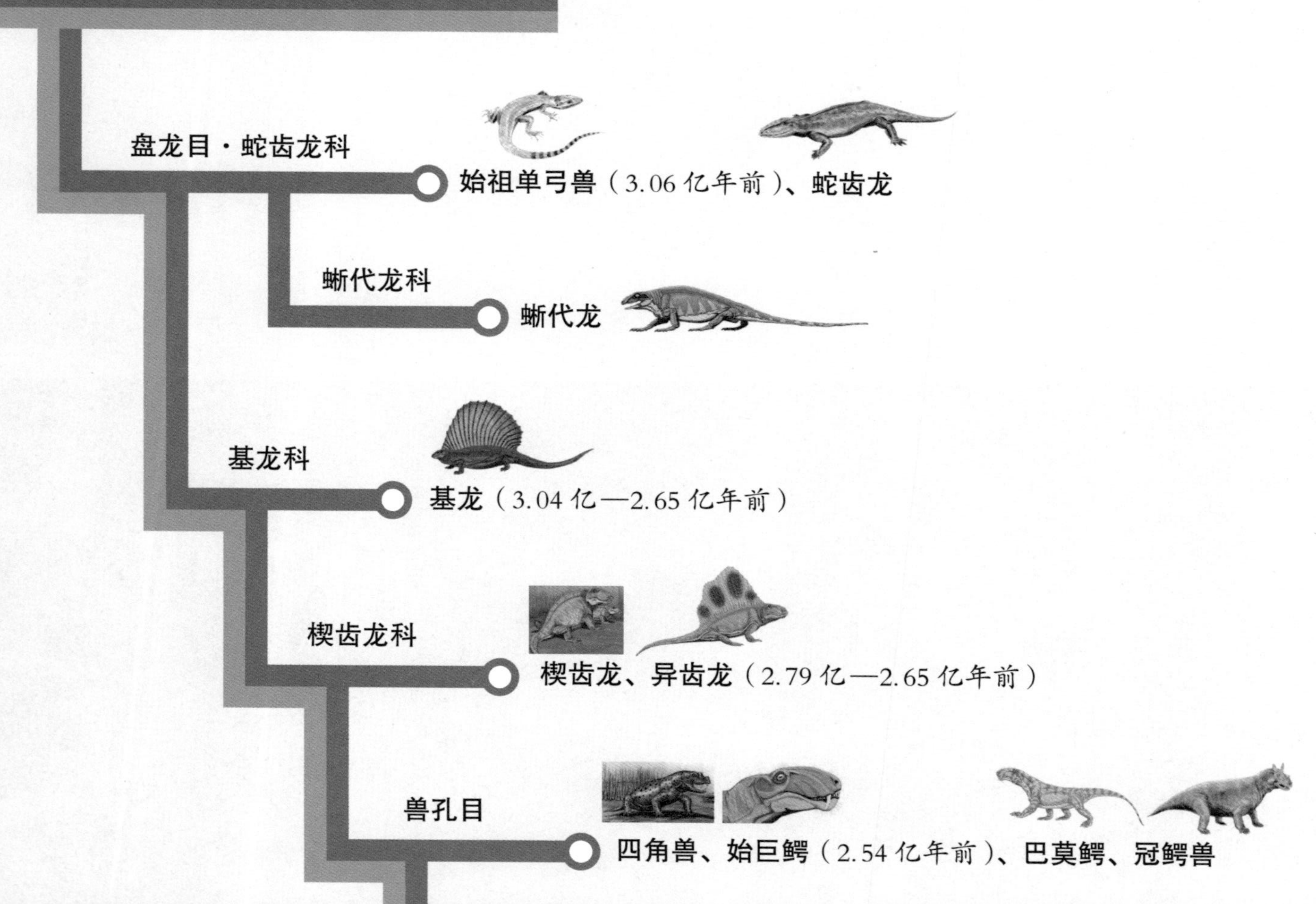
爬行动物（似哺乳类爬行动物）
盘龙目·蛇齿龙科
始祖单弓兽（3.06亿年前）、蛇齿龙
蜥代龙科
蜥代龙
基龙科
基龙（3.04亿—2.65亿年前）
楔齿龙科
楔齿龙、异齿龙（2.79亿—2.65亿年前）
兽孔目
四角兽、始巨鳄（2.54亿年前）、巴莫鳄、冠鳄兽

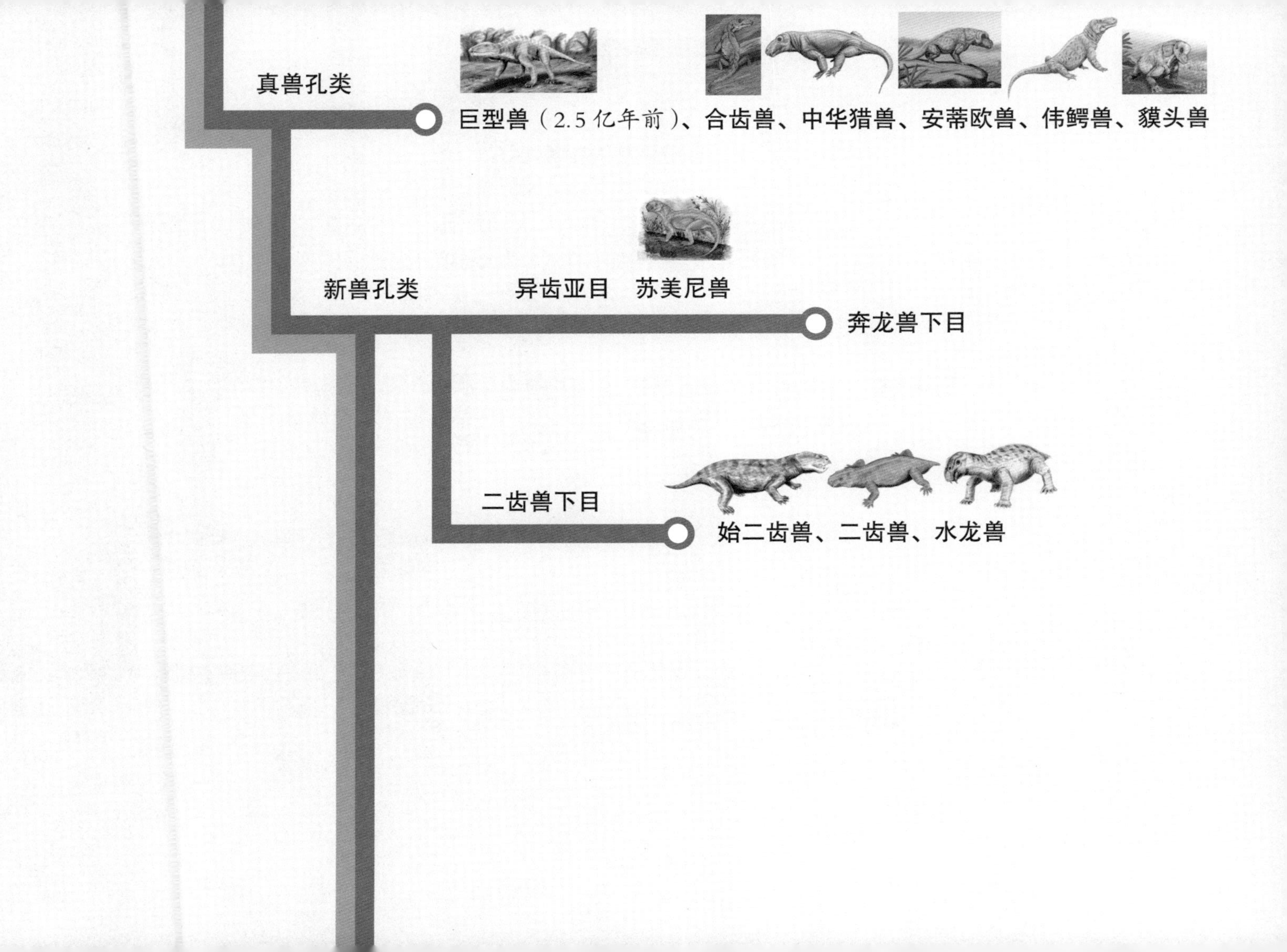

真兽孔类
巨型兽（2.5 亿年前）、合齿兽、中华猎兽、安蒂欧兽、伟鳄兽、貘头兽
新兽孔类
异齿亚目
苏美尼兽
奔龙兽下目
二齿兽下目
始二齿兽、二齿兽、水龙兽

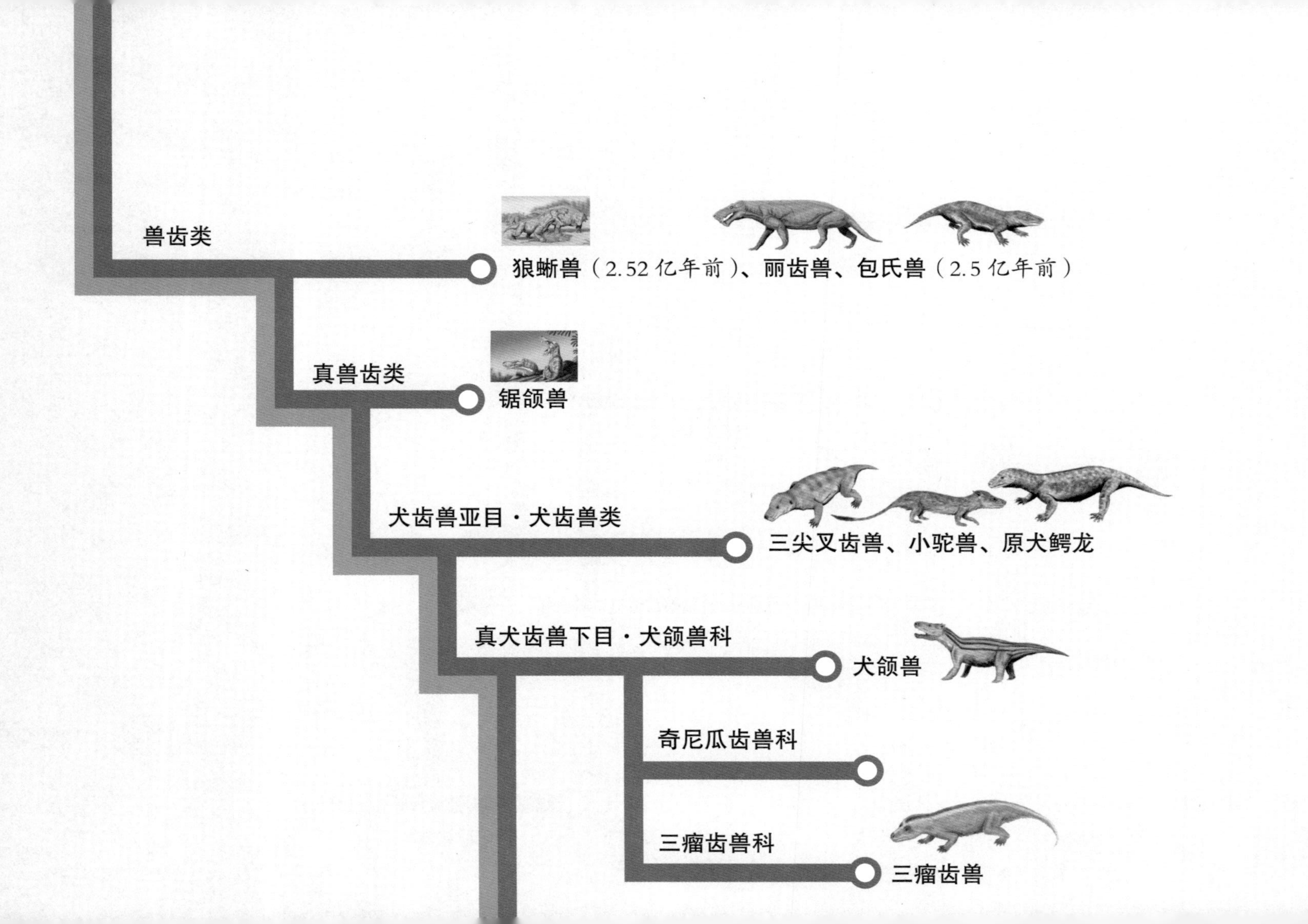
兽齿类
狼蜥兽（2.52 亿年前）、丽齿兽、包氏兽（2.5 亿年前）
真兽齿类
锯颌兽
犬齿兽亚目 · 犬齿兽类
三尖叉齿兽、小驼兽、原犬鳄龙
真犬齿兽下目 · 犬颌兽科
犬颌兽
奇尼瓜齿兽科
三瘤齿兽科
三瘤齿兽

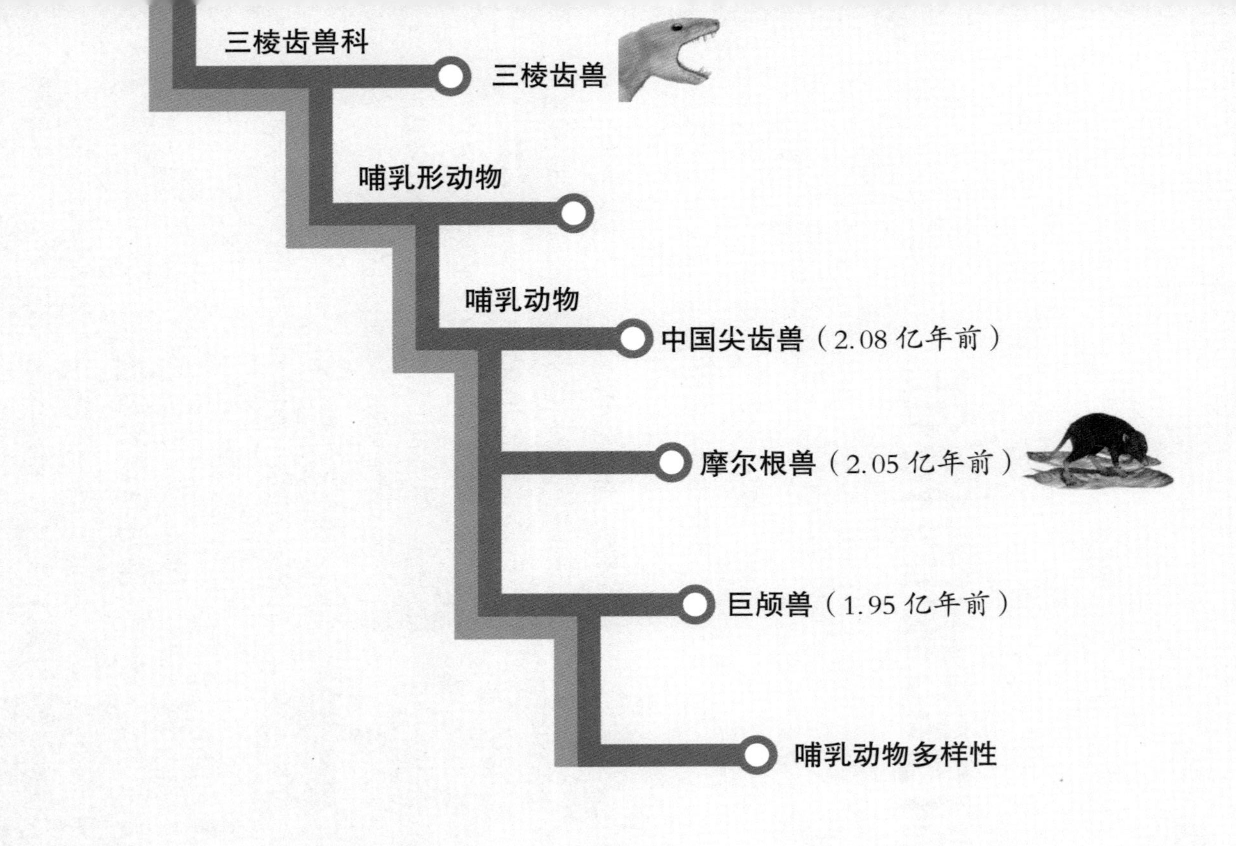
三棱齿兽科
三棱齿兽
哺乳形动物
哺乳动物
中国尖齿兽（2.08 亿年前）
摩尔根兽（2.05 亿年前）
巨颅兽（1.95 亿年前）
哺乳动物多样性

12.1 爬行动物的特征

爬行动物颅骨示意图

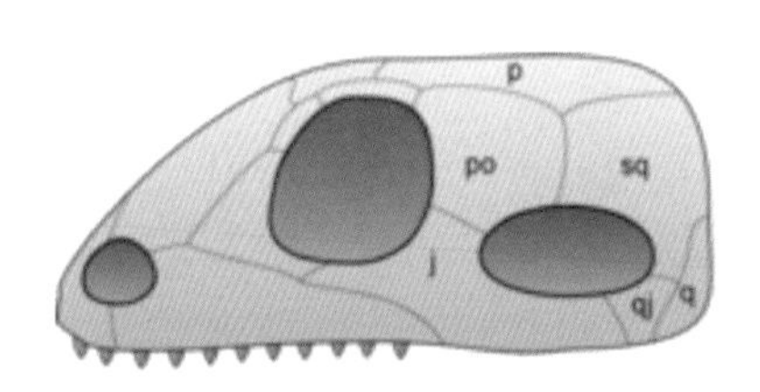

①似哺乳类爬行动物（下孔亚纲）

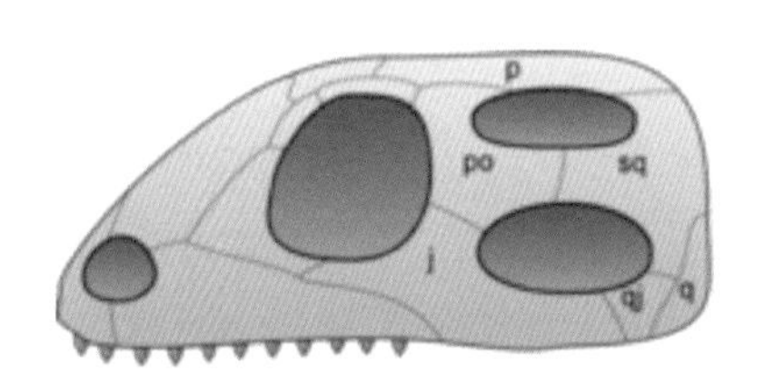

②真爬行动物（双孔亚纲）

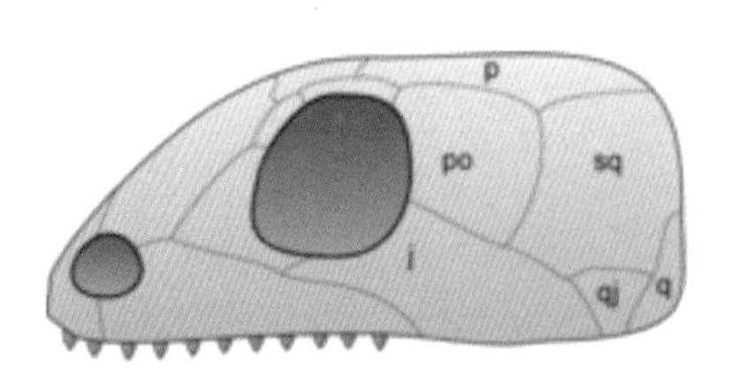

③副爬行动物（无孔亚纲）

爬行动物也称爬行类、爬虫类，是一类脊椎动物。早期的爬行动物有始祖单弓兽、林蜥、古窗龙等，它们生活在石炭纪晚期，3.2 亿—3.06 亿年前，化石发现于加拿大新斯科舍省。爬行动物是由两栖动物演化来的。根据爬行动物眼眶后面的颅顶附加孔（学名为颞颥孔，负责开闭上下颌肌肉附着区）的数量，古生物学家将其分为 3 个亚纲：无孔亚纲、下孔亚纲和双孔亚纲。为便于理解，本书按似哺乳类爬行动物（下孔亚纲）、真爬行动物（双孔亚纲）和副爬行动物（无孔亚纲）3 大类进行介绍。现在世界上的爬行动物有 10000 多种。

○ 爬行动物的特征

（1）有 2 个心房、2 个心室，但 2 个心室之间有一半相互连通，属 3.5 缸型心脏。只有鳄鱼是例外，其 2 个心室已完全独立，属 4 缸型心脏。

（2）血液循环包括体循环和肺循环。体循环是血液从左心室挤出，经过体动脉流到身体各处，再经体静脉流回右心房，这种循环也称大循环；肺循环是血液从右心室挤出，经过肺动脉到肺，进行气体交换后，再经肺静脉流回左心房，这种循环又称小循环。爬行类心室分隔不完全，肺循环和体循环回心的血液在心室内混合，造成有氧血液与无氧血液混合循环，因此为不完全双循环，也因此爬行动物为变温动物。

（3）爬行动物一般抱团体内受精，雄性通过泄殖腔将精子直接射入雌性泄殖腔内。

（4）雌性生产具有外壳的羊膜卵，可以将卵产在陆地上，从此脊椎动物完全征服了陆地。

（5）不具有孵卵行为；有冬眠习性；肺部发育完善，完全靠肺呼吸；不发育膈肌，采用胸式呼吸。

（6）主要在陆地上生活的爬行动物，为了避免强烈的阳光照射和沙尘、风暴的袭击，免于体内水分蒸发和身体受到伤害，体表发育了鳞片。

（7）既有肉食性的，也有植食性的，植食性爬行动物发育了盲肠，用来消化植物纤维，肉食性爬行动物一般不发育盲肠。

（8）四肢变得强壮有力，完全适应了陆地生活；

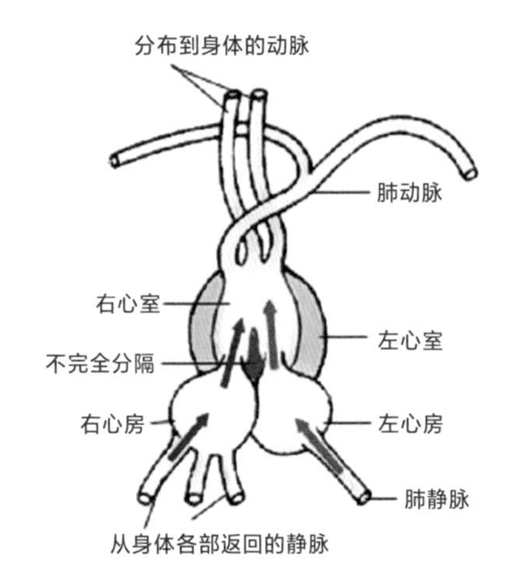

爬行动物的心脏（不包括鳄鱼）

中生代生态复原图，从左到右依次为三叠纪、侏罗纪、白垩纪

四肢长在身体两侧，只能匍匐前进，不能后退，运动速度不快。

（9）每个脚通常有5个脚趾，前肢只用来爬行，不能协助捕获猎物。

（10）发育听小骨，但听小骨只有1块骨头，不发育外耳，与哺乳动物相比，听力欠佳。

（11）似哺乳类爬行动物的牙齿开始分化，如异齿龙具有两种不同类型的牙齿。

爬行动物的舌头有多种功能，甚至能像眼睛和鼻子那样确定猎物的方位和距离，识别味道，捕获猎物，但没有味蕾。

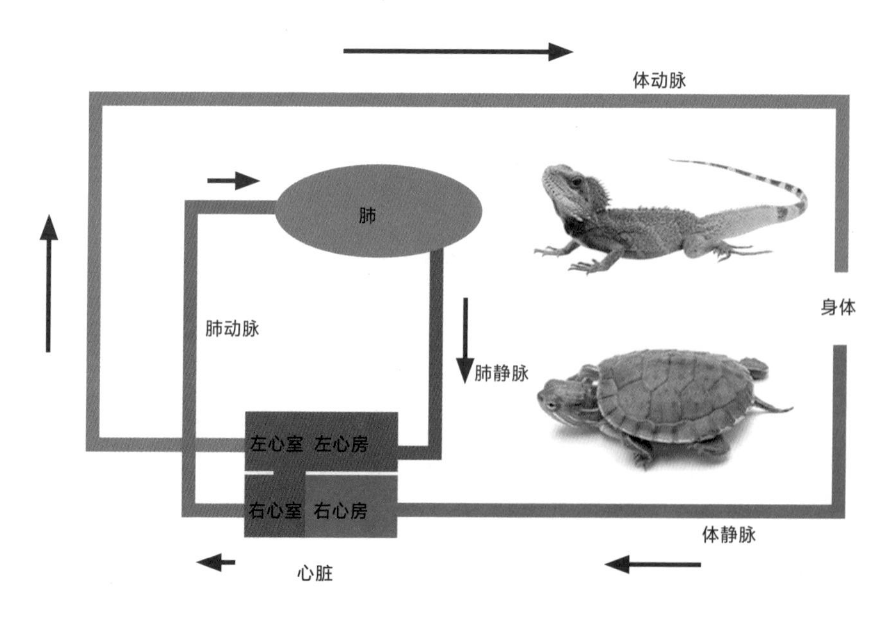

爬行动物（心室半连通）血液循环示意图

○ 羊膜卵

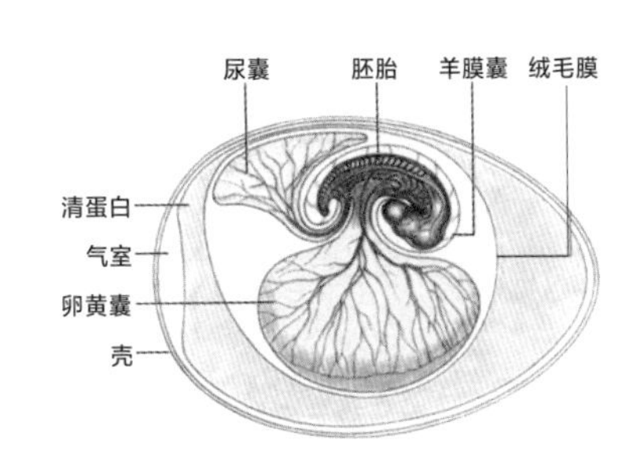

羊膜卵结构示意图

脊椎动物进化史上的第四次巨大飞跃是爬行动物进化出了羊膜卵，从此动物完全征服了陆地，适应了陆地生活。这一飞跃发生在3.2亿—3.06亿年前，代表性的动物是似哺乳类爬行动物始祖单弓兽，以及真爬行动物林蜥。

进化出羊膜卵是脊椎动物的一次巨大基因突变导致的。从此，爬行动物的繁衍生息无须返回水里，为爬行动物向陆地纵深发展创造了条件。

羊膜卵外面有一个钙质的硬壳，内部由羊膜囊、尿囊和卵黄囊三部分组成，就像一个密封的育儿单元房。

羊膜囊是胎儿的卧室，卧室犹如一个羊水袋，胎儿就沉浸在羊水里。

尿囊是卫生间，是胎儿排泄代谢物的地方。尿囊上布满毛细血管，供胎儿吸收氧气，排放二氧化碳。

卵黄囊好似厨房，为胎儿提供各种营养。

后来哺乳动物在腹内子宫中孕育胎儿，子宫犹如一个育儿箱，就是在羊膜卵的基础上进化而来的。

○ 盲肠和阑尾

两栖动物都是肉食性的，所以没有盲肠；从爬行动物开始才有盲肠，盲肠位于小肠与大肠的连接处，即大肠始端与小肠末端的连接部分。

哺乳动物大多有盲肠，所以说哺乳动物是由爬行动物进化而来的，盲肠是用来消化植物纤维的。吃草的哺乳动物，特别是反刍动物，如马、牛、羊等，盲肠发达，而肉食性哺乳动物，如虎、狮、狼等，盲

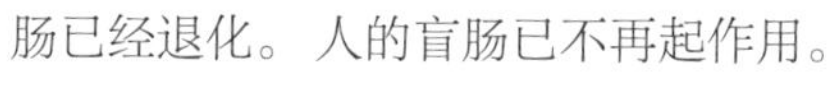

肠已经退化。人的盲肠已不再起作用。

在盲肠附近还有一个曾被认为“已没有作用”的器官——阑尾。这是个只有猿类和我们人类才具有的器官，其他哺乳动物，甚至灵长类中的猴类都没有。阑尾是一个淋巴器官，其淋巴液的回流方向与静脉血的回流方向一致。阑尾的淋巴组织在动物出生后开始出现，12～20 岁时达到高峰，以后逐渐减少，55～65 岁时逐渐消失，因此成人切除阑尾无损机体的免疫功能。

但人的阑尾并不像盲肠那样已经失去作用。阑尾有三大作用：一是向肠道提供免疫细胞，起到保持肠内细菌平衡的作用；二是含有大量淋巴细胞，可有效防止肠炎发生；三是有助于益生菌存活，是益生菌的“庇护所”。因此，阑尾是一个十分重要的人体器官，并非“已没有作用”。

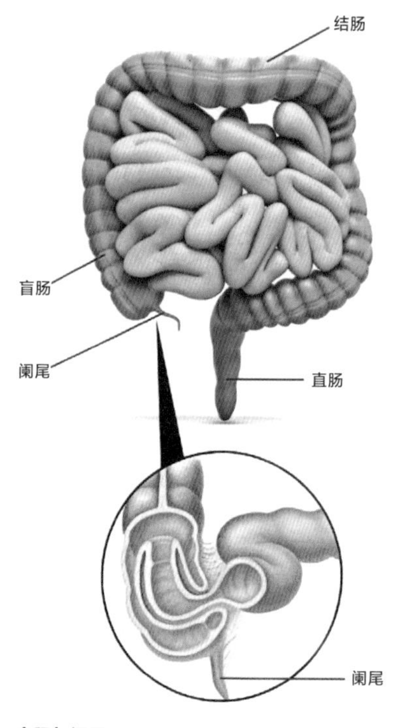

盲肠与阑尾

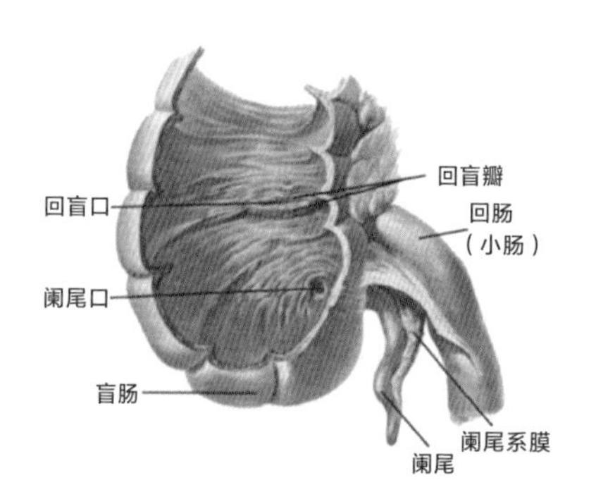

阑尾结构图

12.2 似哺乳类爬行动物阶段

爬行动物时代根据不同物种的兴盛与衰亡时间，可以分为似哺乳类爬行动物时代和真爬行动物时代。似哺乳类爬行动物与真爬行动物从这里开始走上不同的进化之路。

在似哺乳类爬行动物时代，还生活着各式各样的副爬行动物。由于似哺乳类爬行动物在生命进化过程中具有重要意义，故称这一时代为似哺乳类爬行动物时代。

似哺乳类爬行动物眼眶后的颅顶附加孔（颞颥孔）只有一个，也被称为下孔亚纲，包括盘龙目和兽孔目。似哺乳类爬行动物最早出现在 3.06 亿年前的晚石炭世，如始祖单弓兽，兴盛于二叠纪中晚期，数量众多并呈多样化发展。2.51 亿年前的生物大灭绝事件使许多似哺乳类爬行动物消失，少数物种，如犬齿兽类、二齿兽类等幸存下来，并在三叠纪以后渐趋灭绝，只有个别物种延续到白垩纪。

从脊椎动物的演化特征来看，早期似哺乳类爬行动物的四肢位于身体两侧，爬行前进，没有外耳和毛发，变温；后期似哺乳类爬行动物的四肢垂直于身体下方，四足直立行走，身体有毛，嘴部有胡须，长有明显的外耳，恒温，牙齿明显分化出门齿、犬齿和臼齿，已具备了许多哺乳动物的特征。

哺乳动物是沿着似哺乳类爬行动物的演化支进化来的，从最原始的盘龙目开始，经过约一亿年的演化，经历了十多个演化阶段：从盘龙目的基龙科到楔齿龙科，进化出兽孔目；从兽孔目的真兽孔类、新兽孔类、兽齿类、真兽齿类，到犬齿兽亚目；犬齿兽亚目（最著名的是三尖叉齿兽）进化出真犬齿兽下目（著名的有犬颌兽），再到三棱齿兽科，与哺乳动物仅差一步。似哺乳类爬行动物经过一次次基因突变，在自然选择的作用下，适合生存繁衍的基因在千万代似哺乳类爬行动物中传递，然后进化出哺乳形动物，最后在 2.05 亿年前，演化出最早、最原始的哺乳动物——摩尔根兽（*Morganucodon*），从此哺乳动物登上生命历史舞台，为 6600 万年前开始的哺乳动物时代奠定了基础。

我们可以总结出爬行动物的一些演化趋势，如四肢逐渐从身体两侧挪到躯干下方，四肢由向两侧延伸逐渐变得直立，运动姿势也从四肢爬行逐渐变成四肢直立行走，等等。

由此看出，脊椎动物的进化是渐变与突变相辅相成的。在自然选择的作用下，只有发生基因突变、能够适应环境的生物，才能生存繁衍，成为基因的传递者。

12.3 最原始的似哺乳类爬行动物——盘龙目

盘龙目是似哺乳类爬行动物中最原始的种类，出现于晚石炭世，并且在二叠纪初期达到高峰，成为陆地上的优势动物，在地球上生活了大约 400 万年。代表性的盘龙目动物有始祖单弓兽、杯鼻龙、蛇齿龙、异齿龙、楔齿龙、基龙等。

盘龙目体表没有鳞片，有的有明显的背帆，开始有肉食性与植食性之分，其中肉食性的，如异特龙，开始有了牙齿的分化。

盘龙目从蛇齿龙科（蛇齿龙、始祖单弓兽等）开始，经过基龙科、楔齿龙科，演变成兽孔目、真犬齿兽下目，再进一步演化成哺乳动物。

始祖单弓兽的出现，拉开了似哺乳类爬行动物进化的序幕。

始祖单弓兽与早期蜥形纲动物的外表类似，体形较大，身长 50 厘米，比其他早期爬行动物更具优势，颌部强壮，嘴能张得比其他早期爬行动物更大。始祖单弓兽的牙齿形状、大小相近，已具有较大的犬齿，显示它们是肉食性动物。始祖单弓兽是所有似哺乳类爬行动物的祖先，也是哺乳类的祖先。

异齿龙是盘龙目中有代表性的物种。异齿龙与哺乳类关系较近，与真爬行动物关系较远，是兽孔

始祖单弓兽复原图（图片来源：Arthur Weasley）

始祖单弓兽，属盘龙目蛇齿龙科，是目前已知最古老的似哺乳类爬行动物之一，化石发现于北美洲加拿大的新斯科舍省，跟林蜥、油页岩蜥的化石发现于同一地点

目似哺乳类爬行动物的直接祖先。异齿龙是大型顶级掠食动物，平均身长 3～3.5 米，体重 100～150 千克。异齿龙最大的特点是其大型头骨中有两种不同形态的牙齿（它也正是因此而得名），一种用于切割食物，另一种用来撕裂食物，这两种牙齿后来分别进化成哺乳动物的门齿和犬齿，我们人类的门齿、犬齿便是由异齿龙的这两种牙齿进化而来的。异齿龙背部有高大的背帆，用来调节体温，也有可能用于求偶或吓唬猎食者。有研究表明，一只成年异齿龙要将体温从 26 摄氏度提升到 32 摄氏度，若没有背帆，需要 205 分钟，若有背帆，则只需要 80 分钟。

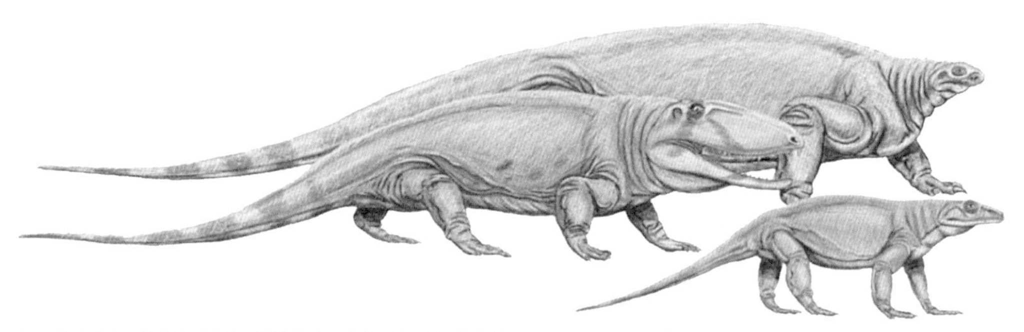

杯鼻龙（上）、蛇齿龙（中）、蜥代龙（下）复原图（图片来源：Dmitry Bogdanov）

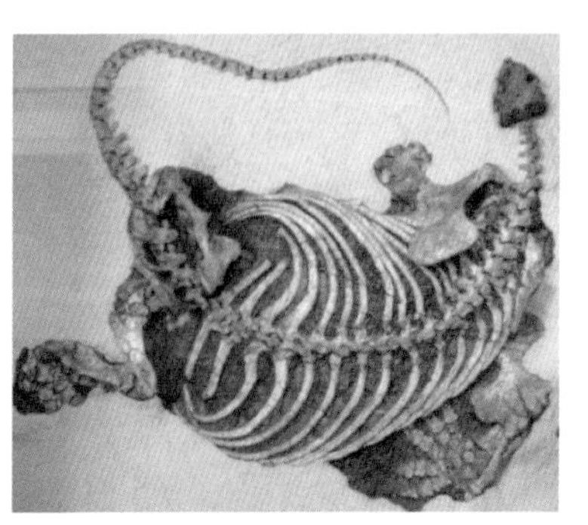

杯鼻龙复原图及化石（图片来源：Arthur Weasley）

杯鼻龙，属盘龙目卡色龙亚目，是大型植食性动物，生活于早中二叠世，约 2.65 亿年前，化石发现于北美洲南部。杯鼻龙体形巨大，但头部小，身体呈大水桶状。杯鼻龙身长 6 米，重达 2 吨，四肢粗壮，脚掌扁平，具有大型趾爪，这些趾爪可能用于挖掘植物，或挖掘栖息用的洞穴

蜥代龙骨骼模型及复原图（图片来源：ДИБГД）

蜥代龙，又名蜥面龙，属盘龙目蜥代龙科，身长约 1 米，生活于早二叠世，2.793 亿—2.723 亿年前，化石发现于北美洲

蛇齿龙复原图（图片来源：Nobu Tamura）

蛇齿龙，属蛇齿龙科，是大型盘龙目动物。蛇齿龙与始祖单弓兽有亲缘关系，生活于 3.18 亿—2.7 亿年前，化石发现于北美洲与欧洲。蛇齿龙身长至少 2 米，最长可达 3.6 米，体重 30～50 千克。蛇齿龙有锐利的牙齿，可能在小河与池塘里捕食鱼类

基龙复原图（图片来源：Nobu Tamura）

基龙骨骼模型（美国菲尔德自然史博物馆）

基龙生态复原图（图片来源：Dmitry Bogdanov）

基龙，又名帆龙，属盘龙目基龙科，生活于晚石炭世至中二叠世，3.04 亿—2.65 亿年前，化石发现于北美洲和欧洲。基龙并不是恐龙，它在恐龙出现之前就完全灭绝了。基龙以坚硬的植物为食，与阔齿龙是已知最古老的植食性四足动物。基龙的背部有从颈部延伸到臀部的背帆，但与同期肉食性的异齿龙、楔齿龙的背帆形状不同。基龙身长 1～3.5 米，体形肥大，体重超过 300 千克。基龙的四肢位于身体两侧，爬动前行，尾巴粗厚，行动迟缓，看起来就像现在的科莫多巨蜥。基龙的天敌是异齿龙

楔齿龙生态复原图及骨架模型（图片来源：ДИБГД）

楔齿龙，属盘龙目楔齿龙科，是肉食性动物，生活于早二叠世，化石发现于北美洲。楔齿龙科是兽孔目的近亲，身长约 3 米

异齿龙生态复原图（图片来源：Dmitry Bogdanov）及骨架模型（比利时皇家自然科学博物馆）

异齿龙，又名异齿兽、长棘龙、两异齿龙，属盘龙目楔齿龙科，是肉食性似哺乳类爬行动物的一属，生活于早中二叠世，2.79 亿—2.65 亿年前，化石发现于北美洲、欧洲等地

12.4 由盘龙目进化来的似哺乳类爬行动物——兽孔目

在早二叠世，约2.75亿年前，盘龙目楔齿龙科演化出兽孔目。最早出现的兽孔类动物是四角兽，生活在晚二叠世，约2.6亿年前。在中二叠世，2.72亿—2.6亿年前，兽孔类取代盘龙类，成为优势陆地动物。在中三叠世，2.47亿—2.28亿年前，多样性的主龙类爬行动物又取代兽孔类，成为优势陆地动物。在晚三叠世，约2.05亿年前，犬齿兽类演化出最早的哺乳动物——摩尔根兽。

冠鳄兽头骨

冠鳄兽，意为“有冠状物的鳄鱼”，是一种大型早期杂食性兽孔目动物，生活于晚二叠世，约2.55亿年前，化石发现于俄罗斯。冠鳄兽是当时最大的陆生动物，体形似成年公牛，四肢呈柱状，向身体两侧延伸，步态蹒跚。其头颅上长有几个大型角状物，位于头的顶部与两侧，向上或向后生长，状似麋鹿角

兽孔类动物的齿骨明显增大，牙齿有了明显的分化，有了门齿、犬齿和臼齿之分，犬齿十分突出。

在 2.01 亿年前，三叠纪末期的第五次生物大灭绝事件后，除少数犬齿兽类、二齿兽类继续存活外，其余的兽孔目爬行动物（不包括哺乳动物）都已灭绝。最后灭绝的兽孔目动物是三棱齿兽科，它们存活到了中侏罗世。

四角兽生态复原图

四角兽，为最早的兽孔目动物，生活于约 2.6 亿年前，化石发现于美国得克萨斯州。实际上，四角兽头上只有 3 对“角”，一对在鼻孔内侧，一对在两眼之间，还有一对位于下颌骨的方骨突上。四角兽的上下颌上有锋利的犬齿，但是植食性动物

苏美尼兽是目前已知最早的树栖脊椎动物，其突出特征是四只脚上各有五个脚趾，其中一个脚趾可与另外四个脚趾对握，犹如人类的大拇指可与其他四指对握一样，这样的构造便于其在树上抓握和爬行。它也是最早实现“拇指对生”的脊椎动物。后来的灵长类动物，如猴、猩猩，就遗传了苏美尼兽的这一特征，我们人类也遗传了苏美尼兽的这一特征。

兽孔目真犬齿兽类，至少存活了 3 个类群：（1）三瘤齿兽科，存活到早白垩世；（2）三棱齿兽科，存活到中侏罗世；（3）最早的哺乳形动物与其近亲，最后演化为哺乳动物。

奇异冠鳄兽复原图（图片来源：Nobu Tamura）

始巨鳄头部复原图（图片来源：ДИБГД）

始巨鳄，属兽孔目巴莫鳄亚目，生活于晚二叠世，约 2.54 亿年前，化石发现于俄罗斯彼尔姆边疆区，是与巴莫鳄和冠鳄兽的化石一起在河相沉积层中被发现的。它类似巴莫鳄，是大型掠食动物

中华猎兽复原图（图片来源：Dmitry Bogdanov）

中华猎兽，又译为中国猎兽，意为“中国的猎人”，属兽孔目恐头兽亚目安蒂欧兽科，生活于晚二叠世，约 2.65 亿年前，化石发现于中国甘肃省玉门市。其头骨长 35 厘米，身长约 2 米

巴莫鳄复原图

巴莫鳄，属兽孔目，是最原始的似哺乳类爬行动物之一，生活于晚二叠世，约 2.54 亿年前，化石发现于俄罗斯彼尔姆边疆区。巴莫鳄具有修长的四肢，身长 1.5~2 米

巴莫鳄骨骼化石

伟鳄兽复原图（图片来源：Dmitry Bogdanov）

伟鳄兽，属兽孔目恐头兽亚目，并非鳄。伟鳄兽是肉食性动物，生活于晚二叠世，约 2.54 亿年前，化石发现于南非。伟鳄兽身长约 2.5 米

苏美尼兽生态复原图（图片来源：Mojcaj）

苏美尼兽，属兽孔目异齿亚目，生活在 2.6 亿年前，化石发现于俄罗斯基洛夫州。它营树栖生活，比最早的树栖哺乳动物还早出现近 1 亿年。苏美尼兽体长 50 厘米，四肢很长，脚趾也特别长，前脚趾细长、弯曲，就像动物的爪子一样。其最明显的特征是拇指对生，便于在树上抓握和爬行

合齿兽生态复原图（图片来源：Di Bgd）

合齿兽，属兽孔目恐头兽亚目合齿兽科，生活于中二叠世，化石发现于俄罗斯。合齿兽身长约 1.2 米，是一种小型恐头兽类

安蒂欧兽生态复原图

安蒂欧兽，又名前龙，属兽孔目恐头兽亚目安蒂欧兽科，是大型肉食性动物，生活于2.65亿—2.6亿年前，化石发现于南非。安蒂欧兽身长超过5米，体重500～600千克

巨型兽骨骼及生态复原图（图片来源：Nobu Tamura）

巨型兽，属兽孔目恐头兽亚目，是肉食性动物，生活在冠鳄兽之后500万年，化石发现于俄罗斯。巨型兽身长约2.85米

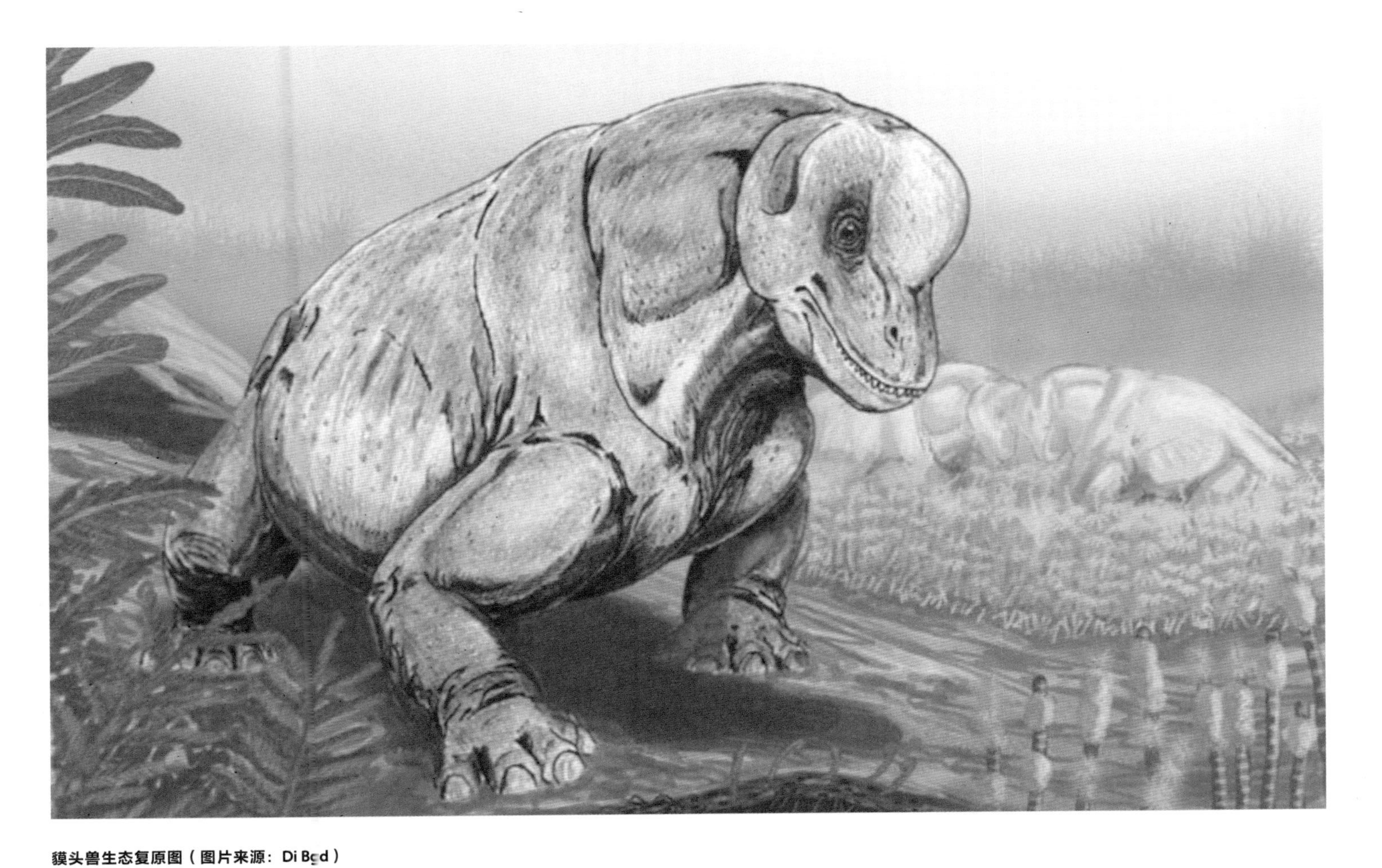

貘头兽生态复原图（图片来源：Di Bgd）

貘头兽，为兽孔目大型植食性动物，生活于中二叠世，化石发现于南非。貘头兽体形矮胖，有巨大的头骨和短的口鼻部，身长达 3 米，重 1.5～2 吨，是当时最大的动物之一

第四次生物大灭绝事件：拉开了似哺乳类爬行动物多样化繁衍的序幕

虽然每一次生物大灭绝事件都会造成地球生物的大量死亡，甚至给极度繁盛的生物带来毁灭性的打击，但是，此后不久，适应环境的新物种就会乘虚而入，迅速填补因生物灭绝造成的生态位空缺，并呈现爆发式增长、多样化发展。

2.51 亿年前的二叠纪末期，一颗或几颗陨石撞击地球引起的火山大爆发导致了第四次（通常说是第三次）生物大灭绝事件。这是科学家们通过对二叠纪末期地层进行研究得出的结论，但这一观点仍然受到质疑。大规模的火山爆发对全球气候产生巨大影响，持续不断的火山喷发使大量火山气体和火山灰喷入空中，导致气温先是极速升高，随后又急剧下降。气

在二叠纪末期的生物大灭绝事件中，大量物种灭绝

温骤变一次次重创生物。最终，弥散在空中的火山灰遮挡了阳光的照射，阻碍了植物的光合作用，从根本上摧毁了整个地球的生态系统。据科学家们统计，有高达 95% 的海洋生物和 75% 的陆生脊椎动物在二叠纪末期灭绝。三叶虫从此在海洋中不见踪影。但仍有一些似哺乳类爬行动物，如水龙兽、二齿兽等依靠挖掘洞穴，得到了很好的庇护并幸存了下来。

第四次生物大灭绝事件促使脊椎动物的听觉系统进一步演化，听觉大幅度提高。

陨石撞击地球假想示意图

○ 脊椎动物颌骨的进化

脊椎动物颌骨的进化与其听小骨的演化是密不可分的。

脊椎动物颌骨的进化过程如左图所示：

① 鱼的绿色部分的鳃弓形成舌颌骨，红色与蓝色部分的鳃弓前移，形成原始颌骨的雏形；

② 绿色部分的舌颌骨变小，红色与蓝色部分的软骨进一步前移，开始形成原始颌骨，如原始的盾皮鱼类；

③ 红色与蓝色部分的软骨组成了原始颌骨，如长吻麒麟鱼；

④ 由软骨（红色、蓝色部分）组成的原始颌骨开始退缩，形成方骨和关节骨，舌颌骨进一步缩小，开始形成耳柱骨（绿色部分）。此后，体表骨片侵入上下颌并取代退缩的原始颌骨，脊椎动物开始有了真正的嘴，如初始全颌鱼，以及两栖动物；

⑤ 进化到爬行动物（包括原始哺乳动物），舌颌骨（绿色部分）形成耳柱骨（中耳），体表骨片进化成坚固的上下颌骨（白色部分为坚硬的颌骨），其中下颌骨由方骨（红色部分）、关节骨（蓝色部分）、齿骨 3 块骨头组成；

⑥ 进化到胎盘哺乳动物，形成完善的中耳，中耳内的听小骨由 3 块小骨组合成，即关节骨（蓝色部分）进化而成的锤骨、方骨（红色部分）进化而成的砧骨和耳柱骨（绿色部分）进化成的镫骨，下颌骨变为一块骨头。

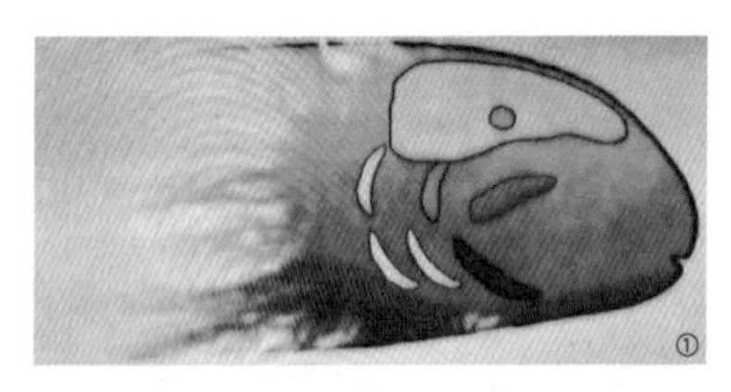

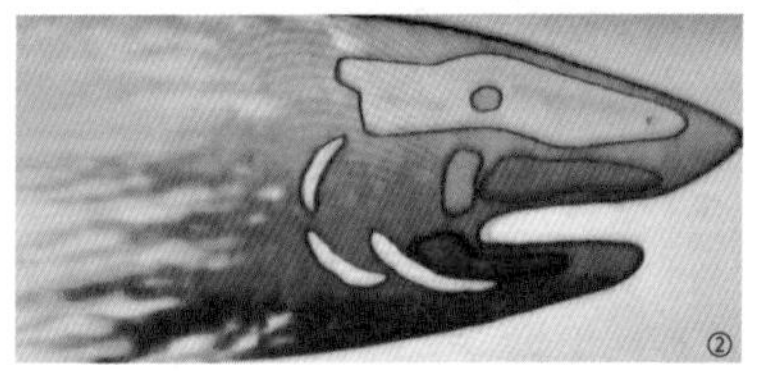

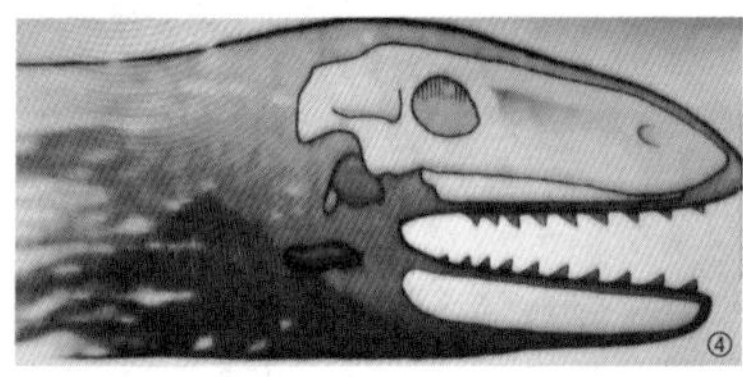

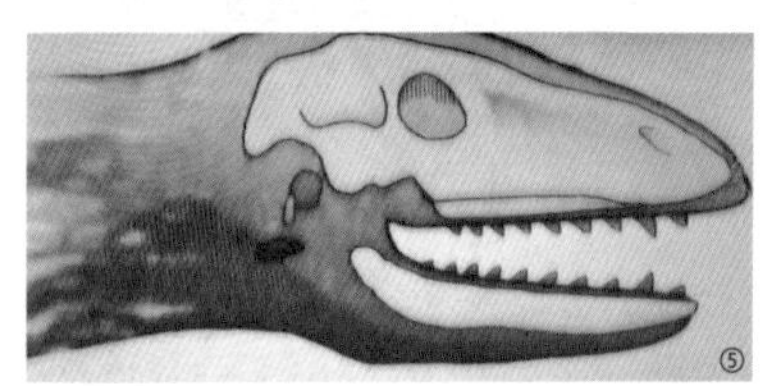

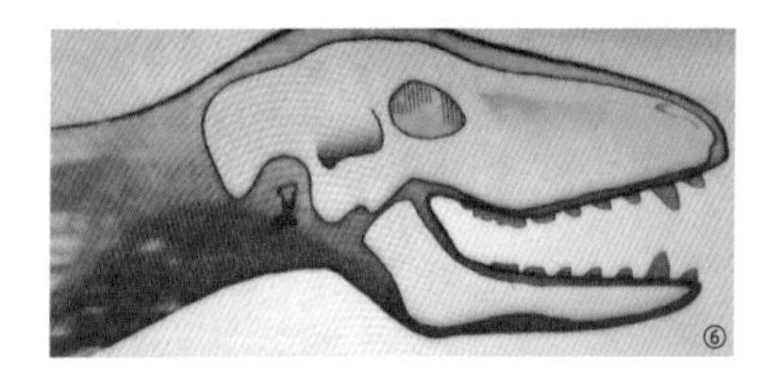

脊椎动物颌骨的演化过程图

○ 脊椎动物听小骨的进化

脊椎动物听觉的进化由弱到强，主要表现在听小骨的结构演化方面。脊椎动物听小骨的进化过程如下。

第一步，鱼的一组鳃弓逐渐移到头部形成下颌，鱼的另两组鳃弓进化成舌颌骨，舌颌骨支撑下颌的后缘。

第二步，从肉鳍鱼演化成爬行动物，爬行动物的下颌骨由关节骨、方骨和齿骨 3 块骨头组成；舌颌骨缩小，演化成爬行动物的耳柱骨，耳柱骨是一个中间有孔的长条骨，构成了中耳，中耳从下颌骨那里感受振动并传到爬行动物的内耳。

第三步，从爬行动物进化到胎盘哺乳动物，关节骨进化成锤骨，方骨进化成砧骨，下颌骨只由一块齿骨组成，舌颌骨进化成镫骨。锤骨、砧骨和镫骨 3 块骨构成了哺乳动物的听小骨。所以，哺乳动物比其他脊椎动物的听觉要灵敏得多。

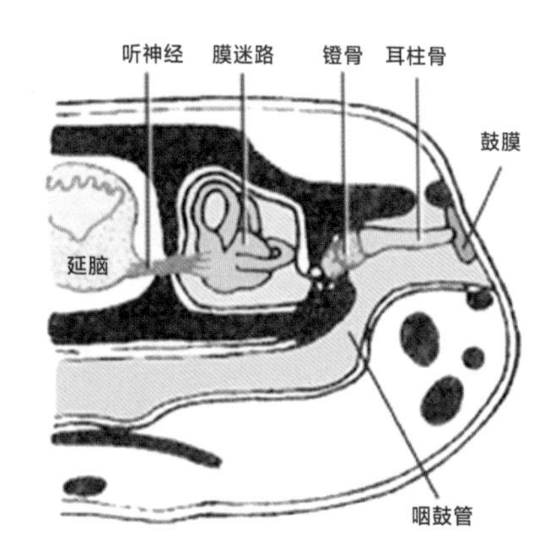

两栖类听小骨（具有耳柱骨和镫骨，没有进化出锤骨和砧骨）

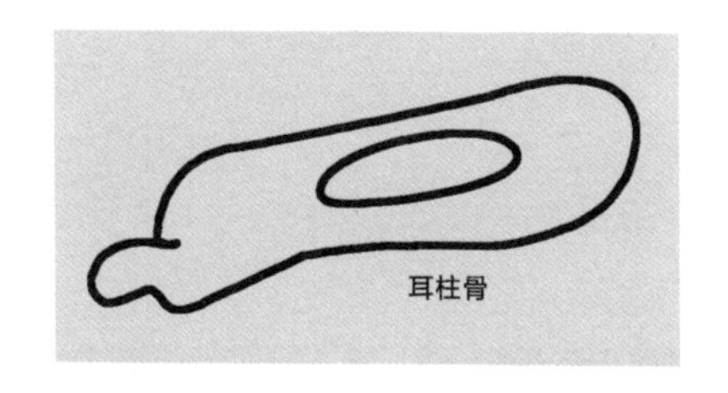

耳柱骨

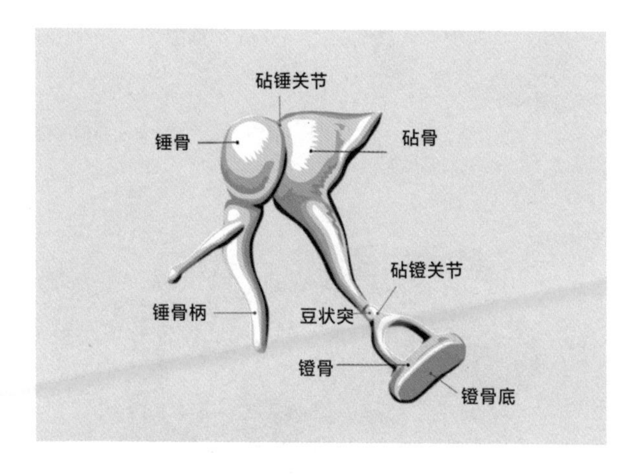

哺乳动物（包括人类）听小骨的结构

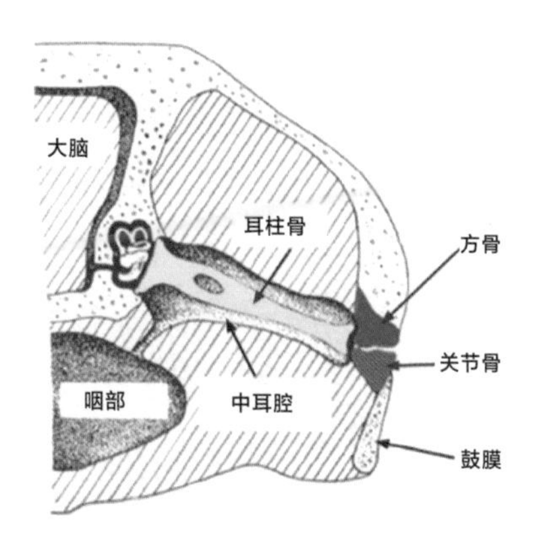

爬行动物中耳结构示意图

12.5 少数存活下来的似哺乳类爬行动物——二齿兽类

二齿兽类因长有两颗长牙而得名，繁盛于晚二叠世，化石发现于南非和坦桑尼亚。二齿兽可能是三叠纪肯氏兽的祖先，或者是多数三叠纪二齿兽类的祖先。著名的二齿兽类有二齿兽、水龙兽等。水龙兽生活于晚二叠世至早三叠世，2.6 亿—2.47 亿年前。水龙兽的嘴里只有两颗长牙，自上颌延伸出来，上下颌前端可能有喙状嘴，用来切碎植物。它的嘴巴前端强而有力，可以用嘴巴和爪子刨土做窝，然后生活在地下的窝里，它也因此在二叠纪末期生物大灭绝事件中存活下来，但数量大大减少。

水龙兽骨架模型（法国国家自然历史博物馆）

水龙兽复原图

水龙兽，属兽孔目二齿兽下目。水龙兽体形笨重，是中等大小的植食性动物，有短粗的四肢，体形似猪

始二齿兽复原图（图片来源：Nobu Tamura）

始二齿兽，属兽孔目二齿兽下目，生活于二叠纪的南非

二齿兽复原图

二齿兽，又译为二犬齿兽，属兽孔目异齿兽亚目二齿兽下目，是植食性动物

12.6 长有双重军刀状牙齿的似哺乳类爬行动物——丽齿兽类与兽齿类

丽齿兽类，属兽齿大类，生活在第四次生物大灭绝事件之前，为肉食性，外形像狼，明显特征是进化出了双重军刀状牙齿，哺乳动物的獠牙就是由这种牙齿演化而来的。

丽齿兽是凶残的猎手，位于食物链的顶端，它们的牙齿与剑齿虎的牙齿一样，如匕首般尖锐锋利，眼睛像蜥蜴一样，体形庞大，身长 4 米，壮如犀牛。丽齿兽发现猎物后，可以每小时 50 千米的速度疾驰，直到捕获猎物为止。它们在 2.5 亿年前的生物大灭绝事件中灭绝。

兽齿类很像哺乳动物，为肉食性，大小如现代的狗，头骨窄而长，明显特征是进化出了次生腭，从而将鼻腔与口腔分开，以便在吞食大型猎物的同时正常呼吸，这是动物的又一次重大进化。兽齿类的牙齿亦明显分化。

两头丽齿兽正为了争夺猎物而打斗（想象图）

丽齿兽，又译为蛇发女妖兽，属兽孔目丽齿兽亚目，是丽齿兽亚目的代表物种。丽齿兽生活于晚二叠世，2.54 亿—2.52 亿年前，化石发现于南非卡鲁盆地。丽齿兽身长 4 米

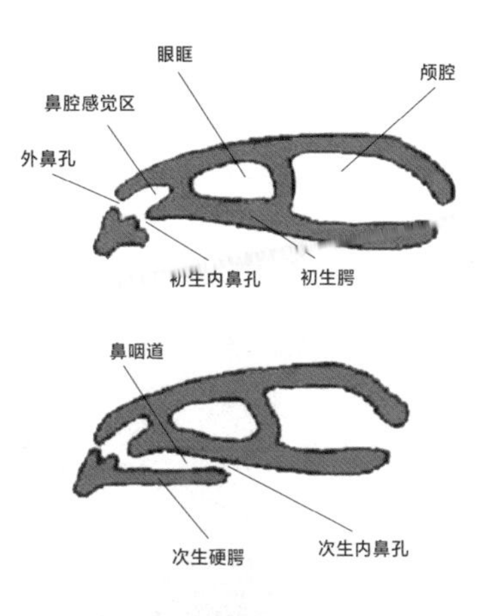

次生腭的形成示意图

包氏兽复原图（图片来源：Nobu Tamura）

包氏兽，属兽孔目兽齿类兽头亚目包氏兽科。包氏兽生活于早三叠世的非洲南部，为肉食性动物

丽齿兽生态复原图

锯颌兽生态复原图（图片来源：ДИБГД）

锯颌兽，属兽孔目真兽齿类兽头亚目，生活于中晚二叠世的南非。锯颌兽身长约 1.5 米，头骨狭长，达 25 厘米，具有相当大的门牙，为肉食性动物，可能以小型兽孔目、米勒古蜥科爬行类为食

狼蜥兽攻击一只盾甲龙（想象图，图片来源：Dmitry Bogdanow）

狼蜥兽骨骼模型

狼蜥兽，又译为伊诺史川兽，属兽孔目丽齿兽亚目，生活于2.52亿年前的晚二叠世，化石发现于俄罗斯。狼蜥兽如同其他丽齿兽类，是四足动物，四肢直立于身体下方。其头骨长45厘米，身长1~4.3米，骨骼上附有强壮的肌肉

12.7 最接近哺乳动物的爬行动物——犬齿兽类

犬齿兽类是当时最进步的类群，它们的颞颥孔加大，齿骨大，下颌具高而宽的冠状突，犬齿大而突出，次生腭发育，头骨与脊柱间的活动性增加。

犬齿兽类拥有几乎所有哺乳动物的特征，是哺乳动物的祖先。它们的牙齿全部分化，脑壳往后方突起，多数以直立的四肢行走。犬齿兽类仍然卵生，和所有中生代原始哺乳类一样。犬齿兽类与兽头类有亲近的血缘关系。犬齿兽类的犬齿是它们下颌的最大骨头，其他小骨头移动到内耳。它们可能是温血动物，体表覆盖着毛发。

原犬鳄龙复原图（图片来源：Nobu Tamura）

原犬鳄龙，生活在 2.6 亿—2.52 亿年前，化石发现于德国、赞比亚、南非等地。其体长约 60 厘米

著名的犬齿兽类有原犬鳄龙、三尖叉齿兽、犬颌兽、奇尼瓜齿兽等。原犬鳄龙科是最早的犬齿兽类之一，生活于晚二叠世。它们既能够爬行，也能够半直立行走，有胡须，长毛发。

三尖叉齿兽逃过了第四次生物大灭绝事件，它们生活在 2.47 亿—2.42 亿年前的早三叠世，有胡须，身上覆盖着皮毛，可能是穴居的温血动物。三尖叉齿兽长有外耳，已经有了分化的门齿、犬齿和臼齿，虽然具有了哺乳动物的许多特征，但仍然是爬行动物，繁殖方式是卵生。三尖叉齿兽的步姿明显进化，从爬行进化为站立，是哺乳动物与爬行动物之间的过渡物种，在揭示哺乳动物的进化方面具有重要意义。

原犬鳄龙骨架模型（日本国立科学博物馆）

犬颌兽生活于早三叠世，是最类似哺乳动物的一群似哺乳类爬行动物。

犬齿兽亚目进化为真犬齿兽下目，真犬齿兽下目又分为犬颌兽科、奇尼瓜齿兽科、三瘤齿兽科和三棱齿兽科。 它们都非常接近哺乳动物。

犬颌兽头骨

犬颌兽，属犬齿兽类，生活于早三叠世，化石发现于南非、中国，以及南美洲和南极洲等地。 犬颌兽为肉食性动物，身长约 1 米，有外耳

三尖叉齿兽复原图

三尖叉齿兽（*Thrinaxodon*），属犬齿兽类，化石发现于南非和南极洲。其体长 30～50 厘米，身体低矮，肉食性，以小型动物为食

三头犬颌兽正在享用一头水龙兽（想象图）

奇尼瓜齿兽生态复原图

奇尼瓜齿兽，属兽孔目犬齿兽亚目奇尼瓜齿兽科，生活于中晚三叠世，化石发现于南美洲。它具有许多哺乳动物的特征，是一种小型肉食性动物，外形接近狗，与早期恐龙共存于同一地区

12.8 逃过两次大灭绝事件的似哺乳类爬行动物
——三瘤齿兽科与三棱齿兽科

三瘤齿兽科，由类似犬颌兽的横齿兽科演化而来，生活于晚三叠世至中白垩世，是生存时间最长的似哺乳类爬行动物，是哺乳动物的近亲。其化石发现于北美洲、南美洲、南非、欧洲和东亚。三瘤齿兽类是最进化的犬齿兽类之一，同时具有似哺乳类爬行动物和哺乳动物的特征，故被视为似哺乳类爬行动物演化至哺乳动物的旁支之一。有些三瘤齿兽类在晚侏罗世至白垩纪演化成植食性动物，如小驼兽。三瘤齿兽类可能已演化成温血动物，极有可能生活在洞穴里，如同现今的啮齿动物。

三棱齿兽科，也被称为鼬龙类，是由横齿兽科演化而来的中小型犬齿兽类，是高度特化的犬齿兽类动物，特别像哺乳动物。它们身长 10～20 厘米，多为肉食性，从晚三叠世存活到中侏罗世，可能因哺乳动物而灭绝。它们的化石发现于南美洲和南非，说明它们生活在当时盘古大陆的南部。

关于哺乳类是从三瘤齿兽科进化而来的，还是从三棱齿兽科进化而来的，科学家们仍有不同观点。

三棱齿兽类头部复原图

小驼兽复原图

小驼兽，属兽孔目三瘤齿兽科，是先进的植食性犬齿兽类，生活于晚三叠世至晚侏罗世。其外表类似黄鼠狼或水貂，拥有长而纤细的身体与尾巴，四肢笔直地竖立在身体下方，有了外耳

三瘤齿兽复原图（图片来源：Nobu Tamura）

三瘤齿兽，属犬齿兽亚目三瘤齿兽科，为植食性动物。三瘤齿兽生活于早侏罗世，化石发现于南非。三瘤齿兽是一种小型动物，头骨长约 25 厘米，胫骨长 5.3～8.2 厘米，上颌每侧有 3 颗门齿，其中第 2 颗较大。三瘤齿兽没有犬齿，门齿与后齿之间有个缺口，后齿呈方形，具有 3 个齿尖，故名三瘤齿兽

12.9 副爬行动物
——无孔亚纲

在似哺乳类爬行动物时代，还生活着一类原始的爬行动物，即无孔亚纲，也称副爬行动物，因头骨上没有颞颥孔而得名。副爬行动物可能由早期真爬行动物演化而来，最早出现于3.18亿年前的石炭纪晚期，繁盛于二叠纪时期，在2.51亿年前的第四次生物大灭绝事件中，绝大多数灭绝。其头骨表面有纹饰，吻短，松果孔大，无次生腭。副爬行动物包括大鼻龙目（或归入真爬行动物）、前棱蜥目、龟鳖目和中龙目，目前仅存龟鳖目，龟鳖目是演化后期失去颞颥孔的，故又被归为特化的双孔亚纲。

中龙骨骼及生态复原图

中龙，属副爬行动物中龙目中龙科，生活在晚石炭世至早二叠世，化石发现于南美洲、非洲。中龙是最早下水的爬行动物，主要生活在溪流和水潭中，以鱼为食。中龙身体细长，有一条长而灵活的尾巴，脚大，主要用尾巴游泳；上下颌特别长，嘴里长满锋利的牙齿，适合捕鱼

锯齿龙生态复原图（图片来源：Nobu Tamura）

锯齿龙科，又译为巨齿龙科，是一群副爬行动物，繁盛于二叠纪，是早期的植食性爬行动物。乌龟是小型锯齿龙类的近亲。这些动物体形矮胖，身长 0.6～3 米，体重达 600 千克，有强壮的四肢、宽大的脚掌、小的头部与短的尾巴。它们的皮肤上有骨质鳞甲，以防掠食动物攻击。它们笨重的头骨延伸出奇特的突起物与隆起物

锯齿龙骨骼

大鼻龙复原图（图片来源：Nobu Tamura）

大鼻龙，又名狭鼻龙，属大鼻龙目大鼻龙科，生活于二叠纪，化石发现于北美洲。大鼻龙体形小，身长约 40 厘米

大鼻龙化石

铁龙复原图（图片来源：Smokybjb）

铁龙，属大鼻龙目，为杂食性动物，以昆虫、其他有硬壳的动物，或者坚硬的植物为食，生活于二叠纪，化石发现于美国得克萨斯州。铁龙非常原始，身长约 75 厘米，身体笨重，外形类似蜥蜴，头部很大

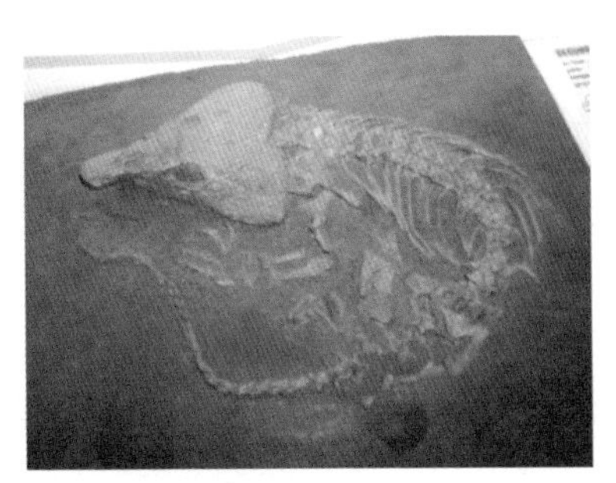

铁龙骨骼化石

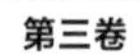

夜守龙复原图（图片来源：Dmitry Bogdanov）

夜守龙，属副爬行动物前棱蜥目，生活于二叠纪晚期，约 2.52 亿年前，外形类似蜥蜴

真双足蜥复原图（图片来源：Nobu Tamura）

真双足蜥，属副爬行动物波罗蜥科，是目前已知最早的两足脊椎动物，生活于二叠纪早期，2.9 亿—2.79 亿年前，化石发现于德国。真双足蜥是一种小型动物，身长约 25 厘米

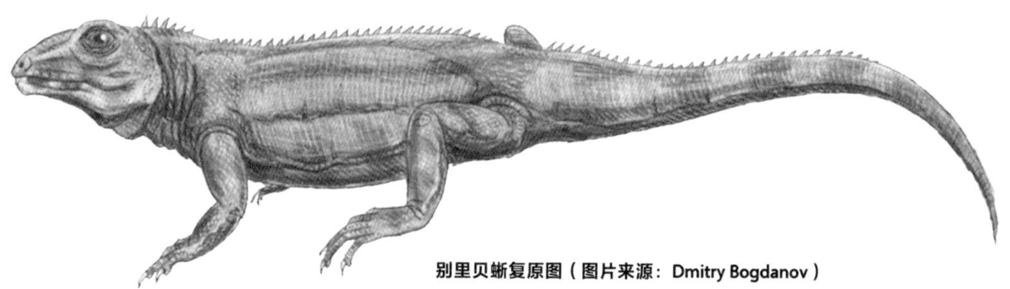

别里贝蜥复原图（图片来源：Dmitry Bogdanov）

别里贝蜥，属副爬行动物波罗蜥科，生活于石炭纪晚期至二叠纪早中期，化石发现于法国、俄罗斯与中国

吻颊龙复原图（图片来源：Dmitry Bogdanov）

吻颊龙，属副爬行动物前棱蜥形目，生活于二叠纪的俄罗斯。吻颊龙的头骨长 12 厘米，呈低矮的三角形，身长估计为 120 厘米。吻颊龙可能是兰炭鳄的近亲

第五次生物大灭绝事件：弱小的哺乳动物仍过着“寄人篱下”的生活

约 2 亿年前，一颗巨型陨石破碎成数块大的和成千上万块小的陨石并猛地砸向地球，引发了第五次（通常说是第四次）生物大灭绝事件，史称三叠纪末期生物大灭绝事件。这次撞击造成火山大规模喷发，全球气候变得干热，海平面变动，海水氧含量开始降低，70% 的物种灭绝，其中海生生物遭受灭顶之灾，许多鳄类消失殆尽，但也开启了“恐龙时代”。哺乳动物虽然早在 2.05 亿年前就已经出现，但在强大的恐龙的威慑下，它们仍过着“寄人篱下”的生活，没有壮大起来。

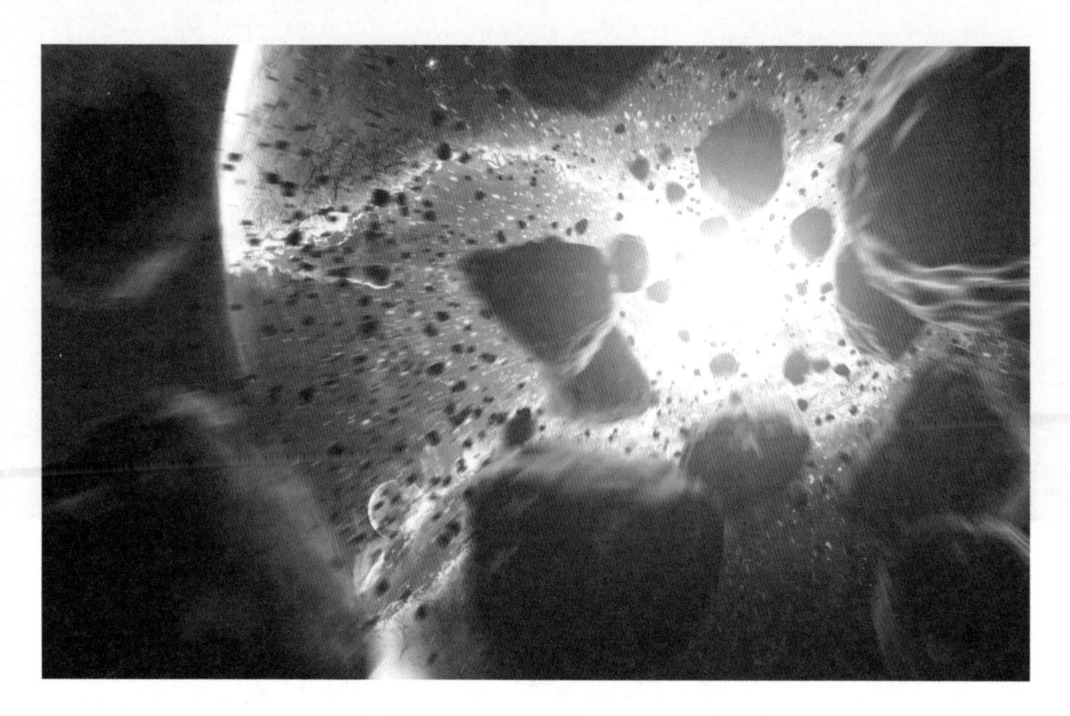

陨石的撞击引发了第五次生物大灭绝事件，开启了恐龙的大繁盛时代

第三卷

从野性到文明

第十三章

哺乳动物时代

The Evolution of Life

第五次生物大灭绝事件后，恐龙等大型爬行动物占据了统治地位，弱小的哺乳动物过着“寄人篱下”的生活

第五次生物大灭绝事件之后，也就是侏罗纪至白垩纪时期（2.01 亿—6600 万年前），是恐龙、翼龙和鱼龙、蛇颈龙、沧龙等十分兴盛的时代，因恐龙在生命进化史上起着承前启后的作用，故这一时期被称为“恐龙时代”。此时，陆地上有重达几十吨的梁龙，有凶狠残暴的霸王龙、异特龙、中华盗龙，有地上可捕猎、下水可抓鱼的棘龙；天空中有形态各异、大小不一的翼龙，大的翼展长达 15 米，像一架 F-15 战斗机，小的如森林翼龙，翼展只有 25 厘米；水里有鱼龙、蛇颈龙、海龙，还有称霸海洋的沧龙。此外，陆地上还有高大繁盛的裸子植物、茂密的蕨类植物，以及体长 35 厘米的蜻蜓、巨大无比的蜈蚣等。

在恐龙时代，恐龙称王称霸，肆意横行，所向披靡，而哺乳动物多数体重不过千克，体长不足 1 米。我国东北辽宁西部发现了许多恐龙时代的哺乳动物，有生活在晚侏罗世、约 1.6 亿年前的神兽、仙兽、柱齿兽、中华侏罗兽，以及獭形狸尾兽；有生活在早白垩世的巨爬兽（体长 1 米）、欧亚皱纹齿兽、胡氏辽尖齿兽、强壮爬兽、弥曼齿兽、中国俊兽、金氏热河兽、尖吻兽、中华毛兽等，它们大多属于啮齿类，体形娇小，皮毛厚实，或树栖生活，或洞穴居住，以肉为食。

哺乳动物有的以爬树捕捉昆虫为食，有的下河游泳吞食小鱼小虾，有的只能偷偷摸摸地吃些恐龙的残羹剩饭，以腐肉为食。它们白天藏匿于洞穴，夜间出来觅食，所以，哺乳动物进化出了灵敏的听觉系统，不然的话，它们不是被肉食性恐龙捉住，就是被翼龙抓走，也有可能被水里的沧龙生吞腹中。哺乳动物的生活就是如此艰辛。

但与此同时，也有一些极为重要的变化正在悄然发生。脊椎动物进化史上的第七次巨大飞跃，就是长毛恒温，胎生哺乳。哺乳动物进化出 4 缸型心脏，结束了爬行动物有氧血液与无氧血液混合循环的历史；动物体温变成了恒温，从此新陈代谢加快，很多动物不再有冬眠的习性，活动变得频繁，不仅白天进食，晚上也可以进食。这些变化开启了哺乳动物的进化时代，代表性的哺乳动物是中华侏罗兽和攀援始祖兽。还有一种代表性的动物是 2.05 亿年前的摩尔根兽，它形似啮齿动物，体形小巧，犹如小型老鼠，以昆虫、蚯蚓为食，是最原始的卵生哺乳动物。

长毛恒温或胎生哺乳这些进化使鸟类和哺乳动物获得了更大的生存优势，于是在 6600 万年前第六次生物大灭绝事件之后，恐龙、翼龙、沧龙等大型爬行动物销声匿迹，而哺乳动物和鸟类却得以幸存。也正是这些原本占据统治地位的生物的退场，为哺乳动物的大繁盛创造了历史机遇，各种各样的哺乳动物呈现爆发式、多样化发展，直到人类祖先阿法南方古猿出现，地球才进入了人类时代。

○ 哺乳动物的特点

（1）身体由头、颈、躯干、四肢和尾巴五部分组成，雌雄个体通过生殖器交配，体内受精，胎生哺乳。（2）体表有毛发，有胡须；具有发达的肺功能；心脏具有 2 个心房和 2 个心室，属 4 缸型心脏；有氧血液与无氧血液分离，血液循环属完全双循环，是恒温动物。（3）具有发达的听觉系统，中耳内的听小骨由 3 块小的骨头组成；有明显的外耳郭，能够感知声音的方位和远近。（4）基本都是四肢垂直于身体下方，直立行走或奔跑。（5）已进化出膈肌，采用胸 - 腹式呼吸。（6）牙齿有门齿、臼齿和犬齿的分化，门齿切断食物，犬齿撕裂食物，臼齿磨碎食物；其中植食性哺乳动物只有门齿和臼齿，没有犬齿，而肉食性哺乳动物除了门齿和臼齿外，还有发达的犬齿，适于撕裂食物，臼齿具有咀嚼功能。

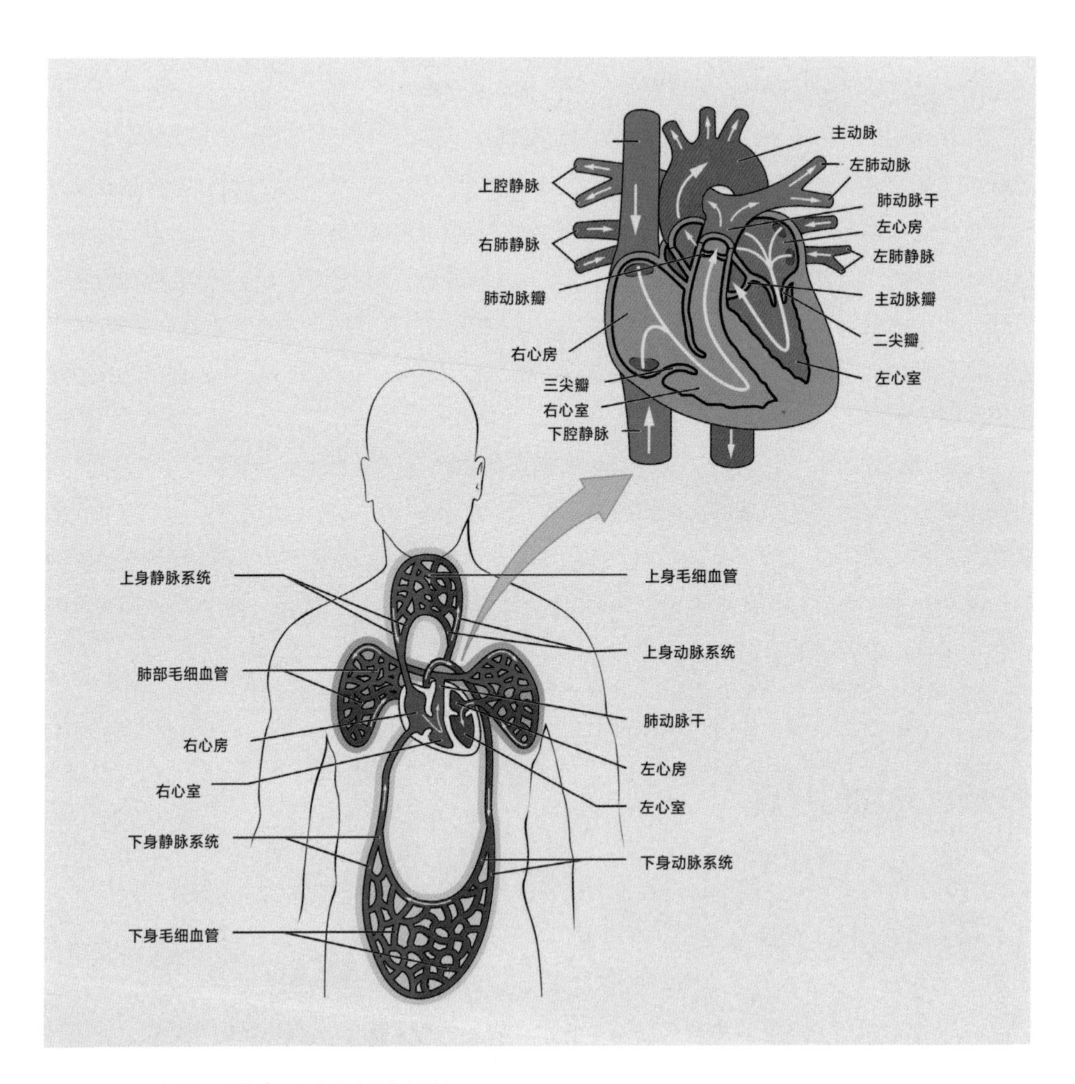

哺乳动物的心脏结构及血液循环示意图（以人为例）

13.1 哺乳动物的演化

哺乳动物是脊椎动物亚门的一大类，通称兽类，全身被毛，恒温哺乳。从卵生哺乳类（原兽亚纲）至有袋哺乳类（后兽亚纲），再至胎盘哺乳类（真兽亚纲），是哺乳动物进化的三个阶段。多数哺乳动物运动快速，恒温胎生，躯体结构和功能行为复杂。哺乳动物因通过乳腺分泌乳汁哺育幼体而得名。哺乳动物分布于世界各地，有陆上、地下、水栖、空中飞翔等多种生活方式，有植食性、肉食性和杂食性三大类。

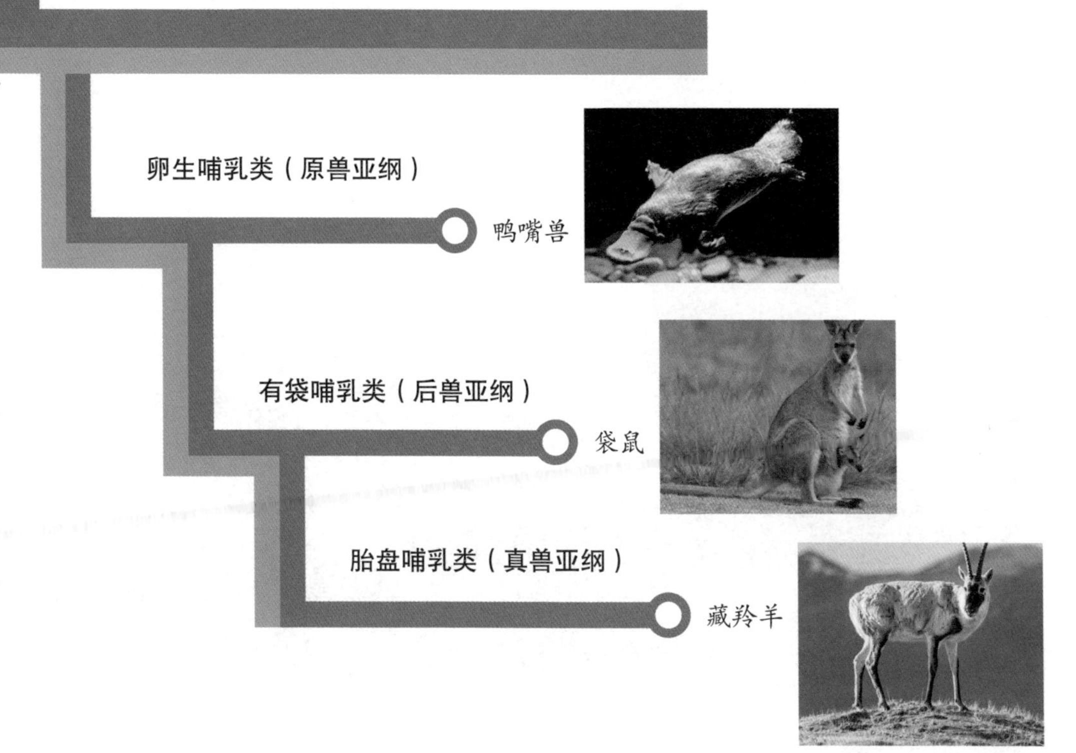

鸭嘴兽标本和鸭嘴兽的卵

○ 卵生哺乳类

卵生哺乳动物不分肛门、尿道及产道，因三个合一用肛门来代替，故被命名为单孔目。卵生哺乳动物现有 2 科 3 属 3 种，代表性动物有澳大利亚的针鼹、鸭嘴兽等。历史上其他的卵生哺乳类都已灭绝。

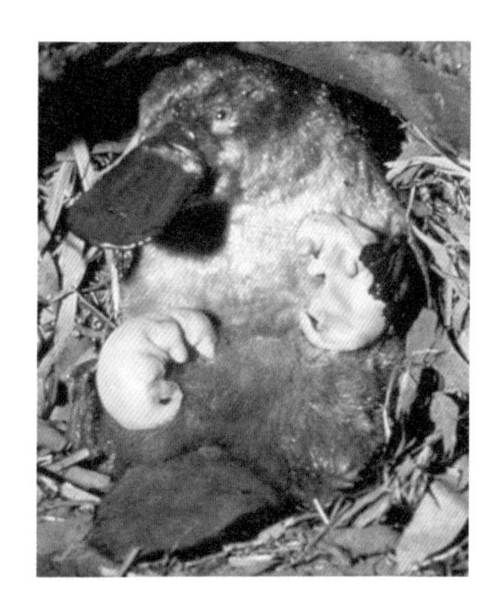

鸭嘴兽妈妈正在给两只幼崽哺乳

○ 有袋哺乳类

有袋哺乳类是在进化上介于卵生哺乳类与胎盘哺乳类之间的哺乳动物。

它们的特点是胎生，但大多数无真正胎盘，雌兽具特殊的育儿袋，乳头在育儿袋内，发育不完全的幼崽出生后在育儿袋内继续发育。有袋哺乳动物的大脑体积小，无沟回，不分左右脑；体温近于恒温，在 33 摄氏度至 35 摄氏度间波动。雌性有袋哺乳动

澳洲针鼹（图片来源：D.Parer&E.Parer-Cook）

物具双子宫、双阴道，如袋鼠，右边子宫里的幼崽刚出生，左边子宫里又怀了另一个胚胎；等小袋鼠长大，完全离开育儿袋以后，另一个胚胎才开始发育，40 天后再以相同的方式降生下来；左右子宫轮流怀孕，如果条件适宜，袋鼠妈妈会一直繁殖。与此相应，雄性有袋哺乳动物阴茎的末端也分两叉，交配时

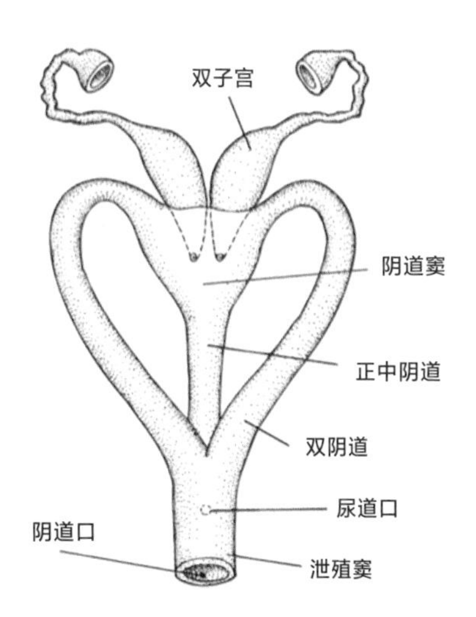

有袋哺乳类的双子宫、双阴道示意图

袋鼠妈妈与小袋鼠

袋鼠是著名的有袋哺乳动物，主要分布于澳大利亚和巴布亚新几内亚的部分地区。袋鼠有强有力的下肢，是世界上跳得最高和最远的哺乳动物。袋鼠奔跑起来时速可达 50 千米以上，其尾巴使袋鼠既可以在快速奔跑时保持身体平衡，也可以在休息时用来支撑身体

树袋鼠母子

每一分叉进入一个阴道。雄性有袋哺乳动物体外具阴囊。有袋哺乳动物的牙齿为异型齿，门齿数目较多且多变化，骨骼已接近胎盘哺乳类。有袋哺乳类主要分布于澳大利亚及其附近的岛屿，仅有一种分布在北美洲。

○ 胎盘哺乳类

胎盘哺乳类由有袋哺乳类进化而来。雌性胎盘哺乳类在胚胎发育期，经过双子宫、双阴道阶段，即有袋哺乳类阶段，此后发生融合，才形成了只有一个子宫、一个阴道的胎盘哺乳方式。这是哺乳动物进化过程中基因突变、自然选择的结果，更有利于其生存与繁衍。

胎盘哺乳类是现存最多的哺乳动物，属于躯体结构、功能行为最为复杂的最高级动物类群，已分化出左右脑；绝大多数全身有毛、运动快速，体温恒定、胎生（胎儿在子宫内基本发育完全）、哺乳；心脏左、右两室完全分开；脑颅扩大，脑容量增加；大多数胎盘哺乳动物的肛门与尿道分开，但尿道与产道合二为一，而高等灵长类——类人猿（猴、猿）的肛门、尿道与产道（泄殖腔）是分开的；中耳发育为 3 块听小骨，下颌由 1 块齿骨构成；牙齿

正在交配的藏羚羊

分化为门齿、犬齿和臼齿。除南极、北极中心外，胎盘哺乳类几乎遍布全球。

食虫动物（中华侏罗兽、攀援始祖兽）是最早、最原始的胎盘哺乳动物，其他几大类胎盘哺乳动物（皮翼目、翼手目、食肉目、奇蹄目、鲸－偶蹄目、兔形目、啮齿目、贫齿目、长鼻目等）都是由食虫动物演化来的。

正在产崽的藏羚羊

初生的小藏羚羊正在吃奶

初生的小藏羚羊正在试着站起来

本书主要介绍食肉目（熊科、熊猫、猫科动物、中爪兽、鬣齿兽，以及鳍足类）、奇蹄目（马科、犀牛科）、鲸－偶蹄目（猪形亚目、鲸类、河马，以及反刍动物鹿科动物）、部分长鼻目动物（象、海牛和儒艮）、贫齿目（雕齿兽和星齿兽），以及灵长目人科等。

○ 人类与其他哺乳动物在生儿育女上的差异性

人类因为体形和生理构造与其他哺乳动物（如藏羚羊）有着明显的差异，所以在生儿育女方面要比其他哺乳动物困难得多。

一方面，人类祖先学会两足直立行走，视野更加开阔，便于警戒；腾出上肢，便于双手捕获猎物和采集食物。

另一方面，随着食肉增多和双手的使用，再加上学会使用火，人类的脑容量明显增加，头颅增大，同时直立行走也造成人类女性骨盆变小，产道变窄，所以人类生孩子就变得困难了。人类的早期祖先拉密达地猿，脑容量仅为 400 多毫升，比黑猩猩的脑容量略大一些，远远小于现在人类 1300～1600 毫升的脑容量，所以那个时候，雌性古猿生产并不像现在人类生产这么困难。随着人类头颅越来越大，生孩子变得越来越困难，因此人类的基因发生变异，不再像其他植食性哺乳动物那样直到胎儿发育成熟才将其生产下来，而是在胎儿未发育成熟、骨骼尚未愈合时，就将其生下来，以适应人类女性狭窄的产道，避免分娩造成母体死亡。

人类生产的小孩子，都属于“早产儿”，小孩子的骨骼没有完全愈合，有 305 块骨头，远远高于成年人拥有 206（或 204）块骨头的标准。这是人类进化的又一例证。

人类母亲之所以怀孕 9 个月产下“早产儿”，还有一个原因是母亲已不能再为 9 个月大的胎儿提供足够的营养。

因为人类生下的孩子是“早产儿”，所以母亲必须照看和抚育孩子很长一段时间。即便如此，人类女性生孩子仍然要比其他动物困难得多。

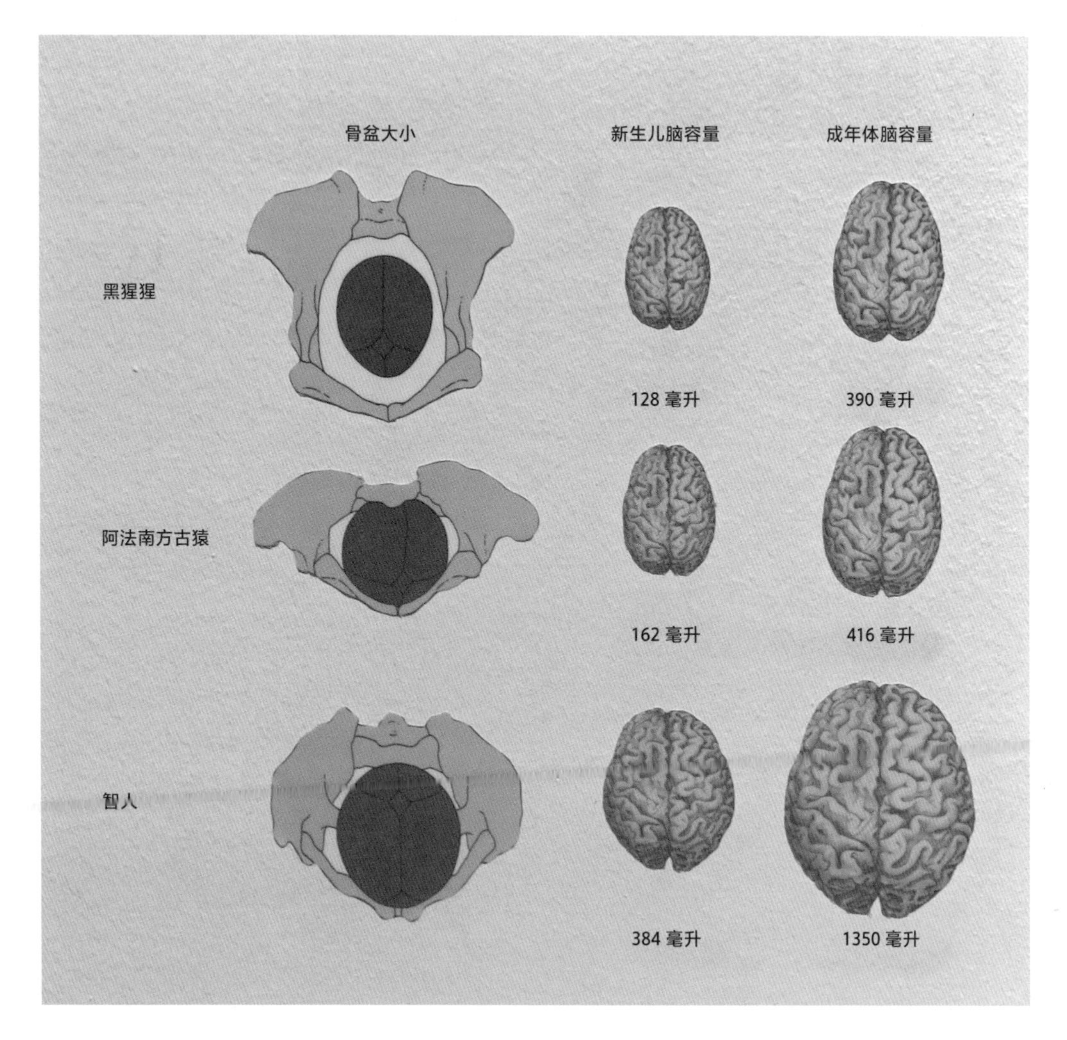

人科动物骨盆大小与脑容量对比示意图

13.2 最早和最原始的哺乳动物

隐王兽复原图

早三叠世的似哺乳类爬行动物大致分为两类，一类是以水龙兽为代表的二齿兽类，十分繁盛，几乎遍布整个泛大陆，属优势物种，到了晚三叠世，二齿兽类已演化成大型植食性动物，体态笨重，如著名的扁肯氏兽；另一类是势单力薄的犬齿兽类，在约 2.25 亿年前，它们中的一支演化出已知最早的原始哺乳动物。

最早的哺乳动物出现在晚三叠世—早侏罗世，它们体形很小，身长只有几厘米，体重不足 10 克，它们也是最原始的卵生哺乳动物，形态很像老鼠，小脑袋，尖嘴巴，圆眼睛，小耳朵，长胡须，有 5 趾，尾巴细长，主要以昆虫、蚯蚓为食，仍保留爬行动物的残余构造，最具代表性的是出现在美洲的隐王兽、出现在欧洲的摩尔根兽和出现在中国的吴氏巨颅兽。

摩尔根兽复原图

○ 隐王兽、摩尔根兽——最早的哺乳动物

隐王兽，属似哺乳类爬行动物，生活在约 2.25 亿年前。其颅骨化石发现于美国得克萨斯州。隐王兽虽然不是真正意义上的哺乳动物，但被认为是今天所有哺乳动物的共同祖先或共同祖先的近亲，代表了最早的哺乳动物形态。

摩尔根兽是目前发现的世界上最早的哺乳动物的代表。随后慢慢发展起来的整个哺乳动物大家族，都是在摩尔根兽的身体特征的基础上一步步分化、演变而来的。可以说，摩尔根兽代表了整个哺乳动物大家族，包括我们人类的祖先类型。

摩尔根兽出现于 2.05 亿年前的欧洲，化石大部分发现于英国的威尔士。在中国也发现过它们的化石。摩尔根兽体形小巧，犹如小型老鼠，纤细的下颌显然属于哺乳动物类型。但是摩尔根兽的下颌内侧有一条沟，依然保留了一点点方骨－关节骨的残余，说明它们起源于爬行动物。其牙齿是哺乳动物类型的，有小的门齿，具有单个的大而锐利的犬齿，以昆虫、蚯蚓为食。摩尔根兽是恒温动物，听觉和嗅觉灵敏，是夜行性动物，视觉稍差，辨色能力很弱，发育乳腺，仍是卵生哺乳类。

1985 年，在中国云南省禄丰市发现了原始的哺乳动物 —— 吴氏巨颅兽，其特征像摩尔根兽，是现代哺乳动物最具血缘关系的亲戚。吴氏巨颅兽生活于 1.95 亿年前，脑相对较大，

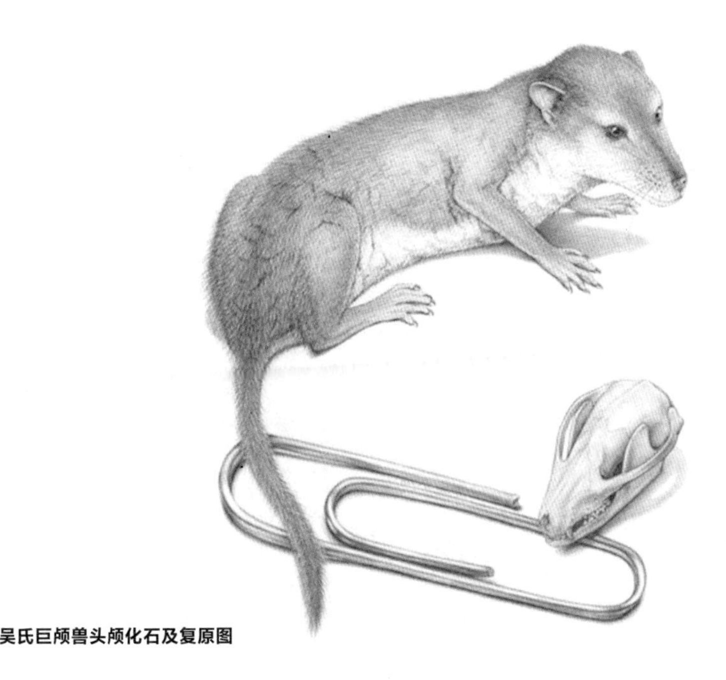

吴氏巨颅兽头颅化石及复原图

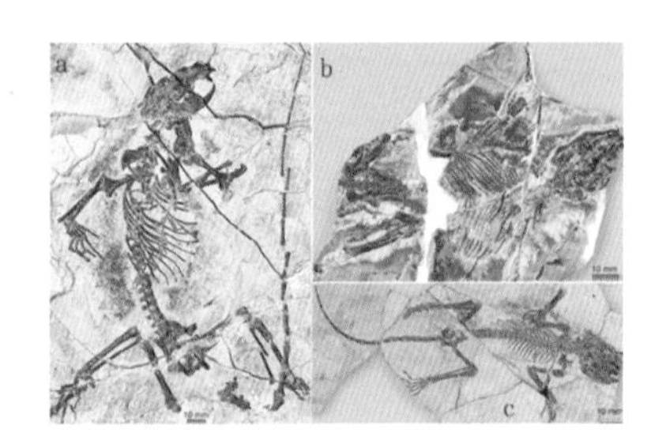

真贼兽化石

图中为生活在 1.6 亿年前的神兽和仙兽化石，a 为陆氏神兽，b 为玲珑仙兽，c 为宋氏仙兽（图片由中国科学院古脊椎动物与古人类研究所提供）

进化的中耳有了独立的听小骨，全身长着短毛。其体重只有 2 克，身长 32 毫米，头骨有 12 毫米长，是已知最小的中生代哺乳动物。

○ 侏罗纪—白垩纪哺乳动物

哺乳动物最早出现在晚三叠世，到晚侏罗世，哺乳动物开始出现多样化，体形明显增大，但很少超过 1 米，体重不过千克，著名的有真贼兽类、柱齿兽类等。迄今发现的最早的胎盘哺乳动物是晚侏罗世的中华侏罗兽。

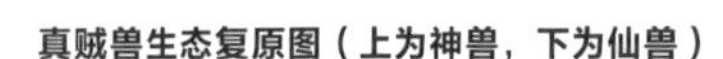

真贼兽生态复原图（上为神兽，下为仙兽）

神兽、仙兽属真贼兽类，有三种，分别为陆氏神兽（*Shenshou lui*）、玲珑仙兽（*Xianshou linglong*）和宋氏仙兽（*Xianshou songae*），均为小型哺乳动物，生活在 1.6 亿年前的晚侏罗世，化石发现于中国辽宁省建昌县玲珑塔镇。它们外形如松鼠，体重 40～300 克，骨骼纤细，最典型的特征是四肢都有短的掌骨和长的指（趾）骨，用以抓握树枝，长的尾巴可以缠卷，具有典型的树栖特征；杂食性，食物以昆虫、坚果、水果等为主。它们脚上具有与鸭嘴兽类似的毒刺（源自中国科学院毕顺东、王元青、孟津等人）

欧亚皱纹齿兽化石及生态复原图

欧亚皱纹齿兽（*Rugosodon eurasiaticus*），是哺乳纲多瘤齿兽目保罗科菲特兽科的一个新种，生活在1.6亿年前的晚侏罗世，化石发现于中国辽宁省葫芦岛市建昌县玲珑塔镇大西沟，由中国地质科学院地质研究所袁崇喜等人研究并命名

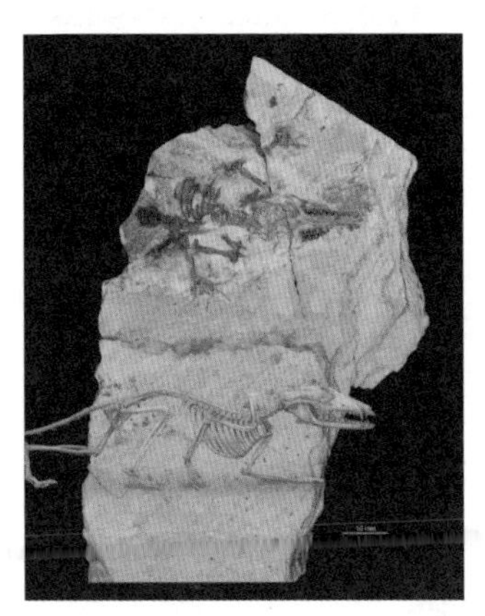

中华侏罗兽化石及复原图

中华侏罗兽（*Juramaia sinensis*），属哺乳纲真兽亚纲，是胎盘哺乳动物，生活于约1.6亿年前的晚侏罗世。中华侏罗兽体重约13克，具有攀爬能力，是一种在树上生活的食虫哺乳动物，化石发现于中国辽宁省葫芦岛市建昌县玲珑塔镇，由中国地质科学院地质研究所季强发现，正型标本收藏于中国国家自然博物馆

攀缘灵巧柱齿兽正型化石标本（收藏于中国国家自然博物馆）

短指挖掘柱齿兽正型化石标本

攀缘灵巧柱齿兽（树枝上）和短指挖掘柱齿兽（水中）生态复原图

攀缘灵巧柱齿兽（*Agilodocodon scansorius*），是哺乳动物的基干支系之一，是已知最早的树栖型哺乳动物，生活在距今 1.65 亿年前，化石发现于中国内蒙古自治区宁城。攀缘灵巧柱齿兽具有特殊的身体构造，具有攀缘功能，适合生活在树上，特殊的牙齿可吸食树汁树液。短指挖掘柱齿兽（*Docofossor brachydactylus*），是已知最早的地穴型哺乳动物，生活在距今 1.6 亿年前，化石发现于中国河北省青龙县。短指挖掘柱齿兽前肢骨骼强壮，其手爪骨呈铲形，膨大、扁平、横宽、伸长，具有很好的挖掘功能，适合地穴生活，以蠕虫昆虫为食（孟庆金博士、季强博士研究成果）

强壮爬兽生态复原图

强壮爬兽（*Repenomamus robustus*），属三尖齿兽目，生活在早白垩世，化石发现于中国辽宁省北票市，躯干较长，体长约60 厘米，体重 4~6 千克，四肢短而粗壮，半直立状行走，有点像袋獾，肉食性，甚至以鹦鹉龙为食

巨爬兽生态复原图

巨爬兽（*Repenomamus giganticus*），属三尖齿兽目，生活在早白垩世，化石发现于中国辽宁省北票市，体长 1 米，肉食性，以恐龙为食

金氏热河兽化石及复原图

金氏热河兽（*Jeholodens jenkinsi*），属三尖齿兽目，生活在早白垩世，化石发现于中国辽宁省北票市。金氏热河兽大小如鼠，体长仅 15 厘米，生活在森林地表，以昆虫为食

獭形狸尾兽生态复原图（图片来源：Nobu Tamura）

獭形狸尾兽（*Castorocauda lutrasimilis*），属柱齿兽类，是一种小型、半栖息在水中的动物，生活于中侏罗世，化石发现于中国内蒙古自治区。其外观类似现今的半水栖哺乳动物，如河狸、水獭、鸭嘴兽等

西氏尖吻兽化石及生态复原图

西氏尖吻兽（*Akidolestes cifellii*），属对齿兽目，生活在早白垩世，化石发现于中国辽宁省凌源市。西氏尖吻兽是小型兽类，体长 12 厘米，肉食性，以昆虫和蠕虫为食

陆家屯弥曼齿兽生态复原图

陆家屯弥曼齿兽（*Meemannodon lujiatunensis*），属三尖齿兽目，生活在早白垩世，化石发现于中国辽宁省北票市。陆家屯弥曼齿兽体形如强壮爬兽，生活在森林中，是肉食性动物

中华毛兽生态复原图

中华毛兽（*Maotherium sinensis*），属对齿兽目，生活在早白垩世，化石发现于中国辽宁省北票市。中华毛兽是小型兽类，体长 15 厘米，生活在温热的丛林中，以昆虫为食

凌源中国俊兽生态复原图

凌源中国俊兽（*Sinobaatar lingyuanensis*），属多瘤齿兽类，生活在早白垩世，化石发现于中国辽宁省凌源市。凌源中国俊兽是小型哺乳动物，以植食为主，是杂食性动物

五尖张和兽生态复原图

五尖张和兽（*Zhangheotherium quinquecuspidens*），属对齿兽目，生活在早白垩世，化石发现于中国辽宁省北票市。五尖张和兽主要生活在地上，也可爬树，以昆虫为食

沙氏中国袋兽生态复原图

沙氏中国袋兽（*Sinodelphys szalayi*），属后兽次亚纲，生活在早白垩世，化石发现于中国辽宁省凌源市。沙氏中国袋兽是小型兽类，体长15 厘米，可以在树丛中攀缘，动作敏捷，以昆虫为食

胡氏辽尖齿兽生态复原图

胡氏辽尖齿兽（*Liaoconodon hui*），属三尖齿兽目，生活在早白垩世，中等大小，体长约 36 厘米，具有明显分化的门齿、犬齿和臼齿，可能捕食昆虫。胡氏辽尖齿兽的下颌已经开始转变为哺乳动物中耳的听小骨，填补了哺乳动物中耳形成的一个重要环节。哺乳动物比其他脊椎动物对声音更为灵敏，进化出敏锐的听力，有助于夜间活动

○ 现代卵生哺乳动物——最原始的哺乳动物

针鼹

针鼹是最原始的卵生哺乳动物之一。针鼹产卵时，会先将卵产在育儿袋内，每次产卵 1 枚，然后孵化卵。针鼹的幼崽刚从卵里孵出时，长不过 12 毫米。它们舔食母兽毛上从乳腺流出的很浓的浅黄色乳汁。针鼹具强大的挖掘能力，以白蚁或无脊椎动物为食

现代卵生哺乳动物是最原始的哺乳动物，现存只有鸭嘴兽和针鼹，分布在澳大利亚东部、塔斯马尼亚岛和新几内亚岛。现代卵生哺乳动物的肛门、尿道及产道没有分开，只有一个泄殖腔，它们与其他哺乳动物一样都是恒温动物。

卵生哺乳动物仍保留着爬行动物的最明显特征，即靠产羊膜卵来繁殖后代。与大多数鸟类一样，卵生哺乳动物的幼崽由母亲依靠自身的体温孵化出来。孵化出来的幼兽靠舔食母乳长大。鸭嘴兽每次产 2～3 枚卵，像鸟类一样孵卵，一般 10 天后幼崽被孵化出来。母体没有乳房和乳头，鸭嘴兽腹部两侧皮肤上的乳腺可以分泌乳汁，幼崽就伏在母兽腹部上舔食。6 个月大的小鸭嘴兽就能开始独立生活，自己到河床底觅食了。

鸭嘴兽在水中游泳

卵生哺乳动物是爬行动物向哺乳动物进化的关键过渡物种，有极高的科学意义，历经千万年，既未灭绝，也少有进化，始终在“过渡阶段”徘徊，充满了神秘感。卵生哺乳动物的主要特征有：（1）成年个体没有牙齿，有角质鞘；（2）下颌退化，齿骨仅有

雄性鸭嘴兽

鸭嘴兽，最早出现于 2500 万年前，是最著名的原始卵生哺乳动物之一，尾巴扁而阔，前、后肢有蹼和爪，适于游泳和掘土，雄性鸭嘴兽踝部有毒腺。成年鸭嘴兽体长 40～50 厘米，雌性重 0.7～1.6 千克，雄性重 1～2.4 千克。鸭嘴兽是游泳能手，能用前肢蹼足划水。鸭嘴兽穴居在水边，以蠕虫、水生昆虫、蜗牛、软体虫、小鱼虾等为食，它们习惯白天睡觉、夜晚活动

一个冠状突的残迹，没有角突；（3）大脑皮质不发达，无胼胝体，听泡消失；（4）雄兽踝部有毒腺；（5）只有一个泄殖腔；（6）双子宫与双阴道没有愈合，发育不全；（7）有卵壳腺，产具弹性卵壳的多黄卵；（8）没有乳头，但有乳腺，为特化的汗腺，位于腹部两侧的“乳腺区”；（9）雄兽体外无阴囊，仅有一个小的阴茎位于泄殖腔内，阴茎顶部分叉，没有阴茎骨，睾丸始终在腹腔内。

○ 最早发现的有胎盘的哺乳动物——攀援始祖兽

攀援始祖兽（*Eomaia scansoria*），生活在1.3亿年前的早白垩世，化石发现于我国辽宁省凌源市，是目前已知最早的有胎盘的哺乳动物，关于其化石的研究成果曾发表在2002年的《自然》杂志上。2011年，研究人员又发现了生活在1.6亿年前的中华侏罗兽化石，将胎盘哺乳动物的进化史前推到了晚侏罗世。

胎生哺乳，恒温长毛，是脊椎动物进化史上的第七次巨大飞跃。

攀援始祖兽生态复原图及化石

攀援始祖兽，是一种类似鼩鼱的动物，属真兽亚纲食虫目。攀援始祖兽是小型兽类，体长16.5厘米，体重200～250克，长着长长的、毛茸茸的尾巴，牙齿小而尖锐，以昆虫为食。中国古生物学家季强、罗哲西等对其进行了研究并命名

第六次生物大灭绝事件：拉开了哺乳动物大繁盛和灵长类进化的序幕

6600万年前，一个直径约为10千米、质量约为20000亿吨的小行星碎片，以约每秒20千米的速度飞越大西洋，撞击在墨西哥湾尤卡坦半岛上，引发了第六次（通常说的第五次）生物大灭绝事件，这也是最为著名的一次大灭绝事件。

这次生物大灭绝事件之后，小型陆生哺乳动物依靠残余的食物勉强为生，还有飞翔于蓝天的鸟类，它们终于熬过了最艰难的时日。到了6000多万年前，脊椎动物开始了大繁荣，从此地球迎来了哺乳动物的多样化发展，即开启了“哺乳动物时代”。

小型哺乳动物呈多样化发展，个体由小变大。最早的灵长类普尔加托里猴等幸存下来，并拉开了灵长类进化的序幕。有学者推测，可能是普尔加托里猴演化出后来的阿喀琉斯基猴，以及森林古猿、乍得人猿、地猿始祖种、大猩猩、黑猩猩等类人猿。

一种形似鼩鼱的动物，体重不足500克，长着长尾巴，以昆虫为食

这种动物出现在6480万年前，是恐龙灭绝后最早出现的胎盘类哺乳动物，也许是人类、啮齿类、鲸类等哺乳动物的祖先

普尔加托里猴生态复原图

普尔加托里猴（*Purgatorius*），属灵长类，生活在6590万年前，常常从树上采集水果和其他植物。1970年，美国古生物学家威廉·克莱门斯在美国蒙大拿州东北部的地狱溪组发掘出普尔加托里猴的牙齿化石，其牙齿相对短且牙尖偏圆，说明它喜欢吃植物和果实。2003年，美国华盛顿大学生物学教授格雷戈里·威尔森曼提拉对化石进行了研究并命名

13.3 已经灭绝的哺乳动物

真枝角鹿头部化石

在哺乳动物时代，出现了很多我们现在看不到的、已灭绝了的哺乳动物，其中大家比较熟悉的有真枝角鹿、洞熊、中爪兽、鬣齿兽、雕齿兽类等。

○ 真枝角鹿

真枝角鹿（*Eucladoceros*），又名真枝角兽、偶蹄兽，生活在700万—1万年前。在我国发现了目前世界上最早的上新世早期的真枝角鹿化石。到了更新

真枝角鹿生态复原图

世，真枝角鹿广泛分布于欧洲、中东及中亚地区。

真枝角鹿是大型植食性动物，身长 2.5 米，肩高约 1.8 米，鹿角呈树枝状，有 10 多支，宽达 1.7 米，十分壮观。真枝角鹿是最先有大型复杂鹿角的鹿。

洞熊化石

○ 洞熊

洞熊（*Ursus spelaeus*）体形巨大，雄性洞熊的体重可达 1134 千克，雌性则要小很多。典型的洞熊头骨长约 40 厘米。洞熊是植食性动物，主要以草及浆果为食，有时也吃蜜糖，部分洞熊是杂食者，而且很凶猛。洞熊生活在 30 万—1.5 万年前，广泛分布于亚欧大陆。

洞熊与棕熊和北极熊有较近的亲缘关系，与黑熊等关系较远。

洞熊复原模型

○ 中爪兽、鬣齿兽

中爪兽（*Mesonyx*），又名中兽或钝肉齿兽，属中爪兽科，形似狼，大小如狗，生活于始新世中期，约 4500 万年前，化石发现于美国怀俄明州及东亚。中爪兽四肢灵活，善于奔跑，可能捕食植食性动物。不过中爪兽没有爪，趾上有细小的蹄。

中爪兽复原图

鬣齿兽（*Hyaenodon*），又名肉齿兽、熊狗，属鬣齿兽科。鬣齿兽是高度专化的掠食者，出现于始新世晚期，约 4100 万年前，直到 2100 万年前灭绝，化石分布在亚洲、北美洲、欧洲和非洲。鬣齿兽肩高 1.4 米，身长 3 米以上，重 500 千克，颈部比头部短，身体长而粗壮，有很长的尾巴。其外观很像

鬣齿兽化石

现今的鬣狗，但有更尖锐的牙齿，可能猎食如羊般大小的动物。

鬣齿兽生活于山区与苔原地区，通常三五只一起捕猎，是一种有毅力的群体狩猎者，也是一种非常聪明的掠食者，在捕猎前，它们会权衡利弊，避免冒险。它们会在夜间不断地嚎叫。通常情况下，鬣齿兽会避免战斗，但当发现虚弱的、受伤的或垂死的猎物，以及新鲜的尸体时，它们会变得极具攻击性。

星尾兽复原图

○ 雕齿兽、星尾兽

雕齿兽（*Glyptodon*）是一种身披铠甲的巨型哺乳动物，体长约3.5米，身高1.5米，体重可达2吨。它那像乌龟壳一样的甲壳长1.2米，由1000多块3厘米厚、呈六边形的骨板组成。雕齿兽头骨上有一个坚硬的骨冠；脑袋顶部有一双小眼睛，但视力一般；四肢短粗，前肢长着爪子，而后肢则类似蹄子；尾巴末端长有厚角质化刺。

现代犰狳

鬣齿兽狩猎复原图

雕齿兽最早出现在2000万年前的南美洲。200多万年前，雕齿兽通过隆起的巴拿马地峡进入北美洲，并在大约1万年前灭绝。2016年，科学家们通过对星尾兽（属雕齿兽科）线粒体DNA进行分析发现，雕齿兽与现代犰狳在同一演化支上，可以说是犰狳的直接祖先。

雕齿兽有一条管状尾巴，尾巴末端有厚角质化刺，犹如一条带刺的粗棒，是很好的防卫武器，可以有效防御肉食性动物的攻击。

星尾兽（*Doedicurus*），属雕齿兽科，植食性。星尾兽是雕齿兽的近亲，生活于200万—1.5万年前的美洲。星尾兽是雕齿兽科体形最大的一个种群，身高达1.5米，体长约3.6米，雄性体重600～700千克，雌性体重400～500千克。星尾兽身体覆盖有大而圆的甲壳，类似现今的犰狳。它有一条1米多长的尾巴，尾巴包裹有灵活的骨鞘，雄性的尾巴末端长有狼牙一样的长刺，是有效的防御武器，也可能用于种群内的争斗。

雕齿兽生态复原图

象演化图

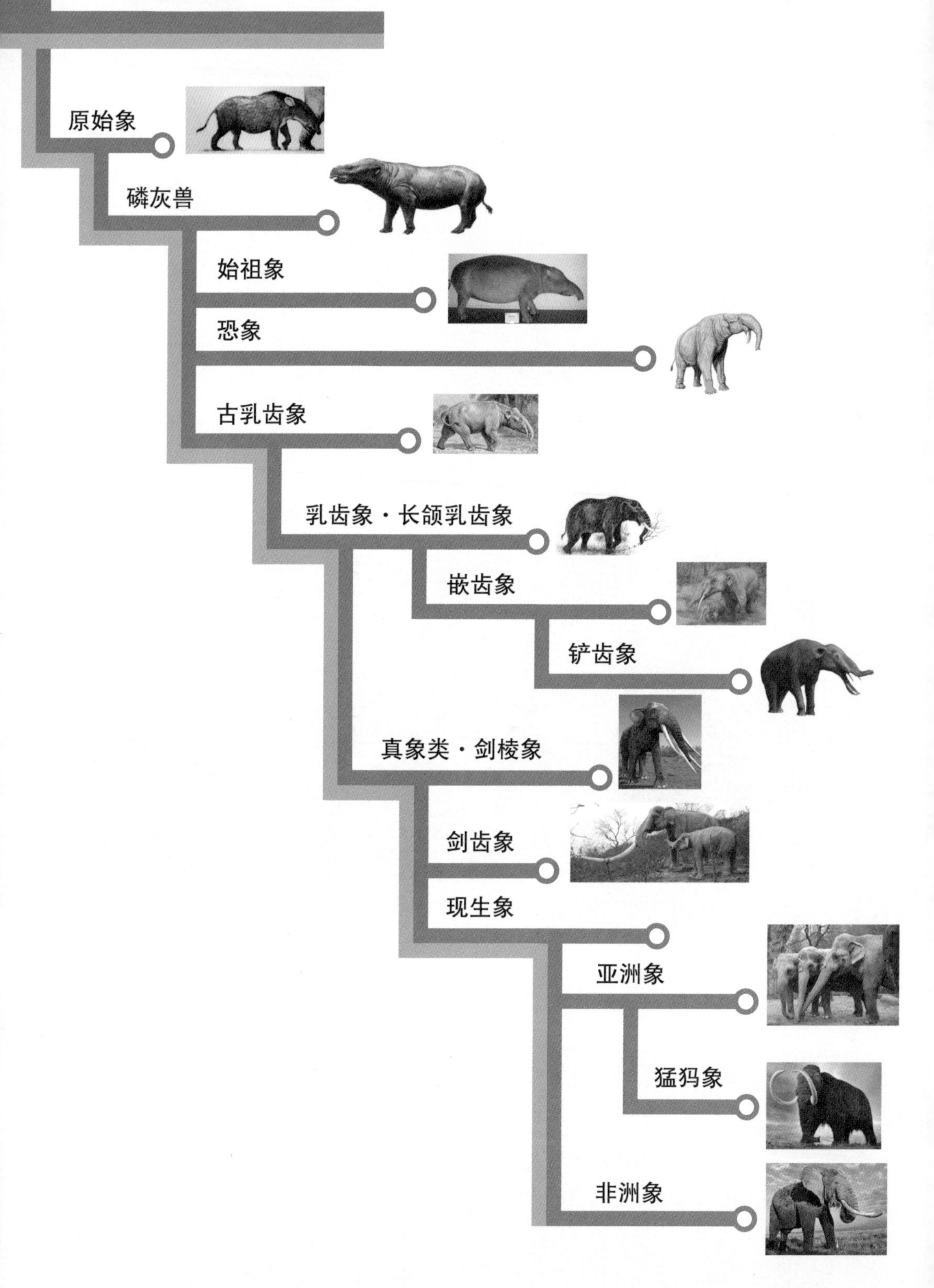
原始象
磷灰兽
始祖象
恐象
古乳齿象
乳齿象·长颌乳齿象
嵌齿象
铲齿象
真象类·剑棱象
剑齿象
现生象
亚洲象
猛犸象
非洲象

13.4 象的演化史

在现代哺乳动物中，大象是最为奇特的动物之一。大象的鼻子很长（近 2 米），很灵巧，力量很大，用途也很广。这是象的祖先——原始象为了生存与繁衍，在基因突变和自然选择的作用下，经过 6000 多万年进化的结果。大象的鼻子由约 4 万块不同方向的肌肉构成，能完成极其复杂的工作，现在就来说说大象鼻子的功能。

与原始象亲缘关系最近的磷灰兽复原图

6000 万年来的大象家族

一是可以抓取头顶上的物体，甚至是大象看不见的东西，例如可用鼻子够取 6 米高的嫩叶；二是象鼻是上唇与鼻子的嵌合体，让大象即便在大口咀嚼食物时，也可以用鼻孔呼吸；三是作为嗅觉器官，灵敏度在动物界名列前茅，其鼻腔内有 7 片鼻甲骨（比狗多 2 块），鼻甲骨上生有极其灵敏的嗅觉组织，能够感知空气中的化学分子，据说，大象能够闻到 20 千米之外水的气味、探测到激素和危险的化学信号、感知异性的情况、警惕危险；四是用来吸水，大象饮水时，会先将水吸到鼻管里，然后再送到嘴里，一只 4.5 吨重的成年亚洲雄象，5 分钟内最多可以饮约 250 千克水；五是作为喷头，用来沐浴，大象用鼻子将水喷洒到自己的后背上，有时还用鼻子将灰尘或草屑喷洒到身体上，以避免蚊虫叮咬和紫外线辐射；六是充当大象的“手”，大象的鼻尖非常灵敏，能完成复杂、精巧的任务，比如可以捡起一根细细的麦秆、抓起水泥地上的一枚硬币等；七是发挥社交作用，两只大象相遇时，会互用鼻子触摸脸颊，或将鼻子相互缠绕，犹如人类的握手礼，用来问候；八是大象会用鼻子敲击坚硬的地面、树干，或自己的身体、牙齿，产生不同的敲击声，用来传递信息；九是大象可以通过脚掌和鼻尖来接受次声波信号，大象的掌心非常敏感，当次声波传到大象的掌心时，掌心先感觉到地面的震动，然后震波信号通过其骨骼传到内耳，这一传导过程被称作“骨骼传导”。大象脸颊上厚厚的脂肪层可以起到扩音器的作用，将接收的震波信号放大，因此这些脂肪层被科学家称作“听觉脂肪”，海洋哺乳动物的脂肪层也具有同样的功能。

大象除了鼻子有许多功能外，还有超强的记忆力。大象能够清楚地记住自己经过的每个地方，所以就算象群在不断迁徙，也总能找对方向，从不迷路。象群的雌性首领可以凭借记忆，在干旱年份，长途跋涉，迁徙很远很远，找到水源。

大象还有极强的团队意识，象群有共同哺育幼象的传统，在象群添丁后，象群成员会抚育和保护幼象，遇到狮、猎豹等猎捕者时，往往把幼象围在中间，不让猎捕者靠近。

大象是寿命最长的哺乳动物之一，平均寿命为 80～100 岁。大象长寿的原因有三：一是性成熟晚，母象 10～12 岁性成熟，公象要到 20 岁左右才性成熟，但只有等到 30 岁，才有能力与其他公象竞争母象，母象怀胎 22 个月才生下小象；二是体形大，大象是现生陆生哺乳动物中体形最大的动物，体重 8 吨左右，有利于防寒保暖，降低热量消耗；三是基因具有优势，大象有一种起到抑制癌变作用的基因——*TP53*，*TP53* 基因有助于促进 DNA 的修复，避免发生癌变，在人类基因组中，只有一份 *TP53* 基因，而大象有 20 份 *TP53* 基因，所以

大象家族与人的身高对比

大象长肿瘤的概率比人类低很多。

那么，大象的这些特征是如何在进化中一步步实现的呢？让我们从原始象开始讲起。

○ 原始象

原始象（*Eritherium azzouzorum*），现在非洲象和亚洲象的最古老祖先，个头不大，像只大兔子，体长约 50 厘米，重约 5 千克。原始象是已知最古老的长鼻目动物，头骨化石发现于非洲北部的摩洛哥东部盆地的古—上新世地层中。原始象最明显的特征是两颗下排前牙从下颌伸出来，与当时其他动物的牙齿很不一样，这正是现代大象长牙的雏形。

原始象大约出现在 6000 万年前，当时非洲与亚欧大陆还没有接合，两者处于隔离状态，生物独立进行演化，因而，原始象在恐龙灭绝后不久就演化出来了。原始象化石的发现意义重大，说明在著名的白垩纪末期生物大灭绝事件之后 500 万年，生命进化就进入了哺乳动物繁盛期。原始象是最先崛起的哺乳动物之一，并演化出了磷灰兽。

原始象复原图

○ 始祖象

始祖象（*Moeritherium*），也称莫湖兽，属长鼻目始祖象科，生活在 4700 万年前。始祖象体高近 1 米，以植物为食。始祖象身体笨拙，大小同现今的河马，趾端有扁平的蹄。始祖象没有长鼻子，也没有长长的象牙，只是上唇稍大些，上下颌的第二对门齿也稍大些。始祖象有时候像河马一样生活在水中，

始祖象复原图

眼睛和耳朵位于头部很高的地方，便于露出水面观察四周情况。科学家们当初发现始祖象的化石时，发现其具有现代大象的一些特征，认为它是象的祖先，所以将其命名为“始祖象”。实际上，始祖象是长鼻目进化史上的一个旁支，而不是象的真正祖先。

○ 恐象

恐象（*Deinotherium*），属长鼻目，其与原始象的亲缘关系更近，生活于1600万—80万年前，分布于亚洲、非洲和欧洲地区。雄性恐象肩高近5米，体重超过15吨。恐象的上颌没有獠牙，下颌长有一对很大且下弯的獠牙。其臼齿的特征是有2～3道横向脊骨（齿脊），用来切割植物，前臼齿可以咬碎食物。

恐象身高腿长，很适合在开阔地带长途迁徙，长的獠牙可以刨挖植物的根部及块茎，推倒树木来吃树叶，或是剥下树皮来吃。恐象不会结成大规模的象群。

恐象骨骼化石

○ 古乳齿象

古乳齿象（*Palaeomastodon*），属长鼻目，生活在3600万—3500万年前，化石发现于非洲。古乳齿象是象或乳齿象的祖先，是始祖象的近亲。

古乳齿象有上下牙及长长的象鼻，比始祖象更具象的特征。其上颌前端第二对门齿向前下伸出，形成大象牙，下颌前端也有两个水平伸出的大象牙，较扁平。古乳齿象身高1～2米，比始祖象大一倍，体

古乳齿象生态复原图

重约 2 吨。

乳齿象生态复原图

○ 乳齿象

乳齿象（*Mammut*），属长鼻目，生活在 2000 万—200 万年前，由古乳齿象进化而来。乳齿象身高 2.5～3 米，已分化为长颌与短颌两种类型，分布于亚洲、非洲、欧洲和北美洲。长颌乳齿象包括嵌齿象，短颌乳齿象包括轭齿象。地球上已知的乳齿象种有始乳齿象、美洲乳齿象、剑乳齿象以及中国乳齿象。

恐象生态复原图

嵌齿象生态复原图 1

○ 嵌齿象

嵌齿象（*Gomphotherium*），又名三棱齿象或四偏齿象，属长鼻目嵌齿象科，生活于2000万—200万年前，分布于欧洲、北美洲、亚洲和非洲，主要生活在树林、河流、湖泊地区。

嵌齿象是长颌乳齿象的基础型，体形近似长颌乳齿象，体高约3米；下颌伸长，生长着一对并列的象牙，上颌的象牙向下前方伸出；上门齿相当长且大，稍向下、向外弯曲；下颌联合部长成喙嘴状，嵌在两侧上门齿中间，故名嵌齿象；下门齿微向下弯曲，横切面趋向扁平。嵌齿象的上象牙被一层牙釉质覆盖。嵌齿象的头骨较现今大象的长而低。与早期的长鼻目比较，嵌齿象只有很少的臼齿，臼齿上有3道脊用来增加摩擦面，齿脊上有乳状突起；臼齿拥有复杂的

嵌齿象生态复原图 2

齿柱结构，齿冠很高，有丰富的白垩质（磷酸钙），适合研磨食物。嵌齿象颈部较灵活，长有和现今大象一样灵活的长鼻。

○ 铲齿象

铲齿象（*Platybelodon*），属长鼻目铲齿象科，由嵌齿象演化而来，生活在1000多万—400万年前，是一种高度特化的长颌乳齿象。铲齿象下颌极度拉长，前端并排长着一对扁平的下门齿，形状恰似一个大铲子，故得名铲齿象。铲齿象当时广泛分布于欧洲、亚洲、非洲等各大洲，数量众多，但后来全部灭绝。最新研究显示，铲齿象可能长有和现代象一样的狭长鼻子，可能以下颌和鼻子配合拉扯植物进食，而不是靠下颌铲取水生植物为食，因为铲齿象生活在比较干旱的地区，而不是生活在草原的沼泽地区。

铲齿象生态复原图

剑棱象生态复原图

剑齿象骨骼化石

○ 剑棱象

剑棱象（*Stegotetrabelodon*）是真象类最早的祖先，生活在2000万—530万年前的中新世。剑棱象可能源于非洲，由某种长颌乳齿象进化而来，后来迁徙到欧洲和亚洲。其上颌齿与下颌齿明显变长。剑棱象的臼齿齿冠不高，齿脊间距较宽，齿脊数目较多。真象类包括剑齿象、非洲象、亚洲象与猛犸象。

○ 剑齿象

剑齿象（*Stegodon*），属长鼻目真象类剑齿象科，生活于1200万—100万年前的亚洲和非洲。剑齿象头骨比真象略长，腿也较长，上颌的象牙长且大，向上弯曲；下颌短，没有象牙；颊齿齿冠较低，断面呈屋脊形的齿脊数目逐渐增加；进化晚期的剑齿象，第三臼齿齿脊数在 10 条以上。

最大的剑齿象体长 9 米多，高 4～5 米，体重约 12 吨。中国常见东方剑齿象，生活在热带及亚热带沼泽和河边的温暖地带，以食草为主，是继恐龙之后的“巨无霸”。

1973 年 11 月，在我国甘肃省合水县板桥镇马莲河畔，发掘出一具剑齿象化石，它是目前世界上发现的个体最长、保存最完整的剑齿象化石，高 4 米，长 8 米，门齿长 3.03 米，被命名为黄河剑齿象，简称“黄河象”。

剑齿象复原模型

○ 非洲象

非洲象（*Loxodonta*），属长鼻目象科，包括非洲草原象和非洲森林象，大约在 730 万年前或更早时从真象那里分离出来。成年非洲雄象高约 3.5 米，最高可达 4.1 米，体重 4～5 吨，最重可达 10 吨。

非洲象是现今陆地上最大的哺乳动物，生活在森林、开阔草原、草地、灌木丛以及半干旱的丛林地带。非洲象无论雌雄，都长有一对大象牙，而亚洲象只有雄性长有一对大象牙；非洲象的耳朵是亚洲象的 2 倍大。

非洲象喜欢群居，一般 20～30 只组成一个家族群。首领为雌象，家族成员大多是首领的后代，雄象在群体中没有地位，长到 15 岁时就必须离开群体，只有在交配期间才偶尔回到群体中。群体中有严格的等级制度，行动时要按照地位高低排序，无论吃喝、交配还是走路都秩序井然，群体的成员之间通常都十分和平、友好。

非洲象

○ 亚洲象

亚洲象（*Elephas maximus*），属长鼻目象科，大约在480万年前与猛犸象从真象那里分离出来。

亚洲象是亚洲现存最大的陆生动物，象牙1米多长，是雄象上颌突出口外的门齿，也是强有力的防卫武器；象眼小，耳朵大；四肢粗大强壮，前肢5趾，后肢4趾；尾短而细，皮厚多褶皱，全身被稀疏短毛；体长5～6米，身高2.1～3.6米，体重3～5吨；平均寿命为65～70岁；喜群居，每群数只、数十只不等，雄象性成熟后会离群独处，小象由母象和家族成员一同照顾。

亚洲象栖于亚洲南部热带雨林、季雨林及林间的沟谷、山坡、稀树草原、竹林等地带。亚洲象在早、晚及夜间外出觅食，主要食用草、树叶嫩芽和树皮。亚洲象具有很强的记忆力，会长途跋涉去寻找水源。

亚洲象

○ 猛犸象

猛犸象（*Mammuthus*），又名长毛象，生活在480万—4000年前，分布于非洲、亚洲、欧洲与北美洲北部寒冷地带。猛犸象最早出现在480万年前的非洲，与亚洲象一样，都是从真象祖先演化来的。其中一部分猛犸象走出非洲，迁徙到亚欧大陆，演变出南方猛犸象和草原猛犸象。后来，草原猛犸象向欧洲与西伯利亚地区迁徙，大约在80万年前，演化出真猛犸象，后来的猛犸象是由真猛犸象进化而来的。最后一批西伯利亚猛犸象在4000年前灭绝，被

猛犸象骨架

视作一个冰川时代结束的标志。

猛犸象曾经是世界上最大的象之一。其体长约 6 米，高约 4 米，体重 8～10 吨；有粗壮的腿，脚生四趾，头大；其中，母猛犸象象牙长 1.5～2 米，公猛犸象象牙平均长 2.2～2.5 米，个别的超过 3 米；身上披着金、红棕、灰褐色的细密长毛，皮很厚，具极厚的脂肪层，最厚可达 9 厘米；夏季以草类和豆类为食，冬季以灌木、树皮为食；喜欢群居。

犀牛演化图

犀貘（5600 万—3400 万年前）

- 无角犀
  - 跑犀（5600 万年前）

    - 巨犀（3000 万年前）
      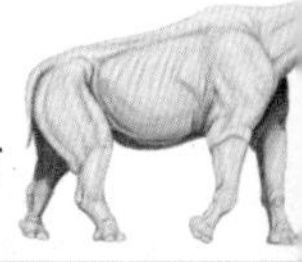
  - 两栖犀（5600 万年前）

    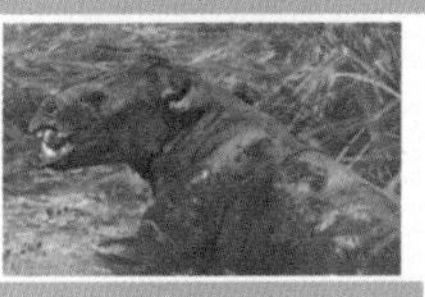
  - 副跑犀（3300 万—2300 万年前）

  - 大唇犀（2500 万—1200 万年前）

- 单角犀
  - 板齿犀（180 万—1 万年前）
    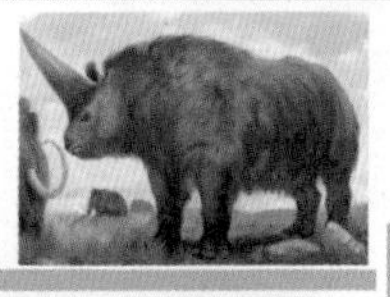
  - 印度犀（现生）

  - 爪哇犀（现生）

- 双角犀
  - 非洲双角犀
    - 黑犀牛（现生）

    - 白犀牛（现生）

  - 亚洲双角犀
    - 披毛犀（180 万—1 万年前）
      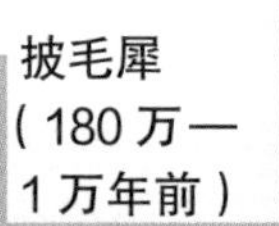
    - 苏门答腊犀（现生）

13.5 犀牛的演化史

犀牛（Rhinocerotidae），属哺乳类奇蹄目，现有4属5种。犀牛是世界上最大的奇蹄目动物，栖息于开阔的草地、稀树草原、灌木林或沼泽地，分布于非洲和亚洲的温暖地区。犀牛夜间活动，独居或结成小群；不同种类食性不一，以草类为主，或以树叶、嫩枝、野果、地衣等为食物；寿命为30～50年。

犀牛体长2.2～4.5米，肩高1.2～2米，重2～5吨；吻部长有由表皮角质形成的角（牛角则是骨质的）；四肢呈短柱状，前后均有3趾，看似体肥笨拙，实际上行走或奔跑速度较快；皮厚、粗糙，肩腰等处呈褶皱状，毛被稀少而硬，甚或无毛；头大而长，颈短粗，长唇延长伸出，尾细短，耳呈卵圆形，头两侧长有一对小眼睛，视力不佳；无犬齿；身体呈黄褐、

跑犀生态复原图

褐、黑或灰色。犀牛的角是角质蛋白（如人的指甲），是毛的特化产物，长在鼻子上，两只角一大一小，一前一后，并不对称。犀牛根据吻部上方是否长角和角的数目，分为无角犀、单角犀和双角犀。

○ 尤因它兽

尤因它兽（*Uintatherium*），又名恐角兽，属于早期蹄类哺乳动物中的恐角类。尤因它兽是4500万年前陆地上出现的最早的超大型哺乳动物，因化石发现于北美洲的尤因它山区而得名。尤因它兽头上长有6只形状奇特的角，雄性尤因它兽还长有30多厘米长的獠牙，但獠牙不是用来捕猎，而是用于雄性间的打斗，或用来炫耀的。尤因它兽体形巨大，体长4米，肩高1.6米，体重约4.5吨，比白犀牛稍大，脚趾似貘，大腿比小腿长，体形酷似犀牛，但与犀牛没有亲缘关系。

尤因它兽生活在始新世中期，它们因气候的改变或与雷兽的竞争而灭绝。

尤因它兽生态复原图

○ 雷兽

雷兽（Brontotheriidae），属奇蹄目，生存于5600万—3400万年前，虽然外表酷似犀牛，但可能是马的近亲。雷兽鼻端有两个像角的奇异突出物，它们是由额骨及鼻骨组成的，且并排排列而非前后排列。

最早的雷兽是兰布达兽，在早始新世出现于北美洲，大小与狼相近，体形比较轻巧；有细长的四肢和脚，前脚4趾，后脚3趾，善于奔跑。

北美洲是雷兽类的进化中心，大约从2300万年前开始，雷兽多次经由白令海峡扩散到亚洲，或更远的东欧。

2019年，在我国宁夏回族自治区灵武市首次发现了雷兽牙齿化石。

○ 犀貘

犀貘（*Hyrachyus*）是一类古老的奇蹄目貘科动物，身长0.7～1米，生活在5600万—3400万年前的欧洲、亚洲和北美洲。

最新研究发现，貘最先出现，犀牛是由貘进化来的。关于犀貘的地位，一直存在争议，但越来越多的人把它看作最原始的犀牛。

犀牛主要有3个演化分支，第一支是跑犀类，第二支是两栖犀，最后一支是犀类动物。

犀貘生态复原图

雷兽复原图

○ 跑犀

跑犀（*Hyracodon*），出现于 5600 万年前（始新世）的北美洲，并向亚欧大陆扩散。跑犀体长约 1.5 米，高约 75 厘米。与其祖先相比，跑犀骨骼更加轻巧，腿更加细长，善于奔跑，所以跑犀更像其远房亲戚——马。

巨犀骨骼化石

○ 巨犀

跑犀类动物中的一支在 3000 万年前演化成史上最大的陆上哺乳动物——巨犀（*Paraceratherium*）。

巨犀是无角犀，生活在高加索到中亚，以及蒙古一带，主要有三支，分别是巨犀、副巨犀和准噶尔

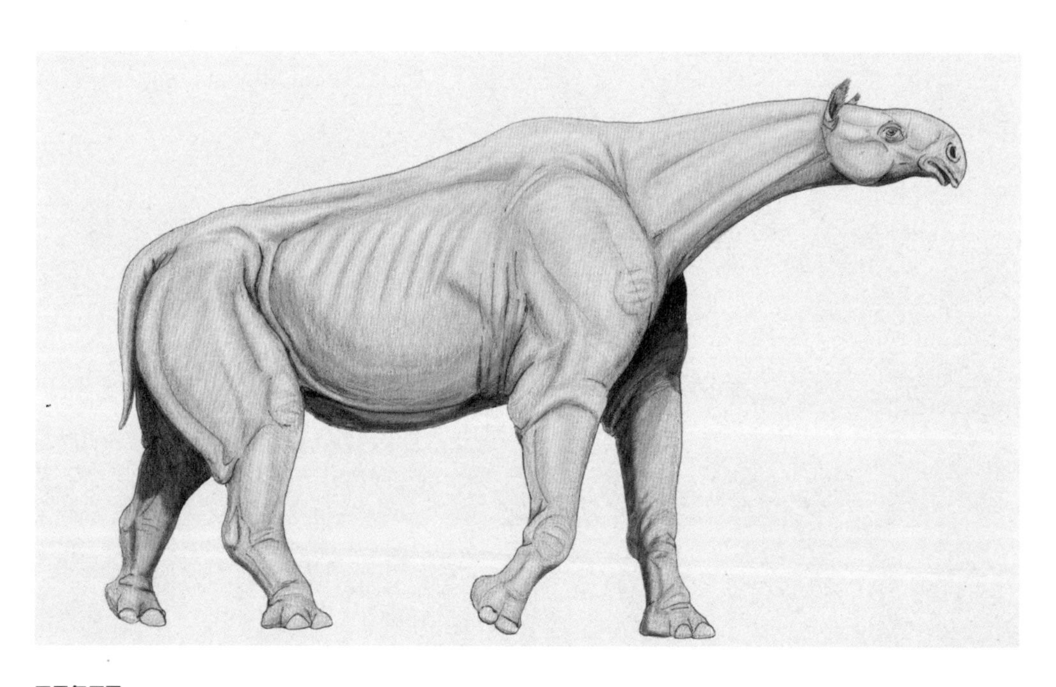

巨犀复原图

巨犀，其中天山副巨犀、天山准噶尔巨犀是知名的大型物种。它们肩高达 5.5 米，体长约 8 米，头部仰起高度达 7.5 米，体重 15～20 吨，最重可达 30 吨，是当时最高、最重的陆生哺乳动物。

巨犀主要靠吃乔木枝叶为生。其门齿高度特化，只剩上下各一对，门齿突出，呈锥子状，形似小型象牙。它们有灵活的上唇，可以用于咬住树枝。

○ 两栖犀

犀牛后来演化出一支另类，即水陆两栖生活的两栖犀（Amynodontidae）。两栖犀最早出现在始新世的北美洲，并向亚欧大陆扩散。

两栖犀的外形和生活习性与现代河马相似，四肢粗短，身躯巨大，长有大獠牙，生活在河畔。

两栖犀生态复原图

○ 副跑犀

副跑犀是犀类最早期的代表，约 3300 万年前生活在渐新世的北美洲。

从副跑犀开始，无角犀在北美洲蓬勃发展，成为北美洲的大型植食性动物。与副跑犀相比，其他无角犀下门牙更加突出，可以抵御天敌。无角犀善于奔跑。

在无角犀发展的同时，有角的犀牛也独树一帜，它们的角并不是骨头的一部分，而是类似毛发一样的皮肤衍生物，角脱落后仍能复生。

中新世（2300 万—533 万年前）是犀牛的鼎盛期，无论是在北美洲还是在欧洲、亚洲，都占据重要地位。但是在 530 万年前，欧洲、亚洲的犀牛大量灭绝，北美洲的犀牛则完全绝迹。

副跑犀生态复原图

○ 大唇犀

大唇犀复原图

大唇犀（*Chilotherium*），属于无角犀，生存于2500万—1200万年前的中新世，化石发现于中国内蒙古自治区。大唇犀的下唇比上唇大，下颌骨呈铲子状；上颌没有门齿，下颌的门齿阔大，并且向上弯；头部比现今的犀牛稍大，头骨没有角。大唇犀身形矮小，四肢短小，每肢有3趾。大唇犀是植食性动物，生活于沼泽地带。但不知什么原因，大唇犀很快就灭绝了。

○ 披毛犀

约在1500万年前，双角犀由亚欧大陆上的无角

披毛犀生态复原图

犀演化而来，并在欧洲、亚洲、非洲广泛分布。双角犀分为两支，一支是亚洲双角犀，另一支是非洲双角犀。

亚洲双角犀中最古老的分支一直残存至今，为了躲避严寒，它们向南迁徙，最后到达印度、中南半岛、苏门答腊岛和加里曼丹岛，形成了今天的苏门答腊犀。苏门答腊犀是现存最古老的犀牛之一，最早出现在 1500 万年前。苏门答腊犀生活在密林中，身形不断矮化，身高只有 1.2 米，体重仅有 600 多千克。现存的白犀牛和黑犀牛都属于非洲双角犀。

披毛犀（*Coelodonta antiquitatis*）是亚洲双角犀中最著名的物种，生活在更新世（180 万—1 万年前）冰期时期。披毛犀身上披满长毛，用来抵御严寒；两只角很扁，好像一长一短两把军刀，一前一后排列；身高达 3.7 米。披毛犀与猛犸象一起生活在寒冷的西伯利亚荒原上，二者最终都未能度过这次冰期。

○ 板齿犀

板齿犀（*Elasmotherium*）是由无角犀演化来的，只有一个角，长约 2 米，从额头延伸到鼻尖。板齿犀体长最大超过 8 米，身高约 3.5 米，体重最大超过 8 吨，与披毛犀生活在同

板齿犀生态复原图

一时期。

著名的板齿犀有西伯利亚板齿犀和高加索板齿犀，它们可能由古板齿犀进化而来，门牙已经完全退化，臼齿却非常适合吃草；唇部发达，可以把草攒成一团再拉断。板齿犀身被长毛，适合北方严寒的气候，但也在最后一次冰期时灭绝。

黑犀牛

○ 现代犀牛

现代犀牛有两类，一类是由无角犀进化出的单角犀，如亚洲单角犀，大约出现在 2500 万年前，一直繁衍到今天，今天的印度犀和爪哇犀就是它们的后裔。

另一类是双角犀，包括非洲的白犀牛和黑犀牛，以及亚洲的苏门答腊犀。

这些犀牛都是极度濒危的物种，其中黑犀牛数量最多，但也只有 2 万只左右。最少的为爪哇犀，目前只剩 50 只左右了。

非洲白犀牛

印度犀

苏门答腊犀

爪哇犀

马演化图

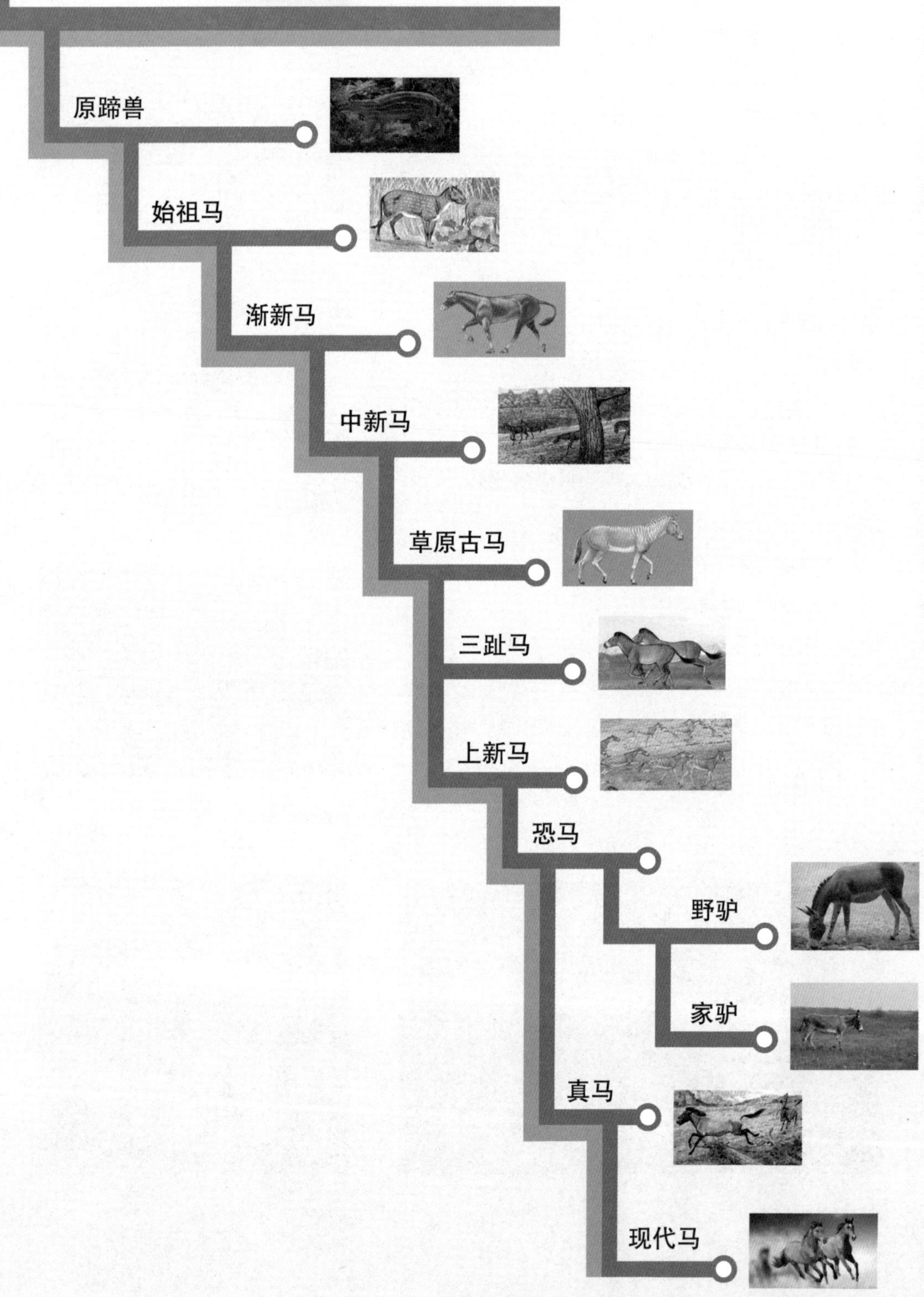
原蹄兽
始祖马
渐新马
中新马
草原古马
三趾马
上新马
恐马
野驴
家驴
真马
现代马

13.6 马的演化史

6600 万年前，地球上发生了第六次生物大灭绝事件，统治地球长达 1.7 亿年的恐龙、会飞的翼龙，以及称霸海洋的沧龙、蛇颈龙等从此销声匿迹。500 万年后，哺乳动物开始爆发式增长，蓬勃发展，成了地球的统治者，其中就有人类的朋友——马。马属哺乳纲真兽亚纲奇蹄目马科，祖先是始祖马，起源于北美洲，并集中在北美洲演化发展，然后迁徙到世界各地。

马的特别之处首先是具有丰富的感情，容易与人建立牢固的联系；其次是马科动物的四足上只有一个脚趾，是中趾的高度特化。

○ 马的演化趋势

（1）体形由小变大，身体趋向流线型。

（2）腿由短变长，脚趾由多变少，具有单趾硬蹄，适应在开阔草原上奔跑的生活。

（3）肢长体高，侧肢退化，中肢加强。

（4）背部由弯曲变得伸直且强健，背部肌肉发达，有利于人类舒适地骑乘。

（5）胸腔变得开阔，便于容纳较大的肺和心脏；肺和心脏体积较大，有助于马高强度的快速奔驰。

（6）门齿变宽，前臼齿臼齿化，牙冠由低变高；

从食用树叶变为食草。

（7）头骨的前部拉长，眼前的颜面部伸长，下颌加深，便于容纳较大而高冠的槽齿，有利于咀嚼草。

（8）脑增大并趋向复杂化，变得聪明，故有“马通人性”之说。

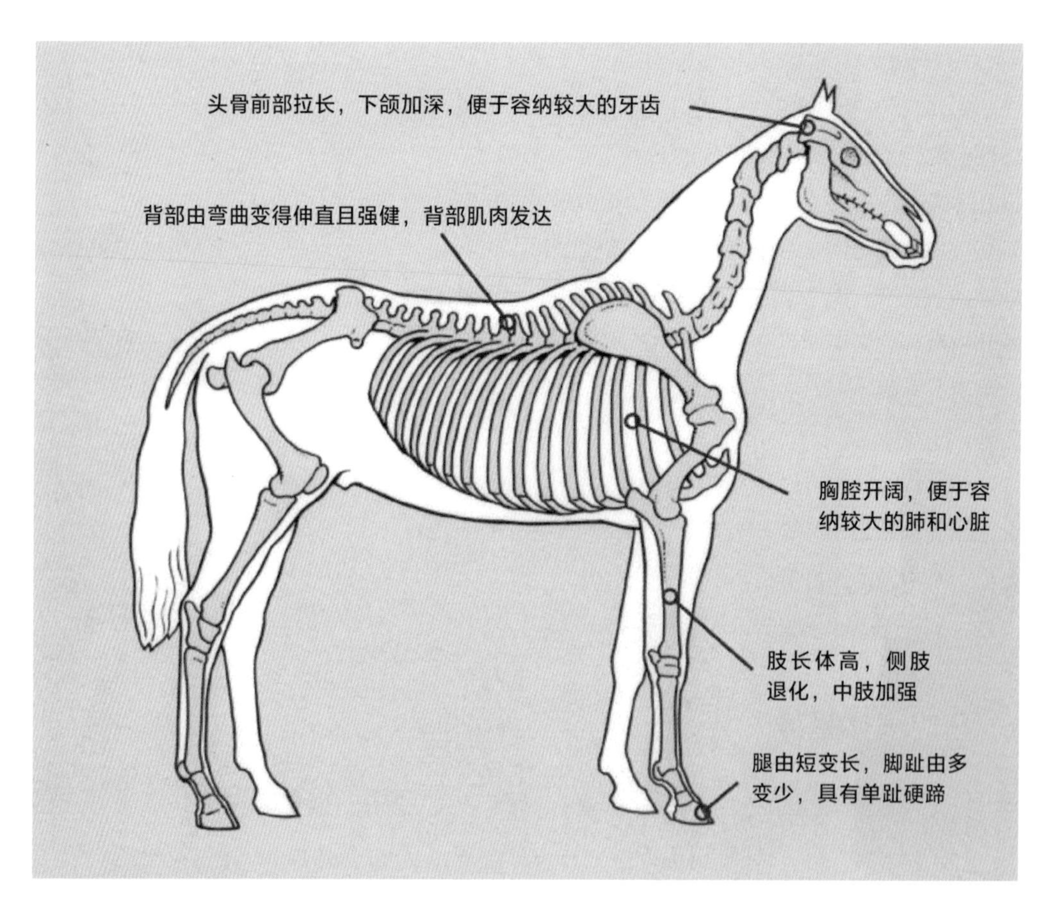

马的演化趋势示意图

○ 原蹄兽

原蹄兽（*Phenacodus*），属踝节目，起源于6000万年前新生代古新世中期，是马类动物最原始的潜在祖先，也许是始祖马的祖先。原蹄兽背上拱，头和尾巴都很长，四肢短而笨重，

原蹄兽生态复原图

行走缓慢，常在森林或热带平原上活动，以植物为食。

原蹄兽体形矮小，四肢均有 5 趾，中趾较发达。

始祖马

始祖马（*Hyracotherium*），又称始新马，是已灭绝的古代哺乳动物，属奇蹄目古兽马科。始祖马生活在 5600 万年前，前肢低，后肢高，牙齿简单，适于热带森林生活。进入中新世以后，干燥草原代

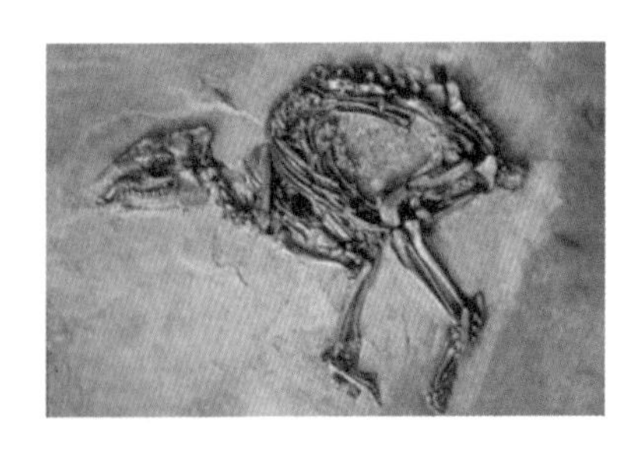

始祖马化石

替了湿润灌木林，马属动物的机能和结构随之发生明显变化：体形增大，四肢变长，成为单趾；牙齿变硬且变得复杂。经过始祖马、渐新马、中新马、草原古马、上新马等进化阶段的演化，到 1.8 万年前的更新世才进化出现代马。

始祖马生活在北美洲森林里，往来于灌木丛中，呆头呆脑，行动不太敏捷，这时候的始祖马还不是草原动物。始祖马后来也出现在欧洲和亚洲。

始祖马外形类似狗，平均体长 60 厘米，肩高仅 25 厘米，主要以树叶、水果及坚果为食。始祖马大脑及其前叶很小；弓腰、短脖、短嘴、短腿，长着细长的尾巴；四肢细长，靠脚趾行走，前肢仅有 4 趾，第一趾退化，后肢 3 趾，第一和第二趾退化；齿系完全，有 3 个门齿和 1 个很短的犬齿，臼齿呈方形，牙冠较短；脚已经发育成蹄子，有脚垫，无爪子。另有中华原古马，生活在 5000 万年前，比始祖马稍进化一些。

始祖马生态复原图

○ 渐新马

渐新马复原图

渐新马（*Mesohippus*），生活在4000万—2500万年前，当时气候逐渐变得干旱寒冷，部分森林退化成草原，因此始祖马慢慢变大形成了渐新马。渐新马身高接近50厘米，像现代的小羊，背部变得直而硬，前肢少了一个脚趾，与后肢一样变成了3趾，中趾发育，走路时仍然依靠足底的肉垫着地。渐新马还是森林马，主要进食低矮的树叶。

渐新马的特点是大脑明显变大，面部比始祖马长，眼睛较始祖马更圆，双眼更加分开，臼齿分化明显，3颗前臼齿变成了臼齿，臼齿冠更高且尖锐，并有一层厚厚的珐琅质，牙齿冠面更有复杂的褶皱，适宜研磨草料。

渐新马生态复原图

○ 中新马

中新马（*Miohippus*），又称原马，生活于3200万—2500万年前的北美洲，由渐新马进化而来，与渐新马共同生活了400万—800万年，是适合大草原生活的马。中新马是一种生活在中新世的草原三趾马，体形如羊，较渐新马大，体重40～55千克，但仍比现今的马矮小，背脊硬直；头骨长，面部更长，四肢增长，前后足虽然仍分出3趾，但中趾明显增大，约为侧趾的3倍，侧趾已失去了步行的功能；臼齿变为高冠齿，有复杂的皱褶。

中新世气候变得相对湿热，马类体形增大，缓慢演化出几个分支。有些马不适应在湿润的森林中生活，来到了阳光充足的干燥草原，体形增大如现代马，进化成草原古马。

○ 草原古马

草原古马（*Merychippus*），生活在2500万—1200万年前，那时气候更加干燥，草本植物开始繁盛，出现了大面积草原，草原古马于是应运而生，适应了草原生活。这个时期的马非常繁盛，草原古马仍然有3个脚趾，四肢已经变得很有弹力，以脚趾着地行走，并依靠坚韧的脚垫支撑身体，两边的脚趾仍然保持完整，但大小不一，中趾则演变成了大而突起的

中新马生态复原图

马掌，马脚变得更长。草原古马演化出的这些特征，既可以适应地表坚硬的草原生活，也有利于在广阔的草原上驰骋。

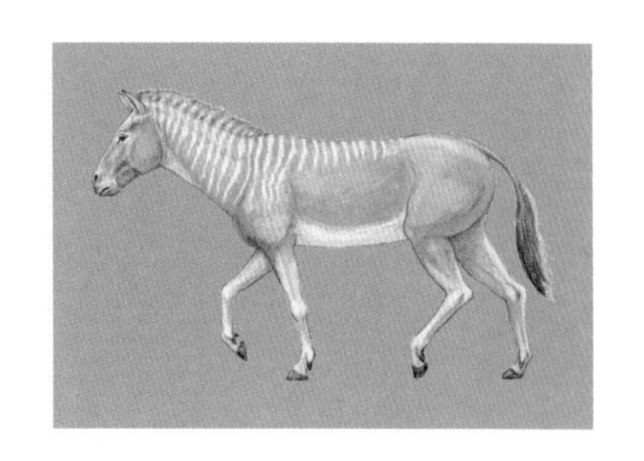

草原古马复原图

○ 三趾马

三趾马（*Hipparion*），生活在530万—360万年前，分布于旧大陆（欧洲人将哥伦布发现新大陆前，欧洲人已知的欧洲、亚洲、非洲称为旧大陆）和新大陆，在旧大陆成为优势物种，可以说，在旧大陆上发现的动物群化石多为三趾马动物群。

三趾马的前后脚趾均为3趾，但只以中趾着地，适于快速奔跑；牙齿高冠，食草，是典型的草原动物。

三趾马大小似驴，门齿有凹坑，颊齿呈棱柱状，

三趾马生态复原图（图片来源：张瑜）

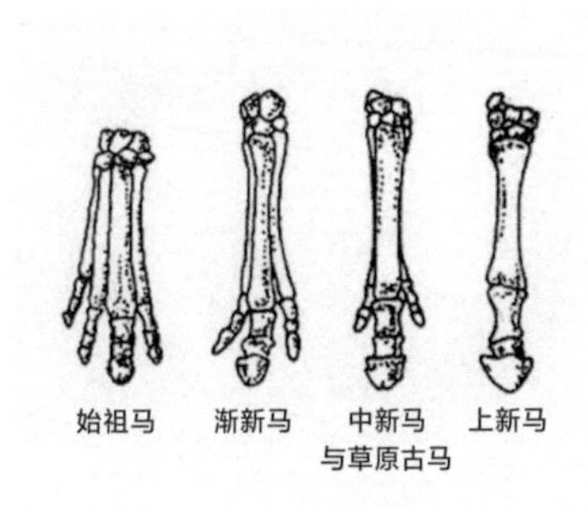

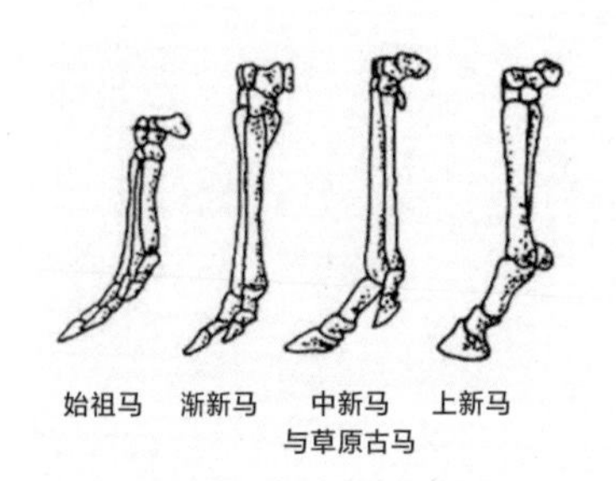

马趾骨演化比较图（未按比例）

体高只有现代的真马的一半，上第一前臼齿小，早期脱落，第二前臼齿宽，三角形，比其他颊齿大。三趾马的头骨比真马小而低。

三趾马是马类进化史上的一个旁支，其身体结构既有进步特性又有原始特征。三趾马不是真马的直接祖先，与真马没有亲缘关系。在1.8万年前的更新世，三趾马通过中美陆桥到达南美洲。

○ 上新马

上新马（*Pliohippus*），生活在1200万—300万年前，由草原古马演化而来。上新马体形进一步增大，前后脚只有一个脚趾，是最早的单趾马；体形大小如驴，是典型的草原哺乳动物，适合在广阔的草原上奔跑；臼齿变得更大，为高冠齿，牙齿更加进步，趋向现代马，牙齿长且有复杂褶皱。上新马后来演化出恐马，恐马是一种原始的大型单蹄马。

上新马生态复原图

○ 真马

约400万年前，生活在北美洲的恐马分别演化出真马和野驴。300万—215万年前，真马扩散到亚欧大陆。野驴扩散到非洲。在中国，于258万年前，出现了最早的真马。

真马为适应草原生活，演化得肢长体高，具有单趾硬蹄和流线型的身体；背部平直，四肢高度特化，中趾发达，指甲变成了坚硬的蹄子，掌骨很长，脚趾骨较短，肱骨和股骨很短，桡骨和胫骨很长，尺骨和腓骨均退化；门齿凹坑，高冠齿的咀嚼面更为复杂，适于咀嚼草类。

真马生态复原图

○ 现代马

约 6000 年前，真马被驯化成现代马，非洲野驴则被驯化成家驴。野驴和真马在 400 万年前就分开演化，所以，现在的马和驴分属不同的物种，二者有生殖隔离。

现代马

13.7 长颈鹿的演化史

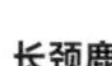

长颈鹿

关于生物进化，有两种不同的理论。一种是拉马克进化论，另一种是达尔文进化论。

法国博物学家拉马克生于1744年，他在1809年出版了《动物学哲学》一书。拉马克在总结前人生物进化观点的基础上，首次系统提出了生物进化论的思想。虽然他的生物进化论否定了神创论观点，具有重大的进步意义，但其进化论观点与达尔文进化论有着本质的区别，有巨大的局限性。拉马克进化论认为，生物是自然界产生的，不是上帝创造的；生物受环境变化的影响发生变异，而且生物的多样性是环境多样性造成的；生物的进化是由低级到高级、由简单到复杂的；生物的进化是向上发展的，并在各方面发展。拉马克学说的主要内容如下。

（1）物种之间的进化是连续的，没有明确的界限，物种是相对稳定的；古代物种是现代物种的直接祖先，物种一般不会消失。

（2）生物进化的动力是生物的本能，并具有向上发展的倾向；环境的多样性决定了生物的多样性。

拉马克学说有两个著名的原则，一个是用进废退原则，另一个是获得性遗传原则。用进废退是指，凡经常使用的器官就会发生进化，而经常不用的器官就会萎缩退化；获得性遗传是指，后天获得的性状能够遗传给后代，这样经过一代代的积累，就会形成生物的新类型。

拉马克的这两个原则可以长颈鹿为例来解释。长颈鹿喜欢吃鲜嫩的树叶，为了吃到高处的鲜嫩树叶，它的脖子一点点伸长，久而久之，长颈鹿的脖子就变长了，这就是用进废退原则；长颈鹿这种后天获得的新性状——长脖子，会遗传给下一代，生下的下一代也是长脖子长颈鹿，这就是获得性遗传。根据现代生物学研究，只有生物生殖细胞中的 DNA 碱基对排序变化，引起基因突变，在自然选择的作用下，发生优胜劣汰，而且将这种脖子变长的基因传递给下一代，特征才能代代相传。单纯身体结构的改变，并不能遗传给下一代。例如，父代经常进行健美训练，形成健美的身材，但这并不会遗传给子代，也就是说，生下来的子代，不会天生就像父代一样具有健美的身材。所以，获得性遗传不完全正确，这已经被遗传学证明。

达尔文进化论的观点与拉马克学说有一些相似的地方，但有着本质上的区别。

可以说，拉马克是进化论的开拓者，达尔文是进化论的奠基者。

达尔文进化论的主要观点如下。

（1）物种是可变的，可以从一个物种进化为一个新的物种，但有一个渐变的过程。

（2）所有物种都来源于同一个祖先。这一点已经被现代分子生物学证实。所有生物都由细胞构成，而细胞中的 DNA 由碱基对序列组成，碱基对排列次序的微小改变会导致同一物种间的差异，大的差异导致物种之间的不同。

（3）生物的进化是靠自然选择驱使的，即优胜劣汰、适应性变异，也就是说，动物的一切适应性变化，都是基因变异、自然选择的结果。现代生物学已经证明，再微小的基因变异，都会受到自然选择的影响；再微弱的自然选择，都影响巨大。只有有利于生物生存和繁殖的变异才能够遗传下去，只有适应环境的新物种才能生存繁衍下去，反之，变异就不能遗传下去，不适应环境的新物种也会被淘汰。

（4）生物基因变异是普遍的、随机的，受多重因素影响，没有任何方向性和可预见性，自然选择的结果是适应性变异，但也并非总是由低级向高级进化，由简单向复杂进化。

以长颈鹿进化为例，在长颈鹿群体中，某个种群的基因发生突变，出现了有较长脖子的长颈鹿，而只有那些脖子较长的长颈鹿才能够吃到更多鲜嫩且营养丰富的树叶，因此长脖子的长颈鹿比脖子相对较短的长颈鹿要魁梧强壮。在哺乳动物中，身强力壮的动物更容易受到雌性的青睐，因而容易获得更多的交配权，即性选择，其后代就更多。久而久之，长脖子的长颈鹿在群体中越来越占优势，而吃不到鲜嫩可口树叶的短脖子长颈鹿，身体瘦小羸弱，失去更多交配权，后代也越来越少，在自然选择的作用下，最终短脖子长颈鹿灭绝，而长脖子长颈鹿繁衍兴盛起来。

由此可见，拉马克的进化论与达尔文的进化论有着明显的区别，而且后者已经被细胞生

拉马克进化论——以长颈鹿为例

1. 有两个短脖子的古长颈鹿种群，其中一个种群由于喜欢吃高处的鲜嫩树叶，拼命伸长脖子

2. 由于经常伸长脖子，这个种群的古长颈鹿的脖子就被拉长了，即“用进废退”

3. 古长颈鹿这种后天获得的长脖子新性状，可以遗传给后代，其子孙都是长脖子古长颈鹿，即“获得性遗传”

4. 在群体中，短脖子种群的古长颈鹿吃不到高处的嫩叶，最终灭绝，只留下长脖子的古长颈鹿种群

5. 就这样，经过千万年的不断进化，现在的长颈鹿种群都有长脖子

拉马克进化论认为，生物进化是自然向上的、有方向性的，总是从低级到高级，由简单到复杂。现代分子生物学和遗传学证明，拉马克的进化论观点是错误的。但现代的表观遗传学，以及“趋同进化”理论在一定程度上证明了拉马克进化论的合理性

达尔文进化论——以长颈鹿为例

1. 有两个短脖子的古长颈鹿种群

2. 其中一个种群，由于基因发生随机性突变，脖子变长（基因突变），这样在古长颈鹿群体中，就出现了差异，出现了长脖子古长颈鹿种群和短脖子古长颈鹿种群

3. 长脖子古长颈鹿种群能吃到高处的鲜嫩树叶，长得体格壮硕，从而得到了其他古长颈鹿的青睐，获得更多交配权——性选择（自然选择），其长脖子的血脉得以延续

4. 在自然选择的作用下，长脖子古长颈鹿的基因遗传给后代，并不断加强。吃不到高处树叶的短脖子长颈鹿变得瘦小体弱，在群体中难得青睐，获得的交配权少，甚至根本得不到交配权，最终走向灭绝

5. 久而久之，在群体中，长脖子的古长颈鹿子孙越来越多，占据优势，最终演变成现代的长颈鹿，这就是适者生存的进化法则

达尔文的进化论认为，基因突变是随机性的，不具方向性，所以，生物的进化并不一定有方向性，进化也不总是由简单到复杂，由低级到高级，而是适者生存。现代生物学和遗传学已经证明达尔文的进化论是正确的

物学、遗传学、分子生物学等现代生命科学证实，因此，达尔文进化论被认为是当今最伟大的科学之一。达尔文进化论思想的精髓是生物发生基因变异，在自然选择（优胜劣汰）的作用下，只有适应环境的变异物种才能生存下来，即适者生存。这就是“基因突变，自然选择，适者生存”原则。

但是，拉马克对进化论的贡献，也不应该被抹除。拉马克作为进化论的先驱，也值得我们尊敬。

○ 古长颈鹿

古长颈鹿（*Palaeotragus*），又名古鹿兽或古麟，是大型原始长颈鹿，生活于2300万—1100万年前。古长颈鹿体形较小，四肢和颈较短，肩高不足2米，生活在森林里，史前时期分布较广泛。在我国的华北和西北地区曾发现过古长颈鹿的化石。

古长颈鹿是长颈鹿的祖先，在中新世早期（2300万—1600万年前），长有短角、短脖

古长颈鹿复原图

子；到中新世晚期（1100 万—530 万年前），古长颈鹿进化为萨摩兽；在上新世（530 万—180 万年前），萨摩兽出现两个演化分支，一支是霍加狓，另一支是最早的现代长颈鹿。现生的霍加狓是古长颈鹿亚科的唯一代表物种，保留着很多原始特征，分布于非洲刚果东部的热带雨林中。

○ 现生长颈鹿

长颈鹿（*Giraffa*），拉丁文名字的意思是“长着豹纹的骆驼”，是一种反刍偶蹄动物，也是现存最高的陆生动物。成年长颈鹿站立时由头至脚高 6~8 米，体重约 700 千克；具斑点和网纹型花纹，额宽，吻尖，耳大，头顶有 1 对骨质短角；颈特别长，约 2 米；体较短，四

古长颈鹿骨骼化石（天津自然博物馆）

肢高而强健，前肢略长于后肢，蹄阔大；尾短小，尾端有黑色簇毛；牙齿为低冠齿，不能以草为主食，往往用细长的舌头取食高处的树叶和小树枝。现生长颈鹿有 9 个亚种，都生活在热带、亚热带的稀树草原上。

霍加狓

霍加狓，属长颈鹿科，现在生活在刚果东部热带雨林中，为濒危物种。它是古长颈鹿的近亲

现生长颈鹿

13.8 大熊猫的演化史

始熊猫想象图

大熊猫的共同祖先是古食肉类动物，大约出现在 2600 万年前的渐新世。古食肉类生有“两兄弟”，即早期的似熊类和古浣熊类。在约 1200 万年前的中新世晚期，古浣熊类直接演化为现今北美洲的浣熊类。大熊猫具有典型食肉动物的特征，在生物学上，大熊猫也是肉食性哺乳动物，它有食肉动物的牙齿，肠道短，没有复胃，缺发达的盲肠。

早期的似熊类动物，同样在约 1200 万年前的中新世晚期分别演化出始熊类、始熊猫类和早期小熊猫类“三兄弟”。“老大”始熊类在约 180 万年前的更新世演化为真熊类，即今天的熊科动物，熊科又分为两个亚科，一个是眼镜熊亚科，有现在的眼镜熊；另一个是熊亚科，包括黑熊、棕熊、美洲黑熊、北极熊、灰熊、马来熊等。“老三”早期小熊猫，直接演化成现今的小熊猫残留下来。

只有“老二”始熊猫朝着特殊的方向演化为独特的大熊猫科。始熊猫的主支演化为大熊猫属，并成为“活化石”，在深山密林和竹丛中生活到现在。始熊猫就是现生大熊猫的祖先。

800 万年前的中新世晚期，始熊猫生活在中国云南禄丰一带处于热带潮湿森林的边缘。始熊猫的一个主要分支在我国的中南部演化为大熊猫类，其中一种体形较小的小型大熊猫出现在约 300 万年前的上新世中期，只有现生大熊猫的一半大小，像一只肥肥胖胖的狗。根据其被发现的牙齿化石研究推测，这种小型大熊猫（古生物命名为大熊猫小种）已进化成为兼食竹类的杂食兽，此后又经历了约200万年的演化，开始向亚热带潮湿森林迁徙，并取代始熊猫广泛分布于云贵川一带。之后大熊猫适应了亚热带竹林生活，体形逐渐增大，70万—50万年前的更新世中晚期，大熊猫进入鼎盛时期，以竹子为生。

约1.8万年前的第四纪冰期之后，大熊猫衰落，与此同时，其他大型哺乳动物，如剑齿象、剑齿虎等灭绝。北方的大熊猫销声匿迹，南方的大熊猫分布区也大大缩小，进入历史上的衰退期。大熊猫现在主要分布在中国青藏高原东缘、长江上游海拔2400～3500米山系东南季风的迎风面地区，这里气候温湿、竹林生长茂盛，给大熊猫提供了丰盛的食物，是它们的理想聚居地。

研究显示，大熊猫基因组中一个能感受食物鲜度的基因失活，导致大熊猫品尝不出肉类的鲜味。大熊猫改吃竹子的重要原因是700多万年前，其生活环境骤然发生了改变，大多数动物突然死去，大熊猫找不到肉食，而恰好竹子丰富，于是大熊猫就逐渐变成以竹子为食了。时间久了，大熊猫发生基因突变，不再能感知肉的鲜味，从此不再对肉感兴趣。

科学家们在大熊猫的基因组里发现10个假基因，这些假基因看起来跟真的一样。大熊猫有两种*TAS1R1*基因（这种基因使食肉动物可以尝到肉的鲜味）都已经变成了假基因。大约在700万—600万年前，大熊猫的这两个基因发生了突变，从此，失去了对肉的感觉，不再吃肉。所以，大熊猫从食肉动物变成了杂食动物，并最终变成了主要吃竹子的动物。不过，竹子的营养十分匮乏，所以大熊猫需要不停地吃，一只成年大熊猫每天可吃20千克竹子，

现生大熊猫

把肚子撑得滚圆。改吃竹子的大熊猫，也改变了其禀性，给人憨态可掬的印象，受到世界各国人民的喜爱。但大熊猫有时也会拍死一些小动物，解解馋。

在动物进化史上，大熊猫可谓佼佼者，在生存环境发生突变的情况下，及时适应环境，由食肉改吃竹子，由此才幸存下来，成为进化的成功者。

13.9 猫科动物的演化史

始猫复原图

假猫生态复原图

猫科动物在渐新世末期首次登台亮相，最先出现的是一种小型食肉动物，叫始猫（*Proailurus*）。始猫生活于3000万—2500万年前的亚欧大陆，体形只比现今的家猫稍大，擅长跳跃。

所有猫科动物都是纯肉食性动物，它们由于基因的缺陷，无法感知甜味。

始猫也叫原小熊猫，是一种小型食肉动物，体重约9千克，尾巴很长，眼睛大，牙齿尖锐，趾爪锋利，很可能栖息于树上。始猫的后代约在2000万年前演化出假猫（*Pseudaelurus*）。假猫是现代猫科动物最近的共同祖先。

假猫是一种食肉目猎猫科动物，头骨短圆，裂齿（具有牙尖的臼齿，用于撕裂猎物皮肉）特别发达，犬齿粗大扁长，其他颊齿退化。假猫分布于欧洲和北美洲。假猫体形纤细短小，类似现生的猞猁，四肢像灵猫科，可灵活攀树。假猫在1850万年前首先进入北美洲，并于1150万年前灭绝。而亚欧大陆的假猫一直存活到了800万年前（也有研究者认为，北美洲的假猫是原小熊猫从旧大陆迁徙过来后进化而成的）。

最近，分子生物学研究表明，现存的所有猫科动物，都是约1100万年前生活在亚洲的某种假猫的后代。

假猫后来有三个后代，即剑齿虎亚科、豹亚科和猫亚科。

大后猫假想图

○ 剑齿虎亚科

在假猫之后兴盛起来的剑齿虎亚科（Machairodontinae），很可能就是由假猫进化而来的，它又可以分为后猫族、剑齿虎族、锯齿虎族和刃齿虎族四个大类（目前剑齿虎族和锯齿虎族可能已经合并）。

后猫族

浮渡剑齿虎（*Pontosmilus*）是最早出现的后猫族成员，存在于2000万—900万年前的亚欧大陆。稍后出现了石猫、管猫、后猫、恐猫、吉猫五个属。

管猫（*Adelphailurus*）生活在1030万—533万年前的北美洲西部。

石猫（*Stenailurus*）生活在700万年前的欧洲，它和管猫被认为是后猫进化过程中的早期物种。

吉猫（*Yoshi*）是科学家们新发现的种群，生活在1162万—724.6万年前的东南欧和中国。吉猫体形介于猞猁和猎豹之间，体重约30千克，是一个和猎豹非常接近的属。

后猫（*Metailurus*）生活在900万—533万年前的亚欧大陆和北美洲，体形小者接近现代的欧亚猞猁，体形大者接近美洲狮或雪豹，很可能生活在丛林中，且为树栖。后猫的前肢比后肢强壮。

恐猫（*Dinofelis*）生活在500万—120万年前的亚欧大陆和北美洲，可能由后猫进化而来。恐猫体形介于狮和虎之间，平均肩高约0.7米，体重30~90千克，全身布满斑纹。恐猫中的最大种是中国阿氏恐猫，体长1.2米，前肢比后肢更强壮，像美洲豹

猫科动物演化图

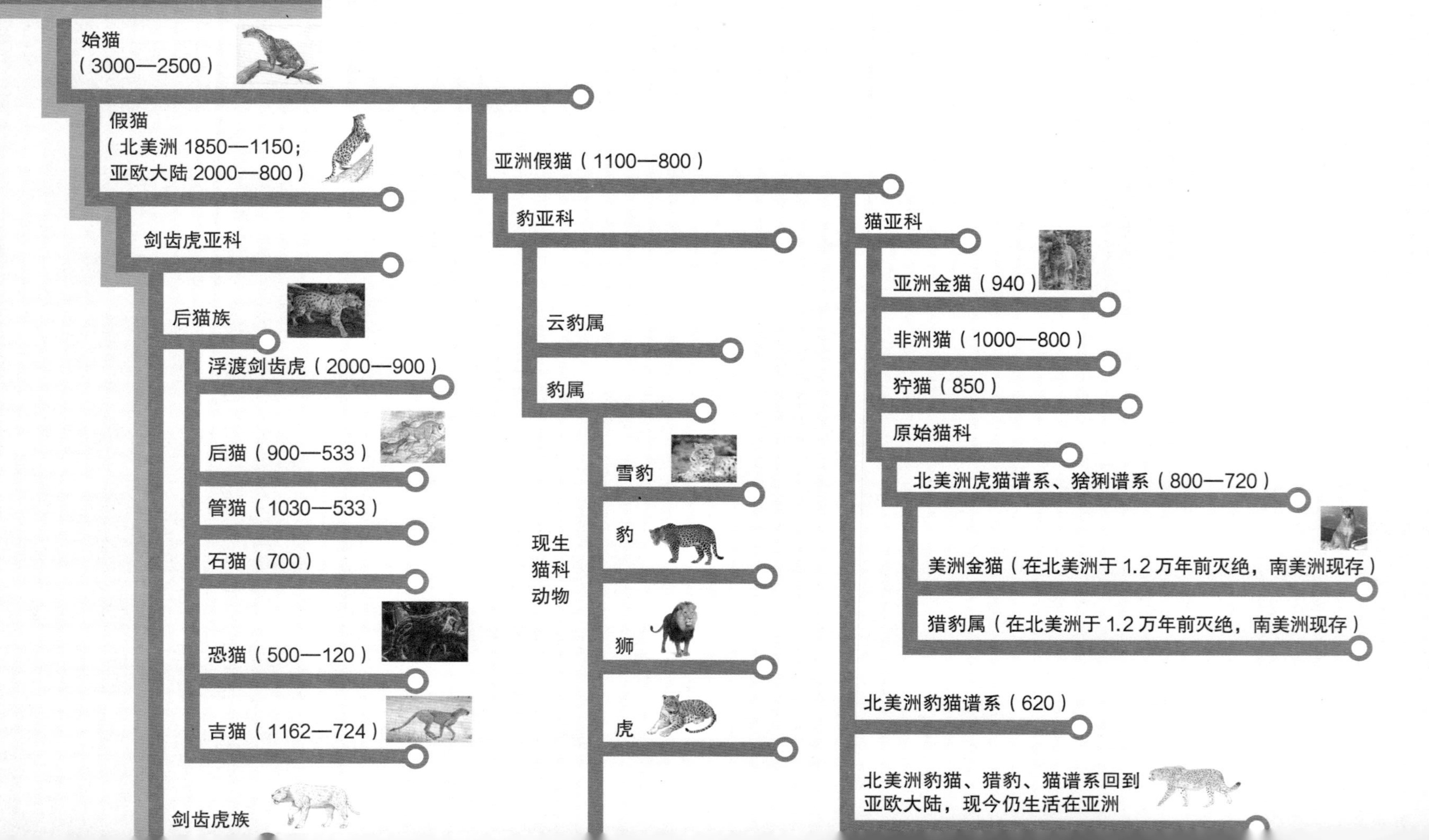
始猫
（3000—2500）
假猫
（北美洲 1850—1150；
亚欧大陆 2000—800）
剑齿虎亚科
后猫族
浮渡剑齿虎（2000—900）
后猫（900—533）
管猫（1030—533）
石猫（700）
恐猫（500—120）
吉猫（1162—724）
剑齿虎族
亚洲假猫（1100—800）
豹亚科
云豹属
豹属
雪豹
豹
狮
虎
现生
猫科
动物
猫亚科
亚洲金猫（940）
非洲猫（1000—800）
狞猫（850）
原始猫科
北美洲虎猫谱系、猞猁谱系（800—720）
美洲金猫（在北美洲于 1.2 万年前灭绝，南美洲现存）
猎豹属（在北美洲于 1.2 万年前灭绝，南美洲现存）
北美洲豹猫谱系（620）
北美洲豹猫、猎豹、猫谱系回到
亚欧大陆，现今仍生活在亚洲

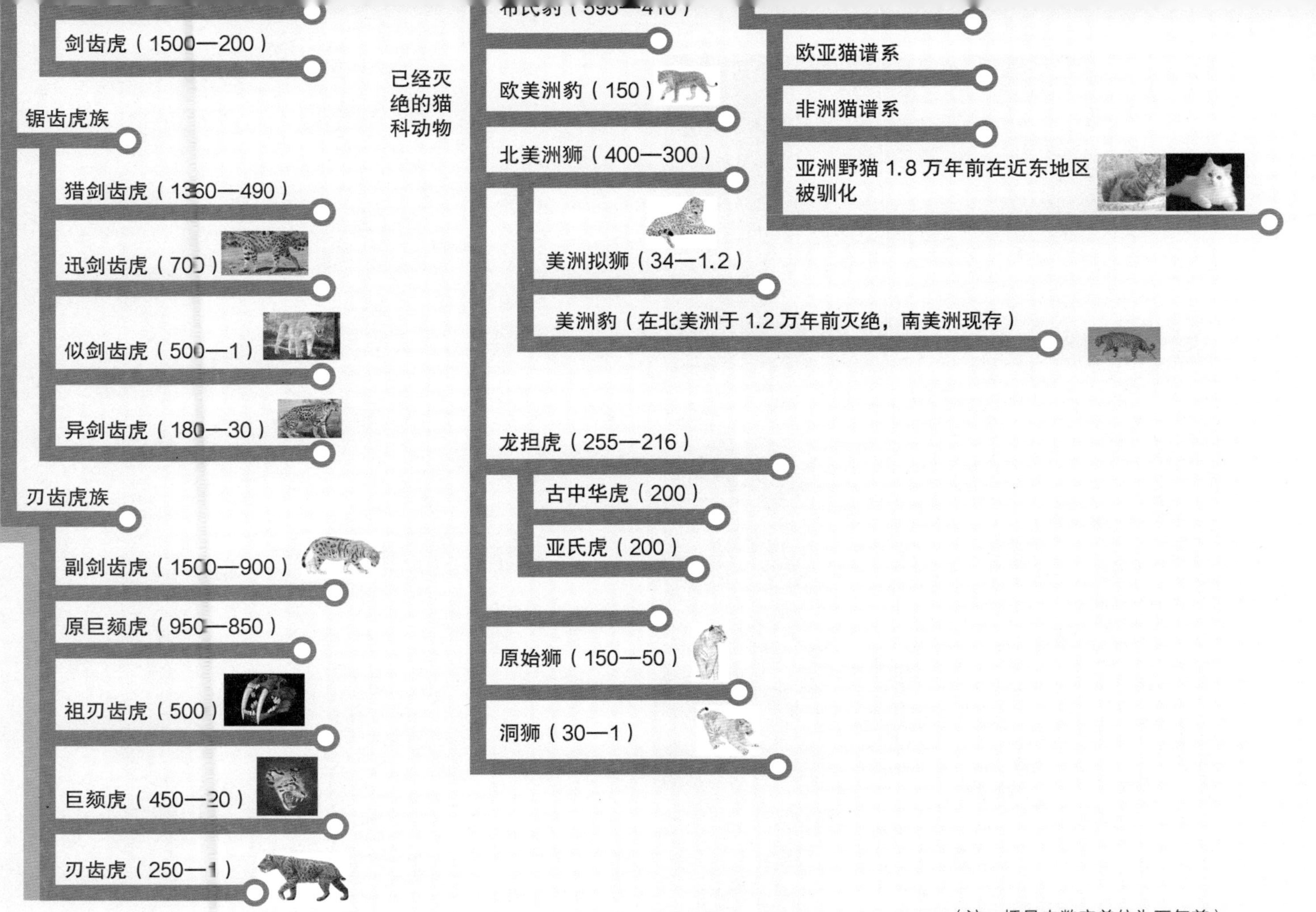

剑齿虎（1500—200）
锯齿虎族
猎剑齿虎（1360—490）
迅剑齿虎（700）
似剑齿虎（500—1）
异剑齿虎（180—30）
刃齿虎族
副剑齿虎（1500—900）
原巨颏虎（950—850）
祖刃齿虎（500）
巨颏虎（450—20）
刃齿虎（250—1）
已经灭绝的猫科动物
欧美洲豹（150）
北美洲狮（400—300）
美洲拟狮（34—1.2）
美洲豹（在北美洲于1.2万年前灭绝，南美洲现存）
欧亚猫谱系
非洲猫谱系
亚洲野猫1.8万年前在近东地区被驯化
龙担虎（255—216）
古中华虎（200）
亚氏虎（200）
原始狮（150—50）
洞狮（30—1）
（注：括号内数字单位为万年前）

恐猫生态复原图

一样，可能生活在丛林中。冰期森林的退化是恐猫灭绝的主要原因。

剑齿虎族

中剑齿虎（*Miomachairodus*）生活在 1250 万—950 万年前的土耳其和中国。

剑齿虎（*Machairodus*），也叫短剑齿虎，生活在 1500 万—200 万年前的亚欧大陆、非洲和北美洲。剑齿虎肩高约 1.2 米，可能会爬树。它们是长距离追击猎物的好手。

锯齿虎族

猎剑齿虎（*Nimravides*）生活在 1360 万—490 万年前的北美洲。

迅剑齿虎（*Lokotunjailurus*）生活在 700 万年前非洲的肯尼亚和乍得，是剑齿虎亚科中比较原始的种群。迅剑齿虎体态比较纤细，剑齿较短。

似剑齿虎（*Homotherium*）也叫锯齿虎，生活在 500 万—1 万年前的亚欧大陆、非洲和北美洲。似剑齿虎大约 150 万年前就在非洲灭绝了，在亚欧大陆活到了 3 万年前，而在北美洲残存到大约 1.4 万年前。随着冰期的到来，人类来到了新大陆，似剑齿虎也和它的表亲

圆齿似剑齿虎假想图

美洲刃齿虎一样永远地销声匿迹了。似剑齿虎体长约 1.1 米，约有狮子大小，前肢长于后肢，像鬣狗那样，身体倾斜，且脖子长。它们像熊一样全脚掌着地行走。它们的门齿大而结实，犬齿有锯齿状边缘，剑齿如弯刀，短且扁，弯向后方。鬣狗状的构造使它们可以长距离追击猎物。似剑齿虎有可能捕食猛犸象，而且是以家庭形式捕猎的。

迅剑齿虎假想图

异剑齿虎（*Xonosmiluo*），又名异刃虎，生活在 180 万—30 万年前。异剑齿虎是由似剑齿虎进化出的分支。似剑齿虎体重 150～230 千克，而异剑齿虎体重 230～400 千克，体形明显变大，并且四肢短粗，剑齿短而宽。我们可以想象异剑齿虎捕猎时的场景，它很可能躲在草丛中悄悄靠近，然后猛扑并抓住猎物。

副剑齿虎假想图

异剑齿虎假想图

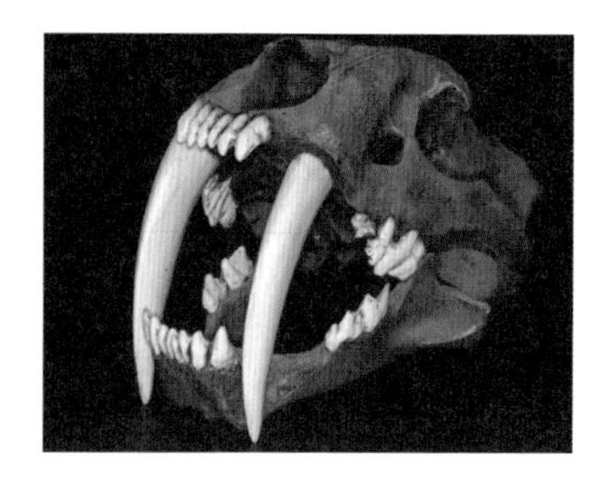

祖刃齿虎头骨化石

刃齿虎族

副剑齿虎（*Paramachairodus*），也叫拟剑齿虎，生活在1500万—900万年前的亚欧大陆，是刃齿虎中最早的一个种类。副剑齿虎的头骨外形与现代的云豹类似，体形与美洲狮相仿，肩高只有58厘米，体重仅55千克，四肢形状显示它们是灵活的攀树者。

原巨颏虎（*Promegantereon*）生活在950万—850万年前，是刃齿虎的原始种类。

祖刃齿虎（*Rhizosmilodon*）生活在500万年前的美国佛罗里达州。

巨颏虎（*Megantereon*）生活在450万—20万年前的旧大陆以及北美洲。体长1～1.3米，剑齿超过10厘米，它们可能是由原巨颏虎进化而来的。

刃齿虎（*Smilodon*），也叫美洲剑齿虎，生活在250万—1万前的美洲地区，即通常所认为的剑齿虎，它们是最后进化出来的剑齿虎，也是剑齿虎家族最后的属种。刃齿虎身体粗壮，长着短而有力的四肢和短尾巴，双颌可张开120度，以便上犬齿刺进猎物的身体。其剑齿的后缘有细小锯齿。它们很可能捕食大型食草动物，也会吃腐肉或奄奄一息的动物。刃齿虎可能以家庭方式群居，很像现代的狮子，而且很可能也是集体捕猎。

随着巴拿马地峡在300多万年前隆起，南美洲和北美洲连成了一体，致命刃齿虎随即进入了南美洲，因缺少竞争对手，它们逐渐变得强壮。这种刃齿虎体长2.7米，肩高1.2米，体重达到了300～400千

致命刃齿虎假想图

克，它们的剑齿长约 18 厘米。

在大约 1 万多年前的冰期，智人踏入美洲大陆。人类的猎杀，以及美洲逐渐变得干燥的气候，造成森林退化和猛犸象等大型食草类生物灭绝，最终导致美洲剑齿虎灭绝。

在旧大陆，由于早期人类的活动和气候变迁导致食物减少等原因，剑齿虎族动物也较早地灭绝了。

○ 豹亚科

约 1080 万年前，豹属谱系从神秘的亚洲假猫进化而来。豹属谱系即豹亚科，包含了云豹属和豹属，它们二者的区别在于，云豹不会吼叫，而豹会。豹属包含了现今的一些大型猫科动物，如雪豹、豹、狮、虎，以及已经灭绝的早期分化类型（布氏豹、欧美洲豹、古中华虎、原始狮、洞狮、美洲拟狮等），但不包括美洲狮和猎豹。

现代美洲豹仅分布于美洲，也叫美洲虎，但实际上它既不是虎也不是豹，它和狮的亲缘关系比虎近得多。虎和雪豹在豹属中属于分化比较早的分支，而花豹、狮、美洲豹有共同的祖先，分化最晚的是狮类和花豹类。

595 万—410 万年前，布氏豹出现在青藏高原。

400 万—300 万年前，狮和美洲豹的祖先来到了北美洲，并在 34 万年前进化出了美洲拟狮。在 1.2 万年前，北美洲的美洲拟狮和美洲豹都灭绝了，部分美洲豹在 1.8 万年前通过巴拿马地峡来到了南美洲并延续至今。

255 万—216 万年前，最早的虎——龙担虎生活在中国甘肃。200 万年前，又进化出了古中华虎（中国祖虎）、亚氏虎等。

约 150 万年前，最早的狮——原始狮分布于非洲和亚欧大陆北部，并于 50 万年前灭绝。同样在 150 万年前，进化出了欧美洲豹，它是一种生活在欧洲的豹。

洞狮，也称欧洲洞狮，生活于 30 万—1 万年前，比现代狮子大，四肢粗壮。洞狮并不是现代狮子的祖先，可能因智人的捕杀而最终灭绝。

30 多万年前，各种各样的狮、虎、豹在亚欧大陆以及非洲各地蓬勃发展，并形成了目前的各种“大猫”。

欧美洲豹
原始狮
奥古塔斯美洲狮
巨猎豹
洞狮
龙担虎

○ 猫亚科

约 940 万年前，在亚洲产生了亚洲金猫谱系，这也是最早的猫亚科动物，目前主要生活在东南亚，以及中国、印度、缅甸的交界地带。

1000 万—800 万年前，一些原始猫科动物进入了非洲，同期，它们也扩散至整个亚洲，并通过白令陆桥，迁徙到了今天美国的阿拉斯加州。此时猫科动物在亚洲、欧洲、非洲与北美洲都有分布，而随着海平面上升，海水分隔了各个大陆，地理隔离使猫科动物演化出许多新物种。约 850 万年前，在非洲产生了狞猫谱系，目前主要分布在非洲和西亚以及中亚的土库曼斯坦。

800 万—720 万年前，进入北美洲的原始猫科动物进化出了虎猫谱系和猞猁谱系，虎猫谱系动物现在仍生活在南美洲和北美洲；猞猁谱系主要生活在北美洲和亚欧大陆的寒冷地带。

约 670 万年前，在北美洲出现了美洲金猫谱系，这一谱系后来分化出了美洲金猫属和猎豹属。巴拿马地峡隆起，南美洲和北美洲相连，300 万—200 万年前，美洲金猫（包括美洲狮和细腰猫）得以进入南美洲并延续至今，而留在北美洲的美洲金猫和北美猎豹则在 1.2 万年前的更新世灭绝。北美猎豹的一支在几百万年前已经回到了旧大陆，并形成了如今的猎豹（包括非洲猎豹和亚洲猎豹），而美洲狮在后来也回到了北美洲。

约 620 万年前，在北美洲出现了豹猫谱系，它们和猎豹以及猫谱系的祖先一起越过白令陆桥回到旧大陆，目前这一谱系主要生活在亚洲东部和南部地区。

约 340 万年前，和豹猫谱系一起回到亚欧大陆的猫谱系祖先，从其原始种群中脱离出来，并迅速扩张到了亚欧大陆和非洲的大部分地区，其中一支亚洲野猫，在约 1.8 万年前于近东地区被驯化，用于捕捉啃食人类粮食的啮齿类动物，它们就是现今家猫的共同祖先。

现今家猫

亚洲金猫

现生非洲狮

鲸、河马、猪演化图

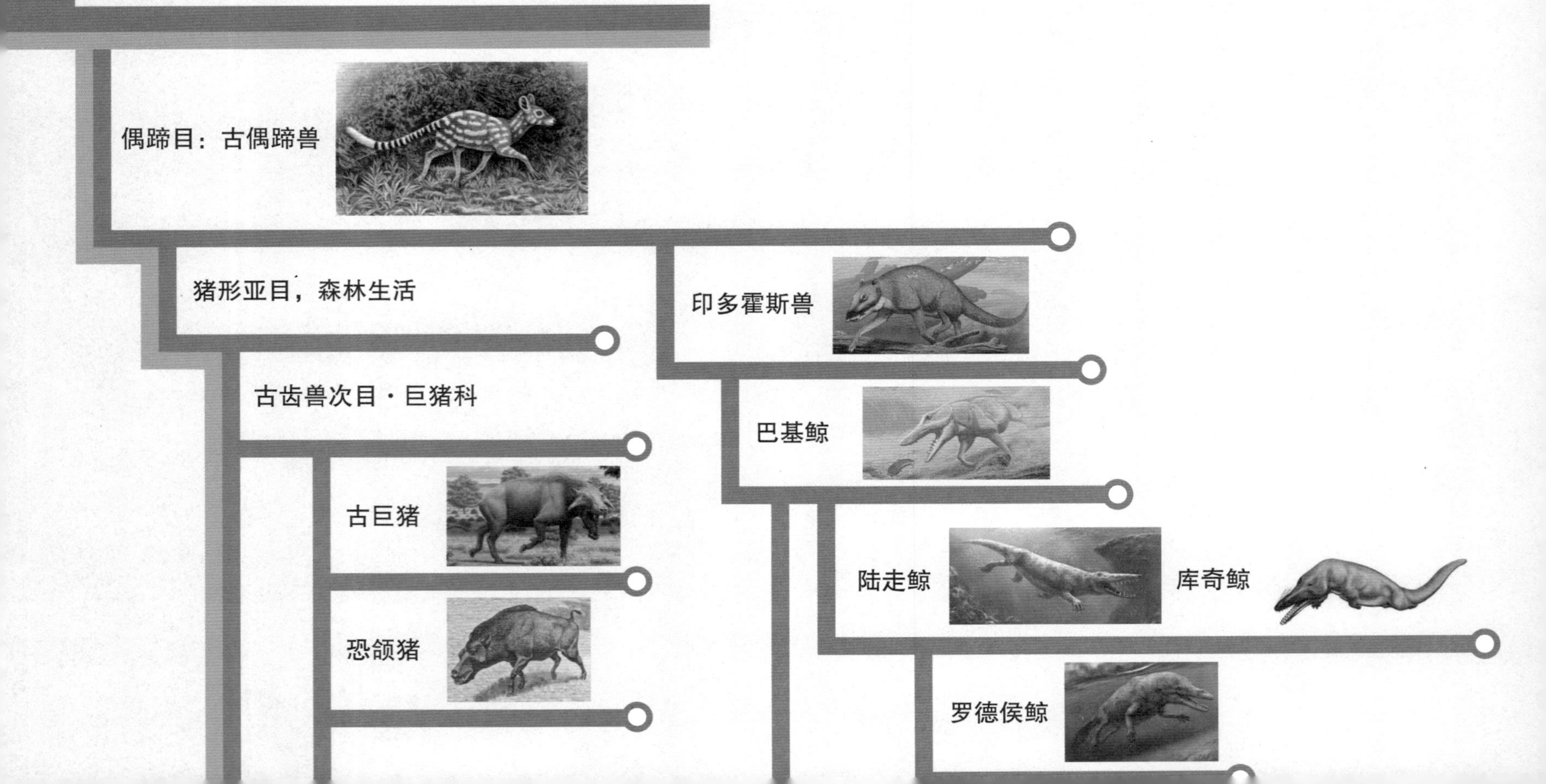

偶蹄目：古偶蹄兽

猪形亚目，森林生活

古齿兽次目·巨猪科

古巨猪

恐颌猪

印多霍斯兽

巴基鲸

陆走鲸

库奇鲸

罗德侯鲸

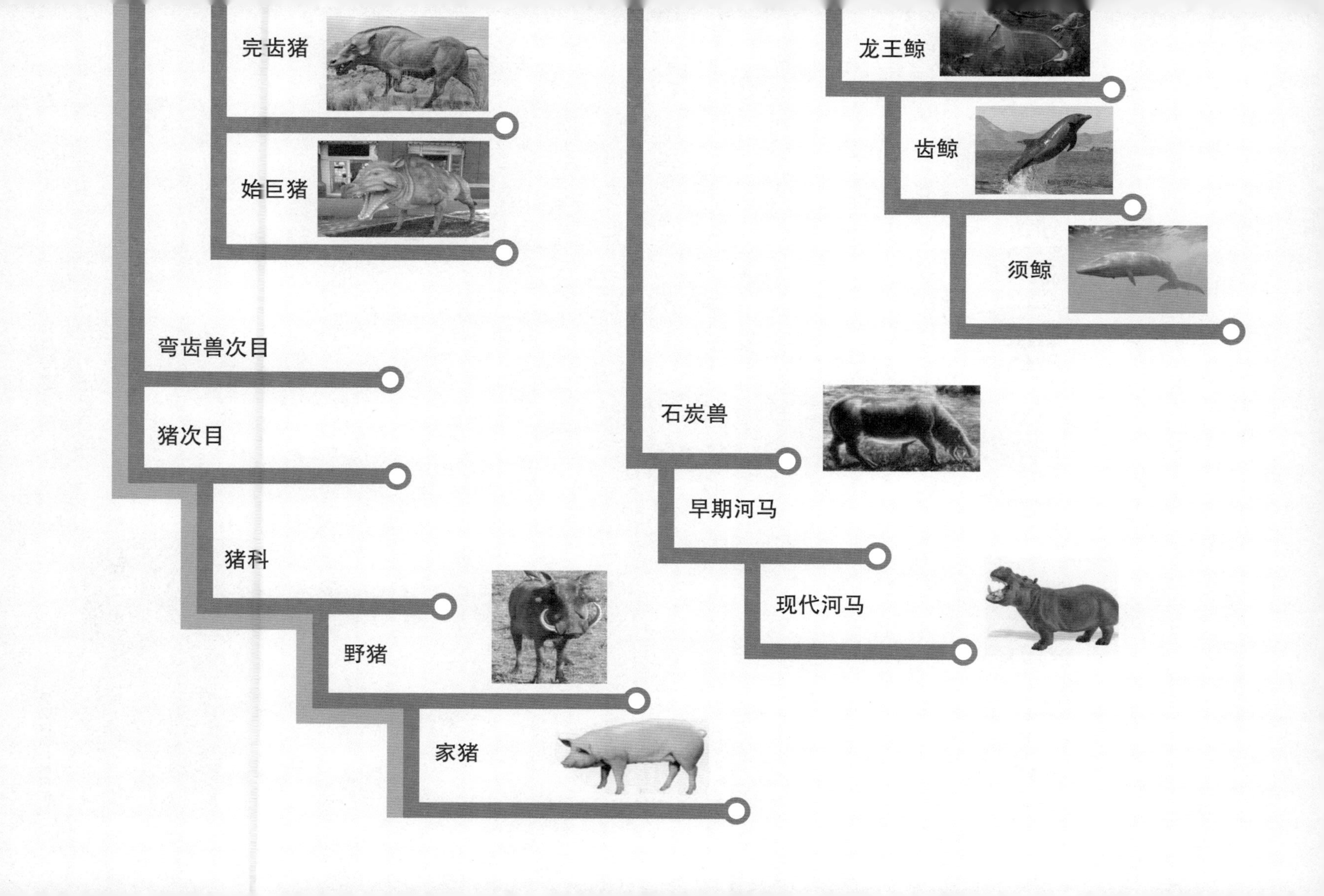

完齿猪
始巨猪
弯齿兽次目
猪次目
猪科
野猪
家猪
石炭兽
早期河马
现代河马
龙王鲸
齿鲸
须鲸

13.10 鲸、河马、猪的演化史

根据生物分类学以及分子生物学的研究，猪、鲸、河马同属于一个大家族，有一个共同的祖先，即以古偶蹄兽为代表的偶蹄目。6000 万—5000 万年前，古偶蹄兽出现了两个演化分支，也就是说，猪的祖先（猪形亚目）与鲸的祖先（印多霍斯兽）分道扬镳。约 4000 万年前，猪的祖先分别演化出巨猪类和野猪类。约 11000 年前，野猪首先由中东的农人驯养成家猪；约 5000 万年前，鲸的祖先进化出巴基斯坦鲸，走上了鲸的演化之路。

虽然河马在分类上归属猪形亚目，但根据分子生物学研究，河马与鲸具有较近的亲缘关系。大约 5000 万年前，河马与鲸共有一个祖先。到了 4000 多万年前，河马的祖先——石炭兽与鲸分家，分别沿着不同的轨迹演化，鲸由巴基斯坦鲸—陆走鲸（库奇鲸）—罗德侯鲸—龙王鲸进化而来；1600 万年前，石炭兽演化出真正的河马。

古偶蹄兽生态复原图

○ 古偶蹄兽

古偶蹄兽，又称古鼷鹿，是小型原始偶蹄类动物，植食性，生活在 5000 万年前的欧洲、亚洲和北美洲的森林中。其外形酷似现代的麂羚或水鼷鹿，是已知鲸 - 偶蹄目动物的祖先。古偶蹄兽体长仅 50

厘米，体重约 20 千克，四肢长而纤细，长有 4 个脚趾和细长的尾巴；行动敏捷，善于奔跑和跳跃，是当时跑得最快的动物，也是跳跃能手。

○ 印多霍斯兽

印多霍斯兽（*Indohyus*），拉丁文学名的意思是“印度的猪”，与猪、河马等同属偶蹄兽类。印多霍斯兽生活在 5000 万年前喜马拉雅山脉南麓克什米尔地区，当时克什米尔地区的山并不像今天这样高耸，气候温暖潮湿，植被茂密，面朝海洋。

印多霍斯兽看起来很像一只大老鼠，脑袋尖长，头顶有一对大眼睛，眼睛后面有一对小耳朵，身体较瘦，长约 50 厘米，有一条细长的尾巴，四肢细长，

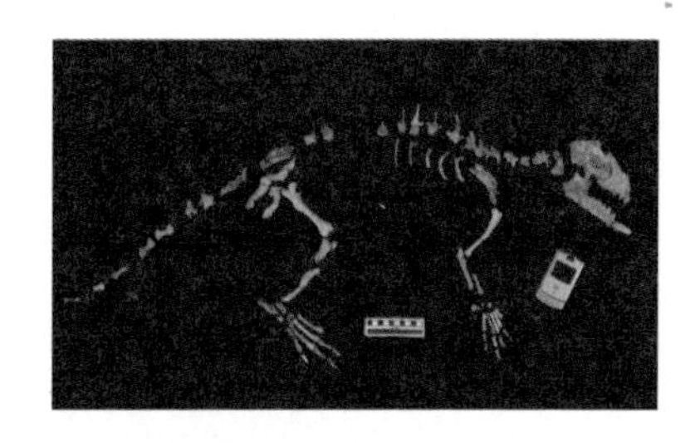

印多霍斯兽骨架化石

印多霍斯兽生态复原图

前后脚上都长有 4 趾，其中中间的两趾形成蹄子，两边的脚趾很短，已经不与地面接触。单从体形特征看，印多霍斯兽根本不像水生动物，但研究证明，它们经常生活在水中，原因是印多霍斯兽是植食性动物，胆小如鼠，平时躲在密林深处，为了逃避陆生食肉动物的捕食，常常跑到水里躲藏，久而久之，在基因突变和自然选择的作用下，适应了水中生活。

印多霍斯兽的耳道有类似听泡的结构，如同现存和已经灭绝的鲸类，说明它们与鲸类的亲缘关系更接近，很可能是鲸类的远古祖先，但有些古生物学家对此仍持怀疑态度。

○ 巴基斯坦古鲸

巴基斯坦古鲸骨骼化石

巴基斯坦古鲸（*Pakicetus*），也称巴基鲸，生活在 5000 万年前，因化石发现于巴基斯坦而得名。巴基斯坦古鲸主要生活在浅海或大湖泊的岸边，以捕食鱼类为生。最早的巴基斯坦古鲸体形像狼，头呈长圆锥形，四脚着地，有细长的尾巴，全身有毛。巴基斯坦古鲸有发育良好的后肢，可以在水中和陆地生活。它们是陆生哺乳动物与现代鲸类之间的过渡型。

巴基斯坦古鲸生态复原图

○ 陆走鲸

陆走鲸（*Ambulocetus natans*），又名游走鲸，生活在 5000 万年前，是一种早期的鲸，既能行走，又会游泳。陆走鲸的化石显示了鲸是如何从陆上的哺乳动物演化而来的。陆走鲸的外表像鳄鱼，约有 3 米长。它们的后肢较适合游泳，可能像水獭及鲸般

陆走鲸生态复原图

摆动背部来游泳。陆走鲸也像鳄鱼一般潜伏在浅水区域捕猎。就其牙齿的化学分析结果来看，陆走鲸可以出入淡水及海洋区域。陆走鲸没有外耳，它们是将头贴近地面来感受振动，借以追踪猎物的。

库奇鲸

库奇鲸（*Kutchicetus*），又名喀曲鲸，拉丁文学名意为“小个子的鲸”，生活在4600万年前的始新世早期。库奇鲸体形细小，近似水獭，体长约1.7米，能够行走及游泳，是陆上哺乳动物向鲸演化的过渡性生物。

库奇鲸生态复原图

陆走鲸正在捕食一只小型哺乳动物（想象图）

○ 罗德侯鲸

罗德侯鲸（*Rodhocetus*），属鲸目古鲸亚目原鲸科，生活在4700万年前，为半水生动物，是鲸目动物从陆地进入海洋的过渡性物种。它的盆骨与脊骨及后肢融合，并有分化的牙齿，后肢大而有蹼，犹如船桨，尾巴强壮，像船舵，明显具有陆上哺乳动物的特征。

罗德侯鲸生态复原图

○ 龙王鲸

龙王鲸（*Basilosaurus*），拉丁文学名意为“帝王蜥蜴”，又名械齿鲸，是已经灭绝的古代海洋哺乳动物，是一种原始的鲸类，也是现代鲸的祖先，生活于 4500 万—3400 万年前，化石发现于美国、埃及、巴基斯坦等地。龙王鲸体长 18～21 米，身体修长，后肢短小，由此可以证明现代鲸是由陆生哺乳动物演化而来的。龙王鲸牙齿短小锋利，为肉食性动物，常以鱼、乌贼、海龟和其他海洋哺乳动物为食。

龙王鲸生态复原图

在 3600 万年前的古地中海，阳光灿烂，海水湛蓝，阳光透过海水，照在一头雌性龙王鲸的脊背上，刚出生不久的幼崽紧紧地贴在妈妈的身旁，不时触碰着母亲流线型的身体。几条大鲨鱼在一旁虎视眈眈，龙王鲸妈妈警惕地盯着附近的鲨鱼，保护着孩子，只要幼崽一直在它身旁，这些鲨鱼就不敢靠近

○ 现生鲸类

现生鲸类主要分为两个种类：齿鲸与须鲸。

齿鲸（Odontoceti）是鲸的一个大类，种类多，约有 72 种。齿鲸最大的特征是具有牙齿，齿呈圆锥状，齿数从一到数十不等。齿鲸有一个外鼻孔，呼吸换气时只能喷出一股水柱；头骨左右不对称；鳍肢

龙王鲸（上）、露脊鲸（中）、虎鲸（下）与人的大小对比

露脊鲸

具 5 趾，胸骨大，无锁骨，无盲肠，显然是肉食性动物。齿鲸体形差异很大，最小的长 1 米左右，最大的长约 20 米，体重一般有 9 吨。齿鲸主要以鱼类、乌贼为食，有的还能捕食海鸟、海豹以及其他鲸类。常见的齿鲸有虎鲸、伪虎鲸、抹香鲸、突吻鲸、白鳖豚、海豚等。

须鲸（Mysticeti）是须鲸类动物的统称，包括蓝鲸、长须鲸、座头鲸、露脊鲸、灰鲸等，现生的须鲸共有约 15 种。

须鲸体长 15～20 米，身体细长，背部为黑色，腹部为白色，鳍肢和尾鳍的下面为灰色，背鳍呈镰刀形，向后倾斜。每侧的须板为黑色，有 300～400 枚鲸须，故称“黑板须鲸”。须鲸呼气时喷出的水柱是

海豚

从巴基斯坦古鲸到现代鲸的骨骼演变

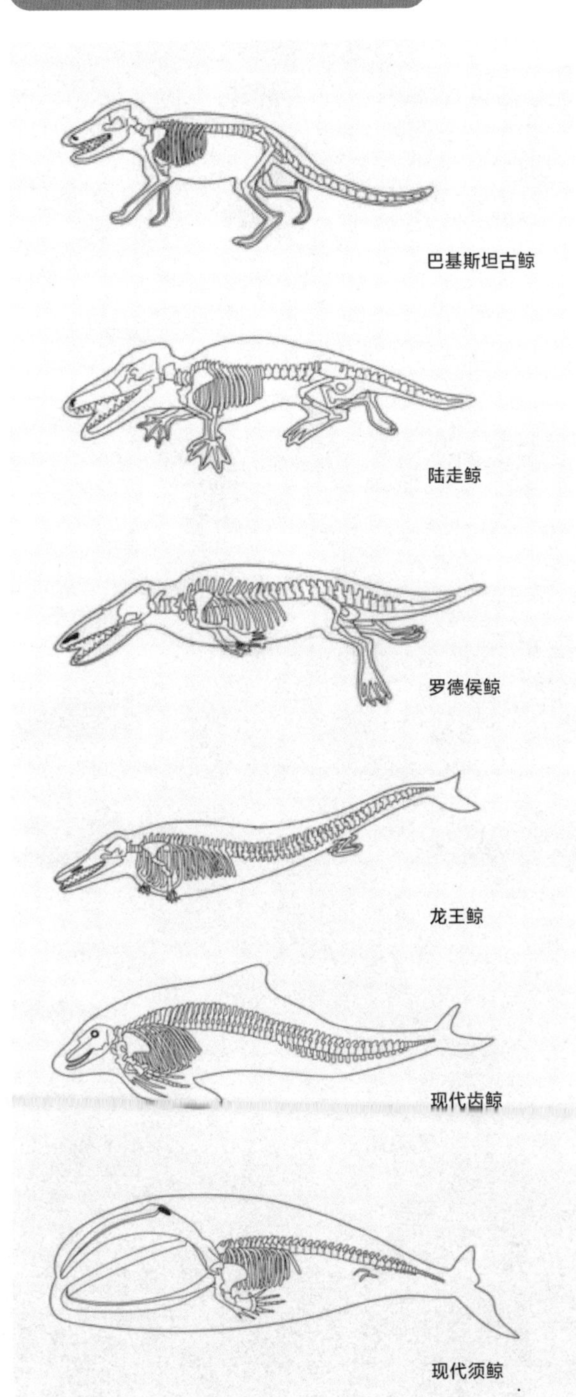

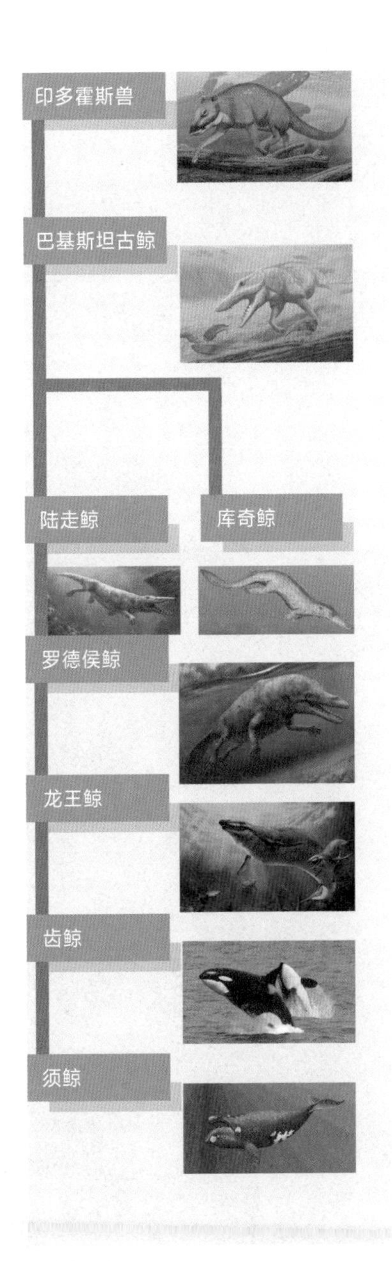

鲸的演化史

座头鲸

垂直的，而且又高又细。研究证明，须鲸可能是从齿鲸中分离出来的。

须鲸的牙齿犹如巨大的毛发，与面部的绝大多数毛发一样。它们的“毛牙”能够捕获猎物。须鲸主要以磷虾等小型甲壳类动物为食，有的须鲸也吃小型群游性鱼类，以及底栖的鱼类和贝类。

○ 石炭兽

石炭兽（*Anthracotherium*），又名碳兽，属偶蹄目，最早出现于4000万年前，直到200万年前灭绝，曾分布在非洲北部、欧洲、亚洲及北美洲。研究显示，石炭兽可能是河马的祖先，与鲸的祖先有较近的亲缘关系。

○ 河马

石炭兽复原图

河马

河马（*Hippopotamus amphibius*）是现今地球上最大的杂食性淡水哺乳动物，体形巨大，体长4米，肩高1.5米，体重约3吨。河马躯体粗圆，皮较厚，四肢短，脚有4趾，眼耳较小，眼睛位于头部上方，头硕大，尾较小；嘴特别大，门齿和犬齿均呈獠牙状，下犬齿巨大，长50～60厘米；除吻部、尾、耳有稀疏的毛外，全身皮肤裸露；一般生活于河流、湖泊、沼泽等水草繁茂的地带。

河马喜群居生活，以雌河马为首领。河马一般白天几乎都在河水中睡觉或休息，晚上才出来觅食。它们主要以水草为食，食物短缺时也吃肉。

在冰期末期，河马广布于北美洲和欧洲，现在只生活在非洲。

古巨猪生态复原图

○ 古巨猪

古巨猪（*Archaeotherium*），属巨猪科，生活于3500万年前的北美洲西部、欧洲和亚洲。古巨猪是完齿猪及其他有蹄类的亲属。

古巨猪体形与奶牛类似，肩高1.5米，后颈部有明显的棘突，背部很可能具有“肉丘”。它们和现代的野猪一样，是以植食为主的杂食性动物，有时也食腐和捕食各种小动物，如跑犀、副跑犀、先兽等。古巨猪立体视觉不好，所以不能很好地捕猎。它们有可能是以小群活动的主动猎食性动物，拥有强壮的颌骨，可以压碎猎物粗大的骨头。

○ 完齿兽

完齿兽（*Entelodon*），又名全齿兽、巨豨或完齿猪，属偶蹄目完齿兽科，生活在3720万—1300万年前，分布于亚欧大陆和北美洲。

完齿兽大小如牛，身高1米多，体重达500千克，甚至可达800千克；头大像猪，颌部有像疣的瘤状物；脚短小，鼻口长；有完整的牙齿，如大犬齿、重门齿，以及简单而有力的臼齿，咬合力比鳄鱼还大。其最明显的特征是头部两侧的骨块，雄性较大，显示其强大。

完齿兽有分趾蹄，其中二趾接触地面，余下二趾则已退化；杂食性，从水果到腐肉都吃，生性残暴，甚至自相残杀，有“地狱来的猪”的称谓。

完齿兽生态复原图

恐颌猪生态复原图

○ 恐颌猪

恐颌猪（*Daeodon*），又名恐猪，希腊语是“恐怖猪”的意思。恐颌猪生活在2300万—500万年前的北美洲草原上。其体形稍大于古巨猪和完齿猪，是最大的偶蹄类，肩高超过2米，体长超过3米，外形非常像现在的犀牛；长有巨大的犬齿和颌骨，比现代野猪更加凶残，杂食性，主要以植物为食，也经常食腐或捕食小型动物，以小群活动。

○ 始巨猪

始巨猪（*Eoentelodon*），属巨猪科，是一种体形细小而原始的巨猪。其大小接近现在的猪，生活

恐颌猪生态复原图

在5600万—3400万年前，化石发现于北美洲和亚洲。

始巨猪复原模型

○ 野猪

野猪身体健壮，四肢粗短，头较长，耳小并直立，吻部突出似圆锥，顶端有拱鼻；每脚有四趾，且硬蹄，仅中间二趾着地；尾巴细短；犬齿发达，雄性有獠牙状犬齿。野猪最早出现在4000万年前，至今仍然很繁盛，几乎遍布世界各地。野猪生活地区

野猪

广阔，食性也很广。早期的野猪穿梭于森林和沼泽。有证据证明，家猪是由欧洲和亚洲的野猪驯化来的。大约在 1.1 万年前，野猪等家畜最先由生活在近东地区的中东农人驯化。

○ 库班猪

库班猪骨架

库班猪（*Kubanochoerus*），分类位置不定。其体形巨大，成年体长 3 米，肩高 1.2 米，体重约 800 千克，生活于 2000 万—1000 万年前，中新世末灭绝，曾分布于非洲和亚欧大陆，化石在我国宁夏回族自治区的同心和甘肃的和政也大量发现。

库班猪的特征有：体形巨大，头部很特别，眼睛上方有细小的角，额头上长有巨大的角，雄性的角长 30 多厘米，显示其强壮，并用来打斗，犹如传说中的独角兽。库班猪长有两颗长长的獠牙状犬齿，看上去像食肉动物，但其实是杂食性动物，主要以植物的根茎为食，也捕食一些小动物。它们与铲齿象、萨摩兽等远古动物生活在同一时期。

库班猪生态复原图

13.11 鳍足类的演化史

鳍足类哺乳动物是海生食肉兽，体形为纺锤状；牙齿与陆栖食肉兽相似，包括海豹科、海狮科、海象科，以及已经灭绝的海熊兽科。

鳍足类哺乳动物完全不具有陆上站立和行走的能力，体形似陆兽，体表有密短毛；头圆，颈短；5 趾完全相连，发展成肥厚的鳍状；前肢可划水，依靠身体后部的摆动游泳，速度很快，在水中俯仰自由，并能迅速变换方向；鼻和耳孔有活动瓣膜，潜水时可关闭鼻孔和外耳道；呼吸时需露出头顶，用力迅速换气，可长时间潜水；多在水中活动，在海滩上休息、睡眠。

达氏海幼兽骨骼化石

○ 达氏海幼兽

达氏海幼兽（*Puijila darwini*），种名以达尔文的名字命名，类似能走的“海豹”，生活在 2400 万—2000 万年前，化石发现于北极地区。达氏海幼兽体长 1 米多，像陆地哺乳动物一样有着强健有力的四肢和长长的尾巴，这显示达氏海幼兽曾在陆地上生活；虽没有鳍状肢，但趾骨间连接，类似鸭嘴兽等动物脚上的蹼，说明它是半水生动物。达氏海幼兽同时具有早期鳍足类动物和现代鳍足类动物的特点，既可以在陆上行走，也可以在水中快速游动。

达氏海幼兽生态复原图

研究者认为，达氏海幼兽并不是现代海豹的直接祖先，却是鳍足类动物共同的祖先。现生鳍足类包括海象、海豹和海狮，它们都是从陆地动物演化而来的海洋食肉哺乳动物。

在解剖学上，达氏海幼兽与现代熊和水獭类似。水獭是目前已知与鳍足类关系最密切的动物。从某种程度上讲，达氏海幼兽是“古老鳍足类动物的现代对照”，填补了化石记录中的一项重要空白，显示了海豹及其近亲是如何从两栖小型食肉哺乳动物演化而来的。

○ 海熊兽

海熊兽（*Enaliarctos*）是已知较早的鳍足类，生活在2700万—1600万年前，化石发现于北美洲太平洋沿岸。其成年个体身长1.4～1.5米，体重约80千克。海熊兽的某些特征和陆生的熊类非常相似，但也有一些适应海洋生活的特征。它们有着鳍状肢，但和现代鳍足类不同，在海中不能正确利用鳍状肢，而是用其将猎物拉到海岸上进食。

海熊兽生态复原图

有趣的是，现代不同种类的海豹有着不同的游泳方式，有的会转动鳍状肢，有的会左右摇晃臀部，用后肢推动前进。海熊兽看起来会这两种游泳方式。达氏海幼兽可以用四肢游泳，它在进化上很可能比海熊兽更原始。

○ 海狮

海狮科（Otariidae）是鳍足类动物中的一个科，主要生活在太平洋南部与北部，包括 5 种海狮和 8～9 种海狗。海狮与海狗二者外形大体相似，但海狮体形略大。海狮毛粗硬无绒毛，仅能防水防湿，不像海狗的毛皮那样柔软。海狮易与人类亲近，记忆力好，可以接受训练，执行救援任务。

海狮科动物长有外耳，有约 5 厘米长的外耳郭，内有软骨，向外尖。所有海狮科动物的眼眶上都没有触毛。海豹科动物只长有内耳，没有外耳郭，但眼眶上有触毛。

现生海狮

现生海豹

现生海象

海狮科动物体形较修长，四肢长而有力，是鳍足类中在陆地上最灵活的一类，不但在陆地上行走比较灵活，在水中游动也灵活迅速，但不擅长深潜。

现生海狗

○ 海狗

海狗外形酷似海狮，其特征是脸很短，头较圆，吻部短，全身覆有绒毛，皮毛柔软漂亮，质量极好，故又称“毛皮海狮”。海狗与海狮不一样，不能被训练。

○ 海豹

海豹科（Phocidae），头圆颈粗，身体肥胖，皮下脂肪厚，后肢与尾相连，永远向后。海豹不擅长行走，在陆地上只能凭借身体的蠕动匍匐前进，十分笨拙，但水下动作十分灵活，且善于深潜，可潜入水下数百米深处捕食。

海豹科大致分成北方和南方两个类群，即海豹亚科和僧海豹亚科。海豹亚科分布于北半球，僧海豹亚科主要分布于南半球。

○ 海象

海象科（Odobenidae），属食肉目鳍足类。海象科仅有海象一种，只生活于北冰洋海域，因犬齿发达似象牙而得名，但与象没有亲缘关系。

海象体形巨大，成年雄性体长 2.2～3.6 米，体重超过1吨。海象的脂肪极厚，便于抵御北极地区的严寒。在水中和陆地上，海象皮肤的颜色不一样。海象在岸上时，阳光照射使其表皮的血管充分扩张，皮肤会变成棕红色；回到海水里后，表皮血管遇到冰冷的海水收缩，皮肤就会恢复到原来的白色。

海象嘴短而阔，犬齿特别发达，用以掘食和攻防；身体上长有稀疏坚硬的体毛；眼小，视力不佳；四肢呈鳍状，后肢能弯曲到前方，可以在冰块和陆上行走。但海象在陆地行走时，远不如海狮类灵活。

海象能潜入90米深的水中，在水中可以待约20分钟，是潜水能手。海象用獠牙在海底挖掘甲壳类和软体动物，有时也吃鱼类、植物甚至其他海兽。海象的嘴唇和触须十分敏感，探测辨别出食物后，便用齿将甲壳类的壳咬破，吃其肉体。

从进化的角度来看，海狮科与海象科具有最近的亲缘关系。

○ 海牛

海牛原是陆地上的“居民”，但它们的“老祖宗”与陆生牛的不

现生海牛

是同一个，海牛其实是大象的远亲。数千万年前，一部分大象被迫下海“谋生”。由于长期生活在水中，其相貌、体形变得与大象无相同之处。但在皮肤颜色、皮层厚度，以及食性方面，海牛与大象具有相似性。

海牛是水栖植食性哺乳动物，可以在淡水或海水中生活。海牛与同属海牛目的儒艮科动物在外观上相近，不同之处在于头骨与尾巴的形状，海牛的尾部扁平，略呈圆形，外观犹如大型的桨；儒艮的尾巴则和鲸类近似，中央分叉。

海牛有 3 种：

亚马逊海牛，分布在巴西亚马孙河流域和委内瑞拉奥里诺科河上游及中游，是唯一生活在淡水水域的海牛；

北美海牛（又称加勒比海牛），主要栖息在加勒比海沿岸，可到江湾中吃水草；

西非海牛，分布在西非海岸、浅湾、河流及乍得湖和喀麦隆湖中。

13.12 已经灭绝的其他动物

在哺乳动物时代，还生活着其他许许多多的动物，不过，现在却看不见它们的身影了。这里只简要介绍几种动物，如象鸟、恐鹤、渡渡鸟等，它们的灭绝大多与人类捕杀有关。

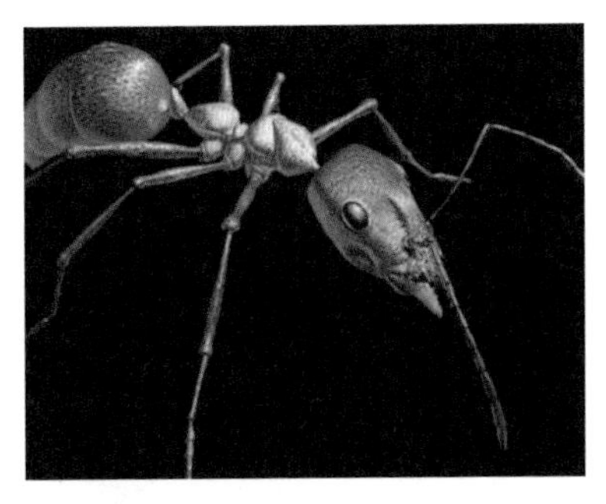

巨蚁复原图

巨蚁，出现于4900万年前，灭绝于4400万年前，在地球上只生存了500万年。巨蚁特别大，工蚁长2厘米左右，最长的达3厘米，而蚁后长达5.5厘米。巨蚁捉食昆虫，目前化石只在德国被发现

象鸟生态复原图

象鸟，生活于第四纪的巨型植食性平胸鸟类，翼退化，高3米以上，重约500千克，无飞行能力，主要生活在非洲马达加斯加岛的森林中，于约350年前灭绝，可能与人类的过度捕杀有关

恐鹤复原图

渡渡鸟复原图

渡渡鸟，也叫嘟嘟鸟，仅产于印度洋毛里求斯岛，不会飞，重约 23 千克。因人类大量捕杀，渡渡鸟于 1690 年灭绝

恐鹤生态复原图

恐鹤，是肉食性鹤类，与鸵鸟差不多大，与鸵鸟一样不会飞行。鸵鸟身高 2.75 米，重 155 千克；恐鹤身高 2.5 米，重 130 千克。恐鹤生活在 2700 万年前，于 1.5 万年前灭绝，主要分布在美洲

第三卷

从野性到文明

第十四章
人类时代

The Evolution
of Life

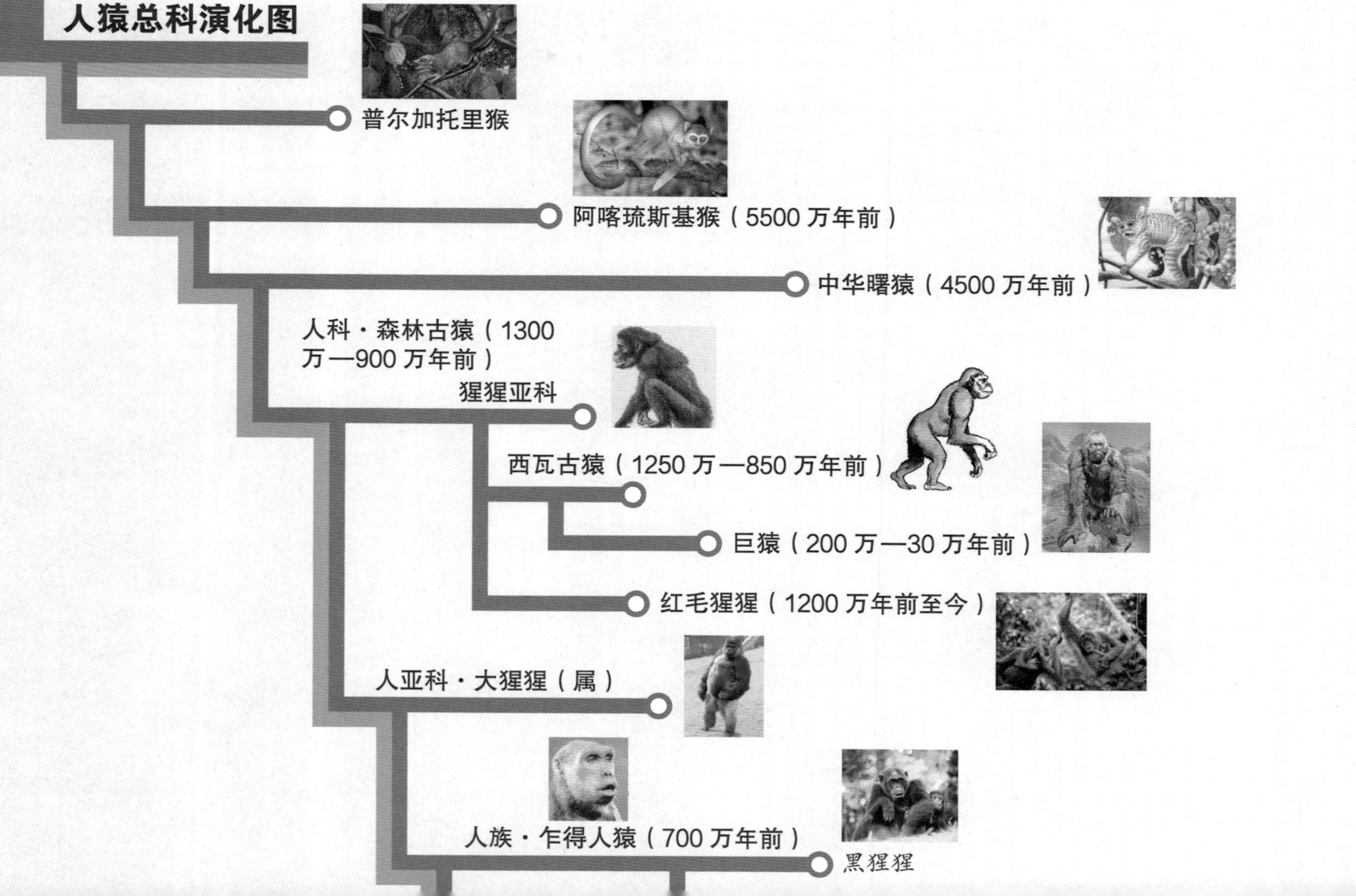
人猿总科演化图
普尔加托里猴
阿喀琉斯基猴（5500 万年前）
中华曙猿（4500 万年前）
人科・森林古猿（1300 万—900 万年前）
猩猩亚科
西瓦古猿（1250 万—850 万年前）
巨猿（200 万—30 万年前）
红毛猩猩（1200 万年前至今）
人亚科・大猩猩（属）
人族・乍得人猿（700 万年前）
黑猩猩

倭黑猩猩

人亚族·地猿·卡达巴地猿（580 万—520 万年前）

地猿始祖种（440 万年前）

南方古猿（390 万—100 万年前）

露西（320 万年前）

人属·能人（250 万—150 万年前）

直立人（200 万—10 万年前）

海德堡人

匠人（200 万—140 万年前）

元谋人、北京人

欧洲海德堡人（100 万—60 万年前）

早期智人（60 万—3 万年前）

尼安德特人

丹尼索瓦人

非洲海德堡人（100 万—30 万年前）

晚期智人（30 万—1 万年前）

现代人（农耕文明，1 万年前至今）

14.1 关于人类起源

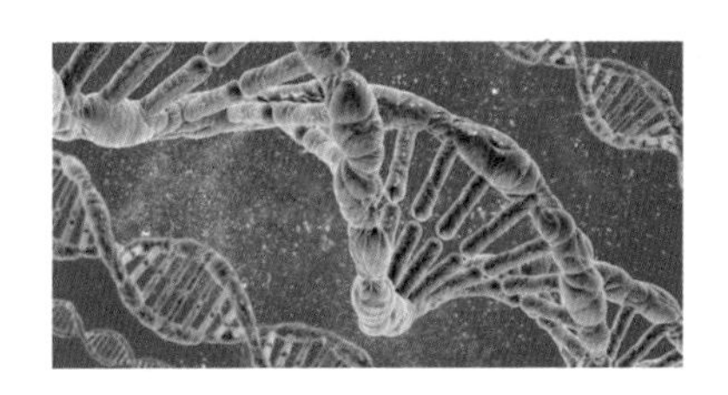

分子生物学对 DNA 的研究证明人类由同一祖先进化而来

约 260 万年前，第四纪冰期开始，许多哺乳动物因此灭绝，如剑齿虎、猛犸象、披毛犀、板齿犀等，但也开启了“人类时代”，地球从此迎来最辉煌的时代。

关于人类的起源，有两种截然不同的观点，一种是多地起源说，另一种是单地起源说。

多地起源说主要流行于 20 世纪 90 年代之前。多地起源说认为，人类的祖先来自非洲，但是他们走出非洲后，并没有灭绝，而是在不同的地方分别进化出当地的现代人。

多地起源说的代表人物是美国密西根大学教授米尔福德·沃尔波夫（Milford H. Wolpoff）。沃尔波夫认为，150 万（实际是约 200 万）年前，人类的祖先匠人（早期的直立人）第一次走出非洲，到达世界各地，并在当地独立演化，如爪哇人、海德堡人、尼安德特人等，他们在地理环境隔离的状态下，分别平行进化成当地的现代人；同时，自然选择、基因突变、遗传漂变等其他复杂的因素使现代人向大致相同的方向演化。最终，人类在某些方面的多样性消失，当前的现代人虽保留一些地方性特征，但仍有许多相似的特征。

单地起源说，最早称“诺亚方舟假说”或“伊甸园假说”，后来被称作“走出非洲假说”。此假说于 20 世纪 90 年代在遗传学上获得了有力的支持，虽然仍有一部分学者支持多地起源说，但是接受单地起源说的人越来越多。现在，单地起源说已经成为世界人类起源的主流观点。

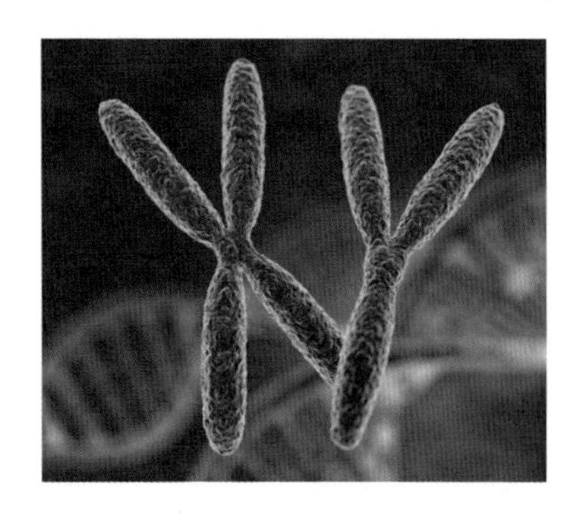

承载人类繁衍大业的X染色体和Y染色体

除了化石证据的支持，分子生物学、人类遗传学研究，以及人类基因组对比分析也为单地起源说提供了充分的证据。从580万年前的地猿到现今的人类，基因变异都是连续的，且DNA中都保留有变异的记录。也就是说，从古猿到现代人的580多万年的进化历史，在人类的DNA中保留了下来，这些进化记录显示了基因变异的历史痕迹。

单地起源说认为，180万年前，早期直立人匠人第一次走出非洲，迁徙到印尼的爪哇岛（180万—160万年前）、格鲁吉亚（170万年前），以及东亚（160万—120万年前），由于不能适应当地的环境或被后来的早期智人消灭，大约在20万年前，都相继灭绝。而仍留在非洲的匠人，大约在100万年前进化成海德堡人，海德堡人迁徙到了欧洲，如在西班牙发现的先驱人就是海德堡人的一支，这是人类第二次走出非洲。生活在欧洲的海德堡人，大约在60万年前，在自然地理等生殖隔离下，独立进化为早期智人，即尼安德特人。而仍然生活在非洲的海德堡人，在30万年前，进化出晚期智人，也称智人，他们才是我们现代人真正的、最近的共同祖先。

16万—5万年前，地球气候变得极其寒冷，海平面结冰，在红海东南角的曼德海峡，晚期智人与尼安德特人进行了数次激烈的战斗，最后大约在5万年前，晚期智人终于凭借团队优势、良好的组织能力、快速奔跑能力和优良的武器，打败了尼安德特人，这是人类第三次走出非洲，而尼安德特人被迫到环境极为恶劣的地域生活，最终因饥寒交迫，在3万年前灭绝。

原始人类想象图

据遗传学研究，这次走出非洲的晚期智人，大约有 150 人，其中只有极个别男性（被形象地称为“亚当”）和极个别女性（被形象地称为“夏娃”）成了我们现代约 80 亿人的直接祖先，也可以说，只有他们留下了血脉，我们现代人就是这些极个别男性和女性的后代。

为什么只有男人 Y 染色体上的基因和女人的线粒体基因能够一代代传下去?

这要从人类的受精卵说起。人体中有两种细胞，一种是体细胞，含有 23 对（46 条）染色体，其中第 23 对是性染色体；另一种是生殖细胞（男性是精子，女性是卵子），由于发生减数分裂，每一个精子内只剩下 23 条染色体，只有第 23 条染色体是性染色体，或是 X 染色体，或是 Y 染色体，其中一半精子含有 X 染色体，一半精子含有 Y 染色体，决定着孩子的性别，而女性卵子的第 23 条性染色体均是 X 染色体。

精子与卵子结合，形成受精卵，这样受精卵中就有 23 对（46 条）染色体。当含 X 染

原始人生活想象图

色体的精子与卵子结合时，会形成 XX 受精卵，发育的胎儿就是女孩；当含有 Y 染色体的精子与卵子结合时，会形成 YX 受精卵，发育的胎儿就是男孩。精子与卵子结合成受精卵后，精子中的线粒体就会启动一套自毁机制（2016 年，中、美、日三国科研人员的最新研究成果），否则，胚胎存活率就会降低。男人和女人都携带线粒体 DNA，但是男人生殖细胞内的线粒体不会遗传给下一代，所以，发育的胎儿，无论男性还是女性，其身体细胞内的线粒体只遗传母亲细胞内的线粒体，而不遗传父亲细胞内的线粒体。而上溯源头，这个线粒体 DNA 只能属于那个原始人类女性——“夏娃”。

精子中的 Y 染色体在与卵子中的 X 染色体结合时，Y 染色体中的基因并不参与重组，保留其“男性”本色，因而决定了胎儿为男性，而且 Y 染色体中决定性别的基因会一直遗传下去，即从人类第一个男性祖先——“亚当”，一直遗传到现在的每个男性，所以所有男性都具有 Y 染色体基因。

尽管都是原版的复制品，但 Y 染色体也不一样，代复一代，变异会在 Y 染色体中积累变化，并在基因中记录下来。线粒体 DNA 也是如此，发生变异积累，并记录下来。这一切都已被遗传基因学、分子生物学研究证实。

2003 年，美国、英国、日本、法国、德国和中国的科学家经过 13 年的努力，共同绘制完成了人类基因序列图。这一研究结果证明，现在我们 80 亿人都可能源自一个“母亲”。

英国牛津大学人类遗传学家经十几年的 DNA 研究发现，全世界的人口分别繁衍自 36 个不同的、被称作“宗族母亲”的原始女人，所有这些“宗族母亲”又都是 20 万—15 万年前非洲大陆上一个被命名为“线粒体夏娃”的女人的后代。虽然“夏娃”不是当时唯一活着的女性，但她却是唯一一个将血脉延续繁衍到今天的原始女人，也就是说，我们身体细胞内的线粒体，都源自这个“线粒体夏娃”。

牛津大学人类遗传学教授西基斯研究发现，现代欧洲人其实大多数都是远亲：97% 的现代欧洲人，其实都起源于 4.5 万—1 万年前冰期的 7 个不同的女人，这 7 个“宗族母亲”被他称作“夏娃的 7 个女儿”，现代欧洲人细胞的线粒体 DNA 都来自这 7 个原始女人的线粒体 DNA。

根据最近的人类基因组研究，现代所有人类男性的 Y 染色体都可以追溯到 5 万年前的那个男人——“亚当”。

○ 人类的摇篮

大约3300万年前，由于地壳板块的运动，汹涌炙热的岩浆从两个板块（阿拉伯板块与非洲板块）之间涌出，将古老的非洲大陆撕开一个巨大的裂口——东非大裂谷。2300万—500万年前，为东非大裂谷主要断裂运动期；500万—260万年前，为东非大裂谷大幅度错动期，并基本形成现在的样子。东非大裂谷深1000~2000米，最宽达200千米，长5800千米，是世界上最大的断裂带。

在东非大裂谷的东侧，有一系列高地，平均海拔约2700米，犹如一道天然屏障，阻隔了气流自西向东的输送，使这里干旱少雨，茂密的森林慢慢变得稀疏，形成一片片疏林。正如法国人类学家伊夫·科庞所说："环境因素将人与猿的共同祖先群体分开。大裂谷西部地区的后裔习惯生活在湿润的树丛中，之后进化为猿类，演化为现如今生活在那里的大猩猩、黑猩猩和倭黑猩猩；大裂谷东部地区的后裔开创了全新技能，以适应在开阔环境中的新生活，之后进化为人类。"他将这个情景称为"东部故事"。在东非大裂谷东侧埃塞俄比亚中部阿瓦什河谷阿法尔洼地生活着一支古猿，它们就是地猿，这也许就是我们人类的祖先。生活在580万—520万年前的卡达巴地猿是与黑猩猩分开的最早人类。1992年，在埃塞俄比亚发现了一具迄今发现的保存最为完整的雌性古猿标本，经研究分析，它就是生活在440万年前的地猿始祖种，被命名为拉密达地猿（*Ardipithecus ramidus*），也被科学家们昵称为"阿迪"（Ardi），它位于人类系统树的根附近。

阿迪身高120厘米，大脑略大于黑猩猩，面部凹陷，像猿，双脚结实，能够直立行走，更适合行走，但不像露西那样行走自如。

根据阿迪的特征，古人类学家推断，阿迪具有混合型的特征，既有类人猿的"原始"特征，又有原始人类所共有的"衍生"特征。

因此古人类学家假设，是阿迪演化出了露西这样的南方古猿。

我们人类的基因是从露西那儿遗传来的。阿迪也可能是一个分支，与我们的直接祖先是姊妹种，但它们的宗族已经灭绝。

约320万年前，出现了有"人类祖母"之称的露西；250万年前，露西进化出能够制造简单石器的能人；200万年前，能人进化出早期的直立人——匠人；100万年前，匠人进化出海德堡人；30万年前，生活在非洲的海德堡人进化出（晚期）智人。我们现代人都是智人的后代。

由此可见，人类可能起源于非洲大裂谷以东的埃塞俄比亚高原。正是东非大裂谷的形成，造成生殖隔离，才进化出了人类。

东非大裂谷俯瞰图

○ 人类属于同一种族

要弄明白人类为什么源自非洲，首先要搞清楚物种的概念。什么是物种呢？物种是一个群体，单独一个生物不能称为物种，物种成员在形态上极为相似，各成员之间可以正常交配并繁殖可生育的后代。也就是说，同一物种繁育出的后代，具有生殖能力。虽然不同物种之间有的能交配，可以繁育后代，其后代被称为杂种，但杂种往往不具有生殖能力。

比如，马、驴和骡子，都属于脊索动物门脊椎动物亚门哺乳纲奇蹄目马科马属。马、驴、骡子三者具有很近的亲缘关系，但马与驴属于不同的物种。同一个生物属内的不同物种，其亲缘关系十分接近，不同物种间交配有可能生育后代或杂种，如驴和马之间可产生骡子，据说只有 3% 的概率。即使同属于豹属的豹、狮、虎，豹与狮、豹与虎之间也无法结合产生杂种。同一个属内的不同物种，二者的亲缘关系相差较大，生物进化学上叫生殖隔离，二者之间的生殖细胞不能结合形成受精卵，更无法发育成胚胎。

无论肤色、人种、民族、文化有何不同，所有人类都属于同一“种族”，相互之间没有生殖隔离

公马与母驴交配产生的杂种称为驴骡；公驴与母马交配产生的杂种称为马骡。多数骡子都是马骡，因为公驴与母马的基因更容易结合产生后代，而母驴与公马基因结合成功的概率很小，很难产生驴骡。

作为杂种的骡子是没有再生育能力的。

细胞的减数分裂，是指生物细胞中染色体数目减半的分裂方式，马有 64 条染色体，则母马的卵子有 32 条染色体，驴有 62 条染色体，则驴的精子有 31 条染色体，通过精子、卵子结合发育成的新的个体驴骡却只有 63 条染色体。因此，骡子的细胞染色体无法正常进行减数分裂产生配子（精子或卵子），所以骡子不能进行再生育。

不只是骡子，其他杂种也是如此，都不能进行再生育。更何况，在自然条件下，几乎不可能产生杂种。杂种多数都是人工干预的产物，如狮虎兽。

分布在世界各地的人，都属于同一物种（种族），但可以分成四个亚种，通称白色人种（高加索人种）、黄色人种（亚洲人种）、黑色人种（非洲人种）和棕色人种（大洋洲人种），虽然这四个人亚种相隔千山万水，在过去未曾有过沟通和交流，但并没有产生生殖隔离。他们仍然是同一个物种，具有十分相近的基因，他们结婚后都可以生产可再生育的后代，从而佐证了人类单地起源说，而不支持多地起源说。也就是说，约 80 亿的现代人，可能只有一个共同的祖先，她就是来自非洲的智人。因此，人类属于同一个“种族”。

○ 人类进化过程的六座里程碑

生命本身就是一个奇迹，而人类的诞生就是奇迹皇冠上的宝石。人类作为世界上唯一拥有高等智慧的生命，是最初生命经过了 40 亿年演化的结果。

生命进化是生物基因突变引起的，也是自然选择的结果。基因突变是随机的，是不可重复的，因为任何新物种的诞生，既受到当时的地理、气候等条件的制约，又受到新物种“父母”自身条件以及受精卵的控制，可以说，每一个新物种的诞生都有偶然性，都是随机的，不具定向性。而生命进化都是在自然选择的驱使下适应性变异的结果，因此进化并不总是由简单到复杂，由低级向高级方向发展的。

人类的进化走过了六个十分关键的阶段，可以将之比喻为六座里程碑。

第一座里程碑：猴子由四足行走进化为半直立的指掌型行走，失去了尾巴，有了阑尾，但仍以树栖生活为主，代表性的有森林古猿（脑容量约为 167 毫升，下述均为脑容量）、乍得人猿（约 340 毫升）。

人类分为四大人亚种（自上而下，自左至右：白色人种、黄色人种、黑色人种、棕色人种），但都具有十分相近的基因，说明人类可能源于同一个祖先

第二座里程碑：由半直立指掌型行走进化为近似直立行走，不发育足弓，开始从树上下到地面，偶尔在地面生活，代表性的有卡达巴地猿、地猿始祖种（380～400毫升）。

第三座里程碑：由于气候干冷，森林面积减少，出现了大量林间空地，地猿始祖种更多地下到地面生活，更多地直立行走，足弓发育不明显，牙齿变小，开始吃肉，脑容量增大（400～500毫升），代表性的有阿法南方古猿。

第四座里程碑：能够制作粗糙的石器，脑容量变得更大，为600～800毫升，嘴巴前突，开始有了足弓，代表性的有能人。

第五座里程碑：能打磨精致的石器（如石斧），有了发育的足弓，上肢明显缩短，因出汗导致体毛消失，鼻头隆起，学会使用火和生火，吃烤熟的肉，脑容量为1000～1300毫升，开始有了简单的语言。代表性的有匠人（800～1000毫升）、海德堡人（1000～1400毫升）。

第六座里程碑：脑容量明显增大，超过1300毫升，最高达1750毫升，吃肉明显增多，可以用丰富的语言交流，有了埋葬死者的习惯，可以制造精致的工具，如精致石器、弓箭、长矛等，代表性的有尼安德特人（1200～1750毫升）、智人（1400～1600毫升）。

14.2 头脑基因的六次突变促使人类走上食物链的顶端

○ 为什么头脑基因突变改变了人类命运

在 40 亿年的生命进化历程中，为什么走上食物链顶端的会是人类，为什么人类会成为最有智慧的生物？这首先要从生命进化的角度来说。生命的进化遵循“基因突变、自然选择、适者生存”法则，人类的进化与基因突变密切相关，而主宰人类大脑的基因突变又起着决定性作用。

这要从 1000 多万年前说起。古猿头脑经过六次基因突变，才从小而稚嫩的古猿头脑（脑容量为 160 多毫升）进化成现在人类的智慧头脑（脑容量为 1400 毫升），并由简单演化得更为复杂，高度智慧化的大脑控制着人体的一切活动。现在人类大脑的重量只占人体重量的 2%，却消耗了全身 20% 的血氧量和 25% 的葡萄糖（能量）。

○ 第一次基因突变，促使流向大脑的血液量增加

1300 多万年前，人类的祖先森林古猿的脑容量只有 160 多毫升，由于颈动脉狭窄，供给大脑的血液不足，大脑耗能只占身体能量的 8%。

1000 多万年前，一个名为 *RNF213* 的基因发生正向突变，导致颈动脉扩张变粗，流向脑部的血液量大增，大脑消耗的能量也随之增加。

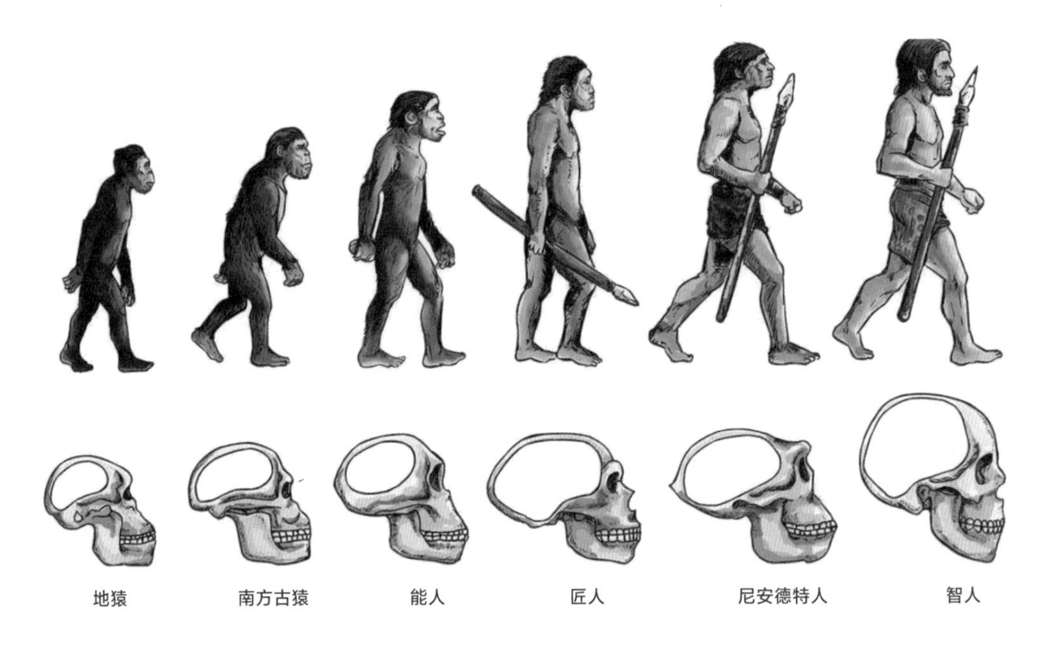

人类脑容量增长示意图

○ 第二次基因突变，促使大脑从血液中获得更多的能量

经过第一次基因突变，虽然流向大脑的血液量明显增加，但是大脑并不能从血液中获得更多的能量。此时，影响葡萄糖转运体的 *SLC2A1* 基因发生突变，促使人类大脑获取葡萄糖的水平大大提高。实验证明，人类大脑比黑猩猩大脑多获取 3 倍的葡萄糖和 2 倍的肌酸（辅助为肌肉和神经细胞提供能量），但人体细胞中的葡萄糖转运体基因 *SLC2A1* 的表达量，比黑猩猩低 60%，可以说，人类大脑多获取的能量是由被迫减少葡萄糖获取量的人体细胞贡献出来的。

○ 第三次基因突变，促使人类大脑增大和新脑皮扩展

第三次基因突变主要发生在 600 万—400 万年前，人类刚刚与黑猩猩“分家”，即卡达巴地猿至南方古猿时期。这个时期有三个基因发生突变，导致人类脑容量第一次极速扩大和新脑皮扩展。这三个基因突变，第一个是 *ASPM* 基因突变，有助于神经细胞分裂，便

于脑纺锤体正常工作，避免小脑畸形症的发生。*ASPM* 基因的突变导致脑容量突破了 500 毫升（南方古猿）。*ASPM* 基因的突变大约发生在卡达巴古猿与黑猩猩分开后 100 多万年的拉密达地猿或南方古猿身上。第二个基因突变是人类的祖先（拉密达地猿或南方古猿）的 *ARHGAP11B* 基因出现突变，促使人类祖先的脑干细胞增多。第三个基因突变是在约 400 万年的时间内，人类的 *HAR1* 基因序列有 18 个碱基发生突变。*ARHGAP11B* 基因和 *HAR1* 基因的突变都使人类祖先的新脑皮褶皱增多，大脑新脑皮面积扩大。

○ 第四次基因突变，导致咀嚼肌肉组织缩小，促使头颅空间增大

第四次基因突变发生在 270 万—210 万年前，这恰恰与人属 —— 能人出现的时间点相吻合。在生物分类学上，能人是世界上出现的第一种真正的人类，脑容量出现了第二次激增，达到了标志性的 800 毫升。其实这次脑容量的增大，是大脑中 *MYH16* 基因突变的结果。*MYH16* 基因突变导致肌球蛋白重链无法正常工作，咀嚼肌群变小，从而造成束缚头颅的咀

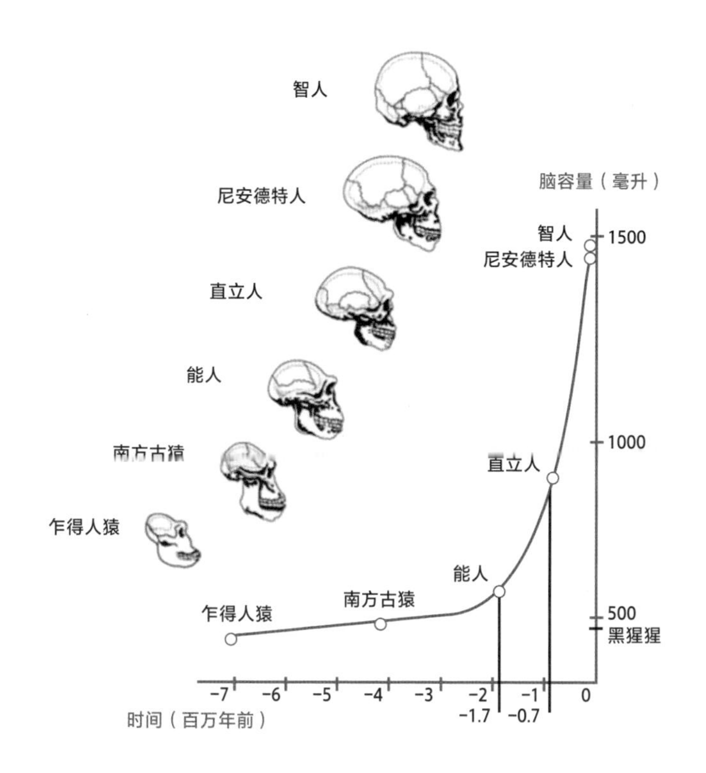

嚼肌明显变小，促使头颅空间极速扩大，脑容量激增。同时随着咀嚼肌缩小，人类（能人）的下颌骨变小，嘴巴不再那么突出，也促进了语言能力的提高。

到了距今 200 万—100 万年前，能人进化成直立人（匠人和海德堡人），直立人不仅可以制作更加精细的石器，还学会了用火烤熟食物，这导致咀嚼肌进一步变小，头颅内的空间进一步扩大，脑容量暴增了 3 倍，超过了 1200 毫升；下颌骨随之进一步变小，人类开始说话，直立人有了简单的语言能力。

○ 第五次基因突变，促使大脑中神经连接增多

人类的智力水平不仅取决于脑容量，还与脑神经网络的连接方式与强度密切相关，比如脑容量大的尼安德特人反而不如脑容量小的智人聪明。

科学家们研究发现，*SRGAP2* 基因与神经迁移和分化等功能有关，该基因可以增加神经树突的数量和密度，形成更多的神经连接。人类的 23 对染色体中，有 23 个 *SRGAP2* 基因备份，是灵长类中最多的。

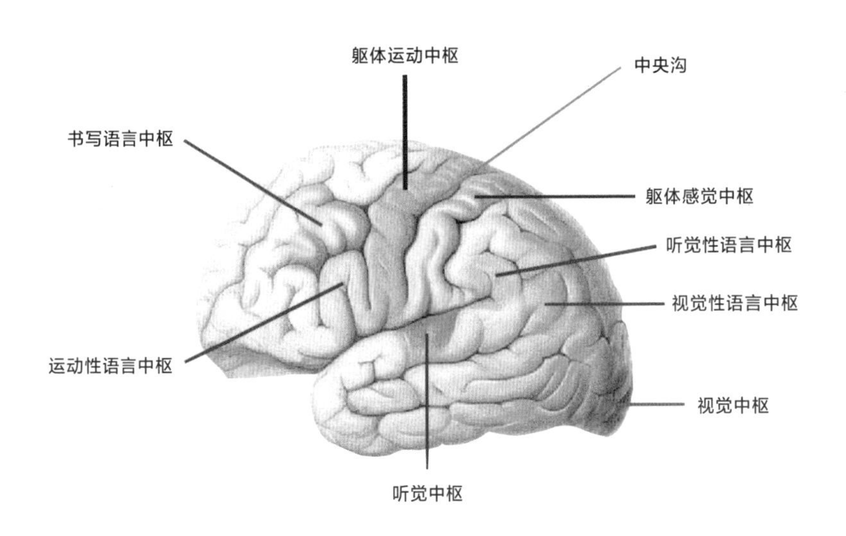

人类大脑分区功能图

○ 第六次基因突变，促使大脑认知能力和语言能力增强

虽然前五次基因突变，导致人类大脑获得更多的血液量、能量、脑容量、新脑皮扩展，以及神经元之间的连接增强，但还不足以让人类拥有高级的认知能力，如语言与沟通能力。

大约五六十万年前，生活在非洲的海德堡人的 *FOXP2* 基因发生突变，不仅大大增强了他们的语言能力和认知能力，而且理解能力和记忆能力也明显增强。实验证明，*FOXP2* 基因有助于增强人类的学习能力或知识应用能力，由此推断，由非洲海德堡人进化而来的智人，其语言能力、认知能力、理解能力和记忆能力，甚至知识的应用能力都远远高于尼安德特人和丹尼索瓦人。最终，智人战胜了尼安德特人和丹尼索瓦人，成为世界的统治者，现在的人类都是智人的后代。

正是人类大脑相关基因的突变，改变了人类的命运，成就了如今高度发达的人类文明。

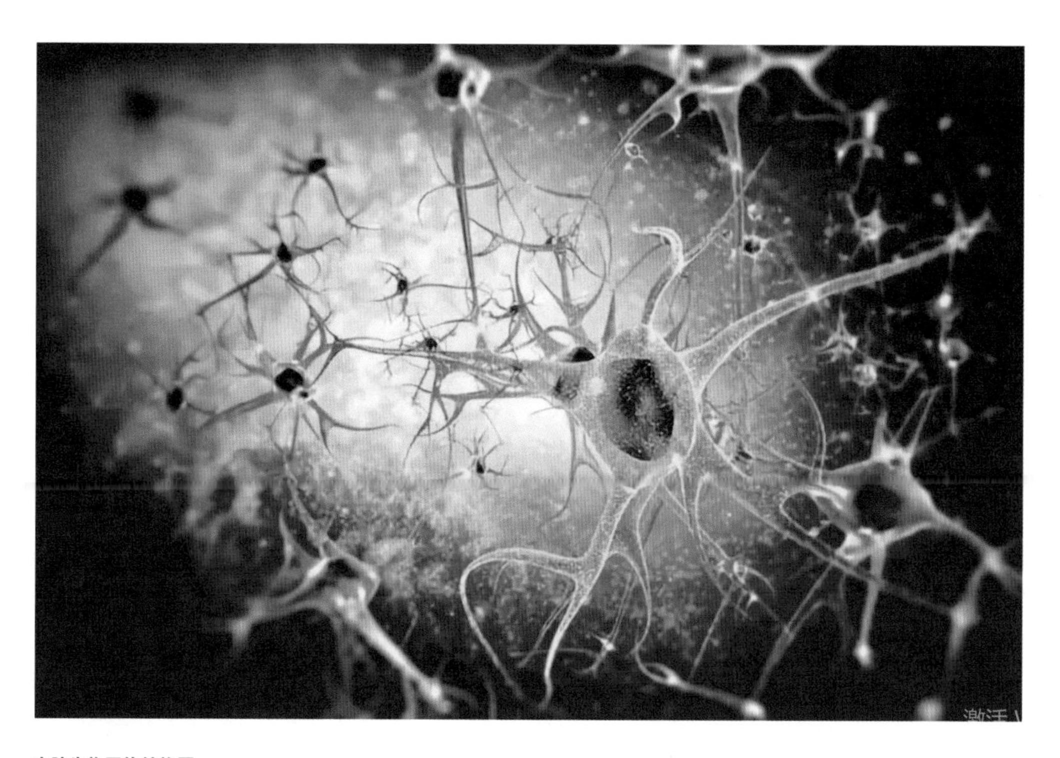

大脑生物网络结构图

14.3 早期灵长类阶段

最早的似灵长类是更猴；最早的灵长类是普尔加托里猴，生活在 6590 万年前的美国蒙大拿州东北部；生活在我国的最早的灵长类是阿喀琉斯基猴，化石发现于我国湖北省荆州市；4500 万年前出现了中华曙猿，化石发现于我国江苏省溧阳市；3800 万年前的“甘利亚”（似类人猿）化石发现于缅甸中部古城蒲甘。人类可能是由这些灵长类进化而来的。由此古人类的演化图可描述为：阿喀琉斯基猴在亚洲诞生，并向其他大陆扩散；3400 万年前，全球气候急剧变冷，灵长类在环境急剧变化的情况下，形成了两个不同的演化模式。繁盛于北美洲、亚洲北部和欧洲的灵长类几乎完全绝灭；生活在非洲北部和亚洲南部热带丛林的灵长类，却存活了下来。幸存下来的这支灵长类最终走出非洲，并扩散到亚欧大陆。1300 万年前，出现了没有尾巴的古猿，东非大裂谷的出现导致生殖隔离，使森林古猿进化出人形动物；700 万年前，森林古猿分化出乍得人猿和大猩猩；600 万—500 万年前，地猿（卡达巴地猿）和黑猩猩从乍得人猿那里分家；约 440 万年前，进化出地猿始祖种——阿迪；390 万年前，进化出阿法南方古猿，并在 250 万年前，进化出能人；200 万年前，进化出直立人，早期非洲的直立人是匠人，他们第一次走出非洲，后来灭绝；100 万年前，匠人进化出海德堡人，一部分海德堡人第二次走出非洲，首先到了欧洲和西亚，生活在欧洲的海德堡人在60万年前进化出早期智人（尼安德特人）；30万年前，仍然生活在非洲的海德堡人进化出晚期智人（智人）——现在人类的直接祖先，约在16万年（或5万年）前，他们第三次走出非洲，一支先到达了印度，另一支到达了欧洲、亚洲，战胜或消灭了生活在当地的直立人和尼安德特人，最终占领了全世界。

○ 更猴——最早的似灵长类

更猴，是已知最早的似灵长目的哺乳动物，生活于6000多万年前的北美洲和欧洲。其形似松鼠，有爪，眼睛在头部的两侧，大部分时间生活在树上，以果实及树叶为食。更猴早已灭绝，与现代的灵长类似乎没有关系。

更猴生态复原图

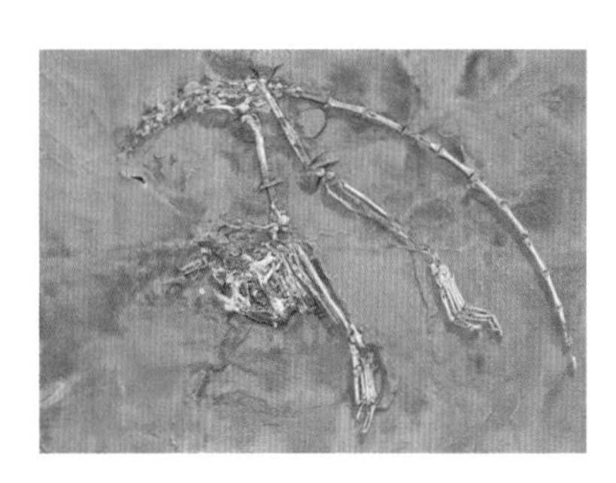

阿喀琉斯基猴化石

○ 阿喀琉斯基猴——最古老的灵长类

阿喀琉斯，是希腊神话中凡人珀琉斯与海洋女神忒提斯的儿子。忒提斯为了让儿子炼成“金刚之躯”，在他出生后，用手提着他的脚后跟，将其浸入冥河。可惜的是，阿喀琉斯被母亲捏住的脚后跟不慎露在水外，留下了唯一薄弱之处。后来，阿喀琉斯被帕里斯一箭射中脚后跟而死去。后人常以“阿喀琉斯之踵”比喻即使再强大的英雄，也有致命的软肋。

阿喀琉斯基猴是一种已灭绝的灵长类动物，生活于约 5500 万年前潮湿、炎热的湖边，是迄今发现的最早的灵长目动物。阿喀琉斯基猴身长约 7 厘米，体重不超过 30 克，体形娇小，像侏儒狐猴；具有修长的四肢，善于跳跃，也能在地面上行走；牙齿尖小，大眼窝，拥有良好的视力，以昆虫为食。阿喀琉斯基猴由于其脚后跟的骨头长得短而宽，很像类人

阿喀琉斯基猴生态复原图

猿，因此借用“阿喀琉斯之踵”之义，被命名为“阿喀琉斯基猴”。其化石在 2003 年发现于我国湖北省荆州市，由中国科学院古脊椎动物与古人类研究所倪喜军教授和他的团队历经 10 年潜心研究并命名，该研究成果被评为我国“2013 年古生物十大重要科学成果”。

阿喀琉斯基猴最显著的特征是长着一双比小腿还长，甚至超过大腿长度的大脚，且其大脚趾能够与其他四个脚趾对握抓在一起。它同时兼具类人猿和眼镜猴的特征，可能是人类和猿猴的共同祖先。

中华曙猿生态复原图

○ 中华曙猿——高等灵长类

1994 年，我国著名的古人类学家林一璞、齐陶等人，在江苏省溧阳市上黄镇发现了中华曙猿的足骨化石。

中华曙猿，生活在 4500 万年前中国东部沿海的雨林中，是一类体形很小的灵长类。其化石的发现向人们暗示：高等灵长类的起源地更可能在东方，在中国。所谓“曙猿”，意思就是“类人猿亚目黎明时的曙光”。

○ 甘利亚——似类人猿

2005 年，在缅甸中部的古城蒲甘发掘出土的化石碎片，经研究被命名为“甘利亚”(Ganlea)，为世人所关注。据测算，该化石距今约 3800 万年，主要是动物的下颌骨和牙齿。科学家们研究发现，这种动物的牙齿大而锋利。

甘利亚生态复原图

美国宾夕法尼亚州卡内基自然历史博物馆的古生物学者、研究缅甸类人猿化石的专家克里斯·比尔德博士说："甘利亚的发现表明，早期亚洲类人猿在3800万年前已经呈现出现代猴子的特征。"

甘利亚长得像类人猿，从其磨损严重的犬齿化石可以推断出，这种栖息在树上、有着长尾巴的动物已懂得用牙齿去撬开坚硬的热带水果的表皮，取食果肉和种子。

在进化过程中，我们的灵长类祖先最重要的适应性是社会性、语言技能、直立行走、灵巧的双手、食肉与狩猎、长时间的儿童学习期，以及大的脑容量。

大多数灵长类曾经栖息在树上。在树上生活的动物必须有良好的视觉，否则会从树上掉下来。所以，所有灵长类动物都具有良好的立体视觉。灵长类动物晚上休息，主要在白天觅食，而且更喜欢采摘树叶和五颜六色的水果，后者得益于基因突变，进化出三色视觉。对于灵长类动物来说，嗅觉变得不那么重要，所以灵长类动物的嘴巴都比较小，面部比较平。

灵长类动物猴子的主要特征有：（1）颌部变短，脸部变扁，头骨呈球状；（2）上下颌短，脑腔很大，大脑发达，智力较高；（3）嗅觉弱于视觉、触觉和听觉，有三色视觉；（4）双眼与人类相似，有眼窝，眼睛长在面部，具有立体视觉；（5）没有爪子，却有指甲，四肢长并有明确分工，关节灵活自如，拇指可与其他四指对握，双手具有一定的操作功能，如采摘、捡拾、抓握等；（6）可以利用前肢在树间游荡迁徙。

14.4 古猿阶段

约1300万年前，人类进化进入了古猿阶段。

按时间顺序，依次出现的是森林古猿—乍得人猿—地猿—南方古猿。古猿的特征演化是，脑容量明显增大；尾巴明显退化；体形变大；足弓从无到有；由四足行走到指掌型半直立行走，再到两足直立行走；从树栖生活到地上生活。

森林古猿复原图

○ 森林古猿

类人猿，简称猿，指无尾巴的类人灵长类动物，是灵长目中智力较高的动物，包括长臂猿科（较小的类人猿，如长臂猿）和猩猩科（较大的类人猿，如红毛猩猩、大猩猩以及黑猩猩、倭黑猩猩）。猿与猴的主要区别是，猿无尾、有阑尾，大脑复杂。

1300万—900万年前，在热带雨林地区和广阔的草原上活跃着一种灵长类动物——森林古猿，它们是人类最早的祖先。在非洲、亚洲和欧洲许多地区都曾发现过森林古猿存在的遗迹和化石。

森林古猿既是人类的祖先，也是现代红毛猩猩、大猩猩和黑猩猩的祖先，具有猿类和人类共有的体态和行为特征。

森林古猿生活想象图

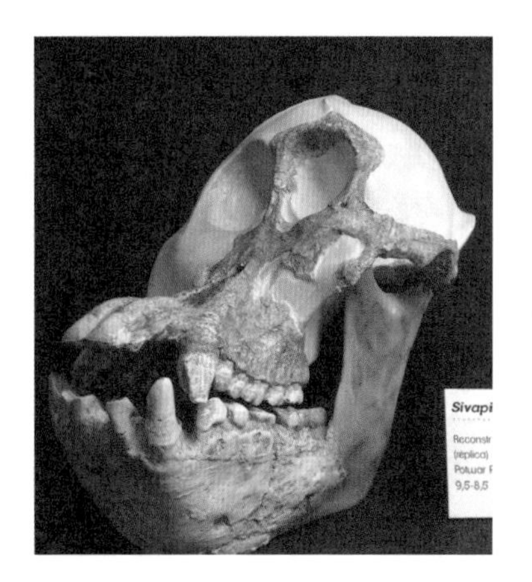

西瓦古猿颌骨碎片

西瓦古猿头骨化石

森林古猿身体矮小粗壮，身高约 60 厘米，体重 11 千克，脑容量约为 167 毫升；胸廓宽扁，下巴宽平，嘴唇长而宽并向前突出；过着群居生活，在树林间荡来荡去，主要以树叶和果实为生。森林古猿的后肢非常灵活，手大而有力，强壮的手指可以牢牢地抓握树枝，说明它们绝大部分时间生活在树上，偶尔也下到地上生活，四肢着地前行。

正在制造工具的红毛猩猩

生活在树上的红毛猩猩

森林古猿有两个演化支，一支向猩猩类演化。约 1250 万年前，森林古猿进化出腊玛古猿（雌性；雄性为西瓦古猿）；1200 万年前，森林古猿进化出红毛猩猩（有待进一步考证）；约 200 万年前，腊玛古猿可能进化成巨猿，30 万年前，巨猿灭绝。

另一支向人类演化。由于森林大面积消失，大量森林古猿不得不下地行走。长期的下地行走使它们逐渐进化，学会了直立行走。

人类的祖先是一些从树上来到地面生活的古猿，主要活动在森林边缘、湖泊、草地和林地间。地面

腊玛古猿生活复原图

的生活使它们的体形变大，骶骨也变得厚大，骶椎数增多，髋骨变宽，内脏和其他器官也相应地发生变化，为直立行走创造了条件，而且这样前肢可以从事其他活动，手变得灵巧，从而完成了从猿到人的第一步。这些都是在漫长的岁月里完成的。约 700 万年前，乍得人猿与大猩猩从森林古猿那里分化出来；580 万—520 万年前，地猿（卡达巴地猿）与黑猩猩又从乍得人猿那里分家；约 390 万年前，地猿始祖种进化出阿法南方古猿。

○ 西瓦古猿与红毛猩猩

腊玛古猿，属灵长目人猿总科人科猩猩亚科。雄性腊玛古猿又称西瓦古猿。西瓦古猿生活在 1250 万—850 万年前的中新世。1932 年，美国耶鲁大学青年学者爱德华·路易斯在印度发现了西瓦古猿的一个上颌骨的部分碎片；1961 年，耶鲁大学埃尔温·西蒙斯根据研究发表了一篇具有重大意义的论文，把西瓦古猿归为人族，认为它是人类的远古祖先。

英国剑桥大学人类学家戴维·皮尔比姆与西蒙斯一起从解剖学角度研究西瓦古猿颌骨的特点，并推断西瓦古猿生活在一个复杂的社会环境里，靠两足直立行走，进行狩猎。因此，他们认为，最早的人类出现在 1500 万年前，甚至可能是 3000 万年前。这一观点一度成为学界的主流观点。直到 20 世纪 80 年代初，皮尔比姆小组与彼得·安德鲁斯小组分别在巴基斯坦和土耳其发现了类似的更为完整的西瓦古猿化石，参考越来越多分子生物学的证据，他们推翻了原来的推论，认为西瓦古猿不是人类的祖先，人类的祖先与猿在 700 万—500 万年前才分道扬镳，各自走上了不同的演化道路，而并非在 1500 万年前。

西瓦古猿事件在人类学研究中具有重大意义，一是单纯根据相同的解剖形状来推断相同的进化关系是危险的，二是分子生物学的定量分析对人类学研究具有革命性的意义。而推动人类学研究的是 20 世纪 60 年代后期，美国加利福尼亚大学伯克利分校的生物化学家阿伦·威尔逊和文森特·萨里奇，他们对现在人类与非洲猿类的某种血液蛋白质进行比较，把血液蛋白数据当作一种分子钟，这种分子钟显示，最早的人种出现在约 500 万年前，而不是 1500 万年前，并且有越来越多的新证据支持这两位生物化学家的观点。后来这一分子钟数据被修正为 700 万年前，也就是说，在距今约 700 万年前，人类与猿类开始走上不同的演化道路，一支是人亚科（乍得人猿—地猿始祖种—南方古猿—能人—匠人—非洲海德堡人—智人）；另一支是猩猩亚科（红毛猩猩、西瓦古猿、巨猿）。

红毛猩猩（印尼语为 Orangutan，意为“森林中的人”），也称猩猩，属猩猩亚科。红毛猩猩由森林古猿进化而来，是亚洲唯一的大猿，现仅分布于加里曼丹岛和苏门答腊岛的丛

幼小的红毛猩猩

红毛猩猩，成年雄性体长约 97 厘米，雌性体长约 78 厘米；雄性身高约 137 厘米，雌性身高约 115 厘米；雄性重 60～90 千克，雌性重 40～50 千克。红毛猩猩手臂展开可以达到 2 米长，利于在树林中摆荡。绝大部分红毛猩猩的血型是 B 型。雌性红毛猩猩约在 10 岁达到性成熟，在 30 岁停止生育；3～6 年产一崽，孕期为 230～270 天

林里。

通过基因组测序分析，红毛猩猩的基因与人类的相似度（指的是编码蛋白质基因中碱基对的一致性）约为 96.4%。它们与腊玛古猿非常相似，所以研究者普遍认为腊玛古猿与现代猩猩具有共同的祖先，可能在约 1200 万年前从祖先那里分化出来。红毛猩猩主要吃果实和蔓生植物，偶尔也吃鸟卵和小型脊椎动物。

红毛猩猩过着独居生活，雄性与雌性间没有什么联系，各自有自己的领地，并不在一起生活、组建家庭。雄性与雌性交配后，就一拍屁股走人。

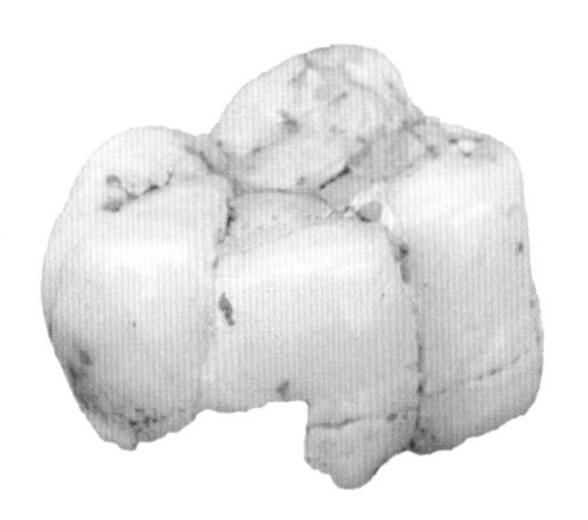

巨猿臼齿化石（广西壮族自治区博物馆）

柳州市柳城县巨猿洞

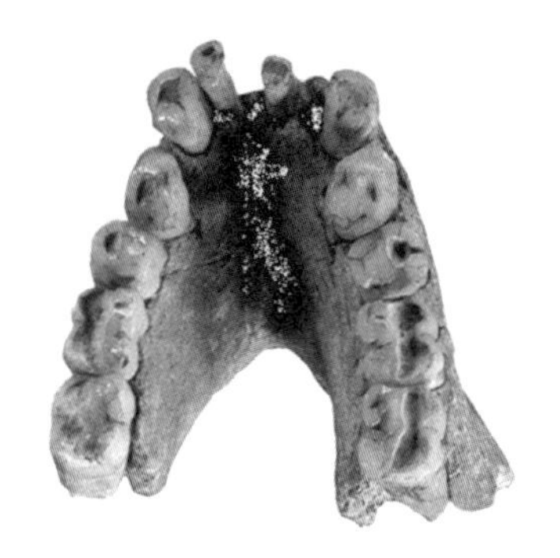

巨猿下颌骨化石

○ 巨猿

巨猿，属哺乳纲灵长目人猿总科人科猩猩亚科，生活在200多万年前，直到30万年前才彻底灭绝。人类学家认为，巨猿是西瓦古猿的后裔，与红毛猩猩关系较近。

1935年，荷兰古生物学家孔尼华在中国香港中药铺的中药“龙骨”里搜集到一颗巨大的暗黄色臼齿，比人牙大1倍，它就是后来被称为巨猿的动物的牙齿。巨猿化石发现于中国、印度和越南，其中在中国广西壮族自治区柳州市柳城县巨猿洞发现巨猿下颌骨化石3件，巨猿牙齿1100多枚，这些化石代表着77个巨猿个体，这个洞穴也是迄今世界上出土巨猿化石最多的一处洞穴，对研究巨猿和人的系统以及人类进化都具有重大的科学价值。

巨猿化石与几种人科物种化石在时间上和地理位置上相同。在化石记录中，步氏巨猿是最大的巨猿，站立时高达3米，体重约300千克，比大猩猩重两

丛林中的巨猿生活想象图

三倍，比其近亲红毛猩猩重四五倍。巨猿四足行走，偶尔能够直立行走；性情温顺，植食性，最喜欢吃竹子，也吃树叶和果实。最近有证据表明，巨猿也可能是杂食性的。巨猿的最终灭绝可能与气候转变有关。

巨猿复原图

○ 乍得人猿与大猩猩

关于人类祖先出现的确切时间，目前尚无定论，但最早的人类祖先大致在距今700万—500万年前，即中新世晚期出现。最早人类祖先的一个重要标志是能够站立起来，双足习惯性直立行走。

巨猿想象图

乍得人猿

2002年，法国普瓦捷大学研究人员米歇尔·布吕内和其他研究人员共同在乍得发现了一个古猿的颅骨、颌骨与一些零星的牙齿化石，化石年龄在700万年左右，被称为“图迈”，后来被命名为撒海尔人，也称乍得人猿或乍得沙赫人。研究显示，乍得人猿是人类祖先地猿和黑猩猩的共同祖先，已经可以直立行走，而且其颅骨既有人类的特征，又具有黑猩猩的特点。

乍得人猿生活在中新世时期，出现在非洲乍得，与人类及其他非洲的猿类有关。分子生物学研究表明，人类和黑猩猩是在乍得人猿之后100万～200万年间分离出来的。

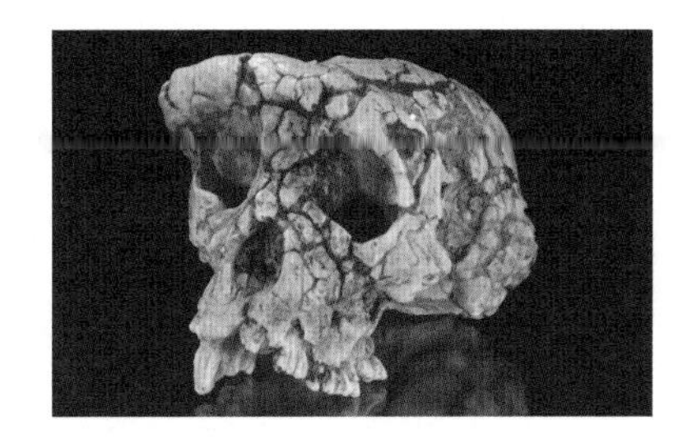

乍得人猿头骨化石

乍得人猿头骨化石完整，颅骨很小，牙齿细小，脸部较短，眉骨较为突出，有厚厚的牙釉质，这与人类有明显的区别。乍得人猿同时具有进化和原始的特征，脑容量为340～360毫升，与现在的黑猩猩

乍得人猿头部复原图

乍得人猿生态复原图

相近。

乍得人猿是介于大猩猩与黑猩猩之间的物种，虽然有一些早期人类的特征，但仍然是猿类，体态和行为与黑猩猩并无二致；体毛浓密，前肢长于后肢；主要生活在树上，以吃树叶和水果为生；四肢行走；过着以雄性为首领的群体生活。乍得人猿虽然有了直立行走的能力，但走路像外八字脚一样，扭动着屁股向前挪动。大约 500 多万年前，乍得人猿进化出地猿。

大猩猩

大猩猩，属人猿总科人科，生活于非洲大陆赤道附近的丛林中。大猩猩是灵长目中最大的现生动物，直立时身高 1.75 米，臂展可达 2.75 米。雌性和雄性大猩猩的体重区别比较大，雌性大猩猩重 70～90 千克，雄性大猩猩体重可达 275 千克。大猩猩面部和耳上无毛，眼上的额头往往很高。12 岁以上的成年雄性大猩猩的背毛呈银灰色，因此被称为“银背”。绝大多数大猩猩的血型是 B 型，少数为 A 型。大猩猩和人一样有各不相同的指纹。

大猩猩是群居动物，大猩猩的群体通常由一个雄性首领与数个雌性和幼崽组成。有时一个群体中会有 2 个以上的雄性，但只有雄性大猩猩首领有权与雌性大猩猩交配。雄性大猩猩首领主要负责解决群内争斗、决定群体活动、保护群体安全等。大猩猩用不同的叫声来确定自己群内成员和其他群的位置，并通过敲击胸脯发出声音示威。大猩猩无论雌雄，都会敲击胸部。

大猩猩的寿命一般是 30～50 年。雄性一般在 11～13 岁性成熟，雌性一般在 10～12 岁性成熟。雌性大猩猩孕期长达 255 天，两次生产的间隔为 3～4

年。刚出生的幼崽重约 2 千克，3 个月后可以爬动。幼崽一般跟随母亲生活 3～4 年。

大猩猩是所有人猿中最纯粹的植食性动物，主要食物是植物的果实、叶子和根，其中叶子的占比最高。昆虫占它们食物的 1%～2%。根据对大猩猩基因组的测序分析，大猩猩的基因与人类的相似度约为 98%，因此它们是黑猩猩属之外，与人类最接近的现代动物，在 1000 万—700 万年前与人族（乍得人猿）走上不同的进化道路。

大猩猩（成年体）

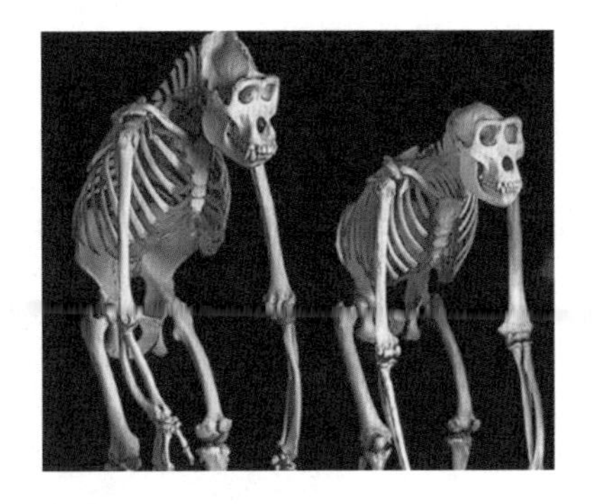

雄性大猩猩和雌性大猩猩骨架

带孩子的雌性大猩猩

○ 黑猩猩与地猿

黑猩猩

黑猩猩与人类具有最高的基因相似度，对黑猩猩的基因组测序分析发现，其与人类基因相似度高达99%。这说明黑猩猩与人类拥有最近的共同祖先，是人类最近的“姊妹”。

黑猩猩，英文名chimpanzee，在非洲土语中意为“小精灵”，属于哺乳纲灵长目，其与大猩猩的最大区别是，黑猩猩的体形比大猩猩小。黑猩猩是猩猩科中体形最小的种类，体长70～92.5厘米，站立时高1～1.7米，雄性重56～80千克，雌性重45～68千克；身体被毛较短，黑色；面部灰褐色，手和脚灰色并覆以稀疏的黑毛；臀部通常有一白斑；犬齿发达，齿式与人类相同；无尾。黑猩猩属有黑猩猩和倭黑猩猩两种。

黑猩猩生活于非洲西部和中部地区的热带森林里，通常成群地生活，拥有复杂的社会关系。每个黑猩猩群体就像一个部落，拥有一个雄性首领，由数十个，甚至上百个黑猩猩成员组成一个大家庭。黑猩猩群体往往会为了争夺领地进行殊死搏斗，只有保护好领地，它们才有足够的果树来养活群体。

用指关节外侧支撑行走的黑猩猩

为防止近亲结合，大部分群体生活的哺乳动物，都是“妇居制”（雌性为首领），即雌性成年后仍会留在自己的群体内，而雄性到了青春期就必须离开父母的群体，如狮、马、狼，以及倭黑猩猩。但黑猩猩群体却是“父居制”，以雄性为主导，雄性首领具有与群内雌性黑猩猩交配的权力，并负责保卫领地和抵御外来群体的掠侵，保护群体的安全，所以雄性体形比雌性体形大约50%。雌性幼崽成年后必须离开群体，所以雌性黑猩猩之间没有紧密的关系。

黑猩猩王与猴王有着同样的命运，就是被年轻的黑猩猩推下王位并杀死。即使如此，雄性黑猩猩仍都愿意争夺王位，成为群体首领，占据高位，因为这样可以获得更多的配偶和交配机会，有更多自己的孩子。

黑猩猩体多毛，四肢修长且皆可握物。为延长手臂的长度，黑猩猩用前肢的指关节着地行走，所以呈半直立式的指掌型行走。由于其肩肘关节的适应性，黑猩猩可以悬挂在树枝上。黑猩猩还拥有较高的智商。黑猩猩以吃水果为生，在水果不充分时，也吃树叶和花朵，偶尔也捕获其他动物解解馋。它们可以制造和使用简单的工具，如用修理好的树枝在白蚁堆前捕食白蚁。生物学家曾多次观察到雌性黑猩猩制作工具来捕猎。它们甚至跟人类一样也有喜怒哀乐。

正在用修理过的树枝觅食白蚁的黑猩猩

正在梳理毛发的黑猩猩

黑猩猩的社会结构属于等级制。在黑猩猩群体内，群体成员往往对首领点头哈腰，俯首称臣，小声应对，顺从召唤，首领则以碰碰手指、摸摸头部等方式予以回应。雌性黑猩猩既可以“爱情专一”，也可以与多个雄性“相爱”。

黑猩猩是半树栖动物，白天多数时间在地上活动，上午在森林里走来走去，到处觅食，下午聚在一起相互理毛，玩耍休息，并在树上用树枝、树叶编织成舒适的“树床”，到了太阳快要落下的时候，纷纷回到“树床”上睡觉，一直到第二天早上太阳升起的时候才起床。

黑猩猩的智商相当于 5~7 岁的人类儿童，其行为方式也很像人类的小孩子，对事物充满好奇，喜动不喜静，动作机敏灵活，常常几个聚在一起打打闹闹，有时候也喜欢玩“荡秋千”“捉迷藏”等游戏。

智人与黑猩猩的共性特征

（1）二者的基因相似度高达 99%。

（2）二者具有肩肘关节的适应性，上肢或前肢可以抓握住树枝，把身体悬挂在半空中。

（3）二者都是杂食性哺乳动物，以水果为主，也吃树叶或动物的肉。

雄性黑猩猩首领

倭黑猩猩

（4）二者具有相似的社会结构，过着群居生活。在古代许多地区，人类也遵循“父居制”，以雄性为首领，首领负责保护领地和群体。

（5）二者没有尾巴，都有阑尾，脑结构复杂。

（6）二者都具有喜怒哀乐，可以制作和使用工具。

（7）二者的怀孕周期都是 7～9 个月。

（8）二者都有抚育幼子的习惯和能力。

智人与黑猩猩的差异性特征

（1）智人的舌尖发育出味蕾，味觉比黑猩猩更加敏感，可以感知食物的酸甜苦咸。

（2）智人对颜色的分辨率比黑猩猩高许多，能够分辨出几十种，甚至上百种颜色。

（3）与黑猩猩相比，智人的牙齿变得更小，发育了智齿，下颌骨变窄，有明显的下巴。

（4）智人习惯于在地上生活，两足站立，直立行走，足部有发育的足弓，有利于两足直立，长足跋涉；黑猩猩习惯在树上生活，其大脚趾与其他脚趾明显分开，可以对握抓住树枝，有利于在树上行走，在地上活动时，四肢着地，指掌型半直立行走。

（5）与黑猩猩相比，智人的头变得更圆，没有明显突出的后脑勺，面部更加扁平。

（6）雌性黑猩猩在排卵期（发情期）臀部明显肿胀，而人类不具有这种明显特征。

（7）与黑猩猩相比，智人的舌头十分灵敏，有发达的语言天赋；听小骨更加完善，有灵敏的听觉能力。

（8）智人的犬齿没有黑猩猩的犬齿那么明显、那么大和尖锐。

（9）智人一般有 A、B、AB、O 四种血型，黑猩猩只有 O 和 A 两种血型。

（10）智人有 23 对（46 条）染色体，黑猩猩有 24 对（48 条）染色体，所以智人与黑猩猩之间不会产生混血。

（11）在体形特征、行为习惯等方面，智人与黑猩猩有明显不同。

虽然人类与黑猩猩基因高度相似，但二者的各类细胞中基因分了的“打开”与“关闭”存在差异。人类与黑猩猩在基因表达方面的差异在大脑中最为明显。

现在地球上有约 80 亿人，有的人有超强的大脑，比如拥有超乎想象的心算能力、令人难以置信的记忆力，他们与普通人一样，都有同样多的体细胞，几乎一样的基因组，几近相同的基因。他们之所以有超强的大脑，并不是有神力相助，也不是超自然现象，而是他们发生了基因突变，改变了其基因的管理模式，出现了与常人不同的基因“打开”与“关闭”状态。

由于刚果河的分隔，河北岸的黑猩猩与大猩猩生活在同一个地区，那里食物并不充裕，为了争夺食物，大猩猩与黑猩猩常常大打出手，因此河北岸的黑猩猩显得好斗。在黑猩猩的群体内，雄性用暴力强迫雌性服从它们。

生活在刚果河南岸的倭黑猩猩约在300万年前由黑猩猩进化而来。由于南岸食物充足，且不与大猩猩争夺食物，倭黑猩猩的社会与黑猩猩的社会恰好相反，以雌性为主，和谐安定，性事活动相当随意，一是为了生殖，二是为了社交与和解。倭黑猩猩是“妇居制”社会，在倭黑猩猩大家庭里，个体间关系平等，雌性之间关系密切，它们靠性事维持和谐的社会关系，而且不分场合，不分时候，随时随地。

地猿

在四五百万年间，从地猿到现今人类，其基因变异都是连续的，并在DNA中都保留有变异的记录。遗传学研究证明，黑猩猩和倭黑猩猩与人类的血缘关系最为接近。人类兼具黑猩猩和倭黑猩猩两种相互矛盾的行为，即更具攻击性和亲和力。

600万—500万年前，人类的祖先（地猿）与黑猩猩还是同胞兄弟，都生活在非洲的密林里，在体态和行为上与黑猩猩一样。650万—500万年前，全球气候变得极为严酷，地球表面几乎被冰川覆盖，海平面下降，地中海反复干涸，非洲也由湿润变得干冷，赤道附近的森林退缩，树木死亡，林间出现大片空地。有一天，人类祖先由于某种原因离开了黑猩猩种

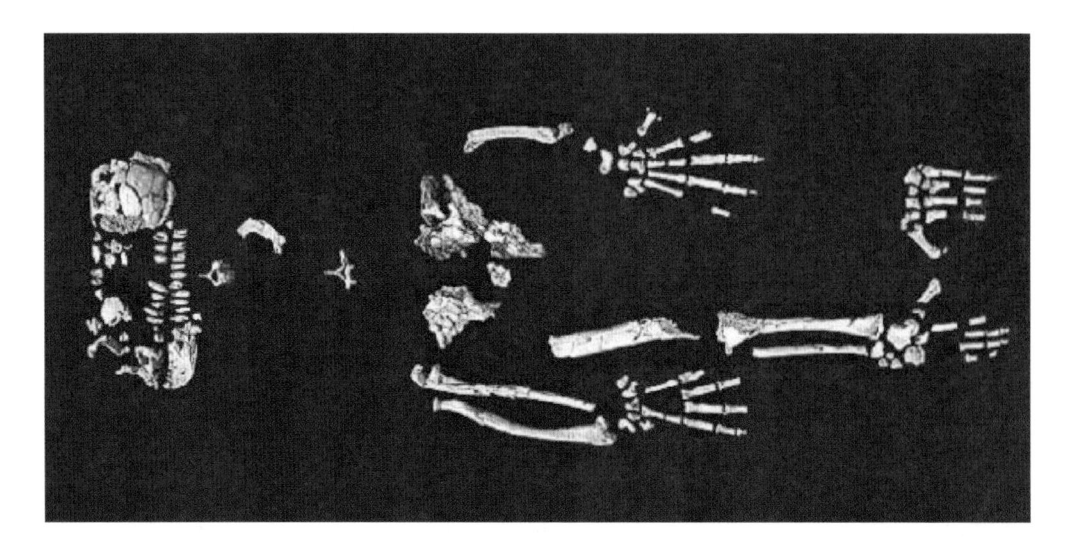

地猿始祖种骨骼化石

地猿始祖种有宽大的头骨和较小的犬齿；大脚趾与其他四趾明显分开；四肢粗壮，四肢长度相近

群，来到林间空地，享受着安逸富足的生活，它们再也没有回到以前的群体里，并最终进化成地猿。地猿逐渐适应了地面生活，经过大约百万年的进化，少了一对染色体，慢慢学会了直立行走。

地猿，属于人亚科人亚族，生活在580万—440万年前非洲埃塞俄比亚茂密的森林中。1992年，研究者在埃塞俄比亚中部的阿瓦什，发现两个地猿物种的化石，一种叫卡达巴地猿（*Ardipithecus kadabba*），生活在580万—520万年前的森林中，研究者认为，它是人类与黑猩猩分家后的最早的灵长类动物，能直立行走，犬齿有原始的特征，与现今人族不同；另一种叫地猿始祖种，也可以直立行走。

卡达巴地猿生态复原图（图片来源：ROM DIZ）

地猿始祖种也称拉密达地猿，生活在440万年前。其化石是一具不完全的雌性地猿骨架，即“阿迪”。阿迪身体矮小，身高120厘米，大脑略大于黑猩猩，颜面似猿，不是现存的黑猩猩和大猩猩之间的过渡物种。她的颧骨、上颌骨不像南方古猿那样宽阔且位置靠前。其头骨特征显示阿迪与现代猿和南方古猿都不同。

拉密达地猿生活想象图

阿迪的骨盆和髋骨显示她能够直立行走，但是阿迪不发育足弓，并不能像人类或露西一样行走自如。另外其脚趾较长，大脚趾与其他脚趾分得较开，所以阿迪不能奔跑。她的手和腕既原始又有一些新的特征，手掌和手指相对短而灵活，但脚比黑猩猩更僵硬，这表明她的脚既用来在地上直立行走，也用来在树枝上小心地攀爬走动。

来自阿迪的凝视（想象图）

研究人员推断，地猿始祖种既有与其祖辈所共有的“原始”特征，又有与后来的原始人类所共有的“衍生”特征。研究人员根据阿迪在人类谱系中的确切位置，提出这样的假设：地猿始祖种产生了露西这样的阿法南方古猿，而我们人族的基因是从露西那里遗传来的，因此，我们可以把阿迪称作人类的“曾祖母”。同时，研究者也指出，阿迪也可能是一个分支，与我们的直接祖先是姊妹种，但是它们的宗族已经灭绝。

两足站立、直立行走，是脊椎动物进化史上的第八次巨大飞跃。地猿始祖种直立行走迈出的一小步，却开启了人类走出非洲、走向文明的一大步。

阿迪复原图

阿迪（Ardi），身高约 120 厘米，大脑略大于黑猩猩，颜面中部相当突出，似猿，但颜面下部不像现代猿那样特别突出

○ 南方古猿——最早的人类

阿法南方古猿颅骨化石

390 万年前，地猿始祖种进化出人类进化史上一个有重要意义的物种——南方古猿。它也是最著名的类人猿，过着树栖生活，其大拇指与四指仍然分开，用来抓握树枝，已经习惯于直立行走。南方古猿体形矮小，雄性体形明显大于雌性；胳膊明显比腿长；浑身长有浓密的毛发；脑容量为 400～500 毫升；颧骨弓向两侧突出，下颌骨较粗壮，臼齿很大，门齿和犬齿较小，无牙缝；骨盆短而宽，其形态、脑容量和行为特征与猿类差别不大。

南方古猿的大臀肌不发达，加之有浓密的体毛，奔跑后体温升高不易散热，所以南方古猿基本上不会奔跑。

南方古猿也是群体生活，通常一个群体由 20 多个成员组成。每一个群体有一个雄性首领，他有几个雌性伴侣，其他成员是他们的孩子，雌性子女成年

南方古猿复原图

正在抚育幼崽的南方古猿（想象图）

露西骨架化石及复原图

后，往往会离开群体，到其他群体中生活。

与黑猩猩一样，南方古猿族群中的雄性首领都是通过“谋略”或打斗取得头领地位的。首领往往身形高大，“足智多谋”，利用策略争取更多雄性的支持，或通过“小恩小惠”获得雌性们的喜欢。往往是年轻的雄性主动去挑战年老体衰的雄性首领，经过多个回合，最终的获胜者成为族群中的首领。如果老首领获胜，年轻的挑战者就会被逐出家门，到外面过流浪的生活，或加入其他群体。如果年轻的挑战者获胜，老首领在群体中就会遭到唾弃，只能孤独终老。

与用指关节外侧支撑行走的黑猩猩相比，南方古猿直立行走得更快，同时可以大大降低烈日的伤害。直立行走让南方古猿能够看得更远，而腾出的双手更方便使用石块等工具，用于防御，或者捕猎。

南方古猿也是通过手势、声音和梳理毛发等活动

露西怀中抱着婴儿，漫步在荒野（想象图）

进行交流、增进感情的。此外，300万—200万年前，非洲出现长时间的干旱与寒冷气候，非洲森林进一步缩小，南方古猿渐渐开始捕猎吃肉。

南方古猿被分成纤细型南方古猿和粗壮型南方古猿两大类。

纤细型南方古猿为早期南方古猿，他们身上有较浓密的毛发，栖息在林地或森林中，多数时间生活在树上。纤细型南方古猿包括湖畔种、阿法种、非洲种、惊奇种、羚羊河种等。

粗壮型南方古猿为晚期南方古猿，他们已经从茂密的森林向热带草原迁徙，生活在非洲东南部更为开阔的地方。粗壮型南方古猿包括鲍氏种、粗壮种、

阿法南方古猿在火山灰上留下足印（想象图）

三个阿法南方古猿在火山灰上留下的脚印（非洲坦桑尼亚莱托里遗址）

南方古猿生活想象图

源泉种等。主流观点认为，粗壮型南方古猿是演化的旁支，经鲍氏种演化成粗壮种，并在120万年前灭绝。

关于究竟哪一种南方古猿最终走上通往人类的演化之路，目前有多个说法，一说是南方古猿源泉种，一说是南方古猿阿法种，一说是肯尼亚平脸人属。目前学术界普遍认为，随着食肉增多，纤细型南方古猿阿法种（阿法南方古猿）的脑容量开始增大，牙齿变得尖锐而小，大约在250万年前，进化成能人。经过能人（真人属）、匠人（直立人）、海德堡人到智人（又说非洲罗得西亚人）的演化，最终演化出现代人。

南方古猿是人类进化史上的第三座里程碑，最具代表性的南方古猿是阿法种的露西。1974年11月，在埃塞俄比亚的阿法低地，美国古生物学家唐纳德·约翰森发现了露西40%的骨架化石。露西生活在320万年前，她有长而弯曲的手指和较短的脚趾，大脚趾与其他脚趾分开得不大，既习惯在地上直立行走，也常常在树上抓住树枝攀爬。其足弓不明显，说明露西不能长距离行走，更不能奔跑。

露西是一个20多岁的女性，身高约120厘米，脑容量约为450毫升，生过一个孩子，常把家安在树上，一次不小心从树上掉下来摔死了。

南方古猿生活、狩猎想象图

大约 200 万年前，东非和南非的能人或匠人与几种南方古猿生活在同一地区。约 100 万年之后，匠人或直立人迅速崛起，不断壮大，而南方古猿却濒临灭绝。

物种的灭绝是该物种很难适应自然环境，在自然选择下，进化终结的标志。但现代分子生物学研究证明，地球上曾经生活过的物种，几乎 100%（99.9%）都是由于运气不济或基因问题而最终走向灭绝的。当然基因突变是物种灭绝的内因，而自然选择是其灭绝的外因。内因与外因的共同作用，导致物种蓬勃发展或迅速灭绝，促使生命进化。自然界的所有生物，包括曾经繁盛过的，或已经灭绝的，如恐龙等，概莫能外。

能人头盖骨化石

14.5 人属阶段
——旧石器文明的开启

约 260 万年前，地球进入第四纪，一个影响人类进化历程的冰期——第四纪冰期开始了，它拉开了真正人类进化的序幕。冰川覆盖了北美洲和亚欧大陆，浮游生物遭受灭顶之灾，大型海洋生物大量灭绝。炎热的非洲大地也变得寒冷干燥，热带雨林严重萎缩，阿法南方古猿的栖息场所遭到严重破坏，食物变得愈加匮乏。因此，人类的进化进程出现了重大转机。为御寒和防止猛兽袭击，人类的祖先不得不栖身于树洞，为了生存繁衍，不得不捕食大型野兽，甚至吃其他捕食者的残羹剩饭，由此，他们的脑容量激增，突破了猿与人类脑容量临界值——800 毫升，他们学会了制作粗糙的石器，开始由野性走向原始的文明。

约 250 万年前，地球上进化出一个有别于其他生命的新物种，即人属的能人，标志着人类进化进入了新的纪元。旧石器时代的开始，结束了粗犷的野性，走向原始的文明，这也是生命进化史上最伟大的时期之一。此后，能人经过艰辛的探索，不断迁徙，勇于创新，进化出匠人和海德堡人，学会制作更加精细的石器，学会生火，褪去体毛，开始吃烧烤过的肉类，有了简单交流的语言；约 60 万年前，迁徙到欧洲的海德堡人分别进化出与我们有紧密血缘关系的尼安德特人、丹尼索瓦人；约 30 万年前，仍然滞留在非洲的海德堡人进化出现代人的直接祖先——智人。

约 7.4 万年前，印度尼西亚多达火山爆发，智人也开始走出非洲，先后到达亚洲、大洋洲、欧洲，直到 1 万多年前，到达了北美洲和南美洲，完成了人类历史上一次伟大的创举——人类大迁徙，从此遍布世界五大洲，开始统治全球，主宰世界。约 1 万年前，人类进入新石器时代，终结了几百万的狩猎 - 采集生活，定居下来，开启了农业革命。从 18 世纪到 20 世纪，人类依次完成第一次、第二次和第三次工业革命，到 21 世纪 20 年代，才进入了人工智能时代。

能人生活场景想象图

能人复原图

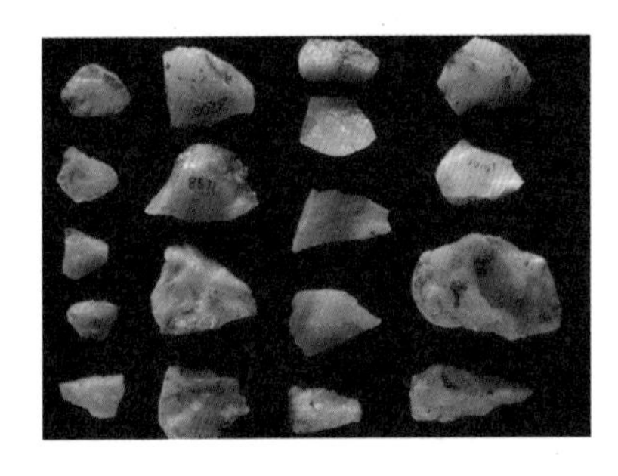

能人打造的粗糙石器

○ 能人

1960 年，在非洲坦桑尼亚北部著名的塞伦盖蒂大草原奥杜威峡谷，现代人类进化研究的先驱之一路易斯·利基的儿子乔纳森·利基发现了一具身高约 140 厘米的人类遗骸，路易斯·利基将其命名为“能人”，这是世界上发现的第一个“人”。能人，意思是能干、手巧的人，生活在 250 万—150 万年前。

能人会制作和使用石器，脑容量比南方古猿大得多——600～800 毫升。能人标志着人类历史的真正开始。

能人会制作石器，显示其已出现“习惯用手”，暗示其大脑有了左右分工，这是语言产生的前提。

古生物学者在奥杜威峡谷发现了大量石器，这些石器都是由能人制作的，显得粗糙。能人将大而坚硬、鹅卵石状的黑色玄武岩或白色石英岩敲打成碎片，碎片往往如小型菜刀一样，一侧锋利。能人用这些碎片的锋利部分切割死去动物的肉与毛皮。

与南方古猿相比，能人有了足弓，能够较长距离行走，走得更快，捕获的猎物更多，牙齿更小，吃的肉也更多，从而获得更多能量，脑容量增大，其社会性也更加复杂。但能人的主要食物仍然是植物。

能人不再像南方古猿那样总是在树上休息。能人有时在树上睡觉，有时在树洞里或简易的窝棚里休息。

从南方古猿与能人的身体结构特征对比来看，能人明显比南方古猿进步，但比直立人原始，是目前已知最早会制造石器的人类祖先。能人身高不足 140 厘米，脑容量明显增大，达到了 800 毫升；脸部更小而扁平，脸部处于额骨下方，额头几乎占面部的一半；眼睛上方有明显的眉弓；前臼齿和臼齿明显变

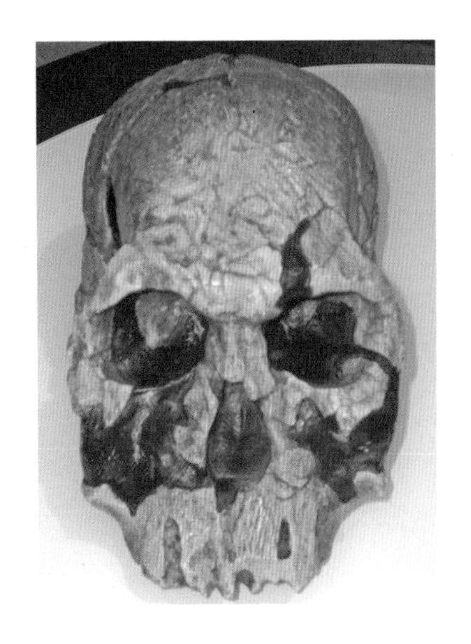

鲁道夫人颅骨化石

能人生活场景想象图

能人的主要特征是头骨比较纤细、光滑，面部结构轻巧，下肢骨骼与现代人很相似

小，说明吃肉增多；腿部变长，手臂变短，这是双足行走进化的结果；在发掘时，能人骨骼化石旁边常常伴有石器。但能人仍有某些特征像古猿，比如手骨和足骨粗壮，手指较长，善于爬树，嘴巴前伸，牙齿粗大，上下颌骨突出，没有下巴。

1972 年，在非洲肯尼亚的图尔卡纳湖（旧称鲁道夫湖）地区发现了一个广义能人——鲁道夫人的颅骨。鲁道夫人（*Homo rudolfensis*）生活在 240 万—190 万年前，其脑容量约为 700 毫升，颅骨又大又长，面部呈扁平状，是一种早期人类，与能人、直立人共同生活在这个地区。

能人是脊椎动物进化史上的第九次巨大飞跃。

约 200 万年前，能人在形体和行为上，都有了很大的进步，一个新的物种——直立人出现了。最早的直立人是出现在非洲的匠人。

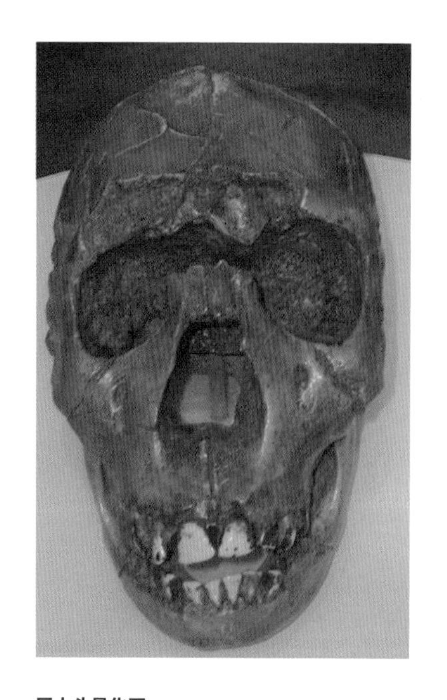

匠人头骨化石

匠人遗骸发现于坦桑尼亚、埃塞俄比亚、肯尼亚及南非

○ 早期直立人——匠人

1984 年，在非洲肯尼亚的图尔卡纳湖，发现了一具几乎完整的男孩骨骼化石。研究发现，这个小男孩生活在 160 万年前，死亡时大约 9 岁，其身高已经超过了 150 厘米，推测其成年后的身高约为 183 厘米，具有匠人或直立人的典型特征，体形类似现代的非洲人，身材高挑，腿部修长，臀部和肩部较窄，是人类在炎热干燥条件下的理想体形，没有下巴，脸扁平而突出，鼻子大而隆起，颌骨和眉骨突出，脑容量约为 900 毫升，因此，他被归为匠人或早期直立人。

匠人是由生活在非洲的能人演化而来的，大约生活在 200 万—140 万年前。匠人走出非洲后，迅速

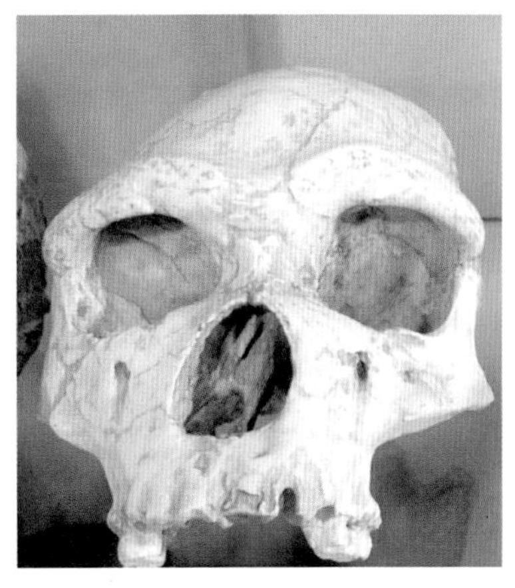

直立人头盖骨化石

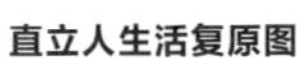

直立人生活复原图

直立人生活在约 200 万—20 万年前的非洲、欧洲和亚洲。直立人面部比较扁平，体形明显增大，平均身高达到 160 厘米，体重约 60 千克。直立人是最早会用火的人类，其脑容量明显增大，早期直立人就已经达到 800 毫升左右，晚期直立人则上升为 1200 毫升左右

匠人打磨的精致石器

迁徙到欧洲、亚洲等地，如约100万年前的海德堡人（先驱人）和爪哇人、生活在今印度尼西亚佛罗勒斯岛上的小矮人——佛罗勒斯人等。

匠人的胃较小，胸腔位于腹部之上，不再像南方古猿那样呈漏斗状，而是呈桶状。在形态特征上，男女匠人的身高更加接近，匠人与智人也更加相似，胳膊与现在的我们相似，不再像猿类那样，胳膊比腿长。匠人具有发育的足弓，大脚趾与其他脚趾分开得较小，基本类似我们现在的脚趾，且有发达的大臀肌，适合长距离快速奔跑，捕获猎物。化石研究证明，南方古猿的三半规管（控制着身体的平衡感与旋转感）较小，奔跑时头部摇摆，无法快速奔跑，而匠人的三半规管较大，与现代人基本一样，奔跑时能使头部保持一定高度，不会摇摆。

匠人能够制作更为精良的石器，如石斧，还有通常两边都锋利的优美石器等。匠人会用火，可以吃烧熟的肉类。匠人的脑容量为800～1000毫升。随着匠人人口数量的增加（估计有数十万人之多），他们不仅可以使用手势交流，也可以有声交流。匠人的*DRD4*基因已经发生了突变，他们具有强烈的好奇心，开始走出非洲，迁徙到今天印度尼西亚的佛罗勒斯岛，以及东亚地区。

匠人生活在干热的非洲，加上他们捕猎时不断跑动，为了使身体和大脑迅速散热，需要大量出汗，而出汗需要裸露的皮肤，因此匠人在进化中逐渐褪去了身上的毛发。为了避免强烈紫外线的照射，褪去毛发的匠人，白皮肤也变得黝黑，而没有褪毛的黑猩猩的皮肤是白色的。同时，匠人的鼻端开始隆起，鼻孔扁大，利于吸入干热的空气，发育的鼻毛则可以避免从肺中呼出湿热气体，导致水分流失。

匠人跑出了人类的第一步，从此，人类的进化也进入了快车道，学会了主动狩猎，长距离追赶弱小的植食性动物，能够吃到更多的肉类，脑容量又一次增大。大约 100 万年前，匠人进化出海德堡人。

匠人和海德堡人是脊椎动物进化史上的第十次巨大飞跃。

元谋人推测复原像

元谋人

元谋人，也称元谋直立人，属直立人，其牙齿化石是 1965 年在我国云南省元谋县上那蚌村被发现的，元谋县因此被誉为“元谋人的故乡”。1976 年，通过古地磁学方法测定，元谋人生活在约 170 万年前。

约 170 万年前，云南元谋一带是一片亚热带草原和森林，先后有多种哺乳动物在这里繁衍生息，如枝角鹿、爪蹄兽、桑氏鬣狗、云南马、山西轴鹿等。它们大多数是食草类野兽。元谋人为了生存，使用

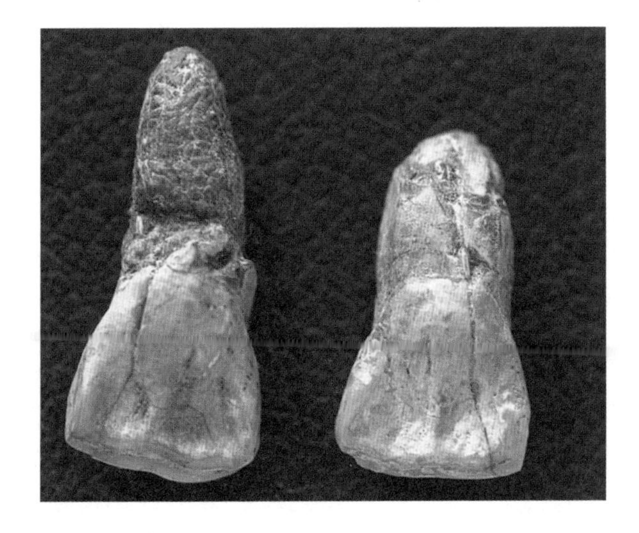

元谋人门齿化石

元谋人门齿的特点：齿冠基部肿厚，末端扩展，略呈三角形；舌面底结节凸起，有发达的铲形齿窝；齿冠舌面中部的凹面粗糙，中央的指状突很长，指状突集中排列在靠近外侧的半面

元谋人狩猎想象图

粗陋的石器猎捕它们。根据出土的两枚牙齿、石器、炭屑，以及其后在同一地点的同一层位中，发掘出的少量石制品、大量炭屑和哺乳动物化石，可以认定元谋人是能制造工具和使用火的原始人类。

北京人

北京人，又称北京猿人，生活在更新世，约 70 万—23 万年前。1927 年，在北京周口店龙骨山山洞里发现了第一颗北京人牙齿化石。1929 年 12 月 2 日，中国考古学者裴文中在龙骨山山洞里发掘出第一个完整的北京人头盖骨化石。此后，考古工作者在周口店又先后发现了 5 个比较完整的北京人头盖骨化石和一些其他部位的骨骼化石，还有大量石器、石片等物品，总计 10 万件以上。北京人遗址是世界上出土古人类遗骨和遗迹最丰富的遗址。

1941 年，在那战火连天的岁月中，发掘出来的北京人头盖骨下落不明，成为历史上的一

北京人全身复原像

北京人的脑容量平均为1000多毫升；身材粗短，男性高约162厘米，女性高约152厘米；前额低平，眉骨粗大，颧骨高突，鼻子宽扁，嘴巴突出，没有下巴，头部微微前倾

北京人狩猎、用火想象图

北京人劳动生活想象图

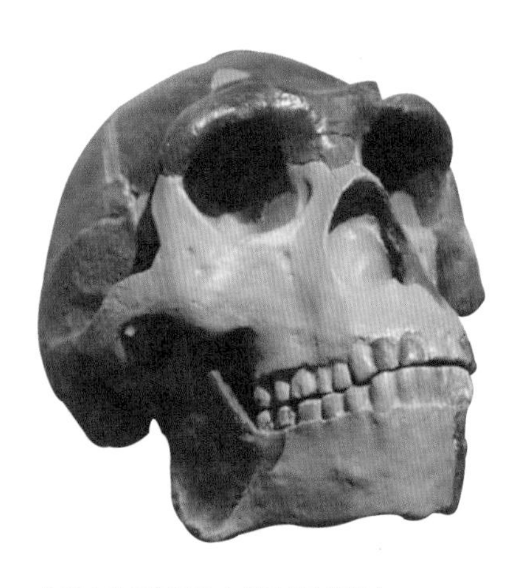
北京人头骨复制品（中国古动物馆）

北京人制造的石器

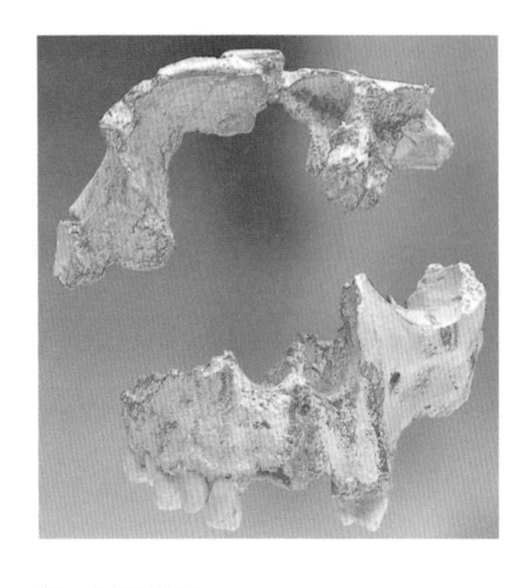
前人上颌骨化石

个谜团。

有些学者认为，北京人会制造骨角器。除野兽外，他们日常的食物还包括野果、嫩叶、块根，以及昆虫、鸟、蛙、蛇等小动物。他们几十个人在一起，过着群居的狩猎－采集生活，形成了早期的原始社会。在北京人住过的山洞里有很厚的灰烬层，表明他们已经会使用天然火和保存火种。那时他们用火烤东西吃，晚上睡在火边，这样可以取暖，还可以赶走野兽。北京人寿命很短，大多数人在成年之前就夭亡了。

元谋人和北京人都属于直立人，与匠人或海德堡人有较近的亲缘关系，并都在大约 20 万年前灭绝了。

前人

前人，又名先驱人，属直立人，可能是海德堡人的一种，他们大约在 100 万年前离开了非洲，是欧洲最古老的原始人类之一。前人身高 168～183 厘米，雄性重约 100 千克，脑容量为 1000～1150 毫升。

前人化石发现于西班牙北部，距今 100 万年左右。大多数人类学家相信，前人与欧洲的海德堡人属同一物种。

佛罗勒斯人

佛罗勒斯人的化石在 2003 年发现于印度尼西亚的佛罗勒斯岛，他们的名称由此而来。佛罗勒斯人是史前小矮人，类似奇幻小说《魔戒》中的“霍比特人”，身高不足 110 厘米，体重约 25 千克，脑容量约为 400 毫升，与黑猩猩的脑容量相当。他们生活在 5 万年前，会制作石器。其灭绝原因可能与智人 5 万年前到达该岛有关。

研究认为，佛罗勒斯人并非爪哇人的后裔，而是由第一次走出非洲的早期直立人——匠人演化来的。佛罗勒斯岛被大洋包围，环境十分封闭，岛上食物严重匮乏，佛罗勒斯人过着食不果腹的生活。为了适应环境的变化，他们演变成体形较小的人种，这叫岛屿侏儒化。同样，生活在佛罗勒斯岛上的其他哺乳动物也都发生了侏儒化，如侏儒象，高约 1.5 米，重约 800 千克。

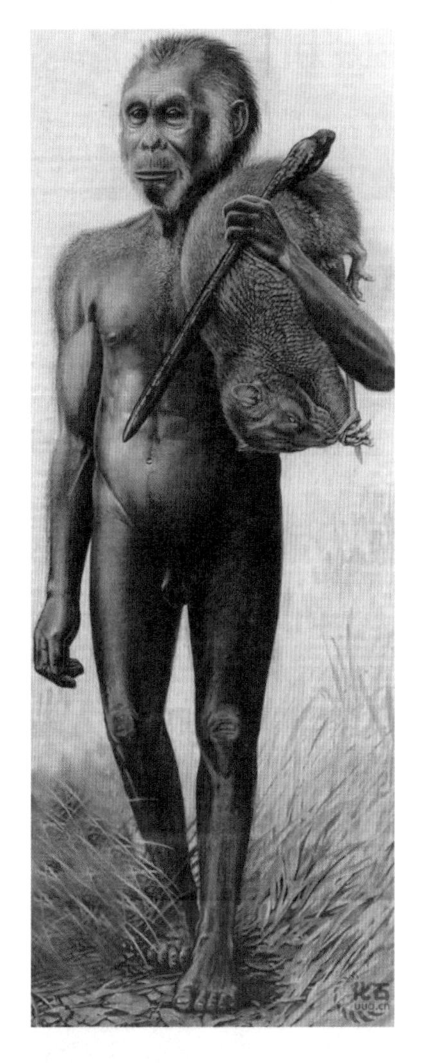

佛罗勒斯人狩猎想象图

○ 晚期直立人——海德堡人

海德堡人（*Homo heidelbergensis*），属晚期直立人，是由匠人进化而来的，生活在 100 万—10 万年前，化石在 1907 年发现于德国的海德堡，并因此得名。海德堡人后来迁徙到亚欧大陆，然后开始分化。由于气候变化加剧地理隔离，大约五六十万年前，生活在欧洲的海德堡人分化为尼安德特人和丹尼索瓦人。大约 30 万年前，仍然生活在非洲的海德堡人进化为晚期智人，简称智人。智人迁徙到北非的摩洛哥大西洋沿岸，那里森林茂密，气候湿润，水源广布。

海德堡人眉骨较厚，下颌骨粗壮，下颌体厚，下

佛罗斯勒人生活想象图

佛罗勒斯人、智人和尼安德特人（自左至右）身高对比图

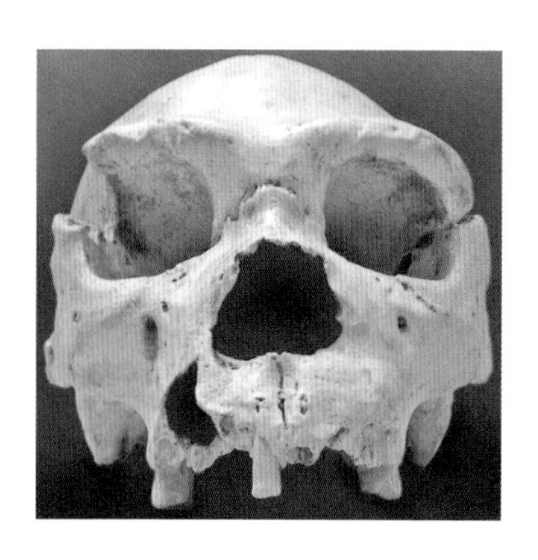

海德堡人颅骨化石

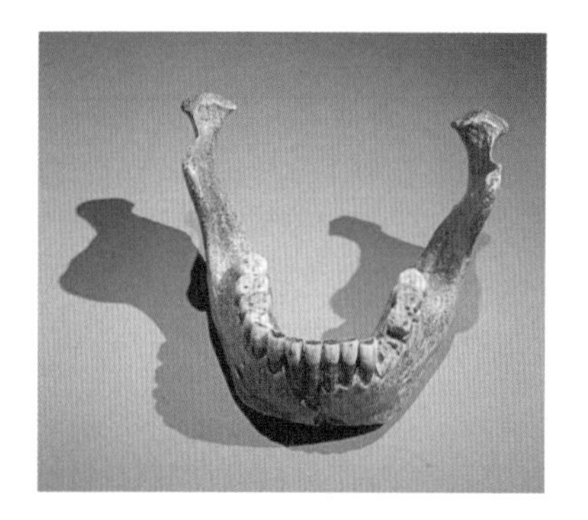

海德堡人下颌骨化石

海德堡人头像复原图

巴明显后缩，牙齿较小，颅骨较大，平均身高为 180 厘米，肌肉比现代人发达。海德堡人与先驱人可能是同一物种，二者都与非洲匠人拥有相似的形态。海德堡人的脑容量（1100～1400 毫升）接近现代人（平均值为 1350 毫升）。海德堡人拥有较进步的工具与行为，有了语言。

约 100 万—80 万年前，由于气候变化等原因，非洲直立人（也许是匠人的后裔）再次大量迁徙。一些直立人走出非洲，首先来到欧洲，之后到达亚洲。此时，直立人已经遍布欧洲、亚洲和非洲。由于自然地理的隔绝，这些地区的直立人开始独立进化，如约 100 万年前的欧洲海德堡人。

海德堡人能用简单的语言交流，其群体可以合作互动，不但会用火，还会生火；会用长矛，一起猎杀大型动物，如猛犸象、披毛犀等。

○ 早期智人——尼安德特人、丹尼索瓦人

早期智人包括尼安德特人和丹尼索瓦人。尼安德特人（*Homo Neanderthalensis*），简称尼人，在约 60 万年前由欧洲海德堡人进化而来，因化石发现于德国尼安德特山洞而得名。从 20 万年前开始，他们统治着整个欧洲和亚洲西部，但在 3 万年前，这些古人类消失了。

尼安德特人生活在洞穴中，故又称“穴居人”。他们能够制造和使用复合工具，已经掌握了剥离动物毛皮、缝制防寒衣物的技术；学会了保存天然火种，还学会了人工取火；形成了一定的丧葬习俗，习惯将死去的同伴掩埋在生活的洞穴内，所以在考古活动中

海德堡人狩猎想象图

发掘出了500多具尼安德特人的遗骸。

尼安德特人的脑容量很大，最大可达1750毫升，比现代人脑容量还大，但智商不如我们的祖先智人。有证据表明，尼安德特人消失的时间，正是智人进入欧洲的时候，可以说，尼安德特人的灭绝，与智人密切相关。

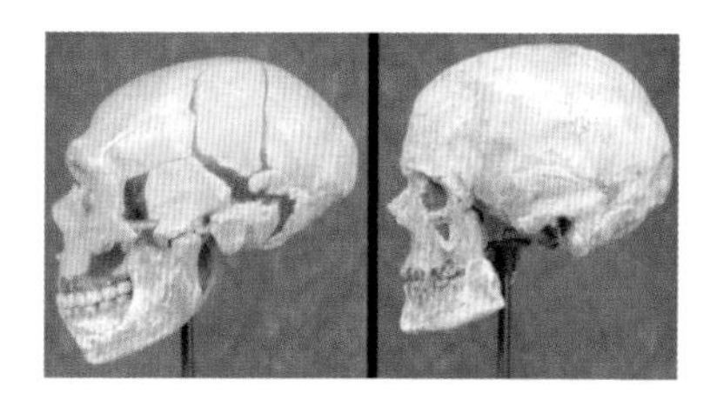

尼安德特人（左）和智人（右）头骨化石

尼安德特人的遗迹包括骨骸、营地、工具，甚至艺术品等，从中东到英国，南至地中海北段，北到西伯利亚等地都有发现。尼安德特人适应寒冷环境下的生活，其体格特征明显具备耐寒性，如身材短小，体格敦厚、四肢粗笨、肌肉发达、骨骼强壮、后颅骨大而突出、额头扁平、牙齿巨大、颧骨较小、下颌角圆滑、没有下巴。

尼安德特人的大腿骨（股骨）与小腿骨（胫骨、腓骨）的比例，以及肱骨与尺骨、桡骨的比例都大于

尼安德特人复原图

想象中穿西服的男性尼安德特人

智人，说明他们比智人力气大，但不如智人跑得快。

在寒冷环境下，尼安德特人的鼻头虽大，鼻孔却很小，有利于温暖吸入的寒冷空气，保护肺器官；皮肤变得白皙，有利于吸收适量的紫外线，促进维生素D的转换，促进钙质吸收，避免得软骨病。

从某种意义来说，尼安德特人、丹尼索瓦人与智人有一个共同的祖先——海德堡人，所以三者具有极近的亲缘关系。研究证明，现代人含有的尼安德特人基因很可能是由混血的女性智人传递下来的。虽然尼安德特人与智人都是海德堡人的后代，但智人与尼安德特人（以及丹尼索瓦人）在体态上仍有明显区别。即使尼安德特人穿上西装、打上领带，走在大街上，我们仍能认出他们是尼安德特人，因为他们身材较矮、四肢粗壮、没有脑门、后脑壳明显向后突出、没有下巴。

尼安德特人在制作手工制品、整治住处，以及适应恶劣环境方面不如晚期智人。他们只会说简单的语言，沟通能力较差，且缺乏社会和谐性。尽管他

周围有什么，尼安德特人就吃什么，这导致他们不同群体的饮食结构大不相同

们曾在十几万年前多次打败晚期智人，但在约 6 万（或 5 万）年前，他们最终在与晚期智人的竞争中失败了。

在中国，属于这一阶段的古人类化石有马坝人、许昌人、长阳人、丁村人等，他们也是早期智人。

丹尼索瓦人女孩——丹妮复原图

丹尼索瓦人和龙人

2008 年，科学家们在西伯利亚阿尔泰山的丹尼索瓦洞穴内发现了一根小手指骨和一颗牙齿，经基因分析，它们来自一个 5~7 岁的小女孩，科学家们给她取名为丹妮。同时基因分析也证明，她属于一个全新的人类种群，生活在 7 万年前。

丹尼索瓦人属早期智人。根据科学家们对丹尼索瓦人 DNA 的分析，约 50 万年前，生活在欧洲的海德堡人进化出丹尼索瓦人。

丹尼索瓦人生活于上一个冰期，与尼安德特人具有较近的亲缘关系，在体态特征上也与尼安德特人很接近——后脑勺突出，前额后倾，没有下巴，肌肉发达，具有长脸和大骨盆。

尼安德特人从西亚向东迁徙至西伯利亚，丹尼索瓦人则从西亚经青藏高原，然后分两路迁徙，一支迁徙到西伯利亚，另一支迁徙到东亚、东南亚及周边诸岛。

20 世纪 70 年代，在我国甘肃省夏河县海拔 3200 米以上的白石崖溶洞中发现了一块下颌骨化石。2019 年，中国科学院院士、中国科学院青藏高原研究所所长陈发虎带领的兰州大学环境考古团队在《自然》杂志发表了他们的研究成果，认为这块下颌骨属于丹尼索瓦人，简称“夏河人”，生活在距今 16 万年前。阿尔泰山上的丹尼索瓦洞穴与白石崖溶洞相距约 2800 千米，这说明丹尼索瓦人生活的地域十分

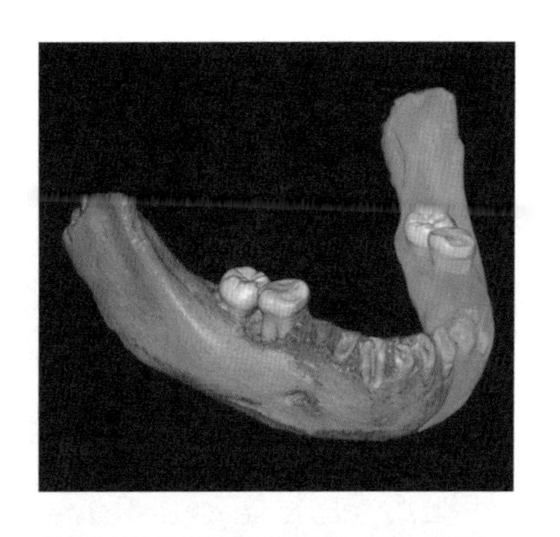

甘肃省夏河县发现的丹尼索瓦人下颌骨化石

龙人头盖骨化石

龙人复原图

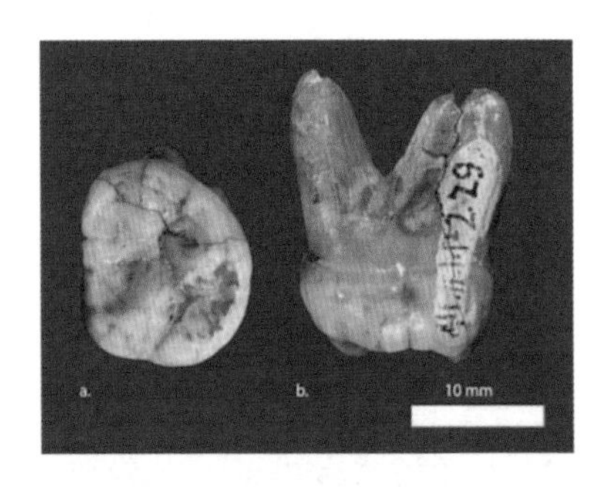

丹尼索瓦人的牙齿化石，发现于西伯利亚的一个洞穴内

广阔。

龙人（*Homo longi*），其头骨化石是1933年由松花江建桥工人发现的。2021年6月25日，以我国著名古生物学家季强为首席科学家的国际古人类研究团队发表了研究成果，将在中国黑龙江省哈尔滨市发现的中更新世古人类头骨化石正式命名为人属的一个新人种“龙人”。研究认为，在血缘关系上，龙人比尼安德特人更接近智人，是一个单独的物种，但学术界仍把龙人归为丹尼索瓦人。

龙人最明显也最有趣的特征是他们既具有古老型人类特征，又有非常进步的特征。

丹尼索瓦人大约在3万年前消失了。我国的金牛山人、马坝人、大荔人、许家窑人，以及夏河人都是丹尼索瓦人。

龙人生活在30.9万—14.6万年前，相较智人而言，龙人个子更矮而粗壮，体形敦厚结实，下颌宽大厚实。在形态上，龙人混合了原始和先进的特征，嘴巴（吻端）很宽很厚，头颅大而后脑勺突出，脑容量约为1420毫升；头颅更加宽扁，额头呈低扁的坡状，眉骨非常粗壮，鼻端宽大呈球状，嘴宽，牙齿大，没有明显的下巴。其骨骼强壮，四肢粗壮，肌肉发达，属于力量型，更加具有抗寒能力，这些都是典型的古老型人类（尼安德特人）特征，但面部平坦是其进步特征。龙人以猎捕哺乳动物、鸟类和鱼，以及采集果蔬为生。

○ 晚期智人：新文明时代的来临

晚期智人是由非洲的海德堡人进化而来的，仍保留某些原始性，与现代人相似。

早期智人和晚期智人是脊椎动物进化史上的第十一次巨大飞跃。

德国研究人员在非洲北部的摩洛哥发现了 5 具距今 30 万年前的智人骨骼化石，他们的头颅和面部与我们几乎一模一样，只是比我们更扁、更长。

科学研究证明，在 16 万—5 万年前，一支不足 5000 人的智人中，只有 150 多个智人，凭借其更高的智商、高大的身材和强壮的体魄、较快的跑动速度、较为进步的语言和较强的沟通能力，以及良好的组织能力和精致的石制武器，在与尼安德特人的多次争斗中，最终战胜尼安德特人，通过红海东南角的曼德海峡进入阿拉伯半岛（或北上红海西侧，东转穿过西奈半岛顶端，然后穿过中东进入亚洲），有的先到达了印度，有的又向西北方向进入了欧洲。到达印度的晚期智人，又到达了亚洲其他地区或大洋洲，消灭或赶走当地的尼安德特人，并在当地繁衍生息至今。

智人在这次走出非洲、向中东迁徙的过程中，与尼安德特人有过接触，与尼安德特人擦

晚期智人（左）与尼安德特人（右）面部复原图对比

尼安德特人生活想象图

出了“爱”的火花，并产生了可生育的后代。

尼安德特人与智人拥有共同的祖先，虽然二者分属不同的物种，但从遗传上来讲，二者基因的差异基本接近两个物种分化的临界点，也就是说，二者交配仍然可以产生可生育的后代，这才有了混血。正是这点，才使我们现代人有尼安德特人的基因。

最新基因研究证明，智人先与尼安德特人发生混血，而后与丹尼索瓦人发生混血，并都留下了后代。亚太地区的现代人与丹尼索瓦人关系最为密切，相比之下，欧美人 DNA 中的丹尼索瓦人基因含量明显偏低，非洲人 DNA 中几乎不含丹尼索瓦人的基因。

综合分析，智人与尼安德特人、丹尼索瓦人的共同祖先是 100 万年前的海德堡人。大约 50 万年前，丹尼索瓦人与尼安德特人就分化开来，并一路向东迁徙，途经西伯利亚到达东亚地区。

2010 年，科学家们完成了尼安德特人的基因组研究，公布了尼安德特人的基因组草图，将其与现代人的基因组草图进行对比后可知，除非洲人之外，亚欧大陆现代人均有 1%～4%（平均 2%）的尼安德特人基因。

2015 年，经过反复测试证实，现代人含有的尼安德特人基因比率约为 1.5%，就是这一点点基因，直接导致了现在的我们具有许多难以治愈的疾病——抑郁症、2 型糖尿病、过敏、血栓、尼古丁成瘾、营养失衡、尿失禁、膀胱疼痛、尿道功能失常等。

尼安德特人在 40 万年前就统治了欧洲和西亚地区，因此他们更加适应欧洲寒冷的气候与病原体，他们的基因库里含有特殊的等位基因，能极大地提高他们在欧洲的生存概率，并且尼安德特人将这种基因遗传给了智人。

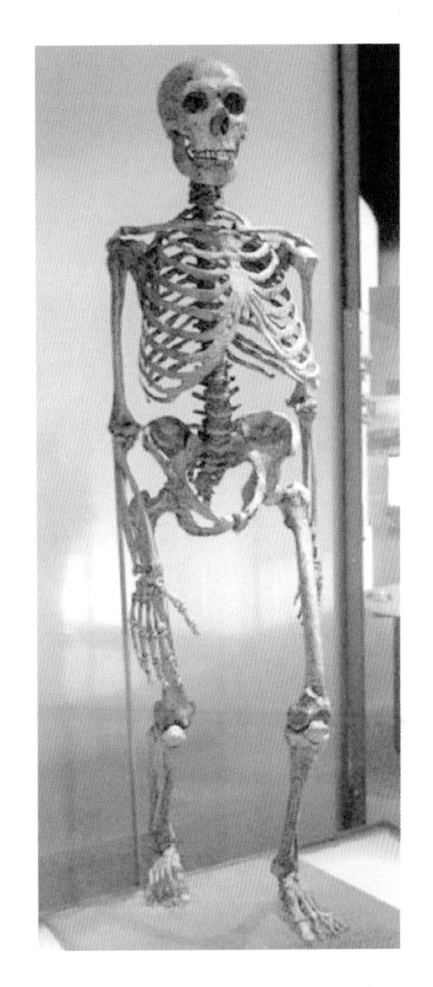

尼安德特人的骨骼（美国自然历史博物馆）

尼安德特人生活场景复原图

尼安德特人，男性身高165～168厘米，以强健的骨骼结构支撑。他们比同时代的其他智人更为强壮，尤其是手臂与手掌的部分。女性高152～156厘米。尼安德特人基本上以肉食为主，为最高级掠食者。他们的脑容量为1200～1750毫升（现代人为1400～1600毫升）

HLA-A 基因和 *HLA-C* 基因是保持免疫系统正常运行的两个非常重要的基因。这两个基因含有很多等位基因，可以帮助身体识别出病原体的种类并杀死有害病原体。现代亚洲人基因组中的 *HLA-A* 等位基因有 20%～80% 源于尼安德特人或丹尼索瓦人，而现代欧洲人则有 50%。

尼安德特人遗传给智人的这些基因，在生活环境极为恶劣的情况下能够有效对抗病原体，避免智人灭绝，但在如今环境条件较好的现代社会，这些基因反而会导致过敏、炎症等，因此，现代一些人患有各种过敏性疾病，可能就是这些基因在作祟。

晚期智人绘画、生活、狩猎场景想象图

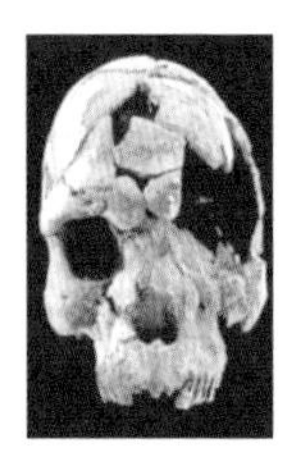
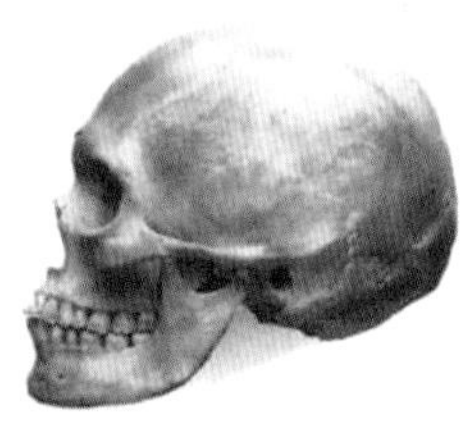

智人头骨化石

大约 3 万年前，智人将尼安德特人赶到环境更为恶劣的地区，最终导致尼安德特人因气候或饥寒而灭绝。

智人身体修长，比例匀称，跑得快，智商高，擅长绘画艺术，有了语言，能够很好地沟通，制作的工具也比较先进。智人经过与尼安德特人的多年争斗，最终将其打败，从此渡过红海，到达阿拉伯地区。据推测，其中一支智人进入印度，这支智人中有一支又乘木筏，抵达大洋洲、日本；另一支智人到达欧洲，并迅速占领了欧洲，然后在冰期通过白令陆桥，进入北美洲，又在约 14000 年前，一路向前，通过巴拿马地峡，到达了南美洲。至此，欧洲、亚洲、大洋洲、非洲，以及南北美洲都有了智人的身影。

克罗马农人

克罗马农人属于晚期智人，身高约 182 厘米，脑容量很大，男性约为 1600 毫升，女性约为 1400 毫升。克罗马农人骨骼粗壮、肌肉发达、相貌粗野，但是已经很接近现代人类了。克罗马农人已能完全站立，动作迅速灵活，四肢发达，擅长雕塑和绘画。

克罗马农人因化石发现于法国克罗马农山洞而得名，但他们与现代欧洲人不是一个种群。他们生活在 3 万—2 万年前的欧洲大陆，平均寿命不超过 40 岁。克罗马农人头骨非常大，而且粗壮；头顶隆起，头骨较现代人厚，额部宽而高，眉弓很粗壮，但不连续；大腿骨粗壮，股骨发达，胫骨扁平；善于奔跑，语言发达，群体性强。克罗马农人是欧洲冰期洞穴岩画的创造者，他们还创作了大量优美的雕刻和雕塑。学术界将这些艺术统称为“冰期艺术”，由于克罗马农人主要以狩猎为生，所以又将其称为“狩猎者艺术”。

克罗马农人头骨化石及复原图

约 15 万年前，克罗马农人的祖先开始在撒哈拉沙漠以南的非洲地区崛起，然后走出非洲，陆续向亚欧大陆扩散。他们很可能首先到达在冰期中干涸成为盆地或沼泽的地中海地区或中东，与当地的尼安德特人竞争并共存了约 6 万年。约 5 万年前，克罗马农人终于适应了冰期的严寒气候，逐渐占据优势，开始陆续进入东欧，自东向西一路打败了尼安德特人。其中一支克罗马农人大约在 3.5 万年前到达欧洲西端的大西洋边，并导致尼安德特人的最终灭绝。

在中国，属于这一阶段的人类有北京周口店的田园洞人、山顶洞人，广西的柳江人，内蒙古自治区的河套人，四川的资阳人，等等。

克罗马农人狩猎复原图

山顶洞人文化遗址

山顶洞人

山顶洞人属晚期智人，化石发现于北京周口店龙骨山北京人遗址顶部的山顶洞，并因此而得名。其化石发现于 1930 年，在 1933—1934 年由中国地质调查所新生代研究室的裴文中主持发掘。与人类化石一起，还出土了石器、骨角器和穿孔饰物，并发现了中国迄今所知最早的埋葬遗址，年代距今约 3 万年。

山顶洞人处于母系氏族社会时期，女性在社会生活中起主导作用，氏族成员按母系血统确立亲属关系。一个氏族有几十个人，由共同的祖先繁衍而来。他们使用共有的工具，一起劳动，共同分享食

山顶洞人埋葬场景复原图

山顶洞人生活场景复原图

物。山顶洞人仍用打制石器，并掌握了磨光和钻孔技术。他们已会人工取火，靠采集和狩猎为生，还会捕鱼。他们能走到很远的地方同别的原始人群交换生活用品。山顶洞人已会用骨针缝制衣服，有爱美之心，有埋葬死者的习俗。在山顶洞人的洞穴里发现了一些有孔的兽牙、贝壳和磨光的石珠，大概是他们生前佩戴的装饰品。

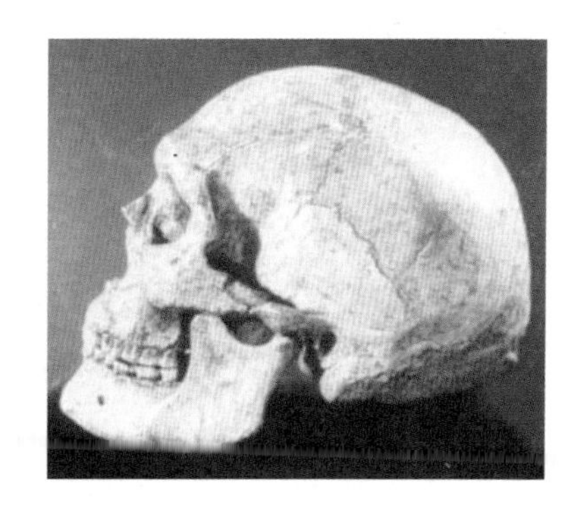

山顶洞人头骨

北京田园洞人

北京田园洞人，属于智人，化石发现于距周口店北京人 6 千米的田园洞，他们生活在 4.2 万—3.85 万年前。根据古 DNA 分析，田园洞人属于“老亚洲人”，并携带少量尼安德特人和丹尼索瓦人的 DNA，

出土的山顶洞人石器、骨角器和穿孔饰物

更多地表现出早期现代人的基因特征；与当今亚洲人和美洲原住民（黄色人种）有着密切的血缘关系，但与现代欧洲人（白色人种）的祖先分属不同的人群。田园洞人是古东亚人，并没有繁衍至今，因此，他不是中国人的直接祖先，而是表亲。

田园洞

田园洞在半山腰，洞的主体是薄层石灰岩，洞口距洞内约 10 米，洞内空间较大，洞顶有大片钟乳石。据估计，田园洞的面积约为 30 平方米

○ 走出非洲与文明兴起

人类为什么会走出非洲，这个问题有各种各样的假说，包括环境变化（冰川扩大、火山爆发）、食物短缺、人口激增、争斗加剧、自发迁徙等。

但在笔者看来，真正驱使人类迁徙的动力是人类自身的因素——好奇心，它促使人类自发迁徙，探索未知世界。这也许是植根于人类体内的一种基因。研究已经证明，人体内有一种名为 *DRD4* 基因突变与人们“探求新奇”的性状显著相关。这也是具有高度智慧的人类有别于其他动物的根源之一。人类在基因的驱使下，凭借探索未知世界的好奇心，不断迁徙，三次走出非洲，最终统治了五大洲，成为地球的主宰。现在人类仍然受这种基因的驱使，充满好奇心，不断探索浩瀚宇宙及其他未知世界。

非洲起源说认为，从约 180 万年前至 5 万年前，人类先后三次走出非洲，现在地球上的所有人，都是第三次走出非洲的智人的后代。

人类第一次走出非洲：200 万年前，东非出现了人类祖先——直立人（匠人），他们走出非洲，于 180 万—160 万年前涉足印度尼西亚的爪哇岛，于 170 万年前到达格鲁吉亚，于 160 万—120 万年前迁徙到东亚，于大约 100 万年前进入欧洲。亚欧大陆的很多地方都有他们的足迹，但大约在 20 万年前，他们销声匿迹了。

人类第二次走出非洲：100 万年前，留在东非的匠人进化出海德堡人，其中一部分走出非洲，迁徙到了亚欧大陆；60 万年前，在欧洲的海德堡人进化成早期智人，即尼安德特人和丹尼索瓦人，他们于 3 万年前灭绝。

人类第三次走出非洲：30 万年前，仍在非洲的

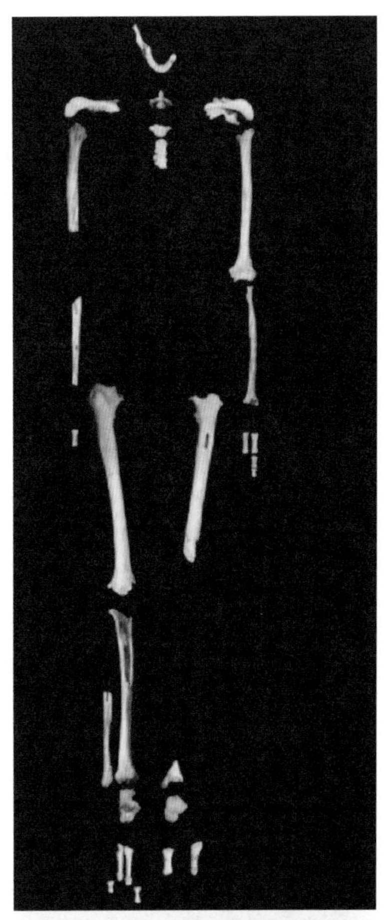

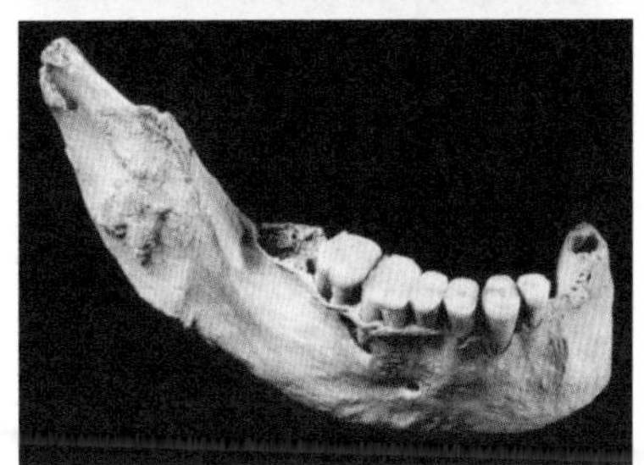

北京田园洞人骨骼及下颌骨化石

人类三次走出非洲示意图

海德堡人进化出晚期智人，并于 16 万—5 万年前战胜了尼安德特人，从红海的曼德海峡走出非洲，并依靠更加良好的智力和更加完善的社会结构（如语言、技术、文化、思维方式等），一方面在与直立人、尼安德特人等更早期人类的生存竞争中取得优势地位，另一方面逐渐跨越自然地理环境的限制，扩散到了全球各地。

智人登上人类历史舞台后，在不同的自然环境下演化出不同肤色的“人种”，包括白色人种、黑色人种、黄色人种和棕色人种，其实他们都是一个人种，都是智人的后代。

不同肤色的人类在世界各地繁衍生息，凭借自己的聪明才智，创造出灿烂的文明。

14.6 关于人类进化的几个问题

○ 人类为什么褪去了身上的毛发？

褪去身上的毛发，而头发不断生长，是人类进化的一次飞跃。

我们的祖先地猿始祖种、阿法南方古猿，都像黑猩猩一样，浑身上下长有浓密的毛发，阿法南方古猿大约在250万年前进化成能人，约200万年前，能人进化成为直立人。最早的直立人是匠人，他们生活在干热的非洲，有些匠人发生基因突变，褪去了身体上的毛发，皮肤由白逐渐变得黝黑，鼻端开始隆起，鼻孔变大，发育鼻毛。这是人类进化史上的一次巨大飞跃，也是一次重要的基因突变。

美国加利福尼亚大学圣迭戈分校医学院的阿吉特·瓦尔基等科学家的最新研究为匠人褪去毛发提供了佐证。300万—200万年前，一种名为*CMAH*的单个基因发生突变（缺失），大大提高了人类骨骼肌利用氧气的能力，使人类拥有更多的汗腺，能够更有效地散热，有利于增强能人、直立人等早期原始人类的长跑能力及先天免疫力，便于早期人类在炎炎烈日下的非洲干旱草原上追捕猎物，促使早期人类成为地面狩猎－采集者。

褪去身上毛发的匠人，受到群体内其他匠人的喜欢，尤其是褪去毛发的男性匠人，更是受到女性匠人的青睐，因此，他们获得更多的交配权。褪去毛发的匠人就会有越来越多的后代，而没有褪去毛发的匠人繁衍的后代越来越少，甚至灭绝。这在遗传学上，叫遗传漂变，在进化学上，叫性选择。遗传漂变或性选择不仅可以使优质的物种更容易脱颖而出，而且使优质的物种更容易繁衍生息。

褪去身上毛发的匠人，大约在 100 万年前进化出海德堡人，有些海德堡人迁徙到欧洲，在 60 万年前进化成尼安德特人，而仍然滞留在非洲的海德堡人在约 30 万年前进化出智人，智人是我们的直接祖先。

我们的祖宗匠人，褪去了身上的毛发而保留下头发，正是在自然选择下人类进化的结果。非洲阳光炙热，为了避免头部被阳光直接照射，让人类大脑不会因阳光照射而温度迅速升高，头发被保留下来，而且匠人的头发比南方古猿又有了进化，匠人的头发会不断生长，需要定期理发，而南方古猿身上的毛发和头发长到一定长度就不再长了，所以南方古猿一生都不需要剪头发。

从❶到❸：从能人到匠人，早期人类开始褪去如猿类般披满全身的毛发；从匠人到晚期智人，人类的头发、胡须等进化出不断生长的特性

其实，人类除了有浓密的头发外，周身上下也有体毛，如汗毛、腋毛、睫毛、眉毛、阴毛等，都是长到一定长度就不再生长了，只有头发和胡须一生都在不停地生长。现代人类毛发的这些不同于老祖宗的特征，都是进化过程中自然选择下适应性变异的结果。也可以说，为了更好地适应环境与气候变化，也为了更好地生存与繁衍，人类的基因发生了突变，所以人类成了当今最繁盛的生物物种之一，几乎占领了世界的各个角落，统治了全世界。

○ 人类为什么有不同的肤色？

我们现代人都属于一个物种，即智人，无种族之分。根据皮肤的颜色不同，又分为四个亚种，即黑色人种，又称尼格罗人种或赤道人种；白色人种，又称高加索人种或欧亚人种；黄色人种，又称蒙古人种或亚美人种；棕色人种，又称澳大利亚人种或大洋洲人种。

经科学证实，白色人种、黄色人种出现的时间在4万—3万年前。

这四个人亚种，都是约16万—5万年前晚期智人走出非洲迁徙到世界各地后，由于各地地理环境和气候的差异，分别形成的。可以说，这四个人亚种具有同一个祖先，这个祖先就是从非洲迁徙来的智人。

智人是由30万年前生活在非洲的晚期直立人——海德堡人进化而来的，而海德堡人又是由100万年前早期直立人——匠人进化而来的。

最初褪去毛发的匠人的皮肤是白色的。在非洲炽热阳光、强紫外线的照射下，为了避免皮肤受到伤害，他们的皮肤细胞产生了黑色素，黑色素可以防止紫外线对细胞核内的染色体造成伤害，这样慢慢地，褪去毛发的匠人的皮肤就变成了黝黑色。

强烈的紫外线照射，会影响维生素 B_9（叶酸）的产生。叶酸减少，红细胞产生速度变慢，导致贫血，更为严重的是，当孕妇缺乏叶酸时，一是胎儿的大脑和脊髓发育可能不正常，容易产生脊柱裂、无脑等畸形胎儿；二是容易导致孕妇早期流产或晚期早产、胎儿体重偏低，影响胎儿生长和智力发育。

由此可见，黝黑的皮肤保证了人类祖先种群的生存繁衍与基因传递，让我们免遭灭绝的命运。

匠人的鼻端开始隆起，不再像阿法南方古猿的鼻子那样，鼻端塌陷，鼻孔朝天。由匠人进化成的海德堡人也是黝黑皮肤的，这种黝黑皮肤的海德堡人进化出的智人也是黝黑皮肤、大鼻子，也就是说，我们现在人类的祖先——智人，就是具有大鼻子的“黝黑皮肤的人”。

黝黑皮肤的智人走出非洲，陆续到达了阿拉伯、印度，以及东亚、欧洲、大洋洲、美洲，他们消灭或赶走了当地的早期智人，如尼安德特人或丹尼索瓦人，最终占领了世界各个角落。

迁徙到欧洲的黝黑皮肤的智人，由于当时欧洲，特别是北欧，气候寒冷，光照不足，而如果人吸收的紫外线少，身体内转化维生素 D 不足，就容易得软骨病，因此，为了适应阳光不足的环境，长时间生活在欧洲的智人发生基因突变，进化出白色的皮肤，从而有利于吸收

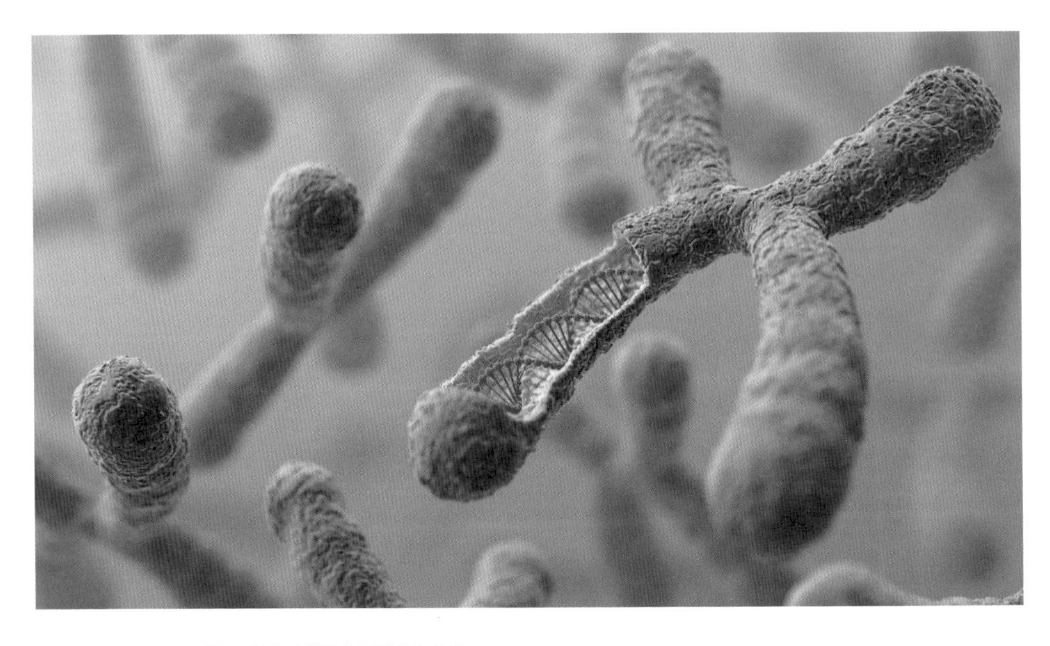

基因的变异与自然的选择，使物种的进化是非此即彼的

阳光中的紫外线，提高体内维生素 D 的转化率，避免软骨病的发生。在自然选择的作用下，这种有利于生存与繁衍的、致使皮肤变白的基因就一代代遗传下去了。

亚洲和大洋洲的气候环境以及阳光照射介于非洲与欧洲之间，所以生活在亚洲的智人进化成了黄色人种，生活在大洋洲的智人进化成了棕色人种。

由此看来，气候的差异、环境的不同、阳光和紫外线的强弱，是导致人种肤色变化的主要因素。

除皮肤颜色不同外，这四个人亚种在体态和鼻子的形状上也不一样。白色人种身材高大魁梧，鼻子高挺，头发为金黄色，鼻管狭长，鼻孔较小，可以将空气温暖地吸入肺部；黑色人种身体相对矮些，身材修长，有卷曲的黑色头发，鼻端肥大，鼻孔大，鼻毛浓密，以适应干热的天气，阻止体内水分的呼出；亚洲的黄色人种和大洋洲的棕色人种在身材和鼻形上，介于黑色人种与白色人种之间。

○ 为什么现在的黑猩猩不能进化成人？

经常有人提出“为什么现在的猩猩不能进化成人”这样的问题，就好像在说，如果现在的猩猩不能变成人，那么达尔文进化论就是错的。殊不知生物的进化是一个十分复杂且缓慢的过程，充满未知的变数，是随机的，具有不定向性，纯属偶然或意外。打个比方，女性的 1 个卵子要面对 3 亿多个精子，究竟会选择哪个精子结合形成受精卵，在自然条件下是无法控制的，也就是随机的、偶然的。每一个精子所携带的基因是不一样的，因此不同的精子与同一个卵子结合，会产生不一样的后代。即便是同卵双胞胎 —— 同一个受精卵分裂复制的结果，他们的细胞携带相同的基因 —— 在诸如体形、面容、智商、情商、行为举止、思维意识等方面也不尽相同。

分子生物学研究表明，人类的祖先（地猿）与黑猩猩的共同祖先可能是 700 万年前生活在非洲的撒海尔人。

约 500 万年前，人类的祖先与黑猩猩由于食物或伴侣问题，发生了激烈的打斗。人类的祖先离开原来的种群，在遥远的地方安家，从此，这两个种群各自独立演化，长时间后，二者出现生殖隔离，最终演化成两个不同的物种。

究竟什么原因使人类的祖先与黑猩猩演化成了不同的物种呢？科学家们经过艰难的探索，终于找到了答案。

原来人类的祖先地猿偶然发生过一次有利基因突变，比其祖先撒海尔人和黑猩猩都少了

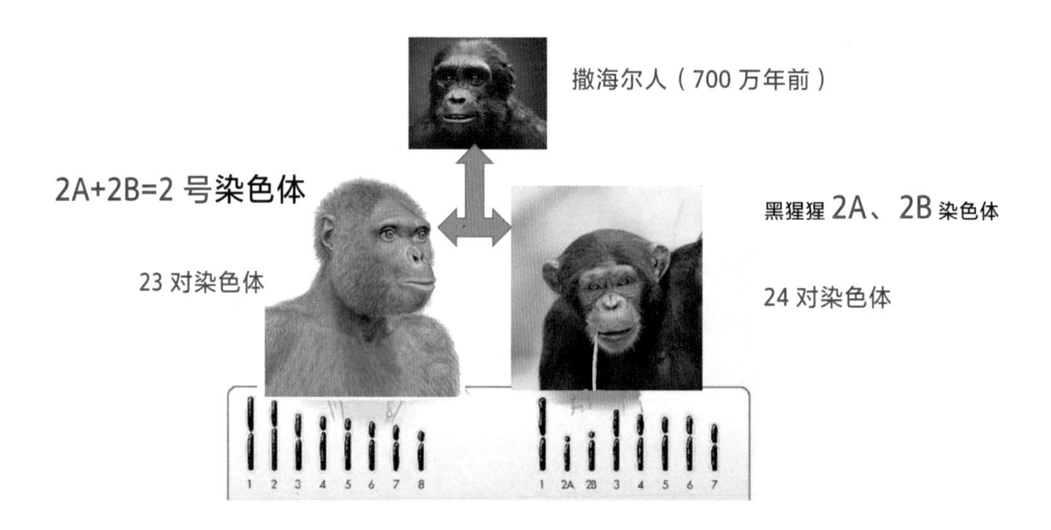

地猿与黑猩猩染色体对比示意图

一对染色体，变成了 23 对染色体。少了一对染色体后，地猿学会了用两条腿直立行走，更喜欢在非洲东部比较干燥、开阔的稀疏草原上生活，并开始吃肉，从此开启了人类演化的历程。

科学家们通过对人类和黑猩猩进行全基因组测序分析对比，推测出地猿并非丢失了一对染色体，而是原有的 2A、2B 两对染色体发生融合，变成了一对染色体，即 2 号染色体。

科学家们发现，人类体内的 2 号染色体，可以完美对应黑猩猩体内的 2A、2B 两对染色体，也就是说，人类的 2 号染色体与黑猩猩的 2A、2B 两对染色体，二者的 DNA 链长度和链条上每一环的顺序都是严丝合缝对得上的。

人类作为世界上唯一有高等智慧的生命，是原始生命——露卡（LUKA）经过近 40 亿年的不断进化的结果。

生命进化是不会重演的，也就是说，如果把进化现象比作一出戏，那么在自然界的舞台上，绝不会上演同一出戏。后进化出的物种绝不会重复曾经出现过的物种，犹如永远不会有两个一模一样的人或完全相同的树叶一样；后来的生物也不会重复以前生物的进化历程，现在的黑猩猩（与人类亲缘关系最接近的猿类）即使发生基因突变，产生其他新的物种，也绝对不会是我们现代人。

○ 地球上究竟有没有中间物种?

要回答这个问题，首先要明白什么是“中间物种”。中间物种，顾名思义，就是两个物种之间的物种，也可以说成“过渡物种”。从进化论的角度来看，生命本来就应该有一系列过渡类型，即中间物种。

中间物种既保留原来物种的某些特征，又兼有新物种的某些特点。比如，始祖鸟既保留了祖先恐爪龙类的特征，即嘴里有牙齿，翅膀末端有指爪，有长长的尾椎骨，卵生，双重呼吸，又兼有现代鸟类的特点，即发育丰富的飞羽，能飞行，有 4 缸型心脏，体温恒定，有绝大多数鸟类具有的孵卵行为。

不过，有亲缘关系的物种之间一定有中间物种吗？约 400 万年前，恐马分别演化出了欧洲野马（现生马的直接祖先）和非洲野驴（现生家驴的直接祖先）。在欧洲野马与非洲野驴之间，不存在中间物种。骡子是马和驴的杂交物种，而非中间物种。由此可见，不是任意两个物种之间都存在中间物种，亲缘关系最近的两个物种（同一属内的两个物种）之间，就不存在中间物种，而亲缘关系较远的两个物种（超出纲或目的两个物种）之间，往往存在中间物种，例如游走鲸和龙王鲸是巴基斯坦古鲸与齿鲸（海豚）之间的中间物种。

要真正理解这个问题，还要从物种是如何形成的说起。

现代生物学认为，物种的形成必须经过数个阶段。一，基因突变使种群产生可遗传的基因变异。二，在自然选择作用下，种群发生适应性变异，具有优势的种群才能适应生存，并繁衍生息。三，由于环境等因素，不同种群物种性状的差异增大，出现少量的基因突变，先形成亚种或变种，也就是一类中间物种，没有生殖隔离。四，出现大量基因突变，产生生殖隔离，形成新的物种。

因此，新物种的产生必须具备四个条件：地理隔离、基因突变、自然选择、生殖隔离。

所谓物种，是一个群体概念，是生物分类的最小单元，在一个生物群体内，不存在生殖隔离的物种，即同一物种可以交配，并可产生能再生殖的后代。不同物种之间无法产生可再生殖的后代，这方面最为典型的例子就是马与驴，虽然马与驴交配，可以生出骡子，但骡子不具有再生殖能力，所以，马与驴之间有生殖隔离，二者是马属下的不同物种。

物种是一个人为划分的单元，不具有严格意义上的客观标准。比如，古生物学家对于始祖鸟的分类位置，就有不同的观点。传统观点认为，始祖鸟是最早的鸟，属鸟纲；现在有观点认为，始祖鸟是非鸟类恐龙，属恐爪龙类。

关于物种的定义，有多种说法。从基因变异的角度看，很难有定量的标准，也没有严格的分界线。比如，摩尔根兽一说是哺乳形类，一说是哺乳类，因为它接近临界点，退一步是爬行类或哺乳形类，进一步就是哺乳类。

物种的演化既有连续性（没有生殖隔离），又有间断性（产生了生殖隔离），因为物种的变化基于基因变异，而变异有多有少。少量的基因突变体现了物种进化的渐变性和连续性，只有发生大量基因突变，才能在自然选择作用下，产生新的物种，这就是间断性。所以说，物种的进化是从量变到质变的过程，是渐变与突变的统一。

物种的划分是建立在生殖隔离基础之上的，而物种之间的生殖隔离，是生物发生多次基因突变，并在自然选择作用下逐渐形成的。因此，新物种的产生少则需要几十万年，多则需要几百万年，甚至上千万年。在新物种产生之前，往往出现许许多多个中间物种，即所谓的过渡物种，它们是在原来物种的基础之上，由于基因突变，形成了不同的形态特征。但这些过渡物种，与原来的物种之间，并不存在生殖隔离，它们交配仍可产生具有再生殖能力的后

欧洲野马

代，因此中间物种也被称为亚种或变种。比如，现代人由于地理因素的影响，基因突变分别形成了黑色人种、白色人种、黄色人种和棕色人种四个人的亚种（变种），但四个人亚种之间的基因相似度超过 99.5%，并且不存在生殖隔离，所以，四个人亚种之间仍然可以通婚，不断繁衍生息。

有时，中间物种基因积累的可遗传变异达到某个临界点，再变异一次就能产生新的物种。在自然界，处于临界点的物种往往是屈指可数的，初始全颌鱼、提塔利克鱼、游走鲸、始祖鸟、阿法南方古猿等，便是处于临界点的中间物种。对于处于临界点的物种，要确定其是不是新物种是十分困难的。在自然界，基因伴随物种的繁衍，一代代发生突变，在自然选择作

非洲野驴

家驴

骡子

骡子是马与驴的杂交物种，不具备繁育能力

用下，物种只有经过几代、几十代，甚至成百上千代的演化，才会形成新的物种。

由此可知，中间物种不是没有，或屈指可数，而是太多了，只是由于化石形成条件苛刻，许多中间物种没有形成化石罢了，而处于临界点的物种的化石更是少之又少，始祖鸟就是一个典型的例子。

进化论认为物种是可变的，而且所有物种都源自同一个祖先。比如，昆明鱼就是所有脊椎动物的祖先。在几亿年的史前世界，中间物种数不胜数，就脊椎动物而言，从鱼类、两栖类，到爬行类、哺乳类等，都能找到中间物种，而且在史前时期，绝大多数生物都是中间物种，并占据绝对优势，只有处于临界点的中间物种比较罕见。此外，并不是所有物种之间都有中间物种。

所以说，不论是中间物种，还是其他物种，都有同一个祖先，一切生物都是不断进化的结果。地球上已经灭绝的和现生的生物都源自约 40 亿年前的原始生命 —— 露卡。

第三卷
从野性到文明

第十五章
动物器官的演化

The Evolution
of Life

生物由最初的原始生命，在基因突变的前提下，经过自然选择的作用，历经40亿年的缓慢演变，才进化出地球上最高等的智慧生物——人类。人体由50万亿～70万亿个细胞组成，有20000～23000个基因。就脊椎动物的进化而言，每一次进化的巨大飞跃，都表现为动物器官的巨大进步，5.3亿年前，昆明鱼最先有了脊椎，其后脊椎动物依次出现了上下颌骨（嘴巴）、四肢和五趾（指）、羊膜卵、体温恒定（羽毛、胎生哺乳），再后来，人类进化为两足站立，直立行走，有了交流的语言。

根据生物器官的演化特征，我们总结出生物演化基本上都遵循以下三个重要原理。

演化原理一："继承性演化原理"。生物体的器官（特征）几乎都是由祖先已有的器官（特征）演化来的，这是物种特征的同源性。生物体从来不会凭空产生新的器官（特征）。这一切都是基因的扩容或突变在起作用。例如，最初鱼类（盾皮鱼）的牙齿是由鱼鳞演化来的；人类的听小骨是由鱼的鳃弓和原始颌骨演化来的，肺、鱼鳔和肝脏是由硬骨鱼的消化道分支（原始的肺）演化来的；翼龙、蝙蝠、鸟类的翅膀和动物的前肢是由硬骨鱼的胸鳍演化来的。

演化原理二："可拆分性演化原理"（"模块化原理"）。物种可不是作为一个整体演化，而是拆分开来演化的。也可以说，生物体就是器官的组合体，由不同模块组成，许多器官（特征）是独立演化的。

演化原理三："简单有效演化原理"。这就是所谓的"奥卡姆剃刀原理"，即"如无必要，勿增实体"。也就是说，没有必要的器官或多余的器官，生物体是不会演化出来的。例如，空中飞行的鸟类、蝙蝠演化出翅膀；水里生活的鲸、海狮、海豹等哺乳动物演化出鳍状肢和鱼一样的尾巴；生活在陆地上、双足直立行走的人类，演化出了灵巧的双手。

15.1 动物大脑的演化

从鱼到哺乳动物，脑皮（大脑皮质）的系统进化历程可分为 4 个阶段：古脑皮、原脑皮、旧脑皮和新脑皮，它们犹如俄罗斯套娃一样，大娃套小娃，后来进化出的脑总是套住以前出现的脑。

（1）古脑皮，指原始类型的脑皮，即鱼类的脑。古脑皮最初只是一对平滑的突起（如七鳃鳗的脑），与脊髓（内部是灰质，外部是白质）一样，缺少大脑皮质，只有灰质和白质，灰质（神经细胞中的细胞

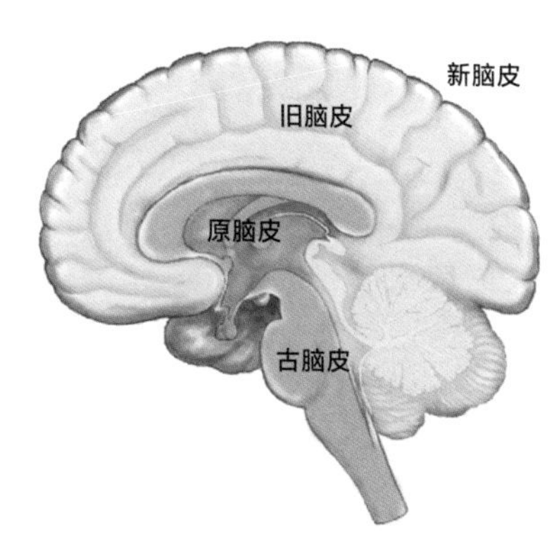

人的大脑像俄罗斯套娃一样，一层套一层

人的大脑分左右两部分，由约 140 亿个细胞构成，重约 1400 克，大脑皮质厚度为 2~3 毫米，总面积约为 2200 平方厘米。据估计，人脑每天要死亡约 10 万个脑细胞（越不用脑，脑细胞死亡越多）。人脑的主要成分是血液，血液占到 80%。大脑虽只占人体体重的 2%，但耗氧量达全身耗氧量的 25%，血流量占心脏输出血量的 15%，一天内流经脑的血液为 2000 升。人脑每天消耗的能量若用电功率表示，大约相当于 25 瓦

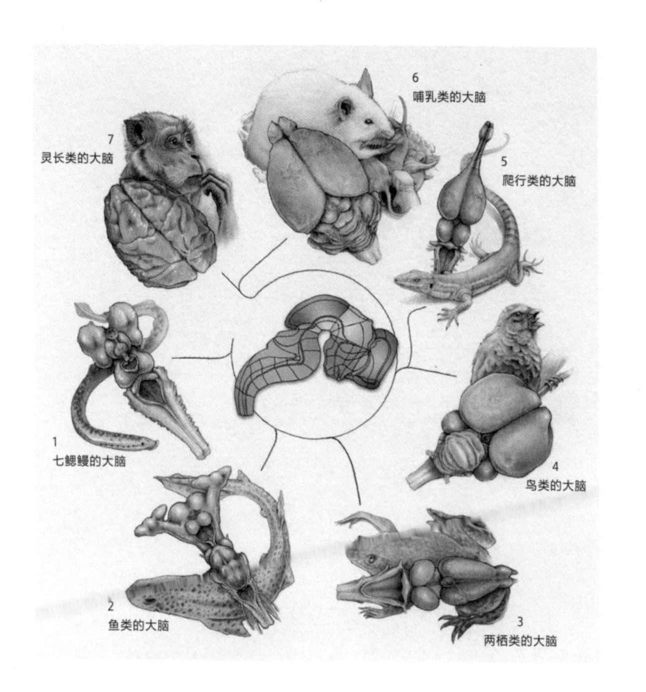

动物大脑演化示意图

体，是神经中枢，负责接收、发出指令，就像指令接收、发出器）位于内部，白质（神经细胞中的突起，负责传递灰质的指令，相当于指令传递组织）包在灰质之外。嗅叶经过大脑与后面的神经元或神经细胞联系。

（2）原脑皮，指两栖动物和原始爬行动物的脑，也称“基础脑”，包括脑干和小脑，是最先出现的脑成分。原皮脑由延脑、脑桥、小脑、中脑，以及最古老的基底核——苍白球与嗅球组成。对爬行动物来说，脑干和小脑对其行为起着控制作用，因此人们也把原脑皮称为“爬行动物脑”。原脑皮和古脑的皮皆和嗅觉相联系，因此两栖动物和原始爬行动物大脑的机能仍是以嗅觉为主的。

在爬行动物脑的操控下，人与蛇、蜥蜴有一些相同的行为模式：呆板、偏执、冲动、一成不变、多疑妄想，如同“在记忆里烙下了祖先们在蛮荒时代的生存印记”。

（3）旧脑皮，指后期爬行动物和原始哺乳动物的脑，也称旧大脑皮质或中间脑（古哺乳动物脑），包括下丘脑、海马体以及杏仁核。旧脑皮与进化早期的哺乳动物脑相对应，并与

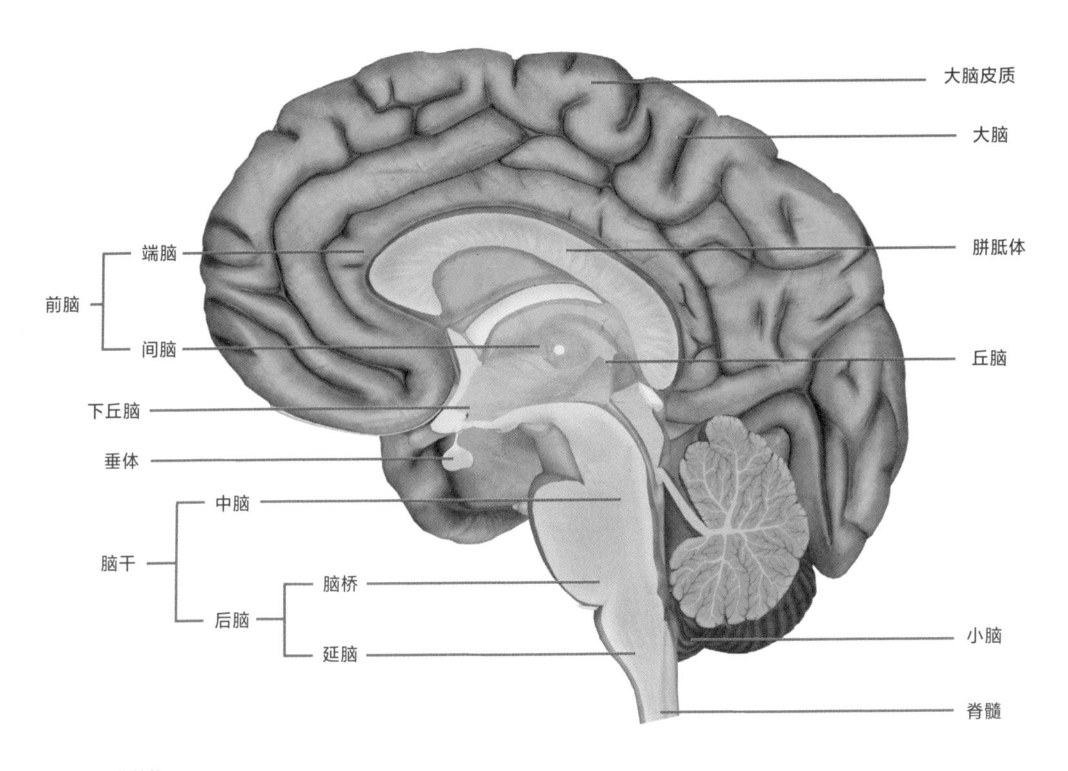

人类大脑的结构

人类的大脑皮质体积增大，表面出现沟、回，机能也越来越重要，成为动物体的最高调节、控制中心

情感、直觉、哺育、搏斗、逃避，以及性行为紧密相关。如美国神经学家保罗·麦克里恩所说，情感系统一向是爱恨分明的，一件事物要么好，要么坏，没有中间状态。在恶劣的环境中，正是依赖这种简单的“趋利避害”原则，生存才得到保证。

旧脑皮负责教条化与偏执狂、自卑感、对欲望的合理化等行为。

（4）新脑皮，也叫新皮质，是进化的哺乳动物（包括我们人类）的脑。新脑皮是高级脑或理性脑，它几乎将左右脑半球全部囊括在内，还包括了一些皮质下的神经元组群。新脑皮有“发明创造之母，抽象思维之父”之称。人类大脑中，新脑皮占据了整个脑容量的三分之二，而其他动物的新脑皮占比较小。

15.2 动物由口到颌骨的演化

5.35 亿年前，出现了第一个有口的动物——皱囊虫；5.3 亿年前，出现了第一个有鳃裂的动物，如西大动物；约 4.5 亿年前，甲胄鱼进化出颌骨的雏形；后来，鱼的鳃弓演化成盾皮鱼的原始颌骨，4.23 亿年前，出现了长有原始颌骨的长吻麒麟鱼；在原始颌骨的基础上，又进化出具有真正颌骨（上下颌骨）的全颌鱼，如 4.23 亿年前的初始全颌鱼。从这以后，动物才真正有了嘴。我们人类能够吃饭、唱歌、咀嚼、撕咬等，就是因为有了颌骨。两栖动物、爬行动物、哺乳动物（包括我们人类）的颌部，鸟类的喙部等，都是由初始全颌鱼的颌骨进化而来的。

脊椎动物各式各样的颌骨

15.3 动物牙齿的演化

英国剑桥大学博士吉利斯及其研究团队发现，鱼类最早的牙齿是从鳞片进化而来的。现代鱼类的鳞片与它们的远祖大不相同，远古鱼类的鱼鳞更像尖利的牙齿，叫作“肤齿”。在演化过程中，这些“肤齿”从原始鱼类的外皮逐渐转移到嘴中，后来演变为所有脊椎动物的牙齿。

动物牙齿演化的基本趋势为：

（1）牙形由单一同形牙向异形牙演化；

（2）牙数由多变少；

（3）由多牙列向双牙列演化；

鱼类的牙

鱼类的牙的主要作用是捕捉食物，没有咀嚼功能；全口牙的形态多为等长的三角片或单锥体，故称为同形牙

爬行类的牙

爬行类的牙仍为单锥体、同形牙、多列牙，但是牙已逐渐集中分布于上、下颌骨上；牙齿具有一定的撕咬能力，但不具有咀嚼功能

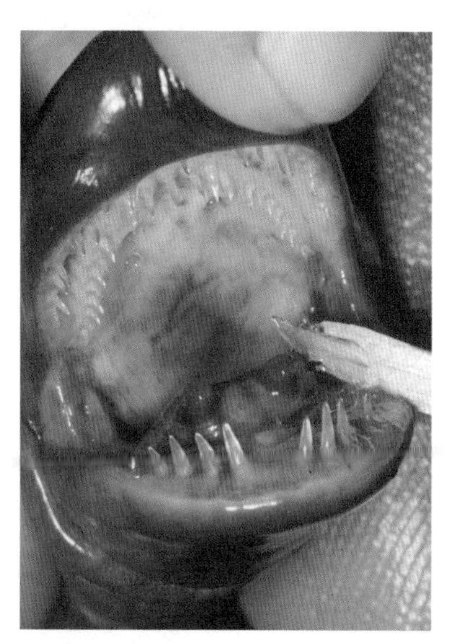

两栖类的牙

两栖类的牙仍为单锥体、同形牙、多列牙、端生牙，数量虽然没有鱼类那么多，但仍分布于颌骨、腭骨、犁骨、蝶骨等的表面

（4）牙根从无到有；

（5）牙的分布由广泛至集中于上、下颌骨；

（6）牙附着于颌骨的方式由端生牙演化为侧生牙，最后向槽生牙演化。

哺乳类的牙

哺乳类的牙已经发展为异形牙，可分为切牙（门齿）、尖牙（犬齿）、前磨牙和磨牙（臼齿）四类；一颗牙分为三个部分，即牙冠、牙颈和牙根；一生中只换牙一次，故称为双牙列；数量显著减少；牙根发达，深埋于颌骨的牙槽窝内，主要功能是咀嚼，故能承受较大的咬合力

15.4 动物眼皮与睫毛的演化

鱼类：生活在水里，没有眼皮，更谈不上睫毛。

两栖动物：3.67 亿年前开始登上陆地生活，发育眼皮，以保持眼睛湿润。脊椎动物的眼皮都是由此演化而来的。

爬行动物：具有眼皮，但不具有睫毛；少量爬行动物的眼睛上方具有睫毛般的异化鳞片。

鸟类：许多鸟类具有睫毛，如犀鸟、鸵鸟、蛇鹫等。

哺乳动物：发育毛发，所以有了睫毛，以防止风沙迷眼。

脊椎动物的眼皮与睫毛

15.5 动物脖子的演化

如果你用心观察水里游动的鱼（辐鳍鱼类），就会发现，它们转头时需要摆动尾巴：向左摆动尾巴，头就向右转；向右摆动尾巴，头就向左转。这是因为鱼没有颈椎，需要借助尾巴才能转动整个身体。

古生物学家们研究发现，从早期的鱼类，如5亿多年前的昆明鱼，4亿多年前的甲胄鱼、盾皮鱼和硬骨鱼，到现在的所有辐鳍鱼，都没有脖子。生活在水中的鱼类，无须颈椎就能轻松自如地转动头部捕捉食物、追逐伴侣或逃跑躲避，能够很好地生存与繁衍，而生活在陆地上的脊椎动物，如果没有颈椎，就很难捕食猎物或抵御捕食者，因此，颈椎对陆生脊椎动物至关重要。

提塔利克鱼是最早进化出脖子的脊椎动物。约3.75亿年前，一种演化出“四足”的提塔利克鱼，其鳃附近妨碍头部转动的骨盘消失了，演化出颈关节（最原始的脖子）。由于进化出了颈关节，提塔利克鱼头部变得更加灵活，更利于陆地捕食，因而成为优势物种。后来，它演化成最早的两栖动物——鱼石螈。鱼石螈成为最早生活在陆地上的脊椎动物，并演化出了有基本功能的脖子，能更有效地捕食昆虫。因此，两栖动物成为石炭纪最为繁盛的陆地动物，尽管它们的脖子比较粗和短，转动并不十分灵活。此后的爬行动物、鸟类，以及哺乳动物的脖子都是由此演化而来的。

据观察研究，脊椎动物颈椎的演化经历了从无到有，数量由少到多，由数量不定到数量不变（7块）的过程。动物的脖子从固定不动到小范围活动，再到大范围活动或旋转运动，逐渐灵活。

两栖动物只有一块颈椎，即寰椎，它们的头只能做小幅度活动。爬行动物进化出寰椎和枢椎2块颈椎，脖子虽然比两栖动物更灵活，但转动幅度仍然有限。蛇只有2块颈椎，即寰椎和枢椎，其他龟类、鳄类和蜥蜴一般都有8块颈椎，巨蜥有9块颈椎。

具有长脖子的蜥脚类恐龙至少有12块颈椎，其中脖子最长的是马门溪龙，它的脖子长11～14米，几乎是躯干（长约6米）的两倍，有19块颈椎。蜥脚类恐龙由于颈椎中空，充满气囊，脖子上又有用于加固的棒状骨，因此脖子较轻，能够方便抬起，但缺乏足够的灵活

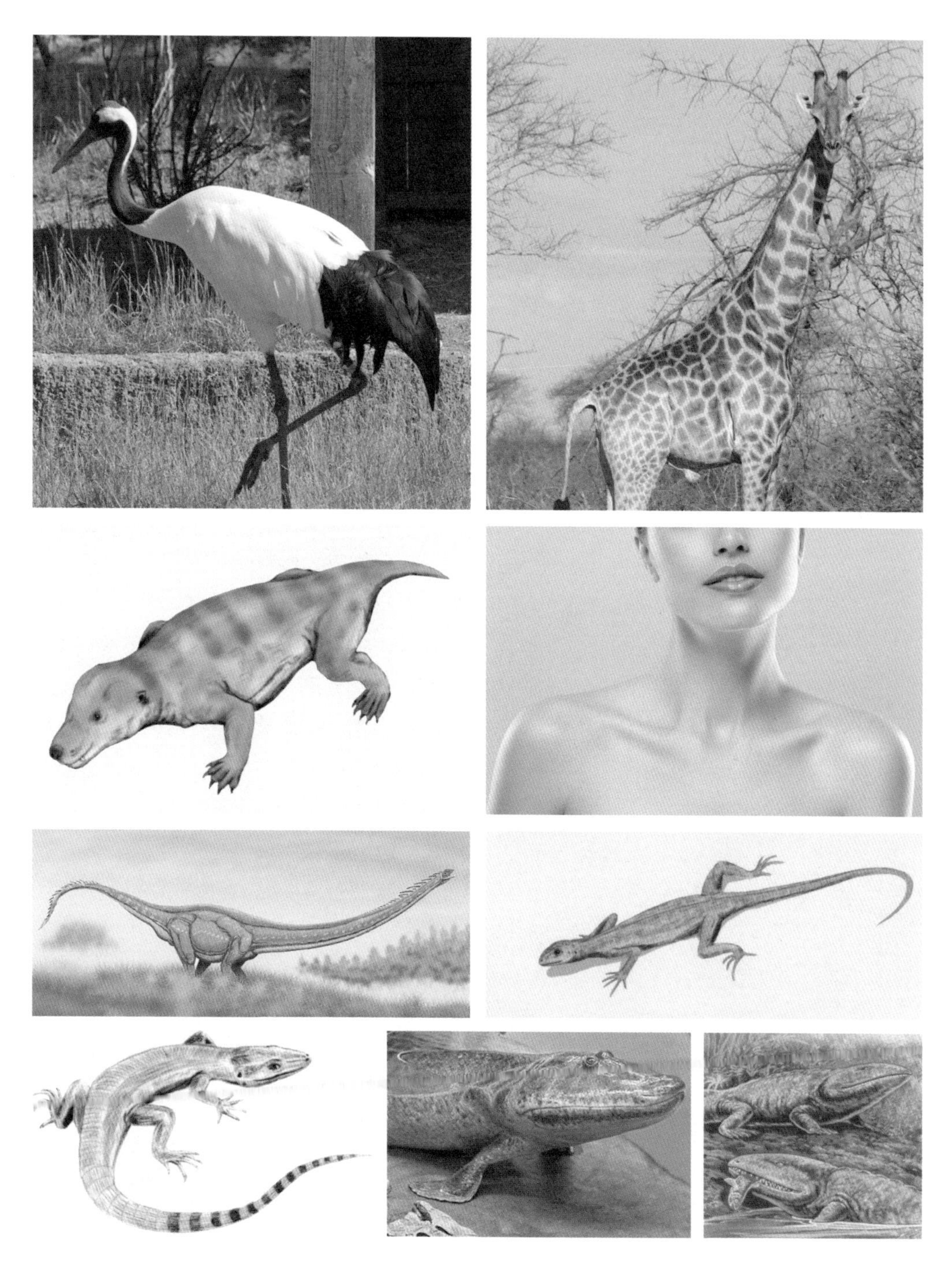

脊椎动物各式各样的“脖子”

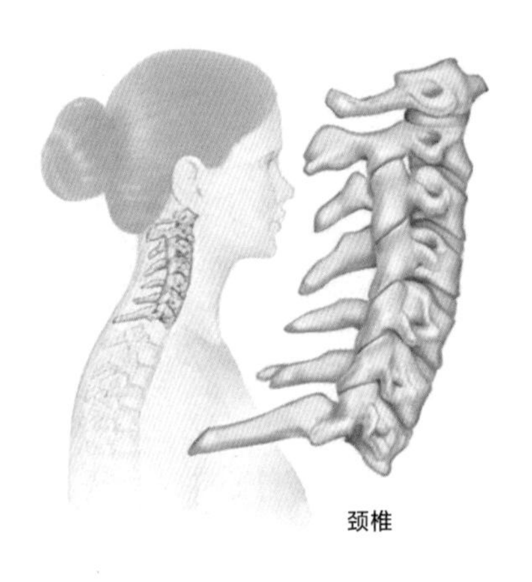

人类颈椎结构图

自上而下是第一、二、三、四、五、六、七颈椎

性，更不能如长颈鹿那样将脖子扭成圈。

蛇颈龙类曾是颈椎数量最多的脊椎动物，一般不少于40块，其中薄片龙的颈椎最多，多达76块，其次是海霸龙，有65块。蛇颈龙生活在海洋里，水的浮力可以使其脖子活动自如。

目前，鸟类是颈椎数量最多的脊椎动物，多数有13～25块颈椎，如野鸭有14块，天鹅约有25块。此外，鸟类的颈椎关节活动性极大，头部能转动180度，猫头鹰甚至能转动270度。

哺乳动物都只有7块颈椎（极个别例外），这是亿万年来哺乳动物基因突变、自然选择、适者生存的结果。与爬行动物相比，哺乳动物的身体结构有其特殊性，7块颈椎能够使脖子的柔软灵活性与坚挺竖直性达到完美统一。长颈鹿的脖子就是最好的例证，它的脖子既可以坚挺竖直起来，吃到六七米高处的树叶，也十分柔软灵活，能360度旋转。

由此可见，不论颈椎数量增多还是减少，都不利于一般陆生哺乳动物的生活，7块颈椎是自然选择的最佳结果，大大有利于哺乳动物的生存与繁衍。

长颈鹿的脖子可以灵活旋转

15.6 动物鼻孔的演化

中国科学院的张弥漫院士和朱敏院士通过对杨氏鱼和肯氏鱼的研究，揭示了动物鼻孔的演化。2004年，朱敏与瑞典乌普萨拉大学的阿尔伯格博士合作对肯氏鱼进行研究，通过细致的标本修理和观察，最终取得了突破性进展。新的研究成果表明，肯氏鱼正处于从外鼻孔向内鼻孔进化的过渡阶段。在肉鳍鱼类的进化过程中，肯氏鱼的后外鼻孔发生了“漂移”，进化为内鼻孔（鼻腔与口腔之间的一个通道），为肺呼吸空气提供了通道，这说明内鼻孔是由后外鼻孔进化而来的。这项研究成果发表于《自然》杂志。

两栖类与陆地脊椎动物的内鼻孔都是由此进化来的，有了内鼻孔，我们才能呼吸到新鲜的空气。

动物鼻孔的演化过程为：从杨氏鱼的外鼻孔，经

杨氏鱼，原始肉鳍鱼，只有前后外鼻孔

真掌鳍鱼，较为进化的肉鳍鱼，进化出内鼻孔

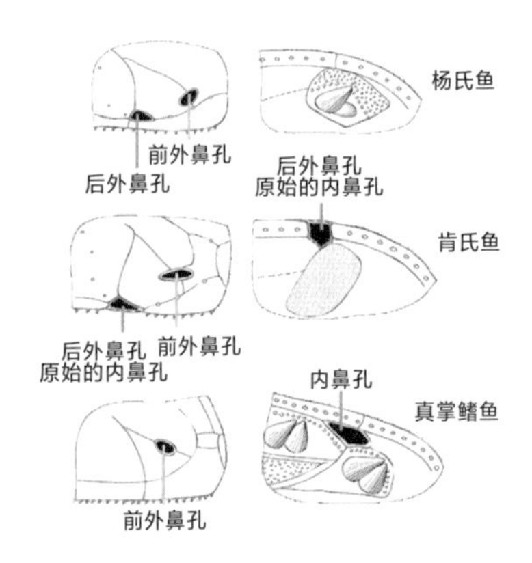

肉鳍鱼鼻孔演化示意图

前、后外鼻孔（杨氏鱼）→前外鼻孔、原始内鼻孔（肯氏鱼）→前外鼻孔、内鼻孔（真掌鳍鱼）

肯氏鱼鼻孔的“漂移”，到真掌鳍鱼的内外鼻孔。外鼻孔只有嗅觉功能，内外鼻孔具有嗅觉和呼吸双重功能。

科学家们通过对四种肉鳍鱼的比较解剖学研究发现，肺鱼和拉蒂迈鱼同其他鱼类一样，都没有真正的内鼻孔，只有前、后两对外鼻孔，外鼻孔只是嗅觉器官，没有呼吸功能，水从其前外鼻孔流进，从后外鼻孔流出。

肯氏鱼的颌弓由上颌骨和前上颌骨组成，但二者并不连接，中间有一个间隙，这恰恰是肯氏鱼后外鼻孔的位置，这就意味着，在肉鳍鱼类的进化过程中，存在一个上颌骨和前上颌骨裂开，然后又重新连接起来的过程，这为鼻孔的“漂移”提供了通道。

真掌鳍鱼已发育一对前外鼻孔和一对内鼻孔。

肯氏鱼，正处于从外鼻孔向内鼻孔进化的过渡阶段

15.7 动物四肢的演化

根据近年来古生物学、基因组学和分子生物学等领域的研究，科学家们对脊椎动物四肢的演化有了较为充分的认识。脊椎动物从有背鳍的无颌鱼类向具有四足的两栖动物的演变，几乎都受到 *T-box* 基因、*Hox* 基因，以及 *Shh* 基因的差异表达的控制。脊椎动物手脚、鳍状肢、蹄子、趾爪、翅膀等的形态特征，以及指（趾）骨长短和数量特征，则受到 *Gli3* 基因（一种与 *Shh* 一起工作的基因）等的控制，如果 *Gli3* 基因发生突变，那么动物就会出现多趾或少趾现象。有的人有 6 指（趾），就是 *Gli3* 基因突变造成的。

为了理解方便，这里把脊椎动物四肢的演化过程大致分六个阶段。

第一阶段：5 亿多年前，具对称二分体结构的古虫类（西大动物）进化出有脊椎，以及受 *Hox* 基因调控的背鳍和腹鳍的无颌鱼类（如昆明鱼）。

第二阶段：近 5 亿年前，原始无颌鱼类（昆明鱼）的腹鳍演化出盔甲鱼类（如灵动土家鱼）腹部的一对纵贯全身的腹侧鳍褶。

第三阶段：4 亿多年前，在 *Hox* 基因的调控下，具有成对腹侧鳍褶的盔甲鱼类演化出有对称胸鳍和腹鳍的盾皮鱼（如初始全颌鱼），但其具有沉重的盔甲，游动灵活性差。

第四阶段：具对称胸鳍和腹鳍的盾皮鱼（如初始

全颌鱼）演化出硬骨鱼（如罗氏斑鳞鱼），游动灵活性明显增强。硬骨鱼开始了遗传机制创新，基因大量增加，其中就有形成四肢的基因。

第五阶段：创新出四肢基因的硬骨鱼演化出了具有“四足”雏形的肉鳍鱼（如提塔利克鱼）。

第六阶段：具有“四足”雏形的肉鳍鱼（如提塔利克鱼）演化出最早的、真正的四足动物——两栖动物（如鱼石螈或棘鱼石螈）。

除鱼类之外，几乎所有脊椎动物的四肢，都是在硬骨鱼创新四肢基因或肉鳍鱼“四足”的基础上，经过亿万年演化而来的。

3.6亿多年前，进化出四肢的两栖动物鱼石螈和棘鱼石螈最先登上陆地。现在的爬行动物，基本都是前爪有5个脚趾，后爪有4个脚趾，而鱼石螈的前爪有6个脚趾，后爪有7个脚趾。脚趾并非越多越好，脚趾或手指超过5个，脚（手）腕关节的灵活性就会受影响，脚趾过多反而不利于在凸凹不平的地面上行走。手指和脚趾少于5个，脚（手）腕关节的灵活性增强，但不利于抓握、攀爬、站立，以及两足行走、奔跑等。所以，5个脚趾和5个手指是自然选择的结果，这样既保持了脚（手）腕的灵活性，又便于在地上和树上生活。但会飞的恐爪龙和由其进化来的鸟儿，却进化出翅膀和4个脚趾，这种进化一是为了减轻体重，利于飞行；二是便于在树上栖息。在水中觅食的鸟儿，则进化出脚蹼。

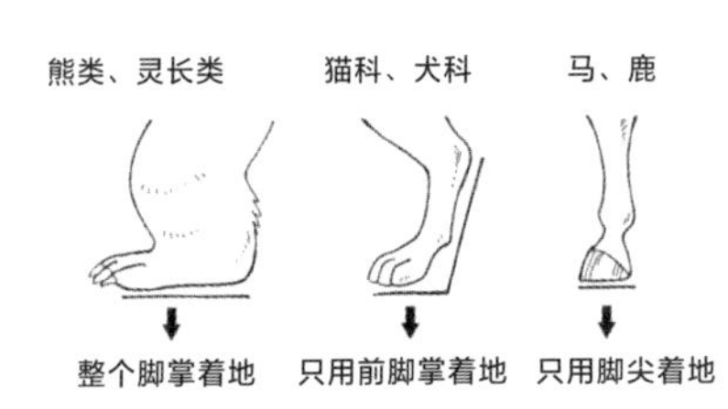

动物行走方式示意图

因生活环境的不同，爬行动物分别演化出千奇百怪的四肢，如植食性蜥脚类恐龙，因体形庞大，演化出短粗的柱状肢（5趾，跖行）；肉食性兽脚类恐龙，因追赶猎物，演化出三四个脚趾（趾行）和1～3个手指，并长有爪子；在水中游泳的鱼龙和蛇颈龙类，因需要划水而演化出鳍状肢；飞翔在蓝天的翼龙、蝙蝠，因飞行而演化出宽大的皮膜状翅膀。

生活在陆地上的哺乳动物，由于不同的生活方式，也演化出不同的行走方式。根据脚趾着地的方式，哺乳动物可分为三类：跖行动物、趾行动物和蹄行动物。

跖行动物：有脚后跟且整个脚掌着地行走的动物，它们可以直立行走，着地稳定性最高，有明显的脚垫或足弓。这类动物主要是善于攀爬、抓握的动物，如灵长类、熊类。

趾行动物：没有脚后跟且只用半个前脚掌（脚趾的前两节）着地行走或奔跑的动物，它们奔跑、跳跃的速度较快，兼有着地稳定性。这类动物主要是善于追捕猎物的肉食性动物，脚趾少于 5 个，有尖利的爪子，如犬科和猫科动物。

蹄行动物：只用脚尖（脚指甲）着地行走或奔跑的动物，它们行进的速度最快，每前进一步，都能使关节最大化伸展，并可利用筋腱的能量。这类动物主要是善于奔跑的植食性动物，蹄子近似 U 字形，如马、鹿等。

由此可见，脊椎动物四肢的演化与节肢动物的演化一样，同样受同源基因（*Hox* 基因）的调控，也完全遵守现代达尔文进化论法则，即“基因突变、自然选择、适者生存”，服从生物的“继承性演化原理”。

从鱼鳍到四肢、脚趾的演化示意图

脊椎动物各式各样的趾爪和人的手指

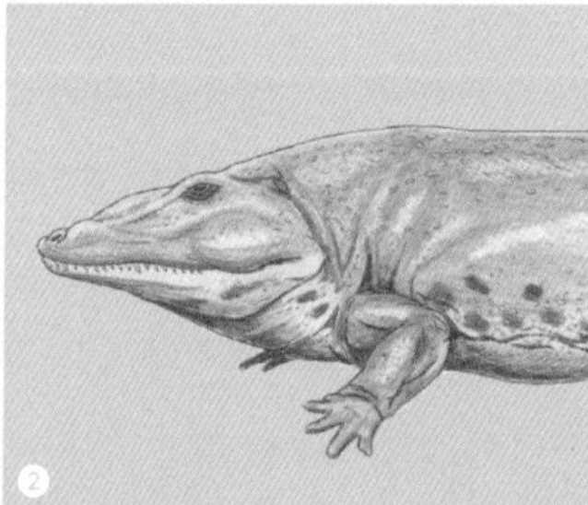

❶鱼的肉鳍
❷两栖类的前肢与 5 趾
❸恐龙的前趾爪
❹鹰的爪子
❺熊的爪子
❻人的手指

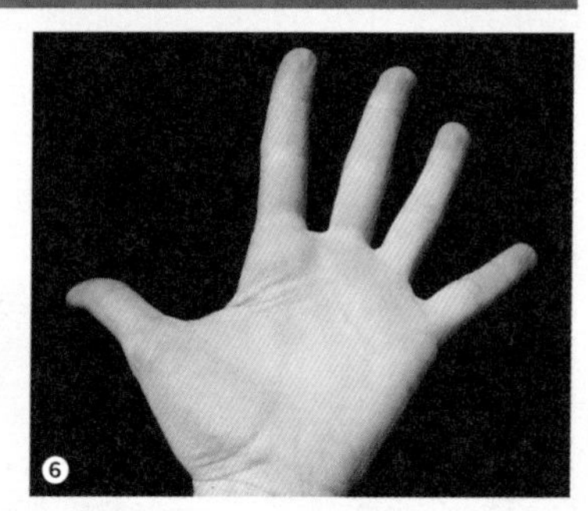

15.8 动物复眼的演化

三叶虫是较早进化出复眼的节肢动物，它的复眼由 100 多个小眼组成，小眼是透明的单个方解石晶体，没有现在动物所具有的晶状体，视力不佳。仅仅几百万年之后，三叶虫的复眼就发育得更加完善，具有了更高的影像分辨率。

长有复眼的三叶虫化石

具有复眼的昆虫有30多万种。在昆虫的世界里，眼睛最多的是蜻蜓，它的大复眼十分发达，差不多占了整个头部的一半。蜻蜓的一只大复眼由 2.8 万多只小眼组成。复眼中的小眼越多，看到的东西越清楚。

复眼的好处是可以看清高速运动的物体（例如高速运动的子弹）的运动轨迹，因为复眼上的每个小

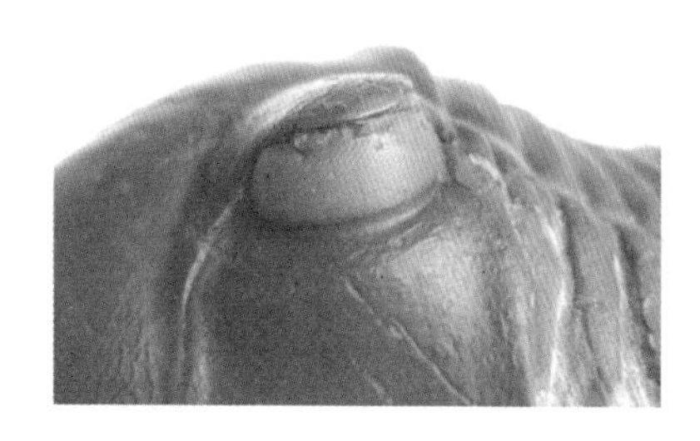

三叶虫的复眼

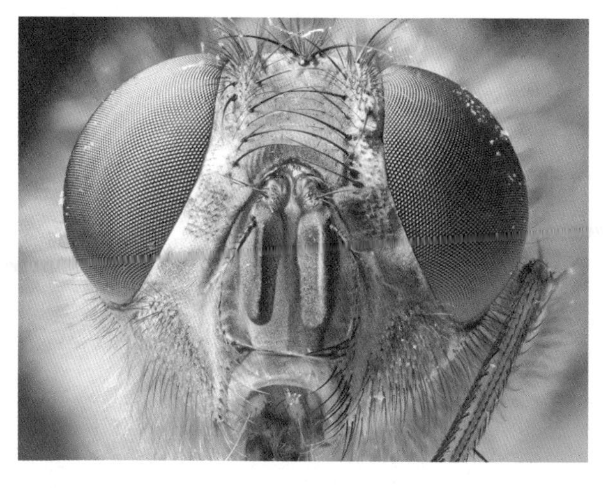

蜻蜓的复眼

孔都相当于一个瞳孔，高速行动中的物体的轨迹可以被复眼上的许许多多小孔捕获，于是就捕捉到了物体行进的一个连续的过程。光线通过这些小孔进入小孔底部的感光细胞，再通过视觉神经传输到大脑，反映出高速运动物体的轨迹图像。通常情况下，昆虫只注意运动中的物体。

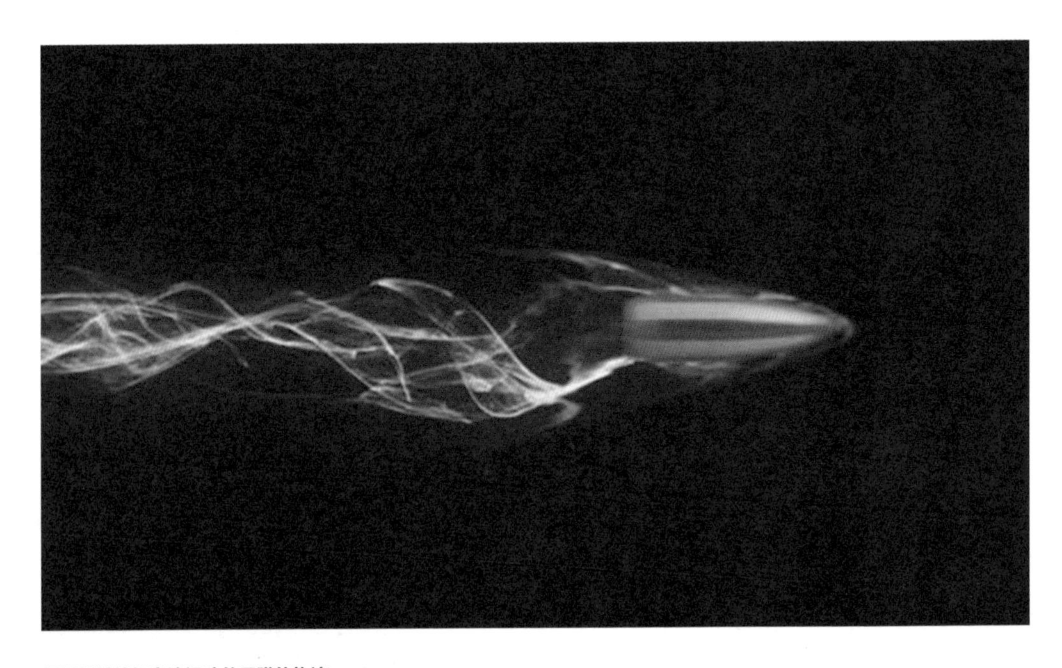

复眼能够捕捉高速运动的子弹的轨迹

15.9 动物眼睛的起源与演化

眼睛的进化历史甚至比脊椎动物的进化历史还长——在遗传学和发育学的研究中，科学家们找到了一些关键的基因，比如*PAX6*基因，它在眼、神经系统、鼻、胰腺和内分泌等组织器官的发育中起重要作用。这个基因源自所有两侧对称动物的共同祖先，在神经系统和眼睛的发育中发挥着关键作用，而且高度保守。哺乳动物的*PAX6*基因可以在昆虫身上发挥同样的功能，这意味着动物界30多个门类的眼睛在进化的极早期有相同的来源：一个覆盖色素的凹陷，并且没有成像功能。

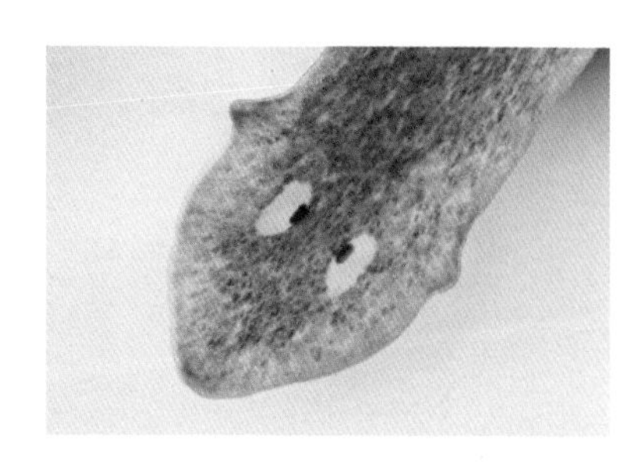

三角涡虫

三角涡虫属扁形动物门，它的眼睛非常接近我们共同祖先的眼睛：两个铺有色素的凹陷，一些神经细胞伸入凹陷，感受光刺激引发的化学反应

○ 最原始的眼睛

最原始的眼睛只是由两个细胞组成的感光点，在自然选择的作用下，生物基因发生适应性变异，这两个感光点渐渐进化成眼睛。这两个最原始的感光点只能感知明暗，不能感觉方向，如三角涡虫的眼睛。

扁虫前端有两个色素点（感光点），是原始的眼睛，此后所有脊椎动物——鱼类、两栖类、爬行类、哺乳类等，眼睛都是由这两个色素点进化而来的。

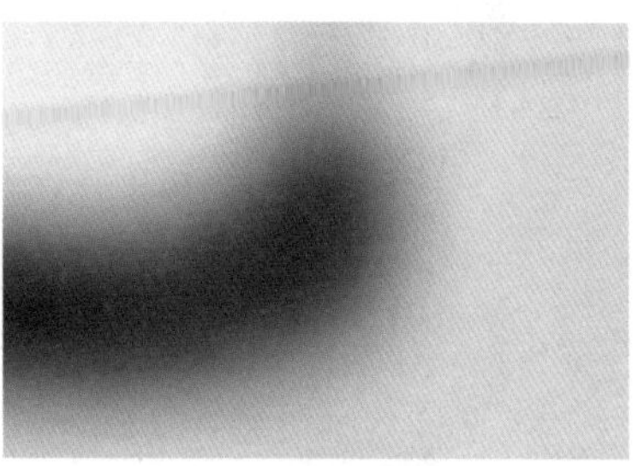

我们看到的图像（上）与三角涡虫看到的图像（下）

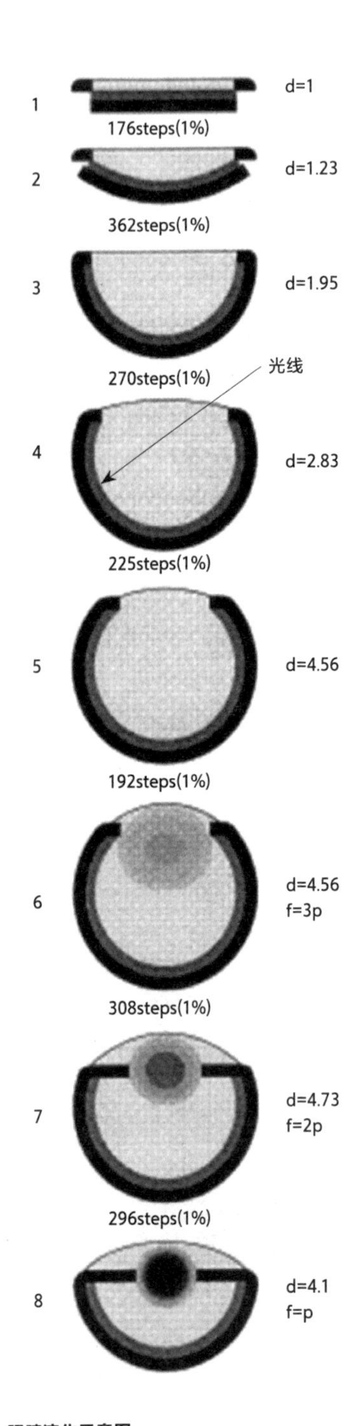

眼睛演化示意图

○ 眼睛的演化步骤

研究发现，所有动物的眼睛都起源于扁虫那样最简单的眼睛结构，并受到*PAX6*基因家族的控制。脊椎动物的眼则是脑部的延伸。脊椎动物的眼睛结构是非常好的，这种结构的外层视网膜的代谢能力更强，视网膜色素上皮细胞的发育能够减轻光氧化。从最简单的眼睛演化到最完善、复杂的眼睛，所花费的时间，比我们想象的要短。依据数学模型推导，这个演化过程仅需要几十万年。左边的眼睛演化示意图标示出了每一步所需要的步骤数（steps）。

这里详细介绍眼睛从感光点到照相机眼的演化步骤。

（1）最早的眼睛是只有两个感光细胞的斑点，叫眼点，只能感知明暗，不能感知方向。

（2）眼点的感光细胞正中间开始凹进去，形成盘子一样的"盘状眼"，其实就是一处铺满了视神经细胞的凹陷。

（3）随着感光细胞中间越陷越深，形成碗一样的"碗状眼"。

（4）随着碗状眼的进一步凹陷，形成了收口的"杯状眼"，它能够感知光的方向。当光从右边照射进来时，只能照射杯状眼的左侧，左侧的感光细胞（视网膜）就会对光线产生反应；反之，右侧的感光细胞就会对光线产生反应。长有杯状眼的动物能辨识光线的方向，如软体动物笠贝。

（5）随着杯状眼口的收缩，光线的入口开始变窄、变细，形成"窝状眼"；进入窝状眼的光线会聚集到一点上，但通过入口后，就会扩散开，在视网膜上形成上下左右反转的图像，因此动物看到的图像是倒立的。窝状眼的光线入口仍然较大，进入的光线不能很好地聚焦，因此形成的图像很模糊，如贝世翁戎螺的眼睛。软体动物鹦鹉螺也有这样的窝状眼。

（6）随着窝状眼的光线入口越变越小，光线变得容易聚焦，图像开始变得清晰，动物能越来越好地感知物体形状了。但光线入口变小，进入的光线减少，图像会变得暗淡。随着窝状眼的不断进化，窝状眼里面填满了透明的凝胶状组织，即晶状体雏形，形成了有晶状体的窝状眼。这样的窝状眼犹如增加了一个镜片，起到调节焦距的作用，图像越发清晰，但图像仍然暗淡，如天鹅绒虫和染料骨螺的眼睛。

（7）为了使清晰的图像更加明亮，光线的入口变大，进来的光量增多，同时又被晶状体聚焦到一起，因此图像变得既明亮又清晰。这种结构的眼睛犹如照相机，故名照相机眼，如大西洋犬峨螺的眼睛。

（8）随着眼睛的不断进化，光线入口的宽窄与晶状体的大小变得更加匹配，进入的光量与晶状体的聚焦作用达到最佳，物体的图像变得既清晰又明亮。

人类的眼睛和章鱼的眼睛都是照相机眼，但二者有明显的区别。人眼的视网膜在视神经纤维的后面，视神经纤维要穿过视网膜，才能与大脑连通，因而在视网膜上形成了盲点。章鱼的眼睛比我们人类的更进化、更完美，它的视网膜位于视神经纤维的前面，正好覆盖于视神经上（与人类的恰好相反），所以，章鱼的视网膜上没有盲点。

章鱼眼睛的视神经紧紧拉住了视网膜，使视网膜与眼球连成一个整体，所以，章鱼的视网膜不会脱落，而且，章鱼的眼底也不会出血，即使在黢黑的海底也能看清东西。有人认为，章鱼并不是色盲。

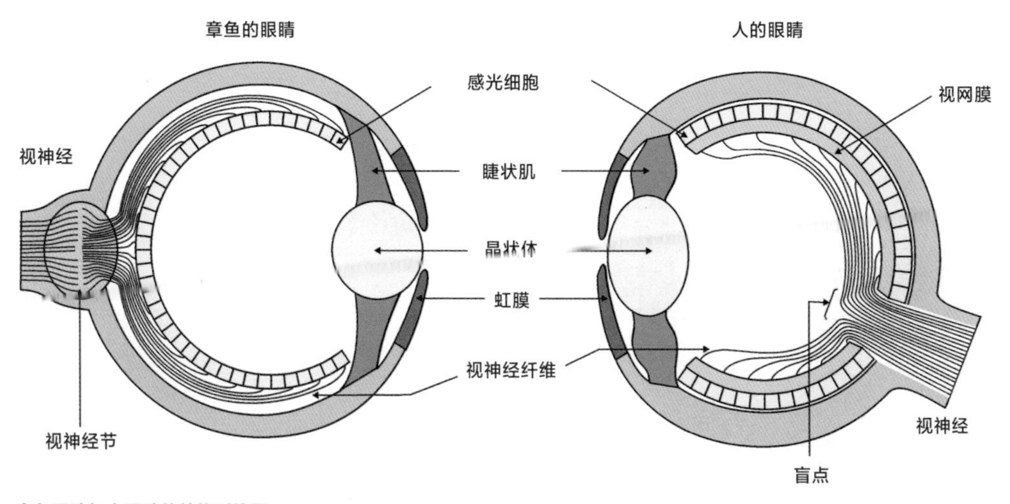

章鱼眼睛与人眼睛的结构对比图

15.10 动物眼睛特征的演化

鱼的眼睛

鱼虽是近视眼，但对折射光线却很灵敏。实际上，鱼类的视野比人的视野要广阔得多。鱼类不用转身就能看见前后左右和水面上的物体

○ 鱼的眼睛

鱼眼与人眼相似，但结构非常简单，既没有眼睑，也没有泪腺，眼内的水晶体为圆球形，这种水晶体的弯度不能改变，从而限制了鱼眼的视力，仅能看到 1～2 米外的景物，所以鱼是高度近视眼。鱼由于长期生活在水里，多为四色视觉，对红、绿、蓝和紫外光色有感觉。水里没有风沙，因此鱼不需要眼睑就能保持眼睛湿润，也不用担心风沙、飞虫迷眼。

○ 两栖动物、爬行动物和哺乳动物（除灵长类）的眼睛

两栖动物和爬行动物多为四色视觉，能看到红、绿、蓝和紫外光色，具高度色觉。

青蛙、蟾蜍都对运动的物体极其敏感，可以用舌准确地捕获移动的猎物，但对一动不动的物体，则视而不见。

除灵长类外，绝大多数哺乳动物都是色盲，如牛、羊、马、狗、猫以及虎、狮、豹等，几乎都是二色视觉。

食草动物的眼睛

大多数草食性动物，如马、牛、羊等，两只眼睛长在头部的两侧，两眼的视野完全不重叠，左右眼各

自感受不同侧面的光的刺激，因此只有单眼视觉，而没有立体视觉。草食性动物不用捕获猎物，所以不需要立体视觉。它们的眼睛长在头的两侧，视野开阔，有助于警惕肉食性动物的袭击。

大多数肉食性动物视力很好，如虎、狮、豹等，它们以捕获猎物为生，所以两只眼睛长在头部前方，两眼的鼻侧视野能够相互重叠，同时看见一个物体。两眼同时看某一物体时产生的视觉，叫双眼视觉，也称立体视觉。具有双眼视觉的动物，双眼视物时，能够感受到物体的厚度以及物体的大小和距离。立体视觉有助于动物准确地捕获猎物。

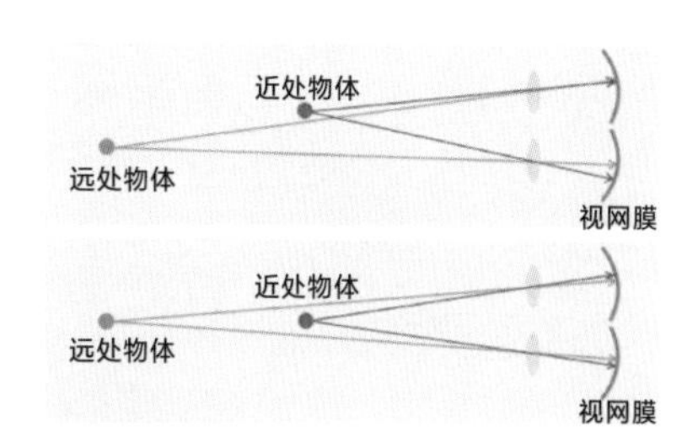

立体视觉原理示意图

食肉动物的眼睛

○ 灵长类与鸟类的眼睛

大多数灵长类动物的视力较好，有立体视觉，能分辨出许多颜色。

在灵长类中，只有人类既有较好的立体视觉，又有很强的三色视觉（看不到紫外光色），除能分辨出红、橙、黄、绿、青、蓝、紫色外，还能分辨出数十种过渡色。

绝大多数鸟类的视力和色觉都极好，既有四色视觉，又有立体视觉，更具双重调节焦距的功能。尤其是猛禽类，如鹰、隼、雕等，能凭借超好的视力，从高空高速俯冲下来捕获飞奔的猎物。

恐龙时代的哺乳动物主要在夜间活动，对辨别颜色的需求不高，于是夜行哺乳动物演化出的四种视锥细胞丢失了两种，因此，大多数哺乳动物眼中的世界犹如黑白电视机中的图像。

猴子与古猿等灵长类已经不是夜行性动物，它们夜晚休息，白天觅食，采集树叶与果实，因此为了能

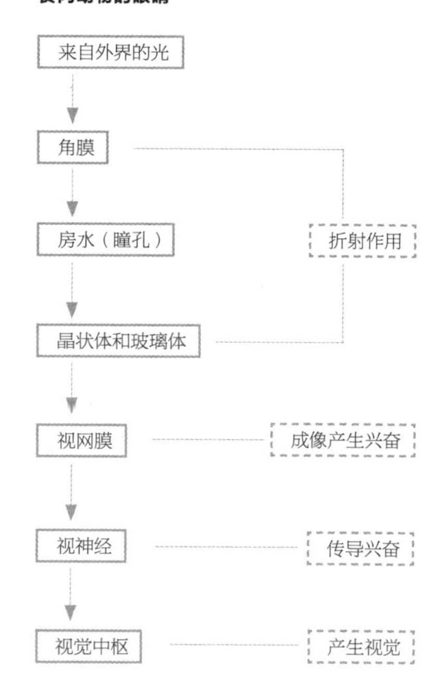

人眼视觉形成示意图

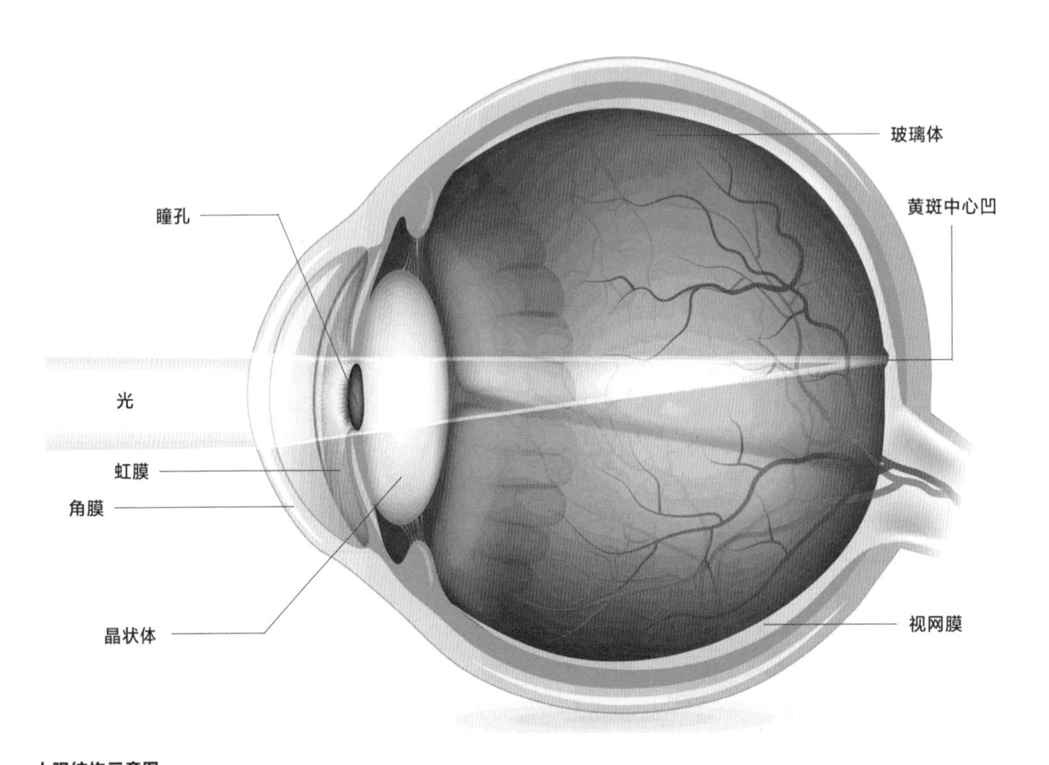

人眼结构示意图

够看到五颜六色的果实，它们的基因发生了突变，又偶然复制得到了一个视锥细胞基因。经过自然选择，这个基因在基因库里越来越多，于是灵长类动物有了区分三种基本色，即红色、绿色和蓝色的能力，拥有了三色视觉，大大提高了它们采摘树叶与果实的能力，拥有这些基因的猴类和古猿类就繁衍兴盛起来。

我们人类就遗传了古猿的三色视觉基因，并演化出更强的色觉。一般人的眼睛可分辨出 120 种颜色，而有经验的人可分辨出 13000 多种颜色。

不过，并不是所有人都拥有可以分辨多种颜色的视觉。据统计，约有 5% 的男性与 8% 的女性有不同程度的色盲，并按照一定规律遗传下去。

鸟类的眼睛

脊椎动物各式各样的眼睛

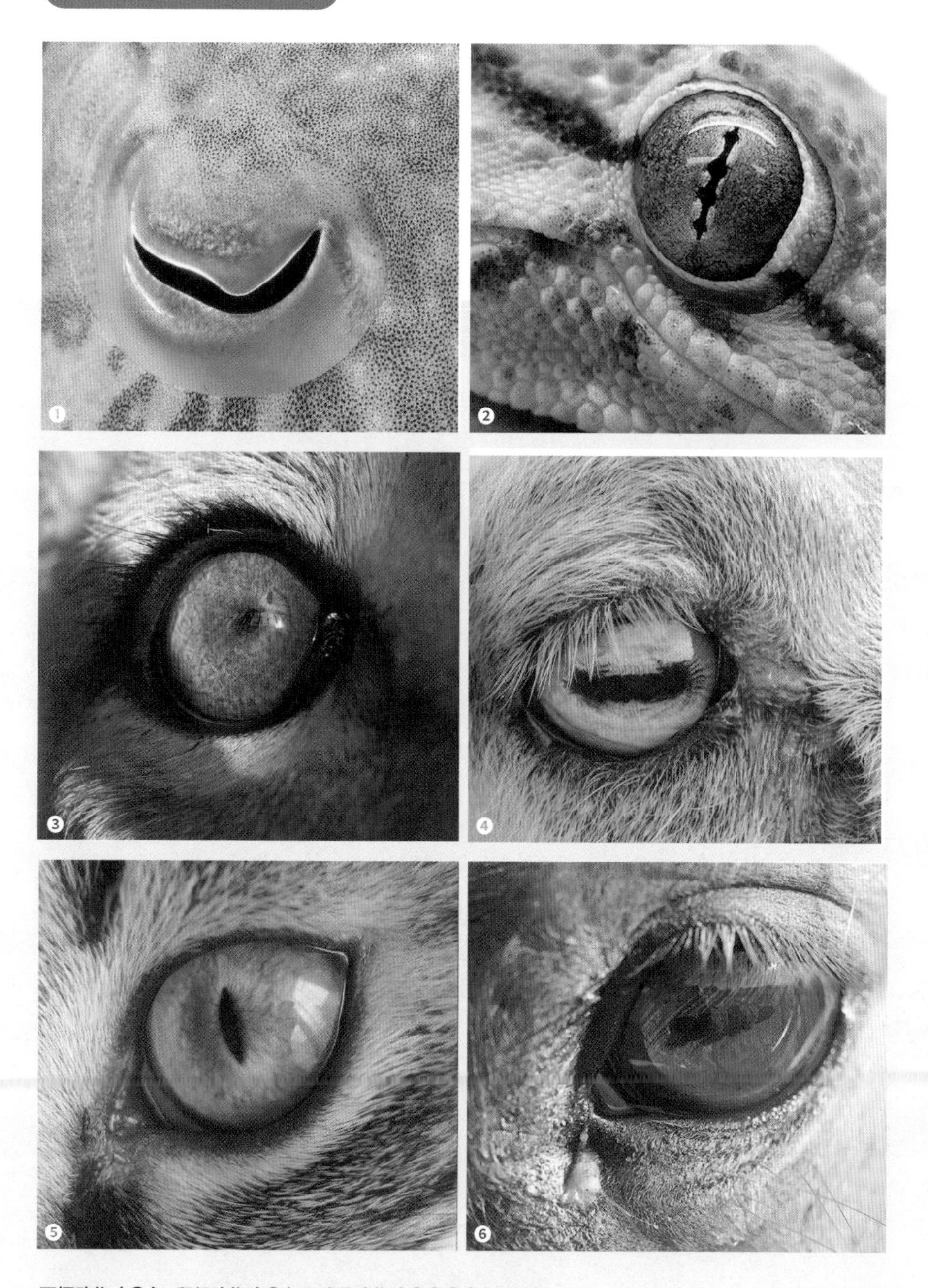

两栖动物（❶）、爬行动物（❷）和哺乳动物（❸❹❺❻）的眼睛

15.11 动物第三只眼睛的演化

人类确实有第三只眼睛，称松果体，位于间脑脑前丘和丘脑之间，为一红褐色的豆状小体，长 5～8 毫米，宽 3～5 毫米，呈椭圆形，重 120～200 毫克。

科学研究表明，所有脊椎动物都曾有过第三只眼睛。随着生物的进化，第三只眼睛逐渐从颅骨外移到了脑内，成了“隐秘”的第三只眼。科学家们发现松果体的结构与功能类似眼睛，很可能是退化了的眼睛。

松果体具有和眼睛一样的视网膜细胞，因而能直接感知光线并做出反应，影响生物体的醒睡模式与季节周期，以及情绪。

○ 松果体的奥秘

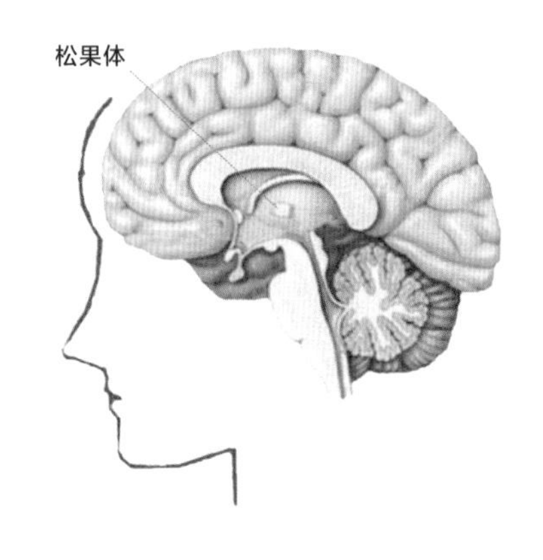

松果体在人脑中的位置

松果体，因外形类似石松球果内的松子而得名，在我们大脑的几何中心。有趣的是，松果体是大脑唯一的“单一”部分，而不是拥有一左一右两部分。

斑点楔齿蜥的显著特点是具有第三眼睑，即类似松果状的眼，位于头颅的顶部，且第三眼睑可以水平运动。

松果体的细胞能分泌一种激素，即 5- 羟色胺，也叫血清素，这种激素在特殊酶的作用下可转变为褪黑素。当强光照射时，褪黑素分泌减少；在暗光下，褪黑素分泌增加。

人体内褪黑素过多时会心情压抑，所以日照偏少的北欧人容易患抑郁症。

血浆中褪黑素的浓度在白天降低，在夜晚升高，影响人的生物钟，如女性的月经周期。居住在北极的因纽特人，冬天处在黑暗之中，缺乏光照，褪黑素分泌增加，因此妇女在冬天便停经了，而且，因纽特女子的初潮可延迟到 23 岁。

松果体分泌褪黑素的浓度还与人的年龄密切相关，人在 0～7 周岁，分泌的褪黑素浓度会随着年龄的增加而升高，到 7 岁时达到高峰，而后，随着年龄

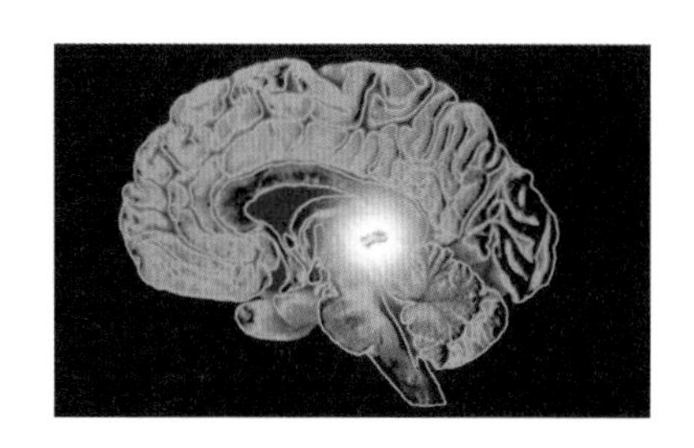

松果体——人类的第三只眼睛

现生最原始的爬行动物——斑点楔齿蜥

斑点楔齿蜥，属双孔亚纲鳞龙次亚纲楔齿蜥目，曾广泛分布在新西兰及其周围的岛屿上，是现生最原始的爬行动物，长相类似 2 亿年前的古爬行动物，四肢发达，颈部和背部长有鳞片壮嵴。它虽然名称带有“蜥”字，但并不是蜥蜴，而是比蜥蜴更为原始的爬行动物

增长，褪黑素的浓度逐渐下降。

褪黑素的浓度也影响人的睡眠时间，而且二者成正相关。随着人年龄的增加，褪黑素浓度降低，睡眠时间就会减少。年轻人褪黑素浓度高，往往“睡不醒”，而老年人的松果体几乎停止分泌褪黑素，所以常常“睡不着”。

拥有第三眼睑的其他动物：❶鬣鳞蜥；❷美洲牛蛙；❸安乐蜥；❹刺尾蜥

15.12 动物嗅觉的演化

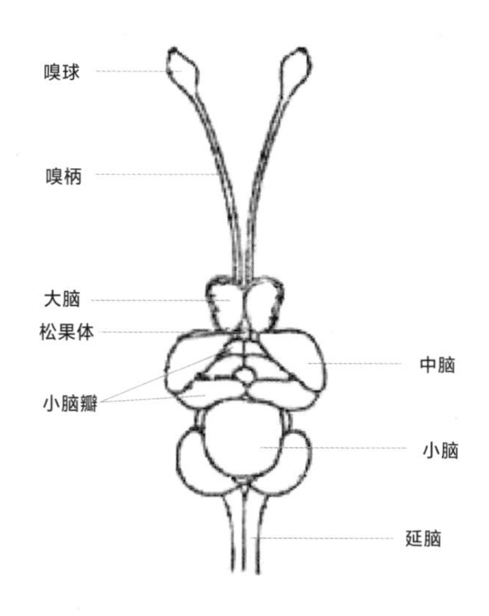

鲤鱼脑示意图（背侧面）

从鱼开始，脊椎动物最先发育的是嗅觉，嗅觉组织是大脑组织向外的延伸。两栖动物和原始爬行动物的大脑机能以嗅觉为主，因此它们的嗅觉较为发达，既具有探知化学气味的感觉功能，也有视觉、听觉功能，还有红外线感受功能，能对环境温度的微小变化做出反应，例如蛇总是将分叉的舌头不停地伸出来，就是在感知猎物的方位和距离。

哺乳动物除嗅觉外，在视觉、听觉等方面都比两栖动物、爬行动物进步。

鸟类具有超常的视觉和灵敏的听觉，但嗅觉较弱。

人类在听觉、视觉上都有较大的进步，但嗅觉发生了退化。

动物的听觉、视觉、嗅觉和味觉，是相互弥补的，比如视觉障碍者，往往听觉较灵敏。

早期的脊椎动物，如鱼类、两栖类，嗅觉十分灵敏，而视觉、听觉相对弱。鱼主要靠体内水分的振动感知外部的事物。

蛇靠舌头感知猎物的方位和距离

15.13 类人猿鼻子的演化

类人猿鼻子的演化过程，是鼻子由小变大，鼻管由短变长，鼻头由塌陷变得隆起。

类人猿鼻子形状的演化

❶乍得人猿；❷地猿始祖种；❸阿法南方古猿；❹匠人；❺海德堡人；❻尼安德特人；❼智人

古猿是朝天鼻（塌鼻子，鼻孔朝天），匠人的鼻头隆起，海德堡人的鼻子更大，尼安德特人和智人的鼻子坚挺。

在进化过程中，不同地方的人类为了适应不同的气候条件，进化出不同形状的鼻子。如生活在非洲的人，为适应那里干旱炎热的气候，鼻子变得鼻端肥大，鼻孔扩张，鼻毛浓密，以便吸入干热的空气，阻止体内水分的呼出。而生活在欧洲的人，为适应那里寒冷的气候，鼻子变得鼻梁高挺，鼻管狭长，以便加热吸入的空气，保护肺器官。

生活在亚洲的人，鼻子的形状、大小介于非洲人与欧洲人之间，鼻头变小，正好适应亚洲的气候。

非洲人的鼻子

欧洲人的鼻子

15.14 人类下巴的演化

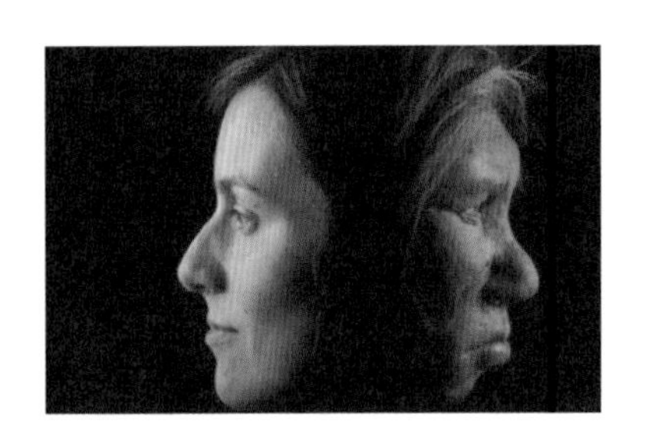

现代人（左）与尼安德特人（右）下巴的比较（图片来源：Tim Schoon）

现代人有下巴，尼安德特人没有下巴颏

下巴是头颅底端突出的部分，在类人猿中，只有智人才有下巴，但不足 4 岁的婴幼儿也没有下巴。

从能人、匠人、海德堡人到尼安德特人，再到智人，人类越来越多地吃烤熟或煮熟的食物，咀嚼食物越来越省力，臼齿更小，我们现代人甚至发育了“智齿”，下颌骨变窄、变小，脸部也变得越来越小。据测算，智人的脸比尼安德特人小约 15%，因此，脸底部的骨骼也就随之突出来，可以说，人类不是“长出了下巴”，而是脸部变小，才使下巴突出来的。下巴是智人最重要的特点之一，也是智人区别于其他人类的重要标志之一。

黑猩猩和猴子都没有下巴

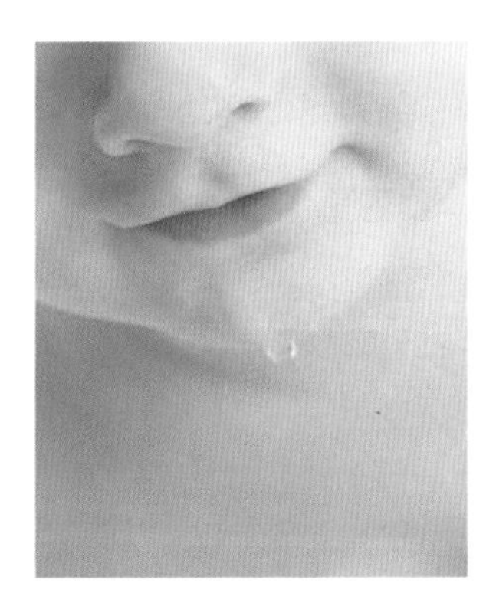

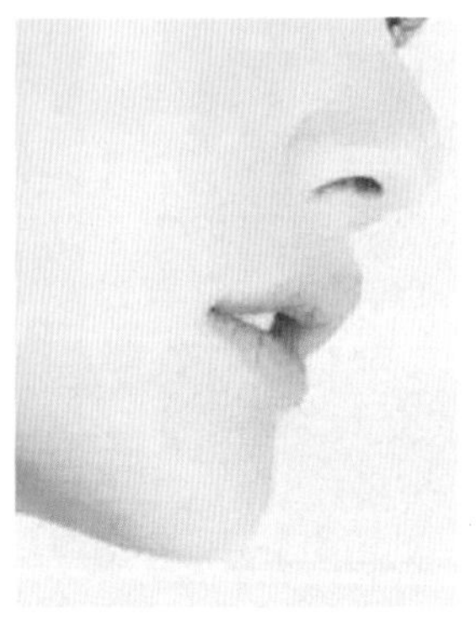

现代人幼年体与成年体下巴的比较

现代人 3～4 岁时，几乎没有下巴，看上去十分平坦，此后下巴才慢慢突出

15.15 动物耳的演化

脊椎动物的听觉首先出现在生活于昏暗山洞或洞穴里的动物身上。适应黑暗生活的猫头鹰、猫和壁虎具有灵敏的听觉，就佐证了这一点。随着环境的变化，脊椎动物已进化出了耳，通常位于头部。不同种类的动物具有不同的耳结构。动物的耳有内耳、中耳、外耳之分，其中内耳最早出现。鱼类出现了内耳；两栖类进化出了中耳，其内耳也更加复杂；鸟类和哺乳类的听觉器官进化到了顶点，中耳发育完善，包括耳柱骨或听小骨。在四足动物中，只有哺乳动物有耳郭（外耳）。动物的耳是最为复杂的感觉器官之一。对于动物而言，听觉在逃避捕食者、追踪猎物、寻觅配偶、相互交流等方面具有重要作用。听觉是动物获取外部信息的重要途径之一，也是人类语言能力发展的关键之一。

○ 鱼类

鱼的鳃弓逐渐移到头部，形成下颌；鱼的第二组鳃弓进化成舌颌骨，舌颌骨支撑下颌的后缘。

鱼有软骨鱼（如鲨等）和硬骨鱼（如鲤鱼、草鱼等）两大类，它们仅有内耳，内耳有 3 个半规管。鱼的鳃器官非常发达，开始有感音装置，如鱼鳔、耳石等，它们受震动时，刺激毛细胞，位觉砂在毛细胞

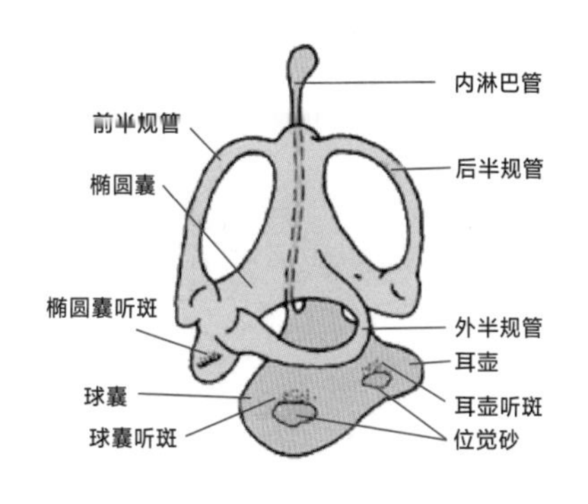

鱼的内耳

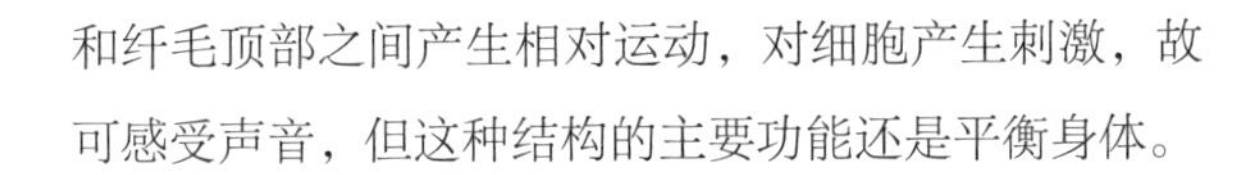

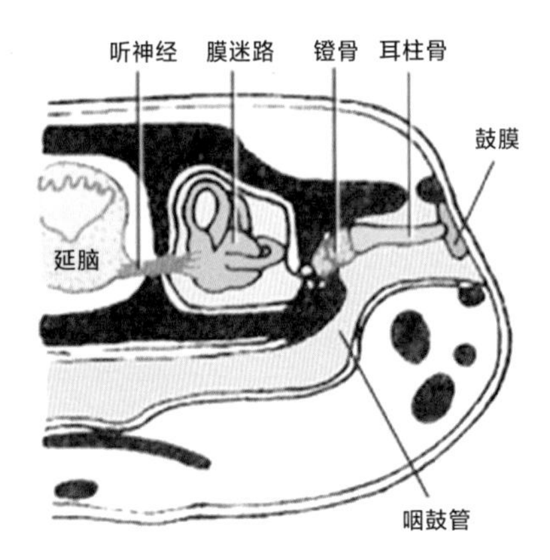

蛙的中耳

和纤毛顶部之间产生相对运动，对细胞产生刺激，故可感受声音，但这种结构的主要功能还是平衡身体。

○ 两栖动物

两栖动物的听觉器官除内耳外，又进化出了中耳。中耳内有听小骨，以传导空气中的声波。中耳由鱼类的喷水孔演化而来。耳柱骨是鱼的舌颌软骨进入中耳室而形成的，两栖动物的听小骨只有耳柱骨和镫骨两部分，外界声波借鼓膜、耳柱骨、镫骨、前庭窗传入内耳，内耳有毛细胞和覆膜。

虽然两栖动物的听觉远超过鱼类，有了明显进步，但其内耳的主要功能仍是平衡身体。

○ 爬行动物

爬行动物的下颌骨由关节骨、方骨和齿骨组成，舌颌骨缩小，并从下颌骨那里感受振动，传到内耳。两栖动物中的蛙的耳柱骨就是由其舌颌骨形成的，犹如一个中间有孔的长条骨。

爬行动物的听觉器官较两栖动物进步，有了内耳和中耳，但无外耳（鳄类在鼓膜上方有稍隆起的皮肤褶，可认为是耳郭的雏形）。其鼓膜在头部左右两侧的皮肤表面或稍凹陷处，中耳室内亦只有一块听小骨，即耳柱骨。蛇类和少数蜥蜴无中耳室，但仍有耳柱骨埋于肌肉与纤维组织内。爬行动物除前庭窗外，还出现了蜗窗。

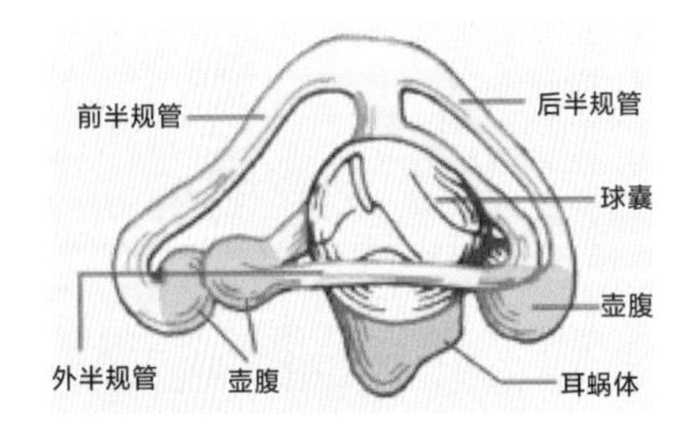

蜥蜴的膜迷路

○ 鸟类

鸟类由真爬行动物进化而来，能在空中飞翔，听觉器官与爬行动物相似。以家鸽为例，其听囊在胚胎期就分前、中、后三耳骨；中耳室只有耳柱骨一块，外侧为软骨并有3个突起，内侧为硬骨，即镫骨，连接鼓膜与前庭窗。鸟类有外耳，外耳道的开口在头的两侧、眼的后方，由皮肤凹陷形成，外表被羽毛覆盖；尚没有耳郭，但有一皮肤皱襞；外耳道底是鼓膜。

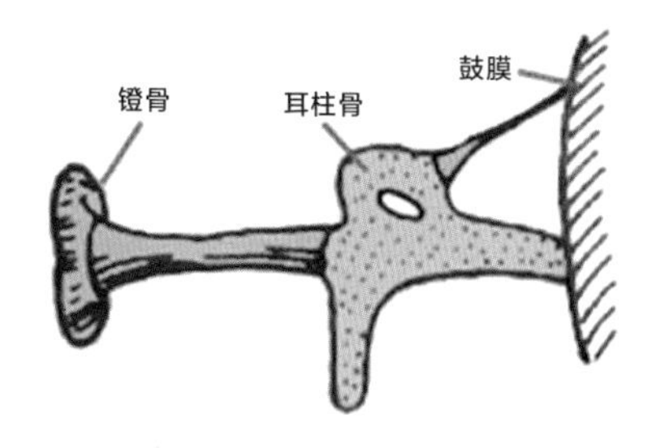

鸟的听小骨

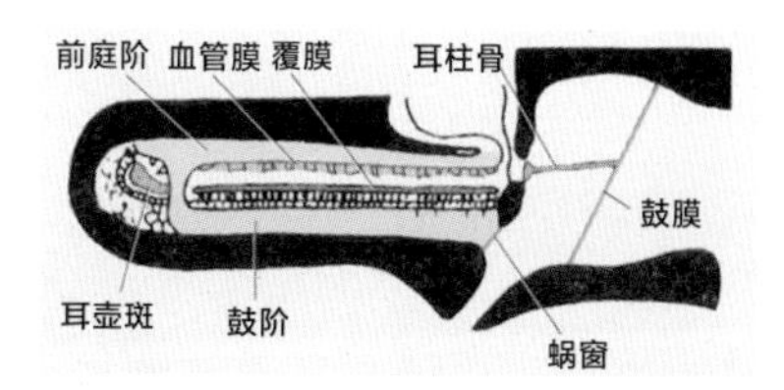

鸟的听觉器官

○ 哺乳动物

哺乳动物的关节骨进化成锤骨，方骨进化成砧骨，下颌骨由一块组成，舌颌骨进化成镫骨。锤骨、砧骨和镫骨3块骨构成了哺乳动物的听小骨。

哺乳动物有敏锐的听觉，能够感受细微的声音，借以捕食和逃避猎食者。哺乳动物的听觉器官在爬行动物内耳、中耳基础上，又发育了外耳。外耳包括耳郭和外耳道。

哺乳动物耳郭的形状各不相同，有的很大，有的很小，有的甚至没有，如鲸、海牛、海豹、鼹鼠等水栖或穴居的哺乳动物；有的耳郭表面有丰富的血管，可散热，有调节体温的功能；有的耳郭可转动，以收集声波，增加听觉灵敏度。哺乳动物的外耳道细长，借鼓膜与中耳隔开，相当于鱼类喷水管外段，分软骨部和骨部，但狮、猫、白鼠和狗均无骨性外耳道，而鲸无外耳道。

鸡的外耳

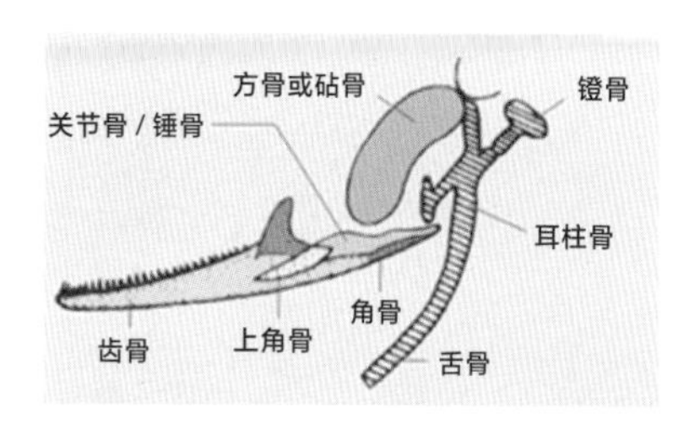

似哺乳类爬行动物或原始哺乳动物（卵生哺乳类和有袋类）听小骨

更高级的哺乳动物（胎盘类）听小骨

○ 人类

德国古生物学家约翰内斯·缪勒和林达认为，动物的耳朵最早是在 2.6 亿年前为适应黑暗环境而产生的。陆地脊椎动物的耳朵能够听到经由空气传播的声音，并独立进化了至少 6 次，这些动物包括哺乳动物、蜥蜴类爬行动物、蛙类、乌龟类、鳄类和鸟类，它们的耳朵都有一些共同的特征：一是中耳内的鼓膜被用来收集声波；二是中耳中的听小骨能把声音传送至内耳。

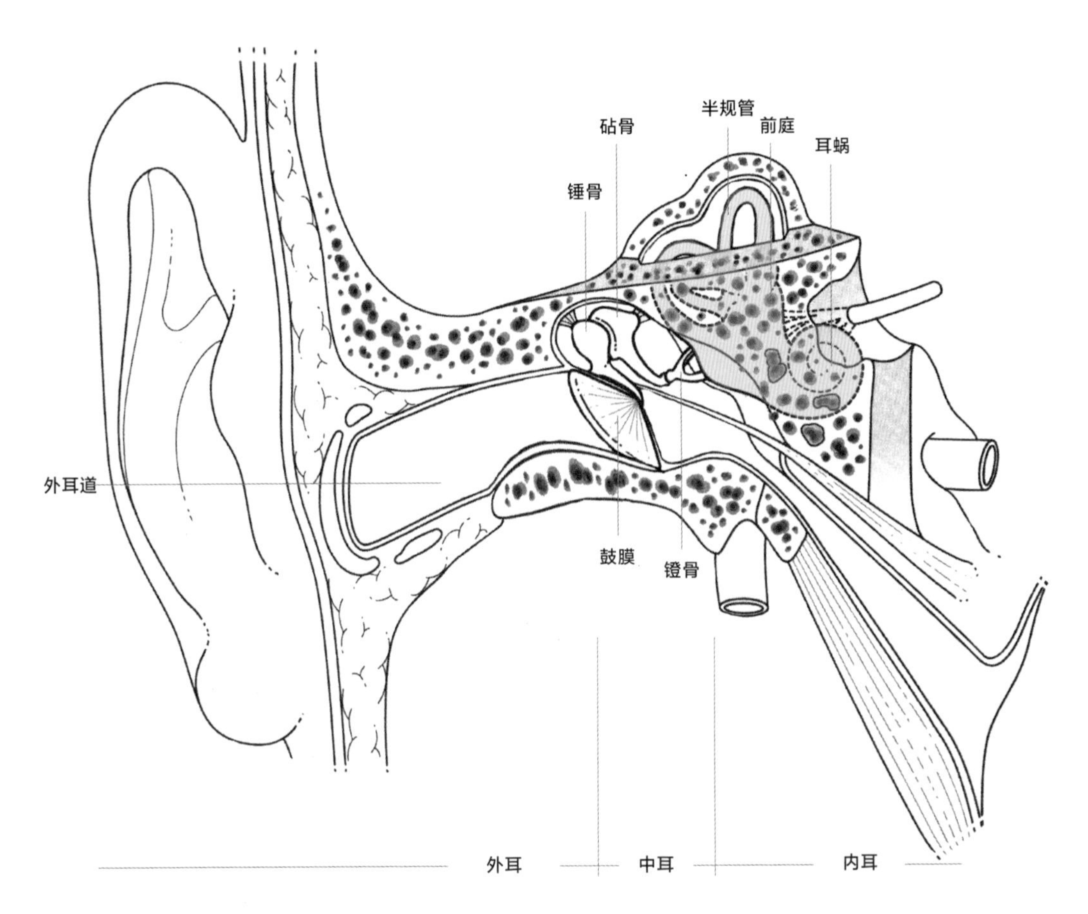

人类耳部结构图

人耳分外耳、中耳和内耳。外耳就是耳郭和外耳道。耳郭具有保护外耳道和鼓膜的作用，并收集声音导入外耳道，以辨别声音的来源。当声音向鼓膜传送时，外耳道能使声音增强。外耳道也具有保护鼓膜的作用，其弯曲的形状使异物很难直接触及鼓膜。耳毛和外耳道分泌的耵聍（耳屎）也能阻止进入外耳道的小物体触及鼓膜。

中耳由鼓膜、中耳腔和听小骨组成。听小骨包括锤骨、砧骨和镫骨，位于中耳腔。听小骨可使声能通过中耳结构转换成机械能，并利用杠杆作用使声音的强度增加 30 分贝。

内耳由半规管、前庭和耳蜗三个独立部分组成。前庭是前庭窗内微小的、形状不规则的空腔，是半规管、镫骨足板和耳蜗的汇合处。半规管可以感知各个方向的运动，起到调节身体平衡的作用。耳蜗是被颅骨包围的形状像蜗牛一样的结构，可感受和传导声波。内耳负责把中耳传来的机械能转换成神经冲动并传送至大脑，这样我们就能听到声音了。

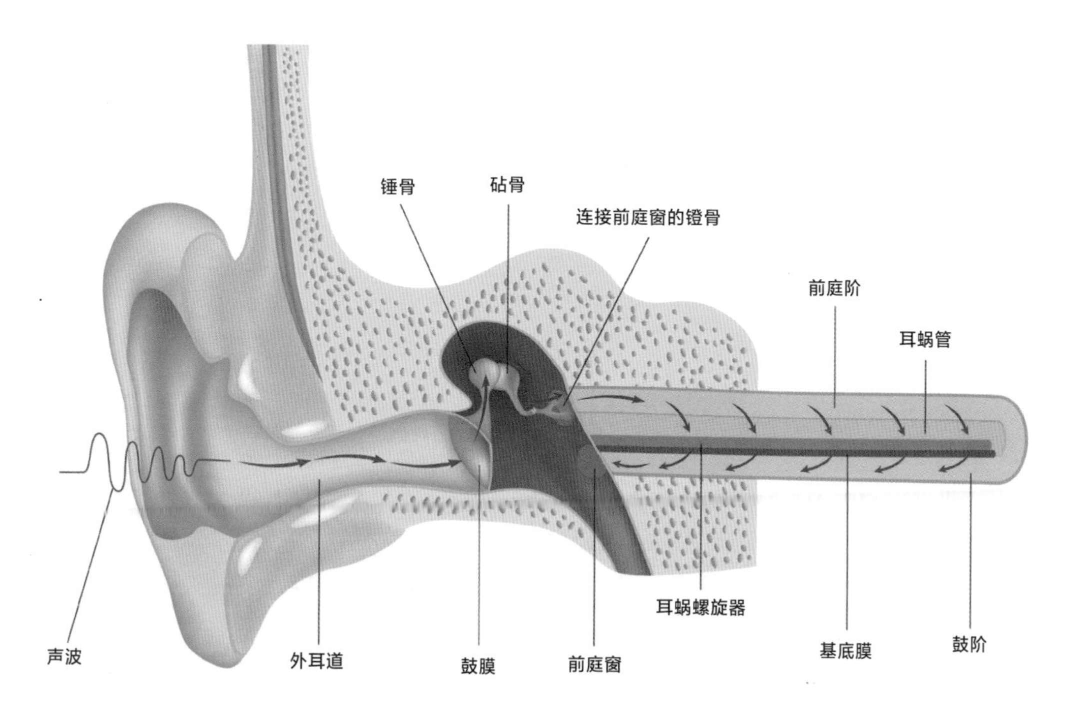

人类听觉系统运作示意图

声波经由外耳传入，振动鼓膜，并由听小骨系统将振动转换成机械能，通过前庭窗导入内耳，再由内耳将机械能转换为神经冲动，传入大脑

15.16 动物呼吸方式的演化

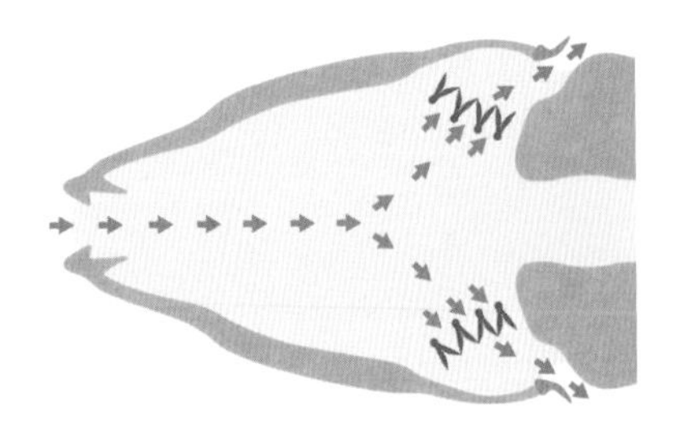

鱼类的吞水式呼吸

蓝色箭头指示夹带空气的水流在鱼类体内的走向

鱼类采用吞水式呼吸，水流从口吞入，从鳃孔流出，通过鳃不断进行气体交换，也就是说，流入鳃的是缺氧血液，经过气体交换后，流出鳃的就变成了富氧血液。

两栖类采用吞－咽式呼吸，幼体用鳃呼吸；成体吞咽空气后，经肺呼吸，并用皮肤或口腔黏膜辅助呼吸。

爬行类采用胸式呼吸，有囊状肺，肺部出现分隔，无皮肤呼吸，初步出现支气管，完全用肺来呼吸，爬行动物不发育膈肌，胸腹相通，所以主要利用胸廓的收缩与扩张进行呼吸。

哺乳类采用胸－腹式呼吸，有海绵状肺，发育出

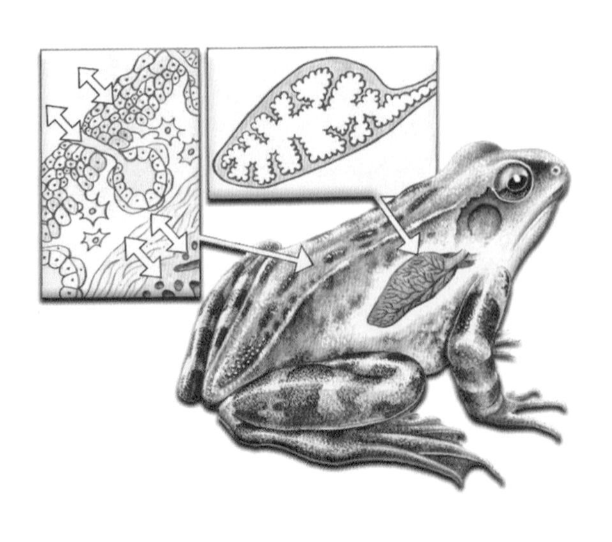

两栖类的吞－咽式呼吸

蛙类等两栖动物主要以肺呼吸，同时通过皮肤及口腔黏膜辅助呼吸

膈肌（重要的呼吸肌），支气管反复分叉，支气管末端形成肺泡，呼吸系统更加完善，通过胸和腹的收缩与扩张进行呼吸。

蜥脚类恐龙采用胸－囊式呼吸，也就是一次呼吸，两次通过肺部进行气体交换。

鸟类是由蜥脚类恐龙演化来的，也采用胸－囊式呼吸，利用肺与气囊的共同作用完成呼吸。鸟类在飞行中吸气时，一部分空气在肺内进行气体交换后进入前气囊，另一部分空气经过支气管直接进入后气囊；呼气时，前气囊中的空气直接呼出，后气囊中的空气经肺呼出，同时在肺内进行气体交换。这样，在一次呼吸过程中，肺内就进行了两次气体交换，所以这种呼吸方式也叫作双重呼吸。鸟类在飞行时，靠上下振动翅膀进行呼吸。鸟类进化出气囊，实行双重呼吸，是为了适应飞翔生活的需要。鸟类在飞翔时进行双重呼吸，不飞行时，只进行胸式呼吸。

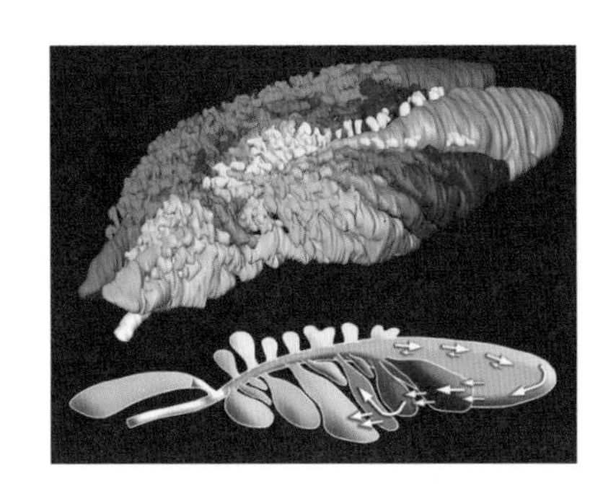

爬行类的胸式呼吸

通过巨蜥肺部的彩色 CT，可观察到爬行动物的囊状肺和气流在肺部的走向

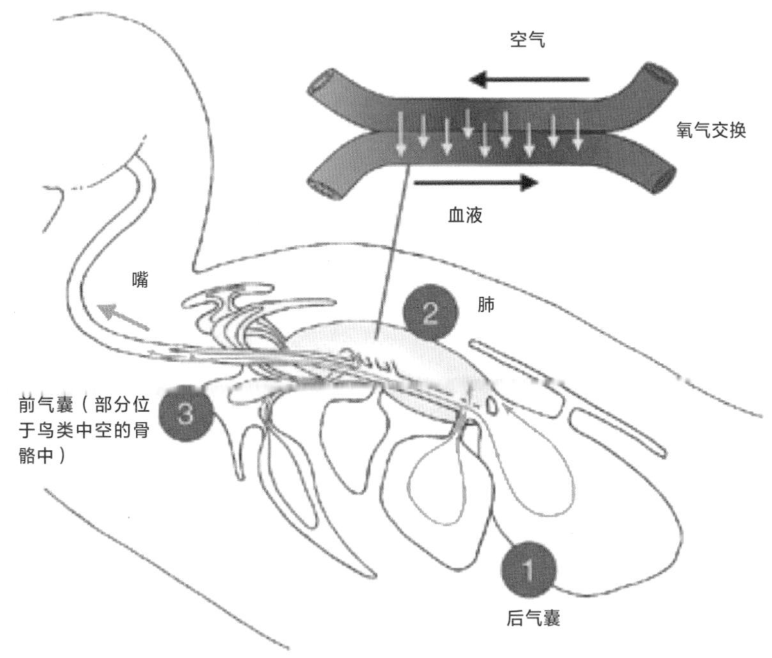

鸟类与恐龙的双重呼吸

鸟类与恐龙具有肺－气囊双结构，两者共同作用完成呼吸

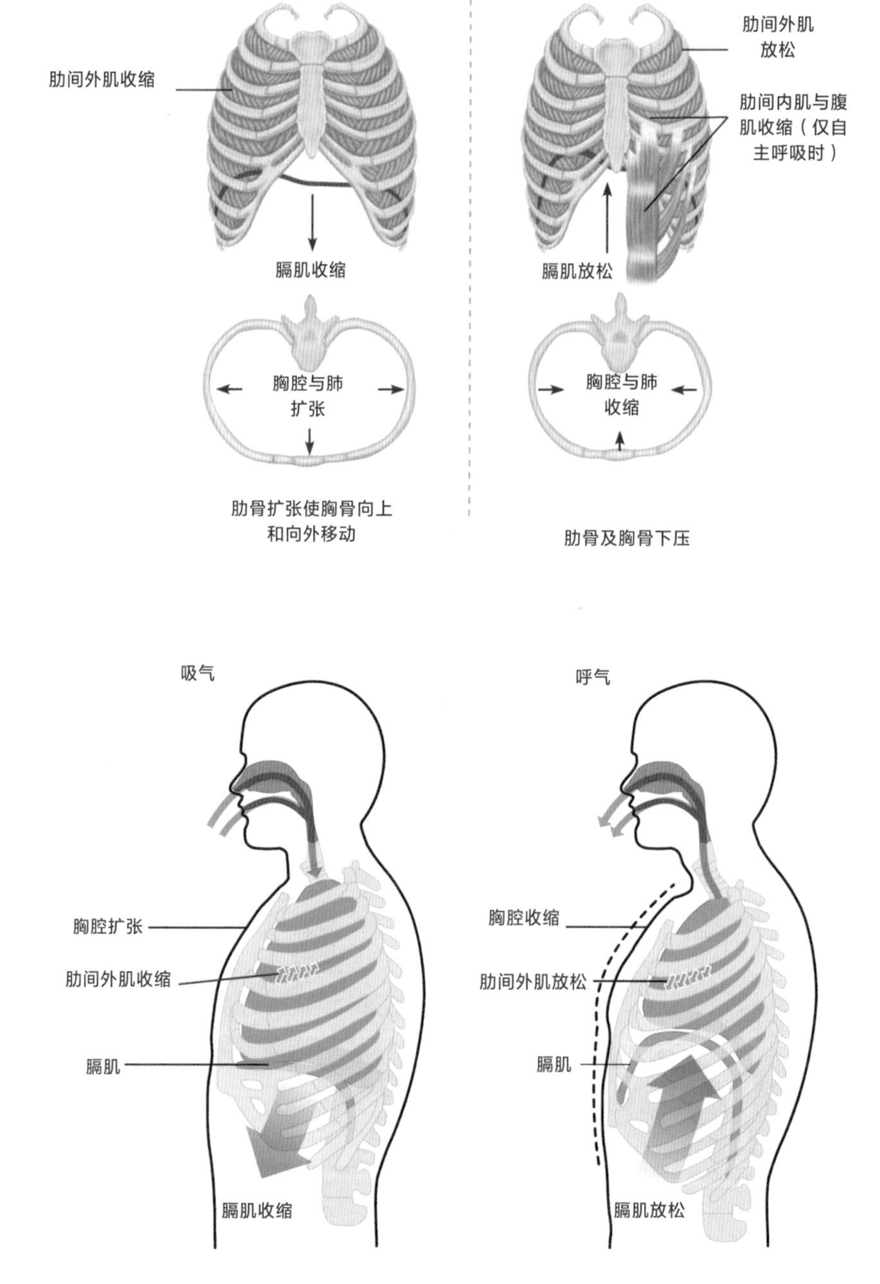

人等哺乳动物的胸－腹式呼吸（上为正视图，下为侧视图）

15.17 动物心脏结构、血液循环和体温的演化

脊椎动物心脏的演化过程是，由鱼类的 2 缸型心脏到两栖动物的 3 缸型心脏，再到爬行动物的 3.5 缸型心脏，最后到鸟类和哺乳动物的 4 缸型心脏。

血液循环的演化过程则是由鱼类的单循环到两栖类和爬行类的不完全双循环，再到鸟类和哺乳类的完全双循环。

体温的演化过程是由鱼类、两栖类和爬行类的变温，到鸟类和哺乳类的恒温。

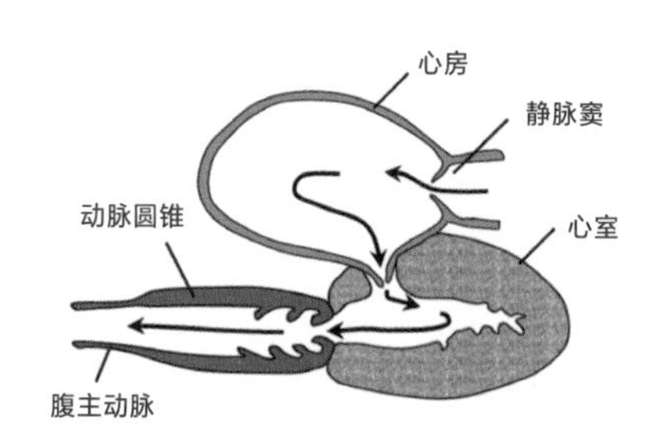

鱼类的心脏

○ 鱼类

鱼类的心脏属 2 缸型心脏，有 1 个心房、1 个心室。其血液循环详见第七章。

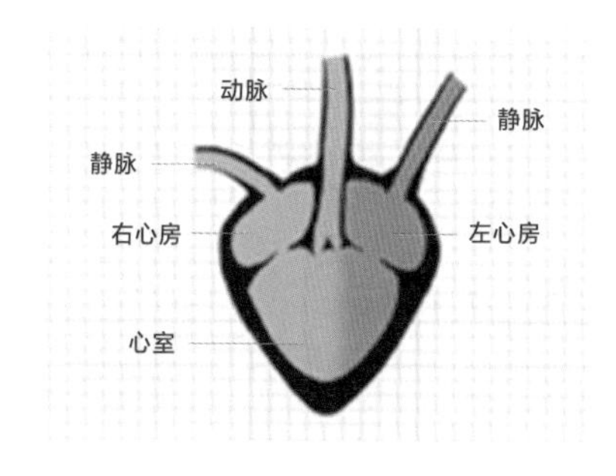

两栖动物的心脏

○ 两栖动物

两栖动物的心脏属 3 缸型心脏，有 2 个心房、1 个心室。其血液循环包括体循环和肺循环 2 条途径，详见第八章。

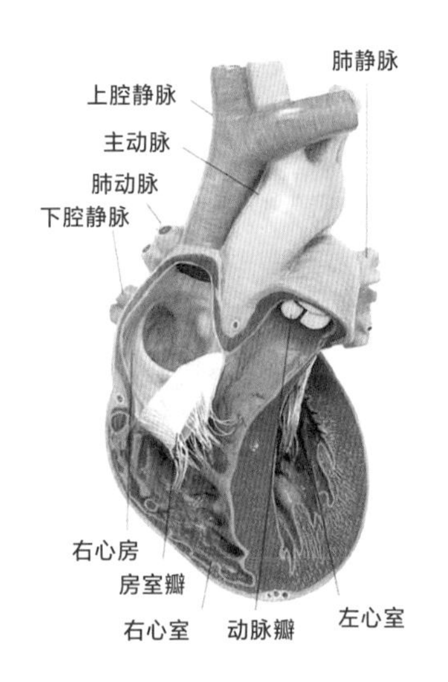

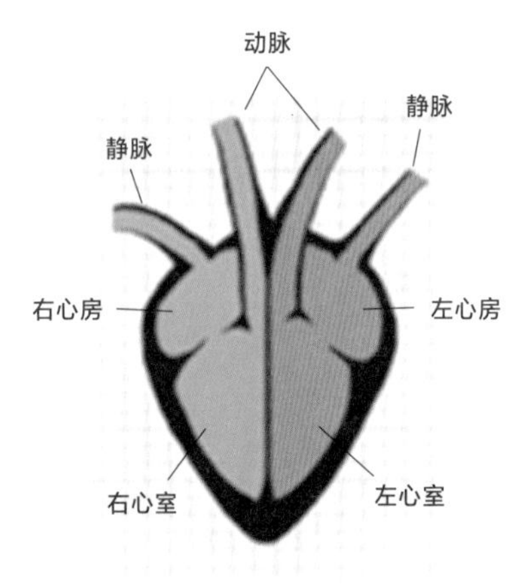

鸟类与哺乳动物的心脏

○ 爬行动物

爬行动物的心脏属 3.5 缸型心脏，有 2 个心房、2 个心室，但 2 个心室之间有一半相互连通（鳄鱼除外）。其血液循环包括体循环和肺循环 2 条途径（同两栖动物的血液循环），详见第十二章。

○ 鸟类和哺乳动物

鸟类和哺乳动物的心脏属 4 缸型心脏，有 2 个心房、2 个心室，心房与心室完全分隔（具左心房与左心室，以及右心房与右心室），来自体静脉的血液，经右心房，流入右心室，后挤出而由肺动脉入肺，在肺内经过气体交换，含氧丰富的血液经肺静脉回流注入左心房，再经左心室挤出送入体动脉到全身，即有氧血与无氧血完全分离，动脉血与静脉血为完全双循环系统。

恒温动物与变温动物

恒温动物，也称温血动物，指体温保持在一定范围之内，不因环境温度的变化而改变的动物。恒温动物的大脑下方有一个体温调节神经中枢，相当于自动空调机的温度控制装置（温控器）。当室温升高时，温控器让空调自动开启，降低室温，使室温保持在指定的温度；当室温接近或达到指定的温度时，空调自动停止。

比如，人就是恒温动物，体温一般为 36℃～37℃，当环境温度过高时，人脑下方的体温调节神经中枢就会发出指令，使人体表皮的毛细血管扩张，血流加快，毛孔张开，通过加快散热或出汗来降低体温，以保持体温恒定；当环境温度骤降时，体温调节神经中枢又发出指令，毛细血管开始收缩，血流降低，立毛肌收缩，毛发直立，使人的皮肤产生鸡皮疙瘩，避免人体热量扩散，保持体温基本不变。

恒温动物保持体温恒定的机制多数是一样的。绝大多数哺乳动物，包括我们人类，以及几乎所有鸟类都是恒温动物，只不过不同动物的体温值是不一样的，鸟儿的体温维持在40℃ ± 2℃。

恒温动物的能量消耗大，所以新陈代谢快，无论白天还是黑夜都可以捕食，运动速度快，生长速率高，寿命短，环境适应性强。为了保温，绝大多数恒温动物体表有毛发或羽毛。

变温动物，也称冷血动物，指体温随着环境温度的升高而升高、降低而降低的动物。变温动物体温随环境温度变化，是因为其大脑下方没有体温调节神经中枢。变温动物包括所有鱼类、两栖动物以及绝大多数爬行动物。变温动物与恒温动物在许多特征上完全不同，前者体温变化大，进食量少，一般只在白天捕食，新陈代谢慢，寿命较长，多数有冬眠的习惯，环境适应性弱，绝大多数体表没有毛发或羽毛，但有裸露的皮肤或鳞片，不具有外耳。

由此看出，恒温动物比变温动物更为进化，更能适应环境，是自然选择作用下，生命进化的结果。它们二者的根本区别在于心脏缸数量的多少。

比较而言，恒温动物比变温动物更能适应环境变化，比变温动物更适宜在极端环境下生存，例如在北极生活的北极熊，在南极生活的企鹅，在高海拔地区生活的藏羚羊、雪豹、牦牛，在干旱炎热的非洲草原生活的各式各样的哺乳动物等。在这些极端环境条件下，变温动物明显稀少。

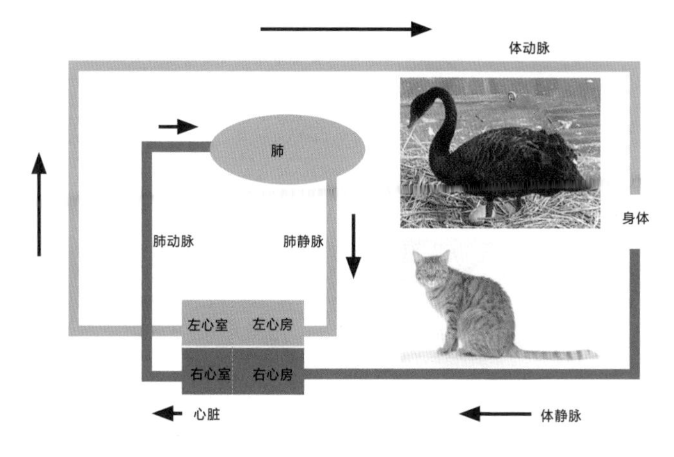

鸟类与哺乳动物的血液循环系统

变温动物与恒温动物的差异性对比

	变温动物（鱼类、两栖和爬行动物，不含恐龙和翼龙）	恒温动物（大多数哺乳动物和鸟类，包括人类）
体温	变化大，随环境温度变化而变化	变化小，保持在一定区间内
调温系统	无	有（完善），体内有类似中央空调的体温控制系统
羽毛或毛发	无	有
汗腺	无	有
能量消耗	低	较高
觅食时间	白天	昼夜
运动速度	较慢	较快
进食量	相对少	多
冬眠	均有	个别有
心脏结构	2~3.5 缸型心脏	4 缸型心脏
血液循环	单循环或不完全双循环	完全双循环
环境适应能力	弱	强
静动脉血	混合	不混合
生长速率:	低	高
新陈代谢速度	慢，寿命长	快，寿命短
耗氧量	小	大
耳朵与听力	只有 1 块小的耳柱骨，中耳发育不完善，更不具外耳，听力不佳	具有内耳、中耳和外耳，听力好（鸟类除外）
牙齿	牙齿尖锐，没有分化，不具咀嚼功能	除鸟类无牙齿外，其他哺乳动物（包括人类）的牙齿明显分化为门齿（用来切割食物）、犬齿（用来撕咬食物）和臼齿（用来磨碎食物）

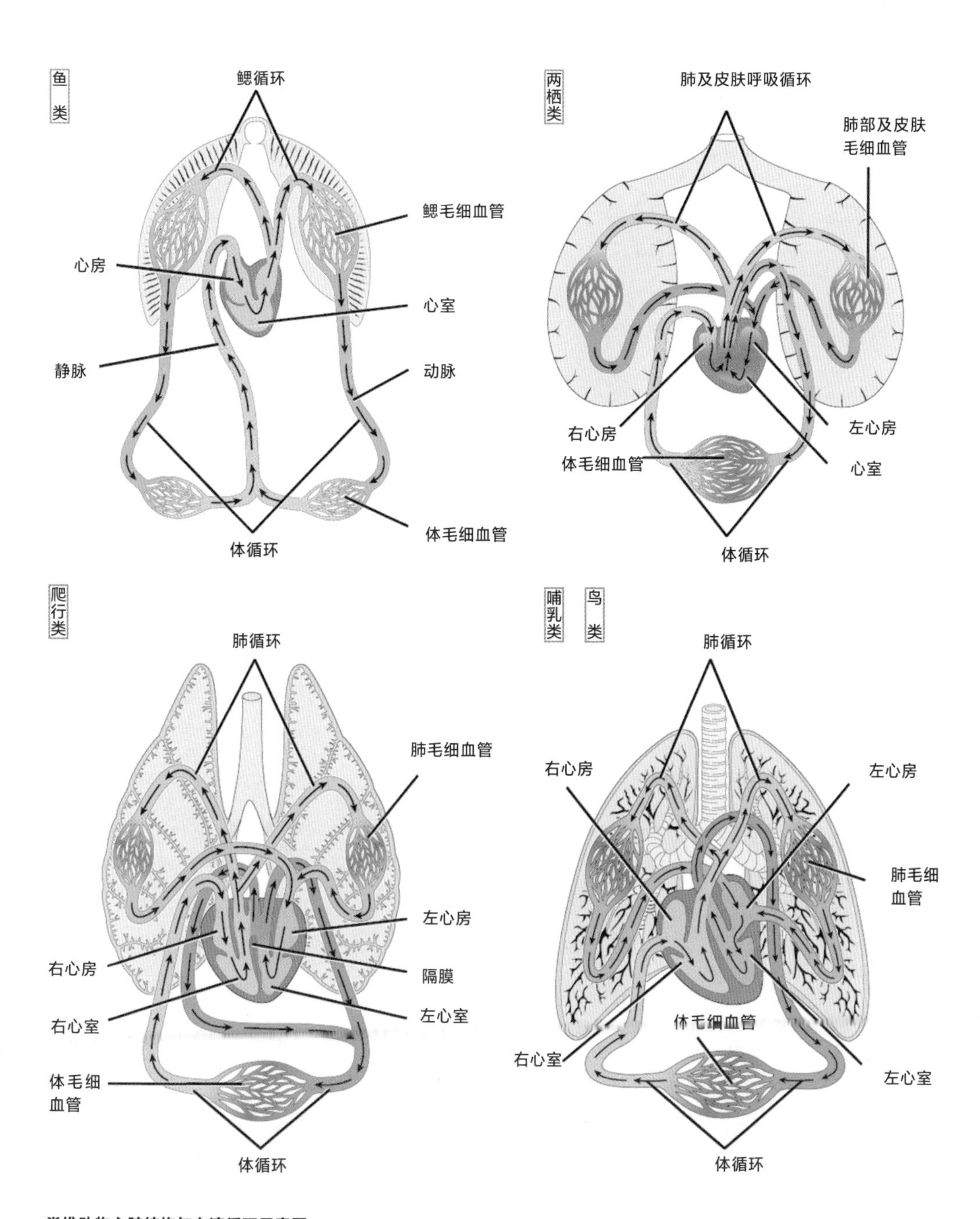

脊椎动物心脏结构与血液循环示意图

15.18 动物受精与生殖方式的演化

○ 动物的雌雄之分

地球上的动植物有雌雄之分，这绝非巧合，而是在自然选择的作用下，生物进化的结果。

原始生物不分雌雄，它们的繁衍方式，自然就是无性繁殖。它们繁殖不经过受精，而是由原来的生物体通过细胞分裂来完成的，所有细菌、大部分植物（红薯、土豆），以及极少数动物，如珊瑚幼虫、水螅等，都是无性繁殖。无性繁殖效率更高，也更为简单。

无性繁殖的优点：一是生长速度快；二是能保持母体的优良特性，繁殖速率快。

无性繁殖的缺点：一是适应环境的能力差；二是繁殖数量少；三是子体的基因 100% 遗传母体，不容易有突变；四是如果发生病变，将面临种族灭绝的危险。

无性繁殖难以应对环境、气候的变化，不利于生物进化，于是，生物为了适应环境、气候的剧烈变化，在自然选择下，基因发生适应性变异，增强了自身的适应能力，从无性繁殖进化为有性繁殖。如单细胞真核动物领鞭毛虫，在相互分离状态下，为无性繁殖；当在钙黏着蛋白的作用下，聚集在一起时，就发生有性繁殖。所有有性繁殖的生物都遵循一样的路径，即同一物种的雄性与雌性将二者的 DNA 结合，产生一个新的基因组，创造出“新的个体”，产生不同的后代。新个体的产生是随机的，不定向的，在自然选择的作用下，只有适合生存和繁衍的个体（基因）才能保留下来。可以说，自然选择过程是一个筛选优质基因的过程，一代一代地筛选，只有那些有利于物种生存繁衍的后代才能生存下去。有性繁殖不仅可以产生更适应环境的后代，而且造就了生物的多样化。现在地球上有近千万个物种，主要是生物有性繁殖的结果。

由此看出，有性繁殖是自然选择的必然结果，而且是不断进化的。

○ 动物的受精与繁殖

无性繁殖

无性繁殖是指生命未经过受精过程进行的自我复制，往往通过细胞分裂和生物体出芽的方式产生新的后代，进行基因传递。

有性繁殖

有性繁殖都是通过基因重组来产生新的个体的，是生物繁殖方式进化史上的一次巨大飞跃，是自然选择的结果。

有性繁殖是两个基因组的重新组合，当精子与卵子结合时，每个亲代只将一半的基因传递给下一代。有性繁殖通过基因重组，产生“个体差异”，生出新的后代。在自然界，往往身体强壮、在争夺雌性的打斗中胜出的雄性一方，才能受到雌性的青睐，与雌性交配，这就

一对正在觅食的黑天鹅“夫妻”

是进化论所说的性选择。性选择是一种重要的、高效的自然选择方式，能够使优良的基因传递下去，维持种群的发展，确保种群的生存繁衍。有性繁殖不仅可以使生物产生多样性，而且可以加快优良物种的脱颖而出。

（1）雌雄同体受精与繁殖

雌雄同体受精与繁殖的动物，往往具有雌雄两套生殖器官，比如扁虫。这类动物既可以作为雄性进行授精，也可以作为雌性受精。

（2）雌雄异体，体外受精与繁殖

硬骨鱼类都是进行体外受精与繁殖的，雌鱼与雄鱼没有身体接触，雌鱼先把卵子排到水里，雄鱼随后将精子排到卵子附近，精子与卵子在水中结合形成受精卵，受精卵犹如一簇簇透明的胶状物，在水中孵化，形成鱼苗。

（3）雌雄抱团，体外受精与繁殖

除蝾螈外，几乎所有两栖动物都是雌雄抱团体外受精的。如青蛙，雄性青蛙抱住雌性青蛙，刺激雌性青蛙排卵，雌性青蛙将卵子排到水中，雄性青蛙也将精子排到水中，精子与卵子结合形成受精卵，受精卵在水里孵化成蝌蚪。

（4）雌雄抱团，体内受精与繁殖

爬行动物、恐龙和鸟类，无论雌雄，都没有分开的肛门、尿道和产道（三者融为一个泄殖腔），且都是抱团体内受精。雄性爬行动物、恐龙和鸟类都没有生殖器，它们抱住雌性，与雌雄泄殖腔开口对接，将精子排入雌性泄殖腔内，在雌性体内形成受精卵。受精卵发育成熟后，被雌性排出体外，俗称蛋，学名叫羊膜卵。爬行动物的羊膜卵自然孵化，鸟类的羊膜卵通过母体孵化。孵化后的羊膜卵，幼体往往自己破壳而出。

（5）孵化温度决定爬行动物的雌雄

研究证明，爬行动物的性别决定机制主要有性染色体决定和温度决定两种类型，但这两种性别决定机制在同一种龟类中是不共存的。

目前，大多数龟类都属于低温孵出雄性，高温孵出雌性的温度决定性别类型。这种性别决定机制主要作用于龟类的胚胎发育时期，但并不对整个胚胎发育期都起作用，而是仅在胚胎发育的一段时期内起作用。乌龟在 20～27℃的低温下孵出的稚龟全为雄性，在 30～35℃的高温下孵出的稚龟全为雌性。

（6）交配受精与繁殖

胎盘哺乳动物的雄性有明显的生殖器，即阴茎，而雌性产道与尿道合二为一。雌雄哺乳动物通过交配受精，精子与卵子在雌性体内结合形成受精卵，受精卵在雌性子宫内分裂形成胚胎，发育成幼体，最后通过产道排出体外。

水螅经常以出芽生殖进行无性繁殖

扁虫是雌雄同体的动物

鱼的受精卵

受精卵孵化后的小鱼苗

正在抱团受精的龟

正在抱团受精的麻雀

正在产蛋的龟

正在孵化的鸟卵

正在孵化出壳的小龟

龟不具有性染色体，所以性别由孵化温度决定

已经孵化出的雏鸟

正在抱团受精的蛙

正在产卵的蛙

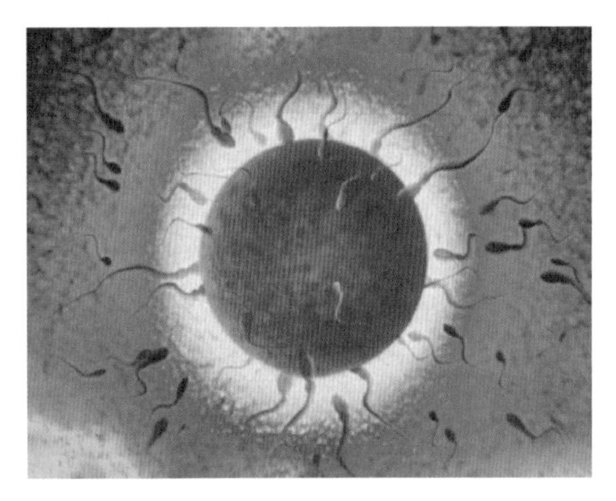

精子与卵子结合的瞬间

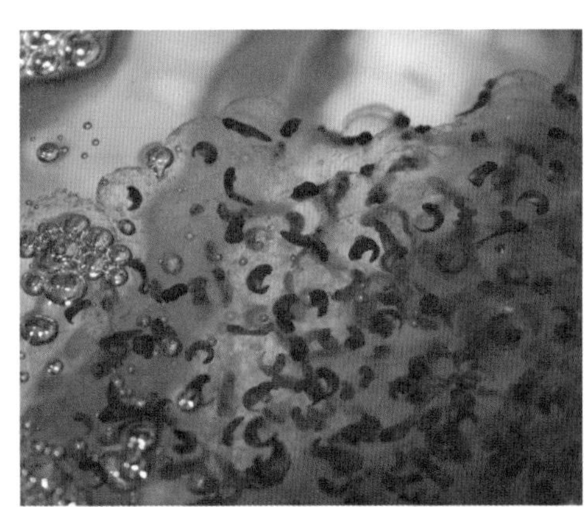

小蝌蚪正在破卵而出

①哺乳动物的受精与繁殖

猫科动物的交配对于雌性猫科动物而言是十分痛苦的，这是因为雄性猫科动物的阴茎上长满了密密麻麻的小钩（如雄虎阴茎上长有 100 多根小钩，每根约 1 厘米长）。这些小钩的成分是角蛋白，犹如坚韧的指甲或爪子。这些小钩具备两项功能：一是可刮下其他雄性先前交配时遗留下的精子（希望雌性只怀上自己的孩子）；二是催促雌性排卵。雄性猫科动物生殖器上的小钩刮擦阴道时造成的痛楚，可刺激雌性猫科动物的脑部分泌一种特殊物质，催促其卵巢内的卵子成熟，不过要交配至少四次，这种激素的浓度才会高到使卵子完全成熟，才能更有机会孕育新生命。尽管交配过程十分痛苦，但是为了繁衍子孙后代，大多数猫科动物的性事依然很活跃。

②灵长类的受精与繁殖

正在交配的老虎

正在交配的狮子

交配受精后，怀孕的雌狮

雌狮与幼狮

类人猿的阴道与尿道是分开的，雄性排入阴道的精子与雌性的卵子结合形成受精卵，受精卵在子宫内分裂形成胚胎，并发育成胎儿，胎儿通过分娩产出体外。

正在交配的倭黑猩猩

幼小的倭黑猩猩

主要参考文献

[1] 侯连海.中国古鸟类[M].昆明：云南科技出版社，2003.

[2] 侯先光.澄江动物群：5.3亿年前的海洋动物[M].昆明：云南科技出版社，1999.

[3] 季强.腾飞之龙[M].北京：地质出版社，2016.

[4] 戎嘉余.生物演化与环境[M].合肥：中国科学技术大学出版社，2018.

[5] 舒德干团队.寒武大爆发时的人类远祖[M].西安：西北大学出版社，2016.

[6] 王立铭.生命是什么[M].北京：人民邮电出版社，2018.

[7] 王原，葛旭，邢路达，等.听化石的故事[M].北京：科学普及出版社，2018.

[8] 王章俊.热河生物群[M].北京：地质出版社，2016.

[9] 王章俊.罗平、关岭生物群[M].北京：地质出版社，2016.

[10] 朱钦士.上帝造人有多难[M].北京：清华大学出版社，2015.

[11] 朱钦士.生命通史[M].北京：北京大学出版社，2019.

[12] 张振.人类六万年：基因中的人类历史[M].北京：文化发展出版社，2019.

[13] 尹烨.生命密码[M].北京：中信出版集团，2018.

[14] 汪洁.时间的形状[M].北京：北京时代华文书局，2017.

[15] 陈均远，周桂琴，朱茂炎，等.澄江生物群——寒武纪大爆发的见证[M].台北：国立自然科学博物馆，1996.

[16] 谢伯让.大脑简史[M].台北：猫头鹰出版社，2016.

[17] 稻垣荣洋 . 弱者的逆袭 [M] . 南宁：接力出版社，2020.

[18] 更科功 . 人类残酷进化史 [M] . 天津：天津科学技术出版社，2021.

[19] 以太 · 亚奈，马丁 · 莱凯尔 . 基因社会 [M] . 南京：江苏凤凰文艺出版社，2017.

[20] 大卫 · 克里斯蒂安 . 时间地图 [M] . 北京：中信出版集团，2017.

[21] 彼得 · 沃德，乔 · 克什维克 . 新生命史 [M] . 北京：商务印书馆，2020.

[22] 迈克尔 · C. 杰拉尔德，格洛丽亚 · E. 杰拉尔德 . 生物学之书 [M] . 重庆：重庆大学出版社，2017.

[23] 斯宾塞 · 韦尔斯 . 人类的旅程 [M] . 北京：中信出版集团，2020.

[24] 贾雷德 · 戴蒙德 . 第三种黑猩猩 [M] . 北京：中信出版集团，2022.

[25] 大卫 · 赖克 . 人类起源的故事 [M] 杭州：浙江人民出版社，2019.

[26] 理查德 · 波茨，克里斯托弗 · 斯隆 . 国家地理人类进化史 [M] 南京：江苏凤凰科学技术出版社，2021.

[27] 爱德华 · 威尔逊 . 缤纷的生命 [M] . 北京：中信出版集团，2016.

[28] 比尔 · 布莱森 . 万物简史 [M] . 南宁：接力出版社，2007.

[29] 大卫 · 克里斯蒂安 . 极简人类史 [M] . 北京：中信出版社，2016.

[30] 迈克尔 · 艾伦 · 帕克 . 生物的进化 [M] . 济南：山东画报出版社，2014.

[31] B. 艾伯茨 . 细胞生物学精要 [M] . 北京：科学出版社，2012.

[32] Douglas J. Futuyma. 生物进化 [M] . 北京：高等教育出版社，2016.

[33] 尼尔斯 · 艾崔奇 . 灭绝与演化 [M] . 北京：北京联合出版公司，2018.

[34] 杰弗里 · 贝内特，塞思 · 肖斯塔克 . 宇宙中的生命 [M] . 北京：机械工业出版社，2016.

[35] 尼古拉斯 · 韦德 . 黎明之前 [M] . 北京：电子工业出版社，2015.

[36] 史蒂文 · 古布泽，弗兰斯 · 比勒陀利乌斯 . 黑洞之书 [M] . 北京：中信出版集团，2018.

[37] 史蒂文 · 温伯格 . 最初三分钟 [M] . 重庆：重庆大学出版社，2018.

[38] 斯宾塞 · 韦尔斯 . 出非洲记 [M] . 北京：东方出版社，2004.

[39] 悉达多 · 穆克吉 . 基因传 [M] . 北京：中信出版集团，2018.

[40] 辛西娅 · 斯托克斯 · 布朗 . 大历史，小世界 [M] . 北京：中信出版集团，2017.

[41] 约翰 · 布罗克曼 . 生命 [M] . 杭州：浙江人民出版社，2017.

[42] 布赖恩 · 考克斯，安德鲁 · 科恩 . 生命的奇迹 [M] . 北京：人民邮电出版社，2014.

[43] 布赖恩 · 考克斯，安德鲁 · 科恩 . 宇宙的奇迹 [M] . 北京：人民邮电出版社，2014.

[44] 达尔文 . 人类的由来 [M] . 北京：商务印书馆，1983.

[45] 达尔文 . 物种起源 [M] . 北京：北京大学出版社，2018.

[46] 理查德 · 道金斯 . 自私的基因 [M] . 北京：中信出版社，2012.

[47] 理查德 · 道金斯 . 祖先的故事 [M] . 北京：中信出版集团，2019.

[48] 理查德 . 福提 . 生命简史 [M] . 北京：中信出版集团，2018.

[49] 克里斯 · 斯特林格，彼得 · 安德鲁 . 人类通史 [M] . 北京：北京大学出版社，2017.

[50] 克里斯托弗 · 波特 . 我们人类的宇宙 [M] . 北京：中信出版集团，2017.

[51] Michael J.Benton. 古脊椎动物学（第四版）[M] . 北京：科学出版社，2017.

[52] 内莎 · 凯里 . 遗传的革命 [M] . 重庆：重庆出版社，2016.

[53] N.H. 巴顿，D.E.G. 布里格斯，J.A. 艾森，等 . 进化 [M] . 北京：科学出版社，2010.

[54] 尼克 · 莱恩 . 生命的跃升 [M] . 北京：科学出版社，2018.

[55] 史蒂芬 · 霍金 . 时间简史 [M] . 长沙：湖南科学技术出版社，2003.

[56] 理查德 · 利基 . 人类的起源 [M] . 杭州：上海科学技术出版社，2007.

[57] 亚当 · 卢瑟福 . 我们人类的基因 [M] . 北京：中信出版集团，2017.

[58] 亚历山大 · H. 哈考特 . 我们人类的进化 [M] . 中信出版集团，2017.

[59] 约翰 · 翰兹 . 宇宙简史 [M] . 北京：机械工业出版社，2017.

[60] 保罗 · 帕森斯 . 宇宙起源 [M] . 南京：江苏凤凰科学技术出版社，2020.

[61] 伊恩 · 尼科尔森 . 宇宙之光 [M] . 南京：江苏凤凰科学技术出版社，2020.

[62] 尼克 · 莱恩 . 复杂生命的起源 [M] . 贵阳：贵州大学出版社，2020.

[63] 帕特里克 · 德韦弗 . 地球之美 [M] . 北京：新星出版社，2017.

[64] 约翰内斯 · 克劳泽，托马斯 · 特拉佩 . 智人之路［ M ］. 北京：现代出版社，2021.

[65] 约翰 · A. 朗 . 鱼类的崛起［ M ］. 北京：电子工业出版社，2019.

[66] 克里斯蒂安 · 德迪夫 . 生机勃勃的尘埃［ M ］. 上海：上海科技教育出版社，2019.

[67] 伊格纳西 . 里巴斯 . 宇宙全书［ M ］. 南京：江苏凤凰科学技术出版社，2020.

[68] 尤瓦尔 · 赫拉利 . 人类简史［ M ］. 北京：中信出版社，2014.

后记

生命的本质在于自我复制，

生命的目的在于生存繁衍；

生命的进化在于基因突变，

生命的意义在于基因传递。

世间万物，最伟大的莫过于生命。遗传变异，生生不息。生命是一个过程，包括发生、发展、衰老和死亡。

每个生命都是一个不朽的传奇，每个传奇背后都有一个精彩的故事。

散发着浓郁墨香的《生命进化史（增订版）》，终于出版，与读者见面了。

在付梓之前，总觉得意犹未尽，所以再补充几句，权当后记。

前言中我已经感谢了为我编撰本书提供过帮助的恩师，以及许许多多给我支持和鼓励的人，有家人，有同事，有朋友，还有许许多多听过我讲座的科学爱好者。他们的鼓励，他们的意见和建议，都令我激动不已，备受鼓舞，故废寝忘食，不敢有丝毫懈怠。

借本次增订之机，我要感谢读者朋友们，以及为本书付出辛劳的专家们。感谢你们的热情、真诚与付出。

《生命进化史（增订版）》在我2020年出版的《生命进化史》三部曲的基础之上，做了大篇幅的增补、修订与完善，并以合订本的形式出版。本书与我前几年出版的几本书有明显不同，既展示了生命的进化历史，又阐述了生命进化的内在机制，不仅回答了生命是怎么进化的，同时也告诉读者生命为什么会这样进化。书中回答了为什么地球上会出现人类，为什么现在的黑猩猩不能进化成人等众多令读者感到困惑的问题。读者阅读本书后，可以对生命的真相既知其然，又知其所以然。

本书讲述了宇宙 138 亿年的演化历史，又着重介绍了生命 40 亿年的进化历程，引用了自然科学中各个学科的研究成果、理论观点、思想方法等，包括百余年来国际上天文学、地质学、生物学等自然科学的研究成果，特别是我国近三四十年来古生物研究领域的最新发现、最新成果。

书中介绍的思想观点，都是目前国际学术界广为流传的主流观点，但并不代表这些观点都是最终的、绝对正确的。自然科学是一个探索发现、追根溯源、揭示真相的过程，需要人们不断地发现与不断地探究，从来没有终点，后来的发现与研究往往是对先前的修改、补充与完善，甚至是推翻重建。

在这里，我要向自然科学的先驱、奠基者，以及千千万万的科学工作者，致以最崇高的敬意。科学研究需要孜孜不倦，一丝不苟；科学传播需要系统表述，准确通俗。科学研究是源泉，是根本；科学传播是流水，是枝叶。进行科学传播永远不能忘记那些为科学做出过杰出贡献的科学家，以及为科学研究默默奉献的科学工作者。

由于篇幅所限，本书不可能对涉及的所有学术思想、学术观点逐一进行阐述，敬请读者和各位专家予以谅解！

本书倾注了作者十余年的心血，参考了海量国内外文献，书中顺着宇宙与生命演化的脉络，从奇点出发，循序渐进，逐次开展，从无机界到有机界，几乎涵盖了整个自然科学的方方面面。书中难免有错漏或不当之处，恳请不吝指教，定当感激涕零。

作者：王章俊

邮箱：1144850934@qq.com

2018 年 11 月 7 日
2019 年 10 月 21 日修改
2023 年 9 月 10 日修订